“十二五”普通高等教育本科国家级规划教材
普通高等教育“十一五”国家级规划教材

生物统计学

（第六版）

李春喜　姜丽娜　邵　云　张黛静　马建辉　编著

科学出版社
北　京

内 容 简 介

本教材较为系统地介绍了生物统计学的基本原理和方法，在简要叙述了生物统计学的产生、发展及其研究对象与作用，数据的来源与整理，数据特征的描述统计，概率与概率分布、抽样分布的基础上，着重介绍了统计推断、非参数检验、列联分析、方差分析、直线回归与相关分析、可直线化的非线性回归分析、协方差分析、多元线性回归与相关分析、逐步回归与通径分析和多项式回归分析，同时对试验设计原理及对比设计、随机区组设计、拉丁方设计、裂区设计、交叉设计、正交设计、均匀设计等常用试验设计及其统计分析进行了详细叙述。

本教材重点介绍了生物统计学的基础知识，结合当今生物学的发展特点，引入相关的实例分析，通俗易懂，具有一定的深度和广度，可供综合性大学、师范院校生物类及其相关专业的本科生作为教材使用，也可作为从事生命科学、农业科学、林业科学、医药学、畜牧兽医、水产科学、食品科学等专业的科研工作者、教师和研究生的参考书。

图书在版编目（CIP）数据

生物统计学/李春喜等编著．—6版．—北京：科学出版社，2023.8

“十二五”普通高等教育本科国家级规划教材　普通高等教育“十一五”国家级规划教材

ISBN 978-7-03-076039-5

Ⅰ．①生…　Ⅱ．①李…　Ⅲ．①生物统计-高等学校-教材　Ⅳ．①Q-332

中国国家版本馆CIP数据核字（2023）第139064号

责任编辑：丛　楠　马程迪 / 责任校对：严　娜

责任印制：霍　兵 / 封面设计：图阅社

科学出版社 出版

北京东黄城根北街16号

邮政编码：100717

http://www.sciencep.com

三河市宏图印务有限公司印刷

科学出版社发行　各地新华书店经销

*

1997年8月第　一　版　开本：787×1092　1/16

2023年8月第　六　版　印张：24 1/2

2024年11月第四次印刷　字数：581 000

定价：69.80元

（如有印装质量问题，我社负责调换）

第六版前言

自 1997 年本教材第一版问世 26 年来，已历经 5 次修订再版。进入 21 世纪以来，生物科学发展迅速，研究工作的定量化与信息化成为其主要特征。在本次修订过程中，我们以党的二十大精神为指引，以为党育人、为国育才为初心使命，以助力科技自立自强为己任，坚持以生命科学类本科生学习要求为重点、兼顾研究生工具课程学习要求，秉承“循序渐进、强化基础、先易后难、注重实践”的基本理念，用数学的语言深化和精准化地描述生命科学领域的现象和问题，强调教材内容与生命科学发展需要的匹配，注重吸收国外教材中的先进理念与统计方法，不断调整和完善本教材体系。

在前 5 版的基础上，本版教材在结构上从以下 4 个方面进行了修订和完善：一是详细、透彻补充完善了描述统计的相关内容，强化了统计学的图形描述理念；二是调整、完善了部分章节内容，增加了非参数检验，完善了列联分析；三是调整了试验设计有关内容的章节布局，增加了交叉设计与均匀设计及其统计分析；四是引入二维码形式，延伸和扩展了相关内容。

在具体内容方面，本教材第六版较为系统地介绍了生物统计学的基本原理和方法，在简要叙述生物统计学的产生、发展及其研究对象与作用，数据的来源与整理，数据特征的描述统计，概率与概率分布、抽样分布的基础上，着重介绍了统计推断、非参数检验、列联分析、方差分析、直线回归与相关分析、可直线化的非线性回归分析、协方差分析、多元线性回归与相关分析、逐步回归与通径分析和多项式回归分析，同时对试验设计原理及对比设计、随机区组设计、拉丁方设计、裂区设计、交叉设计、正交设计、均匀设计等常用试验设计及其统计分析进行了详细阐述。

与国内外同类教材相比，本教材第六版重点突出了以下特点：一是准确定位读者群。以生命科学类本科生学习要求为重点，兼顾研究生工具课程学习，同时也可供从事生命科学、农林科学、医药学、畜牧兽医、水产科学、食品科学等专业的教师与科研工作者参考。二是合理安排教材内容。注重理论与实践的结合，注重全面、实用，重点突出统计学在生命科学研究与实践中的应用。三是强化基础知识与扩展内容的结合。教材内容以满足本科生、研究生学习要求为基础，力争做到结构编排合理、知识深入浅出，采用二维码延伸阅读等形式扩展知识内容。

特别感谢科学出版社的编辑为本教材的出版和发行给予的大力支持和帮助。在科学出版社、河南省教育厅和河南师范大学一如既往的支持下，在各位读者的关怀和帮助下，本教材先后被评为“十一五”“十二五”国家级规划教材，获得首届河南省优秀教材特等奖，本教材作者李春喜先后被评为第二届、第三届“科学出版社百名优秀作者”，在此一并感谢。

本教材能够多次再版，始终得到了广大读者的支持和帮助。由于作者学识有限，编写内容定有不当之处，还望读者朋友继续给予关心和帮助，多提宝贵意见。

李春喜

2023 年 1 月于河南师范大学

第一版前言

生物统计学是运用数理统计的原理和方法来分析和解释生物界各种现象和试验调查资料的一门科学。随着生物学的不断发展，对生物体的研究和观察已不再局限于定性的描述，而是需要从大量调查和测定数据中，应用统计学方法，分析和解释其数量上的变化，以正确制定试验计划，科学地对试验结果进行分析，从而作出符合科学实际的推断。目前，生物统计学在农学、林学、畜牧、医药、卫生、生态、环保等领域已有广泛应用，但在纯生物学研究方面的应用，不管是在深度上还是广度上都不及上述领域。有鉴于此，在生物学研究中，迫切需要加强生物统计学的应用，对高校生物类专业，它也是一门应被十分重视的工具课程。本书正是为了满足这些需要而编写的。

本书的写作是在作者多年从事生物统计学教学和应用研究的基础上完成的。书中的内容主要侧重于各种统计方法的应用，在统计原理方面，一般只作概念上的介绍和公式的简单推导，对有些较复杂的统计公式则只给出公式，其目的主要是让读者不但对统计学原理有较全面的了解，更重要的是结合实例了解和掌握各种常用统计方法。在本书的安排上，全书共分十二章，概括起来主要有五个方面：第一章至第三章介绍统计和概率的基础知识，包括生物统计学的概念和内容、数据的搜集与整理、平均数和变异数的计算、概率和概率分布等；第四章、第五章介绍统计推断，包括样本平均数的检验、样本频率的检验、方差同质性检验、非参数检验和 χ^2 检验；第六章至第九章介绍统计分析方法，主要内容有方差分析、直线回归与相关分析、可直线化的曲线回归分析、多元回归与相关分析、逐步回归分析、多项式回归、协方差分析；第十章、第十一章介绍抽样与试验设计，主要包括抽样误差估计、抽样方法、抽样方案制订及常见的试验设计，如对比设计、随机区组设计、正交设计及其相应的统计分析方法；第十二章对近年来应用越来越多的多元统计分析进行了简单介绍。每章都附有一定数量的思考练习题，供读者参考。

本书中的例子主要有两个来源，一个是近年来有关生物学、农学、林学、医学、畜牧、水产、环保等领域或学科的实际研究资料，另一个是有关著作中的一些例题。崔党群教授在百忙中通审了全书，并提出了富有建设性的建议。贾玉书同志承担了本书的大部分绘图工作。姜丽娜同志在本书的录排中做了大量工作。在本书的出版过程中，得到了科学出版社的大力支持，特别是张晓春同志在书稿的编审和发行方面做了大量工作，在此一并表示谢意。

本书通俗易懂，具有一定的深度和广度，适合生物学、农学、医学、畜牧、水产、环保等领域或学科的科学工作者阅读，也可供本、专科院校生物类师生作为教材使用。

由于作者水平的限制和资料占有的局限性，本书难免会有错误和不妥之处，敬请读者批评指正，以便日后修订完善。

李春喜　王文林

1997 年 3 月

目　录

《生物统计学》（第六版）教学课件索取

凡使用本教材作为授课教材的高校主讲教师，可获赠教学课件一份。通过以下两种方式之一获取：

1．扫描左侧二维码，关注“科学 EDU”公众号→教学服务→课件申请，索取教学课件。

2．填写下方教学课件索取单后扫描或拍照发送至联系人邮箱。

<table>
<tr><td colspan="2">姓名：</td><td>职称：</td><td>职务：</td></tr>
<tr><td colspan="2">电话：</td><td colspan="2">电子邮箱：</td></tr>
<tr><td colspan="2">学校：</td><td colspan="2">院系：</td></tr>
<tr><td colspan="3">所授课程（一）：</td><td>人数：</td></tr>
<tr><td colspan="3">课程对象：□研究生　□本科（____年级）□其他________</td><td>授课专业：</td></tr>
<tr><td colspan="4">使用教材名称 / 作者 / 出版社：</td></tr>
<tr><td colspan="3">所授课程（二）：</td><td>人数：</td></tr>
<tr><td colspan="3">课程对象：□研究生　□本科（____年级）□其他________</td><td>授课专业：</td></tr>
<tr><td colspan="4">使用教材名称 / 作者 / 出版社：</td></tr>
<tr><td colspan="4">您对本书的评价及下一版的修改意见：</td></tr>
<tr><td colspan="3">推荐国外优秀教材名称/作者/出版社：</td><td rowspan="2">院系教学使用证明（公章）：</td></tr>
<tr><td colspan="3">您的其他建议和意见：</td></tr>
</table>

联系人：丛楠　　咨询电话：010-64034871　　回执邮箱：congnan@mail.sciencep.com

第1章

概　论

本章提要

生物统计学是运用数理统计原理和方法来搜集、分析、表述和解释生物界各种现象和试验调查数据的科学。本章主要讨论:

- 生物统计学的主要内容: 数据的描述统计、推断统计;
- 数据类型与特征: 数值数据与分类数据，数据分布的集中性与变异程度;
- 常用统计术语: 总体与样本、参数与统计数、效应与互作等;
- 统计学发展史: 古典记录统计学、近代描述统计学、现代推断统计学。

第一节　生物统计学的概念与作用

一、生物数据的变异性

生物学研究中，会产生大量的数据（data)。例如，生命科学研究者经常会在实验室、温室、野外、农田、诊所等各种场所进行调查和试验。一般情况下，调查和试验的结果总是存在变异性（variability）或差异性。例如，不同基因型的牡丹，花朵会呈现出红色、粉色、绿色等不同的颜色；相同条件下培养的植物细胞会有一定的差别；同一生境不同样方里的物种数量会有所不同。再比如，高血压病患者服用某种降压药后血压产生了不同程度的降低；同一地块种植不同基因型的玉米品种，其产量表现有高有低。

生物学研究的对象是生物有机体，与非生物相比，它具有特殊的变异性、随机性和复杂性。生物有机体的生长发育、生理活动、生化变化及有机体受外界各种随机因素的影响，都使生物学调查和试验结果具有较大的差异性，这种差异性往往会掩盖生物体本身的特殊规律。上述数据的差异性，有的是试验处理（如服用不同药物、采用不同品种）所产生的效应，也有的是调查或取样中产生的误差。通过实践发现，当试验条件尽可能保持相对一致时，其变异度会控制得比较小；但如果试验条件差异比较大，则会使试验结果误差增大。想要认识这些数据的变异性，分析试验结果的效应和误差，就需要通过统计方法进行分析和处理，认识数据变异的内在规律性，避免杂乱无章数据的干扰，厘清外部条件的影响，从而通过调查和试验数据来揭示事物的本质。

二、什么是生物统计学

统计学（statistics）是把数学的语言引入具体的科学研究领域，将所研究的问题抽象为数学问题的过程，是搜集、整理、分析和解释数据的科学。这一定义揭示了统计学是一系列处理数据的方法和技术。开展统计研究，首先必须要获得数据，对数据进行一定的整理，然后对数据进行分析和解释（图 1-1）。这个过程可以概括为两个方面：抽样过程和推断过程（图 1-2）。抽样过程（sampling process）就是通过抽样调查或试验研究取得反映客观现象的数据，构成数据样本，并通过数据整理、图表表达、计算加工、分布特征描述获得样本特征（如集中性特征、变异性特征）信息。这个过程也称为描述统计（descriptive statistics）。推断过程（inferential process）是指根据概率分布理论，通过样本特征信息来推断总体特征，并对分析结果进行说明和解释的过程，即通过现象认识本质的过程。这个过程也称作推断统计（inferential statistics）。由此可见，统计学就是一门有关统计数据的科学，统计学与统计数据密不可分。统计学是由处理统计数据的一系列方法所组成，这些方法来源于对统计数据的研究，目的也在于对统计数据的研究。没有统计数据，统计方法也就失去了它存在的意义。而获得了统计数据，如果不进行统计方法分析，其内在规律不能被认识，统计信息不能被挖掘，统计数据也就是一堆杂乱无章的数据而已。

搜集数据 → 整理数据 → 分析数据 → 解释数据

图 1-1　统计研究的 4 个环节

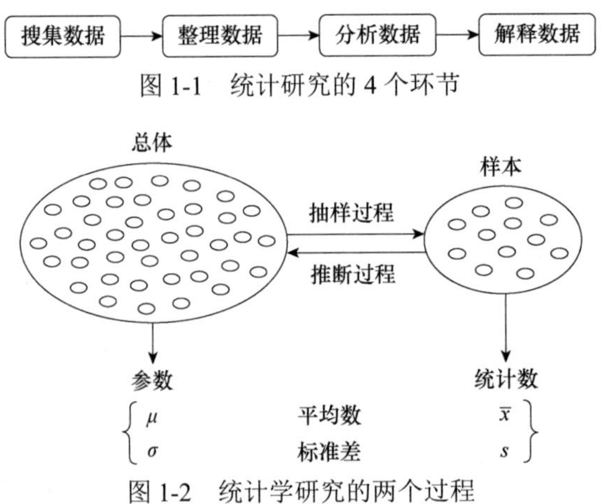

图 1-2　统计学研究的两个过程

生物统计学（biostatistics）是数理统计（mathematical statistics）在生物学研究中的应用，它是用数理统计的原理和方法来分析和解释生物界各种现象和试验调查数据的一门学科，属于应用统计学的一个分支。生物统计学是在生物学研究过程中，逐渐与数学的发展相结合而形成的，它是应用数学的一部分，属于生物数学的范畴。生物统计学是把数学的方法引入具体的生命科学领域，把生命科学领域中具体的研究问题抽象为数学问题，从大量的调查与试验数据中探寻其内在规律的过程。随着生物学研究的不断发展，生物统计学的应用也越来越广泛。因此，在生物学研究中，应用生物统计学就显得特别重要。生物学研究的实践证明，只有正确地应用生物统计学的原理和分析方法，合理制订生物学调查方案，科学设计生物学试验并正确实施，对数据进行客观分析，才能得出科学的结论。

三、生物统计学的内容与作用

生物统计学以概率论和数理统计为基础，将统计学应用于生物学研究过程中，其中涉及数列、排列、组合、矩阵、微积分等知识。作为生物学研究的一门工具课程，生物统计学一般不过多讨论数学原理，而主要偏重统计学原理的介绍和具体分析方法的应用。

生物统计学的基本内容，概括起来主要包括数据的描述统计和推断统计两大部分。描述统计主要是对通过调查与试验获取的数据特征进行描述。推断统计是指应用数理统计的原理与方法对数据进行分析，用样本统计数对总体参数进行推断，主要包括平均数及频率的统计推断、非参数检验、列联分析、方差分析、回归与相关分析、协方差分析等。

如何应用生物统计学合理地制订调查方案、科学地进行试验，并通过大量调查与试验数据来探寻其内在规律，可基本概括为以下 4 项内容，即生物统计学 4 个方面的作用。

（一）制订数据搜集的方案，提供调查与试验设计的一些重要原则

为了以较少的人力、物力和财力取得较多的调查与试验资料，获得较好的分析结果，在一些生物学研究中，就需要以统计原理为依据，科学地进行调查方案的制订与试验设计。例如，完整的随机区组试验需要遵循随机、重复与局部（区组、窝组）控制三项原则。以往有一些调查与试验数据，由于方案制订不合理、试验设计不当而丧失了大量的试验信息，究其原因多是缺乏科学的统计方法，从而使调查结果不准，试验的效率大大降低。尽管统计学原理和分析方法对调查与试验设计有着积极的指导意义，但它绝对不可能代替调查方案和试验设计。如果试验目的和要求不明确，设计不合理，试验条件不合适，统计数据不准确，这种试验绝对不会成功，统计学分析方法也不可能挽救试验的这种失败。

（二）提供描述统计的方法，通过数据整理、图形表达、计算加工、分布特征描述确定样本特征

一批调查与试验数据，若不整理则杂乱无章，不能说明任何问题。统计方法提供了整理数据、化繁为简的科学程序，它可以从众多的数据中，归纳出若干特征值，绘制出频数分布表、频数分布图、点线图、箱线图、雷达图等图形，计算出样本平均数、变异数、偏度系数、峰度系数等统计数，描述其集中性、变异程度、偏度、峰度等分布特征，使研究者从少数的特征值或直观表述的图表中了解大批调查与试验数据所蕴藏的内在信息。

（三）解析试验误差产生的原因，判断试验结果的可靠性

一般在试验中要求除试验因素以外，其他条件都应控制一致，但在实践中无论非试验因素的试验条件控制得如何严格，其试验结果总是受试验因素和其他偶然因素的影响。偶然因素的影响是造成试验误差的重要原因。要正确判断一个试验结果是由试验因素造成的还是由试验误差造成的，就必须运用统计分析的方法。如果试验条件比较一致，一般因偶然因素得到的试验数据随机误差就比较小。但是，如果试验条件控制得不好，或因客观原因无法使试验条件保持一致，则会产生较大的随机误差。通过对数据方差来源进行解析，可以从数据总变异中分解出处理效应和随机误差，也可以通过试验设计中的区组（或窝组）技术与统计分析结合进一步分析出试验条件差异较大的区组（或窝组）效应，进而提高试验设计的效率和统计分析的精度。同时，根据抽样标准误与总体方差的关系，合理运用重复 n 值实现对抽样误差的统计控制。

（四）阐述推断统计的基本原理，提供由样本推断总体的方法

生物学试验的目的在于认识生物学研究对象的总体规律，但由于生物学总体一般都比较

庞大，多数无法直接对总体实施观察和试验，在研究过程中就需要通过合适的抽样方法从总体中抽取部分个体作为样本，根据理论分布和抽样分布原理，用统计方法通过样本特征来推断总体的规律性。例如，调查出生婴儿的男、女性别是否符合 1∶1 的规律，饮用罗布麻茶一段时间能否降低高血压患者的血压值，引进新树种能否适应当地生态环境，施肥量不断增加能否持续促进产量提高等都需要通过调查或试验得到的抽样样本进行假设检验或参数估计，从而对总体特征做出统计推断。

第二节　数据类型及特征

数据（data）也称资料，是指通过调查或试验对客观事物的性质、状态及相互关系进行观察或测量的符号记录，是观察或测量客观事物的信息载体。数据不仅是指狭义上的数字，还可以是具有一定意义的文字、字母、数字符号的组合、图形、图像、视频、音频等，也包含客观事物的属性、数量、位置及其相互关系的抽象表示。例如，学生人数、身高、体重、花的颜色、天气的阴晴变化、作物冠层内的气体流动、鸟类的叫声、染色体图谱、流行疾病的感染率与治愈率等都是数据。数据必须是可识别的、可鉴别的。具有相同属性的一组数据称为数据集（data set），数据集也可简称为数据（复数的数据）。数据本身没有意义，数据只有对实体行为产生影响并经过统计处理和加工后成为统计信息（statistical information）才有价值。通过对数据进行统计分析，进行归类使其条理化，可以列成统计表，绘出统计图，计算出平均数、变异数等特征值。

数据与信息的关系

一、数据类型

生物学试验及调查所得的统计数据，在未整理之前一般是分散的、零星的和孤立的，是一堆无序的数字，这就需要对这些统计数据根据数据的性质进行分类。若不进行分类，大量的原始数据就不能系统化、规范化。对统计数据进行分类整理时，必须坚持“同质”的原则。只有“同质”的研究数据才能根据科学原理来分类，使试验数据能正确反映事物的本质和规律。根据生物学性状特性的不同，大致可分为数量性状（quantitative character）和质量性状（qualitative character）两大类，其对应数据包括数量性状数据（data of quantitative character）和质量性状数据（data of qualitative character）。数量性状数据也称为数值数据（metric data）或定量数据（quantitative data），质量性状数据也称为分类数据（categorical data）、属性数据（attribute data）或定性数据（qualitative data）。

（一）数值数据

数值数据一般是由计数、测量或度量得到的。由计数法（counting method）得到的数据称为计数数据（enumerative data），也称为非连续变量数据（data of discontinuous variable），如鱼的尾数、玉米果穗上籽粒行数、种群内的个体数、人的白细胞计数等。计数资料的变量值以正整数出现，不可能带有小数。例如，鱼的尾数只可能是 1，2，…，n，绝对不会出现 2.5、4.8 等这样的数据。

由测量或度量所得的数据称为计量数据（measurement data），也称为连续变量数据（data

of continuous variable)，通常用长度、重量、体积等单位表示，如人的身高、玉米的果穗重量、仔猪的体重、奶牛的产奶量等。计量数据不一定是整数，在相邻值之间有微小差异的数值存在。例如，小麦的株高为80～95cm，可以是85cm，也可以是86cm，甚至可以是86.5cm或86.54cm等变量值，随小数位数的增加，可以出现无限个变量值。至于小数位数的多少，要依调查与试验的要求和测量仪器或工具的精度而定。

（二）分类数据

分类数据，是指对某种现象只能观察而不能测量的数据。例如，水稻花药、籽粒、颖壳的颜色，小麦芒、茸毛的有无，果蝇的长翅与残翅，人血型的A、B、AB、O型，动物的雌、雄，疾病治疗的疗效有痊愈、好转、无效等。

只能归于某一有序类别的非数字型数据称为顺序数据（rank data）。顺序数据是有顺序的分类数据，它是由顺序尺度计量或分级形成的。例如，将农产品分为一等品、二等品、三等品、次品等；小麦感染锈病的严重程度可划分为免疫、高抗、中抗、感染；考试成绩可以分为优、良、中、及格、不及格等；一个人的受教育程度可以分为小学、初中、高中、大学及以上；一个人对某一事物的态度可以分为非常同意、同意、保持中立、不同意、非常不同意；等等。

为了便于统计分析，一般需先把分类数据数量化，可以采取下面两种方法。

1. 统计次数法 统计次数法（frequency counting）是指在一组分类数据中，可以根据某一质量性状的类别统计其频数（frequency）或次数，以频数作为该质量性状的数据。在分组统计时可按质量性状的类别进行分组，然后统计各组出现的次数。因此，这类数据也称为频数数据（frequency data）。例如，红花豌豆与白花豌豆杂交，统计F_2代不同花色的植株时，在1000株植株中，有红花266株、紫花494株、白花240株，可以计算出三种颜色花出现的频数百分率分别为26.6%、49.4%和24.0%。

2. 评分法 评分法（point system）是用数字级别表示某现象在表现程度上的差别。例如，小麦感染锈病的严重程度可划分为0（免疫）、1（高抗）、2（中抗）、3（感染）级；家畜肉质品质可以评为三级，好的评为10分，较好的评为8分，差的评为5分。这样，就可以将质量性状数据进行数量化。经过数量化的质量性状数据的处理可以参照计数数据的处理方法。

不同类型的数据可采用不同的统计方法来处理和分析。例如，对分类数据，通常统计出各组的频数或频率，计算其众数和异众比率，进行列联表分析和χ^2检验等；对计数数据，可以计算其中位数和四分位差，进行非参数检验分析；对计量数据，可以用更多的统计方法进行处理，如计算各种统计数、进行参数估计和假设检验等。

其他类型的数据划分

二、数据主要特征

对一组数据的分布特征，一般可从集中性、变异程度、分布形态三个方面进行度量和描述。数据的集中性（centrality）是指一组数据向某一中心值靠拢的倾向。描述集中性的指标

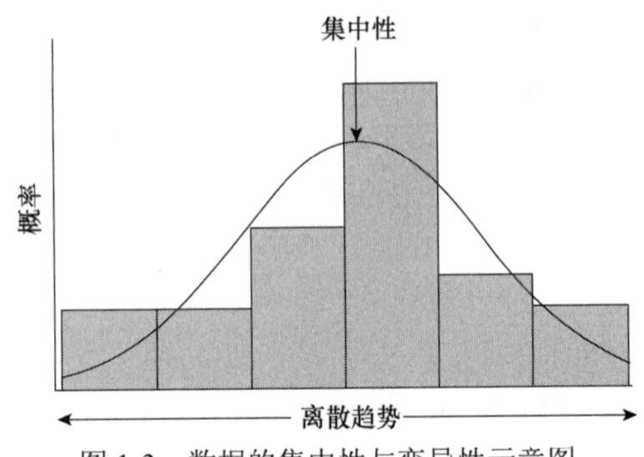

图 1-3　数据的集中性与变异性示意图

主要有数值平均数（如算术平均数、几何平均数等）和位置代表值（如众数、中位数等）。数据的变异程度也称离中趋势（scedasticity）或离散程度（dispersion），反映的是各数据远离中心值的程度（图 1-3）。变异程度的度量指标主要有异众比率、极差、平均离差、四分位差、方差与标准差、变异系数等。对分布形态的描述一般包括偏度和峰度两个方面（图 1-4），其描述指标主要有偏度系数和峰度系数。判断分布是否为正态分布，需要正态性检验。

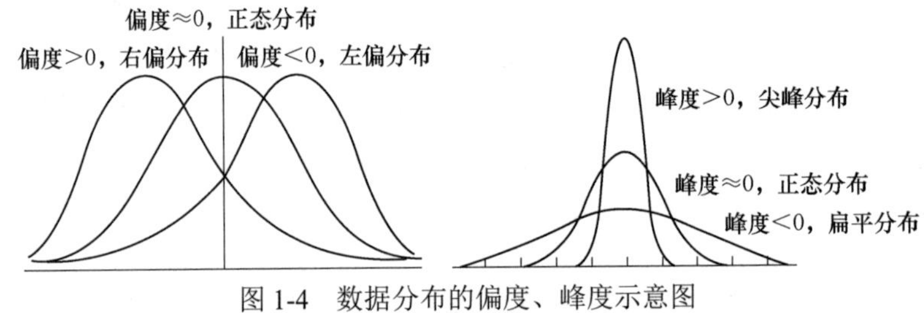

图 1-4　数据分布的偏度、峰度示意图

三、数据统计中的常用术语

（一）总体与样本

1. 总体　具有相同性质的个体所组成的集合称为总体（population），它是指研究对象的全体，而组成总体的基本单元称为个体（individual）。例如，由多个家庭构成的总体中，每个家庭就是一个个体，而对一个家庭来说，这个家庭就是一个总体，而每个家庭成员就是一个个体。

视频讲解

总体范围有时容易确定，有时就难以确定。当总体范围难以确定时，我们可以根据研究目的来定义总体。按所含个体的数目是否可数，可将总体分为有限总体和无限总体。个体极多或无限多的总体称为无限总体（infinite population），如某一棉田棉铃虫的头数，可以认为是无限总体。另外，也可从抽象意义上来理解无限总体，如通过临床试验来推断某种药品比另一种药品治愈率高，这里的每一个试验数据可以看作总体中的一个个体，而试验可以无限进行下去，因此由试验数据构成的总体就是无限总体。总体范围明确、个体数目有限可数的总体称为有限总体（finite population），如对某一班学生身高进行调查，这时总体是指这一班中每位学生的身高。

要研究总体的性质，一般情况下我们无法将总体中的个体全部取出进行调查或研究。因为在实际研究过程中，常会遇到两种难以克服的困难：一是总体的个体数目较多，甚至无限多；二是总体的数目虽然不多，但试验具有破坏性，或者试验费用很高，不允许做更多的试验。在这种情况下，只能采取抽样的方法，从总体中抽取一部分个体进行研究。

2. 样本　从总体中抽出的若干个体所构成的集合称为样本（sample），构成样本的每个个体称为样本单位（sample unit），样本中个体的数目称为样本容量（sample size），记为 n。样本所代表的是事物的现象，其作用在于估计总体，揭示事物的本质。例如，可以调查某一地区棉田 100 株棉花上的棉铃虫头数，来推断该地区棉铃虫的发生状况，以采取相应的对策。一般在生物学研究中，$n<30$ 的称为小样本，$n\geq 30$ 的称为大样本。在一些计算和分析检验方法上，需要区分大、小样本。

在对事物的研究过程中，人们往往是通过某事物的一部分（样本），来估计事物全部（总体）的特征，目的是以样本的特征对未知总体进行推断，从特殊推导一般，对所研究的总体做出合乎逻辑的推论，得到对客观事物的本质和规律性的认识。在生物学研究中，我们所期望的是总体，而不是样本。但是在具体的试验过程中，我们所得到的却是样本而不是总体。因此，从某种意义上讲，生物统计学是研究生命过程中以样本来推断总体的一门学科。

（二）参数与统计数

1. 参数 参数（parameter）也称为参量，是对一个总体特征的度量，常用希腊字母表示。例如，反映总体集中性的总体平均数 μ、反映总体变异程度的总体标准差 σ 等，均为参数。由于总体一般都很大，有的甚至不可能取得，所以总体参数通常是未知的。正因为如此，我们才从总体中进行抽样，根据样本数据计算出特征值去估计总体参数。

2. 统计数 统计数（statistic）是根据样本数据计算所得的数值，它是描述样本数量特征的变量，常用英文字母表示。例如，反映样本集中趋势的样本平均数 $\bar{x}$、反映样本变异程度的样本标准差 s 等。由于样本是由总体抽出来的可观察的数据组成的，所以统计数是可以计算出来的。我们可以根据样本统计数来估计总体的参数，如用样本平均数 $\bar{x}$ 来估计总体平均数 μ，用样本方差 s^2 来估计总体方差 σ^2。此外，还有一些统计数是为了进行统计分析而构造出来的，如后续章节中的 u 统计数、t 统计数及 F 统计数等。

（三）变量与常数

1. 变量 相同性质的事物间表现差异性的某种特征称为变量或变数（variable）。变量的具体表现称为变量值（value of variable）或观测值（observed value），亦即数据，是研究者在确定了研究目的之后所观测的指标。由于研究目的不同，所选择的变量也不相同，如植物叶片叶绿素的含量，人体身高、体重、血糖含量、血型等。变量通常记为 x，如 10 个人的身高在 155～180cm，共有 158cm、167cm、173cm、155cm、180cm、165cm、175cm、178cm、170cm、162cm 10 个变量值，记作 x_i（$i=1, 2, \cdots, 10$），表示 x_1～x_{10} 的任一数值。

根据获取观测值的方式及测量方法所提供的数值信息的差异，变量可以分为数值变量和分类变量。通过测量所获得的、用具体数值与特定计量单位表达的数据称为数值变量（numerical variable），也称为定量变量（quantitative variable）。数值变量的变量值是定量的，表现为数值大小，一般有度量衡单位，如人的身高（cm）、体重（kg）、脉搏计数（次/分）等。数值变量根据其值的不同，可以分为连续性变量和非连续性变量。连续性变量（continuous variable）表示在变量范围内可抽出某一范围的所有值，变量之间是连续的、无限的，如小麦的株高在 80～90cm，在此范围内可以取得无数个变量。非连续性变量（discontinuous variable）也称为离散性变量（discrete variable），表示在变量数列中，仅能取得固定数值，并且通常是整数，如菌落中的菌数、单位面积水稻的茎数、小白鼠每胎产仔数等。分类变量（categorical variable）也称为定性变量（qualitative variable）、名义变量（nominative variable），其变量值是定性的，表示某个体属于几种互不相容的类型中的一种，如果蝇的翅有长翅与残翅，人的血型有 A、B、AB 和 O 型，豌豆花的颜色有白色、红色和紫色，等等。

变量的类型是根据研究目的而确定的。根据需要，各类变量可以互相转化。例如，以人作为研究对象，观察某人群成年男子的血红蛋白含量（mg/L），属于数值变量；若按血红蛋白含量正常与偏低分为两类，则属于分类变量。

2．常数 常数（constant）是不能给予不同数值的恒量值，它是代表事物特征和性质的数值，通常由变量计算而来，在一定过程中是不变的，如平均数、标准差、变异系数等。只有在事物的总体发生变动时，常数才随之变化。

（四）处理与误差

1．处理 处理（treatment）也称为试验处理（experimental treatment），是指利用外部因素对试验的受试对象给予的干预或影响。通过处理和干预或影响，可以使试验结果发生变化，这种变化就是处理效应（treatment effect）。根据处理所涉及的因素数将其分为单因素处理和多因素处理。当试验处理中只有一个因素时，称为单因素处理（simple factor treatment）。单因素试验中，一个处理对应的就是一个因素水平。例如，饲料的比较试验，可以用不同品种的饲料对畜禽进行饲喂，以观察其日增重量的大小，其中一种饲料就是一个饲料因素的一个水平，也是饲喂试验中的一个处理。试验中如果有两个或两个以上因素，则称为多因素处理（multiple factors treatment），可依处理因素数进行具体命名，如二因素试验处理、三因素试验处理等。

2．误差 在生物学试验处理中，所涉及的因素分为可控因素和不可控因素两类。试验中可以人为调控的因素属于可控因素（controllable factor），而不能人为调控的因素则称为不可控因素（uncontrollable factor）或随机因素（random factor）。试验误差就属于不可控因素。

试验误差（experimental error）简称误差（error），是指观测值偏离真值的差异。试验误差可以分为随机误差和系统误差两类。随机误差（random error）也称为抽样误差（sampling error）、偶然误差（accidental error），它是由试验中许多无法控制的偶然因素所造成的试验结果与真实结果之间的差异。统计上的试验误差通常就是指随机误差。我们可以通过增加抽样或试验次数降低随机误差，但不能完全消除随机误差，因此误差的存在是不可避免的。系统误差（systematic error）也称为片面误差（lopsided error），是由于试验处理以外的其他条件明显不一致所产生的带有倾向性的或定向性的偏差。系统误差主要由一些相对固定的因素引起，如仪器调校的差异、各批药品间的差异、不同操作者操作习惯的差异等。系统误差在某种程度上是可以控制的，只要试验工作做得精细，在试验过程中是可以避免的。

需要注意的是，试验或调查过程中，还可能因人为操作不当引起差错，如仪器校正不准、药品配制比例不当、称量不准确、数据抄错、计算出现错误等。这种差错称为错误（mistake），又叫作过失性误差（gross error）。与误差不可避免不同的是，试验人员只要高度重视、细心操作、正确实施，错误是可以避免的。在科学研究特别是精准试验过程中，这类错误是不允许产生的。

（五）效应与互作

1. 效应 在描述自然现象和社会现象时，效应是指在有限环境下，由主观或客观因素对事物影响所产生现象的变化，并不一定指严格的科学定理、定律中的因果关系，如温室效应、蝴蝶效应、毛毛虫效应、木桶效应、完形崩溃效应等。在统计学中，效应（effect）是指在确定研究范围内由试验因素或随机因素作用引起研究对象观测的变异。由试验处理影响的变异称为处理效应，效应的大小用效应量（effect size）表示。统计分析的一个重要任务就是根据样本统计数按变异来源来分解哪些变异是由处理产生的，哪些是由误差产生的，进而估计出处理效应量和误差的大小，根据概率分布原理做出统计推断。

2. 互作 在两个或两个以上因素试验中，试验的处理效应由因素的主效应或因素间的互作效应构成。由单个因素的独立作用所引起的数据差异称为该因素的主效应（main effect），简称为主效，如不同饲料使动物的体重增加表现出差异，不同品种的玉米产量不同等。两个或两个以上处理因素间相互作用所产生的效应，称为互作效应（interaction effct），简称为互作或连应（interaction），如氮、磷肥共施会对作物产量产生互作效应。互作有正效应，也有负效应，如果氮、磷共施的产量效应大于氮、磷单施效应之和，说明氮磷互作为正效应；如果氮、磷共施的产量效应小于氮、磷单施效应之和，说明氮磷互作为负效应。互作效应为零，则称因素间无交互作用。没有交互作用的因素是相互独立的因素。应该注意的是，有时交互作用相当大，甚至可以忽略主效。因素间是否存在交互作用有专门的统计推断方法，有时也可根据专业知识或经验加以判断。

（六）准确性与精确性

1. 准确性 准确性也称为准确度（accuracy），是指在调查或试验中某一研究指标的观测值与真值接近的程度。统计学是以样本的统计数来推断总体参数的。我们用统计数接近参数真值的程度来衡量统计数准确性的高低，用样本中各变量间变异程度的大小来衡量该样本统计数精确性的高低。

2. 精确性 精确性也称精确度（precision），是指调查或试验中同一试验指标或性状的重复观测值彼此接近程度的大小。不同研究对精确性的要求是不一样的，一般来说，化学测量应当有较高的精确性，动物实验或医学临床试验由于试验对象个体差异及测定条件的影响，较难控制精确性，但应尽量将其控制在专业规定的容许范围内。

准确性与精确性相比，准确性反映观测值与真值符合程度的大小，而精确性则是反映多次测定值的变异程度（图1-5）。因此，准确性不等于精确性。

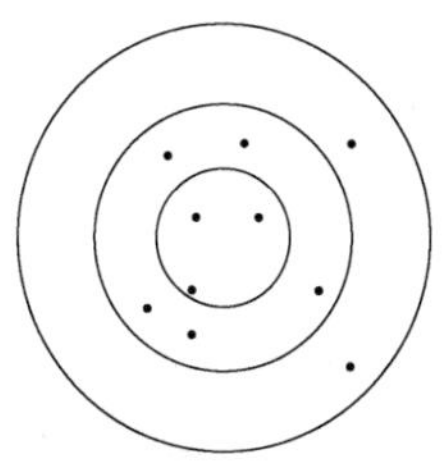

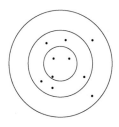

低准确性、低精确性

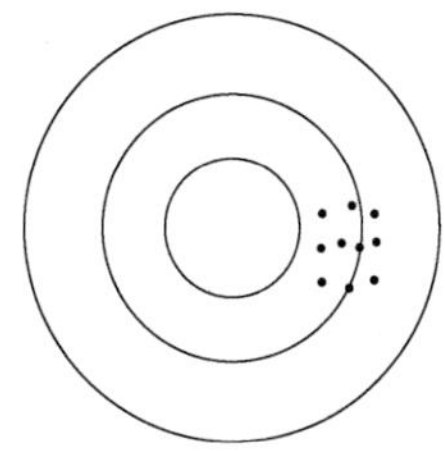

低准确性、高精确性

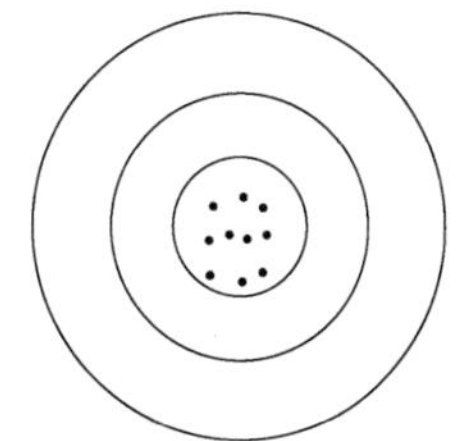

高准确性、高精确性

图1-5 数据的准确性与精确性的比较

第三节　统计学的发展

人类的统计实践是随着计数活动而产生的。因此，对统计学发展的历史可追溯到远古的原始社会。但是，使人类的统计实践上升到理论予以总结和概括成一门系统的统计学，则起源于 17 世纪英国，其代表人物是 W. Petty（1623～1687），代表作是《政治算术》。政治算术学派主张用大量观察和数量分析等方法对社会经济现象进行研究，为统计学的发展开辟了广阔的前景。由于 W. Petty 对于统计学的形成有着巨大的贡献，马克思称他为“统计学的创始人”。统计学的发展经历了古典记录统计学、近代描述统计学和现代推断统计学三个阶段。

一、古典记录统计学

古典记录统计学（record statistics）的形成是在 17 世纪中叶至 19 世纪中叶。在最初兴起时，通过用文字或数字如实记录与分析国家社会经济状况，初步建立了统计研究的方法和规则，到概率论被引进之后，逐渐成为一种较为成熟的方法。

瑞士数学家 J. Bernoulli（1654～1705）系统论证了大数定律。后来，J. Bernoulli 的后代 D. Bernoulli（1700～1782）将概率论应用到医学和人寿保险。

法国天文学家、数学家、统计学家 P. S. Laplace（1749～1827）发展了概率论，建立了严密的概率数学理论，并在天文学、物理学的研究中推广应用了概率论。作为概率论的创始人，他研究了最小二乘法，初步建立了大样本推断的理论基础，为后人开创了抽样调查的方法。

正态分布理论在生物统计学中具有十分重要的地位，它最早是由法国数学家 De Moiver 于 1733 年发现的。德国天文学和数学家 G. F. Gauss（1777～1855）在研究观察误差理论时，独立推导出测量误差的概率分布方程，并提出了“误差分布曲线”。这条分布曲线称为 Gauss 分布曲线，也就是正态分布曲线。

二、近代描述统计学

近代描述统计学（description statistics）的形成是在 19 世纪中叶至 20 世纪上半叶，这个时期也是统计学用于生物学研究的开始和发展时期，其“描述”特色是由一批原是研究生物进化的学者提炼而成的。

英国遗传学家 F. Galton（1822～1911）自 1882 年起开设“人体测量实验室”，分析父母与子女的变异，探寻其遗传规律，应用统计方法研究人种特性和遗传，探索了能把大量数据加以描述与比较的方法和途径，引入了中位数、百分位数、四分位数以及分布、相关、回归等重要的统计学概念与方法，开辟了生物学研究的新领域。尽管他的研究当时并未成功，但由于他开创性地将统计方法应用于生物学研究，后人推崇他为生物统计学的创始人。

Galton 和他的学术继承人 K. Pearson（1857～1936）经过共同努力于 1895 年成立了伦敦大学生物统计实验室，1889 年发表了《自然界的遗传》一文，并于 1901 年创办了 *Biometrika*（《生物统计学报》或称为《生物计量学报》）这一权威杂志。在该杂志的创刊词中，Galton 和 Pearson 首次为他们所运用的统计方法明确提出了“生物统计”（biometry）一词。Galton 解释：所谓生物统计学，就是应用于生物学科中的统计方法。在《自然界的遗传》一文中，

K. Pearson 提出了相关与回归分析问题，并给出了简单相关系数和复相关系数的计算公式。1900 年，K. Pearson 在研究样本误差效应时，提出了 χ^2 检验，它在分类数据的统计分析中有着广泛的应用。

三、现代推断统计学

现代推断统计学（inference statistics）的形成是在 20 世纪初至 20 世纪中叶。随着社会科学和自然科学领域研究的不断深入，各种事物与现象之间繁杂的数量关系及一系列未知的数量变化，单靠记录或描述的统计方法已难以奏效。因此，要求采用推断的方法来掌握事物之间的真正联系并对事物进行预测。从描述统计学到推断统计学，这是统计学发展过程中的一个巨大飞跃。

K. Pearson 的学生 W. S. Gosset（1876～1937）对样本标准差进行了大量研究，于 1908 年以笔名“Student”在 *Biometrika* 上发表了论文《平均数的概率误差》，创立了小样本检验的理论和方法，即 t 分布和 t 检验。t 检验已成为当代生物统计工作的基本工具之一，它也为多元分析的理论形成和应用奠定了基础。因此，许多统计学家把 1908 年看作统计推断理论发展史上的里程碑，也有人推崇 Gosset 为推断统计学（尤其是小样本研究理论）的先驱者。

英国统计学家 R. A. Fisher（1890～1962）于 1923 年发展了显著性检验及估计理论，提出了 F 分布和 F 检验，创立了方差和方差分析。在从事农业试验及数据分析研究时，他提出了随机区组法、拉丁方法和正交试验的方法。1915 年，Fisher 在 *Biometrika* 上发表论文《无限总体样本相关系数值的频率分布》，被称为现代推断统计学的第一篇论文。1925 年，Fisher 发表了《试验研究工作中的统计方法》，对方差分析及协方差分析进一步做了完整的解释，从而推动和促进了农业科学、生物学和遗传学的研究与发展。自方差分析问世以来，各种数理统计方法不但在实验室中成为研究人员的析因工具，而且在田间试验、饲养试验、临床试验等农学、医学和生物学领域也得到了广泛应用。

J. Newman（1894～1981）和 E. S. Pearson 进行了统计理论的研究工作，分别于 1936 年和 1938 年提出了一种统计假设检验学说。假设检验和区间估计作为数学上的最优化问题，对促进统计理论研究和对试验做出正确结论具有非常实用的价值。

另外，P. C. Mabeilinrobis 对作物抽样调查、A. Waecl 对序贯抽样、D. J. Finney 对毒理统计、K. Mather 对生统遗传学、F. Yates 对田间试验设计等都做了杰出的贡献。

我国对生物统计学的应用始于 1913 年顾澄教授翻译的英国统计学家 G. U. Yule 1911 年的关于描述统计学的名著《统计学之理论》，这标志着英美数理统计学开始传入我国。之后，许多生物学研究工作者积极从事统计学理论和实践的应用研究，使生物统计学在农业科学、医学、生物学、遗传学、生态学等学科领域发挥了重要作用。应用试验设计方法和统计分析理论，进行农作物品种产量比较试验，病虫害的预测预报，动物饲养试验，饲料配方，毒理试验，动植物资源的调查与分析，动植物育种中遗传资源和亲、子代遗传的分析等都取得了较好成果。

近年来，生物统计学发展迅速，从中又分支出生统遗传学（群体遗传学）、生态统计学、生物分类统计学、毒理统计学等。数学在生物学、医学和农学中的应用，使生物数学成为一门新的学科，生物统计学只是它的一个分支学科。1974 年，联合国教育、科学及文化组织在编制学科分类目录时，第一次把生物数学作为一门独立的学科列入生命科学类中。随着计算机的普及、网络技术的发展，统计分析系统（statistical analysis system，SAS）、社会科学统计软件包（statistical package for the social science，SPSS）等国际通用软件的开发和应用及生命科学研究领域的不断深入，生物统计学的研究和应用必将越来越广泛，越来越深入。

思考练习题

习题 1.1　什么是生物统计学？生物统计学的主要内容与作用是什么？

习题 1.2　什么是描述统计，什么是推断统计，二者有何联系和区别？

习题 1.3　什么是数据？数据有哪些类型？描述数据的特征有哪几个方面？

习题 1.4　解释以下概念：总体、个体、样本、样本容量、变量、常数、参数、统计数、处理、试验误差、效应、互作。

习题 1.5　随机误差与系统误差有何区别？

习题 1.6　准确性与精确性有何区别？

参考答案

第 2 章 数据的描述统计

本章提要

数据的描述统计是统计学的核心内容之一。本章主要讨论：

- 数据来源的两大途径：调查、试验；
- 数据整理与不同类型数据频数分布表、频数分布图的制作；
- 数据的集中性描述：众数、中位数、算术平均数、几何平均数等；
- 数据的变异程度描述：极差、四分位差、方差、标准差、变异系数等；
- 数据分布形态特征描述：偏度、峰度。

在生物学研究中，需要通过试验或调查搜集原始数据。这些原始数据在未整理之前，一般是分散的、零星的和孤立的，是一堆无序的数字。统计分析就是要依靠这些数据，通过整理分析进行归类，使其条理化，然后列成统计表、绘出统计图进行直观描述，通过计算数据分布的平均数、变异数、偏度和峰度，定量描述出数据的集中性特征、变异程度特征和分布形态特征。

第一节　数据的来源

样本数据的搜集（collection）是统计分析的第一步，也是全部统计工作的基础。生物学研究的数据主要来源于两种渠道：一是直接数据（direct data），又称为第一手数据（first hand data），主要是通过直接的调查和科学的试验获得的数据；二是间接数据（indirect data），也称为第二手数据（second hand data），是源于别人的调查或试验的数据，官方的统计数据、各类自然观察的历史数据、通过各类文献查阅的数据都属于这一类数据。无论是直接数据还是间接数据，其数据获取的方式基本都是调查、试验两种形式。无论是调查还是试验，统计学对原始数据都要求完整和准确。

一、调查

调查（survey）又称为观察性研究（observational study），是指对客观事物通过各种方式、各种手段获取数据的研究过程。这个过程中，研究者只能作为旁观者从研究对象中系统地搜集数据，不能出现影响客观事物性质的人为干预现象。通过调查方法获得的数据称为调查数据（survey data），也称为观测数据（observational data）。调查有两种方法，一种是普查，另一种是抽样调查。

（一）普查

普查（census）是指为了某种特定的目的对研究对象的每一个个体都进行测量或度量的一种全面调查（complete survey），如人口普查、土壤普查等。普查一般要求在一定的时间或范围内进行，主要目的是摸清研究对象的基本情况。普查对象通常为有限总体，所获得的数据具有信息全面、完整、系统的特点。当总体比较大时，普查涉及范围广，是一项庞大的工程，耗时、费力，调查成本较高，非必需、非可行条件下普查很难进行。

普查与统计报表

在生物学研究中，普查仅仅是在极少数情况下才能进行的调查，多数情况还是抽样调查，如某一地区的生物资源调查、棉田某一病害发病率调查等，都需要进行抽样调查。

（二）抽样调查

抽样调查（sampling survey）是一种非全面调查，它是根据一定的原则对研究对象抽取一部分个体进行观测或度量，把得到的数据作为样本进行统计处理，然后利用样本特征数对总体参数进行推断。抽样调查时，要根据抽取总体和研究目的的性质，合理确定抽样单位。抽样单位（sampling unit）是指被抽取样本中的一个或一组元素，一个抽样单位就是样本容量 n 中的一个个体。要使样本无偏差地估计总体，除了样本容量要尽量大之外，重要的是采用科学的抽样方法，抽取有代表性的样本，取得完整而准确的数据。实践证明，正确的抽样方法不但能节约人力、物力和财力，而且与相应的统计分析方法相结合，可以做出比较准确的估计和推断。

生物学研究中，由于研究的目的和性质不同，所采取的抽样方法也各不相同。常用的抽样方法有随机抽样、顺序抽样和典型抽样。

1. 随机抽样 随机（random）是指某个事件的发生是偶然的、不受预设观点立场影响的现象。试验过程中要求试验单位的抽样、分组、实施处理及其试验顺序都必须遵守随机原则，避免人为主观因素的影响。随机抽样（random sampling）要求在进行抽样的过程中，总体内所有个体都具有相同的被抽取的概率，因此随机抽样又称为概率抽样（probability sampling）。由于抽样具有随机性，可以正确地估计试验误差，从而得出科学合理的结论。

随机抽样必须满足两个条件：①总体中每个个体被抽中的机会是均等的；②总体中任意一个个体是否被抽中是相互独立的，即个体是否被抽中不受其他个体的影响。第二个条件适合于无限总体。但对生物学研究来说，多数研究的抽样对象属于有限总体，要完全符合随机样本的理论要求就非常困难。随机抽样可分为以下几种方法：简单随机抽样、分层随机抽样、整体抽样、双重抽样。

1）简单随机抽样 简单随机抽样（simple random sampling）是最简单、最常用的一种抽样方法，要求抽样总体内的每一个个体被抽取的机会完全相等。随机抽样的结果可用推断统计方法进行分析，从而由样本对总体做出推断，并对推断的可靠性做出一定概率的保证。

简单随机抽样是采用随机的方法直接从总体中抽选若干个样本单位构成样本。其方法是将总体内所有样本单位全部编号，采用随机方法确定样本单位编号，这些编号所对应的样本单位抽出来放在一起就构成一个随机样本。简单随机抽样适用于个体间差异较小、样本容量较小的情况。对于那些具有某种趋向或差异明显及点片式差异的总体不宜使用。

例 2-1　表 2-1 为 30 头仔猪的断奶体重（kg），试将其作为一个总体，采用简单随机抽样的方法，从中抽出一个含有 10 个抽样单位的随机样本。

首先，将 30 头仔猪的断奶体重依次编号为 1～30（表 2-1）。

表 2-1　30 头仔猪断奶体重及其编号

编号	1	2	3	4	5	6	7	8	9	10
体重（kg）	19.0	15.2	15.5	19.0	19.5	20.0	23.5	19.0	19.5	21.5
编号	11	12	13	14	15	16	17	18	19	20
体重（kg）	21.0	16.5	15.6	20.5	14.0	17.7	14.7	15.7	19.0	22.0
编号	21	22	23	24	25	26	27	28	29	30
体重（kg）	18.7	16.7	21.5	17.0	20.0	16.0	22.2	23.5	17.0	20.0

其次，用随机法确定样本单位编号。用随机发生器、查随机数字表或其他方法得到若干随机数字（random digit）。对本例，如得到一组随机数字 43、65、71、05、89、03、68、44、10、42 和 25，把小于 30 的数字直接保留，把大于 30 的数字除以 30 记其余数，然后划去重复的数字，得 13、05、11、29、03、08、14、10、12 和 25，即被抽单位编号。若采用抽签法（lottery），由于这是一个较小的有限总体，应采用复置抽样（duplicate sampling）。复置抽样又称为放回抽样（sampling with replacement），是指在每次抽样时抽出一个样本单位后，该个体复返原总体，继续参与抽样的方法。

2）分层随机抽样　分层随机抽样（stratified random sampling）简称分层抽样，是一种混合抽样。其特点是将总体按变异原因或程度划分成若干区层（strata），然后再用简单随机抽样，从各区层按一定的抽样分数（sampling fraction）（一个样本所包括的抽样单位数与其总体所包括的抽样单位数的比值）抽选抽样单位。

分层随机抽样的具体方法可分为两步进行：首先，将总体按变异原因与程度划分成若干区层（可以是地段、地带、生物的一个品种等），使得区层内变异尽可能小或变异原因相同，而区层间变异比较大或变异原因不同；其次，在每个区层按一定的抽样分数独立随机抽样。

将总体划分区层时，从各区层抽选的抽样单位数可以相等，也可以不等。一般采用以下三种方法配置各区层应抽选的抽样单位数。

（1）相等配置（equal allocation）：如果各区层的抽样单位数相等，可采用相等配置。

（2）比例配置（proportional allocation）：如果各区层抽样单位数不等，可按相同的抽样分数，把欲抽取的抽样单位总数分配到各区层。

（3）最优配置（optimum allocation）：根据各区层的抽样单位数、抽样误差和抽样费用，确定各区层应抽取的抽样单位。这种配置方式在抽样费用一定时，抽样误差最小。与比例配置相比较，最优配置在一个区层应抽取多少单位数，要根据该区的变异和抽样费用来综合考虑，即在变异范围较大的区层，抽样分数应大一些；在变异范围较小的区层，抽样分数可小一些，而在抽样费用较高的区层，抽样分数应小一些；在抽样费用低的区层，抽样分数可大一些。

分层随机抽样具有以下优点：①若总体内各抽样单位间的差异比较明显，可以把总体分为几个比较同质的区层，从而提高抽样的准确度；②分层随机抽样类似于随机区组设计，既运用了随机原理，也运用了局部控制原理，这样不仅可以降低抽样误差，也可以运用统计方法来估算抽样误差。

例 2-2　有一麦田，其长势呈单向趋向式变化，欲抽样估产，如何进行抽样？

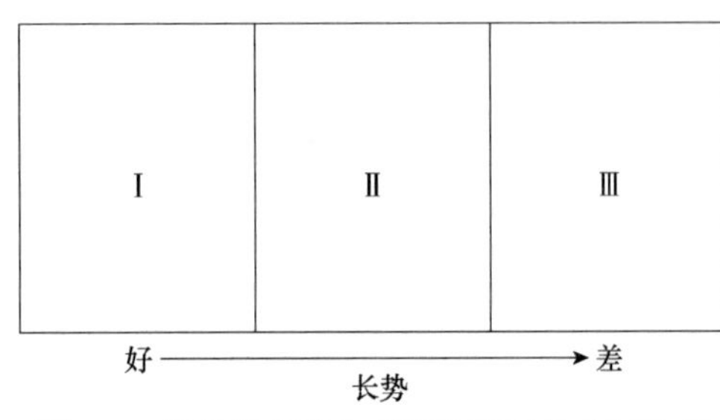

图 2-1　长势具有趋向式变化麦田的分层抽样

由于长势存在趋向式变化，因而宜将麦田分为若干区层，区层数要视变异大小而定。变异大可多分几个区层，变异小可少分几个区层。各区层可以相等，也可以不等，视变异程度而定。图 2-1 表示将该麦田划分为三个相等的区层。区层划分后，可将各区层再划分成面积大小相等的抽样单位（如 $1m^2$ 或 $3m^2$），即可在各区层以规定的抽样分数进行随机抽样。

3）整体抽样　　整体抽样（cluster sampling）是把总体分成若干群，以群为单位进行随机抽样，对抽到的样本做全面调查，因此也称为整群抽样。整体抽样是以“群”为基本的抽样单位。因此，“群”间差异越小，抽取的“群”越多，抽样误差越小。与简单随机抽样相比较，在相等的抽样分数下，它减少了所抽查单位的数目，却增大了每个调查单位。若总体内主要变异来源明显来自地段间，且每段占有较大的面积，则应采用分层抽样；若主要变异来源明显来自地段内各单位间，且每段所占面积较小，宜采用整体抽样。

整体抽样具有以下优点：①一个群只要一个编号，因而减少了抽样单位编号数，且因调查单位数减少，工作方便；②与简单随机抽样相比较，它常常提供较为准确的总体估计值，特别是害虫危害作物这类不均匀分布的研究对象，采用整体抽样更为有利；③只要各群抽选单位相等，整体抽样也可提供总体平均数的无偏估计。

进行整体抽样，样本容量一定时，其抽样误差一般大于简单随机抽样，这是因为样本观察单位并非广泛地散布在总体中。为降低抽样误差，可采用增加抽取的“群”数，减少“群”内观察单位数的方法进行抽样，即重新划分“群”组，使每个“群”更小。例如，调查农村儿童生长发育状况，以乡为抽样的基本单位（群），一般而言，比以村为抽样单位的抽样误差大，但后者提高了调查和质量控制的难度，研究者应根据实际情况在两种划分中做出选择。在实际工作中，往往缺乏现存可靠的观察单位名单，而地域区划、业务单位、社会集团等，则是范围清楚的可加以利用的“群”组，故整体抽样还是较为常用的。

4）双重抽样　　如果所研究的生物学性状是不容易观测或度量的，或调查过程中会产生较多费用，或要求有精密设备、复杂计算过程与耗费较多调查时间的，或必须进行破坏性测定才能获得观察结果的，等等。直接调查研究这类性状就有很大困难。为了调查这类性状，有时可以找出另一种易于观测或度量而且节省时间、节约经费的性状，利用这两种性状客观存在的关系，通过测定后一性状结果从而推算前一性状的测定结果。前一性状一般称为复杂性状或直接性状，后一性状称为简单性状或间接性状。在抽样调查时，要求随机抽出两个样本。这种抽样方法称为双重抽样（double sampling）。在双重抽样中涉及两个变量，通常将易于观测或度量的变量作为简单性状的变量，不易观测或度量的变量作为复杂性状的变量。例如，估计生长期中的甘蔗产量，甘蔗体积为简单性状而甘蔗重量则为复杂性状。在林学研究中，木材体积是一个较复杂的性状，而树干基部横剖面积则为较简单的性状。另外，在害虫密度调查中也经常采用这种方法。例如，从玉米茎上的蛀孔数（简单性状）来推算玉米螟的幼虫数（复杂性状）等。

双重抽样具有以下两个优点：①对于复杂性状的调查研究可以通过观测或度量少量抽样单位而获得相应于大量抽样单位的精确度；②当复杂性状必须进行破坏性测定才能调查时，只有使用双重抽样方法才能满足要求。

2．顺序抽样　顺序抽样（ordinal sampling）又称为系统抽样（systematic sampling）、机械抽样、等距抽样，它是按某种既定顺序从总体（有限总体）中抽取一定数量的个体构成样本。具体方法是，将总体的抽样单位按某一顺序分成 n 个部分，再从第一部分随机抽取第 k 号观察单位，依次用相等间隔，从每一部分各抽取一个抽样单位组成样本。例如，欲求 100 匹马的体重，拟抽出 20 匹马作为样本来称重，就可以采用逢 5 抽 1 的顺序抽样法。对 100 匹马进行编号，则 5、10、…、100 这 20 个个体组成一个样本。

顺序抽样具有以下优点：①可避免抽样时受人为主观偏见的影响，操作简便易行；②容易得到一个按比例分配的样本；③如果样本的抽样单位在总体分布均匀，这时采用顺序抽样，其抽样误差一般小于简单随机抽样，能得到较准确的结果。顺序抽样具有的缺点是：①如果总体内存在周期性变异或单调增（减）趋势，则很可能会得到一个偏差很大的样本，产生明显的系统误差；②顺序抽样得到的样本并不是彼此独立的，只能定性估计抽样误差。通过顺序抽样的方法，不能计算抽样误差、估计总体平均数的置信区间。同时应该注意，采用顺序抽样时，一旦确定了抽样间隔，必须严格遵守，不得人为随意更改，否则可能造成另外的系统误差。

3．典型抽样　根据初步数据或经验判断，有意识、有目的地选取一个典型群体作为代表（样本）进行调查记载，以估计整个总体，这种方法就称为典型抽样（typical sampling），也称为主观抽样（subjective sampling）。典型样本代表着总体的绝大多数，如果选择合适，可以得到可靠的结果，尤其从容量很大的总体中选取较小数量的抽样单位时，往往采用这种方法。这种抽样方法完全依赖于调查工作者的经验和技能，结果不稳定，且没有运用随机原理，因而无法估计抽样误差。典型抽样多用于大规模社会经济调查，而在总体相对较小或要求估算抽样误差时，一般不采用这种方法。

应该注意的是，在抽样过程中可以混合采用以上几种抽样方法。例如，从总体内有意识地选取典型单位群，然后再随机从群中抽取所需观测或度量的单位；有时也将顺序抽样和整体抽样配合使用。

（三）调查方案的制订

在进行调查前，必须先制订一个切实可行的调查方案。正确制订调查方案必须考虑以下几个方面问题或因素。

1．明确调查目的和内容　每次调查都应当有明确的目的，清楚该调查是为了解决什么问题，不能将调查搞得过分庞大和复杂。在制订调查方案时，首先要列出具体研究目标，确定调查的对象，明确研究的问题。调查之前，一般要做两件事情：一是认真考虑调查是不是实现这些目标的最佳方法，只有得到肯定的答案，断定调查是获得这些问题答案的最佳途径，才能考虑如何落实具体实施方案；二是要了解欲调查的事件是否已经进行过调查并得出相关结论，或者通过查阅文献来了解所要研究的问题是否已经有人做过相关研究，从以前的研究和曾经调查的结论中，我们可以得到什么样的启示，明确本次调查与以前的研究或调查在研究目的、方法、指标等方面有何区别和联系。

虽然各项调查的具体目标不同，但从统计学的角度来说，调查主要解决两个问题：一是通过调查可以描述研究总体某项指标的分布特征，即得到一些参数。例如，调查某幼儿园中班女孩身高、体重的平均数、标准差等。二是对总体不同部分间的相互关系进行分析性描述，即推断事物间的相互联系。例如，施用某种新型高效缓释肥料是否会增加农田面源污染的程度。

完整的调查方案一般应包括数据搜集、数据整理和数据分析三个阶段，这三个阶段的内容要前后呼应、紧密联系，形成一个不可分割的整体。

2．确定调查对象与范围 调查对象（subject of a survey）是根据研究目的所要观察研究的对象，明确调查总体的同质范围。在确定的调查总体范围内，确定调查对象的每个“个体”就是观察单位（observation unit）。观察单位可以是一个人、一个家庭、一个集体单位、一个病例，也可以是一个群落、一个田块（样方）、一株植物，或者一个生物器官、一个组织、一个细胞、一条染色体，甚至一个核苷酸序列片段、一个基因，等等。只有对观察单位有严格的界定，才能保证调查的科学性。例如，调查棉苗受棉蚜的危害程度，这时观察单位可以是一块棉田的每一株棉苗上的蚜虫头数，也可以是一个地区所有棉苗每株的蚜虫头数，在进行调查之前必须确定下来。当然，观察单位也不是固定不变的。例如，调查棉苗蚜虫头数时，观察单位可以是单株棉苗蚜虫头数，也可以是一定面积上若干株棉苗上蚜虫头数。一般来说，调查总体如果比较大，观察单位可以大一些；如果总体比较小，观察单位就可以小一些。确定观察单位的大小应具体考虑问题的性质及调查的费用、成本因素。

3．选择调查方法与指标 调查方案中采用何种方法是制订调查方案的关键。调查方法应根据具体调查研究的目的和对象，结合各种调查方法的特点，并考虑调查费用、工作难易和估计值的精确度等综合因素做出决定。对于总体比较小的或者是重要基础数据，可以采取普查的方法，如观察 5 株向日葵的朝向角度、进行南方稻田综合种养肥力状况普查等。对较大的总体，一般采用抽样调查的方法。抽样调查中，对精确度要求高的，尽量采用分层抽样、整体抽样和顺序抽样，其中以分层抽样的精确度较高；要求计算抽样误差时，就必须采用随机抽样，如简单随机抽样、分层随机抽样或其他形式的随机抽样；要求费用低廉、抽样易于进行时，采用顺序抽样、典型抽样、整体抽样及最优配置是合适的。同时也要考虑到人力、时间及其他因素的限制，以便抽样调查工作如期保质完成。

在制订调查方案时，在明确了调查目的及要解决的问题后，要确定所对应的指标（或性状）。无论是了解总体的参数，还是探索事物间的关系，都需要通过具体的指标（或性状）来体现。例如，为了了解棉蚜对棉苗的危害程度，可以将每株棉苗蚜虫头数作为调查指标。指标的设立应注意客观性、灵敏性和特异性，并紧扣研究目的，做到少而精。

4．确定样本容量与抽样分数 一般来说，抽样调查中的样本容量与精确度有关，样本容量越大，精确度越高。但样本容量的增加，势必引起人、财、物耗费的增加和时间的延长，因此样本容量的大小应适当（样本容量具体确定方法详见第 4 章）。样本容量与置信概率也有关，置信概率要求高的，样本容量应适当大些，否则样本容量可适当小些。要求抽样误差小的，样本容量应大些，否则样本容量可适当小些。

在一定容量的总体中，抽样分数与样本容量成正比。一般来说，抽样分数应在样本容量确定后再确定。这样可以根据样本容量，适当考虑总体容量来确定抽样分数。

5．设计调查表与问卷 调查表（enumeration form）是指在调查方案制订中，根据调查内容编制的各种表格，以便调查时使用。调查表一般应包括表头、调查地点、调查日期、调查项目、调查指标等。例如，水稻病害发生田间调查表，用以调查某地若干样点的纹枯病、稻瘟病、稻曲病的发生情况（表 2-2）。通常情况下，还需对调查项目和具体指标进行必要的说明，以正确落实调查要求。例如，选取样点的数量和分布（如随机选取还是顺序选取）、每个样点的面积（m^2）及病穴数、病株数、病叶数、病穗数等的判断标准等。

表 2-2　水稻病害发生田间调查表

调查地点：　　县　　乡（镇）　　村　　　　调查日期：　年　月　日

调查项目	纹枯病		稻瘟病		稻曲病	
	病穴数/总穴数	病株数/总株数	病叶数/总叶数	病穗数/总穗数	病穗数/总穗数	病粒数/总粒数
样点 1						
样点 2						
样点 3						
……						

如果是以人为调查对象，并需要其进行合作，可以采用问卷调查（questionnaire survey）的形式开展调查。问卷的问题有提问和陈述两种形式，提问是直接提出问题并由调查对象回答，而陈述即陈述某种观点，由调查对象表达对这种观点的态度。根据问题答案的形式，问题又分为开放式问题和封闭式问题。开放式问题是对问题答案不加任何限制，由调查对象对问题自由回答，适用于调查不清楚答案或答案很多的情况；封闭式问题可以根据问题可能的答案，设计两个或两个以上固定答案供调查对象选择。例如，对大学生吸烟情况进行的问卷调查，包括表题、表头、问卷编号、学校与班级信息、姓名、年龄、性别及若干问题的设计（表 2-3）。

表 2-3　大学生吸烟情况问卷调查表

问卷编号　□□□□□□□

学校________专业________姓名________年龄____岁　性别____政治面貌________

□　1. 你是否吸烟？

　　A. 不吸烟　B. 试着吸　C. 偶尔吸　D. 经常吸

回答 A 的从问题 2 接着回答下去，回答 B、C、D 的继续回答问题（1）、（2）、（3）

□　（1）你开始吸烟的年龄？　A. 小学前　B. 小学　C. 初中　D. 高中　E. 大学

□　（2）你吸烟的方式　A. 吸入后即喷出　B. 深吸入

□　（3）你是怎样开始吸烟的？　A. 好奇好玩　B. 烦闷无聊

　　C. 和同学相互劝烟　D. 模仿成人

　　E. 从影视片中学到的　F. 其他

□　2. 你认为吸烟有何利弊？（可以多选）

　　A. 吸烟能提神，有利于学习　B. 吸烟麻痹神经，对身体无害

　　C. 吸烟污染环境，对他人产生危害　D. 吸烟浪费钱，增加学业负担

□　3. 你认为应该禁止大学生吸烟么？

　　A. 应该全面禁止　B. 教室内应该禁止　C. 学校内应该禁止　D. 都不禁止

□　4. 你认为成人（包括老师、家长）可以吸烟么？

　　A. 不可以　B. 无所谓　C. 可以

　　……

设计问卷中的问题时要符合正常逻辑性，合理确定问题顺序，一般问题在前，特殊问题在后；容易问题在前，难答问题在后，敏感问题放在最后。同时，要尽量避免语义模糊的词语，如偶尔、大概、可能等，也要避免双重问题，即一个问题中实际提出两个问题，如“您抽烟喝酒么？”即双重问题。同时，在问卷设计时更要注意不要设置陷阱式的诱导性问题或不尊重调查人意愿的强制性问题，以免让调查对象产生不适，做出不符合自己意愿的非真实性回答。

6. 制订调查组织计划和管理措施 一个完整的调查方案还包括严密的组织计划，包括组织领导、协调机制、时间与进度安排、人员分工、经费核算、落实措施、质量检查等内容。只有认真落实严密的组织计划，才能保证整个调查工作能够有条不紊地顺利展开，保证调查数据质量，实现调查目标。

二、试验

获得数据的另一个途径是试验（experiment），通过控制试验中的一个或多个变量（因素），并尽可能保持非试验因素相对一致的条件下得到观测或度量结果，这些通过试验研究得到的数据称为试验数据（experimental data）。对于一些理论性的无限总体，一般需要通过设置不同类型的试验来获取样本数据，这些样本数据是在有效控制试验因素并对研究对象施加试验处理的情况下得到的变量数据。例如，对同一猪舍的一群猪仔，分别饲喂不同的饲料，以检验不同饲料对仔猪增重的影响。试验是检验变量间因果关系的有效方法，通过试验有目的地控制其中的某个因素，可以得到这种关系中被动因素随之变化的试验结果。

生物学研究中，试验是获得研究数据的主要手段和途径。为使所获得的数据能准确、可靠地反映事物的真实规律，在进行试验之前，对整个试验过程应做一个全面安排，这就是试验设计（experimental design）。试验设计是由英国统计学家 R. A. Fisher 于 20 世纪 20 年代为满足科学试验的需要而提出的，是数理统计学的一个分支。试验设计包括广义试验设计和狭义试验设计。广义试验设计（generalized experimental design）是指整个研究课题的设计，包括试验方案的拟订，试验单位的选择、分组与排列，试验过程中试验指标的观察记载，试验数据的整理、分析等内容；而狭义试验设计（restricted experimental design）则仅是指试验单位的选择、分组与排列方法。生物统计学中的试验设计主要指狭义试验设计。

在生物学研究中，要取得客观、理想的结果，合理的试验设计是非常重要的。通过合理、有效的试验设计，可以应用统计的原理与方法制订试验方案、选择试验材料并进行合理分组，它不仅能够用较少的人力、物力、财力和时间获得较多而可靠的数据，更重要的是它能够减少试验误差，提高试验的精确度，取得真实可靠的试验数据，为统计分析得出正确的推断和结论奠定基础。从这个角度来看，也可以把生物统计学内容分为试验设计与统计分析两大部分。从试验设计和统计分析的关系来看，统计分析可以为试验设计提供合理的依据，而试验设计又是统计分析方法的进一步运用。合理地进行试验设计，科学地整理、分析所得到的数据是生物统计学的基本任务。

（一）生物学试验的基本要求

为了认识生物的生殖和生长发育规律，就必须进行生物学试验。由于生物的生长发育和繁衍受到光、热、水、气、营养等诸多难以控制的环境条件的影响，这就增加了生物学试验的复杂性。为了科学、有效地做好试验，发挥其应有的作用，对生物学试验有如下基本要求。

1．试验目的要明确　生物学试验要具有实用性、先进性和创新性。安排试验时，需要对试验的预期结果及其在生产和科研中的作用做到心中有数。首先应抓住当前生产和科研中急需解决的问题作为试验项目，同时要有预见性，从发展的观点出发，适当照顾到长远和在不久的将来可能出现的问题。也就是说，在进行试验时，要有明确的试验目的，既要抓住眼前的关键问题，又要兼顾未来。

2．试验条件要有代表性　试验条件要能够代表将来准备推广该项试验结果地区的生产、经济和自然条件。只有这样，试验结果（新品种、新技术等）才能符合实际，才能被推广利用。在考虑目前实际条件的同时，还应放眼未来生产、经济和科学技术水平的发展，使试验结果既能符合当前需要，又能适应未来发展，从而具有较长的应用寿命。

3．试验结果要可靠　试验结果是否可靠，依赖于试验的准确度和精确度两个方面。理论上讲，如果试验没有误差，精确度和准确度一致。试验误差越小，则处理间的比较越精确。因此，在试验的全过程中，要严格按试验要求和操作规程执行各项技术环节，力求避免发生人为的错误和系统误差，尤其要注意试验条件的一致性，减少误差，提高试验结果的可靠性。高度的责任心和科学的态度是保证试验结果可靠性的必要条件。

4．试验结果要能重演　试验结果的重演（recapitulation）是指在相同的条件下，重复进行相同试验能得到与原试验结果相同或相近的结果。也就是说，试验结果要能经得起实践的考验。这对于推广试验结果至关重要。为了保证试验结果能够重演，首先必须严格要求试验的正确执行和试验条件的代表性。其次必须注意试验的各个环节，全面控制试验条件和试验过程，有详细、完整、及时和准确的试验过程记载，以便分析各种试验结果产生的原因。此外，对生物学试验还必须考虑生态环境特点，将试验重复 2～3 次，甚至进行多年多点试验，以避免年份、地点、环境条件的不一致所带来的影响。

（二）试验设计的基本要素

试验设计由三个基本要素组成，即受试对象、试验因素和处理效应。

1．受试对象　受试对象（tested subject）是根据研究目的而确定的试验受试者，是处理因素的客体，即前面所提到的试验单位。根据试验要求，受试对象可以是一个人、一只动物、一组盆栽植物，也可以是动植物中的某一个器官。在进行试验设计时，必须对受试对象所要求的具体条件做出严格规定，以保证其同质性。第一，要确定受试对象的入选标准和排除条件。例如，在研究某药物对慢性胃溃疡的治疗效果时，规定“胃溃疡 12 个月以上未治愈者”为入选条件，那么受试对象中就应当排除胃溃疡发病等于和小于 12 个月的患者。第二，受试对象尽可能选择对处理因素敏感的个体，以便于观测到较大的处理效应，获得较好的试验效果。第三，要从经济上、时间上考虑能否得到数量充足的受试对象。第四，如果受试对象为疾病患者，还要考虑其能否配合并坚持试验，同时还要注重科研道德，注意保护好患者的隐私。

2．试验因素　试验因素（exprimental factor）也称为处理因素（treatment factor），简称因素或因子（factor），是指在试验中根据研究目的而施加于受试对象的实施措施，如田间施用氮素肥料有无增产效果、给高血压患者服用某抗高血压药能否降低血压，施用氮肥、服用抗高血压药就是试验因素。试验中，可以有一个单因素（single factor），也可以有多个因素（multiple factors）。如果一个试验中只有一个因素，则称为单因素试验（single factor experiment），也称为单因素处理（simple factor treatment）；试验中如果包含两个或两个以上的因素，就称为多因素试验（multiple factors experiment），也称为多因素处理（multiple factors treatment）。试验因素常用大写字母 A、B、C……来表示。

试验中，每个试验因素可以设置为不同状态或数量级别，这种不同状态或数量级别称为因素水平（level of factor），简称为水平（level）。例如，研究温度对某种酶活性的影响，可以设置温度为 15℃、20℃、25℃、30℃，分别称为温度因素的一个水平。可见，因素是一个抽象的概念，而水平则是一个较为具体的概念。水平常用代表该因素的字母添加下标 1、2、3……来表示，如 A_1、A_2……，B_1、B_2……

单因素试验中，每个水平值就代表一个试验处理（experimental treatment）。多因素试验中，每个试验处理就是该试验单位中各因素不同水平的组合。例如，在一个小麦品种×密度试验中，选用‘矮抗 58’‘济麦 20’‘周麦 27’‘新麦 26’4 个小麦品种，设置每亩 12 万、15 万、18 万基本苗 3 种播种密度的产量效果试验，就是一个二因素试验处理，品种因素有 4 个水平，播种密度为 3 个水平，这样试验共有 3×4＝12 个水平组合，也就是有 12 个试验处理。相对于单因素试验，多因素试验不但可以研究因素的主效，同时也可研究因素之间的交互作用。

按照性质不同，试验中的因素可以分为可控因素和不可控因素。在试验中可以人为调控的因素称为可控因素（controllable factor）或固定因素（fixed factor）。该因素的水平可准确控制，且水平固定后，其效应也固定，同时在试验进行重复时可以得到相同的结果。例如，上述温度对某种酶活性影响的例子中，因为温度是可以严格控制的，所以在重复该试验时对于相同的温度其水解产物的量也是固定的。温度在此例中即固定因素。在试验中不能人为调控的因素称为不可控因素（uncontrollable factor）或随机因素（random factor）。该因素的水平不能严格控制，或虽水平能控制，但其效应仍为随机变量，同时在试验进行重复时不易得到相同的结果。例如，研究农家肥不同施用量对作物产量的影响，由于农家肥有效成分较为复杂，不能像控制温度那样将农家肥有效成分严格控制在某一固定值上，在重复试验时即使施用相同数量的农家肥，也得不到一个固定的效应值。农家肥在此例中即随机因素。

视频讲解

3. 处理效应　处理效应（treatment effect）是试验因素施加于受试对象后，受试对象做出的反应，是观测结果的体现。例如，给高血压患者服用某抗高血压药后，血压下降了 10mmHg[①]，血压下降就是处理效应，10mmHg 就是处理效应大小的测量值。处理效应指标按其性质可以以分类数据、计量数据、计数数据进行测量或度量。根据研究目的不同，一个试验中进行测量或度量的指标可以是一个，也可以是多个。例如，在作物品种区域试验中，要考察的性状通常有产量及其构成因素、品质、生育期、早（晚）熟性、株高、光合特性、穗部特性、抗病性、抗逆性、适应机械化收获特性等。在具体研究中，对多个处理效应指标要根据研究主题分清主次，抓住重点，量力而行，进行合理确定。处理效应分为简单效应、主效应和交互作用效应三类。

① 1mmHg＝1.333 22×10^2Pa

1）*简单效应*　简单效应（simple effect）是指同一因素两个水平度量指标的差值。例如，两个小麦品种和两种施氮量的试验结果（表 2-4），可以计算出 4 个简单效应，甲品种的氮肥效应是 560－500＝60（kg/亩[①]），施氮量 13kg/亩的品种效应为 550－500＝50（kg/亩）。

表 2-4　两个小麦品种和两种施氮量的试验结果

品种	施氮量 13kg/亩	施氮量 16kg/亩	平均单产（kg/亩）
甲品种	500	560	530
乙品种	550	650	600
平均单产（kg/亩）	525	605	565

2）*主效应*　主效应（main effect）是指一个因素内各简单效应的平均数，又称为平均效应，简称主效。例如，品种的主效为［(550－500)＋(650－560)］/2＝70（kg/亩），氮肥的主效为［(560－500)＋(650－550)］/2＝80（kg/亩）。

3）*交互作用效应*　交互作用效应（interaction effect）是指两因素简单效应间的平均差异，简称互作，是一个因素的各水平在另一个因素的各水平上表现不一致的现象。表 2-4 中品种与氮肥（或氮肥与品种）的互作为［(650－550)－(560－500)］/2＝20（kg/亩）或［(650－560)－(550－500)］/2＝20（kg/亩）。两个试验因素间的互作叫作一级互作（first order interaction），三个试验因素的互作叫作二级互作（second order interaction），以此类推。随互作级别的升高，其互作的影响会逐渐减小。一级互作对试验结果一般具有显著的影响，而高级互作通常对试验结果影响不大。根据计算所得数值的正负，互作可分为正互作和负互作。

（三）试验误差及其控制途径

试验效应既包含处理效应，也包含试验误差。在试验设计和统计中，有两个问题需要考虑：一是在试验设计和试验实施中如何将试验误差控制在较小程度；二是在统计分析中按照一定的数学模型通过方差分析等方法将处理效应和试验误差进行分解，并进行统计检验，以确定处理效应是否显著。

1．试验误差的概念　在生物学试验中，试验处理有其真实的效应，但总是受到许多非处理因素的干扰和影响，使试验处理的真实效应不能充分地反映出来。这样，试验中所取得的观测值，既包含处理的真实效应，又包含许多其他因素的偶然影响。这种在试验中受偶然影响或者说非处理因素影响使观测值偏离试验处理真值的差异称为试验误差（experimental error）或误差（error）。试验误差是衡量试验精确度的依据，误差小表示精确度高，误差大，则试验结果的可靠性就较差，而要使处理间的差异达到指定的显著水平就很困难。近代生物学试验的特点在于注意到了试验设计与统计分析的密切结合。为了对试验数据进行显著性检验，必须计算试验误差。因此在试验的设计与执行过程中，必须注意合理估计和降低试验误差的问题。

试验误差可分为系统误差和随机误差两类。统计上一般所说的试验误差是指随机误差。

2．试验误差的来源　开展任何试验，都不可避免产生误差，生物学试验也不例外。因为试验材料是变异丰富的生物有机体，试验中的影响因素千变万化，其中有些条件难以控

① 1 亩≈666.7m²

制。虽然要消除试验误差是不可能的，但是我们可以想办法尽量减少误差。生物学试验中，误差的来源主要有以下四个方面。

1）*试验材料固有的差异*　试验中各处理的供试材料在其遗传和生长发育方面或多或少存在着差异，会造成试验误差加大。例如，试验用的材料基因型不纯，播种的种子大小有差别，试验用的秧苗大小、壮弱不一致，供试动物体重大小不一、生理状况不一致等。

2）*试验条件不一致*　各试验单位的构成不一致、各试验单位所处的外部环境条件不一致，造成了非试验因素的不一致，会增大试验误差。例如，在田间试验中，小区的土壤肥力不匀是主要的试验误差来源。

3）*操作技术不一致*　操作技术不一致包括各处理或处理组合在培养、采样、接种、滴定、比色等操作过程中存在时间上和质量上的差别，引起试验误差加大。

4）*偶然性因素的影响*　试验因素以外的人工无法控制的环境差异、遗传差异和心理影响引起的误差都是偶然性误差。

除此之外，还有试验工作中疏忽大意造成的错误，应尽力避免。在实际工作或试验研究中，试验误差是不可避免的，但是采取一些措施降低试验误差是完全可能的。

3. 控制试验误差的途径

1）*选择纯合或杂合一致的试验材料*　首先，要求试验材料在遗传上必须是纯合或杂合一致；其次，在生长发育上体重、壮弱、大小要尽量一致，若有困难，可按生长发育程度分成几个档次，把同一档次规格安排在同一区组中，通过局部控制减少试验误差。

2）*改进操作管理制度，使之标准化*　为了减少试验误差，首先操作要仔细，工作需一丝不苟；其次操作管理中贯彻局部控制原则，一个试验尽量由尽可能少的人在尽可能短的时间内完成。

3）*精心选择试验单位*　各试验单位的性质和组成要求均匀一致。但要使各试验单位的性质和组成完全一致确有困难，可根据局部控制原理，将其分成若干组，使组内尽量均匀一致，组间允许存在差异。

4）*采用合理的试验设计*　合理的试验设计既可减少试验误差，也可估计试验误差，从而提高试验的精确度和准确度。

（四）试验设计的基本原则

视频讲解

试验设计的目的在于减少试验误差，提高试验的准确度和精确度，使研究人员能从所开展的试验结果中获得无偏的处理平均数及试验误差的估计量，从而能进行正确而有效的比较。通过合理的试验设计，还能以较少的投入获得较为可靠的大量数据，达到“事半功倍”的效果。为了有效地控制和降低试验误差，试验设计必须遵循以下三条基本原则。

1. 重复　在试验中，同一处理设置的试验单位数，称为重复（repetition）。田间试验中，每一小区即一个试验单位（experiment unit）；动物试验中，一头动物可以构成一个试验单位，有时一群动物构成一个试验单位。例如，研究某种饲料对猪的增重效果，将该种饲料饲喂 5 头猪，则表明这个处理（饲料）有 5 次重复。玉米品种比较田间试验中，每个品种分别在三个区组中安排试验，则表明玉米品种比较有 3 个重复。每个处理有两个或两个以上的试验单位，称为有重复的试验。

重复的主要作用是估计试验误差。试验误差是客观存在的，但只能通过同一处理内不同重复之间的差异来估计。如果每一处理只有一个试验单位，即只有一个观测值，则无从求得差异，也就无法估计误差。

设置重复的另一个作用是降低试验误差，有效提高试验的精确度。第 3 章“样本平均数的抽样分布”中介绍平均数的标准误差与标准差的关系为$\sigma_{\bar{x}}=\frac{\sigma}{\sqrt{n}}$，即误差的大小与重复数的平方根成反比。故重复越多，抽样误差越小。例如，有 4 次重复的试验，其抽样误差只有其标准差的一半。重复数的多少，可根据试验的要求和条件而定。一般来说，如果供试样本个体差异小或非处理因素较均匀，重复数可少些，否则应多些。

2．随机　随机（random）是指一个重复中的某一处理或处理组合被安排在哪一个试验单位，不能有主观成见。设置重复固然提供了估计误差的条件，但是为了获得无偏的试验误差估计值，则要求试验中的每一处理都有同等的机会设置在任何一个试验单位上。只有随机排列才能满足这个要求。因此，随机化与重复相结合，试验就能提供无偏的试验误差估计值。

在具体试验中，随机化体现在以下两个方面：①用随机方法来确定每个试验单位接受哪种处理，即在试验分组时，不掺杂任何人为的主观因素，使每个试验单位都有相同的机会进入各试验组或对照组中；②如果一个试验中试验条件的安排、试验指标测定的顺序等可能影响到试验结果，应采用随机化的方法。

3．局部控制　局部控制（local control）是指在试验过程中，采取各种技术措施，控制和减少非试验因素对试验结果的影响，使试验误差降低到最小。在生物学试验中，要求把所有非处理因素控制均衡一致是不易做到的。但我们可以根据非处理因素的变化趋势将大的试验环境分解成若干个相对一致的小环境，称为区组（block）、窝组（fossa）或重复，再在小环境内分成若干个试验单位安排不同的试验处理，在局部对非处理因素进行控制，这就是局部控制。在田间试验中，所安排的试验单位称为试验小区（experiment areola），简称小区（areola）。由于小环境间的变异可通过方差分析剔除，因而局部控制可以最大限度地降低试验误差。例如，随机区组设计就是将试验单位按不同性质的非处理因素分成若干区组，以实现“局部控制”的目的。

综上所述，一个良好的试验设计，必须遵循重复、随机、局部控制三大原则周密安排试验，才能由试验获得真实的处理效应和无偏的、最小的试验误差估计，从而对各处理间的结果比较得出可靠的结论。试验设计三原则的关系可用图 2-2 表示。

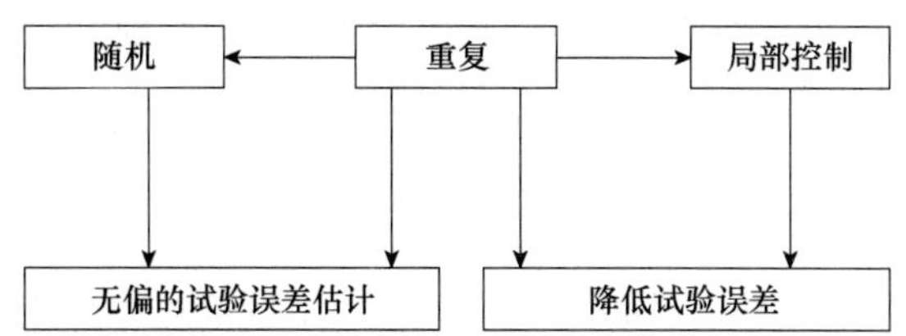

图 2-2　试验设计三个原则间的关系

（五）试验方案的制订

试验方案（experiment scheme）是根据试验目的所拟定的一组试验处理或处理组合的总称。广义的试验方案是指整个试验计划，包括试验的目的与依据、试验场所状况、供试试验材料、试验处理、试验单位布局、试验过程控制、试验记录、试验数据管理、试验结果分析等。试验方案是开展研究工作的蓝图，必须进行认真制订。制订一个正确有效的试验方案，应包含以下几项基本内容。

1. 明确研究任务，确定试验目的　在制订具体的试验方案时，必须首先明确研究所要解决的问题，确定试验对象和目标。一般包括：①寻找影响某种试验效应的主要试验因素；②探索试验因素控制在什么范围，如果是多因素试验，寻找最佳的组合方式；③探索在什么条件下，能使非控因素的非试验效应达到最小；④对所获得的试验结果有所预测。

2. 确定试验因素，拟订试验处理　根据研究任务和试验目的，分析各相关因素的影响程度和互作关系，从中筛选出试验所要研究的关键因素。试验因素一般不宜太多，抓住1～2个主要因素，能够解决关键性或急需问题即可。在研究初期，一般应选择最关键因素进行单因素试验，待明确因素效应后再进行多因素试验，进行因素间的相互作用分析。对于三个或三个以上因素的试验，由于需要对二级或二级以上互作进行解析，对非试验条件需要有更严格一致的要求。

确定好试验因素后，需要拟定试验处理。对单因素试验来说，试验因素的水平数就是处理数。试验可以多设几个试验处理，一般可设置10～20个；对两个或两个以上因素的试验，由于试验处理是由各因素水平的组合构成的，试验处理组合可设置20个左右，而每个因素的水平数就不能太多，一般3～5个即可。

试验因素的水平值如果是数量化的，还要考虑两个相邻水平间的大小，以使水平间的效应能够具有一定的差异。水平值的确定，一般需要将最小值、最大值延伸至试验合理范围之外，以获得更大的处理效应。水平间差异的大小叫作水平间距，简称间距（interval）。间距设定可以是等距的，也可以是不等距的。在实际应用中，确定水平间距的方法主要有等差法（也叫等距法）、等比法、黄金分割法。很多试验虽然未明确要求水平间距必须是等距的，但如设计为等距的或等比的，由于满足了自变量的正交性条件（或转化后满足正交性），可以方便开展正交多项回归。有些试验设计要求量化的水平间距必须是等距的，如正交设计。黄金分割是利用黄金分割值0.618来设置试验水平值，当试验指标与因素水平间呈抛物线关系时，可用$L=$（最大值－最小值）×0.618作为水平间距。

为了确保各试验指标能够准确、真实地反映试验效果，处理过程中必须对试验处理各因素水平进行准确设计，以保证试验处理正确落实到位，提高试验精度。

3. 合理设置对照，客观比较试验效果　对照（control，contrast）是各处理或水平组合与之比较的标准处理，设计对照的目的是通过对照的效应鉴别出试验处理或水平组合的效应大小，以消除和控制非试验因素的影响，显现真正的试验效应。在试验过程中，对照与各试验处理除了试验因素或因素水平不一样外，其他试验条件均需保持一致。生物学试验常用的对照主要有以下几种。

1）*空白对照*　空白对照（blank control）是指不给予受试对象任何处理因素的对照，如进行微量元素喷施试验，喷施微量元素的为处理，不喷施的为空白对照。

2）*标准对照*　标准对照（standardized control）是指不自设对照，而是以法定正常值或官方确定的标准作为对照。例如，品种比较试验需要选用上级种子管理部门所规定的标准品种作为标准对照，测定压力变化时可以一个大气压760mmHg作为标准对照。

3）*自身对照*　自身对照（self control）是指同一受试对象既作为对照者，又作为试验者接受试验处理。例如，记录同一患者服用抗高血压药前、后的血压值，服药前的血压就是自身对照；用半叶法测定叶片的光合作用，一个叶子的一半遮光、一半不遮光，不遮光的半叶就是自身对照。

4）试验对照　试验对照（experimental control）是指对照不施加任何处理，但施加处理因素外的相关试验措施。例如，上述微量元素喷施试验，可令喷施微量元素的为处理，不喷施微量元素、喷施清水的为试验对照。

医学试验会受到人的心理影响，会使用安慰剂作为对照，进行盲法试验。安慰剂（placedo）是外形、气味、包装与供试药物一样，但不含供试药物成分的物质，目的是消除受试对象的心理影响。

4．贯彻唯一差异原则，减小非试验因素的影响　为了保证试验结果的可比性，试验中除比较的试验处理间保持差异外，其他各种条件都要保持在同一背景上，以控制试验误差。这就是试验的唯一差异原则（sole principle of difference）。不同类型的生物学试验有不同的特殊情况，贯彻唯一差异的根本做法就是从试验材料、试验环境和试验操作进行有效控制，通过局部控制技术消除偶然因素的影响，保持非试验条件的一致性。例如，田间试验中，非试验条件不一致的最大原因是土壤肥力差异，可以通过小区技术设置不同的区组，并通过区组统计分析方法将区组效应分解出来，以降低误差效应，提高试验处理的灵敏性。在动物试验中，可将具有相同遗传基础的同窝动物设置为窝组，分析不同窝组间的窝组效应，提高试验处理效果。

医学药物临床试验中，常用盲法试验，以消除试验者或受试者的心理作用影响。盲法试验（blind trial）分为单盲法和双盲法两种，单盲法（single blind method）是指医生知道用什么药物或疗法而患者不知道的试验，双盲法（double blind method）是指医生和患者都不知道用什么药物或疗法的试验。使用盲法试验的目的是避免试验过程中受到心理作用的影响，使治疗效果的评价能够保持客观性。如果治疗过程中需要患者改变生活习惯或涉及与患者治疗过程中真实感受的交流，则不能设计成盲法试验。

5．提出研究指标，明确度量方法　在明确了试验设计之后，还要提出具体的研究指标，并明确其观察、测定、分析方法。生物学试验的研究指标首先体现在生物性状上，但也会包括一些相关的环境指标。例如，开展氮肥施用对小麦产量的影响试验，小麦产量是首先要度量的指标，同时也需要将小麦的生长指标（如生育期间的叶龄、分蘖数、叶面积、干物重、根系生长量等）、形态指标（如株高、穗长、穗形、小穗数等）、光合特性（不同冠层光截获量、光质、热量、温度）、产量结构（单位面积成穗数、穗粒数、千粒重），甚至品质指标（如粒色、容重、蛋白质含量、湿面筋含量、吸水率、面团形成时间与稳定时间、面包体积等）进行观察和测定，也需要对试验过程中的土壤性质指标（如土壤质地、有机质含量、水分特征及土壤生物特性）进行测定分析，以解析产量与相关指标（性状）间的关系。

对各指标（性状）的度量方法，要在研究方案中予以明确，对于测定过程比较复杂的指标，还要详细列出其测定所需试剂、测定仪器、测定过程和结果计算方法，以确保试验结果的可靠性。同时，对各指标的观测，要根据生物学时序和度量指标关系列出观测顺序。对取样后因个体损失有可能对之后的群体产生的影响，要有预估和备份方案，以减小或避免因取样对后续试验结果产生的不良影响。

6．选择合适的试验设计方法，有效开展统计分析　在两个或两个以上因素的试验中，在试验因素之外的非试验条件保持相对固定时，可以分析出因素的主效、互作，得到最优的处理或水平组合。但如果非试验条件不能保持固定，则这一处理或水平组合就不一定是最优的。例如，进行多地点的品种比较试验，品种因素是可控的，地点的环境条件则是不可能控制到一致的条件，这样可以将地点也作为一个试验因素（随机因素），进行试验的联合统计分析，就可以将品种与地点间的互作关系分析出来。

基于不同的试验要求，所选用的设计方法也是不同的，相应地进行统计分析的方法也是有很大差异的。开展生物学试验设计一般要求遵循随机、重复和局部控制三项基本原则，但在不同试验情况下，也不是固定不变的。例如，进行对比试验时，可以将对照与各对比处理进行随机设计，这样就可以无偏地估计试验误差；如果是顺序设计，由于不是随机排列，则只能与对照进行直接的效应比较；如果非试验条件不能得到有效控制，则需设置多个对照，以邻近对照进行对比分析。非试验条件如果存在较大的不一致性，为了有效降低试验误差并进行无偏试验误差估计，可以采用区（窝）组技术设计为随机区组试验，通过统计分析分解出区（窝）组效应，进行处理效应（包括主效应、互作效应）和误差效应的方差分析。常见的试验设计方法有完全随机设计、配对设计、交叉设计、随机区组、析因设计等。本书第 10 章将对对比设计、随机区组设计、拉丁方设计、裂区设计、交叉设计、正交设计、均匀设计等方法进行系统介绍。

第二节　数据整理与频数分布

从各种来源获得数据后，首先需要对这些数据进行加工处理，使之系统化、条理化，以符合数据统计分析的需要，同时用图表形式将数据展示出来，以便简化数据，使之更容易理解和分析。

一、数据的预处理

数据的预处理在统计处理工作中是一项非常重要的工作。数据的预处理是数据整理的前序步骤，主要包括数据审核、数据筛选、数据订正等环节。只有经过数据的预处理，保证数据的完整、真实和可靠，才能通过统计分析，真实地反映出调查或试验的客观情况。

（一）数据审核

对不同来源的数据，其审核内容和方法有所不同。对于通过直接调查或试验取得的原始数据（raw data），应主要从完整性和准确性两个方面来审核。完整性审核主要是检查应调查的单位或个体是否有遗漏，所有的调查项目或性状是否填写齐全等。准确性审核主要包括两个方面：一是检查数据是否真实地反映了客观实际情况，内容是否符合实际；二是检查取样是否有差错、数据观测与记录是否正确等。审核数据准确性的方法主要有逻辑检查和计算检查。逻辑检查主要用于分类数据的审核，这是从定性角度出发来审核数据是否符合逻辑、内容是否合理、各数据间是否存在矛盾现象等。计算检查主要用于对计数数据、计量数据等数值数据的审核，检查调查表中各项数据在计算结果和计算方法上有无错误。对于通过其他途径获得的二手数据，还要审核数据的适用性和时效性。对审核过程中发现的错误应尽可能纠正。如果发现数据存在的错误不能纠正，或者有些数据不符合要求但又无法弥补时，就需要对数据进行筛选。

（二）数据筛选

数据筛选一般包括两个内容：一是初筛，是将调查或试验结果中不符合要求的数据或明显错误的数据予以剔除。例如，进行田间调查时，将部分自然变异植株也进行了相应的性状调查和数据记录；再如，对某运动队青少年身高调查结果审查时，发现有个别骨龄超龄数据。这些都是不符合调查要求的数据，必须予以剔除。二是在初筛的基础上，对进入数据库的数据，再按特定条件要求进行筛选。例如，从符合骨龄要求的青少年运动员数据库中，筛选出身高不低于 170cm、体重不低于 65kg 的数据。一般情况下，经过筛选、符合要求的数据，就可以进行数据分类和分组整理了。有时，筛选过的数据还要进行数据订正，以符合某种概率分布的要求，便于进行统计分析。

（三）数据订正

数据订正的目的是使经过审核、筛选的数据校正到某一标准尺度，或者通过平方根转换、对数转换、反正弦转换等数据转换方法将数据变更为其他测量标尺，以符合某种概率的要求，从而能够进行相应概率分布基础上的统计分析。例如，农作物产量验收时，需将实收单位面积产量和籽粒水分校正为国家标准含水量条件下的单位面积产量数据；测定大气湿度时，需要将实际水汽压校正为标准大气压条件下的水汽压。再如，一定面积样方上的昆虫数量符合泊松分布，但不具有正态性，由于样本方差差异较大，不能直接进行样本平均数的方差分析；如果对其进行平方根转换，就可以获得同质的方差，就可按照方差分析的正态性、方差同质性假定要求进行方差分析了。

广义的数据订正还包括缺失数据的估计，如对完全随机设计或随机区组设计，可以根据全试验横向和纵向的总和关系，对 1 个或 2 个缺失数据进行估计，以补齐整个试验数据。当然，在进行自由度计算时，其对应的处理项和总变异项的自由度是要扣除所缺失数据的个数。

二、数据整理与频数分布表

调查或试验所得的数据经过预处理后，可进一步做分类或分组整理。首先，要弄清楚所要整理的数据是什么类型，因为不同类型的数据所适应的处理方式和方法是不一样的。其次，根据样本数据的多少确定是否分组。一般样本容量在 30 以下的小样本不必分组，可直接进行统计分析。如果样本容量在 30 以上，就需将数据分成若干组，以便进行统计分析。数据经过分组归类后，可以制成有规则的频数分布表（frequency table），做出频数分布图（frequency chart）。频数分布表是指将一组大小不同的数据分成若干组，然后将数据按其数值大小列入各个相应的组别内所形成的表。

（一）数据整理的相关指标

1．频数　频数（frequency，absolute frequency）也称次数，是指进行数据整理时，归属于某一分组的数据个数。

2．频率　频率（relative frequency）也称为比例（proportion），是指一个样本中某个

分组中的数据个数（频数）占该样本全部数据的比重。各个分组的频率，反映了该样本的基本结构。

对于样本，有 n 个数据被分成 k 个组，每组频数分别为 n_1、n_2、…、n_k，则某分组的频率定义为 $\frac{n_i}{n}$。显然，各分组的频率之和等于 1，即

$$\frac{n_1}{n}+\frac{n_2}{n}+\cdots+\frac{n_k}{n}=1 \tag{2-1}$$

频率是将样本中各个部分的数据都变成了以 1 为基数的数值，这样就可以对不同类别或分组的数据进行比较了。

3．累积频率　累积频率（cumulative frequency）是将数值变量数据按自然数值从小到大排列成顺序数据进行分组，按各组的频率进行累加得出的数值。所有分组的累积频率等于 1：

$$W(A_i)=\sum_{i=1}^{k}\left(\frac{n_1}{n}+\frac{n_2}{n}+\cdots+\frac{n_k}{n}\right)=1 \tag{2-2}$$

4．百分比　百分比（percentage）也叫作百分数，是指以基数为 100 时，样本中某分组数据个数占数据总个数的比重，用%表示。百分比可由频率乘以 100 计算而来。百分比是一个更为标准化的数值，很多相对数都用百分比表示。例如，种子的发芽率、某流行病的发病率与治愈率等，都用百分比表示。当百分比比较小时，将其转化为千分数（‰）表示，如人口出生率、死亡率、自然增长率等，都用千分数表示。

成数（one tenth）是百分比的另一种表示方式，相当于百分比的 1/10。例如，一成表示 10%，三成五就是 35%。成数通常用在农业生产中表示生产的增长状况，如粮食增产“二成”就是指粮食产量增加了 20%。成数也用于预估某种事物出现的可能性，如“午后八成会下雨”，意指午后降水概率预计达 80%。

5．比率　比率（ratio）也称为频率比（frequency ratio），是指样本各分组之间的比值。由于比率不是分组与样本整体间的比值关系，因而其比值有可能大于 1。生物学研究中，经常会使用比率，如出生婴儿的男女性别比率、孟德尔一对等位基因的分离比率等。

（二）分类数据整理与频数分布表

分类数据本身就是对事物的一种分类。分类数据整理是按照自然属性进行数据归类，并分别计算频数、频率、百分比、比率，然后制成频数分布表。

例 2-3　一品红的花色可以是红色、粉色或者白色。调查 182 株一品红杂交后代花色分离频数分布表如表 2-5 所示。

表 2-5　182 株一品红杂交后代花色分离频数分布表

花色分类	频数	频率	百分比（%）
红色	108	0.5934	59.34
粉色	34	0.1868	18.68
白色	40	0.2198	21.98
合计	182	1.0000	100.00

这是一个分类数据的例子。依照频数、频率、百分比的定义和计算公式，可以计算出相应的数值，填入表 2-5 中。如果将红花分别与粉花、白花的频数相除，就可计算其比率分别为 3.1765、2.7000。

例 2-4　用黄色圆粒纯合豌豆品种与绿色皱粒纯合豌豆品种杂交，其 F_2 代共获得 556 粒种子，具体性状分离表现的频数、频率、百分比如表 2-6 所示。

表 2-6　黄色圆粒豌豆与绿色皱粒豌豆杂交后 F_2 代种子性状分离频数分布表

性状分类	频数	频率	百分比（%）
黄色圆粒	315	0.5665	56.65
黄色皱粒	101	0.1817	18.17
绿色圆粒	108	0.1942	19.42
绿色皱粒	32	0.0576	5.76
合计	556	1.0000	100.00

本例为典型的分类数据。表 2-6 中，按照黄色圆粒豌豆与绿色皱粒豌豆杂交后 F_2 代种子分离的黄色圆粒、黄色皱粒、绿色圆粒、绿色皱粒 4 个自然性状作为分类分组，其频数分别为 315、101、108、32，其频率分别 0.5665、0.1817、0.1942、0.0576，各性状占整体的百分比分别为 56.65%、18.17%、19.42%、5.76%。

（三）计数数据整理与频数分布表

计数数据与计量数据都属于数值数据，其表现的形式都是数字，在进行数据整理时通常都需要进行分组。但由于二者所代表的变量性质不同，所以分组方法也是不一样的。计数数据一般是按样本变量自然值采用单项式分组法分组，而计量数据需先确定全距、组数、组距、各组上下限，采用组距式分组法分组。在计算数值数据的累积频率时，还需要对数值数据按数值大小排列成顺序数据，再进行频数分布分析，并进一步计算其特征值。

计数数据属于离散变量，其整理一般采用单项式分组法（grouping method of monomial），即按样本数据中变量自然值进行分组，每组均用一个或几个变量值来表示，然后分别计算各组的频数、频率、累积频率，制成频数分布表。

例 2-5　在某鸡场调查 100 只来亨鸡每月的产蛋数（枚），原始数据结果见表 2-7。

表 2-7　100 只来亨鸡每月的产蛋数（枚）

15	17	12	14	13	14	12	11	14	13
16	14	14	13	17	15	14	14	16	14
14	15	15	14	14	14	11	13	12	14
13	14	13	15	14	13	15	14	13	14
15	16	16	14	13	14	15	13	15	13
15	15	15	14	14	16	14	15	17	13
16	14	16	15	13	14	14	14	14	16
12	13	12	14	12	15	16	15	16	14
13	14	16	15	15	15	13	13	14	14
13	15	17	14	13	14	12	17	14	15

每月产蛋数在 11～17 变动，把 100 个观测值按照每月产蛋数加以归类，共分 7 组，将各组所属数据进行统计，得出各组频数，计算出各组的频率和累积频率，这样经整理后可得出每月产蛋数的频数分布表（表 2-8）。

表 2-8　100 只来亨鸡每月产蛋数的频数分布表

每月产蛋数（枚）	频数	频率	累积频率
11	2	0.02	0.02
12	7	0.07	0.09
13	19	0.19	0.28
14	35	0.35	0.63
15	21	0.21	0.84
16	11	0.11	0.95
17	5	0.05	1.00
合计	100	1.00	

从表 2-8 频数分布表可以知道，一堆杂乱无章的原始数据，经初步整理后，就可了解这些数据的大概情况，其中以每月产蛋数为 14（枚）的最多。这样，经过整理的数据也就便于进一步分析。对于变量较多而变异范围较大的计数数据，若以每一变量值划分一组，则显得组数太多而每组变量数目较少，看不出数据分布的规律性。这就需要将若干个自然值的变量合并为一组，来进行频数分布统计。

例 2-6　研究不同小麦品种 300 个麦穗的穗粒数，观测值范围为 18～62 粒。如果按一个变量值分为一组，需要分 45 组，数据则显得十分分散。为了使频数分布表表现出规律性，可以按 5 个变量分为一组，则分为 18～22、23～27、28～32、33～37、38～42、43～47、48～52、53～57、58～62 9 个组，将 300 个麦穗的数据进行归组，计算出各组的频数、频率和累积频率，结果见表 2-9，就可明显看出其分布情况，即大部分麦穗的穗粒数在 28～52（粒）。

表 2-9　不同小麦品种 300 个麦穗穗粒数的频数分布表

穗粒数（粒）	频数	频率	累积频率
18～22	3	0.0100	0.0100
23～27	18	0.0600	0.0700
28～32	38	0.1267	0.1967
33～37	51	0.1700	0.3667
38～42	68	0.2267	0.5934
43～47	53	0.1766	0.7700
48～52	41	0.1367	0.9067
53～57	22	0.0733	0.9800
58～62	6	0.0200	1.0000
合计	300	1.0000	

（四）计量数据整理与频数分布表

计量数据一般为具有连续性的数值，不能按照分类数据的自然属性或计数数据的自然值进行分组整理数据。计量数据的分组是根据统计学研究的需要将原始数据按照某种标准划分成不同的组别，形成分组数据（grouped data）。分组后再计算出各组数据的频数、频率，形成频数分布表。计量数据一般采用组距式分组法（grouping method of class interval），它是将总体或样本中的全部数据依次划分为若干个区间，并将一个区间的数据变为一组。下面结合例 2-7 具体介绍计量数据的分组方法。

例 2-7　调查了 150 尾鲢鱼的体长数据（cm），其结果列于表 2-10。

表 2-10　150 尾鲢鱼的体长数据（cm）

56	49	62	78	41	47	65	45	58	55
52	52	60	51	62	78	66	45	58	58
56	46	58	70	72	76	77	56	66	58
63	57	65	85	59	58	54	62	48	63
58	52	54	55	66	52	48	56	75	55
63	75	65	48	52	55	54	62	61	62
54	53	65	42	83	66	48	53	58	57
60	54	58	49	52	56	82	63	61	48
70	69	40	56	58	61	54	53	52	43
58	52	56	61	59	54	59	64	68	51
55	47	56	58	64	67	73	58	54	52
46	57	38	39	64	62	63	67	65	52
59	60	58	46	53	57	37	62	52	59
65	62	57	51	50	48	46	58	64	68
69	73	52	48	65	72	76	56	58	63

1．求全距　全距（range）也称为极差，是总体或样本数据中最大观测值与最小观测值的差值，它是总体或样本全部数据的变异幅度。由表 2-10 可以看出，鲢鱼体长最大值为 85cm，最小值为 37cm，因此，全距为 85－37＝48（cm）。

2．确定组数和组距　组数（number of classes）是根据总体或样本观测值的多少及组距的大小来确定的，同时也考虑到对数据要求的精确度及进一步计算是否方便。组数与组距有密切的关系。组数多时，组距相应就变小，组数越多所求得的统计数就越精确，但不便于计算；组数少时，组距就相应增大，虽然计算方便，但所计算的统计数精确度较差。为了使两方面都能够协调，组数不宜太多或太少。在确定组数和组距时，应考虑样本容量大小、全距大小、便于计算、能反映出数据的真实面貌等因素。通常可参照表 2-11 样本容量与分组数的关系来划分组数。

表 2-11　样本容量与分组数的关系

样本容量	分组数	样本容量	分组数
30～60	5～8	200～500	10～18
60～100	7～10	500 以上	15～30
100～200	9～12		

组数确定好后，还须确定组距（class interval）。组距是指每组内的上下限范围。分组时

要求各组的距离相同。组距的大小是由全距和组数所确定的：

$$组距=\frac{全距}{组数} \tag{2-3}$$

表 2-10 鲢鱼体长数据的样本容量为 150，查表 2-11，组数为 9～12 组，这里取 10 组，则组距应为：$\frac{48}{10}=4.8$（cm）。为分组方便，以 5cm 作为组距。

3. 确定组限和组中值　组限（class limit）是指每个组变量值的起止界限。每个组有两个组限，一个组的最小值为下限（lower limit），最大值为上限（upper limit）。

采用组距式分组方法时，需要遵循“不重不漏”原则。“不重”就是指一个数据只能分在其中的某一组，不能在其他组内出现；“不漏”就是指全部数据都必须分在某一组中，不能遗漏。在确定最小一组的下限时，必须把数据中最小的数值包括在内，因此，最小一组的下限要比最小值小些。为了计算方便，组限可取到 10 分位或 5 分位数上，如表 2-10 中最小值为 37cm，第一组的下限可定为 35cm，上限定为 40cm，即 35～40cm 为第一组，凡大于 35cm 小于 40cm 的数据均归于这一组。由于计量数据为连续变量，会出现某数据正好等于组限的情况，因此一般规定“上组限不在内”“包含下组限”原则，将等于某组限的值归于下一组，如等于 40cm 的数据列入 40～45 这一组，对于数值等于 45 的则归于 45～50 这一组。确定最大一组的上限时，必须大于数据中的最大值。为了使各组界限明确，避免重叠，每组可以只写下限，不写上限，如表 2-10 数据分组写成 35～，40～，…，85～。

组中值（class mid-value）是两个组限（下限和上限）的中间值。在数据分组时，为了避免第一组中观测值过多，一般第一组的组中值最好接近或等于数据中的最小值。其计算公式为

$$组中值=\frac{下限+上限}{2} \tag{2-4}$$

或

$$组中值=下限+\frac{1}{2}组距=上限-\frac{1}{2}组距 \tag{2-5}$$

4. 数据分组，编制频数分布表　确定好组数和各组上下限后，可按原始数据中各观测值的次序，把各个数值归于各组，即进行数据分组（data class fication）。全部观测值归组后，即可求出各组的频数、频率和累积频率，制成一个频数分布表（表 2-12）。这种频数分布表不仅便于观察，而且可进一步绘制成频数分布图，计算平均数、标准差等特征值，描述其分布形态。

表 2-12　150 尾鲢鱼体长的频数分布表

组限（cm）	组中值（cm）	频数	频率	累积频率
35～	37.5	3	0.0200	0.0200
40～	42.5	4	0.0267	0.0467
45～	47.5	17	0.1133	0.1600
50～	52.5	28	0.1867	0.3467
55～	57.5	40	0.2666	0.6133
60～	62.5	25	0.1667	0.7800

续表

组限（cm）	组中值（cm）	频数	频率	累积频率
65～	67.5	17	0.1133	0.8933
70～	72.5	6	0.0400	0.9333
75～	77.5	7	0.0467	0.9800
80～	82.5	2	0.0133	0.9933
85～	87.5	1	0.0067	1.0000
合计		150	1.0000	

三、频数分布图

上面我们是用频数分布表表示数据的分布情况。如果用图形来显示频数分布，就更形象和直观。常用的频数分布图有条形图、直方图、饼图、环形图、点线图、散点图、折线图、累积频率图、线图、雷达图、箱线图等。不同类别的数据适合表达的图形是不一样的。箱线图将在下一节介绍。

1．条形图　条形图（bar chart）适合于表示分类数据和计数数据的频数分布。作图时，用横坐标表示分类数据的自然属性或计数数据的自然值，纵坐标表示频数，每一个频数数据于相应自然属性或自然值的位置分别截取一定的宽度和相应频数高度的长方形。每个长方形之间要隔出一定距离。条形图可以横置或纵置，纵置时也叫作柱形图（column graph）。以例 2-3 中的 182 株一品红杂交后代花色分离频数分布为例做出分类条形图，如图 2-3 所示。同样，可以以频率或百分比为纵坐标，做出频率分布图或百分比分布图。

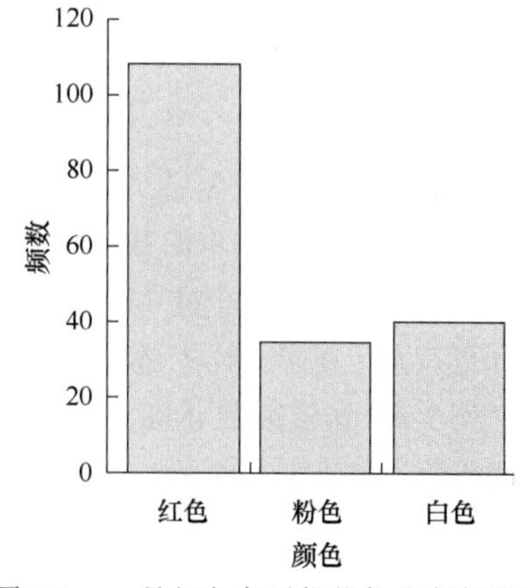

图 2-3　一品红杂交后代花色分离条形图

再来看一下例 2-5 中 100 只来亨鸡每个月的产蛋数频数分布条形图（图 2-4）。与表 2-8 的频数分布表相比，频数分布图显示的分布状况更加直观明了。

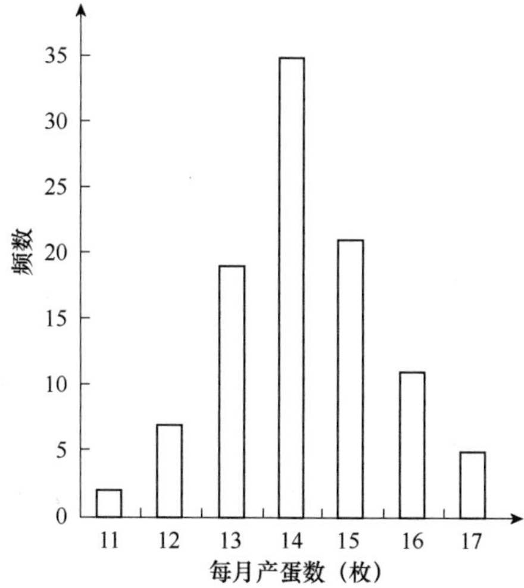

图 2-4　来亨鸡每月产蛋数频数分布条形图

2．直方图　直方图（histogram）又称为矩形直方图（rectangular histogram），适合于表示计量数据的频数分布。其作图方法与条形图相似，以横坐标表示各组组限，纵坐标表示频数，截取一定距离代表组限大小和频数多少，用直线连接起来，构成一个个长方形。各组之间一般没有距离，前一组上限与后一组下限合并。以例 2-7 中 150 尾鲢鱼体长频数分布为例做出直方图，如图 2-5 所示。

3．饼图　饼图（pie chart）也称为圆形图

(circle chart)，适合于表示分类数据。作图时，把饼图的全面积看成 1，求出各观测值频数占观测值总数的百分比，即构成比（或频率），按构成比将圆饼分成若干份，以扇形面积（或角度）大小分别表示各个观测值的比例。以例 2-4 黄色圆粒豌豆与绿色皱粒豌豆杂交后 F_2 代种子性状分离频数分布为例做出饼图（图 2-6）。

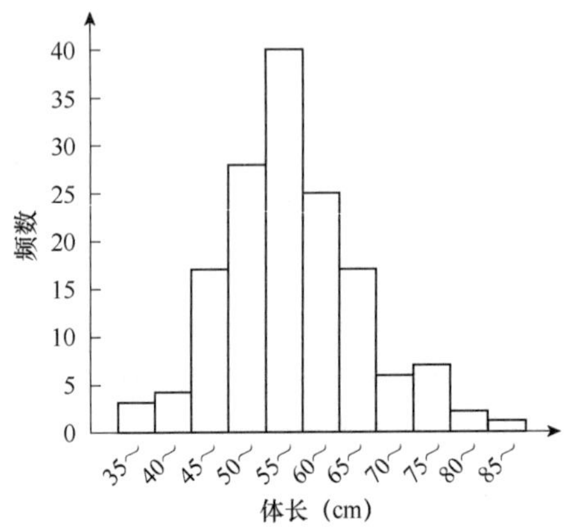

图 2-5　鲢鱼体长频数分布直方图

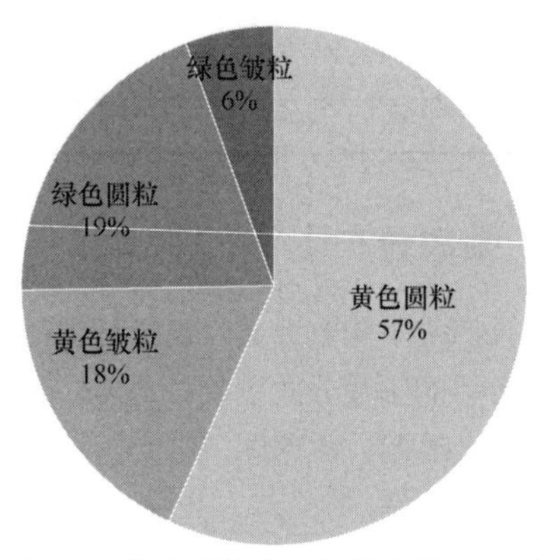

图 2-6　黄色圆粒豌豆与绿色皱粒豌豆杂交后 F_2 代种子性状分离频数分布饼图

4．环形图　环形图（annular chart）与饼图类似，但又不同。环形图中间有一"空洞"，周围可同时用多个样本的数据系列绘制成多个环，样本中的每一部分数据用环中的一段表示。饼图只能比较一个样本各部分的比例，而环形图则用于显示多个样本各部分所占比例，从而更有利于对多个样本进行比较。

例 2-8　调查某市 1980 年和 1990 年 5 种传染病发病情况，如表 2-13 所示。试制作发病构成百分比的环形分布图（图 2-7）。

表 2-13　某市 1980 年和 1990 年 5 种传染病发病情况

疾病种类	1980 年		1990 年	
	病例数	百分比（%）	病例数	百分比（%）
痢疾	3604	49.39	2032	37.92
肝炎	1203	16.49	1143	21.33
流脑	698	9.56	542	10.11
麻疹	890	12.20	767	14.31
腮腺炎	902	12.36	875	16.33
合计	7297	100.00	5359	100.00

5．点线图　点线图（dotplot）是在样本容量比较小时用于显示数值变量分布的简单图形。制作点线图时，需要划出一条覆盖数据范围的数据线，然后在数据线的上面点上点表示每个观测值。例 2-9 和图 2-8 介绍了点线图的制作和图形表达。

例 2-9　在同样饲喂条件下，对 9 头试验周期超过 140d 的肉牛增重（lb/d，1lb≈0.45kg）测定的结果为：3.89、3.51、3.97、3.31、3.21、3.36、3.67、3.24、3.27。制作的点线图如图 2-8 所示，从中可以看出，左侧分布数据较多，是一个不对称的分布。

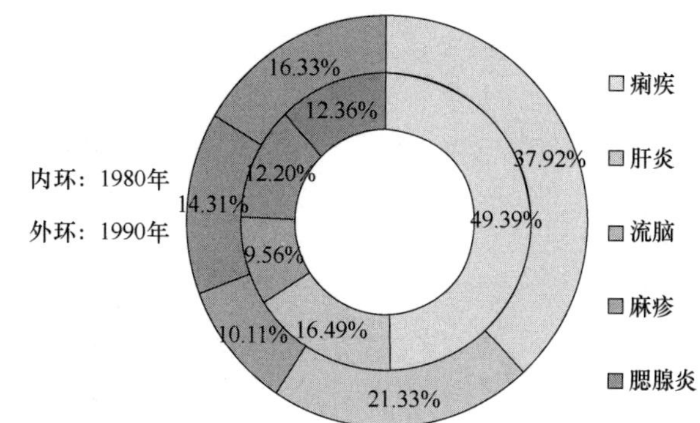

图 2-7　某市 1980 年和 1990 年 5 种传染病发病构成环形图

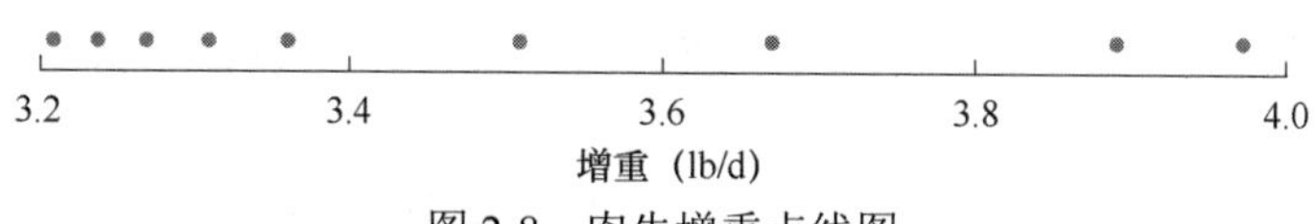

图 2-8　肉牛增重点线图

6．散点图　散点图（scatter chart）又称为散布图，适合于表示数值数据的频数分布，对计数数据和计量数据的频数分布都适用。作图时，用横坐标表示变量的自然值或组中值，纵坐标表示频数。根据图中的各点分布走向和密集程度来判断变量之间的关系。以例 2-5 中 100 只来亨鸡每月产蛋数的频数分布和例 2-7 中 150 尾鲢鱼体长的频数分布为例做出散点图（图 2-9 和图 2-10）。

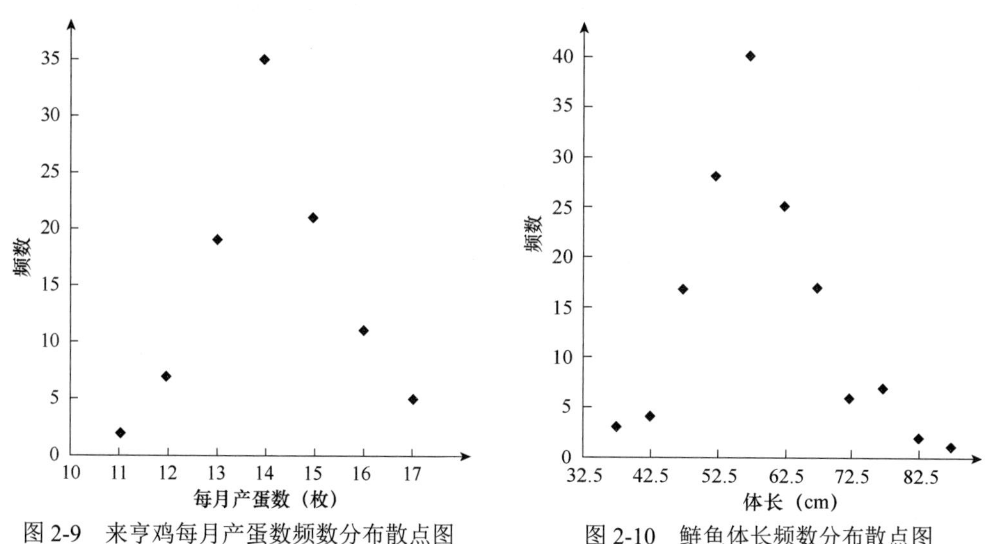

图 2-9　来亨鸡每月产蛋数频数分布散点图　　图 2-10　鲢鱼体长频数分布散点图

7．折线图　折线图（broken line chart）也称为多边形图（polygon chart），也是表示计量数据频数分布的一种方法。作折线图时，以横坐标表示各组组中值，纵坐标表示频数，在各组组中值的垂线上，按该组频数应占高度标记一个点，把相邻的点用直线段顺次连接起来，即成折线图。以例 2-7 中 150 尾鲢鱼体长的频数分布为例做出多边形图（图 2-11）。

8．累积频率图　根据累积频率，可以绘制出累积频率图。以例 2-6 小麦穗粒数的分布绘制其累积频率图（图 2-12）。

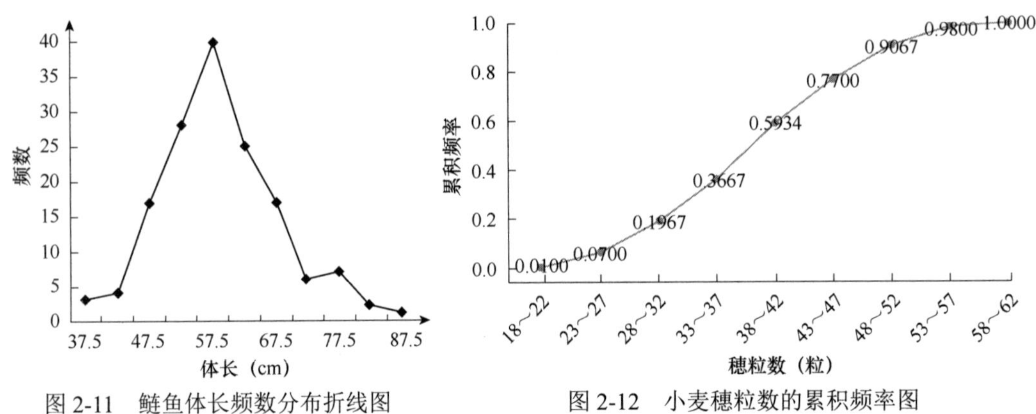

图 2-11　鲢鱼体长频数分布折线图　　　　图 2-12　小麦穗粒数的累积频率图

9．线图　线图（line graph）是指在平面坐标上用不同线段升降来表示时间序列计量数据变化特征和规律的图形。常见的线图是以纵横坐标轴为算术尺度、表示时间变化趋势的普通线图。如果纵坐标轴为对数尺度、横坐标轴为算术尺度所表示消长趋势的则为半对数线图（semi-logarithmic line graph）。由于线图表现的是连续性数据的变化趋势，所以制作线图时图体不能折断。

例 2-10　某地 1968～1974 年男女结核病死亡率数据如表 2-14 所示。所制作的男女结核病死亡率线图如图 2-13 所示。

表 2-14　某地 1968～1974 年男女结核病死亡率（1/10 万）

年份	男	女	年份	男	女
1968	50.19	37.54	1972	35.59	24.08
1969	42.97	25.00	1973	38.31	24.10
1970	45.37	27.88	1974	25.29	16.00
1971	44.42	25.10			

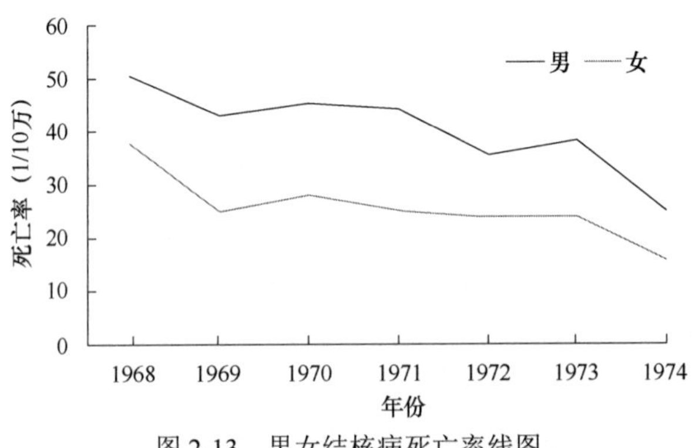

图 2-13　男女结核病死亡率线图

图 2-13 是纵横坐标轴均为算术尺度的普通线图。从图中可以看出两点：一是随时间变化的男女结核病死亡率均呈下降趋势；二是男女结核病死亡率时间变化两线图相比，男性死亡率高于女性。

10．雷达图　雷达图（radar chart）也称为网络图、蜘蛛网图、极坐标图或 Kiviat 图，是以二维图表的形式从同一点开始的多个轴上表示多变量数值数据的图形方法。相对于平行坐标图，雷达图的坐标轴为径向（放射）排列。对于图 2-13 线图，所显示的是两个变量的变化趋势，可以在平面直角坐标系中进行绘图。如果所研究的变量是三个，可以绘制成三维立体图，但绘图难度会加大。当变量多于三个时，运用一般的点图方法就很难绘制了。这时，就需要使用多变量数据的图示方法，如雷达图、脸谱图、星座图、连接向量图等。这里只介绍较为常见的雷达图。

设有 K 个变量，其雷达图的做法是：先做一个圆，将圆 K 等分，得到 K 个点，将其 K 个点与圆心相连，得到 K 个辐射状的半径，即 K 个变化的坐标轴；在每个坐标轴上划分若干相同尺度的刻度，将相邻坐标上等刻度点用虚线或渐变色连成雷达刻度标尺；根据各样本的数值在相应 K 个坐标轴上进行标记，将相邻标记点连接后就形成了雷达。以例 2-8 某市 1980 年和 1990 年 5 种传染病发病构成为例制作雷达图（图 2-14），表示了 1980 年和 1990 年 5 种传染病构成百分比。从中可以看出：一是两年度均以痢疾发病占比最大；二是 1990 年较 1980 年痢疾占比下降，但肝炎和腮腺炎占比上升。

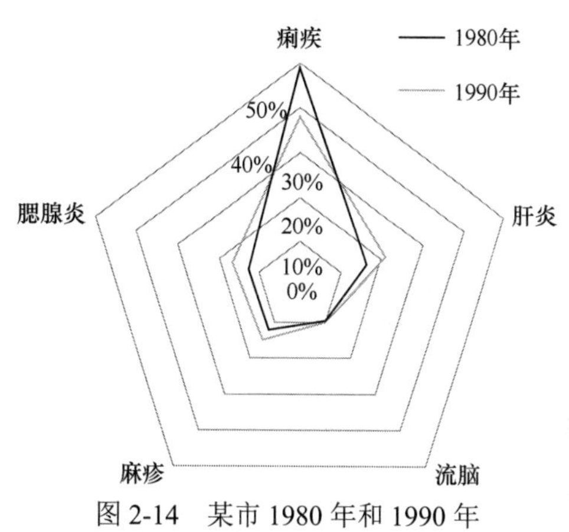

图 2-14　某市 1980 年和 1990 年 5 种传染病发病构成雷达图

第三节　数据特征的定量描述

通过数据的分组整理、制作频数分布表和频数分布图，对数据分布的基本形态和特征有了大致的了解。为进一步认识和分析数据分布的特征和规律，还需要找到度量数据变量集中性和变异程度两大特征的特征值（eigenvalue），同时对反映数据分布形状的偏度和峰度特征进行度量。这三个方面的定量描述分别反映了数据分布特征的不同侧面，本节将重点介绍数据特征的基本概念、计算方法、特点及应用场合等。

一、集中性描述

集中性（centrality）也称为集中趋势（central tendency），是一组数据在趋势上有着向某一中心聚集，或者说以某一数值为中心而分布的性质，它反映了一组数据中心点的位置所在。对数据集中性进行度量就是寻找数据水平的特征值或中心值。在这里，我们将从不同数据类型出发，从低层次的观测数据开始逐步介绍集中性的各个特征值。需要特别指出的是，适用于低层次观测数据集中性特征值的度量，也适用于较高层次的观测数据，因为后者具有前者的数学特性。但反过来，高层次观测数据集中性特征值的度量并不适用于较低层次的观测数据。因此，先用哪一个特征值来反映数据的集中性，要根据所掌握的数据类型和特点来确定。

（一）众数

众数（mode）是指一组数据中出现频数最多的度量值，用 M_0 表示。众数主要用于度量分类数据的集中性，也适用于计数数据或计量数据（以组中值作为中点值）集中性的度量。众数的特点是不受数据中极端值的影响。

对例 2-4，杂交 F_2 代的分离性状属于分类数据，种子颜色和饱满度就是其变量值。在所观测的 556 粒 F_2 代种子中，频数最多的是黄色圆粒，为 315 粒，众数为黄色圆粒这一分离性状，其 M_0＝黄色圆粒。这就是说，黄色圆粒是豌豆杂交试验 F_2 代分离性状的概括性度量值。当然，对这一变量的代表性需要做进一步分析。同样，对例 2-5，我们知道每月产蛋数为 14 枚的频数最多（35 次），可以判断其众数 M_0＝14。对例 2-7 鲢鱼体长的频数分布，组中值为 57.5cm 的一组频数最多，为 40 尾，因此其众数 M_0＝57.5。

从以上三个例子的数据分布可以看出，众数是具有明显集中性特点的度量值，频数最多的一组对应的也是其分布图中的最高峰。当然，数据的分布如果没有集中性或最高峰，其众数也可能不存在；如果分布有两个最高峰值，也可以有两个众数。不同分布类型的众数示意图如图 2-15 所示。

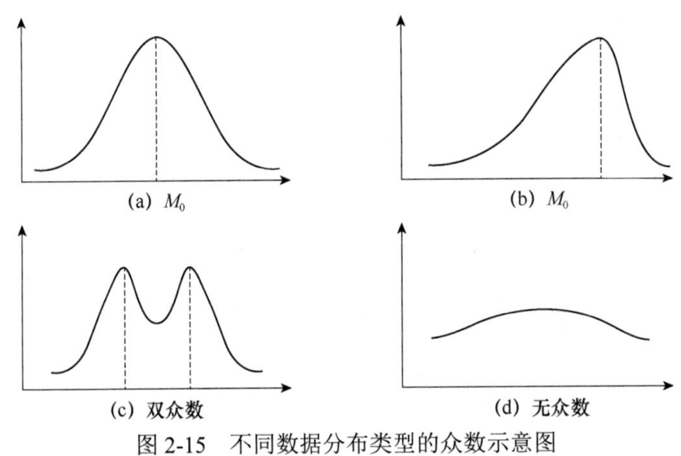

图 2-15　不同数据分布类型的众数示意图

（二）中位数和分位数

1．中位数　中位数（median）是指对一组数据依大小顺序排列后，处于中间位置的变量值，用 M_d 表示。显然，中位数将全部数据等分为两部分，每一部分各包含 50% 的数据，一半数据大于中位数，一半数据小于中位数。中位数是一个表示位置的特征值，主要用于度量排序后数值数据的集中性特征。中位数不适用于分类数据。

在计算中位数时，当样本容量 n 为奇数时，中位数就是中间那个数值，其公式为

$$中位数位置=\frac{n+1}{2} \tag{2-6}$$

当样本容量 n 为偶数时，中位数就是中间两个数值之和除以 2，其公式为

$$中位数位置=\frac{\frac{n}{2}+\left(\frac{n}{2}+1\right)}{2}=\frac{n+1}{2} \tag{2-7}$$

例 2-11　随机抽取 20 株小麦，其株高（cm）数据如下：

82　79　85　84　86　84　83　82　83　83　84　81　80　81　82　81　82　82　82　80

求小麦株高的中位数。

对这些数值按从小到大的顺序排列：

79　80　80　81　81　81　82　82　82　82 ¦ 82　82　83　83　83　84　84　84　85　86

这一序列数据的最小值是 79（cm），最大值为 86（cm）。根据式（2-7），求得中位数的位置为$\frac{20+1}{2}=10.5$，中位数$=\frac{82+82}{2}=82$（cm）。

显然，可以知道中位数有两个性质。

性质 1　中位数是从中间点将全部数据等分为两部分，它是一个位置代表值，有可能不在数据分布图形的中间。

性质 2　中位数不受端点数据的影响，即其位置与最大值、最小值无关。

2．分位数　与中位数等分全部数据为两部分相类似的还有四分位数（quartile）、十分位数（decile）和百分位数（centile）等，它们分别是用 3 个点、9 个点、99 个点将全部数据 4 等分、10 等分和 100 等分。这里只介绍四分位数的计算，其他分位数与之类似。

四分位数也称为四分位点，它通过三个点将全部数据等分为四部分，其中每部分包括 1/4 的数据，处在分位点上的数值就是四分位数。显然，正中间的四分位数就是中位数，因此通常所指的四分位数就是第一四分位数（下四分位数，first quartile）和第三四分位数（上四分位数，three quartile）。对未分组数据计算四分位数时，与计算中位数类似，首先对数据进行排序，然后确定四分位数的位置。

Q_1为第一四分位数，Q_3为第三四分位数，则有

$$Q_1\text{位置}=\frac{n+1}{4}，\quad Q_3\text{位置}=\frac{3(n+1)}{4} \tag{2-8}$$

例 2-12　求例 2-11 中 20 株小麦的株高（cm）的第一四位数和第三四分位数。

79　80　80　81　81　81　82　82　82　82 ¦ 82　82　83　83　83　84　84　84　85　86

利用式（2-8），$Q_1\text{位置}=\frac{20+1}{4}=5.25$，$Q_3\text{位置}=\frac{3(20+1)}{4}=15.75$，则

$$Q_1=81+0.25\times(81-81)=81\text{（cm）}$$

$$Q_3=83+0.75\times(84-83)=83.75\text{（cm）}$$

通过对例 2-11 的一系列解析，我们分别得到了最小值、最大值、中位数、Q_1和Q_3，把这 5 个数值放在一起，称为五数概括（five-number summary）。本节后面将利用五数概括制作箱线图。

（三）平均数

平均数（mean）简称均数或均值，是全部数据的平均，表示数据中观测值的中心位置，可作为数据的代表值。平均数在统计学中具有重要的地位，是描述数据集中性的特征值。平均数适用于数值数据，不适用于分类数据。

1．算术平均数　算术平均数（arithmetic mean）是总体或样本数据中各个观测值的总和除以观测值的个数所得的商。对于一具有 N 个观测值的有限总体，其观测值为 $X_1, X_2, \cdots$，

X_N，则总体算术平均数（arithmetic mean of the population）为

$$\mu=\frac{X_1+X_2+\cdots+X_N}{N}=\frac{\sum_{i=1}^{N}X_i}{N} \tag{2-9}$$

对于一具有 n 个观测值的样本，其观测值为 x_1，x_2，…，x_n，则样本算术平均数（arithmetic mean of the sample）为

$$\bar{x}=\frac{x_1+x_2+\cdots+x_n}{n}=\frac{\sum_{i=1}^{n}x_i}{n} \tag{2-10}$$

式(2-9)和式(2-10)中，$\sum$为求和符号，$\sum_{i=1}^{n}x_i$ 表示 x_i 从 $i=1$ 一直加到 $i=n$，也可简写为$\sum_i x_i$或$\sum x$；$\bar{x}$ 是 μ 的估计值。由于 $\bar{x}$ 应用广泛，常将算术平均数简称为平均数或均值。可以通过以下三种方法来计算算术平均数。

1）直接计算法　当样本较小时可根据算术平均数的定义直接进行计算。

例 2-13　求例 2-11 中 20 株小麦的平均株高（cm）。

根据平均数的定义，由式（2-10），得

$$\bar{x}=\frac{1}{n}\sum x=\frac{1}{20}\times(82+79+\cdots+80)=82.3\text{（cm）}$$

2）减去（或加上）常数法　若变量 x_i 的值都较大（或较小）且接近某一常数 a 时，可将它们的值都减去（或加上）常数 a，得到一组新的数据，然后再计算平均数，最后重新加上（或减去）常数 a 即得到$\bar{x}$。以减去常数 a 为例，设 $y_1=x_1-a$，$y_2=x_2-a$，…，$y_n=x_n-a$，则有 $x_1=y_1+a$，$x_2=y_2+a$，…，$x_n=y_n+a$，于是有

$$\bar{x}=\frac{1}{n}\sum_{i=1}^{n}x_i=\frac{1}{n}\sum_{i=1}^{n}(y_i+a)=\frac{1}{n}\sum_{i=1}^{n}y_i+\frac{1}{n}(na)=\frac{1}{n}\sum_{i=1}^{n}y_i+a \tag{2-11}$$

例 2-14　用减去常数法求例 2-11 中 20 株小麦的平均株高（cm）。

设 $a=80$，则有 $y_1=82-80=2$，$y_2=79-80=-1$，…，$y_{20}=80-80=0$，代入式（2-11），得

$$\bar{x}=\frac{1}{n}\sum y+a=\frac{1}{20}\times[2+(-1)+\cdots+0]+80=82.3\text{（cm）}$$

3）加权平均法　在具有 n 个数据的样本中，如果数据 x_1 出现 f_1 次，数据 x_2 出现 f_2 次，…，数据 x_k 出现 f_k 次，且 $f_1+f_2+\cdots+f_k=n$，则有

$$\bar{x}=\frac{f_1x_1+f_2x_2+\cdots+f_kx_k}{f_1+f_2+\cdots+f_k}=\frac{1}{n}\sum_{i=1}^{k}f_ix_i \tag{2-12}$$

式中，f_i 可理解为 x_i 在平均数中的权数（weight），即数值相同的数据出现的频数，因而式（2-12）所求得的 $\bar{x}$ 称为加权平均数（weighted mean）。有数据分组的就是这种类型，如例 2-5 中来亨鸡每个月的产蛋数，按自然数 11～17 进行分组计算其每组的频数（表 2-8），可理解为权数 f_i。

例 2-15　利用加权平均法，计算例 2-11 中 20 株小麦株高的加权平均数。

先整理 20 个小麦株高数据，如表 2-15 所示。

表 2-15　20 个小麦株高数据的频数分布

株高（x，cm）	频数（f）	fx	fx^2
79	1	79	6241
80	2	160	12800
81	3	243	19683
82	6	492	40344
83	3	249	20667
84	3	252	21168
85	1	85	7225
86	1	86	7396
总和	$\sum f=20$	$\sum fx=1646$	$\sum fx^2=135524$

由式（2-12），得

$$\bar{x}=\frac{1}{n}\sum fx=\frac{1}{20}\times(79\times1+80\times2+\cdots+86\times1)=82.3\ (\text{cm})$$

算术平均数具有以下两个重要性质。

性质 1　样本中各观测值与其平均数之差称为离均差（deviation from mean），其总和等于零。证明如下：

$$\sum(x-\bar{x})=(x_1-\bar{x})+(x_2-\bar{x})+\cdots+(x_n-\bar{x})=(x_1+x_2+\cdots+x_n)-n\bar{x}=\sum x-n\bar{x}$$

因为 $\bar{x}=\frac{\sum x}{n}$，所以 $\sum x=n\bar{x}$，故

$$\sum(x-\bar{x})=\sum x-n\bar{x}=0 \tag{2-13}$$

性质 2　样本中各观测值与其平均数之差平方的总和，较各观测值与不等于平均数的任一数值离差的平方和为小，即离均差平方和（mean deviation sum of square）为最小，即设 $a\neq\bar{x}$，则 $\sum(x-\bar{x})^2<\sum(x-a)^2$。证明如下：

$$\begin{aligned}\sum(x-a)^2&=\sum[(x-\bar{x})+(\bar{x}-a)]^2\\&=\sum[(x-\bar{x})^2+2(x-\bar{x})(\bar{x}-a)+(\bar{x}-a)^2]\\&=\sum(x-\bar{x})^2+2\sum(x-\bar{x})(\bar{x}-a)+\sum(\bar{x}-a)^2\\&=\sum(x-\bar{x})^2+2(\bar{x}-a)\sum(x-\bar{x})+n(\bar{x}-a)^2\end{aligned}$$

已知 $\sum(x-\bar{x})=\sum x-n\bar{x}=0$，因此 $2(\bar{x}-a)\sum(x-\bar{x})=0$。又由于 $n(\bar{x}-a)^2>0$，所以

$$\sum(x-\bar{x})^2<\sum(x-a)^2 \tag{2-14}$$

算术平均数是描述观测数据集中性的重要特征值，它主要有以下两个作用：①指出一组数据的中心位置，标志着数据所代表性状的数量水平和质量水平；②作为全部数据的代表与其他数据进行比较。

2．几何平均数　几何平均数（geometric mean）是指数据中有 n 个观测值，其乘积开 n 次方所得的数值用 G 表示。几何平均数适用于变量 x 为对数正态分布，或经对数转换后呈正态分布的数据。其计算公式为

$$G=\sqrt[n]{x_1 \cdot x_2 \cdot \cdots \cdot x_n}=\sqrt[n]{\prod_{i=1}^{n} x_i} \tag{2-15}$$

式中，$\prod$为求积符号。

几何平均数主要用于计算比率的平均。例如，生物体重量、体积的增长率变化，药物降解的半衰期，生物体内致病菌的潜伏期等，也可用于反映年度、季节、月份及其他时间段的平均增长率。

例 2-16 某省 2015 年的草莓产量为 17.66 万吨，2016 年、2017 年、2018 年分别比上年增长 13.53%、10.12%、2.72%。求各年的平均增长率。

从本例给出的数据可知，各年与上年的比值（发展速度）应在增长率基础上加上 100%，分别应为 113.53%、110.12%和 102.72%，由式（2-15）则平均发展速度为

$$G=\sqrt[n]{x_1 \cdot x_2 \cdot \cdots \cdot x_n}=\sqrt[3]{113.53\% \times 110.12\% \times 102.72\%}=108.70\%$$

因此，年平均增长率为 108.70%－100%＝8.70%。

在本例中，如果用算术平均数，则有 $\frac{13.53\%+10.12\%+2.72\%}{3}=8.79\%$，尽管这一数值与几何平均数相差不大，但其结果是错误的。因为根据各年的增长率，2016 年的产量为 17.66×113.53%＝20.05（万吨），2017 年的产量为 20.05×110.12%＝22.08（万吨），2018 年的产量为 22.08×102.72%＝22.68（万吨）。如果按算术平均数的年平均增长率来计算，2018 年的产量应为 17.66×108.79%×108.79%×108.79%＝22.7383（万吨），用几何平均数的年平均增长率计算的结果为 17.66×108.70%×108.70%×108.70%＝22.6819（万吨）。而实际产量为 22.68 万吨，显然用几何平均数的年平均增长率计算的结果与实际产量是一致的。这说明，对于比率数据，使用几何平均数要比算术平均数更为合理。

以上计算可用下面的系列公式来进行表述：设开始的数据为 x_0，逐年增长率为 G_1，G_2，…，G_n，则第 n 年的数值为

$$x_n=x_0(1+G_1)(1+G_2)\cdots(1+G_n)=x_0\prod_{i=1}^{n}(1+G_i) \tag{2-16}$$

从 x_0 到 x_n 用 n 年，每年的增长率都相同，这个增长率 G 就是平均增长率 $\bar{G}$。式（2-16）中，G_i 都等于 $\bar{G}$。因此，有

$$(1+\bar{G})^n=\prod_{i=1}^{n}(1+G_i) \tag{2-17}$$

$$\bar{G}=\sqrt[n]{\prod_{i=1}^{n}(1+G_i)}-1 \tag{2-18}$$

当所平均的各比率数值差别不大时，算数平均数和几何平均数的结果是相差不大的，当各比率的数值相差较大时，二者的差别就很明显。

对例 2-16，由式（2-18），有

$$\bar{G}=\sqrt[n]{\prod_{i=1}^{n}(1+G_i)}-1=\sqrt[3]{113.53\% \times 110.12\% \times 102.72\%}-1=8.70\%$$

其结果与式（2-15）计算的结果再减去 1 是一样的。

如果数据变量值是比率形式的，可以直接用式（2-15）计算几何平均数。如果数据与相

邻值为等比关系，可对各数据取对数相加之和除以 n，再求出反对数，算出几何平均数：

$$G=\lg^{-1}\left[\frac{1}{n}(\lg x_1+\lg x_2+\cdots+\lg x_n)\right]=\lg^{-1}\left(\frac{1}{n}\sum_{i=1}^{n}\lg x_i\right) \tag{2-19}$$

需要注意的是，当数据中出现 0 或负值时是不宜计算几何平均数的。

3．调和平均数　调和平均数（harmonic mean）又称为倒数平均数，是数据变量倒数的算术平均数的倒数，用 H 表示。其计算公式为

$$H=\frac{1}{\dfrac{\sum_{i=1}^{n}\dfrac{1}{x_i}}{n}}=\frac{n}{\sum_{i=1}^{n}\dfrac{1}{x_i}} \tag{2-20}$$

调和平均数主要用于反映年度或阶段的增长率（生长率）或生长量（规模）。由于调和平均数需要通过变量的倒数来计算，所以只要有一个变量值为零，就不能计算调和平均数。

例 2-17　对例 2-16 中的数据，计算调和平均数。

将各年增长率分别加 1，代入式（2-20），有

$$H=\frac{1}{\dfrac{\sum\dfrac{1}{x}}{n}}=\frac{1}{\dfrac{1}{3}\times\left(\dfrac{1}{113.53\%}+\dfrac{1}{110.12\%}+\dfrac{1}{102.72\%}\right)}=108.60\%$$

$$\bar{H}=H-1=108.60\%-100\%=8.60\%$$

调和平均数易受极端值的影响，且受极小值的影响比受极大值的影响更大。对于同一批数据，不同平均数的计算结果不一样，反映出数据集中趋势的程度是不相同的，其关系是：$\bar{x}>G>H$，即算术平均数＞几何平均数＞调和平均数。

对于分组数据 x_i，具有权数 f_i 的情形，由式（2-21）可以求出加权调和平均数：

$$H=\frac{\sum_{i=1}^{k}f_i}{\sum_{i=1}^{k}f_i\dfrac{1}{x_i}} \tag{2-21}$$

加权调和平均数是加权算术平均数的另一种形式。通过公式可推导：由于 $\sum f=\dfrac{\sum fx}{x}$，故有

$$\bar{x}=\frac{\sum fx}{\sum f}=\frac{\sum fx}{\sum\dfrac{fx}{x}}=\frac{\sum fx}{\sum fx\dfrac{1}{x}}$$

令 $M=fx$，则

$$\bar{x}=\frac{\sum M}{\sum M\dfrac{1}{x}}=H$$

例 2-18　计算例 2-11 数据的加权调和平均数。

由式（2-21），有

$$H=\frac{\sum f}{\sum f\dfrac{1}{x}}=\frac{1+2+\cdots+1}{1\times\dfrac{1}{79}+2\times\dfrac{1}{80}+\cdots+1\times\dfrac{1}{86}}=82.3\text{（cm）}$$

由此可见，调和平均数是算术平均数的变形使用。调和平均数与算术平均数相比，具有两个方面的区别：①变量不同，算术平均数的变量是 x，而调和平均数的变量是 $\frac{1}{x}$；②算术平均数的权数是 f 或 n，而调和平均数的权数是 fx 或 M。

（四）众数、中位数和平均数的比较

众数、中位数和平均数是描述数据集中性的三个主要指标，它们既具有密切的联系，也有明显的区别。从数据分布来看，众数始终是一组数据的峰值，中位数是处于一组数据中间位置上的值，而平均数则是全部数据的算术平均。因此，对于具有单峰分布的大多数数据而言，众数、中位数和平均数之间具有如下关系（图 2-16）：①如果数据分布是对称的，众数（M_0）、中位数（M_d）和平均数（$\bar{x}$）必定相等，即 $M_0=M_d=\bar{x}$；②如果数据是左偏分布，说明数据存在极小值，必然拉动平均数向极小值一方靠拢，而众数和中位数由于是位置代表值，不受极小值的影响，因此三者之间的关系表现为 $\bar{x}<M_d<M_0$；③如果数据是右偏分布，说明数据存在极大值，必然拉动平均数向极大值一方靠拢，因此三者之间的关系表现为 $M_0<M_d<\bar{x}$。

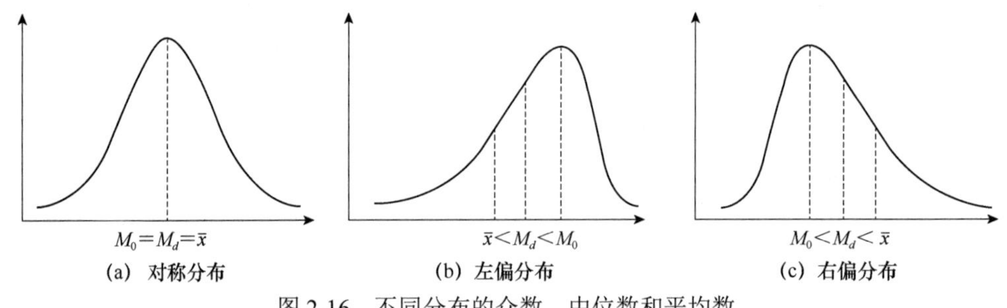

图 2-16　不同分布的众数、中位数和平均数

众数、中位数和平均数各具有不同特点，其应用的场合也各不相同。在一组数据中，平均数和中位数都具有唯一性，但众数有时不具有唯一性，有时可能会出现两个或多个众数。众数和中位数都是表示位置的代表值，不受极差数据影响，而平均数则利用了全部数据来描述其集中性特征。众数主要适合于分类数据集中性的描述，中位数主要用于按顺序排列的数值数据，平均数则适应于数值数据的计算。相对于众数和中位数，平均数受极差数值影响较大，如果数据的偏斜程度较大，平均数的代表性会变得比较差，这时可选择众数或中位数等位置代表值来描述数据的集中性特征。

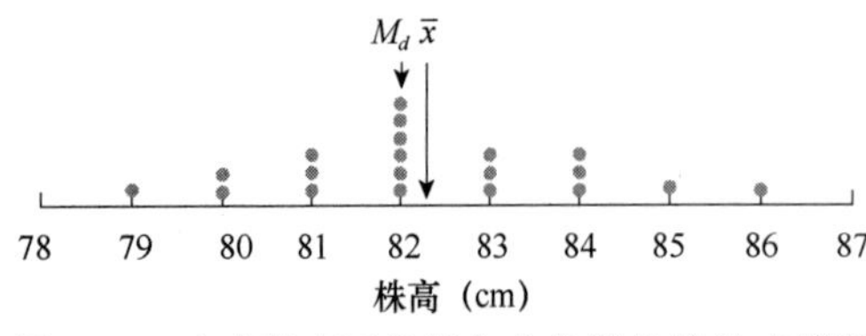

图 2-17　小麦株高平均数与中位数比较的点线图

进一步对平均数与中位数进行比较，中位数是按数据的数目把数据分成了两等份，而平均数就是数据的“平衡点”。从图 2-17 小麦株高点线图中可以看出，其平均数与中位数不在同一位置。由于中位数只受数据位置的影响，所以只要与求解中位数位置有关的数据不发生变化，其中位数是不变的，因此中位数具有较强的稳健性（robust）或者抗性（resistant），或者说中位数是稳健的统计数。对平均数来说，它的值与数据总和相关联，会受到任何一数据变动的影响，进而引起 $\bar{x}$ 在点线图的坐标位置发生变化，因此可以说平均数是不稳健的统

计数。基于以上分析，只要知道数据的数目，就可方便地求出中位数的位置和中位数的值；但平均数的计算，则必须是全部数据参与才能得到。正因为平均数的计算需要所有数据的参与，它更能在表达数据集中性时反映数据的全部信息，因而它比中位数更有效率。

二、变异程度描述

前面讨论的集中性只是数据分布的一个特征，它所反映的是各变量向其中心值聚集的程度。数据分布还有另外一个特征，即变异性（variability）。变异性所反映的是各变量值远离中心值的程度，也称离中趋势（scedasticity）或离散（dispersion）程度。用来表示变异性的指标有很多，主要有异众比率、极差和平均离差、四分位差、方差和标准差、变异系数等，其中以标准差和变异系数应用最为广泛。

（一）异众比率

异众比率（variation ratio）是指分组数据中非众数组的频数占总频数的比率，用 V_r 表示。其计算公式为

$$V_r=\frac{\sum_{i=1}^{k}f_i-f_m}{\sum_{i=1}^{k}f_i}=1-\frac{f_m}{\sum_{i=1}^{k}f_i} \tag{2-22}$$

式中，$\sum_{i=1}^{k}f_i$ 为数据变量值的总频数；f_m 为众数组的频数。

异众比率的作用是衡量众数对一组数据的代表程度。异众比率越大，说明非众数组的频数占总频数的比重越大，众数的代表性就越差；异众比率越小，表明非众数组的频数占总频数的比重越小，众数的代表性越好。既可以用异众比率表征分类数据的变异程度，也可用数值数据计算出异众比率。

例 2-19　对例 2-5 数据，计算 100 只来亨鸡每月产蛋数的异众比率。

例 2-5 中，将 100 只来亨鸡每月产蛋数据按照自然数分为 11～17 共 7 个组，其中每月产蛋数 14 个为众数组，即 $M_0=14$，其频数为 35。根据式（2-22），有

$$V_r=\frac{100-35}{100}=1-\frac{35}{100}=0.65=65\%$$

结果表明，除 $M_0=14$ 这一组之外的数据占到 65%，异众比率偏大，说明 $M_0=14$ 作为众数组之外还有较大变异程度。

（二）极差和平均离差

1．极差　极差（range）又称为全距，它是一组数据中最大值和最小值之差，一般用 R 表示，其计算公式为

$$R=\max(x_1, x_2, \cdots, x_n)-\min(x_1, x_2, \cdots, x_n) \tag{2-23}$$

式中，$\max(x_1, x_2, \cdots, x_n)$ 和 $\min(x_1, x_2, \cdots, x_n)$ 分别表示一组数据中的最大值和最小值。

例 2-20 计算例 2-7 中 150 尾鲢鱼体长数据（cm）的极差。

根据式（2-23），有

$$R=85-37=48 \text{（cm）}$$

极差在一定程度上能说明数据波动幅度的大小，但它只受数据中两个极端数值大小的影响，不能反映各个中间数据的变异程度。因而，极差不能准确描述出数据的变异特征，只能在研究一组数据的波动范围时表示数据的分散程度或变异特性，具有较大的局限性。

2．平均离差 平均离差（mean deviation）也称为平均绝对差，是各变量值与其均值离差绝对值的平均数，用 MD 表示，其计算公式为

$$MD=\frac{\sum_{i=1}^{n}|x_i-\bar{x}|}{n} \tag{2-24}$$

对于分组数据，其计算公式为

$$MD=\frac{\sum_{i=1}^{k}f_i|x_i-\bar{x}|}{n} \tag{2-25}$$

例 2-21 求例 2-11 中 20 株小麦株高（cm）的平均离差。

根据式（2-24）可直接计算得出 20 株小麦株高（cm）的平均离差：

$$MD=\frac{\sum|x_i-\bar{x}|}{n}=\frac{1}{20}\times(|82-82.3|+|79-82.3|+\cdots+|80-82.3|)=1.36 \text{（cm）}$$

也可根据式（2-25）通过加权平均得出其平均离差：

$$MD=\frac{\sum f_i|x_i-\bar{x}|}{n}=\frac{1}{20}\times(1\times|79-82.3|+2\times|80-82.3|+\cdots+1\times|86-82.3|)=1.36 \text{（cm）}$$

平均离差是以平均数为中心，反映了每个数据与平均数的平均差异程度，它能全面准确地反映一组数据的分散程度或变异特性。平均离差越大，说明数据的变异程度越大；反之，则说明数据的变异程度越小。为了避免平均数的离差之和等于零，平均离差在计算时对各个数据与平均数之间的离差取绝对值，然后求其平均数，这样就带来了计算上的不便。同时，平均离差在数据性质上也不是最优的，因而在实际中应用得较少。但平均离差的实际意义比较明确，容易理解。

（三）四分位差与箱线图

四分位差（quartile deviation）也称为四分位数间距（inter quartile range），是第三四分位数和第一四分位数之差，用 Q_d 或 IQR 表示，其计算公式为

$$Q_d=Q_3-Q_1 \tag{2-26}$$

四分位差反映了中间 50%数据的变异程度，其数值越小，说明中间的数据越集中；数据越大，说明中间的数据越分散。四分位数不受数据极端值的影响。由于中位数处于数据的中间位置，因此四分位差的大小在一定程度上也说明了中位数对一组数据的代表程度。四分位差适宜于度量经过排序的数值数据的变异程度，但不适合分类数据。

例 2-22 求例 2-11 中 20 株小麦的株高（cm）的四分位差。

由例 2-12，已得出第一四分位数 Q_1=81cm，第三四分位数 Q_3=83.75cm，根据式（2-26），有

$$Q_d=Q_3-Q_1=83.75-81=2.75\ (\text{cm})$$

本节前面部分已提到五数概括的概念。箱形图（boxplot）就是将最小值、最大值、中位数、Q_1 和 Q_3 五数概括的图形展现。为了制作箱线图，我们首先要做一个数据线，然后标出最小值、第一四分位数 Q_1、中位数、第三四分位数 Q_3 和最大值的位置；其次将 Q_1、Q_3 两个四分位数连接为一个箱子。注意，箱子的长度与四分位差是相等的；最后，我们从 Q_1 向下延长至最小值，从 Q_3 向上扩展至最大值，一个包含五数概括的箱线图就画好了。

例 2-23　根据例 2-11 数据及后续计算结果制作 20 株小麦株高（cm）分布的箱线图。

由例 2-11、例 2-12 和例 2-22，已知 20 株小麦株高数据的最小值是 79（cm），最大值为 86（cm），中位数=82（cm），第一四分位数 Q_1=81，第三四分位数 Q_3=83.75，Q_d=2.75（cm），制作出的箱线图如图 2-18 所示。

多批数据箱线图

异常值与改进的箱线图

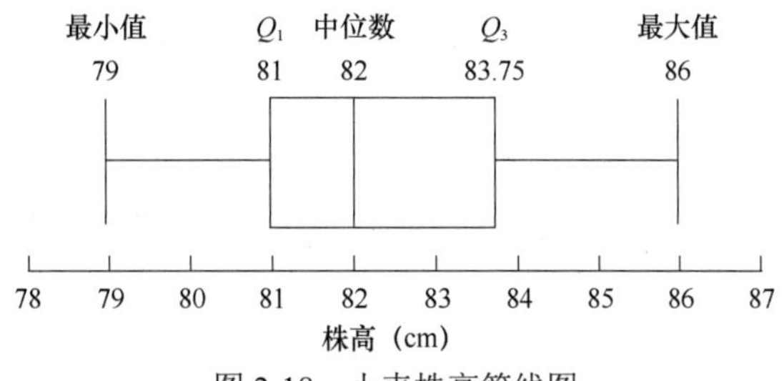

图 2-18　小麦株高箱线图

（四）方差和标准差

1. 方差　为了度量数据变量的变异程度，对含有 n 个观测值 x_1，x_2，…，x_n 的样本，可以用各个数据离均差的大小来表示，但由于 $\sum(x-\bar{x})=0$，不能反映样本总的变异程度。若将离均差先平方再求和，即 $\sum(x-\bar{x})^2$，就可消除上述弊病。但这样还有一个缺点，就是离均差平方和常随样本容量大小而改变。为便于比较，用样本容量 n 来除离均差平方和，得到平均的平方和，简称方差（variance）或均方（mean square，MS）。对于样本来说，其方差（sample variance）s^2 为

$$s^2=\frac{\sum(x-\bar{x})^2}{n-1} \tag{2-27}$$

对于总体，其方差（population variance）σ^2 为

$$\sigma^2=\frac{\sum(x-\mu)^2}{N} \tag{2-28}$$

式（2-27）中，$n-1$ 为自由度（degree of freedom），一般用 df 表示。式（2-28）中，N 为有限总体容量。

视频讲解

s^2 是 σ^2 的最好估计值。方差是度量数据变异的常用指标，在分析数据的变异特征和统计推断中有广泛的应用。

比较式（2-27）和式（2-28），样本方差用 $n-1$ 作为除数。为什么除数是 $n-1$ 不用 n 呢？从字面含义来看，自由度是指一组数据中可以自由取值的个数。当样本容量为 n 时，其样本平

均数 $\overline{x}$ 确定后，只有 $n-1$ 个数据可以自由取值，n 个数据中必有一个不能自由取值。例如，假定一个样本有 3 个数据，且平均数 $\overline{x}=5$。这时，这 3 个数据中有两个数据可以自由取值，而另一个则受 $\overline{x}=5$ 和前面两个数据的限制不能自由取值。如果两个数据分别取值 $x_1=6$，$x_2=7$，则 x_3 只能取值为 2。当然，前两个数据也可以取其他值，如 $x_1=4$，$x_2=8$，则 x_3 取值只能是 3。从实际运用来看，由于 $\sum(x-\overline{x})^2$ 是一最小平方和，如果以 n 为除数，则所得 s^2 是 σ^2 的偏小估计。如果用 $n-1$ 替代 n，则可避免偏小估计的弊端，提高用样本估计总体变异的精度。

2．标准差

1）*标准差的定义*　方差虽能反映数据变量的变异程度，但由于离均差取了平方值，使得它与原始数据的数值和单位都不相适应，需要将方差开方还原，方差的平方根值就是标准差（standard deviation，*SD*）。样本的标准差（standard deviation of the ample）s 为

视频讲解

$$s=\sqrt{\frac{\sum(x-\overline{x})^2}{n-1}} \tag{2-29}$$

总体标准差（standard deviation of the population）σ 为

$$\sigma=\sqrt{\frac{\sum(x-\mu)^2}{N}} \tag{2-30}$$

2）*标准差的计算*　在计算标准差时，首先要先求出平均数，然后求出 $\sum(x-\overline{x})^2$，再按式（2-29）进行计算。这样不仅麻烦，而且当 $\overline{x}$ 为约数时，容易引起计算误差。所以通常把 $\sum(x-\overline{x})^2$ 进行下面变形，用原始数据进行计算：

$$\sum(x-\overline{x})^2=\sum(x^2-2x\overline{x}+\overline{x}^2)=\sum x^2-2\overline{x}\sum x+n\overline{x}^2=\sum x^2-2\frac{\sum x}{n}\sum x+n\left(\frac{\sum x}{n}\right)^2$$

$$=\sum x^2-2\frac{\left(\sum x\right)^2}{n}+\frac{\left(\sum x\right)^2}{n}=\sum x^2-\frac{\left(\sum x\right)^2}{n} \tag{2-31}$$

代入式（2-29），得

$$s=\sqrt{\frac{\sum x^2-\frac{\left(\sum x\right)^2}{n}}{n-1}} \tag{2-32}$$

在实际计算时，当遇到数值较大（或较小）的数据时，为了简化计算过程，可将各观测值都减去（或加上）一个常数，所得的 s 不变。

例 2-24　测得 9 名男子前臂长（cm）的样本数据，列于表 2-16，试计算其标准差（设 $x'=x-45$）。

表 2-16　9 名男子前臂长数据的频数分布

前臂长（x，cm）	x^2	$x'=x-45$	x'^2
45	2025	0	0
42	1764	−3	9
44	1936	−1	1
41	1681	−4	16
47	2209	2	4

续表

前臂长（x，cm）	x^2	$x'=x-45$	x'^2
50	2500	5	25
47	2209	2	4
46	2116	1	1
49	2401	4	16
$\sum x=411$	$\sum x^2=18841$	$\sum x'=6$	$\sum x'^2=76$

将表 2-16 数据按两种算法代入式（2-32），得

$$s=\sqrt{\frac{\sum x^2-\frac{\left(\sum x\right)^2}{n}}{n-1}}=\sqrt{\frac{18841-\frac{411^2}{9}}{9-1}}=3.0\text{（cm）}$$

$$s=\sqrt{\frac{\sum x'^2-\frac{\left(\sum x'\right)^2}{n}}{n-1}}=\sqrt{\frac{76-\frac{6^2}{9}}{9-1}}=3.0\text{（cm）}$$

两种算法相比，其结果是一样的，但第二种算法更为简便易行。因此，当样本变量数据的数值较大时，用简化后的数据计算标准差 s 可以大大节省计算工作量。

对于分组数据，可采用加权的公式进行计算，其公式为

$$s=\sqrt{\frac{\sum f(x-\bar{x})^2}{n-1}}=\sqrt{\frac{\sum fx^2-\frac{\left(\sum fx\right)^2}{n}}{n-1}} \tag{2-33}$$

例 2-25　根据表 2-15 数据，计算 20 株小麦株高的标准差。

由表 2-15 可知，$\sum fx=1646$，$\sum fx^2=135524$，代入式（2-33），得

$$s=\sqrt{\frac{\sum fx^2-\frac{\left(\sum fx\right)^2}{n}}{n-1}}=\sqrt{\frac{135524-\frac{1646^2}{20}}{20-1}}=1.7502\text{（cm）}$$

3）标准差的特性及其作用　　标准差是衡量数据变量变异程度的最好指标，它具有以下几个特性：①标准差的大小受多个数据的影响，如果数据间差异较大，其离均差也大，因而标准差也大，反之则小。②在计算标准差时，如果对各数据加上或减去一个常数 a，其标准差不变；如果给各数据乘以或除以一个常数 a，则所得的标准差扩大或缩小了 a 倍。③正态分布情况下，一个样本变量的分布情况可做如下估计，在平均数 $\bar{x}$ 两侧的 $1s$ 范围内，即 $\bar{x}\pm s$ 内的数据约为数据总个数的 68.26%；在平均数 $\bar{x}$ 两侧的 $2s$ 范围，即 $\bar{x}\pm 2s$ 内的数据个数约为数据总个数的 95.45%；在平均数 $\bar{x}$ 两侧的 $3s$ 范围内，即 $\bar{x}\pm 3s$ 内的数据个数约为数据总个数的 99.73%。

根据标准差的性质，它可以起到以下几种作用：①表示变量数据分布的变异程度。标准差小，说明数据变量的分布比较密集在平均数附近；标准差大，则表明数据变量的分布变异比较大。因此，可以用标准差的大小判断平均数代表性的强弱。②利用标准差的大小，可以概括地估计出数据变量的频数分布及各类数据在总体中所占的比例。③估计平均数的标准误。在计算平均数的标准误时，可根据样本标准差代替总体标准差进行计算。④进行平均数

的区间估计和变异系数的计算。

与方差不同的是，标准差是有量纲的，它与变量值的计量单位相同，其实际意义比方差清楚。因此，在对实际问题进行分析时，使用较多的是标准差。

（五）变异系数

标准差是衡量一个样本数据变量分布分散变异程度的重要特征数，但比较两个样本时，当平均数相差悬殊或单位不同时，用标准差来说明它们的变异程度就不合适。为了克服这一缺点，将样本标准差除以样本平均数，得出的百分比就是变异系数（coefficient of variability，*CV*），也称为离散系数，其计算公式为

$$CV=\frac{s}{\bar{x}}\times 100\% \qquad (2\text{-}34)$$

变异系数是样本变量数据的相对变异数，受标准差和平均数两个指标的影响，是不带量纲的纯数。用变异系数可以比较不同样本相对变异程度的大小。

例 2-26 某品种水稻在大田栽植，其穗粒数为 44.6，标准差为 17.9；在丰产田栽植，其穗粒数为 65.0，标准差为 18.3，哪种栽植田水稻穗粒数变异程度较大？

将两种栽植田水稻穗粒数的平均数、标准差分别代入式（2-34）：

大田水稻穗粒数的变异系数为

$$CV=\frac{s}{\bar{x}}\times 100\%=\frac{17.9}{44.6}\times 100\%=40.13\%$$

丰产田水稻穗粒数的变异系数为

$$CV=\frac{s}{\bar{x}}\times 100\%=\frac{18.3}{65.0}\times 100\%=28.15\%$$

从两种栽植田水稻穗粒数的变异系数可看出，虽然大田水稻穗粒数的标准差较小，但其变异系数要比丰产田大，说明丰产田水稻穗粒数的整齐度优于大田。

三、分布形态特征描述

前面介绍了变量数据分布的集中性和变异程度两个重要特征，但要全面了解数据分布的特点，我们还需要知道变量数据分布的形状是否对称、偏斜程度、扁平程度等，这就需要对变量数据分布形态的偏度和峰度进行描述。

（一）偏度

偏度（skewness）是对数据分布对称性的描述，其指标是偏度系数（coefficient of skewness），用 *SK* 表示。“偏度”一词是由皮尔逊（K. Pearson）于 1895 年首次提出的。前面已经提到，可以利用众数、中位数和平均数之间的关系大致判断数据分布偏斜的方向，即数据分布是否对称、是左偏或者是右偏。但要描述偏斜的程度，则需要计算偏度系数。对于未分组数据，其分布偏度系数 *SK* 的计算公式为

$$SK=\frac{n\sum(x_i-\bar{x})^3}{(n-1)(n-2)s^3} \qquad (2\text{-}35)$$

式中，s^3 为样本标准差的三次方。

偏度系数 SK 描述了数据分布的非对称程度。如果一组数据的分布是对称的，如标准正态分布，其偏度系数 $SK=0$；如果偏度系数明显不等于 0，则表明分布是非对称的。

对于分组数据，偏度系数 SK 可采用式（2-36）进行计算：

$$SK=\frac{\sum_{i=1}^{k} f_i (M_i-\bar{x})^3}{ns^3} \tag{2-36}$$

式中，M_i 为组中值。

从式（2-36）可以看到，偏度系数 SK 是离均差三次方的平均数除以标准差的三次方，是一个相对值。当数据分布对称时，离均差三次方后正负离均差可以相互抵消，因而 SK 的分子部分为 0，则 $SK=0$；当数据分布不对称时，正负离均差不能抵消，就形成了正或负的偏度系数 SK。当 SK 为正值时，表示正的离均差值较大，可以判断为右偏或正偏；反之，当 SK 为负值时，表示负的离均差值较大，可以判断为左偏或负偏。SK 的值越接近 0，偏斜程度就越小；SK 的绝对值越大，表示的偏斜程度就越大。若 SK 大于 1 或小于−1，称为高度偏态分布；若 SK 在 0.5～1 或−0.5～−1，则认为是中度偏态分布。

例 2-27　计算例 2-11 中 20 株小麦株高（cm）的偏度系数。

根据式（2-36），表 2-15 中株高 x 即式（2-36）中的 M_i，中间数据计算如表 2-17 所示。

表 2-17　例 2-11 中 20 株小麦株高的偏度和峰度计算

株高（M_i，cm）	频数（f）	$f_i(M_i-\bar{x})^3$	$f_i(M_i-\bar{x})^4$
79	1	−35.937	118.5921
80	2	−24.334	55.9682
81	3	−6.591	8.5683
82	6	−0.162	0.0486
83	3	1.029	0.7203
84	3	14.739	25.0563
85	1	19.683	53.1441
86	1	50.653	187.4161
总和	20	19.08	449.514

前面例子已计算出 $\bar{x}=82.3$，$s=1.7502$，将表 2-17 中间数据代入式（2-36），得

$$SK=\frac{\sum f_i (M_i-\bar{x})^3}{ns^3}=\frac{\sum f_i (M_i-82.3)^3}{20\times1.7502^3}=\frac{19.08}{20\times1.7502^3}=0.178$$

由计算结果可以看出，偏度系数为 0.178，但数值不是太大，说明 20 株小麦株高的数据分布为右偏分布，但偏斜程度不是很大。

（二）峰度

"峰度"（kurtosis）一词是由皮尔逊（K. Pearson）于 1905 年首次提出的，用来对数据分布扁平或尖峰程度进行描述，其指标是峰度系数（coefficient of kurtosis），用 K 表示。对于未分组的数据，峰度系数 K 的计算公式为

$$K=\frac{n(n+1)\sum(x_i-\overline{x})^4-3(n-1)\left[\sum(x_i-\overline{x})^2\right]^2}{(n-1)(n-2)(n-3)s^4} \tag{2-37}$$

对于分组数据，峰度系数 K 的计算公式为

$$K=\frac{\sum_{i=1}^{k}f_i(M_i-\overline{x})^4}{ns^4}-3 \tag{2-38}$$

式（2-37）和式（2-38）中，s^4 为样本标准差的四次方。

从式（2-38）可以看到，峰度系数 K 是离均差四次方的平均数除以标准差的四次方，也是一个相对值。峰度系数是与数据的标准正态分布相比而言的，描述数据分布的尖峰或扁平程度。如果一组数据服从标准正态分布，则峰度系数 $K=0$；如果峰度系数明显不为 0，则表明数据分布更平或更尖，称为尖峰分布（peak distribution）或扁平分布（flarrer distribution）（图 2-19）。当 $K>0$ 时为尖峰分布，当 $K<0$ 时为扁平分布。

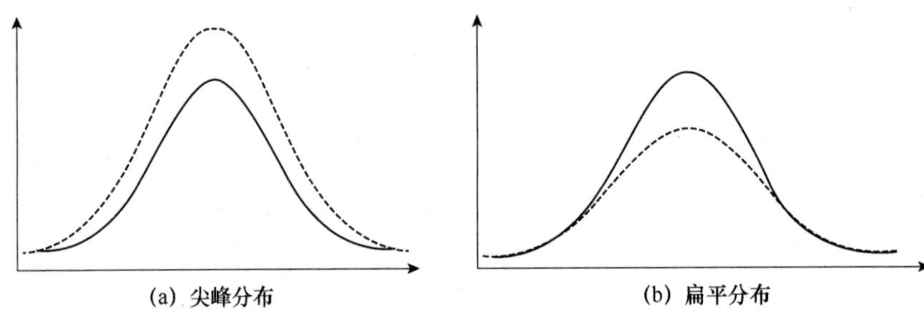

图 2-19　尖峰分布和扁平分布示意图

需要注意的是，式（2-38）中也可以不减 3，这时比较的标准是 3。标准正态分布的峰度系数 $K=3$，当 $K>3$ 时为尖峰分布，曲线比较陡峭，数据主要集中在平均数附近；当 $K<3$ 时为扁平分布，曲线比较平缓，数据分布比较分散。

例 2-28　计算例 2-11 中 20 株小麦株高（cm）的峰度系数。

根据式（2-38），对表 2-15 数据进行中间计算（表 2-17）。将有关数据代入式（2-38），得

$$K=\frac{\sum f_i(M_i-\overline{x})^4}{ns^4}-3=\frac{449.514}{20\times1.7502^4}-3=2.395-3=-0.605$$

由于峰度系数 $K=-0.605$，说明 20 株小麦株高数据分布与正态分布相比略有一些平峰。

思考练习题

习题 2.1　什么是抽样调查？常用的抽样调查有哪些基本方法？试比较其优缺点和适用对象。

习题 2.2　试验设计的三项原则是什么？它们之间有何关系？

习题 2.3　对照有哪些类型？它们的作用是什么？

习题 2.4　试验误差的来源有哪些，如何进行控制？

习题 2.5　什么是频数分布表？什么是频数分布图？制表和绘图的基本步骤有哪些？

习题 2.6　算术平均数与加权平均数形式上有何不同？为什么说它们的实质是一致的？

习题 2.7　众数、中位数和平均数之间的关系是什么？

习题 2.8　何谓五数概括？如何制作箱线图？

习题 2.9　平均数与标准差在统计分析中有什么用处？它们各有哪些特性？

习题 2.10　总体和样本的平均数、标准差有什么共同点？又有什么联系和区别？

习题 2.11　随机抽样调查了 100 人的血型数据如下：A 型血 23 人，B 型血 17 人，AB 型血 12 人，O 型血 48 人。试计算各血型所占百分比，并制作频数分布表和频数分布图（条形图和饼图）。

习题 2.12　某地 100 例 30～40 岁健康男子血清总胆固醇含量（mol/L）测定结果如下：

4.77	3.37	6.14	3.95	3.56	4.23	4.31	4.71	5.69	4.12
4.56	4.37	5.39	6.30	5.21	7.22	5.54	3.93	5.21	6.51
5.18	5.77	4.79	5.12	5.20	5.10	4.70	4.74	3.50	4.69
4.38	4.89	6.25	5.32	4.50	4.63	3.61	4.44	4.43	4.25
4.03	5.85	4.09	3.35	4.08	4.79	5.30	4.97	3.18	3.97
5.16	5.10	5.85	4.79	5.34	4.24	4.32	4.77	6.36	6.38
4.88	5.55	3.04	4.55	3.35	4.87	4.17	5.85	5.16	5.09
4.52	4.38	4.31	4.58	5.72	6.55	4.76	4.61	4.17	4.03
4.47	3.40	3.91	2.70	4.60	4.09	5.96	5.48	4.40	4.55
5.38	3.89	4.60	4.47	3.64	4.34	5.18	6.14	3.24	4.90

试根据所给数据编制频数分布表。

习题 2.13　根据习题 2.12 的频数分布表，绘制直方图和多边形图，并简述其分布特征。

习题 2.14　根据习题 2.12 的数据，计算平均数、标准差和变异系数。

习题 2.15　根据习题 2.12 的数据，找出众数，计算中位数，并与平均数进行比较。

习题 2.16　根据习题 2.12 的数据，计算五数概括，并制作该数据分布的箱线图。

习题 2.17　根据习题 2.12 的数据，计算该数据分布的偏度系数和峰度系数。

习题 2.18　某海水养殖场进行贻贝单养和贻贝与海带混养的对比试验，收获时各随机抽取 50 绳测其毛重（kg），结果分别如下：

单养 50 绳重量数据：45，45，33，53，36，45，42，43，29，25，47，50，43，49，36，30，39，44，35，38，46，51，42，38，51，45，41，51，50，47，44，43，46，55，42，27，42，35，46，53，32，41，48，50，51，46，41，34，44，46；

混养 50 绳重量数据：51，48，58，42，55，48，48，54，39，58，50，54，53，44，45，50，51，57，43，67，48，44，58，57，46，57，50，48，41，62，51，58，48，53，47，57，51，53，48，64，52，59，55，57，48，69，52，54，53，50。

试从平均数、极差、标准差、变异系数几个指标来评估单养与混养的效果，并给出分析结论。

参考答案

第3章

概率与概率分布

本章提要

概率和概率分布是统计推断的基础。本章主要讨论：

- 事件关系与概率计算；
- 离散性随机变量、连续性随机变量及其概率分布；
- 常见理论分布：二项分布、泊松分布和正态分布；
- 抽样分布：样本平均数的抽样分布、样本频率的抽样分布、正态总体抽样分布。

第二章详细叙述了如何通过调查和试验获得样本数据、进行数据整理、编制频数分布表和频数分布图，系统介绍了数据分布集中性、变异程度、分布形状等特征的度量指标与描述方法。但是进行数据统计分析，不能仅是对样本特征进行统计描述这一个方面，还需要通过样本统计数来推断其所属总体的参数，即统计推断。在进行统计推断之前，需要了解事件、概率、概率分布及抽样分布等基础知识。

第一节　事件及其概率

概率是对某一特定事件出现可能性大小进行度量的指标。为理解概率的含义，需要首先了解随机试验、事件、频率等基本概念，并在此基础上讨论事件关系和概率计算问题。

一、事件、频率与概率

（一）事件

在自然界中，有许多现象可以预知其在一定条件下是否出现。例如，水在一个标准大气压条件下，加热到100℃时肯定会沸腾。这种在一定条件下必然出现的现象，称为必然事件（certain event），以 U 表示。必然事件的反面，则不会发生。例如，种子的发芽率不可能超过 100%，这种在一定条件下必然不出现的事件，称为不可能事件（impossible event），以 V 表示。

在自然界中还有另外许多现象，它们在一定条件下出现的结果是偶然的，有可能发生，也可能不发生。例如，小麦种子在播种后可能发芽，也可能不发芽；投掷一枚质地均匀的硬币，其结果可能是硬币正面朝上，也可能是反面朝上。为了研究事件的发生与出现的结果，通常需要通过试验对一定条件下出现的自然现象进行观测或度量。

一个试验如果满足以下三个特性，则称其为一个随机试验（random trial），简称试验（trial）：①试验可以在相同条件下重复进行；②每次试验的可能结果不止一个，但试验的所有可能结果在试验之前是确切知道的；③每次试验总是恰好出现可能结果中的一个，但在试验之前不能确定试验出现的确切结果。上述小麦种子的发芽情况、投掷硬币哪面朝上的情况，都具备随机试验的三个特征，因此都是随机试验。像这种在某些确定条件下进行随机试验可能出现也可能不出现的现象，称为随机事件（random event），简称事件（event）。

对一项随机试验，可以将试验中所有可能结果的全体定义为样本空间（sample space），用符号 Ω 表示，而样本空间中每一个特定的试验结果被称为样本点（sample point）。样本空间是随机试验中所有可能结果的集合，显然它是一个必然事件。例如，设随机试验为抛一颗质地均匀骰子出现向上面的点数，其样本空间 Ω：{1，2，3，4，5，6}；投掷一枚质地均匀硬币的样本空间 Ω：{正面朝上，反面朝上}；一粒种子发芽的样本空间 Ω：{发芽，不发芽}；动物性别的样本空间 Ω：{雄性，雌性}；一品红花色的样本空间 Ω：{红色，粉色，白色}；等等。

（二）频率

设事件 A 在 n 次重复试验中发生了 m 次，其比值 $\frac{m}{n}$ 称为事件 A 发生的频率（frequency），记为

$$W(A)=\frac{m}{n} \tag{3-1}$$

显然，$W(A)$ 是 0～1 的一个数，即 $0\leqslant W(A)\leqslant 1$。

例 3-1　为测定某批玉米种子的发芽率，分别取 10，20，50，100，200，500，1000（粒）种子，在相同条件下进行发芽试验，其结果如表 3-1 所示。试计算玉米种子的发芽率。

表 3-1　某批玉米种子的发芽试验结果

种子总数（n）	10	20	50	100	200	500	1000
发芽种子数（m）	9	19	47	91	186	459	920
种子发芽率（$\frac{m}{n}$）	0.900	0.950	0.940	0.910	0.930	0.918	0.920

从表 3-1 可以清楚地看出，试验中随 n 值的不同，其种子发芽率也不同。当 n 较小时，其发芽率波动较大；随 n 值增大，发芽率的波动性逐渐减小。当 n 充分大时，其频率值就稳定在 0.920 这个数值上。当 n 为 1000 时，玉米种子的发芽频率为

$$W(A)=\frac{m}{n}=\frac{920}{1000}=0.92$$

（三）概率

由例 3-1 可以引出概率（probability）的定义：某事件 A 在 n 次重复试验中，发生了 m 次，当试验次数 n 不断增大时，事件 A 发生的频率 $W(A)$ 越来越接近某一确定值 p，于是定义 p 为事件 A 发生的概率，记为

$$P(A)=p \tag{3-2}$$

显然，在一般情况下，不可能完全准确地得到 p，常以在 n 充分大时，事件 A 发生的频率作为事件 A 发生概率 p 的近似值，即

$$P(A)=p=\lim_{n\to\infty}\frac{m}{n} \tag{3-3}$$

例 3-1 中 n 为 1000 时，我们可以认为 n 是充分大，则玉米发芽概率 p 可认为是 0.920。p 表示了事件 A 发生可能性的大小。根据概率的定义，概率有如下基本性质：①任何事件的概率都在 0～1，即 $0\leqslant P(A)\leqslant 1$；②必然事件的概率等于 1，即 $P(U)=1$；③不可能事件的概率等于 0，即 $P(V)=0$。

二、事件关系与概率计算

（一）事件的相互关系

1. 和事件　事件 A 和事件 B 至少有一件发生而构成的新事件称为事件 A 和事件 B 的和事件（sum event），以 $A+B$ 表示。例如，在检验小麦面粉品质时，随机抽取一个样品的出粉率为 81%以下称为事件 A，随机抽取一个样品的出粉率为 81%～85%称为事件 B，现抽取一个样品的出粉率为 85%以下，则这一新事件即事件 A 和事件 B 的和事件。和事件的定义可推广到多个事件的和，可表示为 $A_1+A_2+\cdots+A_n$。

2. 积事件　事件 A 和事件 B 同时发生而构成的新事件称为事件 A 和事件 B 的积事件（product event），以 $A\cdot B$ 表示。例如，在调查棉田病虫害发生情况时，以棉铃虫的发生为事件 A，以黄萎病的发生为事件 B，则棉铃虫和黄萎病同时发生这一新事件称为事件 A 和事件 B 的积事件。积事件的定义也可推广到多个事件的积，可表示为 $A_1\cdot A_2\cdot\cdots\cdot A_n$。

3. 互斥事件　事件 A 和事件 B 不能同时发生，即 $A\cdot B=V$，那么称事件 A 和事件 B 为互斥事件（exclusive event）。例如，豌豆的花色分为红花和白花，开红花为事件 A，开白花为事件 B，现一株 F_1 代豌豆，不可能既开红花又开白花，所以开红花和开白花为互斥事件。这一定义也可推广到 A_1、A_2、…、A_n 多个事件。

4. 对立事件　事件 A 和事件 B 必有一个事件发生，但二者不能同时发生，即 $A+B=U$，$A\cdot B=V$，则称事件 A 与事件 B 互为对立事件（complementary event），事件 B 可表示为 $\overline{A}$，事件 A 可表示为 $\overline{B}$。例如，新生婴儿是男孩为事件 A，新生婴儿是女孩为事件 B，现有一个刚出生的婴儿，要么是男孩要么是女孩，即 $A+B=U$，是必然事件，同时又不可能既是男孩又是女孩，即 $A\cdot B=V$，是不可能事件，所以新生婴儿是男孩和新生婴儿是女孩互为对立事件，新生婴儿是女孩也可记为 $\overline{A}$，新生婴儿是男孩也可记为 $\overline{B}$。

5. 独立事件　事件 A 的发生与事件 B 的发生毫无关系，反之，事件 B 的发生也与事件 A 的发生毫无关系，则称事件 A 和事件 B 为独立事件（independent event）。例如，播种两粒玉米，第一粒发芽为事件 A，第二粒发芽为事件 B，第一粒是否发芽不影响第二粒的发芽，第二粒是否发芽也不影响第一粒的发芽，则事件 A 和事件 B 相互独立。如果多个事件 A_1、A_2、…、A_n 彼此独立，则称之为独立事件群（independent event group）。

6. 完全事件系　如果多个事件 A_1、A_2、…、A_n 两两相斥，且每次试验结果必然发生其一，则称事件 A_1、A_2、…、A_n 为一个完全事件系（complete event system），恰好等于样本空间。由于 A_1、A_2、…、A_n 相互之间无交叉，所以它们实质上对应的是样本空间中的样本点。例如，抽取一位阿拉伯数字，抽取数字为 0、1、…、9 就构成了完全事件系。

（二）条件概率

在事件 B 已发生的情况下事件 A 发生的概率，称为事件 A 的条件概率（conditional probability），记作 $P(A|B)$。条件概率 $P(A|B)$ 与无条件概率 $P(A)$ 通常是不一样的。

例 3-2　为研究某抗生素的耐药性，随机抽取 574 名成年气管炎患者调查了服用与未服用该药，以及敏感与不敏感的情况（表 3-2）。试计算各个条件概率与无条件概率。

表 3-2　不同人群气管炎患者情况

人群	敏感（A）人数	不敏感（$\overline{A}$）人数	合计
服用抗生素（B）	215	180	395
未服用抗生素（$\overline{B}$）	106	73	179
合计	321	253	574

本例中所调查的人数较多，根据概率定义可将频率看作概率。令 A、$\overline{A}$ 分别表示敏感和不敏感的人数，B、$\overline{B}$ 分别表示是否服用抗生素。根据条件概率定义，各个条件概率分别为

$$P(A|B)=\frac{215}{395}=0.5443,\quad P(A|\overline{B})=\frac{106}{179}=0.5922$$

$$P(\overline{A}|B)=\frac{180}{395}=0.4557,\quad P(\overline{A}|\overline{B})=\frac{73}{179}=0.4078$$

各个无条件概率分别为

$$P(A)=\frac{321}{574}=0.5592,\quad P(\overline{A})=\frac{253}{574}=0.4408$$

$$P(B)=\frac{395}{574}=0.6882,\quad P(\overline{B})=\frac{179}{574}=0.3118$$

（三）概率计算法则

1. 加法定理　互斥事件 A 和 B 的和事件的概率等于事件 A 和事件 B 的概率之和，称为加法定理（additive theorem），即

$$P(A+B)=P(A)+P(B) \tag{3-4}$$

例 3-3　调查某玉米田，一穗株占 67.2%，双穗株占 30.7%，空穗株占 2.1%，试计算一穗株和双穗株的概率。

已知：一穗株占 67.2%，即 $P(A)=0.672$；双穗株占 30.7%，即 $P(B)=0.307$，故所要计算的和事件概率为

$$P(A+B)=P(A)+P(B)=0.672+0.307=0.979$$

推理 1　如果 A_1、A_2、…、A_n 为 n 个互斥事件，则其和事件的概率为

$$P(A_1+A_2+\cdots+A_n)=P(A_1)+P(A_2)+\cdots+P(A_n) \tag{3-5}$$

推理 2　对立事件 $\overline{A}$ 的概率为

$$P(\overline{A})=1-P(A) \tag{3-6}$$

推理 3　完全事件系和事件的概率和等于 1。

2. 乘法定理　如果事件 A 和事件 B 为独立事件，则事件 A 与事件 B 同时发生的概率等于事件 A 和事件 B 各自概率的乘积，称为乘法定理（multiplication theorem），即

$$P(AB)=P(A)P(B) \tag{3-7}$$

例 3-4　播种玉米时，每穴播种两粒种子，已知玉米种子的发芽率为 90%，试求每穴两粒种子均发芽的概率和一粒种子发芽的概率。

设第一粒种子发芽为事件 A，第二粒发芽为事件 B，于是有 $P(A)=P(B)=0.90$，$P(\bar{A})=P(\bar{B})=0.10$。

两粒种子均发芽的概率为

$$P(AB)=P(A)P(B)=0.90\times0.90=0.81$$

一粒种子发芽的概率为

$$P(A\bar{B})+P(\bar{A}B)=P(A)P(\bar{B})+P(\bar{A})P(B)=0.90\times0.10+0.10\times0.90=0.18$$

推理　如果 A_1、A_2、…、A_n 彼此独立，则

$$P(A_1A_2\cdots A_n)=P(A_1)P(A_2)\cdots P(A_n) \tag{3-8}$$

对条件概率，其计算公式为

$$P(A|B)=\frac{P(AB)}{P(B)} \tag{3-9}$$

例 3-5　根据例 3-2 数据，试计算各个积事件概率和条件概率。

由表 3-2 数据，各个积事件概率分别为

$$P(AB)=\frac{215}{574}=0.3746,\quad P(A\bar{B})=\frac{106}{574}=0.1847$$

$$P(\bar{A}B)=\frac{180}{574}=0.3136,\quad P(\bar{A}\bar{B})=\frac{73}{574}=0.1272$$

根据式（3-9），各个条件概率分别为

$$P(A|B)=\frac{P(AB)}{P(B)}=\frac{0.3746}{0.6882}=0.5443$$

$$P(A|\bar{B})=\frac{P(A\bar{B})}{P(\bar{B})}=\frac{0.1847}{0.3118}=0.5922$$

$$P(\bar{A}|B)=\frac{P(\bar{A}B)}{P(B)}=\frac{0.3136}{0.6882}=0.4557$$

$$P(\bar{A}|\bar{B})=\frac{P(\bar{A}\bar{B})}{P(\bar{B})}=\frac{0.1272}{0.3118}=0.4078$$

3．全概率法则　如果 B_1、B_2、…、B_n 为完全事件系，$P(B_1+B_2+\cdots+B_n)=1$，且 $P(B_i)>0$（$i=1, 2, \cdots, n$），A 为任意事件，则事件 A 的全概率法则（law of total probability）为

$$P(A)=\sum_{i=1}^{n}P(AB_i)=\sum_{i=1}^{n}P(B_i)P(A|B_i) \tag{3-10}$$

4．逆概率法则　如果 B_1、B_2、…、B_n 为完全事件系且 $P(B_i)>0$（$i=1, 2, \cdots, n$），A 为任意事件，$P(A)>0$，则由式（3-9），有

$$P(B_i|A)=\frac{P(AB_i)}{P(A)}=\frac{P(B_i)P(A|B_i)}{P(A)} \tag{3-11}$$

将全概率法则式（3-10）代入式（3-11），得出逆概率法则（law of inverse probability），

也称为贝叶斯定理（Bayes theorem）：

$$P(B_i \mid A)=\frac{P(B_i)P(A \mid B_i)}{\sum_{i=1}^{n}P(B_i)P(A \mid B_i)} \tag{3-12}$$

贝叶斯定理从形式上看，是将简单的条件概率 $P(B_i|A)$ 表示成复杂的形式，但在许多情况下，公式右端的 $P(B_i)$ 和 $P(A|B_i)$ 或为已知，或容易求得，这样在利用贝叶斯定理计算条件概率时还是比较方便的。

例 3-6　利用全概率法则和逆概率法则，试根据例 3-2 数据计算各个事件的概率。

由式（3-10）全概率法则，B、$\bar{B}$ 为一个完全事件系，敏感（A）和不敏感（$\bar{A}$）的概率分别为

$$\begin{aligned}P(A)&=\sum_{i=1}^{n}P(B_i)P(A \mid B_i)=P(B)P(A \mid B)+P(\bar{B})P(A \mid \bar{B})\\&=0.6882\times0.5443+0.3118\times0.5922=0.5592\end{aligned}$$

$$\begin{aligned}P(\bar{A})&=\sum_{i=1}^{n}P(B_i)P(\bar{A} \mid B_i)=P(B)P(\bar{A} \mid B)+P(\bar{B})P(\bar{A} \mid \bar{B})\\&=0.6882\times0.4557+0.3118\times0.4078=0.4408\end{aligned}$$

利用式（3-12）逆概率法则，得出敏感人群中服用抗生素（B）和未服用抗生素（$\bar{B}$）的概率分别为

$$P(B \mid A)=\frac{P(B)P(A \mid B)}{\sum_{i=1}^{n}P(B_i)P(A \mid B_i)}=\frac{P(B)P(A \mid B)}{P(B)P(A \mid B)+P(\bar{B})P(A \mid \bar{B})}=0.6698$$

$$P(\bar{B} \mid A)=\frac{P(\bar{B})P(A \mid \bar{B})}{\sum_{i=1}^{n}P(B_i)P(A \mid B_i)}=\frac{P(\bar{B})P(A \mid \bar{B})}{P(B)P(A \mid B)+P(\bar{B})P(A \mid \bar{B})}=0.3302$$

三、大数定律

前面已经指出，当 n 充分大时，事件 A 发生的频率 $W(A)$ 就可代替概率 $P(A)$。频率和概率之间的关系，实际上就是统计数与参数的关系，频率 $W(A)$ 是一个统计数，概率 $P(A)$ 是一个参数。为什么可以用频率 $W(A)$ 来代替概率 $P(A)$？这是由于大数定律在起作用。

大数定律（law of large numbers）是概率论中用来阐述大量随机现象平均结果稳定性的一系列定律的总称，最常用的是伯努利定理（Bernoulli's theorem），可描述为：设 m 是 n 次独立试验中事件 A 出现的次数，而 p 是事件 A 在每次试验中出现的概率，则对于任意小的正数 ε，有如下关系：

$$\lim_{n\to\infty}P\left\{\left|\frac{m}{n}-p\right|<\varepsilon\right\}=1 \tag{3-13}$$

式中，P 为 $\left|\frac{m}{n}-p\right|<\varepsilon$ 这一事件的概率，$P=1$ 表示这一事件为必然事件。

伯努利定律说明：若试验条件不变，重复次数 n 接近无限时，频率 $\frac{m}{n}$ 与理论概率 p 的差

值必定要小于一个任意小的正数 ε，即这两者可以基本相等，这几乎是一个必然要发生的事件，即 $P=1$。

在大数定律中，欣钦定理（Khinchine theorem）是用来说明为什么可以用算术平均数 $\bar{x}$ 来推断总体平均数 μ 的。它可描述为：设 x_1、x_2、…、x_n 是来自同一总体的随机变量，对于任意小的正数 ε，有如下关系：

$$\lim_{n\to\infty} P\left\{\left|\frac{1}{n}\sum_{i=1}^{n}x_i-\mu\right|<\varepsilon\right\}=1 \tag{3-14}$$

式（3-14）阐述了当试验重复次数 n 无限增大时，随机变量的算术平均数与总体平均数之间的差一定小于任意小的正数 ε，也就是 $\bar{x}$ 基本上与 μ 相等，这几乎是一个必然要发生的事件，即 $P=1$。

实际上，我们可以这样来理解欣钦定律：设一个随机变量 x_i 由一个总体平均数 μ 和一个随机误差 ε_i 所构成，可以用下面的线性模型（linear model）来表达：

$$x_i=\mu+\varepsilon_i \tag{3-15}$$

如果从同一总体抽取 n 个随机变量构成一个样本，那么样本平均数可表示为

$$\bar{x}=\frac{1}{n}\sum_{i=1}^{n}x_i=\frac{1}{n}\sum_{i=1}^{n}(\mu+\varepsilon_i)=\mu+\frac{1}{n}\sum_{i=1}^{n}\varepsilon_i$$

从上式可以看出，当试验次数 n 越来越大时，$\frac{1}{n}\sum_{i=1}^{n}\varepsilon_i$ 部分会变得越来越小。因为 ε_i 有正有负，正负相互抵消，且随着 n 的增大，$\frac{1}{n}\sum_{i=1}^{n}\varepsilon_i$ 会变得非常小，使 $\bar{x}$ 越来越接近 μ。

从以上解释，我们可以将大数定律通俗地表达为：样本容量越大，样本统计数与总体参数之差越小。有了大数定律作为理论基础，只要从总体中抽取的随机变量相当多，就可以用样本的统计数来估计总体参数。尽管存在随机误差，但通过进行大量的重复试验，其总体特征可以透过个别的偶然现象显示出其必然性，而且这种随机误差可以用数学方法进行估计，在一定范围内也可以得到人为控制，因此完全可以根据样本的统计数来估计总体的参数。

第二节　离散性概率分布

明确了事件、概率及其运算法则，只是了解了随机现象及其关系的概念描述和简单计算。若要全面了解随机现象及其发生的规律，就必须知道随机变量及其概率分布，并在此基础上正确应用统计方法去解决各种实际问题。

一、随机变量

上节已讲到事件的样本空间概念，它是所有样本点的集合。在一次随机试验中，事件样本点的出现是不确定的。定义一个与事件对应的变量 X，将 X 的某一次取值用 x_i 记作样本空间的样本点，此时的 X 就称为随机变量（random variable），x_i 就称为随机变量的一个观测值（observed value）或者变量值（value of variable）。

随机变量是一种定义在样本空间 Ω 上的函数，是用数值来描述特定试验一切可能出现的

结果，它的取值事先不能确定，结果的出现具有随机性。根据随机变量取值类型的不同，可以将其分为离散性随机变量和连续性随机变量。只能取有限个或可数个值的随机变量称为离散性随机变量（discrete random variable），可以在一个或多个区间取任何值的变量称为连续性随机变量（continuous random variable）。

研究随机变量主要是研究它的取值范围，即取值的概率。随机变量的取值与取这些值的概率之间的对应关系称为随机变量的概率分布（probability distribution）。

二、离散性随机变量的概率分布

设离散性随机变量 X 所有可能的取值为 $X=x_i$（$i=1, 2, \cdots, n$），对于任意一个 x_i 都有一个相应的概率为 p_i（$i=1, 2, \cdots, n$），可用概率函数（probability function）表示为

$$f(x)=P(X=x_i)=p_i \qquad (i=1, 2, \cdots, n) \tag{3-16}$$

式中，x_i 与 p_i 为数值，表示事件"变量 X 取值为 x_i"的概率等于 p_i。这就是离散性随机变量 X 的概率分布。并且，离散性随机变量概率分布具有 $p_i>0$ 和 $\sum_{i=1}^{n} p_i=1$（$i=1, 2, \cdots, n$）的性质。离散性随机变量的概率分布也可用表格的形式表示，如表 3-3 所示。

表 3-3　离散性随机变量的概率分布

变量（x_i）	x_1	x_2	$\cdots$	x_i	$\cdots$	x_n
概率（p_i）	p_1	p_2	$\cdots$	p_i	$\cdots$	p_n

一般离散性随机变量，如 n 粒棉花种子的发芽数、n 枚种蛋的出雏数、n 尾鱼苗的成活数等，其概率分布均可用表 3-3 的格式表示出来。

例 3-7　投掷一枚质地均匀的骰子，向上一面所得点数 X 是一个离散性随机变量，求其出现点数的概率分布。

投掷一次骰子所得向上一面的点数有 6 种可能，即点数为 1～6 的任意值。由于骰子是均质的，1～6 每种结果出现的概率是相等的，即都为 $\frac{1}{6}$，因而该随机变量的概率函数为

$$f(x)=P(X=x_i)=\frac{1}{6} \qquad (i=1, 2, \cdots, 6)$$

可能得到点数的概率分布如表 3-4 所示。

表 3-4　投掷一枚质地均匀骰子可能得到点数的概率分布

可能得到向上一面的点数（x_i）	1	2	3	4	5	6
概率（p_i）	1/6	1/6	1/6	1/6	1/6	1/6

三、离散性随机变量的数学期望和方差

与第二章介绍的平均数类似，随机变量的数学期望是对随机变量概率分布的一个概括性度量。离散性随机变量 X 的数学期望（mathematical expectation）是 X 所有可能取值 x_i（$i=1, 2, \cdots, n$）与其相应概率 p_i（$i=1, 2, \cdots, n$）乘积之和，用 μ 或 $E(X)$ 表示，即

$$\mu = E(X) = \sum_i x_i p_i \tag{3-17}$$

数学期望又称为平均数或均值，它实质上是随机变量所有可能取值的加权平均，其权数就是取值的概率。

离散性随机变量X的方差等于（$x_i-\mu$）^{2}与相应概率p_i乘积之和，用σ^2或D（X）表示，即

$$\sigma^2 = D(X) = \sum_i (x_i-\mu)^2 p_i \tag{3-18}$$

离散性随机变量X的标准差等于方差的算术平方根，用σ或$\sqrt{D(X)}$表示。

方差（或标准差）反映了随机变量X取值的变异程度。由于标准差的计量单位与随机变量相同，相对于方差更容易解释，在实际问题分析中常使用标准差。

例 3-8　对例 3-7 投掷一枚质地均匀骰子可能得到向上一面点数的概率分布，求其数学期望、方差和标准差。

根据表 3-4 数据，利用式（3-17）和式（3-18），有

$$\mu = E(X) = \sum_i x_i p_i = \frac{1}{6} \times (1+2+3+4+5+6) = 3.5$$

$$\sigma^2 = D(X) = \sum_i (x_i-\mu)^2 p_i = \frac{1}{6} \times [(1-3.5)^2 + (2-3.5)^2 + \cdots + (6-3.5)^2] = 2.917$$

$$\sigma = \sqrt{\sigma^2} = 1.708$$

视频讲解

四、二项分布

二项分布（binomial distribution）是一种离散性随机变量的分布，生物学研究中经常碰到这种离散性的变量。对于植物、动物、微生物等生物体的某个性状，常常可以把其资料分成两个类型。例如，哺乳动物是雄性还是雌性、种子发芽与不发芽、穗子有芒与无芒、后代成活与死亡等。这样的结果只能是“非此即彼”两种情况，彼此构成对立事件，我们把这种“非此即彼”事件所构成的总体称为二项总体（binomial population），其概率分布称为二项分布。

（一）二项分布的概率函数

二项总体在进行重复抽样试验中具有如下共同特征。

（1）每次试验只有两个对立结果，如种子发芽或不发芽，分别记作事件A与$\overline{A}$，它们出现的概率分别为p与q（$q=1-p$）。

（2）试验具有重复性和独立性。重复性（repeatability）是指每次试验条件不变，在每次试验中事件A出现的概率皆为p。独立性（independence）是指任何一次试验中事件A的出现与其余各次试验中出现何种结果无关。

设X是一个离散性随机变量，它的所有可能取值为 0，1，2，…，n，以x表示在n次试验中事件A出现的次数。其概率分布函数为

$$P(X=x) = C_n^x p^x q^{n-x} \tag{3-19}$$

式中，我们称P（$X=x$）为随机变量X的二项分布，记作B（n，p）。之所以把这个分布称为二项分布，是因为$C_n^x = \dfrac{n!}{x!(n-x)!}$恰好等于（$p+q$）^{n}牛顿二项式（Newton binomial）展开式

中含有 p^x 的第 $x+1$ 项，这一分布也称为伯努利分布（Bernouli distribution）。展开后有

$$(p+q)^n=C_n^0q^n+C_n^1p^1q^{n-1}+C_n^2p^2q^{n-2}+\cdots+C_n^xp^xq^{n-x}+\cdots+C_n^np^n=\sum_{x=0}^{n}C_n^xp^xq^{n-x} \quad (3\text{-}20)$$

由于 $(p+q)^n=1$，式（3-20）可写为

$$\sum_{x=0}^{n}C_n^xp^xq^{n-x}=\sum_{x=0}^{n}P(X=x)=1 \quad (3\text{-}21)$$

若将以上试验重复 N 次，每次在 n 个试验中出现事件 A 为 x 次的理论次数则等于 N 乘以事件 A 出现 x 次的相应概率：

$$\text{理论次数}=N\cdot P(X=x) \quad (3\text{-}22)$$

二项分布的概率累积函数（probability cumulative function）可用式（3-23）表示：

$$F(X=x_i)=\sum_{x=0}^{i}P(X=x_i) \quad (3\text{-}23)$$

（二）二项分布概率的计算

例 3-9　豌豆的红花纯合基因型和白花纯合基因型杂交后，在 F_2 代红花植株与白花植株出现的比率为 3∶1。若每次随机观察 4 株，共观察 100 次，问得红花为 0 株、1 株、2 株、3 株和 4 株的概率各是多少？

根据题意，由于红花植株与白花植株在 F_2 代出现的比率为 3∶1，那么出现红花植株的概率 $p=0.75$，出现白花植株的概率 $q=0.25$，观察株数 $n=4$，代入式（3-19），其计算结果如表 3-5 所示。

表 3-5　观察 4 株出现红花植株的概率分布表（$p=0.75$，$q=0.25$）

红花植株概率函数 $f(x)$	$C_n^xp^xq^{n-x}$	$P(X=x)$	$F(X=x)$	$N\cdot P(X=x)$
$f(0)$	$C_4^0p^0q^4=1\times0.75^0\times0.25^4$	0.0039	0.0039	0.39
$f(1)$	$C_4^1p^1q^3=4\times0.75^1\times0.25^3$	0.0469	0.0508	4.69
$f(2)$	$C_4^2p^2q^2=6\times0.75^2\times0.25^2$	0.2109	0.2617	21.09
$f(3)$	$C_4^3p^3q^1=4\times0.75^3\times0.25^1$	0.4219	0.6836	42.19
$f(4)$	$C_4^4p^4q^0=1\times0.75^4\times0.25^0$	0.3164	1.0000	31.64
总和		1.0000		100.00

例 3-10　某批鸡种蛋的孵化率是 0.90，今从该批种蛋中每次任选 5 枚进行孵化，试计算孵出小鸡的各种可能概率。

在此问题中，$n=5$，$p=0.90$，$q=1-p=1-0.90=0.10$，每次孵化 5 枚种蛋得到小鸡数服从二项分布 $B(5,0.90)$。获得 0、1、2、3、4、5 只小鸡的概率分别为

$$P(0)=C_5^0p^0q^5=1\times0.90^0\times0.10^5=0.00001$$

$$P(1)=C_5^1p^1q^4=5\times0.90^1\times0.10^4=0.00045$$

$$P(2)=C_5^2p^2q^3=10\times0.90^2\times0.10^3=0.00810$$

$$P(3)=C_5^3p^3q^2=10\times0.90^3\times0.10^2=0.07290$$

$$P(4)=C_5^4p^4q^1=5\times0.90^4\times0.10^1=0.32805$$

$$P(5)=C_5^5p^5q^0=1\times0.90^5\times0.10^0=0.59049$$

$$F(X=x)=\sum_{x=0}^{5}C_n^xp^xq^{n-x}=0.00001+0.00045+0.00810+0.07290+0.32805+0.59049=1$$

例 3-11 某小麦品种在田间出现自然变异植株的概率为 0.0045，试计算：

（1）调查 100 株，获得两株或两株以上变异植株的概率是多少？

（2）期望有 0.99 的概率获得 1 株或 1 株以上的变异植株，至少应调查多少株？

本例中，出现变异植株的概率 $p=0.0045$，出现非变异植株的概率 $q=1-p=1-0.0045=0.9955$，$n=100$。

（1）获得两株或两株以上变异植株的概率计算：

获得 0 株、1 株变异植株的概率为

$$P(0)=C_{100}^0p^0q^{100}=1\times0.0045^0\times0.9955^{100}=0.6370$$

$$P(1)=C_{100}^1p^1q^{99}=100\times0.0045^1\times0.9955^{99}=0.2879$$

由于 $x=0$，$x=1$，$x=2$，…，$x=100$ 是互斥事件，且构成一个完全事件系，故得到两株或两株以上变异植株的概率为

$$P(x\geqslant2)=1-P(0)-P(1)=1-0.6370-0.2879=0.0751$$

（2）调查的株数 n 应满足 $P(0)=1-0.99=0.01$，即满足 $P(0)=C_n^0p^0q^n=0.01$。

对于本例，有

$$0.9955^n=0.01$$

$$n\lg0.9955=\lg0.01$$

$$n=\frac{\lg0.01}{\lg0.9955}=\frac{-2}{-0.001959}\approx1021\text{（株）}$$

因此，期望有 0.99 的概率得到 1 株或 1 株以上变异植株至少应调查 1021 株。

（三）二项分布的形状、数学期望与方差

1．二项分布的形状　二项分布的形状是由 n 和 p 两个参数决定的。

（1）当 p 值较小且 n 值不大时，图形是偏倚的。随着 n 值增大，分布逐渐趋于对称，如图 3-1 所示。

（2）当 p 值趋于 0.5 时，分布趋于对称，如图 3-2 所示。

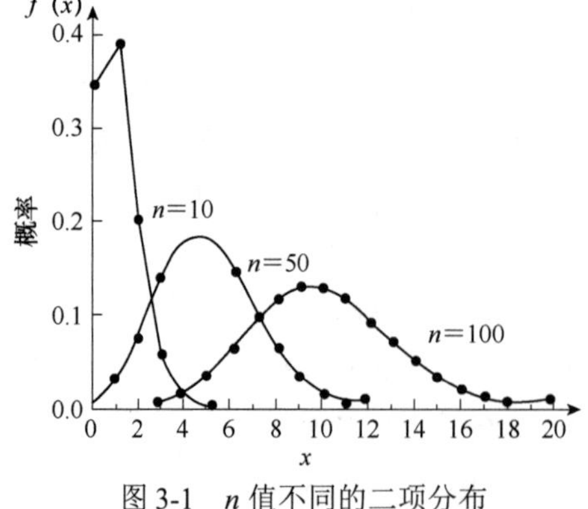

图 3-1　n 值不同的二项分布

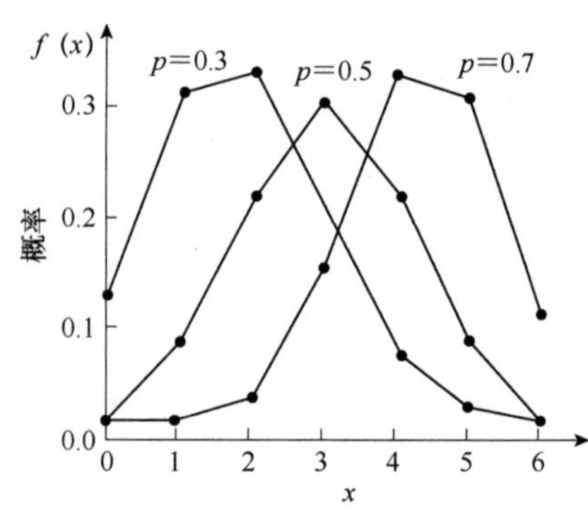

图 3-2　p 值不同的二项分布

2. 二项分布的数学期望与方差　若随机变量 X 服从二项分布，则有二项分布的数学期望（平均数）为

$$\mu_x = E(X) = \sum x_i P(x_i) = np \tag{3-24}$$

二项分布的方差为

$$\sigma^2 = D(X) = \sum (x_i - \mu)^2 P(x_i) = npq \tag{3-25}$$

二项分布的标准差为

$$\sigma = \sqrt{\sigma^2} = \sqrt{npq} \tag{3-26}$$

例 3-12　求例 3-9 豌豆的红花纯合基因型和白花纯合基因型杂交后 F_2 代红花植株的数学期望、方差和标准差。

例 3-9 中对红花植株与白花植株的观察，$n=4$，$p=0.75$，由式（3-24）、式（3-25）和式（3-26）可求得红花株数出现的数学期望（平均数）、方差和标准差分别为

$$\mu_x = np = 4 \times 0.75 = 3.0\ （株）$$

$$\sigma^2 = npq = 4 \times 0.75 \times 0.25 = 0.75\ （株^2）$$

$$\sigma = \sqrt{npq} = \sqrt{4 \times 0.75 \times 0.25} = 0.8660\ （株）$$

五、泊松分布

在生物学研究中，有许多事件出现的概率很小，而样本容量或试验次数却很大，即有很小的 p 值和很大的 n 值。这时，二项分布就变成另外一种特殊的分布，即泊松分布（Poisson distribution）。例如，显微镜视野内染色体有变异的细胞计数、由突变而引起的遗传病患者数的分布、田间小区内出现变异植株的计数、作物种子田内杂草的计数、单位容积的水或牛奶中细菌的数目、家畜产怪胎数、样方内少见植物的个体数等都属于泊松分布。

泊松分布也是一种离散性随机变量的分布，其分布的概率函数为

$$P(X=x) = \frac{\mathrm{e}^{-\lambda}\lambda^x}{x!} \tag{3-27}$$

且有

$$\sum_{x=0}^{\infty} P(X=x) = \mathrm{e}^{-\lambda}\sum_{x=0}^{\infty}\frac{\lambda^x}{x!} = \mathrm{e}^{-\lambda}\mathrm{e}^{\lambda} = 1 \tag{3-28}$$

式（3-27）和式（3-28）中，λ 为参数，$\lambda=np$；e 为自然对数底，近似值为 2.71828；$x=0$，1，2……

泊松分布的数学期望、方差、标准差为

$$\mu = E(X) = \lambda \tag{3-29}$$

$$\sigma^2 = D(X) = \lambda \tag{3-30}$$

$$\sigma = \sqrt{\sigma^2} = \sqrt{\lambda} \tag{3-31}$$

从式（3-29）和式（3-30）可以知道，泊松分布的参数 λ 不但是其分布的平均数 μ，而且还是方差 σ^2。我们把具有参数 λ 的泊松分布记作 $P(\lambda)$。

泊松分布的形状由参数 λ 所确定。当 λ 较小时，泊松分布是偏倚的，如图 3-3 所示。随 λ 增大，分布逐渐对称。当 λ 无限增大时，泊松分布逐渐逼近正态分布 $N(\lambda, \lambda)$。当 $\lambda=20$ 时，泊松分布基本逼近正态分布 $N(\lambda, \lambda)$；当 $\lambda=30$ 时，泊松分布已和正态分布非常接近；

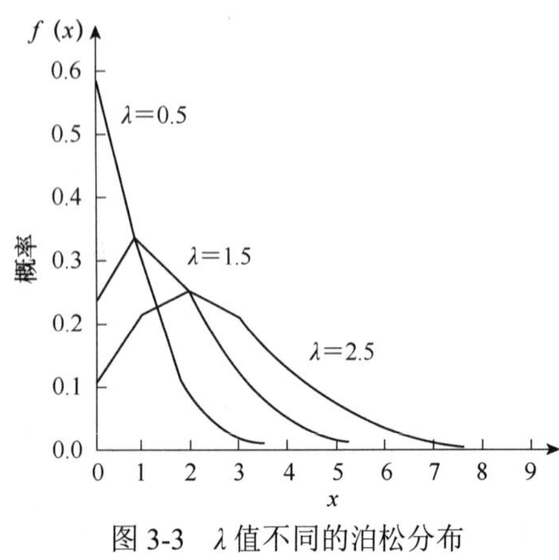

图 3-3　λ 值不同的泊松分布

当 $\lambda=50$ 时，这两种分布除一种是离散性的和一种是连续性的之外，已没有多大区别。

泊松分布在生物学研究中有广泛的应用：①在生物学研究中，有许多小概率事件，其发生概率 p 往往小于 0.1，甚至小于 0.01。例如，两对交换率为 0.1 的连锁基因在 F_2 代出现纯合新个体的概率只有 $2\times0.05^2=0.0050$；自花授粉植物出现天然异交或突变的概率往往小于 0.01；等等。对于这些小概率事件，都可以用泊松分布描述其概率分布，从而做出需要的频率预期。②由于泊松分布是描述小概率事件的，因而二项分布当 $p<0.1$ 和 $np<5$ 时，可用泊松分布来近似。

例 3-13　用显微镜检查某食品样本内结核菌的数目，对在某些视野内各小方格中的细菌数目加以计数，然后按不同的细菌数把格子分类，记录每类中的格子数目，结果如表 3-6 所示。试计算各种细菌数的理论格子数。

表 3-6　食品样本内结核菌计数的泊松分布

细菌数（x）	实际格子数	P（$X=x$）	理论格子数
0	5	0.0506	5.97
1	19	0.1511	17.83
2	26	0.2253	26.59
3	26	0.2240	26.43
4	21	0.1671	19.72
5	13	0.0997	11.76
6	5	0.0496	5.85
7	1	0.0211	2.49
8	1	0.0079	0.93
9	1	0.0026	0.31
合计	118	0.9990	117.88

各小方格中出现细菌数是小概率事件，服从泊松分布。现从样本数据中计算出每个格子中的细菌平均数：

$$\bar{x}=\frac{\sum fx}{n}=\frac{1}{118}\times(0\times5+1\times19+\cdots+9\times1)=2.9831\text{（个）}$$

用样本平均数 $\bar{x}$ 估计总体平均数 μ，即 λ，代入式（3-27），计算当 $x=0，1，2，\cdots，9$ 时的概率 P（$X=x$），填入表 3-6 第三列中。根据理论次数$=N\cdot P$（$X=x$）计算各个细菌数的理论格子数，结果列入表 3-6 第四列。

例 3-14　例 3-11 数据中小麦品种中出现变异植株的概率 $p=0.0045$，可以看成小概率事件。试用泊松分布求解例 3-11 所提的两个问题。

（1）先求 λ：

$$\lambda = np = 100 \times 0.0045 = 0.45$$

代入式（3-27），有

$$P(0) = \frac{e^{-0.45}\,0.45^0}{0!} = e^{-0.45} = 0.6376$$

$$P(1) = \frac{e^{-0.45}\,0.45^1}{1!} = 0.45 \times e^{-0.45} = 0.2869$$

所以，调查 100 株获得两株或两株以上变异植株的概率为

$$P(x \geqslant 2) = 1 - P(0) - P(1) = 1 - 0.6376 - 0.2869 = 0.0755$$

（2）调查的株数 n 应满足：

$$e^{-\lambda} = e^{-np} = 0.01$$

因此，有

$$n = \frac{\lg 0.01}{-p\lg e} = \frac{-2}{-0.0045 \times 0.43429} = 1023\text{（株）}$$

超几何分布

上述结果与例 3-10 的结果很接近，数值的差异是由于计算过程中小数位数精度不一致所产生的。

第三节　连续性概率分布

一、概率密度函数

回顾上一节有关“随机变量和概率分布”的定义，连续性随机变量可以直观地理解为“可以在某一个或多个区间内取任意数值的随机变量”，在数轴上它的所有取值充满一个或多个区间，因此它不是计数数据，而是计量数据。这是连续性随机变量与离散性随机变量的本质区别，也决定了这两类随机变量概率的不同：对一个离散性随机变量，可以计算其某一特定取值的概率；而对连续性随机变量，必须在某一区域内考虑相应的概率问题。与离散性随机变量概率分布相对应，连续性随机变量主要是通过概率密度函数来描述不同范围内取值的概率。

当试验数据为连续性随机变量时，一般通过分组整理成频数分布表（表 2-12）。如果从总体中抽取样本的容量 n 相当大，则频率分布就趋于稳定，我们将它近似地看成总体的概率分布。下面通过频率分布曲线进行讨论。

根据表 2-11 计算鲢鱼体长的频率密度$\left(\frac{\text{频率}}{\text{组距}}\right)$作直方图，如图 3-4 所示。在直方图中，同一组内的频率密度是相等的，每一个直方图的矩形面积就表示该组的频率，直方图中每一个小矩形的上边中点连接起来就得到一条阶梯形曲线。可以想象，当样本容量 n 不断增加时，相应的组距不断减少，那么直方条越来越多、越来越细，阶梯形曲线逐渐趋于光滑。当 n 无限大时，频率转化为概率，频率密度就转化为概率密度，阶梯形曲线也就转化为一条光滑的连续曲线，这时频率密度分布也就转化为概率密度分布了，此曲线称为连续性随机变量 X 的概率密度曲线（probability density curve），如图 3-5 所示。表示这一曲线的函数 $f(x)$ 称为连

续性随机变量 X 的概率密度函数（probability density function）。

对于一个连续性随机变量 X，取值于某一区间（x_1，x_2）内的概率即图 3-5 中阴影部分的面积，这一面积可表示为函数 $f(x)$ 的积分，即

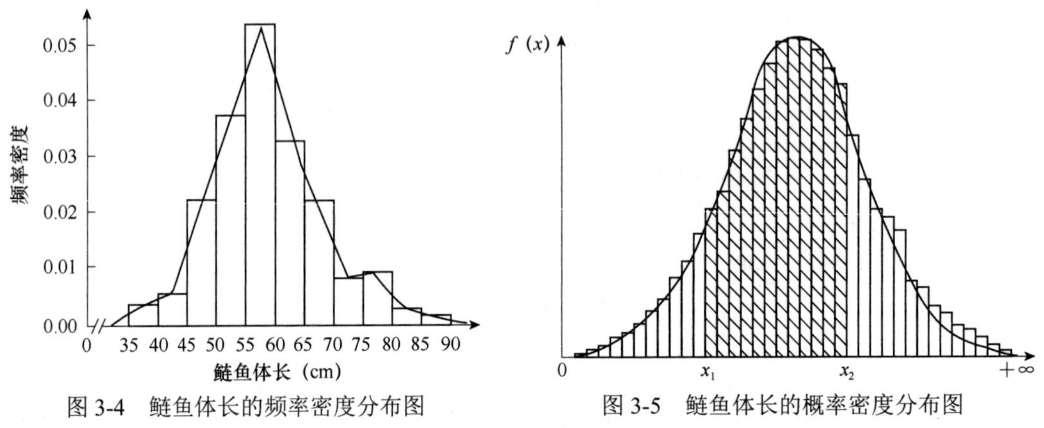

图 3-4　鲢鱼体长的频率密度分布图　　　　图 3-5　鲢鱼体长的概率密度分布图

$$P(x_1 < X = x \leqslant x_2) = \int_{x_1}^{x_2} f(x)\,\mathrm{d}x \tag{3-32}$$

式（3-32）即连续性随机变量概率密度函数的表达式。由此可见，连续性随机变量概率的分布由概率密度函数 $f(x)$ 所确定。

对于随机变量 X 在区间（$-\infty$，$+\infty$）内进行抽样，事件“$-\infty < X = x < +\infty$”为必然事件，所以有

$$P(-\infty < X = x \leqslant +\infty) = \int_{-\infty}^{+\infty} f(x)\,\mathrm{d}x = 1 \tag{3-33}$$

式（3-33）表示概率密度函数 $f(x)$ 曲线与 x 轴所围成的面积为 1。

二、正态分布

正态分布（normal distribution）也称为高斯分布（Gauss distribution），是一种连续性随机变量的概率分布。它的分布状态是多数变量都围绕在平均值左右，由平均值到分布的两侧，变量数减少。正态分布是一种在统计理论和应用上最重要的分布。试验误差的分布一般服从于这种分布，许多生物现象的计量数据均近似服从这种分布。同时，在一定条件下，正态分布还可作为离散性随机变量或其他连续性随机变量的近似分布。例如，当 n 相当大或 p 与 q 基本接近时，二项分布接近于正态分布；当 λ 较大时，泊松分布也接近正态分布。有些总体虽然并不服从正态分布，但从总体中随机抽取的样本容量相当大时，其样本平均数的分布也近似于正态分布。这样，就可以用正态分布代替其他分布进行概率计算和统计推断。

（一）正态分布的概率密度函数

正态分布的概率密度函数可由二项分布的概率函数在 $n \to \infty$ 时导出，其方程为

$$f(x) = \frac{1}{\sigma\sqrt{2\pi}} \mathrm{e}^{-\frac{1}{2}\left(\frac{x-\mu}{\sigma}\right)^2} \tag{3-34}$$

式中，$f(x)$ 为正态分布的概率密度函数，表示随机变量 X 的某一 x 值出现的概率密度函数

值；μ 为总体平均数；σ 为总体标准差；π 为圆周率，近似值为 3.1415926；e 为自然对数底，近似值为 2.71828。

正态分布记为 N（μ，σ^2），表示具有平均数为 μ、方差为 σ^2 的正态分布。μ 和 σ 是正态分布的两个主要参数，一个正态分布完全由参数 μ 和 σ 来决定。正态分布曲线（normal distribution curve）如图 3-6 所示。

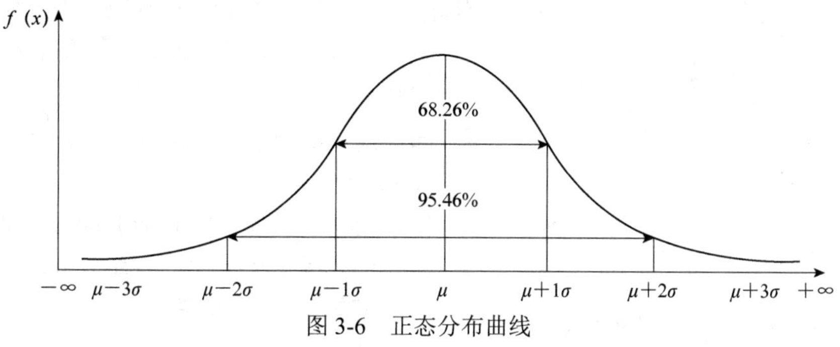

图 3-6　正态分布曲线

（二）正态分布的特征

正态分布具有以下特征：①当 $x=\mu$ 时，f（x）有最大值 $\dfrac{1}{\sigma\sqrt{2\pi}}$，所以，正态分布曲线是以平均数 μ 处为峰值的曲线。②当 $x-\mu$ 的绝对值相等时，f（x）值也相等，所以正态分布是以 μ 为中心向左右两侧对称的分布。③ $\dfrac{x-\mu}{\sigma}$ 的绝对值越大，f（x）值就越小，但 f（x）永远不会等于 0，所以正态分布以 x 轴为渐近线，x 的取值区间为（$-\infty$，$+\infty$）。④正态分布曲线完全由参数 μ 和 σ 来决定。μ 确定正态分布曲线在 x 轴上的中心位置，μ 减小，曲线左移；μ 增大，曲线右移。σ 确定正态分布曲线的展开程度，σ 越小，曲线展开程度越小，曲线越陡高；σ 越大，曲线展开程度越大，曲线越宽。不同 μ 值和不同 σ 值的正态分布曲线比较见图 3-7 和图 3-8。⑤正态分布曲线在 $x=\mu\pm\sigma$ 处各有一个拐点（knee point），曲线通过拐点时改变弯曲方向。⑥正态分布曲线的 x 在区间（$-\infty$，$+\infty$）皆可取值，这样就构成了 x 取值的完全事件系，因此，正态分布的概率密度曲线与渐近线 x 轴所围成的全部面积必然等于 1。

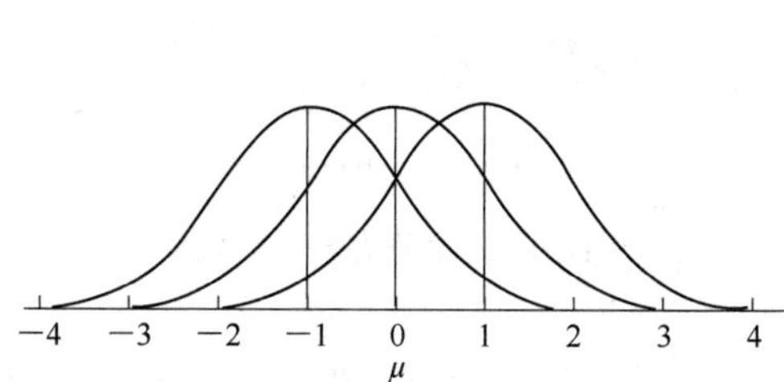

图 3-7　μ 值不同、σ 值相同的 3 条正态曲线

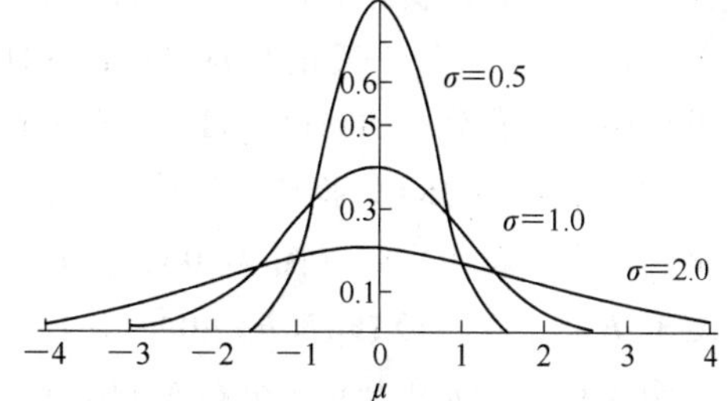

图 3-8　μ 值相同、σ 值不同的 3 条正态曲线

（三）标准正态分布

视频讲解

对于一个正态分布，μ 确定了分布曲线的中心位置，σ 则确定了分布曲线的变

异度。不同的正态分布有不同的 μ 和 σ，所以对 N（μ，σ^2）来说不是一条曲线，而是一个曲线系统。为便于一般化应用，需将正态分布标准化（standardization）。令 $\mu=0$，$\sigma^2=1$，则正态分布概率密度函数式（3-34）即可标准化为

$$f(u)=\frac{1}{\sqrt{2\pi}}e^{-\frac{1}{2}u^2} \tag{3-35}$$

从几何意义上说，正态分布的标准化实质上是将坐标轴进行平移和尺度转换，使正态分布具有平均数 $\mu=0$，标准差 $\sigma=1$。将随机变量 u 服从于 $\mu=0$、$\sigma^2=1$ 的正态分布称为标准正态分布（standard normal distribution），又称为 u 分布（u-distribution），记作 N（0，1）。f（u）称为标准正态分布方程（standard normal distribution equation）或 u 分布方程（u-distribution equation），标准正态分布曲线见图 3-9。

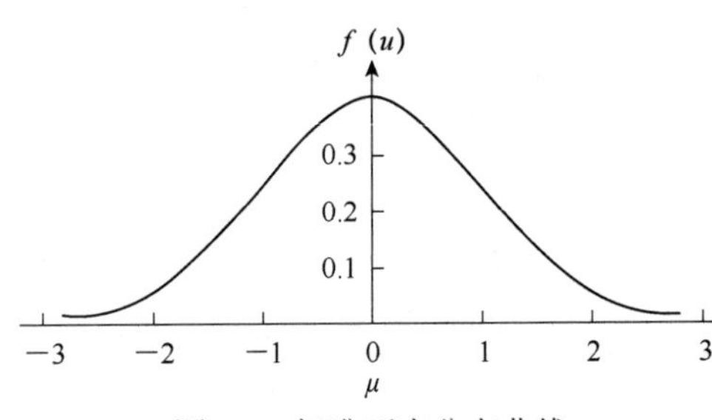

图 3-9　标准正态分布曲线

对于任何一个服从正态分布 N（μ，σ^2）的随机变量 X，都可以进行标准化变换：

$$u=\frac{x-\mu}{\sigma} \tag{3-36}$$

式中，u 为标准正态离差（standard normal deviate），它表示离开平均数 μ 有几个标准差 σ。

标准正态分布的概率累积函数记作 F（u），它是变量 u 小于某一定值 u_i 的概率，这需要对式（3-35）计算从 $-\infty$ 到 u_i 的定积分，即

$$F(u_i)=P(u\leqslant u_i)=\int_{-\infty}^{u_i}f(u)\,du \tag{3-37}$$

视频讲解

对于 u 落在区间（a，b）的概率（图 3-10 中的阴影部分），有

$$P(a\leqslant u\leqslant b)=\int_a^b\frac{1}{\sqrt{2\pi}}e^{-\frac{1}{2}u^2}du \tag{3-38}$$

（四）正态分布的概率计算

由于正态分布的概率累积函数应用广泛，统计学家已计算好实际需要的各个 F（u）值，列于附表 1。在计算一般正态分布的概率时，只需将服从正态分布的随机变量 x 取值区间的上、下限按式（3-36）转换成 u 取值区间的上、下限，再查附表 1 即可（图 3-10）。例如，查附表 1，$F(-1.0)=0.1587$，$F(2.0)=0.97725$。

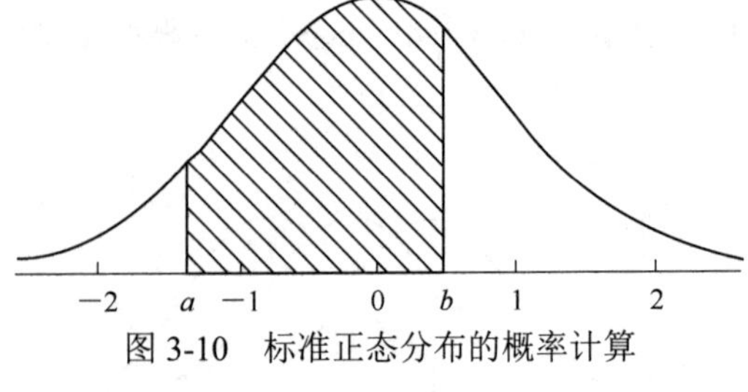

图 3-10　标准正态分布的概率计算

例 3-15　设 u 服从正态分布 N（0，1），试求：①P（$u\leqslant1$）；②P（$u>1$）；③P（$-2.0<u\leqslant1.5$）；④P（$|u|>2.58$）。

查附表 1，得

（1）P（$u\leqslant1$）$=F$（$u=1$）$=0.8413$

（2）$P(u>1)=1-P(u\leqslant 1)=1-F(u=1)=1-0.8413=0.1587$

（3）$P(-2.0<u\leqslant 1.5)=F(u=1.5)-F(u=-2.0)=0.93319-0.02275=0.91044$

（4）$P(|u|>2.58)=P(u>2.58)+P(u\leqslant -2.58)=1-F(u=2.58)+F(u=-2.58)=1-0.99506+0.00494=0.00988$

例 3-16　试计算下列概率值：①$P(\mu-\sigma<x\leqslant\mu+\sigma)$；②$P(\mu-2\sigma<x\leqslant\mu+2\sigma)$；③$P(\mu-3\sigma<x\leqslant\mu+3\sigma)$；④$P(\mu-1.96\sigma<x\leqslant\mu+1.96\sigma)$；⑤$P(\mu-2.58\sigma<x\leqslant\mu+2.58\sigma)$；⑥$P(x>\mu+1.96\sigma,\ x\leqslant\mu-1.96\sigma)$；⑦$P(x>\mu+2.58\sigma,\ x\leqslant\mu-2.58\sigma)$。

首先，根据式（3-36）求 u 值，然后查附表 1，进行概率计算：

（1）$u_1=\dfrac{x-\mu}{\sigma}=\dfrac{(\mu-\sigma)-\mu}{\sigma}=-1$

$$u_2=\frac{x-\mu}{\sigma}=\frac{(\mu+\sigma)-\mu}{\sigma}=1$$

$$P(\mu-\sigma<x\leqslant\mu+\sigma)=P(-1<u\leqslant 1)=F(u=1)-F(u=-1)$$
$$=0.8413-0.1587=0.6826$$

（2）$u_1=\dfrac{x-\mu}{\sigma}=\dfrac{(\mu-2\sigma)-\mu}{\sigma}=-2$

$$u_2=\frac{x-\mu}{\sigma}=\frac{(\mu+2\sigma)-\mu}{\sigma}=2$$

$$P(\mu-2\sigma<x\leqslant\mu+2\sigma)=P(-2<u\leqslant 2)=F(u=2)-F(u=-2)$$
$$=0.97725-0.02275=0.9545$$

（3）$u_1=\dfrac{x-\mu}{\sigma}=\dfrac{(\mu-3\sigma)-\mu}{\sigma}=-3$

$$u_2=\frac{x-\mu}{\sigma}=\frac{(\mu+3\sigma)-\mu}{\sigma}=3$$

$$P(\mu-3\sigma<x\leqslant\mu+3\sigma)=P(-3<u\leqslant 3)=F(u=3)-F(u=-3)$$
$$=0.99865-0.00135=0.9973$$

（4）$u_1=\dfrac{x-\mu}{\sigma}=\dfrac{(\mu-1.96\sigma)-\mu}{\sigma}=-1.96$

$$u_2=\frac{x-\mu}{\sigma}=\frac{(\mu+1.96\sigma)-\mu}{\sigma}=1.96$$

$$P(\mu-1.96\sigma<x\leqslant\mu+1.96\sigma)=P(-1.96<u\leqslant 1.96)=F(u=1.96)-F(u=-1.96)$$
$$=0.9750-0.0250=0.95$$

（5）$u_1=\dfrac{x-\mu}{\sigma}=\dfrac{(\mu-2.58\sigma)-\mu}{\sigma}=-2.58$

$$u_2=\frac{x-\mu}{\sigma}=\frac{(\mu+2.58\sigma)-\mu}{\sigma}=2.58$$

$$P(\mu-2.58\sigma<x\leqslant\mu+2.58\sigma)=P(-2.58<u\leqslant 2.58)=F(u=2.58)-F(u=-2.58)$$
$$=0.99506-0.00494=0.99012$$

（6）$P(x>\mu+1.96\sigma,\ x\leqslant\mu-1.96\sigma)=P(u>1.96)+P(u\leqslant -1.96)$

$$=1-F(u=1.96)+F(u=-1.96)$$
$$=1-0.9750+0.0250=0.05$$

（7）$P(x>\mu+2.58\sigma, x\leqslant\mu-2.58\sigma)=P(u>2.58)+P(u\leqslant-2.58)$
$=1-F(u=2.58)+F(u=-2.58)$
$=1-0.99506+0.00494=0.00988\approx0.01$

上述计算结果参见图3-6。从上述计算可知，虽然标准正态分布 u 的取值区间为（$-\infty$，$+\infty$），但实际上 $|u|>2.58$ 的概率只有0.01，$|u|>1.96$ 的概率也只有0.05。也就是说，在 $\mu\pm1.96\sigma$ 和 $\mu\pm2.58\sigma$ 范围内已分别包含了95%和99%的变量，即 $|x-\mu|>1.96\sigma$ 和 $|x-\mu|>2.58\sigma$ 的概率只有5%和1%。

以上在计算 $|x-\mu|>1.96\sigma$ 和 $|x-\mu|>2.58\sigma$ 的概率时均为双尾概率（two-tailed probability），即左尾概率和右尾概率之和。由于双尾概率值经常使用，为减少计算的麻烦，附表2［正态离差(u)值表］列出了双尾概率取某一显著水平 α 时的 u 临界值(critical value)，即分位数(fractile)，记为 u_α，可直接查用。例如，可查得 $p=0.05$ 时，$u_{0.05}=1.96$；$p=0.01$ 时，$u_{0.01}=2.58$。

例 3-17　调查某玉米品种穗长（cm），其资料服从正态分布 $N(15.7, 1.04)$。试计算：①玉米穗长的95%范围值；②玉米穗长>16cm的概率。

已知玉米穗长服从正态分布，$\mu=15.7$（cm），$\sigma^2=1.04$（cm²），则 $\sigma=\sqrt{1.04}=1.02$（cm）。

（1）查附表2，双尾概率 $u_{0.05}=1.96$，则有玉米穗长的95%范围值上下限为

上限：$15.7+1.96\times1.02=17.70$（cm）

下限：$15.7-1.96\times1.02=13.70$（cm）

（2）已知 $x>16$cm，求得 $u=\dfrac{x-\mu}{\sigma}=\dfrac{16-15.7}{1.02}=0.29$，查附表1，$F(0.29)=0.6141$，因此，有

$$P(x>16)=P(u>0.29)=1-F(0.29)=1-0.6141=0.3859$$

对应于双尾概率，$x\leqslant\mu-1.96\sigma$ 或 $x>\mu+1.96\sigma$ 的概率称为单尾概率（one-tailed probability）。例如，

数据正态性的评估方法

$$P(x\leqslant\mu-1.96\sigma)=P(x>\mu+1.96\sigma)=0.025$$
$$P(x\leqslant\mu-1.64\sigma)=P(x>\mu+1.64\sigma)=0.05$$
$$P(x\leqslant\mu-2.33\sigma)=P(x>\mu+2.33\sigma)=0.01$$

此时，$u_{0.025}=1.96$，$u_{0.05}=1.64$，$u_{0.01}=2.33$。

三、其他连续性概率分布

除上面介绍的正态分布外，常见的连续性变量概率分布还有均匀分布和指数分布。

（一）均匀分布

均匀分布又称为规则分布。植物种群中个体分布的理想状态是等距分布，即个体之间保持一定的均匀间距。标准的均匀分布在自然情况下极为罕见，而人工栽培的农作物保持有一定株行距的田间分布即均匀分布。

对于随机变量 X 只在区间［a，b］内取值，其概率分布常用均匀分布来描述。如果随机变量 X 服从概率密度函数：

$$f(x)=\begin{cases}\dfrac{1}{b-a}, & a<x\leqslant b\ (a<b)\\ 0, & 其他\end{cases} \tag{3-39}$$

则称 X 服从［a，b］上的均匀分布（uniform distribution），记作 $U(a, b)$，如图 3-11 所示。

由图 3-11 可以看出，均匀分布的随机变量 X 在其取值范围［a，b］内的概率密度函数是个常数，与其位置没有关系。由于图中矩形的高度是个常数，等于 $\dfrac{1}{b-a}$，这样随机变量 X 在其取值范围［a，b］内矩形的总面积等于 1。均匀分布的累积概率函数（图 3-12）为

$$F(X=x)=\begin{cases}0, & x\leqslant a\\ \dfrac{x-a}{b-a}, & a<x\leqslant b\ (a<b)\\ 1, & x>b\end{cases} \tag{3-40}$$

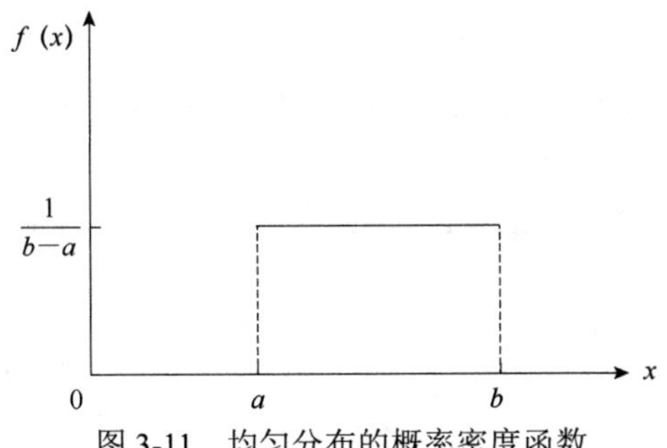

图 3-11　均匀分布的概率密度函数

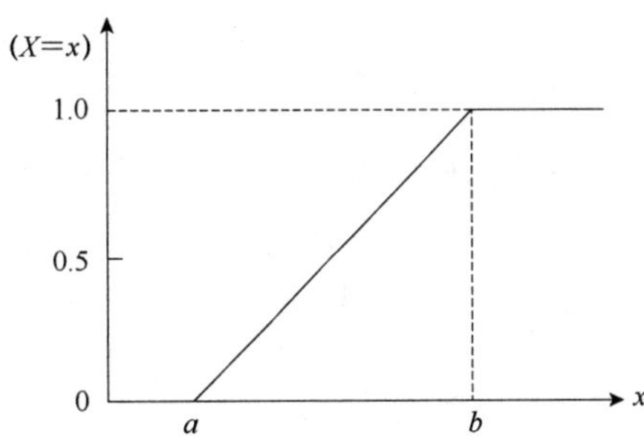

图 3-12　均匀分布的累积概率函数

均匀分布的数学期望（平均数）和方差是

$$\mu=E(X)=\frac{a+b}{2} \tag{3-41}$$

$$\sigma^2=D(X)=\frac{1}{12}(b-a)^2 \tag{3-42}$$

例 3-18　调查某自然保护区天然油松林种群空间分布状况，其平均间距为 30m，最小间距不小于 5m。现随机抽取任一棵油松，其与相邻油松株距 10m 的概率是多少？

设某棵油松与相邻油松间的距离 X 服从（$a=5$，$b=30$）的均匀分布，由式（3-39），其概率密度函数为

$$f(x)=\begin{cases}\dfrac{1}{25}, & 5<x\leqslant 25\\ 0, & 其他\end{cases}$$

因此，某棵油松与相邻油松间的距离 X 落入区间（5，30）的任一子区间（5，10）的概率为

$$\frac{10-5}{25}=0.20$$

（二）指数分布

指数分布是用于描述发生某一特定事件所需时间的一种连续性分布。例如，动植物的寿

命、微生物繁殖若干倍所需时间等，这些随机变量 X 通常可以认为只能取非负值，因而常用近似的服从指数分布来描述。

如果随机变量 X 服从概率密度函数：

$$f(x)=\begin{cases}\lambda e^{-\lambda x}, & x>0\ (\lambda>0)\\ 0, & \text{其他}\end{cases} \tag{3-43}$$

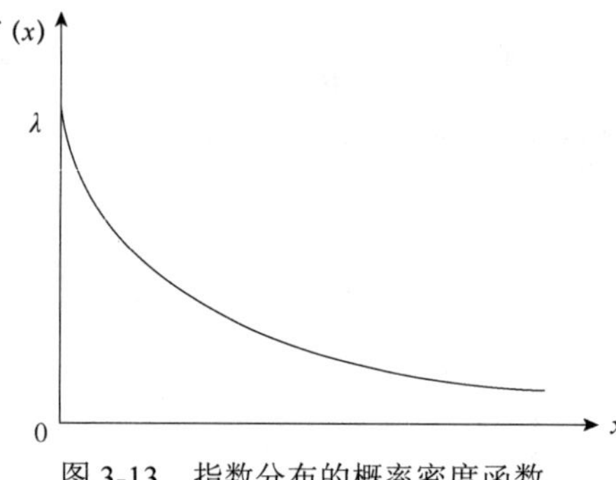

图 3-13　指数分布的概率密度函数

则称 X 服从参数 λ 的指数分布（exponential distribution），记作 $E(\lambda)$，如图 3-13 所示。

与其他连续性随机变量分布一样，服从指数分布的随机变量 X 在某一区间取值的概率等于图 3-13 所示概率密度函数曲线与该区间围成的面积。当随机变量 $X \leqslant x$ 时，其取值小于或等于特定值 x 的概率为

$$P(X \leqslant x)=1-e^{-\lambda x} \tag{3-44}$$

服从指数分布的随机变量 X 在区间（a，b）（$0<a\leqslant b$）的概率为

$$P(a<x\leqslant b)=P(x\leqslant b)-P(x\leqslant a)=e^{-\lambda a}-e^{-\lambda b} \tag{3-45}$$

指数分布的数学期望（平均数）和方差是

$$\mu=E(X)=\frac{1}{\lambda} \tag{3-46}$$

$$\sigma^2=D(X)=\frac{1}{\lambda^2} \tag{3-47}$$

例 3-19　假设普通雄性家猫的寿命服从 $\lambda=\frac{1}{10}$ 的指数分布，计算：①普通雄性家猫寿命超 15 年的概率；②某一雄性家猫年龄为 10 岁，它还能成活 8 年的概率是多少？

当 $\lambda=\frac{1}{10}$ 时，随机变量普通雄性家猫的寿命 X 服从指数分布概率密度函数：

$$f(x)=\begin{cases}\frac{1}{10}e^{-\frac{1}{10}x}, & x>0\\ 0, & \text{其他}\end{cases}$$

（1）根据式（3-44），可以直接计算 $X\leqslant 15$ 的概率：

$$P(X\leqslant 15)=1-e^{-\frac{1}{10}\times 15}=1-e^{-1.5}=1-0.2231=0.7769$$

于是，则有

$$P(X>15)=1-P(X\leqslant 15)=1-0.7769=0.2231$$

（2）某一雄性家猫年龄为 10 岁，它再活 8 年的时间范围是（10，18），代入式（3-45），得出其概率为

$$P(10<X\leqslant 18)=e^{-\frac{1}{10}\times 10}-e^{-\frac{1}{10}\times 18}=e^{-1}-e^{-1.8}=0.3679-0.1653=0.2026$$

对数正态分布

第四节　抽 样 分 布

从第一章我们了解到，统计学中的核心问题是研究总体与由总体中所取样本的关系，这种关系可从抽样过程和推断过程两个方向来研究。从已知的总体中以一定的样本容量进行随机抽样（图 3-14），由样本的统计数所对应的概率分布称为抽样分布（sampling distribution）。抽样分布不同于由各观测值所形成的总体分布和样本分布，它是指样本统计数的概率分布，如样本平均数的分布、样本频率的分布、样本方差的分布等。因此，抽样分布也称为统计数分布。以样本平均数为例，它是总体平均数的一个估计值，如果按照相同的样本容量、相同的抽样方式反复地抽取样本，每次可以计算一个平均数，所有可能样本的平均数所形成的分布，就是样本平均数的抽样分布。第 4 章介绍的统计推断就是以抽样分布作为理论基础的。

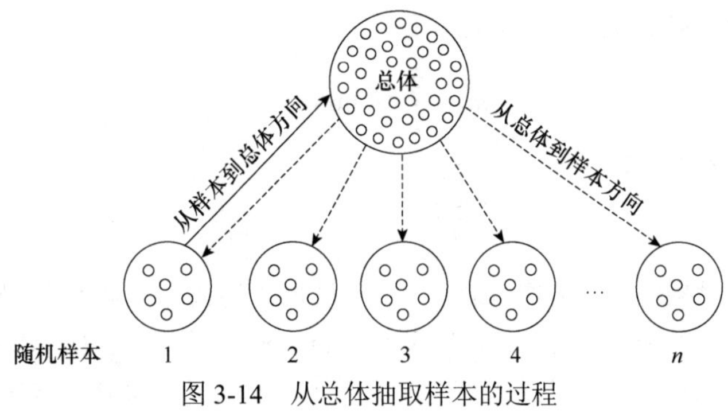

图 3-14　从总体抽取样本的过程

一、抽样试验与无偏估计

从总体中抽样必须符合随机的原则，即保证总体中的每一个个体在每一次抽样中都有相同的概率被抽取为样本。从理论上讲，从一个总体中抽取所有可能的样本，就能获得统计数变异的全部信息。但是，这样的抽样试验（sampling experiment）不仅在无限总体中无法做到，就是在许多有限总体中也难以实现。解决这一矛盾的方法是，仅抽取一部分样本，或对小的有限总体进行复置抽样（duplicate sampling），又称为放回抽样（sampling with replacement）。在小总体中进行复置抽样，样本可以从不会耗尽的总体中获得，所以从理论上可以看成总体容量是无限的，因此具有无限总体抽样的性质，即所获得样本是等概率的和随机的。

设有一个 $N=3$ 的近似正态总体，具有变量 3、4、5，由式（2-9）、式（2-28）和式（2-30）可求得 $\mu=4$、$\sigma^2=0.6667$、$\sigma=0.8165$。现以 $n=2$ 进行独立的复置抽样，可得 $N^n=3^2=9$ 个样本，其抽样结果列于表 3-7。

表 3-7　由 $N=3$ 的总体进行 $n=2$ 复置抽样所有样本的平均数、方差和标准差

样本编号	样本值	$\bar{x}$	s^2	s
1	3，3	3.0	0	0
2	3，4	3.5	0.5	0.7071
3	3，5	4.0	2.0	1.4142
4	4，3	3.5	0.5	0.7071

续表

样本编号	样本值	$\bar{x}$	s^2	s
5	4，4	4.0	0	0
6	4，5	4.5	0.5	0.7071
7	5，3	4.0	2.0	1.4142
8	5，4	4.5	0.5	0.7071
9	5，5	5.0	0	0
$\sum$		36.0	6.0	5.6568

根据表 3-7 的数据，可以求出：

样本平均数 $\bar{x}$ 的平均数为

$$\mu_{\bar{x}}=\frac{36}{9}=4=\mu$$

样本方差 s^2 的平均数为

$$\mu_{s^2}=\frac{6}{9}=0.6667=\sigma^2$$

样本标准差 s 的平均数为

$$\mu_s=\frac{5.6568}{9}=0.6285\neq\sigma$$

在统计学上，如果所有可能样本的某一统计数的平均数等于总体的相应参数，则称该统计数为总体相应参数的无偏估计值（unbiased estimated value）。根据上述计算结果，可以得到以下性质：①样本平均数 $\bar{x}$ 是总体平均数 μ 的无偏估计值；②样本方差 s^2 是总体方差 σ^2 的无偏估计值；③样本标准差 s 不是总体标准差 σ 的无偏估计值。

二、样本平均数的抽样分布

（一）一个样本平均数的抽样分布

对上述 $N=3$，$n=2$ 抽样试验所得的 9 个样本平均数，整理频数分布表，列于表 3-8。如果对这个 3、4、5 组成的总体再进行 $n=4$ 的抽样试验，共可得 $N^n=3^4=81$ 个样本平均数，其平均数的频数分布也列于表 3-8。由于从总体中抽出的样本为每一个可能样本，且每个样本中的变量均为随机变量，所以其样本平均数也为随机变量，也形成一定的理论分布，这种理论分布称为样本平均数的概率分布，或称样本平均数的分布（distribution of the sample mean）。

视频讲解

表 3-8　样本容量不同的样本平均数的频数分布

$n=2$				$n=4$			
$\bar{x}$	f（频数）	$f\bar{x}$	$f\bar{x}^2$	$\bar{x}$	f（频数）	$f\bar{x}$	$f\bar{x}^2$
3.0	1	3	9.0	3.00	1	3	9.00
				3.25	4	13	42.25
3.5	2	7	24.5	3.50	10	35	122.50
				3.75	16	60	225.00

续表

n=2				n=4			
$\bar{x}$	f（频数）	$f\bar{x}$	$f\bar{x}^2$	$\bar{x}$	f（频数）	$f\bar{x}$	$f\bar{x}^2$
4.0	3	12	48.0	4.00	19	76	304.00
				4.25	16	68	289.00
4.5	2	9	40.5	4.50	10	45	202.50
				4.75	4	19	90.25
5.0	1	5	25.0	5.00	1	5	25.00
$\sum$	9	36	147.0	$\sum$	81	324	1309.50

样本平均数的分布与其他分布一样也有两个重要参数，一个是样本平均数的平均数，记作 $\mu_{\bar{x}}$；另一个是样本平均数的方差，记作 $\sigma_{\bar{x}}^2$。根据表 3-8，可求得 n=2 的样本平均数的平均数 $\mu_{\bar{x}}$ 和方差 $\sigma_{\bar{x}}^2$ 分别为

$$\mu_{\bar{x}}=\frac{\sum f\bar{x}}{N^n}=\frac{36}{9}=4=\mu$$

$$\sigma_{\bar{x}}^2=\frac{1}{N^n}\left[\sum f\bar{x}^2-\frac{\left(\sum f\bar{x}\right)^2}{N^n}\right]=\frac{1}{9}\times\left(147-\frac{36^2}{9}\right)=0.3333=\frac{\sigma^2}{n}$$

同样，可求得 n=4 时样本平均数的平均数 $\mu_{\bar{x}}$ 和方差 $\sigma_{\bar{x}}^2$ 为

$$\mu_{\bar{x}}=\frac{324}{81}=4=\mu$$

$$\sigma_{\bar{x}}^2=\frac{1}{81}\times\left(1309.50-\frac{324^2}{81}\right)=0.1667=\frac{\sigma^2}{n}$$

由以上抽样试验，可得出样本平均数分布有以下基本性质：

（1）样本平均数分布的平均数等于总体平均数，即

$$\mu_{\bar{x}}=\mu \tag{3-48}$$

（2）样本平均数分布的方差等于总体方差除以样本容量，即

$$\sigma_{\bar{x}}^2=\frac{\sigma^2}{n} \tag{3-49}$$

进而，有样本平均数的标准误差（standard error，*SE*），简称平均数的标准误（standard error of mean）：

$$\sigma_{\bar{x}}=\frac{\sigma}{\sqrt{n}} \tag{3-50}$$

（3）如果从正态总体 N（μ，σ^2）进行抽样，其样本平均数 $\bar{x}$ 是一个具有平均数 μ、方差 $\frac{\sigma^2}{n}$ 的正态分布，记作 $N\left(\mu,\ \frac{\sigma^2}{n}\right)$。

（4）如果被抽样总体不是正态总体，但具有平均数 μ 和方差 σ^2，当样本容量 n 不断增大，样本平均数 $\bar{x}$ 的分布也越来越接近正态分布，且具有平均数 μ、方差 $\frac{\sigma^2}{n}$，这称为中心极限定理（central limit theorem）。这个定理对于连续性变量或非连续性变量都适用。无论总体为何种分布，一般只要样本容量 $n\geqslant30$，就可应用中心极限定理，认为样本平均数 $\bar{x}$ 的分布是

正态分布。在计算样本平均数出现的概率时，其正态离差 u 可按式（3-51）进行标准化：

$$u=\frac{\bar{x}-\mu_{\bar{x}}}{\sigma_{\bar{x}}}=\frac{\bar{x}-\mu}{\frac{\sigma}{\sqrt{n}}} \tag{3-51}$$

（二）两个样本平均数差数的抽样分布

设有两个相互独立的正态总体，总体一为 $N_1=2$，具变量 3、6，其平均数 $\mu_1=4.5$，方差 $\sigma_1^2=2.25$，当以 $n_1=3$ 进行复置抽样试验，共可得 $2^3=8$ 个样本，求得 $\mu_{\bar{x}_1}=4.5$，$\sigma_{\bar{x}_1}^2=0.75$；总体二为 $N_2=3$，具变量 2、4、6，其平均数 $\mu_2=4$，方差 $\sigma_2^2=2.6667$，当以 $n_2=2$ 进行复置抽样试验，共可得 $3^2=9$ 个样本，求得 $\mu_{\bar{x}_2}=4$，$\sigma_{\bar{x}_2}^2=1.333$。将来自两个总体的样本平均数进行所有可能的比较，得出 72 个样本平均数差数($\bar{x}_1-\bar{x}_2$)，其频数分布如表 3-9 所示。

表 3-9　样本平均数差数($\bar{x}_1-\bar{x}_2$)的频数分布

$\bar{x}_1-\bar{x}_2$	f（频数）	$f(\bar{x}_1-\bar{x}_2)$	$f(\bar{x}_1-\bar{x}_2)^2$
4	1	4	16
3	5	15	45
2	12	24	48
1	18	18	18
0	18	0	0
−1	12	−12	12
−2	5	−10	20
−3	1	−3	9
$\sum$	72	36	168

根据表 3-9，可求出两个样本平均数差数分布（distribution of the sample mean difference）的平均数 $\mu_{\bar{x}_1-\bar{x}_2}$ 和方差 $\sigma_{\bar{x}_1-\bar{x}_2}^2$：

$$\mu_{\bar{x}_1-\bar{x}_2}=\frac{\sum f(\bar{x}_1-\bar{x}_2)}{N_1^{n_1}N_2^{n_2}}=\frac{36}{72}=0.5=\mu_1-\mu_2$$

$$\sigma_{\bar{x}_1-\bar{x}_2}^2=\frac{1}{N_1^{n_1}N_2^{n_2}}\left\{\sum f(\bar{x}_1-\bar{x}_2)^2-\frac{\left[\sum f(\bar{x}_1-\bar{x}_2)\right]^2}{N_1^{n_1}N_2^{n_2}}\right\}$$

$$=\frac{1}{72}\times\left(168-\frac{36^2}{72}\right)=2.0833=\sigma_{\bar{x}_1}^2+\sigma_{\bar{x}_2}^2=\frac{\sigma_1^2}{n_1}+\frac{\sigma_2^2}{n_2}$$

根据上述计算，可得两个样本平均数差数分布的基本性质：

（1）两个样本平均数差数分布的平均数等于总体平均数的差数（或样本平均数分布的平均数的差数），即

$$\mu_{\bar{x}_1-\bar{x}_2}=\mu_1-\mu_2 \tag{3-52}$$

（2）两个样本平均数差数分布的方差等于各自总体方差除以各自样本容量之和（或两样本平均数分布的方差之和），即

$$\sigma^2_{\bar{x}_1-\bar{x}_2}=\sigma^2_{\bar{x}_1}+\sigma^2_{\bar{x}_2}=\frac{\sigma_1^2}{n_1}+\frac{\sigma_2^2}{n_2} \tag{3-53}$$

进而，有样本平均数差数的标准误（standard error of the sample mean difference）：

$$\sigma_{\bar{x}_1-\bar{x}_2}=\sqrt{\frac{\sigma_1^2}{n_1}+\frac{\sigma_2^2}{n_2}} \tag{3-54}$$

当 $\sigma_1^2=\sigma_2^2=\sigma^2$ 时，式（3-53）可简化为

$$\sigma^2_{\bar{x}_1-\bar{x}_2}=\sigma^2\left(\frac{1}{n_1}+\frac{1}{n_2}\right) \tag{3-55}$$

当 $n_1=n_2=n$ 时，式（3-53）可简化为

$$\sigma^2_{\bar{x}_1-\bar{x}_2}=\frac{\sigma_1^2+\sigma_2^2}{n} \tag{3-56}$$

当 $\sigma_1^2=\sigma_2^2=\sigma^2$ 且 $n_1=n_2=n$ 时，式（3-53）可进一步简化为

$$\sigma^2_{\bar{x}_1-\bar{x}_2}=\frac{2\sigma^2}{n} \tag{3-57}$$

（3）从两个独立正态总体 $N(\mu_1,\ \sigma^2_{\bar{x}_1})$ 和 $N(\mu_2,\ \sigma^2_{\bar{x}_2})$ 中抽出的样本平均数差数的分布也是正态分布，并具有平均数 $\mu_1-\mu_2$ 和方差 $\sigma^2_{\bar{x}_1-\bar{x}_2}$，记作 $N(\mu_1-\mu_2,\ \sigma^2_{\bar{x}_1-\bar{x}_2})$。

三、样本频率的抽样分布

（一）一个样本频率的抽样分布

生物学研究中，在研究一些分类变量时要用比例估计，也就是用样本频率 $\hat{p}$ 去推断总体频率 p。例如，男女性别占全部人数之比、显隐性性状占总观测数的比例等。为了用样本频率 $\hat{p}$ 去估计总体频率 p，就需要了解样本频率的抽样分布。

样本频率的抽样分布（sampling distribution of frequency）也称为样本比例的抽样分布（sampling distribution of percentage），是从总体中重复随机抽取容量为 n 的所有样本，获得样本频率的概率分布。样本中具有某一特征的单位数 x 占样本全部单位数 n 的比例称为样本频率，用 $\hat{p}$ 表示，其计算公式为

$$\hat{p}=\frac{x}{n} \tag{3-58}$$

可用样本频率 $\hat{p}$ 估计总体频率 p。

由二项分布可知，当 n 充分大时（$n\geqslant 30$），在复置抽样的条件下，样本频率 $\hat{p}$ 的抽样分布可用正态分布逼近。通过式（3-24）、式（3-25）和式（3-26）可以推导出样本频率（比例）的数学期望（平均数）、方差和标准差：

$$\mu_p=E(P)=\frac{\mu_x}{n}=\frac{np}{n}=p \tag{3-59}$$

$$\sigma_p^2=D(P)=\frac{\sigma_x^2}{n^2}=\frac{p(1-p)}{n} \tag{3-60}$$

$$\sigma_p=\sqrt{\sigma_p^2}=\sqrt{\frac{p(1-p)}{n}} \tag{3-61}$$

因此，样本频率 $\hat{p}$ 的抽样分布具有平均数 $\mu_p=p$、方差 $\sigma_p^2=\frac{p(1-p)}{n}$，记作 $N(\mu_p, \sigma_p^2)$。

（二）两个样本频率差数的抽样分布

设两个总体均服从二项分布，分别从两个总体中抽取样本容量为 n_1、n_2 的独立样本，得到样本频率分别为 $\hat{p}_1$、$\hat{p}_2$。当两个样本都为大样本时，两个样本频率之差的抽样分布可用正态分布来近似，其数学期望（平均数）、方差和标准差为

$$\mu_{p_1-p_2}=E(P_1-P_2)=p_1-p_2 \tag{3-62}$$

$$\sigma_{p_1-p_2}^2=D(P_1-P_2)=\frac{p_1(1-p_1)}{n_1}+\frac{p_2(1-p_2)}{n_2} \tag{3-63}$$

$$\sigma_{p_1-p_2}=\sqrt{\sigma_{p_1-p_2}^2}=\sqrt{\frac{p_1(1-p_1)}{n_1}+\frac{p_2(1-p_2)}{n_2}} \tag{3-64}$$

因此，两个样本频率差数 $\hat{p}_1-\hat{p}_2$ 的抽样分布服从正态分布，具有平均数 $\mu_{p_1-p_2}=p_1-p_2$、方差 $\sigma_{p_1-p_2}^2=\frac{p_1(1-p_1)}{n_1}+\frac{p_2(1-p_2)}{n_2}$，记作 $N\left(p_1-p_2, \frac{p_1(1-p_1)}{n_1}+\frac{p_2(1-p_2)}{n_2}\right)$。

四、正态总体抽样分布

从正态总体 X 抽取样本，再由该样本构造统计数，则该统计数的分布称为正态总体抽样分布（sampling distribution of normal population），主要有 t 分布、χ^2 分布和 F 分布 3 个著名的分布。统计实践中，一般用 t 分布、χ^2 分布和 F 分布来构造精确的小样本（$n\leqslant 30$）方法。

（一）t 分布

前面计算样本平均数分布和样本平均数差数分布的概率时，需要总体方差 σ^2 已知，或者 σ^2 未知但样本容量较大（$n\geqslant 30$），此时用样本方差 s^2 估计 σ^2。但在实际研究中经常遇到总体方差 σ^2 未知且样本容量不大（$n<30$）的情况，如果仍用 s^2 来估计 σ^2，这时 $\frac{\bar{x}-\mu}{s/\sqrt{n}}$ 就不再服从标准正态分布了，而是服从自由度 $df=n-1$ 的 t 分布（t-distribution），即

$$t=\frac{\bar{x}-\mu}{s_{\bar{x}}}=\frac{\bar{x}-\mu}{s/\sqrt{n}} \tag{3-65}$$

式中，$s_{\bar{x}}$ 为样本平均数的标准误，其计算公式为

$$s_{\bar{x}}=\frac{s}{\sqrt{n}} \tag{3-66}$$

$s_{\bar{x}}$ 为 $\sigma_{\bar{x}}$ 的估计值。

t 分布是英国统计学家 Gosset 于 1908 年以笔名“Student”所发表的论文中提出的，因此也称学生氏 t 分布，简称 t 分布。t 分布的概率密度函数为

$$f(t)=\frac{\Gamma\left(\frac{df+1}{2}\right)}{\sqrt{\pi df}\,\Gamma\left(\frac{df}{2}\right)}\left(1+\frac{t^2}{df}\right)^{-\frac{df+1}{2}} \tag{3-67}$$

式中，Γ 为 Γ 函数。

t 分布的数学期望（平均数）和方差分别为

$$\mu_t=0 \qquad (df>1) \tag{3-68}$$

$$\sigma_t^2=\frac{df}{df-2} \qquad (df>2) \tag{3-69}$$

t 分布具有以下特征：①t 分布曲线是左右对称的，围绕平均数 $\mu_t=0$ 向两侧递降；②t 分布受自由度 $df=n-1$ 的制约，每个自由度都有一条 t 分布曲线；③和正态分布相比，t 分布为扁平分布，其顶部偏低，尾部偏高，自由度 $df\geqslant 30$ 时，其曲线就比较接近正态分布曲线，当 $df\to\infty$ 时则和正态分布曲线重合（图 3-15）。

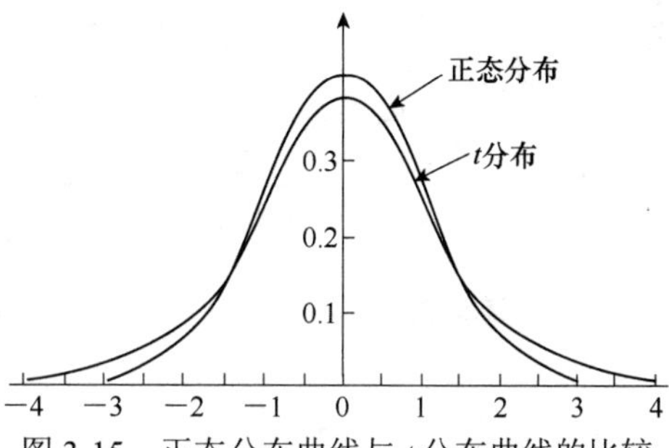

图 3-15　正态分布曲线与 t 分布曲线的比较

和正态分布一样，t 分布曲线与横轴所围成的面积也等于 1。各种自由度下双尾概率水平的 t 值，可从附表 3 中查到。例如，可查得 $df=10$、$P=0.05$ 的 t 值为 2.228，$P=0.01$ 的 t 值为 3.169，分别记作 $t_{0.05(10)}=2.228$ 和 $t_{0.01(10)}=3.169$。因此，t 值在区间 $[-t_{0.05}, +t_{0.05}]$ 内的概率为 0.95，在区间 $[-t_{0.01}, +t_{0.01}]$ 内的概率为 0.99，其中 $t_{0.05}$、$t_{0.01}$ 分别称为双尾概率为 5%和 1%的 t 临界值。

（二）χ^2 分布

在第三节，我们已经知道标准正态离差 $\dfrac{\bar{x}-\mu}{\sigma}$ 服从 N（0，1）。假设从标准正态总体中抽取 k 个独立样本，就会得到 u_1^2，u_2^2，…，u_k^2，则定义它们的和为 χ^2（chi-square），即

$$\chi^2=u_1^2+u_2^2+\cdots+u_k^2=\sum_{i=1}^{k}u_i^2=\sum_{i=1}^{k}\left(\frac{x-\mu}{\sigma}\right)^2 \tag{3-70}$$

式（3-70）即 χ^2 分布（distribution），其自由度为 $df=k-1$。

χ^2 分布首先由 Abbey 于 1863 年提出，后来由 Hermert 和 K. Pearson 分别于 1875 年和 1900 年推导出来。χ^2 分布的概率密度函数为

$$f(\chi^2)=\frac{(\chi^2)^{\frac{df}{2}-1}}{2^{\frac{df}{2}}\Gamma\left(\dfrac{df}{2}\right)}e^{-\frac{1}{2}\chi^2} \tag{3-71}$$

χ^2 分布的概率累积函数为

$$F(\chi^2)=\int_0^{\chi^2}f(\chi^2)\,d(\chi^2) \tag{3-72}$$

χ^2 分布是连续性随机变量的分布，每个不同的自由度都有一个相应的 χ^2 分布曲线，所以 χ^2 分布是一组曲线。χ^2 分布的特征为：①χ^2 分布于区间［0，＋∞），并且呈反 J 形的偏态分布（skewed distribution）；②χ^2 分布的偏度系数随自由度降低而增大，当自由度 $df=1$ 时，曲线以纵轴为渐近线；③随自由度 df 增大，χ^2 分布曲线渐趋左右对称，当 $df\geqslant 30$ 时，χ^2 分布已接近正态分布（图 3-16）。

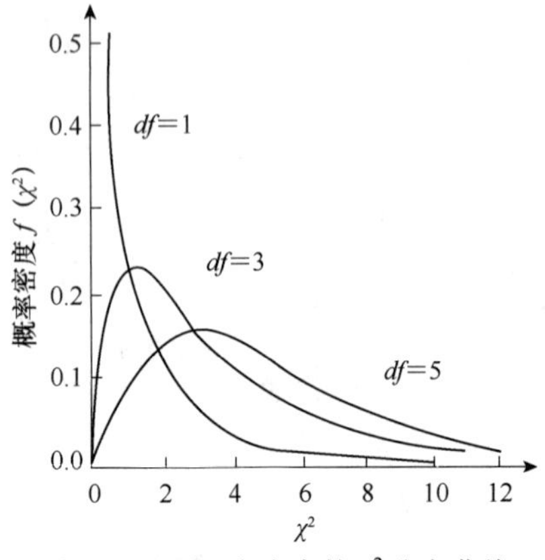

图 3-16　不同自由度的 χ^2 分布曲线

附表 4 列出了各种自由度下不同单尾（右尾）概率的 χ^2 值。例如，当 $df=2$ 时，查得 $P=0.05$ 的 χ^2 值为 5.99，$P=0.01$ 的 χ^2 值为 9.21，分别记作 $\chi^2_{0.05(2)}=5.99$，$\chi^2_{0.01(2)}=9.21$，表示 $P(\chi^2>5.99)=0.05$、$P(\chi^2>9.21)=0.01$，即所得 χ^2 值大于 5.99 的概率仅有 5%，大于 9.21 的概率仅有 1%。

（三）F 分布

设从一正态总体 $N(\mu,\ \sigma^2)$ 中随机抽取样本容量为 n_1 和 n_2 的两个独立样本，其样本方差为 s_1^2 和 s_2^2，则定义 s_1^2 和 s_2^2 的比值为 F：

$$F=\frac{s_1^2}{s_2^2} \tag{3-73}$$

此 F 值具有 s_1^2 的自由度 $df_1=n_1-1$ 和 s_2^2 的自由度 $df_2=n_2-1$。如果对一正态总体在特定的 df_1 和 df_2 下进行一系列随机独立抽样，则所有可能的 F 值就构成一个 F 分布（F-distribution）。F 分布的概率密度函数是由两个独立 χ^2 变量的概率密度所构成的联合概率密度函数（joint probability density function），其方程为

$$f(F)=\frac{\Gamma\left(\dfrac{df_1+df_2}{2}\right)}{\Gamma\left(\dfrac{df_1}{2}\right)\Gamma\left(\dfrac{df_2}{2}\right)}df_1^{\frac{df_1}{2}}df_2^{\frac{df_2}{2}}\frac{F^{\frac{df_1}{2}-1}}{(df_1F+df_2)^{\frac{df_1+df_2}{2}}} \tag{3-74}$$

式中，Γ 为 Γ 函数；df_1 和 df_2 分别为 s_1^2 和 s_2^2 的自由度。由式（3-74）可知，F 分布是随自由度 df_1 和 df_2 变化而变化的一组曲线。

F 分布的概率累积函数为

$$F(F)=\int_0^F f(F)\,\mathrm{d}F \tag{3-75}$$

F 分布具有以下特征：①F 的取值区间为 $[0,\ +\infty)$；②F 分布的平均数 $\mu_F=1$，因为构成 F 值的 s_1^2 和 s_2^2 都是同一 σ^2 的无偏值；③F 分布曲线的形状仅取决于 df_1 和 df_2，在 $df_1=1$ 和 $df_1=2$ 时，F 分布曲线呈严重倾斜的反向 J 形，当 $df_1\geqslant 3$ 时转为右偏曲线（图 3-17）。

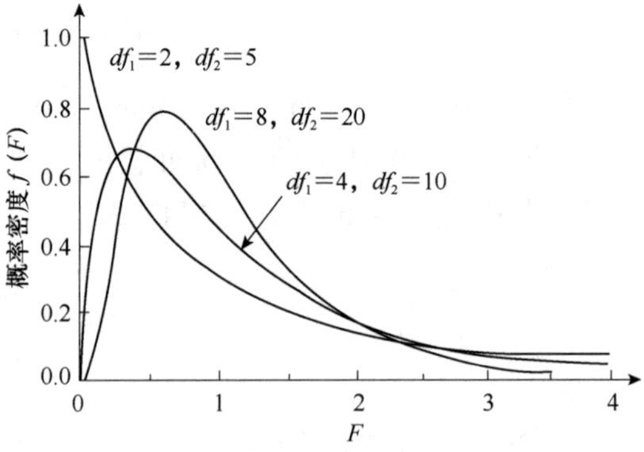

图 3-17　不同自由度 df_1 和 df_2 的 F 分布

附表 5 列出的是 F 分布在不同 df_1、df_2 下 $P=0.05$ 和 $P=0.01$ 时的 F 值（右尾）。例如，$df_1=4$，$df_2=10$ 时，可查得 $P=0.05$ 的 F 值为 3.48，$P=0.01$ 的 F 值为 5.99，分别记作 $F_{0.05(4,10)}=3.48$，$F_{0.01(4,10)}=5.99$，表示 $P(F>3.84)=0.05$，$P(F>5.99)=0.01$，即所得 F 值大于 3.48 的概率仅有 5%，大于 5.99 的概率仅有 1%。

思考练习题

习题 3.1　试解释必然事件、不可能事件和随机事件，并分别举例。

习题 3.2　随机试验的含义是什么？什么是样本空间和样本点？

习题 3.3　什么是频率？什么是概率？频率如何转化为概率？

习题 3.4　什么是互斥事件？什么是对立事件？什么是独立事件？试举例说明。

习题 3.5　什么是条件概率？何谓全概率法则？

习题 3.6　什么是随机变量？它有哪些类型？

习题 3.7　简述概率密度函数及其图形意义。

习题 3.8　什么是正态分布？什么是标准正态分布？正态分布曲线有什么特点？μ 和 σ 对正态分布曲线有何影响？

习题 3.9　什么是抽样分布？样本平均数的抽样总体与原总体平均数、方差两个参数间有何关系？

习题 3.10　已知 u 服从标准正态分布 $N(0, 1)$，试查 $F(u)$ 值表计算下列概率值：① $P(0.3<u\leqslant 1.08)$；② $P(-1<u\leqslant 1)$；③ $P(-2<u\leqslant 2)$；④ $P(-1.96<u\leqslant 1.96)$；⑤ $P(-2.58<u\leqslant 2.58)$。

习题 3.11　设 X 服从正态分布 $N(4, 16)$，试通过标准化变换后查 $F(u)$ 值表计算下列概率值：① $P(-3<x\leqslant 4)$；② $P(x\leqslant 0.44)$；③ $P(x>-1.48)$；④ $P(x>-1)$。

习题 3.12　有一男女比例为 51∶49 的人群，已知男性中 5%是色盲，女性中 0.25%是色盲，现随机抽中了一个色盲者，计算这个色盲者恰好是男性的概率。

习题 3.13　水稻糯和非糯为一对等位基因控制，糯稻纯合体为 ww，非糯稻纯合体为 WW，两个纯合亲本杂交后，其 F_1 代为非糯稻杂合体 Ww。①现以 F_1 代回交于糯稻亲本，在后代 200 株中预期有多少株为糯稻，多少株为非糯稻？试列出糯稻和非糯稻的概率；②当 F_1 代自交，F_2 代性状分离，其中 3/4 为非糯稻，1/4 为糯稻。假定 F_2 代播种了 2000 株，试问糯稻株和非糯稻株各有多少株？

习题 3.14　大麦的矮生基因和抗锈基因连锁，以矮生基因与正常抗锈基因杂交，在 F_2 代出现纯合正常抗锈植株的概率仅 0.0036。试计算：①在 F_2 代种植 200 株时，纯合正常抗锈植株的各种可能株数的概率；②若希望有 0.99 的概率保证获得 1 株或 1 株以上纯合正常抗锈植株，则 F_2 代至少应种植多少株？

习题 3.15　设对同性别、同月龄的小白鼠接种某种病菌，假定接种后经过一段时间生存的概率为 0.425，若 5 只一组进行随机抽样，试问其中“四生一死”的概率有多大？

习题 3.16　有一正态分布的平均数为 16，方差为 4，试计算：①落于 10～20 的数据的百分数；②小于 12 或大于 20 的数据的百分数。

习题 3.17　假设一种有机生物的寿命服从参数 $\lambda=\dfrac{1}{200}$ 的指数分布。随机选取一个该物种的新生命，计算：①该有机生物活过 60 年的概率。②该有机生物的寿命在 50～80 年的概率。

习题 3.18　查表计算：① $df=5$ 时，$P(t\leqslant -2.571)=$？$P(t>4.032)=$？② $df=2$ 时，$P(\chi^2\leqslant 0.05)=$？$P(\chi^2>5.99)=$？$P(0.05<\chi^2\leqslant 7.38)=$？③ $df_1=3$，$df_2=10$ 时，$P(F>3.71)=$？$P(F>6.55)=$？

参考答案

第 4 章

统计推断

本章提要

假设检验和参数估计是统计推断的两个方面。本章主要讨论:

- 假设检验的原理与方法;
- 样本平均数、频率、方差的检验假设;
- 参数估计的原理与方法;
- 基于参数估计的样本容量确定。

第 3 章讨论了从总体到样本的方向，即抽样分布问题。本章将讨论从样本到总体的方向，就是根据这些理论分布由一个样本或一系列样本所得的结果来推断总体的特征，即统计推断（statistical inference）。统计推断主要包括假设检验和参数估计两个方面。

视频讲解

第一节　假设检验的原理与方法

一、假设检验的概念

在生物学试验和研究中，如果检验一种试验方法的效果、一个品种的优劣、一种药品的疗效，所得试验数据往往存在着一定的差异，此时需要推断这种差异是由随机误差造成的，还是由试验处理所引起的。例如，在同一饲养条件下喂养甲、乙两个品系的肉鸡各 20 只，在 2 月龄时测得甲品系的平均体重 $\bar{x}_1=1.5$kg，乙品系的平均体重 $\bar{x}_2=1.4$kg，二者之间的 0.1kg 差值，究竟是由甲、乙两个品系来自两个不同的总体，还是由抽样时的随机误差所致？这个问题必须进行统计分析才能回答。因为试验结果中处理效应和误差效应往往混淆在一起，从表面上是不容易分开的，需要采用假设检验的方法，通过概率的计算，才能做出正确的推断。

假设检验（hypothesis test）又称为显著性检验（significance test），是根据总体的理论分布和小概率原理，对未知或不完全知道的总体提出两种彼此对立的假设（无效假设和备择假设），然后由样本的实际结果，经过一定的计算，做出在一定概率意义上应该接受的那种假设的推断。如果抽样结果使小概率事件发生，则拒绝无效假设；如果抽样结果没有使小概率事件发生，则接受无效假设。统计学中，一般认为等于或小于 0.05（或 0.01）的概率为小概率（little probability），而概率等于或小于 0.05（或 0.01）的事件则为小概率事件。通过假设检验，可以正确辨别处理效应和随机误差的效应，从而做出可靠的推断。

二、假设检验的步骤

在进行假设检验时，一般应包括以下 4 个步骤。

（一）提出假设

假设检验首先要对总体提出假设，一般应做两个彼此对立的假设，一个是无效假设（ineffective hypothesis）或零假设（null hypothesis），记作 H_0；另一个是备择假设（alternative hypothesis），记作 H_A。无效假设是直接检验的假设，是对总体提出的一个假想目标。所谓“无效”是指用样本统计数表示的处理效应与总体参数之间没有真实的差异，试验结果中的差异乃是误差所致，即处理“无效”。备择假设是与无效假设相对立的一种假设，即认为试验结果中的差异是由总体参数不同所引起的，即处理“有效”。因此，无效假设与备择假设是对立事件。在检验中，如果接受 H_0 则否定 H_A；如果否定 H_0 则接受 H_A。无效假设的形式是多种多样的，随研究内容不同而不同，但必须遵循两个原则：①无效假设必须是有意义的，根据无效假设是否成立，可以对问题做出回答；②根据无效假设可以算出因抽样误差而获得样本统计数效应的概率。

以样本平均数的假设为例。

1．对一个样本平均数的假设　假设一个样本平均数 $\bar{x}$ 来自一具有平均数 μ 的总体，可提出：无效假设 H_0：$\mu=\mu_0$；备择假设 H_A：$\mu\neq\mu_0$。

例如，已知硅肺病患者的血红蛋白含量为具有平均数 $\mu_0=126$mg/L，$\sigma^2=240$（mg/L）^{2} 的正态分布，即 N（126，240）。现用克矽平对 6 位硅肺病患者进行治疗，治疗后测得其平均血红蛋白含量 $\bar{x}=136$mg/L。试问用克矽平治疗硅肺病是否能提高患者的血红蛋白含量？

这是一个样本平均数的假设检验，是要检验克矽平治疗后的血红蛋白含量的总体平均数 μ 是否还是治疗前的 126mg/L，即 $\bar{x}-\mu_0=136-126=10$mg/L 这一差数是由克矽平治疗造成的，还是由抽样误差所致？这就需要首先提出无效假设 H_0：$\mu=\mu_0$，同时也要给出对应的备择假设 H_A：$\mu\neq\mu_0$。因为在无效假设 H_0：$\mu=\mu_0$ 成立的条件下，就有一个平均数为 $\mu_{\bar{x}}=\mu=\mu_0=$ 126mg/L，$\sigma_{\bar{x}}^2=\dfrac{\sigma^2}{6}=40$（mg/L）^{2} 的正态分布，即 N（126，40），而样本 $\bar{x}=136$mg/L 则是此分布中的一个随机变量。

2．对两个样本平均数相比较的假设　假设两个样本平均数 $\bar{x}_1$ 和 $\bar{x}_2$ 分别来自具有平均数 μ_1 和 μ_2 的两个总体，则提出：无效假设 H_0：$\mu_1=\mu_2$；备择假设 H_A：$\mu_1\neq\mu_2$。

例如，要检验两种制剂的疗效是否相同，两个水稻品种的株高是否一致，成年男女的肺活量是否一样等，都属于两个样本平均数相比较的假设。其无效假设 H_0：$\mu_1=\mu_2$，认为两个样本所属各自总体的平均数是相等的，即这两个总体是同一个总体，两个样本平均数之间的差值（$\bar{x}_1-\bar{x}_2$）是由随机误差所引起的；其备择假设 H_A：$\mu_1\neq\mu_2$，则表示两个样本所属各自总体的平均数是不相同的，即这两个总体不是同一个总体，其分别抽样所得样本平均数差值（$\bar{x}_1-\bar{x}_2$）除随机误差之外，还包含真实的差异。

提出上述无效假设的目的在于：可从假设的总体中推论其样本平均数的随机抽样分布，

从而可以算出某一个样本平均数指定值出现的概率，这样就可以根据样本与总体的关系，作为假设检验的理论依据。

与样本平均数的假设检验一样，样本频率、样本方差及多个平均数的假设检验也需根据试验目的提出相应的无效假设和备择假设。

（二）确定显著水平

在提出无效假设和备择假设后，要确定一个否定 H_0 的概率标准，这个概率标准称为显著水平（significance level）或概率水平（probability level），记作 α。显著水平是人为规定的小概率界限，统计学中常取 $\alpha=0.05$ 和 $\alpha=0.01$ 两个显著水平。

（三）计算统计数与相应概率

在假设 H_0 正确的前提下，根据样本平均数的抽样分布计算出由抽样误差造成的概率。对于上面利用克矽平治疗硅肺病的一个样本平均数的例子，在 H_0：$\mu=\mu_0$ 的前提下，可计算得出样本平均数检验的统计数：

$$u=\frac{\bar{x}-\mu}{\sigma_{\bar{x}}}=\frac{\bar{x}-\mu}{\sqrt{\sigma^2/n}}=\frac{136-126}{\sqrt{240/6}}=1.58$$

查附表 1，$P(|u|>1.58)=2\times0.05705=0.1141$，即在 $N(126，40)$ 的总体中，以 $n=6$ 进行随机抽样，所得平均数 $\bar{x}=136$mg/L 与 126mg/L 相差为 10mg/L 以上的概率为 0.1141。这里需要指出的是，假设检验所计算的并不是实得差异本身的概率，而是超过实得差异的概率。概率的大小是推断 H_0 是否能够接受的依据。此例中，在 H_0 假设下，由于 $\bar{x}$ 有可能大于 μ_0，也有可能小于 μ_0，因此需要考虑差异的正和负两个方面，所以计算的是双尾概率。

视频讲解

（四）推断是否接受假设

根据小概率原理做出是否接受 H_0 的推断。小概率原理（little probability principle）指出：如果假设一些条件，并在假设的条件下能够准确地算出事件 A 出现的概率 a 为很小，则在假设条件下的 n 次独立重复试验中，事件 A 将按预定的概率发生，而在一次试验中则几乎不可能发生。简言之，小概率事件在一次抽样试验中几乎是不可能发生的。如果计算的概率大于 0.05（或 0.01），则认为不是小概率事件，H_0 的假设可能是正确的，应该接受 H_0，同时否定 H_A；反之，如果计算的概率等于或小于 0.05（或 0.01），则否定 H_0，接受 H_A。通常把概率≤0.05 称为差异（difference）显著标准（significance standard），或差异显著水平；概率≤0.01 称为差异极显著标准（highly significance standard），或差异极显著水平（highly significance level）。如果差异达到显著水平，则在统计数或概率值的右上方标以“*”；差异达到极显著水平，则在统计数或概率值的右上方标以“**”。

上例中，所计算的概率值为 0.1141，大于 0.05 的显著水平，应接受 H_0，可以推断治疗前后的血红蛋白含量没有显著差异，其差值 10mg/L 应归于误差所致。

在实际应用时，可简化上述计算过程。由第 3 章已知，$P(|u|>1.96)=0.05$，$P(|u|>2.58)=0.01$。因此，在用 u 分布进行检验时，如果算得 $|u|>1.96$，就是在 $\alpha=0.05$ 的水平上

达到显著；如果$|u|>2.58$，就是在$\alpha=0.01$的水平上达到显著，即达到极显著水平，无须再计算u值的概率。因此，在H_0成立的条件下，由计算统计数得到的概率与显著水平的比较就转变为检验统计数与某一显著水平下的分位数（附表2）的比较了。本例中$u=1.58<1.96$，所以差异未达到0.05显著水平。

综上所述，假设检验的步骤可概括为：①对样本所属总体提出无效假设H_0和备择假设H_A；②确定检验的显著水平α；③在H_0正确的前提下，计算抽样分布的统计数或相应的概率值；④根据小概率原理，进行差异是否显著的推断。

三、双尾检验与单尾检验

视频讲解

进行假设检验时，需要提出无效假设和备择假设。对于备择假设H_A：$\mu\neq\mu_0$，其总体平均数μ可能大于μ_0，也可能小于μ_0。在样本平均数的抽样分布中，$\alpha=0.05$时，在区间（$\mu-1.96\sigma_{\bar{x}}$，$\mu+1.96\sigma_{\bar{x}}$）的$\bar{x}$有95%，在这一区间之外（即$\bar{x}\leqslant\mu-1.96\sigma_{\bar{x}}$和$\bar{x}>\mu+1.96\sigma_{\bar{x}}$）的$\bar{x}$只有5%。同理，$\alpha=0.01$时，在区间（$\mu-2.58\sigma_{\bar{x}}$，$\mu+2.58\sigma_{\bar{x}}$）的$\bar{x}$有99%，在这一区间之外（即$\bar{x}\leqslant\mu-2.58\sigma_{\bar{x}}$和$\bar{x}>\mu+2.58\sigma_{\bar{x}}$）的$\bar{x}$只有1%。一般在进行假设检验时，对一定的$\alpha$，在区间（$\mu-u_\alpha\sigma_{\bar{x}}$，$\mu+u_\alpha\sigma_{\bar{x}}$）的$\bar{x}$有$1-\alpha$，在这一区间之外（即$\bar{x}\leqslant\mu-u_\alpha\sigma_{\bar{x}}$和$\bar{x}>\mu+u_\alpha\sigma_{\bar{x}}$）的$\bar{x}$只有$\alpha$，前者相当于接受$H_0$的区域，简称为接受区（acceptance region）；后者相当于否定H_0的区域，简称为否定区（rejection region）（图4-1），即（$\mu-u_\alpha\sigma_{\bar{x}}$，$\mu+u_\alpha\sigma_{\bar{x}}$）为$H_0$的接受区，而$\bar{x}\leqslant\mu-u_\alpha\sigma_{\bar{x}}$和$\bar{x}>\mu+u_\alpha\sigma_{\bar{x}}$为$H_0$的两个否定区，其中$\bar{x}\leqslant\mu-u_\alpha\sigma_{\bar{x}}$为左尾否定区（left-tailed rejection region），$\bar{x}>\mu+u_\alpha\sigma_{\bar{x}}$为右尾否定区（right-tailed rejection region）。接受区和否定区的两个临界值（critical value）则可写成$\mu\pm u_\alpha\sigma_{\bar{x}}$。

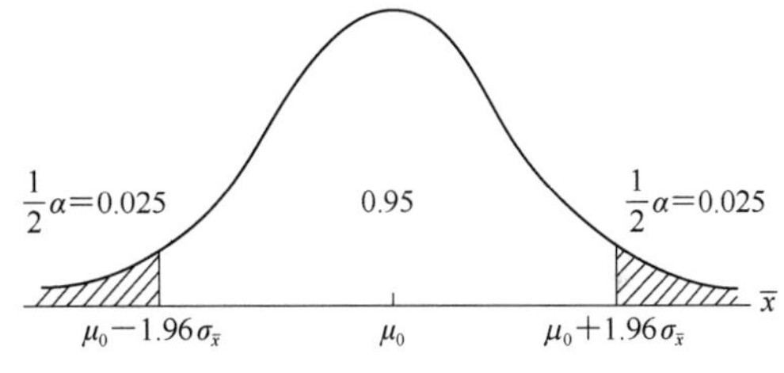

图4-1 $\alpha=0.05$时假设检验H_0的接受区与否定区（双尾）

上述假设检验的两个否定区分别位于分布的两尾，这种具有两个否定区的检验称为双尾检验（two-tailed test）。当假设检验的H_0：$\mu=\mu_0$时，则H_A：$\mu\neq\mu_0$，这时备择假设就有两种可能，$\mu>\mu_0$或$\mu\leqslant\mu_0$，也就是说在$\mu\neq\mu_0$的情况下，样本平均数$\bar{x}$有可能落入左尾否定区，也有可能落入右尾否定区，这两种情况都属于$\mu\neq\mu_0$的情况。例如，检验某种新药与旧药的治病疗效是否有差别，如果认为新药疗效比旧药好和旧药疗效比新药好两种可能性都存在，相应的假设检验就应该用双尾检验。在生物学研究中，双尾检验的应用是非常广泛的。

但在某些情况下，双尾检验不一定符合实际。例如，根据实际情况，我们已经知道新药疗效不可能不如旧药，于是提出其无效假设H_0：$\mu\leqslant\mu_0$，备择假设H_A：$\mu>\mu_0$，这时H_0的否定区只有一个，相应的检验也只能考虑一侧的概率。像这种具有左尾或右尾一个否定区的检验称为单尾检验（one-tailed test）。单尾检验的步骤与双尾检验的相同，在查u分布表或t分布表时，需将双尾概率乘以2。例如，进行$\alpha=0.05$的单尾检验时，对H_0：$\mu>\mu_0$，需进行左尾检验，其否定区为$\bar{x}\leqslant\mu-1.64\sigma_{\bar{x}}$；对$H_0$：$\mu\leqslant\mu_0$，需进行右尾检验，其否定区为$\bar{x}>\mu+1.64\sigma_{\bar{x}}$。同理，进行$\alpha=0.01$的单尾检验时，对$H_0$：$\mu>\mu_0$，其否定区为$\bar{x}\leqslant\mu-2.33\sigma_{\bar{x}}$；对$H_0$：$\mu\leqslant\mu_0$，

其否定区为 $\bar{x}>\mu+2.33\sigma_{\bar{x}}$。

在实际应用中，根据检验要求和专业知识的判断，尽量进行单尾检验，以提高假设检验的灵敏度。

四、假设检验中的两类错误与功效

（一）假设检验中的两类错误

视频讲解

假设检验是根据一定概率显著水平 α 对总体特征进行的推断。在一定 α 下，否定了 H_0，并不等于已证明 H_0 不真实；接受了 H_0，也不等于已证明 H_0 是真实的。如果 H_0 是真实的，假设检验却否定了它，就发生了一个否定真实假设的错误，这类错误称为第一类错误（type Ⅰ error），或称为 α 错误（α error），也称为弃真错误（error of abandoning trueness）。例如，对样本平均数的抽样分布，当取概率显著水平 $\alpha=0.05$ 时，$\bar{x}$ 在区间（$\mu-1.96\sigma_{\bar{x}}$，$\mu+1.96\sigma_{\bar{x}}$）的概率为 0.95，$\bar{x}$ 在区间（$\mu-1.96\sigma_{\bar{x}}$，$\mu+1.96\sigma_{\bar{x}}$）之外的概率为 0.05。当 $\bar{x}$ 一旦落在区间（$\mu-1.96\sigma_{\bar{x}}$，$\mu+1.96\sigma_{\bar{x}}$）之外，假设检验时就会否定 H_0，接受 H_A，这样就会导致错误的推断。不过，发生这类错误的概率很小，只有 0.05。如果取概率显著水平为 $\alpha=0.01$，则 $\bar{x}$ 在区间（$\mu-2.58\sigma_{\bar{x}}$，$\mu+2.58\sigma_{\bar{x}}$）的概率为 0.99，在区间（$\mu-2.58\sigma_{\bar{x}}$，$\mu+2.58\sigma_{\bar{x}}$）之外的概率只有 0.01，即发生 α 错误的可能性更小，只有 0.01。所以，发生第一类错误的概率等于相应的显著水平 α。

如果 H_0 不是真实的，假设检验时却接受了 H_0，否定了 H_A，这样就犯了接受不真实假设的错误，这类错误称为第二类错误（type Ⅱ error），或称为 β 错误（β error），也称为纳伪错误（error of accepting mistake）。

第一类错误和第二类错误既有区别又有联系。二者的区别是，第一类错误只有在否定 H_0 时才会发生，而第二类错误只有在接受 H_0 时才会发生，二者不会同时发生。二者的联系是，在样本容量相同的情况下，发生第一类错误的概率减少，发生第二类错误的概率就会增加；反之，发生第二类错误的概率减少，发生第一类错误的概率就会增加（图 4-2）。例如，将概率显著水平 α 从 0.05 改变到 0.01，就更容易接受 H_0，因此发生第一类错误的概率就降低，但相应地增加了发生第二类错误的概率。显著水平如果定得太高，虽然在否定 H_0 时减少了发生第一类错误的概率，但在接受时却可能增加发生第二类错误的概率。

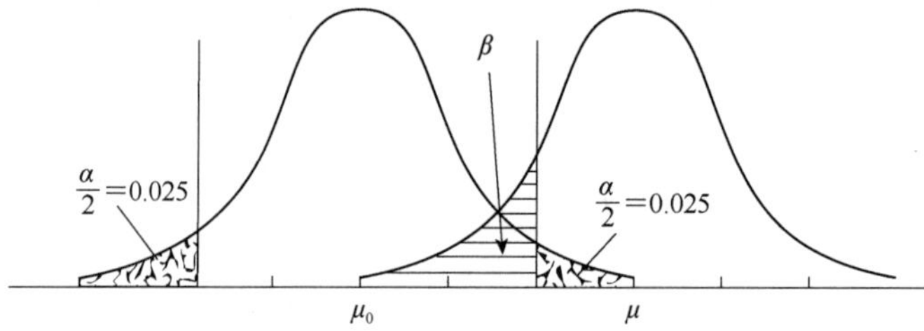

图 4-2　假设检验中的两类错误

第二类错误的影响因素及降低途径

以上说明，在假设检验时，一个假设的接受或否定，不可能保证百分之百的正确，可能会出现一些错误的推断。

（二）假设检验的功效

当无效假设 H_0 不成立时，我们希望拒绝无效假设 H_0、接受备择假设 H_A 的概率越大越好，这个概率就是假设检验功效（power of test），也称为检验效能。从上面介绍的两类错误来看，假设检验的功效就是指不犯β错误（第二类错误）的概率，即固定检验显著水平α下的$1-\beta$值。

以本节克矽平治疗硅肺病患者后的血红蛋白含量数据为例，$\alpha=0.05$时，其接受H_0、拒绝H_A的概率为0.1141，该例的检验功效为$P=1-0.1141=0.8859$。

以一个样本平均数假设检验为例，计算检验功效包含以下三个步骤：①确定H_0、H_A及检验的显著水平α；②计算拒绝H_0的样本平均数$\bar{x}$的取值范围，即否定区域；③计算H_A为真实时，样本平均数$\bar{x}$位于否定区域的概率，即为该H_A的检验功效。

我们知道，假设H_0正确的前提下，$u=\dfrac{\bar{x}-\mu_{\bar{x}}}{\sigma_{\bar{x}}}=\dfrac{\bar{x}-\mu_0}{\sigma/\sqrt{n}}$。在确定的显著标准$\alpha$条件下，$H_A$成立的条件是在$H_0$正确的前提下，统计数$|u|>u_\alpha$。而获得较大的$|u|$值取决于较大的差值$|\bar{x}-\mu_0|$、较小的总体方差$\sigma^2$和较大的$n$值。现以克矽平治疗硅肺病患者血红蛋白含量的数据为例，从以下3个方面进行分析。

（1）$|\bar{x}-\mu_0|$的变化。$|\bar{x}-\mu_0|$的值与μ_0有关。此例中，如果$\mu_0=123$mg/L，而不是126mg/L，计算u值及概率如下：

$$u=\frac{\bar{x}-\mu}{\sigma_{\bar{x}}}=\frac{136-123}{\sqrt{240/6}}=2.06$$

$$P(|u|>2.06)=2F(u<-2.06)=2\times0.01970=0.0394$$

检验功效为$P=1-0.0394=0.9606>0.8859$。由此可见，在其他条件不变的情况下，$|\bar{x}-\mu_0|$增加，检验功效增加。

（2）总体方差σ^2变化。此例中，如果硅肺病患者血红蛋白含量的总体平均数仍为$\mu_0=126$mg/L，而方差σ^2不是240（mg/L）^{2}，而是降低为150（mg/L）^{2}，计算u值及概率如下：

$$u=\frac{\bar{x}-\mu_0}{\sigma/\sqrt{n}}=\frac{136-126}{\sqrt{150/6}}=2.00$$

$$P(|u|>2.00)=2F(u<-2.00)=2\times0.02275=0.0455$$

检验功效为$P=1-0.0455=0.9545>0.8859$。由此可见，在其他条件不变的情况下，总体方差σ^2降低，检验功效增加。

（3）样本容量n变化。此例中，如果硅肺病患者血红蛋白含量的总体参数不变，即$N(126, 240)$，而克矽平治疗患者的样本容量n由6增大到10，其样本平均数$\bar{x}$不变，计算u值及概率如下：

$$u=\frac{\bar{x}-\mu_0}{\sigma/\sqrt{n}}=\frac{136-126}{\sqrt{240/10}}=2.04$$

$$P(|u|>2.04)=2F(u<-2.04)=2\times0.02068=0.04136$$

检验功效为$P=1-0.04136=0.95864>0.8859$。由此可见，在其他条件不变的情况下，样本容量$n$增加，检验功效增加。

由上述分析可解释此例中克矽平治疗硅肺病患者血红蛋白含量的差异10mg/L未达到显著水平的原因。尽管治疗前后血红蛋白含量有10mg/L的差异，从该指标的表观数值来看，这一差值已经不算很小了。但是总体方差$\sigma^2=240$（mg/L）^{2}，说明总体变异较高；且$n=6$，样本容量偏小。此条件下，计算所得u值为1.58，在$\alpha=0.05$水平下，小于接受H_A的$u_{0.05}=1.96$，推断差异不显著。

因此，要提高检验功效，需综合考虑以下方面：①确定合适的显著标准 α；②有一定的平均数差数；③样本（或所属总体）方差较小；④样本容量较大。

关于假设检验的正确认识

在研究中，我们总是希望得到较高的检验功效。如果将显著水平 α 值增大，此时尽管犯第一类错误的概率增加，而犯第二类错误的概率降低，其检验功效是增加的。如果将 α 值降低，此时犯第一类错误的概率降低，但增加了犯第二类错误的概率，同时降低了功效。因此，在犯第一类错误和第二类错误的风险之间，要做出适当的权衡。

第二节　样本平均数的假设检验

一、一个样本平均数的假设检验

一个样本平均数的假设检验适用于判断一个样本平均数 $\bar{x}$ 所属总体平均数 μ 与已知总体平均数 μ_0 是否有真实差异的检验。

（一）总体方差 σ^2 已知时的检验

当总体方差 σ^2 已知时，无论样本是大样本（$n \geq 30$）还是小样本（$n < 30$），样本平均数的分布均服从正态分布，标准化后则服从标准正态分布，即 u 分布。因此，用 u 检验（u-test）法进行假设检验。

例 4-1　某渔场按常规方法所育鲢鱼苗 1 月龄的平均体长为 7.25cm，标准差为 1.58cm。为提高鱼苗质量，现采用一个新方法进行育苗，1 月龄时随机抽取 100 尾进行测量，测得其平均体长为 7.65cm。试问新育苗方法与常规育苗方法所育鲢鱼苗 1 月龄体长有无显著差异？

这是一个样本平均数的假设检验，总体 $\sigma = 1.58\text{cm}$，σ^2 为已知，故采用 u 检验；又因新育苗方法的鱼苗体长可能高于常规方法，也可能低于常规方法，故进行双尾检验。

（1）假设 H_0：$\mu = \mu_0 = 7.25\text{cm}$，即新育苗方法与常规育苗方法所育鱼苗 1 月龄体长没有差异；H_A：$\mu \neq \mu_0$。

（2）选取显著水平 $\alpha = 0.05$。

（3）检验计算：

$$\sigma_{\bar{x}} = \frac{\sigma}{\sqrt{n}} = \frac{1.58}{\sqrt{100}} = 0.158\text{（cm）}$$

$$u = \frac{\bar{x} - \mu}{\sigma_{\bar{x}}} = \frac{7.65 - 7.25}{0.158} = 2.532$$

（4）推断：当 $\alpha = 0.05$ 时，$u_{0.05} = 1.96$。实得 $|u| > 1.96$，$P < 0.05$，故在 0.05 显著水平上否定 H_0、接受 H_A。又因 $\bar{x} > \mu_0$，故认为新育苗法鱼苗 1 月龄体长显著大于常规育苗方法。

例 4-2　已知某玉米品种平均穗重 $\mu_0 = 300\text{g}$，标准差 $\sigma = 9.5\text{g}$。喷施某种植物生长调节剂后，随机抽取 9 个果穗，重量（g）分别为 308、305、311、298、315、300、321、294、320。问这种生长调节剂对玉米果穗重量是否有影响？

由题可知，$\sigma=9.5\text{g}$，σ^2 为已知，故用 u 检验；又由于喷施调节剂后玉米果穗重量有可能增加，也可能降低，故进行双尾检验。

（1）假设 H_0：$\mu=\mu_0=300\text{g}$，即喷施生长调节剂后玉米果穗重量无显著变化；H_A：$\mu\neq\mu_0$。

（2）选取显著水平 $\alpha=0.05$。

（3）检验计算：

$$\bar{x}=\frac{1}{n}\sum x=\frac{1}{9}\times(308+305+\cdots+320)=308\,(\text{g})$$

$$\sigma_{\bar{x}}=\frac{\sigma}{\sqrt{n}}=\frac{9.5}{\sqrt{9}}=3.167\,(\text{g})$$

$$u=\frac{\bar{x}-\mu}{\sigma_{\bar{x}}}=\frac{308-300}{3.167}=2.526$$

（4）推断：当 $\alpha=0.05$ 时，$u_{0.05}=1.96$。实得 $|u|>1.96$，$P<0.05$，故在 0.05 显著水平上否定 H_0，接受 H_A。又因 $\bar{x}>\mu_0$，故认为该喷施生长调节剂能够显著增加玉米果穗的重量。

（二）总体方差 σ^2 未知时的检验

1．总体方差 σ^2 未知，且 $n\geqslant30$，用 u 检验　　当总体方差 σ^2 未知时，只要样本容量 $n\geqslant30$，根据中心极限定理，样本平均数的分布近似服从正态分布，因此，可用样本方差 s^2 来估计总体方差 σ^2，仍然用 u 检验法。

例 4-3　生产某种纺织品，要求棉花纤维长度平均为 30mm 以上。现有一棉花品种，以 $n=400$ 进行抽查，测得其纤维长度平均为 30.2mm，标准差为 2.5mm。问该棉花品种的纤维长度是否符合纺织品的生产？

由题可知 $\mu_0=30\text{mm}$，$\bar{x}=30.2\text{mm}$，$s=2.5\text{mm}$，而 σ^2 未知，由于 $n=400>30$，故可用 s^2 来估计 σ^2，进行 u 检验；又由于棉花纤维只有大于 30mm 才符合纺织品生产的要求，故用单尾检验。

（1）假设 H_0：$\mu\leqslant\mu_0=30\text{mm}$，即该棉花品种纤维长度达不到纺织品生产的要求；$H_A$：$\mu>30\text{mm}$。

（2）确定显著水平 $\alpha=0.05$。

（3）检验计算：

$$s_{\bar{x}}=\frac{s}{\sqrt{n}}=\frac{2.5}{\sqrt{400}}=0.125\,(\text{mm})$$

$$u=\frac{\bar{x}-\mu}{s_{\bar{x}}}=\frac{30.2-30}{0.125}=1.600$$

（4）推断：当 $\alpha=0.05$ 时，单尾检验临界值 $u_{0.05}=1.64$。实得 $|u|<1.64$，$P>0.05$，故在 0.05 显著水平上接受 H_0，否定 H_A，认为该棉花品种纤维长度不符合纺织品生产的要求。

2．总体方差 σ^2 未知，且 $n<30$，用 t 检验　　当总体方差 σ^2 未知且样本容量 $n<30$ 时，就无法使用 u 检验对样本平均数进行假设检验，而须使用 t 检验（t-test）法。事实上，在生物学研究中，由于试验条件和研究对象的限制，有许多研究的样本容量都很难达到 30 以上，因此，t 检验法在生物学研究中具有重要的意义。因为小样本的 s^2 和 σ^2 相差较大，由第 3 章

的抽样分布可知，$\frac{\bar{x}-\mu}{s_{\bar{x}}}$ 服从自由度 $df=n-1$ 的 t 分布。

例 4-4　某鱼塘水中的含氧量多年平均为 4.5mg/L。现在该鱼塘设 10 个点采集水样，测定水中含氧量（mg/L）分别为 4.33、4.62、3.89、4.14、4.78、4.64、4.52、4.55、4.48、4.26。试检验该次抽样测定的水中含氧量与多年平均值有无显著差别。

此题 σ^2 未知，且 $n=10$，为小样本，故用 t 检验；又因该次测定的水中含氧量可能高于也可能低于多年平均值，故用双尾检验。

（1）假设 H_0：$\mu=\mu_0=4.5$mg/L，即该次测定的水中含氧量与多年平均值没有显著差别；H_A：$\mu\neq\mu_0$。

（2）选取显著水平 $\alpha=0.05$。

（3）检验计算：

$$\bar{x}=\frac{1}{n}\sum x=\frac{1}{10}\times(4.33+4.62+\cdots+4.26)=\frac{44.21}{10}=4.421\text{（mg/L）}$$

$$s=\sqrt{\frac{\sum x^2-\frac{\left(\sum x\right)^2}{n}}{n-1}}=\sqrt{\frac{4.33^2+4.62^2+\cdots+4.26^2-\frac{44.21^2}{10}}{10-1}}=0.267\text{（mg/L）}$$

$$s_{\bar{x}}=\frac{s}{\sqrt{n}}=\frac{0.267}{\sqrt{10}}=0.084\text{（mg/L）}$$

$$t=\frac{\bar{x}-\mu}{s_{\bar{x}}}=\frac{4.421-4.5}{0.084}=-0.940$$

（4）推断：查附表 3，当 $df=n-1=9$ 时，$t_{0.05}=2.262$。实得 $|t|<t_{0.05}$，$P>0.05$，故在 0.05 显著水平上接受 H_0，否定 H_A，认为该次抽样测定的鱼塘水中含氧量与多年平均含氧量没有显著差别，$\bar{x}$ 与 μ 相差 0.079mg/L 属于随机误差所致。

二、两个样本平均数的假设检验

两个样本平均数比较的假设检验是检验两个样本平均数 $\bar{x}_1$ 和 $\bar{x}_2$ 所属的总体平均数 μ_1 和 μ_2 是否来自同一总体。

（一）总体方差 σ_1^2、σ_2^2 已知时的检验

在两个总体方差 σ_1^2 和 σ_2^2 已知时，无论其样本容量是否大于 30，样本平均数差数的分布都服从正态分布，故用 u 检验法。

在进行两个样本平均数的比较时，需要计算样本平均数差数的标准误 $\sigma_{\bar{x}_1-\bar{x}_2}$ 和 u 值。由第 3 章我们知道，当两样本方差 σ_1^2 和 σ_2^2 已知时，两个样本平均数差数的标准误为

$$\sigma_{\bar{x}_1-\bar{x}_2}=\sqrt{\frac{\sigma_1^2}{n_1}+\frac{\sigma_2^2}{n_2}} \tag{4-1}$$

u 值的计算公式为

$$u=\frac{(\bar{x}_1-\bar{x}_2)-(\mu_1-\mu_2)}{\sigma_{\bar{x}_1-\bar{x}_2}} \tag{4-2}$$

在假设 H_0：$\mu_1=\mu_2=\mu$ 的条件下，u 值为

$$u=\frac{\bar{x}_1-\bar{x}_2}{\sigma_{\bar{x}_1-\bar{x}_2}} \tag{4-3}$$

1．总体方差 σ_1^2、σ_2^2 已知，且 $n_1\geqslant 30$ 和 $n_2\geqslant 30$，用 u 检验

例 4-5 根据多年的资料，某杂交黑麦从播种到开花的天数的标准差为 6.9d，现在相同试验条件下采取两种方法取样调查，A 法调查 400 株，得出从播种到开花的平均天数为 69.5d；B 法调查 200 株，得出从播种到开花的平均天数为 70.3d。试比较两种调查方法所得黑麦从播种到开花的天数有无显著差别。

根据题意，总体方差已知，$\sigma_1^2=\sigma_2^2=\sigma^2=(6.9\text{d})^2$，$n_1=400$，$n_2=200$，故用 u 检验；又因事先不知 A、B 两法所得从播种到开花的天数是否相同，需用双尾检验。

（1）假设 H_0：$\mu_1=\mu_2$，即 A、B 两法所得从播种到开花的天数相同；H_A：$\mu_1\neq\mu_2$。

（2）取显著水平 $\alpha=0.05$。

（3）检验计算：

$$\sigma_{\bar{x}_1-\bar{x}_2}=\sigma\sqrt{\frac{1}{n_1}+\frac{1}{n_2}}=6.9\times\sqrt{\frac{1}{400}+\frac{1}{200}}=0.598\ (\text{d})$$

$$u=\frac{\bar{x}_1-\bar{x}_2}{\sigma_{\bar{x}_1-\bar{x}_2}}=\frac{69.5-70.3}{0.598}=-1.338$$

（4）推断：由于实得 $|u|<u_{0.05}=1.96$，$P>0.05$，故在 0.05 显著水平上接受 H_0、否定 H_A，即 A、B 两种调查方法所得黑麦从播种到开花的天数没有显著差别。

2．总体方差 σ_1^2、σ_2^2 已知，且 n_1 或（和）$n_2<30$ 时，用 u 检验

例 4-6 现用甲、乙两种发酵法生产青霉素，其产品收率的方差分别为 $\sigma_1^2=0.46\ (\text{g/L})^2$，$\sigma_2^2=0.37\ (\text{g/L})^2$。现甲方法测得 25 个数据，$\bar{x}_1=3.71\text{g/L}$；乙方法测得 30 个数据，$\bar{x}_2=3.46\text{g/L}$。问甲、乙两种方法的收率是否相同？

本题中，由于总体方差 σ_1^2 和 σ_2^2 已知，故采用 u 检验。因预先不知甲、乙两种方法的青霉素收率孰高孰低，应进行双尾检验。

（1）假设 H_0：$\mu_1=\mu_2$，即甲、乙两种方法的青霉素收率相同；H_A：$\mu_1\neq\mu_2$。

（2）确定显著水平 $\alpha=0.05$。

（3）检验计算：

$$\sigma_{\bar{x}_1-\bar{x}_2}=\sqrt{\frac{\sigma_1^2}{n_1}+\frac{\sigma_2^2}{n_2}}=\sqrt{\frac{0.46}{25}+\frac{0.37}{30}}=0.175\ (\text{g/L})$$

$$u=\frac{\bar{x}_1-\bar{x}_2}{\sigma_{\bar{x}_1-\bar{x}_2}}=\frac{3.71-3.46}{0.175}=1.429$$

（4）推断：由于 $|u|<u_{0.05}=1.96$，$P>0.05$，故在 0.05 显著水平上接受 H_0、否定 H_A，即甲、乙两种方法的青霉素收率相同，没有显著差异。

（二）总体方差 σ_1^2、σ_2^2 未知时的检验

1．总体方差 σ_1^2、σ_2^2 未知，但 $n_1\geqslant 30$ 和 $n_2\geqslant 30$ 时，用 u 检验 当两总体方差 σ_1^2 和 σ_2^2 未知时，在 n_1、n_2 都是大样本的条件下，根据中心极限定理，其样本平均数差数的分布近似

服从正态分布，因此仍可用 u 检验。这时，需用样本平均数差数的标准误 $s_{\bar{x}_1-\bar{x}_2}$ 估计 $\sigma_{\bar{x}_1-\bar{x}_2}$，其计算公式为

$$s_{\bar{x}_1-\bar{x}_2}=\sqrt{\frac{s_1^2}{n_1}+\frac{s_2^2}{n_2}} \tag{4-4}$$

u 值的计算公式为

$$u=\frac{(\bar{x}_1-\bar{x}_2)-(\mu_1-\mu_2)}{s_{\bar{x}_1-\bar{x}_2}} \tag{4-5}$$

在假设 H_0：$\mu_1=\mu_2=\mu$ 的情况下，u 值计算公式为

$$u=\frac{\bar{x}_1-\bar{x}_2}{s_{\bar{x}_1-\bar{x}_2}} \tag{4-6}$$

例 4-7　为了比较‘42-67×RRIM603’和‘42-67×PB86’两个橡胶品种的割胶产量，两个橡胶品种分别随机抽样 55 株和 107 株进行割胶，割胶平均产量分别为 95.4mL/株和 77.6mL/株，割胶产量的方差分别为 936.36（mL/株）^{2} 和 800.89（mL/株）^{2}。试检验两个橡胶品种在割胶产量上是否有显著差别。

由题意，总体方差未知，由于 $n_1=55$，$n_2=107$，均为大样本，用 u 检验法。又因事先不知道两个橡胶品种割胶产量孰高孰低，故用双尾检验。

（1）假设 H_0：$\mu_1=\mu_2$，即两个橡胶品种的割胶产量没有显著差别；H_A：$\mu_1\neq\mu_2$。

（2）选取显著水平 $\alpha=0.01$。

（3）检验计算：

$$s_{\bar{x}_1-\bar{x}_2}=\sqrt{\frac{s_1^2}{n_1}+\frac{s_2^2}{n_2}}=\sqrt{\frac{936.36}{55}+\frac{800.89}{107}}=4.951\text{（mL/株）}$$

$$u=\frac{\bar{x}_1-\bar{x}_2}{s_{\bar{x}_1-\bar{x}_2}}=\frac{95.4-77.6}{4.951}=3.595$$

（4）推断：由于 $|u|>u_{0.01}=2.58$，$P<0.01$，故在 0.01 显著水平上否定 H_0，接受 H_A，即两个橡胶品种的割胶产量存在极显著差异。由于 $\bar{x}_1>\bar{x}_2$，可以推断‘42-67×RRIM603’的割胶产量极显著高于‘42-67×PB86’。

2．总体方差 σ_1^2、σ_2^2 未知，且 n_1 或（和）$n_2<30$ 时，用 t 检验　当两个总体方差 σ_1^2 和 σ_2^2 未知，而 n_1 或（和）$n_2<30$，其平均数差数不再服从正态分布，而是服从 t 分布，因此用 t 检验。

t 值的计算公式为

$$t=\frac{(\bar{x}_1-\bar{x}_2)-(\mu_1-\mu_2)}{s_{\bar{x}_1-\bar{x}_2}} \tag{4-7}$$

视频讲解

在假设 H_0：$\mu_1=\mu_2=\mu$ 的情况下，t 值的计算公式为

$$t=\frac{\bar{x}_1-\bar{x}_2}{s_{\bar{x}_1-\bar{x}_2}} \tag{4-8}$$

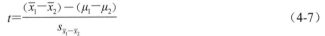

在两个样本平均数的比较中，根据试验设计不同，又分为两类情况，即成组数据平均数比较的 t 检验和成对数据平均数比较的 t 检验，二者都是检验两个样本平均数 $\bar{x}_1$ 和 $\bar{x}_2$ 所属总

体平均数 μ_1 和 μ_2 是否相等的检验方法。这两类检验经常被用于比较生物学研究中不同处理效应的差异显著性。

视频讲解

1）成组数据平均数比较的 t 检验　成组数据（pooled data）是两个样本的各个变量从各自总体中抽取，两个样本之间的变量没有任何关联，即两个抽样样本彼此独立。这样，无论两个样本容量是否相同，所得数据皆为成组数据。两组数据以组平均数进行相互比较，来检验其差异的显著性。当总体方差 σ_1^2 和 σ_2^2 已知，或总体方差 σ_1^2 和 σ_2^2 未知，但两个样本均为大样本时，采用 u 检验法检验两组平均数的差异显著性，这在本节前面已做介绍。这里介绍当总体方差 σ_1^2 和 σ_2^2 未知，且两样本为小样本（$n_1<30$，$n_2<30$）时的 t 检验，可分为以下三种情况。

A. 方差同质性 $\sigma_1^2=\sigma_2^2=\sigma^2$ 时的检验。首先，用样本方差 s_1^2 和 s_2^2 进行加权计算平均数差数的方差 s_e^2，作为对 σ^2 的估计，计算公式为

$$s_e^2=\frac{s_1^2(n_1-1)+s_2^2(n_2-1)}{(n_1-1)+(n_2-1)} \tag{4-9}$$

其次，计算两样本平均数差数的标准误为

$$s_{\bar{x}_1-\bar{x}_2}=\sqrt{\frac{s_e^2}{n_1}+\frac{s_e^2}{n_2}} \tag{4-10}$$

当 $n_1=n_2=n$ 时，式（4-10）可变为

$$s_{\bar{x}_1-\bar{x}_2}=\sqrt{\frac{2s_e^2}{n}} \tag{4-11}$$

此时，式（4-8）中的 t 值服从自由度为 $df=(n_1-1)+(n_2-1)=n_1+n_2-2$ 的 t 分布。

例 4-8　用高蛋白和低蛋白两种饲料饲养 1 月龄大白鼠，在 3 个月时，测定两组大白鼠的增重量（g），两组的数据分别为

高蛋白组：134，146，106，119，124，161，107，83，113，129，97，123；

低蛋白组：70，118，101，85，107，132，94。

试问两种饲料饲养的大白鼠增重量是否有差别？

本题 σ_1^2 和 σ_2^2 未知，经 F 检验 $\sigma_1^2=\sigma_2^2$，且两样本均为小样本，用 t 检验；又因事先不知两种饲料饲养的大白鼠增重量孰高孰低，故用双尾检验。

（1）假设 H_0：$\mu_1=\mu_2$，即两种饲料饲养的大白鼠增重量没有差别；H_A：$\mu_1\neq\mu_2$。

（2）取显著水平 $\alpha=0.05$。

（3）检验计算：

$$\bar{x}_1=120.17\text{g}，s_1^2=451.97\text{g}^2，n_1=12$$

$$\bar{x}_2=101.00\text{g}，s_2^2=425.33\text{g}^2，n_2=7$$

$$s_e^2=\frac{s_1^2(n_1-1)+s_2^2(n_2-1)}{(n_1-1)+(n_2-1)}=\frac{451.97\times(12-1)+425.33\times(7-1)}{(12-1)+(7-1)}=442.568\,(\text{g}^2)$$

$$s_{\bar{x}_1-\bar{x}_2}=\sqrt{\frac{s_e^2}{n_1}+\frac{s_e^2}{n_2}}=\sqrt{\frac{442.568}{12}+\frac{442.568}{7}}=10.005\,(\text{g})$$

$$t=\frac{\bar{x}_1-\bar{x}_2}{s_{\bar{x}_1-\bar{x}_2}}=\frac{120.17-101.00}{10.005}=1.916$$

（4）推断：查附表 3，$df=12+7-2=17$，$t_{0.05}=2.110$。由于 $|t|<t_{0.05}$，$P>0.05$，故接受 H_0，认为两种饲料饲养大白鼠的增重量没有显著差别。

B. $\sigma_1^2 \neq \sigma_2^2$（由 F 检验得知），但 $n_1=n_2=n$ 时的检验。这种情况仍可用 t 检验法，其计算也与假设两个总体方差 $\sigma_1^2=\sigma_2^2$ 的情况一样，只是计算的 t 值服从自由度为 $df=n-1$ 的 t 分布。

例 4-9　两个小麦品种千粒重（g）的调查结果如下所示。

品种甲：50，47，42，43，39，51，43，38，44，37；

品种乙：36，38，37，38，36，39，37，35，33，37。

试检验两个品种的千粒重有无显著差异。

此题经 F 检验，得知两个品种千粒重的方差有显著的不同，即 $\sigma_1^2 \neq \sigma_2^2$；$n_1=n_2=10$，为小样本，用 t 检验。又因事先不知道甲、乙两个品种千粒重孰高孰低，故使用双尾检验。

（1）假设：H_0：$\mu_1=\mu_2$，两个品种千粒重没有显著差异；H_A：$\mu_1 \neq \mu_2$。

（2）取显著水平 $\alpha=0.01$。

（3）检验计算：

$$\bar{x}_1=43.4\text{g}，s_1^2=22.933\text{g}^2$$

$$\bar{x}_2=36.6\text{g}，s_2^2=2.933\text{g}^2$$

$$s_e^2=\frac{s_1^2(n_1-1)+s_2^2(n_2-1)}{(n_1-1)+(n_2-1)}=\frac{22.933\times(10-1)+2.933\times(10-1)}{(10-1)+(10-1)}=12.933\,(\text{g}^2)$$

$$s_{\bar{x}_1-\bar{x}_2}=\sqrt{\frac{s_e^2}{n_1}+\frac{s_e^2}{n_2}}=\sqrt{\frac{2\times 12.933}{10}}=1.608\,(\text{g})$$

$$t=\frac{\bar{x}_1-\bar{x}_2}{s_{\bar{x}_1-\bar{x}_2}}=\frac{43.4-36.6}{1.608}=4.229$$

（4）推断：查附表 3，$df=10-1=9$，$t_{0.01}=3.250$。由于 $|t|>t_{0.01}$，$P<0.01$，故在 0.01 显著水平上否定 H_0、接受 H_A，认为两个品种千粒重有极显著差异。因 $\bar{x}_1>\bar{x}_2$，故品种甲的千粒重极显著高于品种乙。

C. $\sigma_1^2 \neq \sigma_2^2$，$n_1 \neq n_2$ 时的检验。这种情况所构成的统计数 $\frac{\bar{x}_1-\bar{x}_2}{s_{\bar{x}_1-\bar{x}_2}}$ 不再服从相应的 t 分布，因而只能进行近似的 t 检验。由于 $\sigma_1^2 \neq \sigma_2^2$，所以计算两个样本平均数差数的标准误时不能使用加权方差，需用两个样本方差 s_1^2 和 s_2^2 分别估计总体方差 σ_1^2 和 σ_2^2，即

$$s_{\bar{x}_1-\bar{x}_2}=\sqrt{\frac{s_1^2}{n_1}+\frac{s_2^2}{n_2}} \tag{4-12}$$

进行 t 检验时，需要计算 R 和 df'：

$$R=\frac{s_{\bar{x}_1}^2}{s_{\bar{x}_1}^2+s_{\bar{x}_2}^2} \tag{4-13}$$

$$df'=\frac{1}{\dfrac{R^2}{n_1-1}+\dfrac{(1-R)^2}{n_2-1}} \tag{4-14}$$

$$t_{df'}=\frac{\bar{x}_1-\bar{x}_2}{s_{\bar{x}_1-\bar{x}_2}} \tag{4-15}$$

式（4-15）中的 $t_{df'}$ 近似服从自由度为 df' 的 t 分布，查 t 值表可得 $t_{\alpha(df')}$ 临界值。

例 4-10 测定冬小麦‘东方红 3 号’的蛋白质含量（%）10 次，得 $\bar{x}_1=14.3\%$，$s_1^2=1.621\%^2$；测定‘农大 193’的蛋白质含量（%）5 次，得 $\bar{x}_2=11.7\%$，$s_2^2=0.135\%^2$。试检验两个品种蛋白质含量是否有显著差异。

经 F 检验，得知两个品种蛋白质含量的方差有显著的不同，即 $\sigma_1^2\neq\sigma_2^2$；又由于 $n_1\neq n_2$，且均小于 30，故需计算 $t_{df'}$，进行近似的 t 检验。因预先不知两个品种的蛋白质含量孰高孰低，故使用双尾检验。

（1）假设 H_0：$\mu_1=\mu_2$，即两个品种蛋白质含量没有显著差异；H_A：$\mu_1\neq\mu_2$。

（2）取显著水平 $\alpha=0.01$。

（3）检验计算：

$$s_{\bar{x}_1}^2=\frac{s_1^2}{n_1}=\frac{1.621}{10}=0.162\,(\%^2)$$

$$s_{\bar{x}_2}^2=\frac{s_2^2}{n_2}=\frac{0.135}{5}=0.027\,(\%^2)$$

$$R=\frac{s_{\bar{x}_1}^2}{s_{\bar{x}_1}^2+s_{\bar{x}_2}^2}=\frac{0.162}{0.162+0.027}=0.857$$

$$df'=\frac{1}{\dfrac{R^2}{n_1-1}+\dfrac{(1-R)^2}{n_2-1}}=\frac{1}{\dfrac{0.857^2}{10-1}+\dfrac{(1-0.857)^2}{5-1}}=11.532\approx 12$$

$$s_{\bar{x}_1-\bar{x}_2}=\sqrt{\frac{s_1^2}{n_1}+\frac{s_2^2}{n_2}}=\sqrt{\frac{1.621}{10}+\frac{0.135}{5}}=0.435$$

$$t_{df'}=\frac{\bar{x}_1-\bar{x}_2}{s_{\bar{x}_1-\bar{x}_2}}=\frac{14.3-11.7}{0.435}=5.977$$

（4）推断：查附表 3，当 $df=12$ 时，$t_{0.01}=3.056$。由于 $|t_{df'}|>t_{0.01}$，$P<0.01$，故在 0.01 显著水平上否定 H_0、接受 H_A，认为两个品种蛋白质含量有极显著差异；因 $\bar{x}_1>\bar{x}_2$，故‘东方红 3 号’的蛋白质含量极显著高于‘农大 193’。

2）*成对数据平均数比较的 t 检验* 成对数据（paired data）要求两个样本间配偶成对，每一对样本除随机地给予不同处理外，其他试验条件应尽量一致。采用配对设计方法适用以下几种情形：①配对的两个受试对象分别接受两种不同的处理；②同一受试对象接受两种不同的处理；③同一受试对象处理前后的结果进行比较（自身配对）；④同一受试对象的两个部位给予不同的处理。

对于成对数据，由于同一配对样本内两个供试单位的试验条件非常接近，而不同配对样本间的条件差异又可以通过各个配对样本差数予以消除，因而，可以较大程度地控制试验误差，具有较高的精确度。在试验研究中，为加强某些试验条件的控制，以设计为成对数据的比较效果较好。在进行假设检验时，只要假设两个样本差数的总体为 0，即 H_0：$\mu_d=\mu_1-\mu_2=0$，而不必假定两个样本的总体方差 σ_1^2 和 σ_2^2 相同。但对于一些成组数据，即

使 $n_1=n_2$，也不能进行成对数据的比较，因为成组数据的每一变量都是独立的，没有配对的基础。

设两个样本的变量分别为 x_1 和 x_2，共配成 n 对，各对的差数为 $d=x_1-x_2$，则样本差数平均数 $\bar{d}$ 为

$$\bar{d}=\frac{\sum d}{n}=\frac{\sum(x_1-x_2)}{n}=\frac{\sum x_1}{n}-\frac{\sum x_2}{n}=\bar{x}_1-\bar{x}_2 \tag{4-16}$$

样本差数方差 s_d^2 为

$$s_d^2=\frac{\sum(d-\bar{d})^2}{n-1}=\frac{\sum d^2-\frac{\left(\sum d\right)^2}{n}}{n-1} \tag{4-17}$$

样本差数平均数标准误（standard error of the sample difference mean）$s_{\bar{d}}$ 为

$$s_{\bar{d}}=\sqrt{\frac{s_d^2}{n}}=\sqrt{\frac{\sum(d-\bar{d})^2}{n(n-1)}}=\sqrt{\frac{\sum d^2-\frac{\left(\sum d\right)^2}{n}}{n(n-1)}} \tag{4-18}$$

因而，t 为

$$t=\frac{\bar{d}-\mu_d}{s_{\bar{d}}} \tag{4-19}$$

在假设 H_0：$\mu_d=0$ 的情况下，式（4-19）则为

$$t=\frac{\bar{d}}{s_{\bar{d}}} \tag{4-20}$$

式（4-20）服从自由度 $df=n-1$ 的 t 分布。

例 4-11 在研究动物饮食中缺乏维生素 E 与肝中维生素 A 含量的关系时，将试验动物按性别、体重等配成 8 对，并将每对中的两只试验动物用随机分配法分配在正常饲料组和维生素 E 缺乏组，一定时间后将试验动物处死，测定其肝中维生素 A 的含量，结果如表 4-1 所示，试检验两组饲料对试验动物肝中维生素 A 含量的影响是否有显著差异。

表 4-1 不同饲料饲养下试验动物肝中的维生素 A 含量（IU/g）

动物配对	正常饲料组	维生素 E 缺乏组	差数（d）	d^2
1	3550	2450	1100	1210000
2	2000	2400	−400	160000
3	3000	1800	1200	1440000
4	3950	3200	750	562500
5	3800	3250	550	302500
6	3750	2700	1050	1102500
7	3450	2500	950	902500
8	3050	1750	1300	1690000
$\sum$			6500	7370000

此题 $n=8$，为成对数据的 t 检验，因事先不知两组饲料饲喂对试验动物肝中维生素 A 含

量的影响孰大孰小，故用双尾检验。

（1）假设 H_0：$\mu_d=0$，即两组饲料对试验动物肝中维生素 A 含量的影响没有显著差异；H_A：$\mu_d\neq 0$。

（2）确定显著水平 $\alpha=0.01$。

（3）检验计算：

$$\bar{d}=\frac{\sum d}{n}=\frac{6500}{8}=812.5(\text{IU/g})$$

$$s_d^2=\frac{\sum d^2-\frac{\left(\sum d\right)^2}{n}}{n-1}=\frac{7370000-\frac{6500^2}{8}}{8-1}=298392.857(\text{IU/g})^2$$

$$s_{\bar{d}}=\sqrt{\frac{s_d^2}{n}}=\sqrt{\frac{298392.857}{8}}=193.130(\text{IU/g})$$

$$t=\frac{\bar{d}}{s_{\bar{d}}}=\frac{812.5}{193.130}=4.207$$

（4）推断：查附表 3，当 $df=8-1=7$ 时，$t_{0.01}=3.499$。由于 $|t|>t_{0.01}$，$P<0.01$，故在 0.01 显著水平上否定 H_0、接受 H_A，即两组饲料对试验动物肝中维生素 A 含量的影响有极显著差异。正常饲料饲喂的试验动物肝中的维生素 A 含量极显著高于维生素 E 缺乏组饲养的试验动物肝中的维生素 A 含量。

第三节　样本频率的假设检验

在生物学研究中，有许多数据是用频率（或百分数、成数）表示的。当总体或样本中的个体分属两种属性，如药剂处理后害虫的死与活、种子的发芽与不发芽、动物的雌与雄等，类似这些性状组成的总体通常服从二项分布，即由“非此即彼”性状的个体组成的二项总体。有些总体中的个体有多个属性，但可根据研究目的经适当的统计处理分为“目标性状”和“非目标性状”两种属性，也可看成二项总体。在二项总体中抽样，样本中的“此”性状出现的情况可用频数表示，也可用频率表示。设二项总体中具有“目标性状”个体的频率为 p，具“非目标性状”个体的频率为 q，则 $p+q=1$。因此，频率的假设检验可按二项分布进行，即用二项式分布概率函数计算“此”性状的概率，然后与显著水平 α 比较进行统计推断。如果样本容量较大，且 $0.1\leqslant p\leqslant 0.9$ 时，np 和 nq 又均不小于 5，二项分布就趋于正态分布，因而可将频率数据做正态分布处理，从而进行统计推断。

一、一个样本频率的假设检验

一个样本频率的假设检验适用于检验一个样本频率 $\hat{p}$ 的总体频率 p 与某一理论频率 p_0 的差异显著性。根据 n 和 p 的大小，其检验方法有三种：①np 或 nq 小于 5，则由二项分布概率计算直接检验；②$5<np$ 或 $nq<30$ 时，二项分布趋近正态分布，可用 u 检验（$u\geqslant 30$）或 t 检验（$n<30$），但需进行连续性矫正（continuity correction）；③np、nq 均大于 30 时，不需要进行连续性矫正，用 u 检验。

从一个总体中抽取容量为 n 的样本，其中具有“目标性状”的个数为 x，则该性状的概率估计值为 $\hat{p}=\frac{x}{n}$，根据式（3-58）、式（3-60），其方差为 $\sigma_p^2=\frac{p(1-p)}{n}$，则总体频率的标准误（standard error of the population frequency）σ_p 为

$$\sigma_p=\sqrt{\frac{pq}{n}} \tag{4-21}$$

在不需要进行连续性矫正时，u 值的计算公式为

$$u=\frac{\hat{p}-p}{\sigma_p} \tag{4-22}$$

需要进行连续性矫正时，u_c 值的计算公式为

$$u_c=\frac{(\hat{p}-p)\pm\frac{0.5}{n}}{\sigma_p}=\frac{|\hat{p}-p|-\frac{0.5}{n}}{\sigma_p} \tag{4-23}$$

式中，“±”号表示在 $\hat{p}<p$ 时取“＋”号，在 $\hat{p}>p$ 时取“－”。

如果 σ_p 未知，可用 $\hat{p}$ 的标准误 $s_{\hat{p}}$ 来估计，其计算公式为

$$s_{\hat{p}}=\sqrt{\frac{\hat{p}\hat{q}}{n}} \tag{4-24}$$

当 $n<30$ 时，式（4-23）中的 u 值应为 t 值（服从 $df=n-1$ 的 t 分布）取代。

例 4-12 有一批蔬菜种子的平均发芽率 $p_0=0.85$。现随机抽取 500 粒种子，用种衣剂进行浸种处理，结果有 445 粒发芽。试检验种衣剂对种子发芽有无效果。

本题中，$p_0=0.85$，$n=500$，由于 np 和 nq 都大于 30，故用 u 检验，不需要进行连续性矫正。又因不知种衣剂浸种处理效果，故用双尾检验。

（1）假设 H_0：$p=p_0=0.85$，即用种衣剂浸种后的种子发芽率仍为 0.85；H_A：$p\neq p_0$。

（2）确定显著水平 $\alpha=0.05$。

（3）检验计算：

$$\hat{p}=\frac{x}{n}=\frac{455}{500}=0.89$$

$$q=1-p=1-0.85=0.15$$

$$\sigma_p=\sqrt{\frac{pq}{n}}=\sqrt{\frac{0.85\times0.15}{500}}=0.016$$

$$u=\frac{\hat{p}-p}{\sigma_p}=\frac{0.89-0.85}{0.016}=2.500$$

（4）推断：由于 $|u|=2.500>u_{0.05}=1.96$，$P<0.05$，故在 0.05 显著水平上否定 H_0、接受 H_A，又因 $\hat{p}>p$，认为用种衣剂浸种能够显著提高蔬菜种子的发芽率。

例 4-13 某养鸡场规定种蛋的孵化率 $p_0>0.80$ 为合格。现对一批种蛋随机抽取 100 枚进行孵化检验，结果有 78 枚孵出。试问这批种蛋是否合格？

此题中，$n=100$，np、nq 都大于 5，但 $nq<30$，故用 u 检验，需进行连续性矫正；又因只有孵化率>0.80 才认为是合格，故采用单尾检验。

（1）假设 H_0：$p\leqslant p_0$，即该批种蛋不合格；H_A：$p>p_0$。

（2）确定显著水平 $\alpha=0.05$。

（3）检验计算：

$$\hat{p}=\frac{x}{n}=\frac{78}{100}=0.78$$
$$q=1-p=1-0.80=0.20$$
$$\sigma_p=\sqrt{\frac{pq}{n}}=\sqrt{\frac{0.80\times0.20}{100}}=0.04$$
$$u_c=\frac{|\hat{p}-p|-\frac{0.5}{n}}{\sigma_p}=\frac{|0.78-0.80|-\frac{0.5}{100}}{0.04}=0.375$$

（4）推断：由于 $|u_c|=0.375<u_{0.05}=1.64$，$P>0.05$，故在 0.05 显著水平上接受 H_0，认为这批种蛋不合格。

二、两个样本频率的假设检验

两个样本频率的假设检验适用于检验两个样本频率 $\hat{p}_1$ 和 $\hat{p}_2$ 所属总体频率 p_1 和 p_2 差异的显著性。一般假定两个样本频率所属总体的方差是相等的，即 $\sigma^2_{p_1}=\sigma^2_{p_2}$。这类检验在实际应用中具有更重要的意义。由于在抽样试验中，其理论频率 p_0 常为未知数，因此无法将样本某属性出现的频率与理论频率进行比较，只能进行两个样本频率的比较。与单个样本频率的假设检验一样，也分为三种情况：①np 或 nq 小于 5，则按二项分布直接进行检验；②$5<np$ 或 $nq<30$ 时，用 u 检验（$n\geqslant30$）或 t 检验（$n<30$），并需要进行连续性矫正；③np、nq 均大于 30 时，不需要进行连续性矫正，用 u 检验。

若从两个总体中分别抽取容量为 n_1、n_2 的样本，其中具“目标性状”的个数分别为 x_1、x_2，则该性状的概率估计值分别为

$$\hat{p}_1=\frac{x_1}{n_1},\quad \hat{p}_2=\frac{x_2}{n_2} \tag{4-25}$$

因总体频率的方差未知，故需用样本统计数来估计。由式（3-63），其两个样本频率差数的方差为 $\sigma^2_{p_1-p_2}=\frac{p_1(1-p_1)}{n_1}+\frac{p_2(1-p_2)}{n_2}$，则两个样本频率差数标准误（standard error of the sample frequency difference）$s_{\hat{p}_1-\hat{p}_2}$ 为

$$s_{\hat{p}_1-\hat{p}_2}=\sqrt{\frac{\hat{p}_1\hat{q}_1}{n_1}+\frac{\hat{p}_2\hat{q}_2}{n_2}} \tag{4-26}$$

在 H_0：$p_1=p_2$ 的条件下，两个样本频率差数标准误 $s_{\hat{p}_1-\hat{p}_2}$ 为

$$s_{\hat{p}_1-\hat{p}_2}=\sqrt{\overline{p}\,\overline{q}\left(\frac{1}{n_1}+\frac{1}{n_2}\right)} \tag{4-27}$$

式中，$\overline{p}=\frac{x_1+x_2}{n_1+n_2}$，$\overline{q}=1-\overline{p}$。当 $n_1=n_2=n$ 时，式（4-27）可简化为

$$s_{\hat{p}_1-\hat{p}_2}=\sqrt{\frac{2\overline{p}\,\overline{q}}{n}} \tag{4-28}$$

不需要进行连续性矫正的 u 值为

$$u=\frac{(\hat{p}_1-\hat{p}_2)-(p_1-p_2)}{s_{\hat{p}_1-\hat{p}_2}} \tag{4-29}$$

在 H_0：$p_1=p_2$ 的条件下，u 值为

$$u=\frac{\hat{p}_1-\hat{p}_2}{s_{\hat{p}_1-\hat{p}_2}} \tag{4-30}$$

此时，需要进行连续性矫正的 u_c 值为

$$u_c=\frac{|\hat{p}_1-\hat{p}_2|-\frac{0.5}{n_1}-\frac{0.5}{n_2}}{s_{\hat{p}_1-\hat{p}_2}} \tag{4-31}$$

当 n_1 或 n_2 小于 30 时，式（4-29）～式（4-31）中的 u 值应为 t 值（服从 $df=n_1+n_2-2$ 的 t 分布）。

例 4-14　现研究地势对小麦锈病发病率的影响。调查低洼地麦田 378 株，其中锈病株 342 株；调查高坡地麦田 396 株，其中锈病株 313 株。试比较两块麦田锈病发病率是否有显著差异。

本题 $n_1=378$、$n_2=396$，且 np 和 nq 均大于 30，故用 u 检验，不需要进行连续性矫正。又因事先不知两块麦田的锈病发病率孰高孰低，故进行双尾检验。

（1）假设 H_0：$p_1=p_2$，即两块麦田锈病发病率没有显著差异；H_A：$p_1\neq p_2$。

（2）确定显著水平 $\alpha=0.01$。

（3）检验计算：

$$\hat{p}_1=\frac{x_1}{n_1}=\frac{342}{378}=0.905$$

$$\hat{p}_2=\frac{x_2}{n_2}=\frac{313}{396}=0.790$$

$$\overline{p}=\frac{x_1+x_2}{n_1+n_2}=\frac{342+313}{378+396}=0.846$$

$$\overline{q}=1-\overline{p}=1-0.846=0.154$$

$$s_{\hat{p}_1-\hat{p}_2}=\sqrt{\overline{p}\,\overline{q}\left(\frac{1}{n_1}+\frac{1}{n_2}\right)}=\sqrt{0.846\times0.154\times\left(\frac{1}{378}+\frac{1}{396}\right)}=0.026$$

$$u=\frac{\hat{p}_1-\hat{p}_2}{s_{\hat{p}_1-\hat{p}_2}}=\frac{0.905-0.790}{0.026}=4.423$$

（4）推断：由于 $|u|=4.423>u_{0.01}=2.58$，$P<0.01$，故在 0.01 显著水平上否定 H_0、接受 H_A，又因 $\hat{p}_1>\hat{p}_2$，认为低洼地麦田锈病发病率极显著高于高坡地麦田。

例 4-15　某养鱼场发生了药物中毒，抽查甲池 29 尾鱼中有 20 尾死亡，抽查乙池 28 尾鱼中有 21 尾死亡。试检验甲、乙两池发生药物中毒后，鱼的死亡率是否有差异。

本题 $n_1=29$、$n_2=28$，且 np、nq 均小于 30，用 t 检验，且需进行连续性矫正。又因事先不知两池鱼的死亡率孰高孰低，故采用双尾检验。

（1）假设 H_0：$p_1=p_2$，即甲、乙两池鱼的死亡率没有显著差异；H_A：$p_1\neq p_2$。

（2）确定显著水平 $\alpha=0.05$。

（3）检验计算：

$$\hat{p}_1=\frac{x_1}{n_1}=\frac{20}{29}=0.690$$

$$\hat{p}_2=\frac{x_2}{n_2}=\frac{21}{28}=0.750$$

$$\bar{p}=\frac{x_1+x_2}{n_1+n_2}=\frac{20+21}{29+28}=0.719$$

$$\bar{q}=1-\bar{p}=1-0.719=0.281$$

$$s_{\hat{p}_1-\hat{p}_2}=\sqrt{\bar{p}\bar{q}\left(\frac{1}{n_1}+\frac{1}{n_2}\right)}=\sqrt{0.719\times0.281\times\left(\frac{1}{29}+\frac{1}{28}\right)}=0.119$$

$$t_c=\frac{|\hat{p}_1-\hat{p}_2|-\frac{0.5}{n_1}-\frac{0.5}{n_2}}{s_{\hat{p}_1-\hat{p}_2}}=\frac{|0.690-0.750|-\frac{0.5}{29}-\frac{0.5}{28}}{0.119}=0.209$$

（4）推断：当 $df=29+28-2=55$ 时，$t_{0.05}=2.004$，$|t_c|<t_{0.05}$，$P>0.05$，故在 0.05 显著水平上接受 H_0、否定 H_A，认为发生药物中毒后，甲、乙两鱼池鱼的死亡率没有显著差异。

第四节　样本方差同质性检验

本章第二节和第三节讨论了样本平均数、样本频率的假设检验。我们知道，平均数、频率表示的是计量数据的中心位置，但其代表性的好坏，与样本数据中各个观测数的变异程度密切相关，而方差是表示变异程度的一个重要统计数。事实上，对样本平均数、样本频率的假设都是以方差同质性为前提的，否则假设检验的推断将是不正确的。方差同质性（homogeneity of variance）又称为方差齐性，是指各个总体的方差是相同的。方差同质性检验（homogeneity test）就是要从各样本的方差来推断其总体方差是否相同。

一、一个样本方差的同质性检验

从式（3-70）中我们知道，从标准正态总体中抽取 k 个独立 u^2 之和为 χ^2，即 $\chi^2=\sum_{i=1}^{k}\left(\frac{x-\mu}{\sigma}\right)^2=\frac{1}{\sigma^2}\sum_{i=1}^{k}(x-\mu)^2$。当用样本平均数 $\bar{x}$ 估计总体平均数 μ 时，则有

$$\chi^2=\frac{1}{\sigma^2}\sum_{i=1}^{k}(x-\bar{x})^2 \tag{4-32}$$

根据式（2-27），有样本方差 $s^2=\frac{\sum_{i=1}^{k}(x-\bar{x})^2}{k-1}$，则式（4-32）可变换为

$$\chi^2=\frac{(k-1)s^2}{\sigma^2} \tag{4-33}$$

式（4-33）中，分子表示样本的变异程度，分母表示总体方差，其 χ^2 服从自由度为 $k-1$ 的 χ^2 分布。

当 $\chi^2<\chi^2_\alpha$ 时，接受 H_0：$\sigma^2=\sigma_0^2$，认为样本所属总体方差与已知总体方差相同；当 $\chi^2>\chi^2_\alpha$ 时，否定 H_0：$\sigma^2=\sigma_0^2$，接受 H_A：$\sigma^2\neq\sigma_0^2$，认为样本所属总体方差与已知总体方差不同。

例 4-16　已知某农田受到重金属的污染，经抽样测定其铅浓度（μg/g）为 4.2、4.5、3.6、4.7、4.0、3.8、3.7、4.2，样本方差为 0.150（μg/g）^{2}。试检验受到污染的农田铅浓度的方差是否与正常农田铅浓度的方差 0.065（μg/g）^{2} 相同。

此题中正常农田铅浓度方差 $\sigma_0^2=0.065$（μg/g）^{2}，为一个样本方差与已知总体方差的同质性检验。

（1）假设 H_0: $\sigma^2=0.065$，即受到污染的农田铅浓度的方差与正常农田铅浓度的方差相同；H_A：$\sigma^2\neq0.065$。

（2）确定显著水平 $\alpha=0.05$。

（3）检验计算：

$$\chi^2=\frac{(k-1)\ s^2}{\sigma^2}=\frac{(8-1)\times0.150}{0.065}=16.154$$

（4）推断：查附表 4，当 $df=8-1=7$ 时，$\chi^2_{0.025}=16.01$，$\chi^2_{0.975}=1.69$。现实得 $\chi^2=16.154>\chi^2_{0.025}$，故在 0.05 显著水平上否定 H_0、接受 H_A，即样本方差与总体方差是不同质的，受到污染的农田铅浓度的方差显著高于正常农田铅浓度的方差。

二、两个样本方差的同质性检验

假设两个样本的样本容量分别为 n_1 和 n_2，方差分别为 s_1^2 和 s_2^2（一般把数值较大的样本方差作为 s_1^2），总体方差分别为 σ_1^2 和 σ_2^2。当检验 σ_1^2 和 σ_2^2 是否同质时，可用 F 检验（F-test）。根据式（3-73），当两样本所属总体服从正态分布，且两样本的抽样是随机的和独立的，其 F 值等于两样本方差 s_1^2 和 s_2^2 之比，即 $F=\frac{s_1^2}{s_2^2}$，并服从 $df_1=n_1-1$，$df_2=n_2-1$ 的 F 分布。当 $F<F_\alpha$ 时，接受 H_0：$\sigma_1^2=\sigma_2^2$，即认为两样本的方差是同质的；当 $F>F_\alpha$ 时，否定 H_0：$\sigma_1^2=\sigma_2^2$，接受 H_A：$\sigma_1^2\neq\sigma_2^2$，即认为两样本的方差不是同质的。

例 4-17　检验例 4-9 中两个小麦品种千粒重的方差是否同质。

该题中，$s_1^2=22.933\text{g}^2$，$s_2^2=2.933\text{g}^2$，$n_1=n_2=10$，为两个样本方差的同质性检验。

（1）假设 H_0：$\sigma_1^2=\sigma_2^2$，即两小麦品种千粒重的方差相同；H_A：$\sigma_1^2\neq\sigma_2^2$。

（2）确定显著水平 $\alpha=0.01$。

（3）检验计算：

$$F=\frac{s_1^2}{s_2^2}=\frac{22.933}{2.933}=7.819$$

（4）推断：查附表 5，$df_1=10-1=9$，$df_2=10-1=9$ 时，$F_{0.01}=5.35$，$F=7.819>F_{0.01}$，$P<0.01$，故在 0.01 显著水平上否定 H_0、接受 H_A，认为两小麦品种千粒重的方差有极显著的差异，不是同质的。

第五节　参数估计的原理与方法

参数估计（estimation of parameter）是统计推断的另一重要内容，它是用样本统计数来估计总体参数的一种方法。

一、估计量与估计值

（一）概念

用来估计总体未知参数的统计数称为估计量（estimators）。如果将总体参数笼统地用符号 θ 来表示，而用于估计总体参数的统计数以 $\hat{\theta}$ 表示，那么参数估计就是如何用 $\hat{\theta}$ 来估计 θ。样本平均数 $\bar{x}$、样本频率 $\hat{p}$、样本方差 s^2 等都可以是一个估计量。根据一个具体的样本计算出来估计量的值称为估计值（estimated value）。以本章第一节中硅肺病患者血红蛋白含量的数据为例，要估计经过克矽平治疗后患者血红蛋白的含量，总体平均数 μ 是未知的；现有一个 $n=6$ 的随机样本，样本中 6 位患者治疗后血红蛋白含量的平均数就是一个估计量。在该例中，样本平均数的值 136mg/L 就是估计量的具体数值，为总体平均数 μ 的估计值。

视频讲解

（二）置信区间

参数估计包括点估计（point estimation）和区间估计（interval estimation）。以样本统计数直接作为总体相应参数的估计值称为点估计。例如，以样本平均数 $\bar{x}$ 估计总体平均值 μ，以样本频率 $\hat{p}$ 估计总体比例 p，以样本方差 s^2 估计总体方差 σ^2 等。可以看出，点估计只给出了未知参数估计值的大小，未表明这一估计有多大的把握。总体参数是未知的，但它是一个确定的值，是一个常数，不是随机变量；而样本统计数是随机的，因抽样误差的存在，不同样本所得结果是不相同的。如果抽样误差小，用样本统计数估计总体参数会有较大的把握；反之，如果抽样误差大，用一个随机样本的统计数来估计总体参数则没有较大的把握。因此，要使得参数估计可信，需要考虑抽样误差。

区间估计就是在一定概率（$1-\alpha$）保证下用样本统计数估算出总体参数的可能范围。该范围称为参数的置信区间或可信区间（confidence interval）。预先给定的概率（$1-\alpha$）称为置信度或可信度（confidence level），也称为置信水平或可信水平，常取 95%或 99%。如果没有特殊说明，置信度一般取双尾的置信度。置信区间通常由两个数值构成，称为置信限或可信限（confidence limit）。其中较小的值称为下限（lower limit），常以 L_1 表示；较大的值称为上限（upper limit），以 L_2 表示。严格来讲，置信区间并不包含置信区间上下限两个值，故常以（L_1，L_2）表示。

视频讲解

（三）评价估计量的标准

参数估计是用样本估计量 $\hat{\theta}$ 作为总体参数 θ 的估计。实际上，用于估计 θ 的估计量有很多。例如，可以用样本平均数作为总体平均数的估计量，也可以用样本中位数作为总体平均数的估计量。那么，究竟用样本的哪种估计量作为总体参数的估计呢？自然要用估计效果最好的那种估计量。什么样的估计量才算是一个好的估计量呢？这就需要有一定的评价标准，主要有以下几个。

（1）无偏性。无偏性（unbiasedness）是指估计量抽样分布的平均数等于被估计的总体参数。由第三章可知，此时该估计量为总体参数的无偏估计量。样本 $\bar{x}$ 、s^2、$\hat{p}$ 分别是总体 μ、σ^2、p 的无偏估计量。

（2）有效性。一个无偏的估计量并不意味着它就非常接近被估计的参数，它还必须比总体参数的离散程度小。有效性（efficiency）是指对同一总体参数，如果有多个无偏估计量，那么标准差小的估计量更有效。在无偏估计的条件下，估计量的标准差越小，估计也就越有效。

（3）一致性。一致性（consistency）是指随着样本容量的增大，点估计的值越来越接近被估计总体的参数。因为随着样本量增大，样本无限接近总体，那么，点估计的值也就随之无限接近总体参数的值。换言之，一个大样本给出的估计量要比一个小样本给出的估计量更接近总体的参数。

二、参数估计的原理

参数的区间估计和点估计是建立在一定理论分布基础上的。由中心极限定理和大数定律得知，只要抽取样本为大样本，无论其总体是否为正态分布，其样本平均数都近似服从 $N(\mu, \sigma_{\bar{x}}^2)$ 的正态分布。当 $\alpha=0.05$ 或 $\alpha=0.01$ 时，即置信度为 0.95 或 0.99 时，有

$$P(\mu-1.96\sigma_{\bar{x}}<\bar{x}<\mu+1.96\sigma_{\bar{x}})=0.95 \tag{4-34}$$

$$P(\mu-2.58\sigma_{\bar{x}}<\bar{x}<\mu+2.58\sigma_{\bar{x}})=0.99 \tag{4-35}$$

由式（4-34）、式（4-35）可得

$$P(\bar{x}-1.96\sigma_{\bar{x}}<\mu<\bar{x}+1.96\sigma_{\bar{x}})=0.95 \tag{4-36}$$

$$P(\bar{x}-2.58\sigma_{\bar{x}}<\mu<\bar{x}+2.58\sigma_{\bar{x}})=0.99 \tag{4-37}$$

因此，对于某一概率水平 α，则有通式

$$P(\bar{x}-u_\alpha\sigma_{\bar{x}}<\mu<\bar{x}+u_\alpha\sigma_{\bar{x}})=1-\alpha \tag{4-38}$$

式中，u_α 为标准正态分布下置信度 $p=1-\alpha$ 时 u 的临界值。

尽管我们只知道 $\bar{x}$ 而不知道 μ，但是由式（4-38），可知区间（$\bar{x}-u_\alpha\sigma_{\bar{x}}$，$\bar{x}+u_\alpha\sigma_{\bar{x}}$）内包含 μ 在内的可靠程度为 $1-\alpha$。因此，（$\bar{x}-u_\alpha\sigma_{\bar{x}}$，$\bar{x}+u_\alpha\sigma_{\bar{x}}$）被称为 μ 的 $1-\alpha$ 置信区间，该置信区间的下限 L_1 和上限 L_2 可以写为

$$L_1=\bar{x}-u_\alpha\sigma_{\bar{x}},\quad L_2=\bar{x}+u_\alpha\sigma_{\bar{x}} \tag{4-39}$$

区间（L_1，L_2）即用样本平均数 $\bar{x}$ 对总体平均数 μ 的置信度为 $P=1-\alpha$ 的区间估计，也可以表示为

$$\bar{x}\pm u_\alpha\sigma_{\bar{x}} \tag{4-40}$$

式（4-40）可以写作通式

$$\text{估计值}\pm\text{误差} \tag{4-41}$$

式（4-41）中，估计值是对未知总体参数的推测，误差与估计值的变异程度有关，反映了估计的精确度范围。

当 $\alpha=0.05$ 时，总体平均数 μ 的 95%置信区间为

$$(L_1=\bar{x}-1.96\sigma_{\bar{x}},\ L_2=\bar{x}+1.96\sigma_{\bar{x}}) \tag{4-42}$$

当 $\alpha=0.01$ 时，总体平均数 μ 的 99%置信区间为

$$(L_1=\bar{x}-2.58\sigma_{\bar{x}},\ L_2=\bar{x}+2.58\sigma_{\bar{x}}) \tag{4-43}$$

三、一个总体参数的估计

（一）一个总体平均数的估计

通常以样本平均数 $\bar{x}$ 对总体平均数 μ 进行估计。直接以样本平均数 $\bar{x}$ 的值进行估计，即总体平均数 μ 的一个点估计值。置信度 $P=1-\alpha$ 下，总体平均数的估计方法如下。

1．总体方差 σ^2 已知　当总体方差 σ^2 已知时，由式（4-39）可知，置信度为 $P=1-\alpha$ 的总体平均数 μ 的区间估计为 $(\bar{x}-u_\alpha\sigma_{\bar{x}},\ \bar{x}+u_\alpha\sigma_{\bar{x}})$。

2．总体方差 σ^2 未知　当总体方差 σ^2 未知时，以样本方差 s^2 代替总体方差 σ^2，此时 μ 的估计需要考虑样本容量。

（1）$n>30$。$P=1-\alpha$ 置信度下，总体平均数 μ 的区间估计为

$$(\bar{x}-u_\alpha s_{\bar{x}},\ \bar{x}+u_\alpha s_{\bar{x}}) \tag{4-44}$$

（2）$n\leqslant30$。$P=1-\alpha$ 置信度下，总体平均数 μ 的区间估计为

$$(\bar{x}-t_\alpha s_{\bar{x}},\ \bar{x}+t_\alpha s_{\bar{x}}) \tag{4-45}$$

式中，t_α 为 t 分布下置信度为 $P=1-\alpha$ 的临界值，具有 $df=n-1$。

例 4-18　试对例 4-1 中，新育苗方法所育鲢鱼 1 月龄体长进行 95%置信度的估计。

本例中，置信度 $P=1-\alpha=0.95$，$\alpha=0.05$。已知 $\bar{x}=7.65$cm，7.65cm 即新育苗方法所育鲢鱼 1 月龄体长 μ 的一个估计值。总体方差 σ^2 已知，$u_{0.05}=1.96$。计算 $\sigma_{\bar{x}}=0.158$cm。

由式（4-39），新育苗方法所育鲢鱼 1 月龄体长 μ 的置信区间上、下限为

$$L_1=\bar{x}-u_\alpha\sigma_{\bar{x}}=7.65-1.96\times0.158=7.34\,(\text{cm})$$

$$L_2=\bar{x}+u_\alpha\sigma_{\bar{x}}=7.65+1.96\times0.158=7.96\,(\text{cm})$$

因此，95%置信度下，新育苗方法所育鲢鱼 1 月龄体长（cm）的置信区间为（7.34，7.96），即（7.65±0.31）cm。

例 4-19　试对例 4-3 中，该棉花品种纤维长度进行 95%置信度的估计。

本例中，置信度 $P=1-\alpha=0.95$，$\alpha=0.05$。已知 $\bar{x}=30.2$mm，30.2mm 即该棉花品种纤维长度 μ 的一个估计值。总体方差 σ^2 未知，以 s^2 来估计 σ^2，计算 $s_{\bar{x}}=0.125$mm；又 $n=400$ 为大样本，需要用 u 的临界值，且 $u_{0.05}=1.96$。

由式（4-34），该棉花品种纤维长度的置信区间上、下限为

$$L_1=\bar{x}-u_\alpha\sigma_{\bar{x}}=30.2-1.96\times0.125=29.96\,(\text{mm})$$

$$L_2=\bar{x}+u_\alpha\sigma_{\bar{x}}=30.2+1.96\times0.125=30.45\,(\text{mm})$$

因此，95%置信度下，该棉花品种纤维长度（mm）的置信区间为（29.96，30.45），即（30.2±0.245）mm。

例 4-20　试对例 4-4 中，该鱼塘这次抽样测定的水中含氧量进行 95%置信度的估计。

本例中，置信度 $P=1-\alpha=0.95$，$\alpha=0.05$。通过计算已得到 $\bar{x}=4.421$mg/L，4.421mg/L 即该鱼塘这次抽样测定的水中含氧量的一个点估计值。总体方差 σ^2 未知，以 s^2 来估计 σ^2，

计算 $s_{\bar{x}}=0.084$mg/L；又 $n=10$ 为小样本，需要用 t 的临界值，查表得 $t_{0.05(9)}=2.262$。

由式（4-45），该鱼塘这次抽样测定的水中含氧量的置信区间上、下限为

$$L_1=\bar{x}-t_\alpha s_{\bar{x}}=4.421-2.262\times0.084=4.231\text{（mg/L）}$$

$$L_2=\bar{x}+t_\alpha s_{\bar{x}}=4.421+2.262\times0.084=4.611\text{（mg/L）}$$

因此，95%置信度下，该鱼塘这次抽样测定的水中含氧量（mg/L）的置信区间为（4.231，4.611），即（4.421±0.190）mg/L。

（二）一个总体频率的估计

通常以样本频率 $\hat{p}$ 对总体频率 p 做出估计。直接以样本频率 $\hat{p}$ 的值进行估计，即总体频率 p 的一个点估计值。置信度 $P=1-\alpha$ 下，总体频率的估计方法如下。

1．np，$nq>30$　置信度 $P=1-\alpha$ 下，对一个总体频率 p 的区间估计为

$$(\hat{p}-u_\alpha\sigma_p,\ \hat{p}+u_\alpha\sigma_p)\tag{4-46}$$

如果 σ_p 未知，则用 $s_{\hat{p}}$ 来代替式（4-46）中的 σ_p。

2．np，$nq<30$

（1）$n>30$。置信度 $P=1-\alpha$ 下，一个总体频率 p 的区间估计，需要对式（4-46）进行连续性矫正

$$\left(\hat{p}-u_\alpha\sigma_p-\frac{0.5}{n},\ \hat{p}+u_\alpha\sigma_p+\frac{0.5}{n}\right)\tag{4-47}$$

如果 σ_p 未知，可用 $s_{\hat{p}}$ 来估计式（4-47）中的 σ_p。

（2）$n\leqslant30$。如果 σ_p 已知，置信度 $P=1-\alpha$ 下，一个总体频率 p 的区间估计同式（4-47）。如果 σ_p 未知，用 $s_{\hat{p}}$ 来估计 σ_p；此时，式（4-47）中的 u_α 值用 t_α（$df=n-1$）值来代替。因此，置信度 $P=1-\alpha$ 下，一个总体频率 p 的区间估计为

$$\left(\hat{p}-t_\alpha s_{\hat{p}}-\frac{0.5}{n},\ \hat{p}+t_\alpha s_{\hat{p}}+\frac{0.5}{n}\right)\tag{4-48}$$

例 4-21　调查 100 株玉米，得到受玉米螟为害的植株为 20 株。试进行置信度为 95%的玉米螟为害率的估计。

本例中，$x=20$，$\hat{p}=0.2$，20%即玉米螟为害率的一个点估计值。置信度 $P=1-\alpha=0.95$，$\alpha=0.05$。$n\hat{p}=20<30$，$n=100>30$，用 u 的临界值 $u_{0.05}=1.96$，且需要进行连续性矫正。

由式（4-24）计算 $s_{\hat{p}}$：

$$s_{\hat{p}}=\sqrt{\frac{\hat{p}(1-\hat{p})}{n}}=\sqrt{\frac{0.20\times(1-0.20)}{100}}=0.04$$

由式（4-47），置信度为 95%的玉米螟为害率的区间上、下限估计为

$$L_1=\hat{p}-u_\alpha s_{\hat{p}}-\frac{0.5}{n}=0.2-1.96\times0.04-\frac{0.5}{100}=0.117$$

$$L_2=\hat{p}+u_\alpha s_{\hat{p}}+\frac{0.5}{n}=0.2+1.96\times0.04+\frac{0.5}{100}=0.283$$

因此，95%置信度下，玉米螟的为害率为 0.117～0.283。

四、两个总体参数的估计

（一）两个总体平均数差数的估计

通常以样本平均数的差数$\bar{x}_1-\bar{x}_2$对总体平均数差数$\mu_1-\mu_2$进行估计。直接以$\bar{x}_1-\bar{x}_2$的值进行估计，即总体平均数差数的一个点估计值。置信度$P=1-\alpha$下，总体平均数差数的估计方法如下。

1．总体方差σ_1^2、σ_2^2已知，用u_α 置信度为$P=1-\alpha$下，两个总体平均数差数$\mu_1-\mu_2$的区间估计为

$$\left[(\bar{x}_1-\bar{x}_2)-u_\alpha\sigma_{\bar{x}_1-\bar{x}_2},\ (\bar{x}_1-\bar{x}_2)+u_\alpha\sigma_{\bar{x}_1-\bar{x}_2}\right] \tag{4-49}$$

2．总体方差σ_1^2、σ_2^2未知

1）n_1、$n_2>30$，用u_α

总体方差σ_1^2和σ_2^2未知，可由两个样本方差s_1^2和s_2^2来代替，由式（4-4）可计算$s_{\bar{x}_1-\bar{x}_2}$。置信度$P=1-\alpha$下，两个总体平均数差数$\mu_1-\mu_2$的区间估计为

$$\left[(\bar{x}_1-\bar{x}_2)-u_\alpha s_{\bar{x}_1-\bar{x}_2},\ (\bar{x}_1-\bar{x}_2)+u_\alpha s_{\bar{x}_1-\bar{x}_2}\right] \tag{4-50}$$

2）$n_1\leqslant30$和（或）$n_2\leqslant30$，用t_α

（1）成组数据。

A．当$\sigma_1^2=\sigma_2^2=\sigma^2$时。由式（4-9）和式（4-10）计算$s_{\bar{x}_1-\bar{x}_2}$，用$t_\alpha$代替式（4-50）中的$u_\alpha$，其自由度$df=n_1+n_2-2$。置信度$P=1-\alpha$下，两总体平均数差数$\mu_1-\mu_2$的区间估计为

$$\left[(\bar{x}_1-\bar{x}_2)-t_\alpha s_{\bar{x}_1-\bar{x}_2},\ (\bar{x}_1-\bar{x}_2)+t_\alpha s_{\bar{x}_1-\bar{x}_2}\right] \tag{4-51}$$

B．当$\sigma_1^2\neq\sigma_2^2$，$n_1=n_2$时。置信度$P=1-\alpha$下，两总体平均数差数$\mu_1-\mu_2$的区间估计同式（4-51），但t_α的自由度为$df=n-1$，而不是$2(n-1)$。

C．当$\sigma_1^2\neq\sigma_2^2$，$n_1\neq n_2$时。置信度$P=1-\alpha$下，两总体平均数差数$\mu_1-\mu_2$的区间估计同式（4-51），但又有不同。此时，式（4-51）中的$s_{\bar{x}_1-\bar{x}_2}=\sqrt{\dfrac{s_1^2}{n_1}+\dfrac{s_2^2}{n_2}}$，$t_\alpha$的自由度为校正后的$df'$，$df'$的计算见式（4-13）和式（4-14），即

$$\left[(\bar{x}_1-\bar{x}_2)-t_{\alpha(df')}s_{\bar{x}_1-\bar{x}_2},\ (\bar{x}_1-\bar{x}_2)+t_{\alpha(df')}s_{\bar{x}_1-\bar{x}_2}\right] \tag{4-52}$$

（2）成对数据。置信度$P=1-\alpha$下，两个总体平均数差数$\mu_1-\mu_2$的置信区间为

$$(\bar{d}-t_\alpha s_{\bar{d}},\ \bar{d}+t_\alpha s_{\bar{d}}) \tag{4-53}$$

式（4-53）中，t_α具有自由度$df=n-1$。

例 4-22 对例4-8中，两种饲料饲养的大白鼠增重差数进行置信度为95%的估计。

例4-8中，σ_1^2和σ_2^2未知，经F检验$\sigma_1^2=\sigma_2^2$；样本为小样本，已算得$\bar{x}_1=120.17\text{g}$，$\bar{x}_2=101.00\text{g}$，$s_{\bar{x}_1-\bar{x}_2}=10.005\text{g}$。本例中，$\bar{x}_1-\bar{x}_2=19.17\text{g}$，为两种饲料饲养大白鼠增重差数的一个点估计值。查附表3，当$df=17$时，$t_{0.05}=2.110$。

两种饲料饲养大白鼠增重差数的区间估计为

$$L_1=(\bar{x}_1-\bar{x}_2)-t_\alpha s_{\bar{x}_1-\bar{x}_2}=(120.17-101.00)-2.110\times10.005=-1.94\ (\text{g})$$

$$L_2=(\bar{x}_1-\bar{x}_2)+t_\alpha s_{\bar{x}_1-\bar{x}_2}=(120.17-101.00)+2.110\times10.005=40.28\ (\text{g})$$

因此，高蛋白组大白鼠的增重量比低蛋白组大白鼠的增重量低 1.94g 到高 40.28g，这个估计有 95%的把握。

例 4-23 试对例 4-11 中，两种饲料饲喂条件下，试验动物肝中维生素 A 含量的差异进行置信度为 99%的估计。

例 4-11 中，已算得 $\bar{d}=812.5$IU/g，$s_{\bar{d}}=193.130$IU/g。812.5IU/g 是两组试验动物肝中维生素 A 含量差数的一个点估计值。本例中，置信度 $P=1-\alpha=0.99$，$\alpha=0.01$。查附表 3，$t_{0.01(7)}=3.499$。

两组动物肝中维生素 A 含量差数的区间估计上、下限为

$$L_1=\bar{d}-t_\alpha s_{\bar{d}}=812.5-3.499\times193.13=136.74\ (\text{IU/g})$$

$$L_2=\bar{d}+t_\alpha s_{\bar{d}}=812.5+3.499\times193.13=1488.26\ (\text{IU/g})$$

因此，正常饲料组饲养的动物肝中维生素 A 含量比维生素 E 缺乏组饲养的动物肝中维生素 A 含量高 136.74～1488.26IU/g，这个估计的置信度为 99%。

（二）两个总体频率差数的估计

对两个总体频率差数 p_1-p_2 进行估计，一般应明确两个频率有显著差异才有意义。计算两个样本频率差数 $\hat{p}_1-\hat{p}_2$ 的值，是 p_1-p_2 的一个点估计值。

1．np、nq 均大于 30，用 u_α 置信度 $P=1-\alpha$ 下，两个总体频率差数 p_1-p_2 的区间估计为

$$\left[(\hat{p}_1-\hat{p}_2)-u_\alpha s_{\hat{p}_1-\hat{p}_2},\ (\hat{p}_1-\hat{p}_2)+u_\alpha s_{\hat{p}_1-\hat{p}_2}\right] \tag{4-54}$$

式中，$s_{\hat{p}_1-\hat{p}_2}$ 的计算见式（4-26）。

2．$5<np$ 或 $np<30$ 时，需要进行连续性矫正

（1）$n_1>30$ 和 $n_2>30$，用 u_α。置信度 $P=1-\alpha$ 下，两个总体频率差数 p_1-p_2 的区间估计为

$$\left[(\hat{p}_1-\hat{p}_2)-u_\alpha s_{\hat{p}_1-\hat{p}_2}-\frac{0.5}{n_1}-\frac{0.5}{n_2},\ (\hat{p}_1-\hat{p}_2)+u_\alpha s_{\hat{p}_1-\hat{p}_2}+\frac{0.5}{n_1}+\frac{0.5}{n_2}\right] \tag{4-55}$$

（2）$n_1\leqslant30$ 和（或）$n_2\leqslant30$，用 t_α。式（4-55）中的 u_α 值以 t_α 值（$df=n_1+n_2-2$）来代替。置信度 $P=1-\alpha$ 下，两个总体频率差数 p_1-p_2 的区间估计为

$$\left[(\hat{p}_1-\hat{p}_2)-t_\alpha s_{\hat{p}_1-\hat{p}_2}-\frac{0.5}{n_1}-\frac{0.5}{n_2},\ (\hat{p}_1-\hat{p}_2)+t_\alpha s_{\hat{p}_1-\hat{p}_2}+\frac{0.5}{n_1}+\frac{0.5}{n_2}\right] \tag{4-56}$$

例 4-24 对例 4-14 中，两块麦田锈病发病率的差异进行置信度为 99%的估计。

本例中，置信度 $P=1-\alpha=0.99$，$\alpha=0.01$。例 4-14 中，$n_1>30$，$n_2>30$，且 np、nq 均大于 30，故用 $u_{0.01}=2.58$；已得出 $\hat{p}_1=0.905$，$\hat{p}_2=0.790$，$s_{\hat{p}_1-\hat{p}_2}=0.026$，以 $s^2_{\hat{p}_1-\hat{p}_2}$ 估计 $\sigma^2_{p_1-p_2}$。

关于置信区间

由式（4-54），置信度为 99%的两块麦田锈病发病率差数的区间上、下限估计为

$$L_1=(\hat{p}_1-\hat{p}_2)-u_\alpha s_{\hat{p}_1-\hat{p}_2}=(0.905-0.790)-2.58\times0.026=0.048$$

$$L_2=(\hat{p}_1-\hat{p}_2)+u_\alpha s_{\hat{p}_1-\hat{p}_2}=(0.905-0.790)+2.58\times0.026=0.182$$

因此，低洼地麦田锈病率比高坡地高 0.048～0.182，这个估计的置信度为 99%。

五、基于参数估计的样本容量的确定

样本容量增大，置信区间的误差范围则较小。如果想要缩小置信区间，又不降低置信水平，则需要增加样本量。因此，如何确定一个适当的样本量，也是抽样估计中需要考虑的问题。

（一）估计总体平均数时的样本容量

1．估计一个总体平均数时的样本容量 总体方差 σ^2 已知时，$P=1-\alpha$ 置信度下，一个总体平均数 μ 的置信区间为 $\bar{x}\pm u_\alpha\dfrac{\sigma}{\sqrt{n}}$。置信度确定条件下，$u_\alpha$ 为确定值；如果预期估计误差为 E，则 $E=u_\alpha\times\dfrac{\sigma}{\sqrt{n}}$，根据 E 可计算需要的样本量 n，即

$$n=\frac{u_\alpha^2\sigma^2}{E^2} \tag{4-57}$$

例 4-25 以例 4-1 为例，已知，$\sigma=1.58$cm，希望 95%的置信区间误差范围为 0.4cm，应抽取多大的样本量？

本例 σ^2 为已知，置信度 $P=1-\alpha=0.95$，即 $\alpha=0.05$，$u_{0.05}=1.96$。由式（4-57），有

$$n=\frac{u_\alpha^2\sigma^2}{E^2}=\frac{1.96^2\times1.58^2}{0.4^2}\approx60$$

即应选取样本量为 60。也就是说，在 $\sigma=1.58$cm 条件下，以 $n=60$ 随机抽样，对总体平均数进行置信度为 95%的区间估计，估计的误差范围为 0.4cm。

2．估计两个总体平均数差数时的样本容量 对两个总体平均数差数进行区间估计，由样本平均数差数 $\bar{x}_1-\bar{x}_2$ 和估计误差 $u_\alpha\sqrt{\dfrac{\sigma_1^2}{n_1}+\dfrac{\sigma_2^2}{n_2}}$（总体方差已知或均为大样本时）或 $t_\alpha\sqrt{\dfrac{s_1^2}{n_1}+\dfrac{s_2^2}{n_2}}$（总体方差未知且 n 为小样本时）两部分组成。误差部分包括两个样本容量 n_1 和 n_2，因此仅在两个样本容量相等情况下才能够进行样本容量的估计。由于在总体方差未知且 n 为小样本时，t_α 并不是一个固定值，因此只能在总体方差已知或 n 为大样本情况下才能够进行两个总体平均数差数的样本容量估计。

总体方差已知或 n 为大样本时，$P=1-\alpha$ 置信度下，u_α 为确定值，则可以根据预期的估计误差 E 来确定样本量。由 $E=u_\alpha\sqrt{\dfrac{\sigma_1^2+\sigma_2^2}{n}}$，可得样本容量 n 为

$$n=\frac{u_\alpha^2(\sigma_1^2+\sigma_2^2)}{E^2} \tag{4-58}$$

例 4-26 以例 4-6 为例，假定进行置信度为 95%的区间估计，希望估计误差为 0.45g/L 时，两种方法应抽取多大的样本量？

本例中，总体方差 σ_1^2 和 σ_2^2 已知，$\sigma_1^2=0.46\,(\text{g/L})^2$，$\sigma_2^2=0.37\,(\text{g/L})^2$；置信度 $P=1-\alpha=0.95$，即 $\alpha=0.05$，$u_\alpha=u_{0.05}=1.96$。根据式（4-58），可得

$$n=\frac{u_\alpha^2(\sigma_1^2+\sigma_2^2)}{E^2}=\frac{1.96^2\times(0.46+0.37)}{0.45^2}\approx16$$

即应抽取的样本容量为 16。

（二）估计总体频率时的样本容量

1．估计一个总体频率时的样本容量 一个总体频率区间估计时，其由样本频率 $\hat{p}$ 和估计误差 $u_\alpha\sqrt{\frac{\hat{p}(1-\hat{p})}{n}}$（$np\geqslant30$）或 $u_\alpha\sqrt{\frac{\hat{p}(1-\hat{p})}{n}}+\frac{0.5}{n}$（$5<np<30$，$n<30$）两部分组成。以 $np\geqslant30$ 为例，u_α 和样本容量 n 共同决定了估计误差的大小。在 $P=1-\alpha$ 置信水平下，u_α 为确定值，则由 $E=u_\alpha\sqrt{\frac{\hat{p}(1-\hat{p})}{n}}$ 可以确定所需要的样本量 n，即

$$n=\frac{u_\alpha^2\hat{p}(1-\hat{p})}{E^2} \tag{4-59}$$

例 4-27 调查玉米螟为害的植株概率为 20%，试进行置信度为 95%，希望估计误差为 2% 时，应抽取多大样本量？

本例中，$\hat{p}=0.2$，在不进行连续性矫正条件下进行检验；置信度 $P=1-\alpha=0.95$，即 $\alpha=0.05$，$u_{0.05}=1.96$。根据式（4-59），可得

$$n=\frac{u_\alpha^2\hat{p}(1-\hat{p})}{E^2}=\frac{1.96^2\times0.2\times(1-0.2)}{0.02^2}=1536.64\approx1537$$

在此条件下，$np\geqslant30$，因此，调查样本容量为 1537 时，95%置信区间的估计误差为 2%。

2．估计两个总体频率差数时的样本容量 进行两个总体频率差数的区间估计时，其由样本频率差数 $\hat{p}_1-\hat{p}_2$ 和估计误差 $u_\alpha\sqrt{\overline{p}\,\overline{q}\left(\frac{1}{n_1}+\frac{1}{n_2}\right)}$（$np$、$nq>30$）或 $u_\alpha\sqrt{\overline{p}\,\overline{q}\left(\frac{1}{n_1}+\frac{1}{n_2}\right)}+\frac{0.5}{n_1}+\frac{0.5}{n_2}$（$5<np$，$nq\leqslant30$，$n>30$）两部分组成。估计误差包括两个样本容量 n_1 和 n_2，因此仅在两个样本容量相等情况下可进行样本量的评估。

以 np、$nq>30$ 为例，在 $P=1-\alpha$ 置信水平下，u_α 为确定值，则可以确定估计误差 E 所需要的样本量，即

$$n=\frac{2u_\alpha^2\overline{p}\,\overline{q}}{E^2} \tag{4-60}$$

例 4-28 以例 4-14 数据为例，调查低洼地锈病发病率为 90.48%，高坡地锈病发病率为 79.04%。假定进行 95%的置信区间，希望估计误差为 8.2%时，应抽取多大的样本量？

本例中，$\hat{p}_1=0.905$，$\hat{p}_2=0.709$，仅在两个样本容量相等情况下可进行样本量的估计，因此 $\overline{p}=\frac{\hat{p}_1+\hat{p}_2}{2}=0.8475$，$\overline{q}=1-\overline{p}=0.1525$。置信度 $P=1-\alpha=0.95$，即 $\alpha=0.05$，$u_{0.05}=1.96$。根据式（4-60），可得

$$n=\frac{2u_\alpha^2\overline{p}\,\overline{q}}{E^2}=\frac{2\times1.96^2\times0.8475\times0.1525}{0.082^2}=147.68\approx148$$

在此条件下，np、$nq>30$，不需要进行连续性矫正，即 95%置信度下，置信区间误差为 8.2%时，两种地形均需调查的样本容量为 148。

思考练习题

习题 4.1 什么是统计推断？统计推断有哪两种方法？其含义各是什么？

习题 4.2 什么是小概率原理？它在假设检验中有何作用？

习题 4.3 假设检验中的两类错误是什么？如何才能少犯两类错误？

习题 4.4 什么是检验功效？影响检验功效的因素有哪些？

习题 4.5 什么叫区间估计？什么叫点估计？置信度与区间估计有什么关系？

习题 4.6 某养殖场以往都用鲜活饵料喂养对虾，经多年的观测资料得知，成虾平均体重为 21g，标准差为 1.2g，现改用鲜活与人工配合饵料各半喂养对虾，随机抽取成虾 100 尾，测得平均体重为 20g。试问改变饵料后，对虾体重有无显著变化？

习题 4.7 桃树枝条的常规含氮量为 2.40%，现对一桃树新品种枝条的含氮量（%）进行了 10 次测定，其结果为 2.38、2.38、2.41、2.50、2.47、2.41、2.38、2.26、2.32、2.41。试问该测定结果与桃树枝条常规含氮量有无差别。

习题 4.8 检查三化螟各世代每卵块的卵数，检查第一代 128 个卵块，其平均数为 47.3 粒，标准差为 25.4 粒；检查第二代 69 个卵块，其平均数为 74.9 粒，标准差为 46.8 粒。试检验两代每卵块的卵数有无显著差异。

习题 4.9 为验证“北方动物比南方动物具有较短的附肢”这一假说，调查了如下鸟翅长（mm）资料。北方：120、113、125、118、116、114、119；南方：116、117、121、114、116、118、123、120。试检验这一假说。

习题 4.10 用中草药青木香治疗高血压，记录了 13 个病例，所测定的舒张压（mmHg）数据如下：

序号	1	2	3	4	5	6	7	8	9	10	11	12	13
治疗前	110	115	133	133	126	108	110	110	140	104	160	120	120
治疗后	90	116	101	103	110	88	92	104	126	86	114	88	112

试检验该药物是否具有降低血压的作用。

习题 4.11 为测定 A、B 两种病毒对烟草的致病力，取 8 株烟草，每一株皆半叶接种 A 病毒，另半叶接种 B 病毒，以叶面出现枯斑病的多少作为致病力强弱的指标，得结果如下：

株号	1	2	3	4	5	6	7	8
病毒 A	9	17	31	18	7	8	20	10
病毒 B	10	11	18	14	6	7	17	5

试检验两种病毒的致病力是否有显著差异。

习题 4.12 有一批棉花种子，规定发芽率 $p>80\%$为合格，现随机抽取 100 粒进行发芽试验，有 77 粒发芽。试检验该种子是否合格？在 95%置信水平下，对该批棉花种子发芽率进行区间估计。

习题 4.13 检查了甲、乙两医院乳腺癌手术后 5 年的生存情况，甲医院共有 755 例，生存数为 485 人；乙医院共有 383 例，生存数为 257 人。问两医院乳腺癌手术后 5 年的生存率有无显著差别。

习题 4.14 用两种不同的饵料喂养同一品种鱼，一段时间后，测得每小池鱼的体重增加量（g）如下。A 饵料：130.5、128.9、133.8；B 饵料：147.2、149.3、150.2、151.4。试检验 A、B 两种饵料间鱼体重增重的方差是否具有同质性。

习题 4.15 现有两个小麦品种‘矮抗 20’和‘新麦 5 号’，分别抽样调查其 16 穗的穗长（cm）数据如下：

品种	穗长（cm）							
矮抗 20	6.3	7.9	6.0	6.8	7.1	7.2	6.5	6.6
	6.7	7.0	7.2	6.8	7.1	7.1	7.2	5.8
新麦 5 号	11.3	12.0	11.9	12.0	12.0	11.0	10.8	10.9
	11.0	10.5	10.7	11.0	12.4	11.4	11.8	11.5

进行置信度为95%时两个小麦品种穗长差数的区间估计。

习题 4.16　已知 A 小麦品种成熟期株高为 75.8cm、标准差为 2.4cm，假定想要估计 95%的置信区间，希望估计误差为 1.5cm，应抽取多大的样本量？

参考答案

第5章

非参数检验

本章提要

非参数检验是统计分析方法的重要组成部分。本章主要讨论:

- 非参数检验的原理与特点;
- 游程检验;
- 符号检验;
- 秩和检验。

非参数检验与参数检验共同构成统计推断的基本内容。第 4 章所介绍的样本平均数、样本频率的假设检验及样本方差的同质性检验都是在已知总体分布的情况下进行的，因此，称为参数检验（parametric test）。这些检验中，总体的分布形式往往是给定的或者是假定的，所不知道的仅仅是一些参数的值。于是，检验的主要任务就是用样本统计数（平均数、频率、方差等）对总体参数（平均数、频率、方差等）进行估计，或者是对参数的值进行检验。

在生物学研究中，有许多情况是不知道总体分布特征的，参数检验的方法就不再适用了。此时，就需要在不考虑总体参数和总体分布的情况下，从数据本身来获得所需要的信息进行假设检验，这就是非参数检验。非参数检验（nonparametric test）又称为任意分布检验（distribution-free test），它不考虑研究对象总体的分布类型和总体参数，而是对样本所代表总体的分布或分布位置进行假设检验。

由于非参数检验不需要严格的总体分布的假设条件，因而比参数检验适用性广。非参数检验几乎可以处理包括分类数据和顺序数据在内的所有类型的数据，而参数检验通常只能用于定量数据的分析。对符合参数检验的数据，如果采用非参数检验，会损失部分信息，导致检验功效下降，犯第Ⅱ类错误的可能性比参数检验大。

非参数检验的适用范围

第一节　游 程 检 验

研究中，经常需要考虑一个序列中的数据出现是否与顺序无关，这关系到数据是否独立。几乎所有的经典统计分析方法在理论上都要求样本是随机样本，即要求重复观察到的一组变量值是相互独立的。从非参数的角度考虑，如果数据出现某种趋势或呈现周期性规律，就不能表示数据是独立的。这类问题可以转化为二分类序列或类型出现顺序的随机性问题。游程检验就是检验数据出现顺序是否随机，其出发点是检验样本的独立性。

游程检验（run test）是一个典型的针对二分变量样本标志表现排列所形成游程的多少进行判断的检验方法，可用于判断观测值的顺序是否随机，也称为连贯检验（coherence test）或串检验（strings test）。例如，男性与女性、成功与失败、及格与不及格、生或死等，都属于只有两类结果变量的事物。

一、游程的概念

一个可以二分的总体，如按性别区分的人群、按产品是否合格区分的总体等，随机从中抽取一个样本，样本可分为两类：类型Ⅰ和类型Ⅱ。如果类型Ⅰ记为一种符号，类型Ⅱ记为另一种符号，则当样本按某种顺序排列时，一个或者一个以上相同符号连续出现的段，称作游程（run），以 R 表示。因此，游程是在一个两种类型的符号的有序排列中，相同符号连续出现的段。

以一个 $n=12$ 的人群样本为例，其性别表现为男、女，假设有以下三种排列方式：①男、男、女、女、女、男、女、女、男、男、男、男；②男、男、男、男、男、男、男、女、女、女、女、女；③男、女、男、女、男、女、男、女、男、女、男、男。这些排列中连续出现男或女的区段就是游程。由此可知，排列①、②、③的游程分别是 5、2、11。一个游程中数据的个数称为游程长度（run length），以排列①为例，第一个游程为男、男，游程长度为 2；第二个游程为女、女、女，游程长度为 3。

以投掷质地均匀的硬币为例，我们将硬币正面朝上记为“1”，反面朝上记为“0”。对下面这一组数据：0、0、0、0、0、0、0、1、1、1、1、1、1、0、0、0、0、1、1、1、1、0、0，有 3 个“0”游程和 2 个“1”游程，一共是 5 个游程（$R=5$）。此数据中，“0”的总个数为 $n_0=13$，“1”的总个数为 $n_1=10$，总的试验次数为 n，有 $n=n_0+n_1$。

二、游程检验的步骤

以投掷质地均匀的硬币出现“0”或“1”的试验为例，这是一个 Bernoulli 试验。如果这个试验是随机的，则不大可能出现多个“1”或多个“0”连在一起，也不可能“1”和“0”交替出现得太频繁。也就是说，可以通过“0”和“1”出现的集中程度表示数据序列随机性的大小。若序列随机，则游程的个数不会太多，也不会太少；游程长度也不会太长或太短。该数据中，出现“0”和“1”的个数及游程数与概率有关。如果已知 n_0 和 n_1，则游程个数 R 的条件分布就与概率无关了。

（一）建立假设、确定显著水平

随机抽取一个样本，其观测值是否按某种顺序排列，我们假设数据出现的顺序是随机的（即无效假设 H_0）。为了对该假设进行推断，被收集的样本数据仅需定类尺度测量，但要进行有意义的排序，按一定次序排列的样本观测值能够被变换为两种类型的符号（如上述的二元“0”和“1”序列）。H_0 真实情况下，两种类型出现的可能性相等，相对于一定的 n_0 和 n_1，数据序列游程的总数应在一个范围内。若游程总数过少，表明某一游程的长度过长，意味着多个“0”或多个“1”连在一起，序列存在成群的倾向；若游程总数过多，表明游程长度很短，意味着“0”和“1”交替出现得太频繁，序列具有混合的倾向。因此，无论游程的总数 R 过多或过少，都表明数据序列不是随机的。

由上可知，备择假设 H_A 根据所关心的问题分为以下 3 种情况：①数据出现的顺序不是随机的；②数据出现具有混合的倾向；③数据出现具有成群的倾向。

假设建立之后，根据检验的要求，确定显著性水平 α。

（二）检验统计数计算及推断

游程个数 R 是游程检验的统计数。以投掷质地均匀的硬币为例，任何 n_0 个 0 和 n_1 个 1 的排列，其 R 值最小为 2，最大值则与 n_0、n_1 的取值有关，表现为 $2 \leqslant R \leqslant 2\min_{(n_0, n_1)}+1$。$R$ 取极端值时，说明数据不具有随机性。

由初等概率论可知，H_0 成立，在给定的 n_0 和 n_1 条件下，出现任何一种不同结构序列的可能性都是 $1/\binom{n}{n_1}$ 或 $1/\binom{n}{n_0}$。

如果游程个数为奇数（$R=2k+1$），这表明有 $k+1$ 个“0”游程和 k 个“1”游程，或者 $k+1$ 个“1”游程和 k 个“0”游程。如果游程个数为偶数（$R=2k$），这表明“0”和“1”各有 k 个游程。因此，R 的条件分布为

$$P(R=2k)=\frac{2\binom{n_0-1}{k-1}\binom{n_1-1}{k-1}}{\binom{n}{n_1}} \tag{5-1}$$

$$P(R=2k+1)=\frac{\binom{n_0-1}{k-1}\binom{n_1-1}{k}+\binom{n_0-1}{k}\binom{n_1-1}{k-1}}{\binom{n}{n_1}} \tag{5-2}$$

根据式（5-1）和式（5-2），可以计算 H_0 成立条件下，$P(R \geqslant r)$ 或 $P(R \leqslant r)$ 的值，并进行推断。

1．当 n_0 和 n_1 不大时　查游程检验表（附表 6）可以直接进行推断。附表 6 列出了 $\alpha=0.025$、0.05 及给定 n_0、n_1 时，拒绝域的临界值 r_1 和 r_2，即 $P(R \leqslant r_1) \leqslant \alpha$，$P(R \geqslant r_2) \leqslant \alpha$。

2．当 n_0 和 n_1 较大时　当样本容量较大，即数据序列的量较大时（$n \to \infty$），在 H_0 成立时，根据精确分布的性质可以得出：

$$E(R)=\frac{2n_1n_0}{n_1+n_0}+1 \tag{5-3}$$

$$\sigma_R^2=\frac{2n_1n_0(2n_1n_0-n_0-n_1)}{(n_1+n_0)^2(n_1+n_0-1)} \tag{5-4}$$

$$u=\frac{R-E(R)}{\sqrt{\sigma_R^2}} \tag{5-5}$$

进而可以用正态分布表得到 P 值，进行推断。

例 5-1　野外试验观测某种动物不同性别出现的次数，以 M 表示雄性动物出现，以 F 表示雌性动物出现，得到下列观测结果：F、M、M、M、M、M、F、M、M、F、M、M、M、

M、F、M、F、M、M、M、F、F、F、M、M、M。试检验该动物雄性、雌性出现顺序是否随机？

本例中，$n_{雄性}=18$，$n_{雌性}=8$，$n=26$；$R_{雄性}=6$，$R_{雌性}=6$，$R=12$。

（1）假设 H_0：该动物雄性、雌性出现顺序是随机的；H_A：该动物雄性、雌性顺序出现不随机。

（2）确定显著水平 $\alpha=0.05$。

（3）检验统计数：查附表 6 可知，$n_{雄性}=18$，$n_{雌性}=8$ 时，$r_{下临}=7$，$r_{上临}=17$，本题中 $7<R=12<17$。

（4）推断：在 0.05 显著水平上接受 H_0，认为该动物雄性、雌性出现顺序是随机的。

例 5-2　调查 50 位患者服用某种药物之后是否痊愈，以“0”和“1”分别表示痊愈和未痊愈，得到如下结果 $n_0=40$，$n_1=10$，$R=13$。试检验患者痊愈是否随机。

（1）假设 H_0：患者痊愈是随机的；H_A：患者痊愈不是随机的。

（2）确定显著水平 $\alpha=0.05$。

（3）检验计算：由式（5-3）～式（5-5），得

$$E(R)=\frac{2n_1n_0}{n_1+n_0}+1=\frac{2\times10\times40}{10+40}+1=17$$

$$\sigma_R=\sqrt{\sigma_R^2}=\sqrt{\frac{2n_1n_0(2n_1n_0-n_0-n_1)}{(n_1+n_0)^2(n_1+n_0-1)}}=\sqrt{\frac{2\times10\times40\times(2\times10\times40-40-10)}{(10+40)^2\times(10+40-1)}}=2.213$$

$$u=\frac{R-E(R)}{\sigma_R}=\frac{13-17}{2.213}=-1.808$$

（4）推断：因 $|u|<u_{0.05}=1.96$，在 0.05 显著水平上接受 H_0，推断患者痊愈是随机的。

第二节　符 号 检 验

在研究中，总体未知且样本为小样本的情况下，我们可以将原始观测值按照设定的规则，转换成正、负号，然后计算正、负号的个数以进行检验。例如，有一分布类型未知的总体，中位数为 M_d，从该总体随机抽取 n 个变量值 x_i，则 $(x_i-M_d)>0$（记为“+”）和 $(x_i-M_d)<0$（记为“－”）的概率均为 0.5。在这些差数中，n 个“+”（0 个“－”）、$n-1$ 个“+”（1 个“－”）、$n-2$ 个“+”（2 个“－”）、…、0 个“+”（n 个“－”）的概率分布则与 $p=q=0.5$ 时的 $(p+q)^n$ 展开式相对应，继而可以进行假设检验。这种检验方法称为符号检验（sign test）。

一、一个样本的符号检验

例 5-3　用盖革-米勒计数器对某试样进行放射性测定，每次计数时间为 1min，共计数 6 次，各次脉冲计数结果为：297、269、279、277、300、268。试检验该次结果与脉冲计数的理论计数 280 是否有显著差异。

本例采用符号检验法进行检验，根据题意，采用双尾检验。

（1）假设 H_0：$M_d=280$，即该测定结果与理论值没有显著差异；H_A：$M_d\neq280$。

（2）确定显著水平 $\alpha=0.05$。

（3）检验计算：将上述 6 个测定值分别减去 M_d=280，得符号为+、−、−、−、+、−，即符号为"+"的个数 n_+=2，符号为"−"的个数 n_-=4。

如果 H_0 真实，则 n_+和 n_-的数目应该相等，即 $n_+=n_-=3$。现在 $n_+\neq 3$，只要计算出 $n_+\neq 3$ 的概率，就可判断 $n_+\neq 3$ 是否由试验误差所造成。

$$
\begin{aligned}
P(n_+\neq 3) &= P(n_+\leqslant 2)+P(n_+\geqslant 4)\\
&= P(n_+=0)+P(n_+=1)+P(n_+=2)+P(n_+=4)+P(n_+=5)+P(n_+=6)\\
&= \frac{6!}{6!0!}\times 0.5^6+\frac{6!}{5!1!}\times 0.5^6+\frac{6!}{4!2!}\times 0.5^6+\frac{6!}{2!4!}\times 0.5^6+\frac{6!}{1!5!}\times 0.5^6+\frac{6!}{0!6!}\times 0.5^6\\
&= 0.015625+0.09375+0.234375+0.234375+0.09375+0.015625\\
&= 0.6875
\end{aligned}
$$

（4）推断：因 $P(n_+\neq 3)>0.05$，故在 0.05 显著水平上接受 H_0，认为该测定结果与理论值没有显著差异。

由以上计算可知，n_+和 n_-的出现仅仅是 n 的函数，而与基础总体的分布无关。我们以 S 表示 n_+和 n_-中的最小值，即

$$S=\min\{n_+,\ n_-\} \tag{5-6}$$

以 S_α 表示显著水平为 α 时 n_+或 n_-的最低临界值，则 S_α 仅需满足条件：

$$2\sum_{k=0}^{S_\alpha} C_n^k (0.5)^n \leqslant \alpha \tag{5-7}$$

符号检验表（附表 7）就是根据式（5-7）计算出的 $\alpha\leqslant 0.01$ 或 0.05 或 0.10 或 0.25 时的最大整数 S_α。因此，在进行符号检验时，只需进行 S 与 S_α 的比较就可以了。如果 $S>S_\alpha$，则在 α 水平上接受 H_0；如果 $S\leqslant S_\alpha$，则在 α 水平上否定 H_0、接受 H_A。由于符号检验表为双尾检验用表，在进行单尾检验时，应将符号检验表中的概率 α 除以 2。

二、两个配对样本的符号检验

两个配对样本要求两样本的容量相等，形成配对数据，根据其差值进行检验，类似于单个样本差异性检验方法。在假设 H_0：$M_{d_1}=M_{d_2}$ 的条件下，比较两个样本各对观测值差值的符号，得出 S 值；然后，查表得出 α 水平下的 S_α，进行 S 与 S_α 的比较，做出统计推断。

例 5-4　为了比较甲、乙两种药剂治疗某种疾病的疗效，各进行 10 组试验，其治愈率（%）分别为

甲药剂：94，88，83，92，87，95，90，90，86，84；

乙药剂：86，84，85，78，76，82，83，84，82，83。

试比较两种药剂的疗效有无显著差异。

（1）假设 H_0：$M_{d_1}=M_{d_2}$，即两种药剂的疗效没有显著差异；H_A：$M_{d_1}\neq M_{d_2}$。

（2）确定显著水平 $\alpha=0.05$。

（3）检验计算：以甲药剂的治愈率减去乙药剂的治愈率，得出符号为++−+++++++，即 n_+=9，n_-=1。由式（5-6），得出：

$$S=\min\{n_+,\ n_-\}=\min\{9,\ 1\}=1$$

由 $n_++n_-=10$，查附表 7，$\alpha=0.05$ 时，$S_{0.05}=1$；本例中，$S=S_{0.05}$。

（4）推断：在 0.05 显著水平上否定 H_0、接受 H_A，即认为两药剂治疗某疾病的疗效是有

显著差异的。

（5）本例中，如果取 $\alpha=0.01$，查附表 7，得出 $S_{0.01}=0$，实得 $S>S_{0.01}$，则接受 H_0，即认为两种药剂的疗效没有显著差异。

第三节　秩 和 检 验

符号检验利用了观测值和无效假设的中心位置之差的符号来进行检验，而没有考虑这些差值的大小所包含的信息，因而失去了部分信息。不同的符号代表了数据在中心位置的哪一边，而差的绝对值的大小代表了数据距离中心的远近；如果把二者结合起来，则比仅仅利用符号要更有效。威尔科克森（F. Wilcoxon）于 1945 年提出了 Wilcoxon 秩和检验（Wilcoxon rank-sum test），该方法既考虑了正、负号，又利用了差值的大小，即同时考虑了差异的方向和大小，也称为 Wilcoxon 符号秩检验（Wilcoxon signed-rank test），其检验功效高于符号检验。

一、秩和检验的原理和方法

（一）秩与秩和

1. 秩　将数值变量值由小到大，或等级变量值由弱到强所排列的序号，称为秩（rank）或秩次。例如，一个容量为 n 的样本，将其观测值按由小到大的次序排列，$x_1<x_2<\cdots<x_i<\cdots<x_n$（$i=1, 2, \cdots, n$），则 i 为 x_i 的秩次。如果在排列时出现了相同的观测值，则其秩次为平均值。

例如，$n=7$ 的样本，观测值按次序排列如下：0、1、1、1、2、3、3。该数据中，数值 1 出现了三次，数值 3 出现了两次，其秩次为

$$\text{数值 1 的平均秩次：}\frac{2+3+4}{3}=3$$

$$\text{数值 3 的平均秩次：}\frac{6+7}{2}=6.5$$

2. 秩和　用秩次号代替原始数据后，所得某些秩次号之和，即按某种顺序排列的序号之和，称为秩和（rank-sum）。例如，从两个总体中分别抽取容量为 n_1 和 n_2 的样本，且两样本独立，$n_1\neq n_2$。我们将这 n_1+n_2 个观测值混在一起，按由小到大的次序排列，得到每个观测值的秩；然后将属于总体 1 的样本观测值的秩相加，其和记为 R_1，称为样本 1 的秩和；其余观测值的秩的总和记为 R_2，称为样本 2 的秩和。这种情况下，R_1 和 R_2 是离散性随机变量，且 $R_1+R_2=\frac{1}{2}(n_1+n_2)(n_1+n_2+1)$。

（二）秩和检验的方法

Wilcoxon 秩和检验将差值的绝对值的秩分别按照不同的符号相加作为其检验统计数。需要注意的是，该检验需要假定样本点 x_1，x_2，$\cdots$，x_n 来自连续对称的总体分布（符号检验不需要这个假设）。在这个假定下，总体中位数等于平均数，其检验目的和符号检验是一样的，即要检验 H_0：$M=M_d$。对于单尾检验或双尾检验，Wilcoxon 秩和检验步骤如下。

1．计算差值　在无效假设 H_0：$M=M_d$ 条件下，计算 $|x_i-M_d|$（$i=1, 2, \cdots, n$），$|x_i-M_d|$ 代表了样本点到 M_d 的距离。

2．计算秩与秩和　将上述的 n 个绝对值排序，并得到它们的 n 个秩；如果有相同的样本点，每个点取平均秩。

令 W^+ 为 $x_i-M_d>0$ 的 $|x_i-M_d|$ 的秩和，W^- 为 $x_i-M_d<0$ 的 $|x_i-M_d|$ 的秩和，则 $W^++W^-=\frac{n(n+1)}{2}$。

3．建立假设　无效假设 H_0：$M=M_d$，则双尾检验 H_A：$M\neq M_d$。在无效假设下，W^+ 和 W^- 应该相差不大。因而，当其中之一很小时，则拒绝无效假设。在此，取检验统计数 $W=\min\{W^+, W^-\}$。

对单尾检验，有两种情况：①H_0：$M\leqslant M_d$，H_A：$M>M_d$；②H_0：$M\geqslant M_d$，H_A：$M<M_d$。

4．确定显著性水平，计算概率，进行推断　根据得到的 W 值，查 Wilcoxon 符号秩检验表（附表 8），得到无效假设 H_0：$M=M_d$ 下的 P 值。如果 n 值较大，则可用正态近似法，得到一个与 W 有关的正态随机变量 u 的值，再查表得到相应的 P 值。根据得到的 P 值，推断对 H_0：$M\leqslant M_d$ 是拒绝还是接受。

二、单样本 Wilcoxon 符号秩检验

例 5-5　调查某水稻品种的穗粒数（个），其结果由小到大排列如下：22、24、25、27、32、35、37、39、43、45。试检验该水稻品种穗粒数的中心位置是否大于 28？

本例为单样本的秩和检验，根据题意，用单尾检验。

（1）假设 H_0：$M_d\leqslant 28$，即穗粒数中心位置小于 28；H_A：$M_d>28$，即穗粒数中心位置大于 28。

（2）确定显著水平 $\alpha=0.05$。

（3）检验计算：计算该水稻品种穗粒数的 $|x_i-M_d|$、秩及符号，结果列于表 5-1。

表 5-1　某水稻品种穗粒数的秩及符号

穗粒数（x_i，个）	$\|x_i-M_d\|$	秩	符号
22	6	4	−
24	4	3	−
25	3	2	−
27	1	1	−
35	7	5	+
36	8	6	+
37	9	7	+
39	11	8	+
43	15	9	+
45	17	10	+

由表 5-1 可知，$W^-=10$，$W^+=45$，检验统计数 $W=W^-$。由 n 和 W 查附表 8，可得 $P=0.0420<0.05$。因此，在 0.05 显著水平上拒绝 H_0、接受 H_A，认为该水稻品种穗粒数的中心位置大于 28。

三、两个样本的 Wilcoxon 符号秩检验

（一）成对数据的 Wilcoxon 符号秩检验

将单个样本 Wilcoxon 符号秩检验的理念进一步延伸可用于成对数据的检验。成对数据中，各对数据的差值会形成一组数据，我们可以检验 M_d 是否等于 0。每对数据的差值小于 0，记作 W^-；差值大于 0，记作 W^+，应用 Wilcoxon 符号秩检验可推断成对的两组数据有无差异。

例 5-6　对例 5-4 甲、乙两药剂治疗某种疾病疗效的数据，进行 Wilcoxon 符号秩检验。

（1）假设 H_0：两种药剂的疗效没有显著差异；H_A：两种药剂的疗效有显著差异。

（2）确定显著水平 $\alpha=0.05$。

（3）检验计算：以甲药剂的治愈率减去乙药剂的治愈率，得出秩及符号，如表 5-2 所示。

表 5-2　两种药剂疗效的秩及符号

甲药剂	乙药剂	| 甲药剂－乙药剂 |	秩	符号
94	86	8	7	+
88	84	4	3.5	+
83	85	2	2	−
92	78	14	10	+
87	76	11	8	+
95	82	13	9	+
90	83	7	6	+
90	84	6	5	+
86	82	4	3.5	+
84	83	1	1	+

由表 5-2 可知，$W^-=2$，$W^+=53$，检验统计数 $W=W^-$。由 $n=10$ 和 $W^-=2$ 查附表 8，可得 $P=0.0029<0.05$。因此，在 0.05 显著水平上拒绝 H_0、接受 H_A，认为两种药剂的疗效有显著差异。

（二）两个独立样本的符号秩检验

1. Brown-Mood 中位数检验　Brown-Mood 中位数检验（Brown-Mood median test）的基本思路和方法是：假设 x_1，x_2，…，x_m 和 y_1，y_2，…，y_n 是分别来自分布 $F(X)$ 和 $F(Y)$ 的两个相互独立的样本，其总体中位数分别为 M_X 和 M_Y。

假设 H_0：$M_X=M_Y$，即两个总体的中位数相等；H_A：$M_X\neq M_Y$，即两个总体的中位数不相等。

在 H_0 成立的条件下，如果两组数据有相同的中位数，则将两组数据混合后，混合数据的中位数 M_{XY} 与 M_X 和 M_Y 相等，数据应该比较均匀地分布在 M_{XY} 两侧。因此，与符号检验类似，检验的第一步是得到混合数据的中位数 M_{XY}，将 X 和 Y 按照分布在 M_{XY} 的左右两侧分为 4 类，对每一类进行计数，形成 2×2 列联表（关于列联表的详细解析，请参照第 6 章相关内容）。在这一过程中，如果有和 M_{XY} 相同的观测值，可以去掉它，也可以随机地把这些相等的值放到大于或小于 M_{XY} 的群中以使得检验略微保守一些。2×2 列联表如表 5-3 所示。

表 5-3　X 和 Y 分布在 M_{XY} 两侧计数表

	X	Y	总和
$>M_{XY}$	a	b	$a+b$
$<M_{XY}$	$m-a$	$n-b$	$(m+n)-(a+b)$
总和	m	n	$N=m+n$

令 A 表示列联表中左上角取值 a 的 X 样本中大于 M_{XY} 的变量。在 m、n 及 t 给定时，A 的分布在无效假设下为超几何分布：

$$P(A=k)=\frac{\binom{m}{k}\binom{n}{t-k}}{\binom{m+n}{t}},\ k\leqslant\min\{m,\ t\} \tag{5-8}$$

给定 m、n 和 t 时，如果 A 的值太大或太小，则应拒绝 H_0：$M_X=M_Y$，接受 H_A：$M_X>M_Y$ 或 $M_X<M_Y$。表 5-4 列出了 Brown-Mood 中位数检验的基本内容。

表 5-4　Brown-Mood 中位数检验的基本内容

无效假设 H_0	备择假设 H_A	检验统计数	p 值
H_0：$M_X=M_Y$	H_A：$M_X>M_Y$	A	$P(A>a)$
H_0：$M_X=M_Y$	H_A：$M_X<M_Y$	A	$P(A\leqslant a)$
H_0：$M_X=M_Y$	H_A：$M_X\neq M_Y$	A	$2\min\{P(A\leqslant a),\ P(A>a)\}$
对水平 α，如果 $P<\alpha$，拒绝 H_0；如果 $P>\alpha$，接受 H_0			

例 5-7　测定 A、B 两个小麦品种株高（cm），结果如下。

A 品种：69.8，68.8，67.5，65.6，65.5，64.8，64.0，63.9，62.0；

B 品种：78.0，75.4，74.0，71.2，69.3，68.0，62.1。

试分析两个小麦品种株高的中位数是否有差异？

本例中，首先求得混合中位数 $M_{XY}=67.75$（cm），得到如表 5-5 所示列联表。

表 5-5　两个小麦品种株高中位数检验的列联表

	X 样本（A 品种）	Y 样本（B 品种）	总和
观测值大于 M_{XY} 数目	2	6	8
观测值小于 M_{XY} 数目	7	1	8
总和	9	7	16

（1）假设：H_0：$M_X=M_Y$，两个小麦品种株高没有差异；对备择假设，由于 $a=2$，故 H_A：$M_X<M_Y$。

（2）确定显著水平 $\alpha=0.05$。

（3）检验计算：根据式（5-8），有

$$P(A\leqslant 2)=\frac{\binom{9}{2}\binom{7}{8-2}}{\binom{9+7}{8}}=0.02028$$

（4）推断：因 $P(A\leqslant 2)=0.02028<0.05$，故在 0.05 显著水平上拒绝 H_0、接受 H_A，即 B

品种株高的中位数显著高于 A 品种。

当样本为大样本时，在无效假设下，可以用超几何分布的 N（0，1）正态近似性进行检验：

$$u=\frac{A-mt/(m+n)}{\sqrt{mnt(m+n-t)/(m+n)^3}} \tag{5-9}$$

当样本为小样本时，需进行连续性修正：

$$u_c=\frac{A\pm 0.5-mt/(m+n)}{\sqrt{mnt(m+n-t)/(m+n)^3}} \tag{5-10}$$

2．Whitney-Mann-Wilcoxon 秩和检验 Brown-Mood 中位数检验与符号检验的思想类似，仅仅是比较了两组数据的符号，而未考虑两样本具体观测值相互关系的信息。Whitney-Mann-Wilcoxon 秩和检验（Whitney-Mann-Wilcoxon test）类似于单样本的 Wilcoxon 符号秩检验，设有样本容量分别为 m 和 n 的两个样本，我们希望检验这两个样本是否来自同一个总体。首先将这两个样本合在一起按数值由小到大依次进行编号，共有 $N=m+n$ 个序号，在秩和检验法中，每个序号就是它对应数据的秩。

以 x_1，x_2，…，x_m 和 y_1，y_2，…，y_n 两个样本为例，将两个样本混合起来，并把这 $N=m+n$ 个数值按照由小到大进行排列，这样 Y 样本每一个观测值 y_i 在混合序列中都有自己的秩，令 R_i 为 y_i 在这 N 个数列中的秩。如果这些秩的和 $W_Y=\sum_{i=t}^{m}R_i$ 很小，则 y 样本的值偏小，拒绝 H_0（两个样本来自同一个总体）。同样，对于 X 样本也可以得到 W_X。我们称 W_Y 或 W_X 为 Wilcoxon 秩和统计数（Wilcoxon rank-sum statistic），可根据该统计数的分布进行检验。

实际上，如果令 W_{XY} 为把所有的 X 样本观测值和 Y 样本观测值进行比较之后，Y 样本观测值大于 X 样本观测值的个数，称为 Mann-Whitney 统计数（Mann-Whitney statistics），则有

$$W_Y=W_{XY}+\frac{n(n+1)}{2} \tag{5-11}$$

类似地，有

$$W_X=W_{YX}+\frac{m(m+1)}{2} \tag{5-12}$$

由此得出：

$$W_{XY}+W_{YX}=nm \tag{5-13}$$

在 H_0（两个样本来自同一个总体）下，W_{XY} 与 W_{YX} 具有相同分布，它们被称为 Mann-Whitney 统计数。事实上，Wilcoxon 秩和检验于 1945 年首先由 Wilcoxon 提出时，主要针对两样本量相同的情况；1947 年，Whitney 和 Mann 在考虑样本不等的情况下补充了这一方法，因此，也称两样本的秩和检验为 Whitney-Mann-Wilcoxon 检验（简称 W-M-W 检验）。

例 5-8 用甲、乙两种方法进行对虾育苗试验，甲、乙两种方法均用 5 个小池，池子大小及水体都相同，每池放卵均为 250 万粒，出池后检查孵出的仔虾数目（万尾）如下：方法甲：148，143，138，145，142；方法乙：139，136，141，133，140。试检验方法甲孵出的虾苗数是否显著超过方法乙。

此例中，考虑用 Whitney-Mann-Wilcoxon 秩和检验的方法。

（1）假设 H_0：方法甲孵出的虾苗数没有超过方法乙；H_A：方法甲孵出的虾苗数显著超

过方法乙。

（2）确定显著水平 $\alpha=0.05$。

（3）检验计算：将两样本数据按数值大小混合编排，且标出相应的秩。为了区别两样本，在较小样本（方法乙）的数据下面划一道横线，即

原数据：$\underline{133}$，$\underline{136}$，138，$\underline{139}$，$\underline{140}$，$\underline{141}$，142，143，145，148

秩次：$\underline{1}$，$\underline{2}$，3，$\underline{4}$，$\underline{5}$，$\underline{6}$，7，8，9，10

因此，对应于方法甲的秩和为 3+7+8+9+10=37，对应于方法乙的秩和为 1+2+4+5+6=18，则所有的秩和为 $T_{甲}+T_{乙}=37+18=55$。将较小的秩和记为 $T=18$。

$$W_{XY}=W_Y-\frac{n(n+1)}{2}=18-\frac{5\times(5+1)}{2}=3$$

根据 $m=5$，$n=5$，$W=3$，查附表 9（Whitney-Mann-Wilcoxon 秩和分布表），即可得秩和小于等于 18 的概率 P 为 0.0278。

（4）推断：由于 $P=0.0278<0.05$，所以在 0.05 显著水平上否定 H_0、接受 H_A，认为方法甲孵出的虾苗数显著超过方法乙。

在使用 Whitney-Mann-Wilcoxon 秩和分布表（附表 9）时，只适用 $m\leqslant10$、$n\leqslant10$。当 m、n 都大于 10 时，其秩和 T 分布就很接近于正态分布了，且具有平均数 μ_T：

$$\mu_T=\frac{n(N+1)}{2} \tag{5-14}$$

和标准差 σ_T：

$$\sigma_T=\sqrt{\frac{mn(N+1)}{12}} \tag{5-15}$$

因此，有

$$u=\frac{T-\mu_T}{\sigma_T} \tag{5-16}$$

据此按照前面所述 u 检验法，可进行单尾或双尾的秩和检验。当存在并列数据时，要进行近似的 u 检验，需对式（5-15）进行矫正，矫正后的 σ_T 为

$$\sigma_T=\sqrt{\frac{mn\left(N^3-N-\sum C_i\right)}{12N(N-1)}} \tag{5-17}$$

式中，C_i 是并列秩次数据 m_i 的函数：

$$C_i=(m_i-1)\,m_i\,(m_i+1) \tag{5-18}$$

式（5-18）中，如果 $\sum C_i=0$，即没有并列数据，则式（5-17）与式（5-15）是相同的。

例 5-9　为了比较 A、B 两种杀虫剂的杀虫效果，分别进行 11 次和 13 次试验，各次试验的杀死害虫百分率（%）为：

A：68.2，70.4，77.6，74.5，72.6，75.5，76.4，71.3，69.2，73.8，80.6；

B：80.0，78.4，82.6，77.5，75.4，84.5，80.7，86.2，76.5，79.4，85.3，81.6，80.5。

试检验两种杀虫剂的杀虫效果是否有显著差异。

由于样本容量 n_1、n_2 都大于 10，可进行近似 u 检验；根据题意，采用双尾检验。

（1）假设：H_0: $M_{d_1}=M_{d_2}$，即 A、B 两种杀虫剂的杀虫效果无显著差异；H_A: $M_{d_1}\neq M_{d_2}$。

（2）确定显著水平 $\alpha=0.05$。

（3）检验计算：首先将 A、B 两样本数据由小到大混合排列，以样本容量较小的 A 样本的秩和为 T，并在 A 样本数据和秩次下面划线：

原数据：$\underline{68.2}$，$\underline{69.2}$，$\underline{70.4}$，$\underline{71.3}$，$\underline{72.6}$，$\underline{73.8}$，$\underline{74.5}$，75.4，75.5，$\underline{76.4}$，76.5，77.5，$\underline{77.6}$，78.4，79.4，80.0，80.5，$\underline{80.6}$，80.7，81.6，82.6，84.5，85.3，86.2

秩次：$\underline{1}$，$\underline{2}$，$\underline{3}$，$\underline{4}$，$\underline{5}$，$\underline{6}$，$\underline{7}$，8，$\underline{9}$，$\underline{10}$，11，12，$\underline{13}$，14，15，16，17，$\underline{18}$，19，20，21，22，23，24

然后计算 T、μ_T、σ_T 和 u 值：

$$T=1+2+3+4+5+6+7+9+10+13+18=78$$

$$N=m+n=11+13=24$$

$$\mu_T=\frac{m(N+1)}{2}=\frac{11\times(24+1)}{2}=137.5$$

$$\sigma_T=\sqrt{\frac{mn(N+1)}{12}}=\sqrt{\frac{11\times13\times(24+1)}{12}}=17.260$$

$$u=\frac{T-\mu_T}{\sigma_T}=\frac{78-137.5}{17.260}=-3.447$$

（4）推断：因 $|u|>u_{0.05}=1.96$，故在 0.05 显著水平上否定 H_0、接受 H_A，推断 A、B 两种杀虫剂的效果有显著差异。

例 5-10　调查水稻不同插秧期的每穗结实粒数（个）如下。

6 月 4 日：31，84，71，38，46，46，54，44，88，24，45，89；

6 月 17 日：31，44，65，32，40，53，54，60，34，49，52。

试检验两个插秧时期对水稻每穗结实粒数有无影响。

（1）假设 H_0: $M_{d_1}=M_{d_2}$，即两个插秧期的水稻每穗结实粒数为同一分布，没有差异；H_A: $M_{d_1}\neq M_{d_2}$。

（2）确定显著水平 $\alpha=0.05$。

（3）检验计算：首先顺序排列各试验数据，以样本容量较小的 6 月 17 日样本的秩和为 T，并在该样本数据和秩次下面划线：

原数据：24，$\underline{31}$，31，$\underline{32}$，$\underline{34}$，38，$\underline{40}$，44，$\underline{44}$，45，46，46，$\underline{49}$，$\underline{52}$，$\underline{53}$，54，$\underline{54}$，$\underline{60}$，$\underline{65}$，71，84，88，89

秩次：1，$\underline{2.5}$，2.5，$\underline{4}$，$\underline{5}$，6，$\underline{7}$，8.5，$\underline{8.5}$，10，11.5，11.5，$\underline{13}$，$\underline{14}$，$\underline{15}$，16.5，$\underline{16.5}$，$\underline{18}$，$\underline{19}$，20，21，22，23

由于秩次 2 和 3 的数值并列，取其平均秩 2.5 作为并列秩次。秩次 8 和 9，11 和 12，16 和 17 都是并列数值，分别取其并列秩次 8.5、11.5 和 16.5。

计算 T、μ_T、σ_T 和 u 值：

$$T=2.5+4+5+7+8.5+13+14+15+16.5+18+19=122.5$$

$$N=m+n=12+11=23$$

$$\mu_T=\frac{m(N+1)}{2}=\frac{12\times(23+1)}{2}=144$$

本例中有 4 组并列秩次，第一组的并列秩次为 2.5，数据数 $m_1=2$；第二组的并列秩次为

8.5，数据数 $m_2=2$；第三组的并列秩次为 11.5，数据数 $m_3=2$；第四组的并列秩次为 16.5，数据数 $m_4=2$。由式（5-18），有

$$C_1=1\times2\times3=6$$
$$C_2=1\times2\times3=6$$
$$C_3=1\times2\times3=6$$
$$C_4=1\times2\times3=6$$

因此，有

$$\sum C_i=C_1+C_2+C_3+C_4=6+6+6+6=24$$

$$\sigma_T=\sqrt{\frac{mn\left(N^3-N-\sum C_i\right)}{12N(N-1)}}=\sqrt{\frac{12\times11\times(23^3-23-24)}{12\times23\times(23-1)}}=16.232$$

$$u=\frac{T-\mu_T}{\sigma_T}=\frac{122.5-144}{16.232}=-1.325$$

（4）推断：因 $|u|>u_{0.05}=1.96$，故在 0.05 显著水平上接受 H_0、否定 H_A，认为两个插秧时期的水稻每穗粒数没有显著差异。

第四节　H 检验——多样本比较的秩和检验

H 检验（*H*-test）即 Kruskal-Wallis 秩和检验（Kruskal-Wallis rank-sum test），可用于不满足正态分布或方差不具有同质性的两样本或多样本比较，检验统计数为

$$H=\frac{12}{N(N+1)}\sum\frac{R_i^2}{n_i}-3(N+1) \tag{5-19}$$

式中，R_i 为第 i 样本的秩和；n_i 为第 i 样本的例数；$N=\sum n_i$（$i=1$，2，…，k，k 为样本数）。

当样本的相同秩次数较多（如超过 25%）时，由式（5-19）计算的 H 值偏小，可用式（5-20）计算矫正 H_c 值作为检验统计数，校正后 $H_c>H$，P 值减小。

$$H_c=\frac{H}{1-\frac{\sum(t_j^3-t)}{N^3-N}} \tag{5-20}$$

式中，分子为由式（5-19）算得的 H 值；分母为校正数；t_j 为相同秩次的个数。

下面通过原始数据和频数分布数据的实例，介绍完全随机设计多样本比较 H 检验的方法步骤。

一、原始数据多样本比较的秩和检验

例 5-11　现有一 3 个大豆品种的对比试验，4 次重复，其产量（kg/100m²）结果如表 5-6 所示。试分析不同大豆品种的产量是否有差异。

（1）假设 H_0：3 个大豆品种的产量没有差异；H_A：3 个大豆品种的产量有差异。

（2）确定显著水平 $\alpha=0.05$。

（3）检验计算：将 12 个样本的数据由小到大统一编秩，计算各样本的秩和 R_i。编秩时如有相同数据分在不同样本组内，应取其平均秩次；相同观测值在同一组内不必计算平均秩次，但仍应视为相同秩次。本例各组数据统一编秩及计算各样本秩和的结果见表 5-6。

表 5-6　3 个大豆品种的产量（$kg/100m^2$）数据

A 品种		B 品种		C 品种	
产量	秩次	产量	秩次	产量	秩次
58	12	42	8	35	4
54	11	38	6	31	1
50	10	41	7	34	3
49	9	36	5	33	2
R_i	42	R_i	26	R_i	10
n_i	4	n_i	4	n_i	4

$$N=\sum n_i=4+4+4+4=12$$

$$H=\frac{12}{12\times(12+1)}\times\left(\frac{42^2}{4}+\frac{26^2}{4}+\frac{10^2}{4}\right)-3\times(12+1)=9.8462$$

（4）推断：推断分为两种情况：①当比较的样本数为 $k=3$（三个样本比较），且每个样本的例数均为 $n_i\leqslant5$ 时，可用观测例数直接查附表 10 的 H 界值表（三样本比较的秩和检验表），确定 P 值；②当处理组数较多，各组样本含量较大时，H 值的分布近于自由度为 $df=k-1$ 的 χ^2 分布。因此，当 $k\geqslant3$，附表 10 查不到 H 界值时，可用近似 χ^2 法，以 $df=k-1$ 查 χ^2 界值表，确定 P 值。

例 5-11 中三样本的例数均不超过 5，可用查表法。由 $n=12$，$n_1=n_2=n_3=4$，查附表 10，得 $H_\alpha=5.69$。因 $H>H_\alpha$，故在 0.05 显著水平上拒绝 H_0、接受 H_A，即 3 个大豆品种产量有差异。

二、频数表数据多样本比较的秩和检验

频数表数据多样本比较的 H 检验方法与原始数据多样本比较的 H 检验基本相同，不同的有两点：①属于同一组段或等级的值，一律取平均秩次，再以各组段的频数加权；②由于相同秩次较多，统计数除按式（5-19）计算 H 值外，还需进一步按式（5-20）计算校正值 H_c，但若根据 H 值已能拒绝 H_0，由于 $H_c>H$，可不必计算 H_c 的值。

例 5-12　某医院以蚯蚓胶囊为主综合治疗中晚期肺癌，并与中西医结合治疗（对照 1 组）及联合化疗（对照 2 组）进行比较，其近期疗效分为部分缓解、稳定、扩展三级，结果见表 5-7。试比较三组的疗效。

表 5-7　三组近期疗效的秩和检验计算表

疗效	治疗	对照 1	对照 2	合计	秩次范围	平均秩次	秩和（R_i）		
							治疗	对照 1	对照 2
缓解	10	9	16	35	1～35	18	180	162	288
稳定	4	10	27	41	36～76	56	224	560	1512
扩展	2	4	10	16	77～92	84.5	169	338	845
合计	16（n_1）	23（n_2）	53（n_3）	92（N）	—	—	573（R_1）	1060（R_2）	2645（R_3）

（1）假设 H_0：三组疗效相同；H_A：三组疗效不相同或不全相同。

（2）确定显著水平 $\alpha=0.05$。

（3）编秩，求秩和，见表 5-7。

$$H=\frac{12}{92\times(92+1)}\left(\frac{573^2}{16}+\frac{1060^2}{23}+\frac{2645^2}{53}\right)-3\times(92+1)=3.4309$$

$$\sum(t_i^3-t_i)=(35^3-35)+(41^3-41)+(16^3-16)=115800$$

$$H_c=\frac{H}{1-\frac{\sum(t_j^3-t)}{N^3-N}}=\frac{3.4309}{1-\frac{115800}{92^3-92}}=4.0303$$

（4）推断：自由度 $df=k-1=3-1=2$ 时，$\chi^2_{0.05(2)}=5.99$，$H_c=4.0303<5.99$，则在 0.05 显著水平上接受 H_0，推断三组疗效相同。

思考练习题

习题 5.1　什么叫非参数检验？非参数检验与参数检验的区别有哪些？

习题 5.2　试验设计中经常要关心试验误差与序号是否有关。假设 *A*、*B* 两个葡萄品种，每个品种观测 6 次，安排在 12 个小区中栽种，共得 12 个产量数据，结果（kg）如下表：

(1) *B*	(2) *A*	(3) *B*	(4) *B*	(5) *A*	(6) *A*	(7) *A*	(8) *B*	(9) *A*	(10) *B*	(11) *B*	(12) *A*
23	24	18	23	19	11	6	22	14	22	27	15

试用随机游程检验试验小区误差分布是否按序号随机。

习题 5.3　工艺上要求棉花纤维的断裂强度为 5.5g，现对一棉花新品系的断裂强度（g）测定 8 次，得结果为：5.5，4.4，4.9，5.4，5.3，5.3，5.6，5.1。问此新品系的断裂强度是否符合工艺要求？试用符号检验法进行检验。

习题 5.4　两个实验室进行奶油细菌计数检验，结果如下：实验室 A：16.1，10.4，11.6，14.3，11.2，11.9，14.4，13.9，11.3，13.1；实验室 B：16.4，11.7，12.3，14.2，11.7，13.4，15.1，14.7，12.2，12.5。试用 Whitney-Mann-Wilcoxon 检验分析两个实验室奶油细菌计数是否有差别。

习题 5.5　应用三种不同的方法测定水稻籽粒氮含量（g/kg），得如下结果。试用 *H* 检验分析三种方法测定籽粒氮含量有无差异。

A 方法		*B* 方法		*C* 方法	
氮含量	秩次	氮含量	秩次	氮含量	秩次
2.4	4	2.5	5	3.4	10
2.6	6	2.2	2	3.5	11
2.1	1	2.8	8	3.8	12
2.3	3	2.7	7	3.2	9

参考答案

第 6 章

列联分析

本章提要

列联分析是采用列联表对分类数据进行描述和分析的统计方法。本章主要讨论:

- 分类数据与列联表;
- χ^2检验在拟合优度检验和独立性检验中的应用;
- Fisher 精确检验与 McNemar 检验;
- 列联分析中相关系数的计算;
- 相对差分概率的置信区间、相对风险与比值比。

本章主要讨论对分类数据描述和分析的统计方法。对这类问题进行分析，通常采用列联的方式进行，故称为列联分析或列联表分析。

第一节　列联表与 χ^2 统计数

一、分类数据与列联表

（一）分类数据

通过第一章的学习，我们已经知道分类数据是统计数据的一种，是反映事物类别的数据，如试验处理的有效、无效，动物性别的雌性、雄性等。分类数据是离散数据（discrete data），对这类问题一般在汇总数据的基础上进行分析，数据汇总的结果表现为频数或频率。

通过对数据的了解，我们知道数值型的数据可以转化成分类数据，如小麦株高是一个数值型数据，但是可以按照一定的标准把不同株高的小麦数据分成相应的分类数据类型，如较高株高型、中等株高型或较低株高型，在对这些数据进行统计分析时，先按照上述方法对原始数据进行分类处理。表现处理结果的表格通常采用列联的方式，这种表格称为列联表。

（二）列联表的构造

列联表（contingency table）是由两个以上的变量进行交叉分类的频数分布表。例如，某个医疗机构调查给药方式与药物效果是否有关。在 193 名调查人数中，给药方式分为口服、注射两种，药物作用效果分为有效、无效两种，调查结果见表 6-1。

表 6-1 为一个 2×2 列联表，是列联表的一种，它所关注的问题是行向量（row vector）和列向量（column vector）的关联。列联表中的每个分类项称为一个单元格（cell）。表 6-1

表 6-1 给药方式与给药效果的 2×2 列联表

给药方式	有效	无效
口服	58	40
注射	64	31

中的行是条件变量，划分为两类：药物有效或药物无效；表中的列是给药方式，也分为两类：口服或注射。因此，对应着每个单元格，都反映着行变量和列变量两个方面的信息汇总。

一般来讲，在 2×2 列联表中，设 A、B 为一个随机试验中的两个事件，其中 A 可能出现两个结果，填入两行（R）内，用 r_1、r_2 表示；B 可能出现两个结果，填入两列（C）内，用 c_1、c_2 表示；两因子相互作用形成 4 格数，分别以 O_{11}、O_{12}、O_{21}、O_{22} 表示，即 2×2 列联表的一般形式（表 6-2）。

表 6-2 2×2 列联表的一般形式

$A(i)$	$B(j)$		总和
	c_1	c_2	
r_1	O_{11}	O_{12}	$R_1=O_{11}+O_{12}$
r_2	O_{21}	O_{22}	$R_2=O_{21}+O_{22}$
总和	$C_1=O_{11}+O_{21}$	$C_2=O_{12}+O_{22}$	T

生物学研究中，经常遇到的是 2×2 列联表，但有时也会遇到 $C\geqslant 3$ 的列联表，这种称为 2×C 列联表。表 6-3 所示的数据，就是 2×C 列联表中的一种——2×3 的列联表。

表 6-3 3 种农药毒杀烟蚜的试验数据（只）

烟蚜毒杀效果	甲	乙	丙	总和
死亡数	37	49	23	109
未死亡数	150	100	57	307
总和	187	149	80	416

2×C 列联表的一般形式如表 6-4 所示。

表 6-4 2×C 列联表的一般形式

$A(i)$	$B(j)$				总和
	1	2	…	c	
1	O_{11}	O_{12}	…	O_{1c}	R_1
2	O_{21}	O_{22}	…	O_{2c}	R_2
总和	C_1	C_2	…	C_c	T

以此类推，当分类数据中 $R\geqslant 3$ 且 $C\geqslant 3$，就称为 $R\times C$ 列联表。表 6-5 是 $R\times C$ 列联表的一般形式。

表 6-5 $R\times C$ 列联表的一般形式

$A(j)$	$B(j)$				总和
	1	2	…	c	
1	O_{11}	O_{12}	…	O_{1c}	R_1
2	O_{21}	O_{22}	…	O_{2c}	R_2
⋮	⋮	⋮		⋮	⋮
R	O_{r1}	O_{r2}	…	O_{rc}	R_r
总和	C_1	C_2	…	C_c	T

（三）列联表的分布

列联表的分布可以从两方面分析，一是观测值（observed value，O）的分布，二是理论值（theoretical value），也叫期望值（expected value，E）的分布。以表 6-1 数据为例，计算每个单元格的理论频率，列于表 6-6。

表 6-6　表 6-1 数据包含理论频率的 2×2 列联表

给药方式	有效	无效	总和
口服	58（0.3210）	40（0.1868）	98
注射	64（0.3111）	31（0.1811）	95
总和	122	71	193

从表 6-6 可以看到观测值的分布情况，表的最右列显示了给药方式的数据总和，即行总和（R）：口服 98 人，注射 95 人；表的最下面一行显示了药效的数据总和，即列总和（C）：有效 122 人，无效 71 人；最右下角的数据给出了样本总和（T）：一共有 193 人。

根据概率的乘法定理 $P(A \cdot B)=P(A) \cdot P(B)$，此例中口服与有效同时出现的理论频率＝口服频率×有效频率，即

$$P(\text{口服}\times\text{有效})=P(\text{口服})\times P(\text{有效})=\frac{98}{193}\times\frac{122}{193}=0.3210$$

因此，对应列联表数据的位置，每个单元格数据的理论频率为

$$P(A \cdot B)=P(A) \cdot P(B)=\frac{\text{行总和}}{\text{样本总和}}\times\frac{\text{列总和}}{\text{样本总和}}=\frac{R_i}{T}\times\frac{C_j}{T} \tag{6-1}$$

根据式（6-1）的计算方法，将每个单元格的理论频率都列于表 6-6 的括号内。

表 6-6 仅仅给出了列联表每个单元格的理论频率，还难以展开更深入的分析，因此还要进一步引入期望分布和理论值的概念。以表 6-1 给药方式与给药效果的数据为例，在知道每种服药方式下的有效或无效的理论频率下，还希望能进一步分析两种服药方式与服药效果之间是否有一定的关系。假设两种服药方式下药物效果相同的前提下，口服有效的理论值应该为口服有效的理论频率与总数的乘积，即

$$\text{口服有效的理论频数}=\frac{98}{193}\times\frac{122}{193}\times193=\frac{98\times122}{193}=61.95\approx62\text{（人）}$$

对应到列联表的单元格位置，每个单元格的理论值可用式（6-2）得到，列入表 6-7 括号内。

$$\text{每个单元格的理论值 } E_{ij}=\frac{\text{行总和}\times\text{列总和}}{\text{样本总和}}=\frac{R_i\times C_j}{T} \tag{6-2}$$

表 6-7　表 6-1 数据包含理论值的 2×2 列联表

给药方式	有效	无效	总和
口服	58（62）	40（36）	98
注射	64（60）	31（35）	95
总和	122	71	193

如表 6-7 所示，如果口服与注射的药效相同，那么服药后结果的理论数和观测值就应当

非常接近，可以采用 χ^2 分布进行检验。要注意的是，利用观测值的有关信息计算理论值分布，是进行 χ^2 检验的第一步。由于检验的具体内容不同，计算理论值的方法会有差异。

二、χ^2 统计数

第 3 章对 χ^2 分布已有所介绍，χ^2 的原意是互相独立的多个正态离差平方和。原式为

$$\chi^2=\sum_{i=1}^{k}\left(\frac{x-\mu}{\sigma}\right)^2=\frac{1}{\sigma^2}\sum_{i=1}^{k}(x-\mu)^2$$

视频讲解

当用 $\bar{x}$ 估计 μ 时，有

$$\chi^2=\frac{1}{\sigma^2}\sum_{i=1}^{k}(x-\bar{x})^2$$

由于 $s^2=\frac{\sum_{i=1}^{k}(x-\bar{x})^2}{k-1}$，可得

$$\chi^2=\frac{df\cdot s^2}{\sigma^2}=\frac{(k-1)\ s^2}{\sigma^2} \tag{6-3}$$

这是随自由度 $df=k-1$ 而变化的连续性变量的分布。对于分类数据，式（6-3）的 k 为分类数据的分类数。

对分类数据进行 χ^2 检验，其基本原理是应用观测值与理论值之间的偏离程度来决定其 χ^2 值的大小。观测值与理论值之间偏差越大，越不符合；偏差越小，越趋于符合；若两个值完全相等，表明观测值与理论值完全符合。在计算观测值 O 与理论值 E 之间的符合程度时，最简单的方法是比较两者差数的大小，但由于 $O-E$ 有正有负，则 $\sum(O-E)$ 等于零，不能真实地反映观测值与理论值差值的大小，故采用 $\sum(O-E)^2$，这样就可以解决正负值抵消的问题。观测值与理论值相差越大，则 $\sum(O-E)^2$ 也越大，反之亦然。$\sum(O-E)^2$ 似乎可以度量观测值与理论值的相差程度，实际上这个绝对差异数还不足以表示相差程度。例如，在某动物育种试验中，两次试验得到 F_2 代数据如表 6-8 所示。

表 6-8 某动物育种试验 F_2 代数据

	观测值 O	理论值 E	$O-E$
试验一	204	200	4
试验二	24	28	−4

显然两次试验的 $(O-E)^2$ 都是 16，但二者不能等量齐观。对于 k 组数据，采用 $\sum\frac{(O-E)^2}{E}$ 使其转化为相对比值，这个值随 k 的增加渐近于自由度 $df=k-1$ 的 χ^2 值，即

$$\chi^2=\sum_{i=1}^{k}\frac{(O_i-E_i)^2}{E_i} \tag{6-4}$$

式中，O 为观测值；E 为理论值；k 为分类数据的分类数。

由式（6-4）可知，χ^2 最小值为 0，随着 χ^2 值的增大，观测值与理论值符合度越来越小，所以 χ^2 的分布是由 0 到无限大的变数。实际上其符合程度由 χ^2 概率决定，由 χ^2 值表（附表 4）可知，在一定自由度下，χ^2 值与概率 P 成反比，χ^2 值越小，P 值越大；χ^2 越大，P 值越小。

因此，可由 χ^2 分布对分类数据进行假设检验。χ^2 检验的步骤如下所述。

（1）提出无效假设 H_0：观测值与理论值的差异由抽样误差引起，即观测值＝理论值；同时给出相应的备择假设 H_A：观测值与理论值的差值不等于 0，即观测值≠理论值。

（2）确定显著水平 α。一般确定为 0.05 或 0.01。

（3）计算样本的 χ^2：求得各个理论值 E_i，并根据各观测值 O_i，代入式（6-4），计算样本的 χ^2。

（4）进行统计推断。根据 $df=k-1$，从附表 4 中查出 χ^2_α 值，如果实得 $\chi^2<\chi^2_\alpha$，则 $P>\alpha$，应接受 H_0，否定 H_A，表明在 α 显著水平下观测值与理论值差异不显著，二者之间的差异由抽样误差引起；如果实得 $\chi^2>\chi^2_\alpha$，则 $P<\alpha$，应否定 H_0，接受 H_A，表明在 α 显著水平下观测值与理论值差异是显著的，二者之间的差异是真实存在的。

由于 χ^2 分布是连续的，而分类数据是离散的，故所得的 χ^2 值是一个近似值。为了使离散性变量的计算结果与连续性变量 χ^2 分布的概率相吻合，在计算 χ^2 时应注意以下两个问题。

（1）任何一组的理论值 E_i 都必须大于 5，如果 $E_i\leqslant 5$，统计数会明显偏离 χ^2 分布，则需要并组或增大样本容量，以满足 $E_i>5$。

（2）在自由度 $df=1$ 时，需进行连续性矫正，其矫正的 χ^2 为

$$\chi^2_C=\sum_{i=1}^{k}\frac{(|O_i-E_i|-0.5)^2}{E_i} \tag{6-5}$$

对同一组数据，进行矫正的 χ^2 值要比未矫正的 χ^2 值小。当自由度 $df\geqslant 2$ 时，由于 χ^2_C 与 χ^2 相差不大，所以一般不再进行连续性矫正。

第二节　拟合优度检验

拟合优度检验（goodness of fit test）是用 χ^2 统计数进行统计显著性检验的重要内容之一。它是依据总体分布状况，计算出分类变量中各类别的理论值，与分布的观测值进行对比，判断理论值与观测值是否有显著差异。这种方法是对样本的理论值先通过一定的理论分布来推算，然后用观测值与理论值比较，从而得出观测值与理论值之间是否吻合的结论，因此也称为适合性检验或吻合性检验（compatibility test）。例如，在遗传学上，常用 χ^2 检验来测定所得的结果是否符合分离规律、自由组合规律等。许多与已有理论比率进行比较的数据，也可用 χ^2 来做拟合优度检验。拟合优度检验是 χ^2 检验最常用的方法之一。

进行拟合优度检验时，可提出无效假设 H_0：$O-E=0$，即认为观测值与理论值之间没有差异，再计算样本 χ^2 值，根据规定的显著性水平 α 和自由度 df 从附表 4 中查出 χ^2_α，当 $\chi^2>\chi^2_\alpha$ 时，拒绝 H_0，接受 H_A；当 $\chi^2<\chi^2_\alpha$ 时，接受 H_0。

例 6-1　有一个鲤鱼遗传试验，以荷包红鲤（红色，隐性）与湘江野鲤（青灰色，显性）杂交，F_2 代获得如表 6-9 所示的体色分离尾数，问这组数据的实际观测值是否符合孟德尔一对等位基因的遗传规律，即鲤鱼体色的青∶红＝3∶1？

表 6-9　鲤鱼遗传试验 F_2 代观测数据（尾）

体色	青灰色	红色	总数
F_2 代观测尾数	1503	99	1602

本例为判断实际观测值与理论值是否相符的问题，属于典型的拟合优度检验问题。

（1）提出假设 H_0：鲤鱼体色 F_2 代性状分离符合 3∶1 比率；H_A：鲤鱼体色 F_2 代性状分离不符合 3∶1 比率。

（2）确定显著水平 $\alpha=0.01$。

（3）计算统计数 χ^2：由于该数据有 $k=2$ 组，故自由度 $df=k-1=2-1=1$，因而计算 χ^2 时需要进行连续性矫正。在无效假设 H_0 正确的前提下，青灰色鲤鱼的理论值（E_1）和红色鲤鱼的理论值（E_2）分别为

$$E_1=1602\times\frac{3}{4}=1201.5$$

$$E_2=1602\times\frac{1}{4}=400.5$$

将实际观测值与理论值代入式（6-5），有

$$\begin{aligned}\chi_C^2&=\sum_{i=1}^{k}\frac{(|O_i-E_i|-0.5)^2}{E_i}\\&=\frac{(|1503-1201.5|-0.5)^2}{1201.5}+\frac{(|99-400.5|-0.5)^2}{400.5}\\&=75.41+226.22=301.63\end{aligned}$$

（4）查附表 4，当 $df=1$ 时，$\chi^2_{0.01}=6.63$。现实得 $\chi^2_c=301.63$，远大于 $\chi^2_{0.01}$，故在 0.01 水平上否定 H_0、接受 H_A，即认为鲤鱼体色 F_2 代性状分离不符合 3∶1 比率。

遗传学中，有许多显性、隐性比率可以划分为两组的数据，如想判断其与某种理论比率的适合性，则 χ^2 值也可以用表 6-10 中的简式进行计算。

表 6-10 检验两组资料与某种理论比率符合度的 χ^2 值公式

理论比率（显∶隐性）	χ^2 值计算公式	理论比率（显∶隐性）	χ^2 值计算公式
1∶1	$\frac{(\lvert A-a\rvert-1)^2}{n}$	9∶7	$\frac{(\lvert 7A-9a\rvert-8)^2}{63n}$
2∶1	$\frac{(\lvert A-2a\rvert-1.5)^2}{2n}$	r∶1	$\frac{\left(\lvert A-ra\rvert-\frac{r+1}{2}\right)^2}{rn}$
3∶1	$\frac{(\lvert A-3a\rvert-2)^2}{3n}$	r∶m	$\frac{\left(\lvert mA-ra\rvert-\frac{r+m}{2}\right)^2}{rmn}$
15∶1	$\frac{(\lvert A-15a\rvert-8)^2}{15n}$		

注：A 为显性实际观测值，a 为隐性实际观测值，$n=A+a$

例 6-2 进行大豆花色的遗传研究，共观测 F_2 代 289 株，其中紫色 208 株，白色 81 株，试检验大豆花色分离是否符合 3∶1 的分离规律？

（1）H_0：大豆花色 F_2 代性状分离符合 3∶1 比率；H_A：大豆花色 F_2 代性状分离不符合 3∶1 比率。

（2）确定显著水平 $\alpha=0.05$。

（3）由表 6-10 计算统计数 χ^2 值：

$$\chi^2=\frac{(|A-3a|-2)^2}{3n}=\frac{(|208-3\times81|-2)^2}{3\times289}=1.256$$

（4）查附表 4，当 $df=1$ 时，$\chi^2_{0.05}=3.84$。现计算所得 $\chi^2=1.256<\chi^2_{0.05}$，故在 0.05 水平上接受 H_0，即大豆花色 F_2 代性状分离符合 3∶1 比率。

例 6-3　孟德尔用豌豆的两对相对性状进行杂交试验，黄色圆滑种子与绿色皱缩种子的豌豆杂交后，F_2 代分离的情况为：黄圆 315 粒、黄皱 101 粒、绿圆 108 粒、绿皱 32 粒，共 556 粒，问此结果是否符合自由组合规律?

根据自由组合规律，各性状理论分离比为

$$黄圆∶黄皱∶绿圆∶绿皱=\frac{9}{16}∶\frac{3}{16}∶\frac{3}{16}∶\frac{1}{16}$$

将以上数据进行整理，列于表 6-11。

表 6-11　豌豆杂交试验 F_2 代数据计算表

项目	黄圆	黄皱	绿圆	绿皱
观测数（O）	315	101	108	32
理论频率（P）	$\frac{9}{16}$	$\frac{3}{16}$	$\frac{3}{16}$	$\frac{1}{16}$
理论值（E）	312.75	104.25	104.25	34.75
$O-E$	2.25	−3.25	3.75	−2.75
$\frac{(O-E)^2}{E}$	0.016	0.101	0.135	0.218

（1）提出假设 H_0：豌豆 F_2 代分离比符合 9∶3∶3∶1 的自由组合规律；H_A：豌豆 F_2 代分离比不符合 9∶3∶3∶1 的自由组合规律。

（2）确定显著水平 $\alpha=0.05$。

（3）计算统计数 χ^2：

$$\chi^2=\sum_{i=1}^{k}\frac{(O_i-E_i)^2}{E_i}=0.016+0.101+0.135+0.218=0.470$$

（4）本例中，$df=4-1=3$，查附表 4，得 $\chi^2_{0.05}=7.81$。由于 $\chi^2<\chi^2_{0.05}$，所以在 0.05 水平上接受 H_0，认为 F_2 代分离比符合 9∶3∶3∶1 的自由组合规律。

对于数据组数多于两组的 χ^2 值，还可通过下面简式进行计算：

$$\chi^2=\frac{1}{n}\sum\frac{O_i^2}{p_i}-n \tag{6-6}$$

式中，O_i 为第 i 组的观测数；p_i 为第 i 组的理论比率；n 为总次数。

按式（6-6）进行 χ^2 值的计算：

$$\chi^2=\frac{1}{n}\sum\frac{O_i^2}{p_i}-n=\frac{1}{556}\times\left(\frac{315^2}{\frac{9}{16}}+\frac{101^2}{\frac{3}{16}}+\frac{108^2}{\frac{3}{16}}+\frac{32^2}{\frac{1}{16}}\right)-556=0.470$$

对于例 6-3 中两对等位基因 F_2 代的分离，假设 F_2 代性状分离符合 9∶3∶3∶1 的自由组合分离比率，式（6-6）也可表示为

$$\chi^2=\frac{16\times(O_1^2+3O_2^2+3O_3^2+9O_4^2)}{9n}-n \tag{6-7}$$

根据式（6-7），对例 6-3 进行 χ^2 值的计算如下：

$$\begin{aligned}\chi^2&=\frac{16\times(O_1^2+3O_2^2+3O_3^2+9O_4^2)}{9n}-n\\&=\frac{16\times(315^2+3\times101^2+3\times108^2+9\times32^2)}{9\times556}-556\\&=0.470\end{aligned}$$

由以上计算结果可知，用式（6-6）和式（6-7）进行计算的 χ^2 结果与按式（6-4）计算的结果是完全一样的。

第三节　独立性检验

独立性检验（independence test）是研究两个或两个以上因子彼此之间是相互独立的还是相互影响的一类统计方法。例如，表 6-1 的数据，给药方式与药效有无关系，若无关系，则说明两者是独立的；若有关系，说明不同给药方式下药物效果不同，要采用恰当的服药方式以保证药效。若两个或两个以上因子彼此之间有关系，还要考虑这种关系是否达到显著？这种情况下，可以进行 χ^2 检验。

独立性检验的一般步骤是，先提出无效假设，假设所观测的各类别之间没有关联，根据无效假设计算理论值，在一定的自由度下以给定的显著水平做出推断，最后证明无效假设是否成立。若拒绝无效假设，则说明两个事件之间的关联是显著的；若接受无效假设，则说明两个事件之间无关联，是相互独立的。独立性检验的形式有多种，常利用列联表的方式进行检验。

一、2×2 列联表的独立性检验

2×2 列联表的 χ^2 检验的步骤如下。

（1）无效假设 H_0：事件 A 和事件 B 无关，即事件 A 和事件 B 相互独立；备择假设 H_A：事件 A 和事件 B 有关联关系。

（2）确定显著水平 α。

（3）在 H_0 成立的前提下推算理论值，计算 χ^2 值。

（4）确定自由度。由列联表结构可知，独立性检验的自由度为

$$df=(R-1)(C-1) \tag{6-8}$$

即（行－1）（列－1）。

列联表自由度的计算

（5）查附表 4 得 χ^2_α，进行推断。如果所计算的 $\chi^2>\chi^2_\alpha$，则 $P<\alpha$，应否定 H_0，接受 H_A，表明事件 A 和事件 B 有关联关系，观测值与理论值是不一致的；若 $\chi^2<\chi^2_\alpha$，则 $P>\alpha$，应接受 H_0，否定 H_A，表明事件 A 和事件 B 相互独立。

例 6-4　现随机抽样对吸烟人群和不吸烟人群是否患有气管炎进行了调查，调查结果如表 6-12 所示。试检验吸烟与患气管炎有无关联。

表 6-12　不同人群患气管炎调查数据（人）

不同人群	患病	不患病	总和（R_i）	患病率（%）
吸烟人群	50（33）	250（267）	300	16.67
不吸烟人群	5（22）	195（178）	200	2.50
总和（C_j）	55	445	T=500	

注：括号内数据为理论值

（1）H_0：吸烟与患气管炎病无关；H_A：吸烟与患气管炎病有关联。

（2）确定显著水平 $\alpha=0.01$。

（3）计算 χ^2 值：先计算列联表中各项的理论值列于表 6-12 括号内。

$$\text{吸烟且患病人数：}E_{11}=\frac{R_1C_1}{T}=\frac{300\times55}{500}=33$$

$$\text{吸烟未患病人数：}E_{12}=\frac{R_1C_2}{T}=\frac{300\times445}{500}=267$$

$$\text{不吸烟且患病人数：}E_{21}=\frac{R_2C_1}{T}=\frac{200\times55}{500}=22$$

$$\text{不吸烟不患病人数：}E_{22}=\frac{R_2C_2}{T}=\frac{200\times445}{500}=178$$

由于本例中自由度 $df=(R-1)(C-1)=(2-1)\times(2-1)=1$，故所计算的 χ^2 需进行连续性矫正，于是有

$$\begin{aligned}\chi_C^2&=\sum_{i=1}^{k}\frac{(|O_i-E_i|-0.5)^2}{E_i}\\&=\frac{(|50-33|-0.5)^2}{33}+\frac{(|250-267|-0.5)^2}{267}+\frac{(|5-22|-0.5)^2}{22}+\frac{(|195-178|-0.5)^2}{178}\\&=8.250+1.020+12.375+1.529=23.174\end{aligned}$$

（4）查附表 4，当 $df=1$时，$\chi^2_{0.01}=6.63$，而 $\chi^2_C=23.174>\chi^2_{0.01}$，$P<0.01$，在 0.01 水平上拒绝 H_0，接受 H_A，说明吸烟与患气管炎密切相关，吸烟人群和不吸烟人群相比，患病率有极显著的提高。

2×2 列联表的 χ^2 值也可由式（6-9）计算得出：

$$\chi_C^2=\frac{\left(|O_{11}O_{22}-O_{12}O_{21}|-\frac{T}{2}\right)^2T}{R_1R_2C_1C_2}\tag{6-9}$$

对例 6-4，用式（6-9）进行计算，得到 χ_C^2：

$$\begin{aligned}\chi_C^2&=\frac{\left(|O_{11}O_{22}-O_{12}O_{21}|-\frac{T}{2}\right)^2T}{R_1R_2C_1C_2}\\&=\frac{\left(|50\times195-250\times5|-\frac{500}{2}\right)^2\times500}{300\times200\times55\times445}=23.174\end{aligned}$$

其计算结果与前述结果相同。

二、2×C列联表的独立性检验

2×C 列联表理论值的计算和 2×2 列联表一样，自由度为 $df=(R-1)(C-1)$，由于 $C\geqslant 3$，故 $df\geqslant 2$，因此计算 χ^2 时，不需要做连续性矫正。

例 6-5 表 6-13 是甲、乙、丙 3 种农药对烟蚜的毒杀效果检测数据，试分析这 3 种农药对烟蚜的毒杀效果是否一致。

表 6-13 三种农药毒杀烟蚜的试验数据（只）

烟蚜毒杀效果	甲	乙	丙	总和
死亡数	37（49.00）	49（39.04）	23（20.96）	109
未死亡数	150（138.00）	100（109.96）	57（59.04）	307
总和	187	149	80	416

（1）H_0：对烟蚜毒杀效果与农药类型无关；H_A：二者有关。

（2）确定显著水平 $\alpha=0.05$。

（3）统计数的计算：先计算理论值（填入表 6-13 括号内）：

$$E_{11}=\frac{109\times 187}{416}=49.00$$

$$E_{12}=\frac{109\times 149}{416}=39.04$$

$$E_{13}=\frac{109\times 80}{416}=20.96$$

$$E_{21}=\frac{307\times 187}{416}=138.00$$

$$E_{22}=\frac{307\times 149}{416}=109.96$$

$$E_{23}=\frac{307\times 80}{416}=59.04$$

再计算 χ^2 值：

$$\chi^2=\frac{(37-49.00)^2}{49.00}+\frac{(49-39.04)^2}{39.04}+\frac{(23-20.96)^2}{20.96}$$

$$+\frac{(150-138.00)^2}{138.00}+\frac{(100-109.96)^2}{109.96}+\frac{(57-59.04)^2}{59.04}$$

$$=2.939+2.541+0.199+1.043+0.902+0.070=7.694$$

（4）查附表 4，当 $df=2$ 时，$\chi^2_{0.05}=5.99$。现实得 $\chi^2=7.694>\chi^2_{0.05}$，则在 0.05 水平上拒绝 H_0、接受 H_A，说明 3 种农药对烟蚜的毒杀效果不一致。

为计算方便，也可不计算理论值，直接代入式（6-10）：

$$\chi^2=\frac{T^2}{R_1R_2}\left[\sum\left(\frac{O_{ij}^2}{C_j}\right)-\frac{R_1^2}{T}\right] \tag{6-10}$$

将表 6-13 中的数据代入式（6-10），得

$$\chi^2=\frac{416^2}{109\times307}\times\left[\left(\frac{37^2}{187}+\frac{49^2}{149}+\frac{23^2}{80}\right)-\frac{109^2}{416}\right]=7.693$$

两种计算方法所得结果相同。

三、$R\times C$ 列联表的独立性检验

$R\times C$ 列联表各项理论数的计算方法与 2×2 列联表及 $2\times C$ 列联表一样，即 $E_{ij}=\frac{R_iC_j}{T}$，其自由度 $df=(R-1)(C-1)$，由于 $R\geqslant3$，$C\geqslant3$，所以 $df>1$，计算 χ^2 时不需要进行连续性矫正。其 χ^2 值也可由式（6-11）进行计算：

$$\chi^2=T\left[\sum\left(\frac{O_{ij}^2}{R_iC_j}\right)-1\right] \tag{6-11}$$

式中，$i=1, 2, \cdots, R$；$j=1, 2, \cdots, C$。

例 6-6　某医院用碘剂治疗地方性甲状腺肿，不同年龄的治疗效果列于表 6-14 中。试检验不同年龄的治疗效果有无差异。

表 6-14　不同年龄用碘剂治疗甲状腺效果数据（人）

年龄/岁	治愈	显效	好转	无效	总和
11～30	67（45.29）	9（17.87）	10（22.02）	5（5.82）	91
31～50	32（39.32）	23（15.51）	20（19.12）	4（5.05）	79
50 以上	10（24.39）	11（9.62）	23（11.86）	5（3.13）	49
总和	109	43	53	14	219

注：括号内数据为理论值

（1）H_0：治疗效果与年龄无关；H_A：治疗效果与年龄有关，即不同年龄治疗效果不同。

（2）确定显著水平 $\alpha=0.01$。

（3）计算统计数 χ^2：

$$\chi^2=T\left[\sum\left(\frac{O_{ij}^2}{R_iC_j}\right)-1\right]=219\times\left(\frac{67^2}{91\times109}+\frac{9^2}{91\times43}+\cdots+\frac{5^2}{49\times14}-1\right)=46.988$$

（4）查附表 4，当 $df=(4-1)\times(3-1)=6$ 时，$\chi^2_{0.01}=16.81$，所以 $\chi^2=46.988>\chi^2_{0.01}$，$P<0.01$，故在 0.05 水平上拒绝 H_0、接受 H_A，说明治疗效果与年龄有关。

在治疗效果与年龄有关的基础上，可以将表 6-14 的 3×4 列联表做成 3 个 2×4 列联表，检验两个年龄段疗效的差异。

11～30 岁与 31～50 岁两个年龄段疗效比较：

$$\chi^2=(91+79)\times\left[\frac{67^2}{91\times(67+32)}+\frac{9^2}{91\times(9+23)}+\cdots+\frac{4^2}{79\times(5+4)}-1\right]=21.202$$

11～30 岁与 50 岁以上两个年龄段疗效比较：

$$\chi^2=(91+49)\times\left[\frac{67^2}{91\times(67+10)}+\frac{9^2}{91\times(9+11)}+\cdots+\frac{5^2}{49\times(5+5)}-1\right]=38.369$$

31～50 岁与 50 岁以上两个年龄段疗效比较：

$$\chi^2=(79+49)\times\left[\frac{32^2}{79\times(32+10)}+\frac{23^2}{79\times(23+11)}+\cdots+\frac{5^2}{49\times(4+5)}-1\right]=9.574$$

以上 3 个 χ^2 值的自由度 $df=(2-1)\times(4-1)=3$，查附表 4，$\chi^2_{0.05}=7.81$，$\chi^2_{0.01}=11.31$，表明 11～30 岁与 31～50 岁、50 岁以上年龄段间疗效差异极显著，31～50 岁与 50 岁以上年龄段间疗效差异显著。

第四节 Fisher 精确检验与 McNemar 检验

一、Fisher 精确检验

Fisher 精确检验（Fisher's exact test）是利用 2×2 列联表的显著性检验方法，检验两个分类变量是否独立，并产生精确的 P 值，非常适合于小样本检验或理论频数非常小的情况，下面举例分析。

例 6-7 体外膜氧合（ECMO）是一种有效的新生儿严重呼吸疾病救治技术。一个试验对 29 个婴儿用 ECMO 技术治疗，10 个婴儿以普通方式（CMT）进行治疗，结果见表 6-15。

表 6-15 新生儿呼吸疾病救治方式试验数据

治疗结果	治疗方式		总和
	CMT	ECMO	
死亡	4（1.28）	1（3.72）	5
存活	6（8.72）	28（25.28）	34
总和	10	29	39

表 6-15 的数据显示，39 名婴儿中 34 个存活，5 个死亡。表中括号内的数据是由式（6-2）算出的理论值。普通方式治疗婴儿的存活率为 60%，而 ECMO 治疗婴儿的存活率为 96.6%。

提出假设 H_0：治疗结果（死亡或存活）与治疗方式（CMT 或 ECMO）相互独立，即两种治疗方式婴儿的存活率没有显著差异。备择假设 H_A：认为治疗结果与治疗方法有关，即 CMT 和 ECMO 治疗存活率存在真实差异。并给出显著水平 $\alpha=0.05$。

类似表 6-15 这样的数据，可以用 Fisher 精确检验计算。在给定的边际总数（10 个 CMT 和 29 个 ECMO 治疗中，5 个死亡、34 个存活）概率是固定的，换言之，无论何种治疗方式，这 39 个婴儿中，有 5 个都会死亡，两种治疗都无法救治他们的生命。那么，其中 4 个接受 CMT 组的可能性多大？

（一）二项式组合计算概率

由二项式分布可知：从 5 个死亡的婴儿中选 4 个进到 CMT 组的方式数是 $C_5^4=\frac{5!}{4!}=5$；从

存活的 34 个婴儿中选出 6 个进到 CMT 组的方式为 $C_{34}^{6}=\frac{34!}{6!28!}=1344904$；从 39 个婴儿中选出 10 个进入 CMT 组的方式 $C_{39}^{10}=\frac{39!}{10!29!}=635745396$。所以，例 6-7 数据的概率为

$$P=\frac{C_5^4\times C_{34}^6}{C_{39}^{10}}=\frac{5!\times 34!\times 10!\times 29!}{39!\times 4!\times 1!\times 6!\times 28!}=\frac{5\times 1344904}{635745396}=0.01058$$

结论：$P<0.05$，故否定 H_0，接受 H_A，表明 ECMO 治疗效果优于 CMT。

表 6-16 显示了另外一种可能。39 个婴儿中，以 CMT 治疗的有 5 个死亡，而 ECMO 治疗的 29 个婴儿全部存活。

表 6-16　ECMO 试验数据极端化结果

治疗结果	治疗方式		总和
	CMT	ECMO	
死亡	5	0	5
存活	5	29	34
总和	10	29	39

计算表 6-16 数据的概率为

$$P=\frac{C_5^5\times C_{34}^5}{C_{39}^{10}}=\frac{1\times 278256}{635745396}=0.00044$$

如果 H_0 成立，P 值就是所获取极端数据的概率。在这种情况下，P 值就是表 6-15 和表 6-16 两组数据的概率之和，即

$$P=0.01058+0.00044=0.01102$$

由于 P 值远小于 0.05，因此，应拒绝 H_0，认为其无效假设是不真实的，接受 H_A，即 ECMO 治疗优于 CMT。

（二）Fisher 精确检验与 χ^2 检验的比较

本章第一节，我们用 χ^2 检验分析 2×2 列联表，χ^2 检验的优点是可以应用到 2×2 列联表或者更大范围的列联表中。χ^2 检验是基于 χ^2 分布的，当样本容量很大时，这种分布就为 χ^2 检验的理论抽样提供了比较好的近似值。但是，当样本容量比较小时，这个近似值就不太可信，从 χ^2 检验得到的 P 值可靠性也就降低了。

Fisher 精确检验之所以被称为“精确”，是因为它的 P 值是绝对确定的，而不是估算出来的。下面来比较一下对例 6-7 数据利用精确检验和 χ^2 检验的差异性。

由式（6-5），可得

$$\chi_C^2=\sum_{i=1}^{k}\frac{(|O_i-E_i|-0.5)^2}{E_i}$$
$$=\frac{(|4-1.28|-0.5)^2}{1.28}+\frac{(|1-3.72|-0.5)^2}{3.72}+\frac{(|6-8.72|-0.5)^2}{8.72}+\frac{(|28-25.28|-0.5)^2}{25.28}$$
$$=5.94$$

查附表 4，得 P 值（单尾检验的备择假设）是 0.0078，比 Fisher 精确检验的 P 值 0.01102

要小得多。

二、McNemar 检验

McNemar 检验（McNemar’s test）又称为非独立样本频率（或比率）的 χ^2 检验，或成对数据样本的 χ^2 检验。

第 3 章我们讲到对立事件是由两个对立结果构成的事件，如种子的发芽与不发芽，动物性别的雌雄。我们也可以把这些对立事件描述为“是”与“否”两种对立状态，如“种子发芽？”可表示为“是”与“否”(也可以用“＋”与“－”表示）两种结果，“动物是否为雄性”也可表示为“是”与“否”两种结果。对这种“非此即彼”事件构成的总体可用二项分布来描述。McNemar 检验的基本方法针对“是/否”或者“否/是”的不一致的假设，对二项分布“非此即彼”事件结果发生概率所进行的 χ^2 拟合优度检验。

为方便 McNemar 检验的计算，需要对表 6-2 的 2×2 列联表一般形式进行适当调整，形成成对数据的 2×2 列联表（表 6-17)。

表 6-17　成对数据的 2×2 列联表

A 事件是否成立?	B 事件是否成立?		总和
	是	否	
是	O_{11}	O_{12}	$O_{11}+O_{12}$
否	O_{21}	O_{22}	$O_{21}+O_{22}$
总和	$O_{11}+O_{21}$	$O_{12}+O_{22}$	T

由表 6-17 可知，如果无效假设 H_0 成立，即假设样本来自的两个配对总体分布无显著差异。那么预期“是/否”的数目应为（$O_{12}+O_{21}$）/2，等于预期“否/是”的数目。因此，其检验的统计数 χ_s^2 为

$$\chi_s^2=\frac{\left[O_{12}-\dfrac{O_{12}+O_{21}}{2}\right]^2}{\dfrac{O_{12}+O_{21}}{2}}+\frac{\left[O_{21}-\dfrac{O_{12}+O_{21}}{2}\right]^2}{\dfrac{O_{12}+O_{21}}{2}}$$

简化为

$$\chi_s^2=\frac{(O_{12}-O_{21})^2}{O_{12}+O_{21}} \tag{6-12}$$

例 6-8　为研究一种新药治疗偏头痛的药效，选定 100 位患者，各随机给予新药或安慰剂，试验 8 周后得到表 6-18 数据。试以 $\alpha=0.05$ 检测新药与安慰剂对治疗偏头痛的效果是否一样？

表 6-18　新药或安慰剂治疗偏头痛试验数据

治疗效果	治疗方式		总和
	安慰剂	新药	
有效	20	43	63
无效	21	16	37
总和	41	59	100

（1）提出假设 H_0：新药与安慰剂效果一样；H_A：新药与安慰剂效果不同。

（2）确定显著水平 $\alpha=0.05$。

（3）根据式（6-12）计算统计数 χ_s^2：

$$\chi_s^2=\frac{(O_{12}-O_{21})^2}{O_{12}+O_{21}}=\frac{(43-21)^2}{43+21}=7.56$$

（4）进行统计推断：查附表 4 可知，$\chi^2_{0.05(1)}=3.84$，故 $\chi_s^2>\chi^2_{0.05(1)}$，因此拒绝 H_0，接受 H_A，认为新药与安慰剂效果不同，新药治疗偏头痛的效果显著好于安慰剂。

第五节　列联表中的相关系数

前面讨论了利用 χ^2 分布对两个分类变量之间的独立性进行统计检验。如果变量相互独立，说明它们之间没有关系；反之，则认为它们之间存在联系。接下来的问题是，如果变量之间存在联系，它们之间的关联程度有多大？

对两个变量之间相关程度的测量，主要用相关系数表示。我们知道列联表中的变量通常是分类变量，它们所表现的是研究对象的不同品质类别，因此把这种分类数据之间的相关称为品质相关（association of attribute）。常用的品质相关系数有以下几种。

一、φ 相关系数

φ 相关系数（phi-coefficient of correlation）简称 φ 系数，是描述 2×2 列联表数据相关程度常用的一种相关系数。计算公式为

$$\varphi=\sqrt{\frac{\chi^2}{T}} \tag{6-13}$$

式中，χ^2 值按式（6-4）计算；T 为列联表中的总样本量。对于 2×2 列联表中的数据，计算出的 φ 系数可以控制在 0～1。因此，φ 系数适合 2×2 列联表的相关测量。为更好地表明其关系，根据表 6-17 数据说明其关系。

表 6-17 中，O_{11}、O_{12}、O_{21}、O_{22} 均为条件频数。当变量 A、B 相互独立，不存在相关关系时，频数间应有下面的关系：

$$\frac{O_{11}}{O_{11}+O_{21}}=\frac{O_{12}}{O_{12}+O_{22}}$$

化简后，得

$$O_{11}O_{22}=O_{12}O_{21}$$

因此，当变量 A、B 间存在一定的联系时，差值 $O_{11}O_{22}-O_{12}O_{21}$ 的大小可以反映变量之间相关程度的强弱。差值越大，说明两个变量的相关程度越高。φ 系数就是以 $O_{11}O_{22}-O_{12}O_{21}$ 的差值为基础，测定两个变量的相关程度。

由式（6-2）和表 6-17 可知，在 2×2 列联表中，每个单元的理论值为

$$E_{11}=\frac{(O_{11}+O_{12})(O_{11}+O_{21})}{T}$$

$$E_{12}=\frac{(O_{11}+O_{12})(O_{12}+O_{22})}{T}$$

$$E_{21}=\frac{(O_{11}+O_{21})(O_{21}+O_{22})}{T}$$

$$E_{22}=\frac{(O_{12}+O_{22})(O_{21}+O_{22})}{T}$$

由式（6-4），得

$$\chi^2=\frac{(O_{11}-E_{11})^2}{E_{11}}+\frac{(O_{12}-E_{12})^2}{E_{12}}+\frac{(O_{21}-E_{21})^2}{E_{21}}+\frac{(O_{22}-E_{22})^2}{E_{22}}$$

$$=\frac{T(O_{11}O_{22}-O_{12}O_{21})^2}{(O_{11}+O_{12})(O_{21}+O_{22})+(O_{11}+O_{21})(O_{12}+O_{22})}$$

将结果带入式（6-13），得

$$\varphi=\sqrt{\frac{\chi^2}{T}}=\sqrt{\frac{(O_{11}O_{22}-O_{12}O_{21})^2}{(O_{11}+O_{12})(O_{21}+O_{22})+(O_{11}+O_{21})(O_{12}+O_{22})}}$$

当 $O_{11}O_{22}=O_{12}O_{21}$ 时，表明变量 A、B 之间相互独立，这时 $\varphi=0$。如果 $O_{12}=0$，$O_{21}=0$，由上式得 $\varphi=1$，即变量 A、B 之间完全相关。同样可知，如果 $O_{11}=0$，$O_{22}=0$，由上式得 $\varphi=-1$，也是变量 A、B 之间完全相关的一种情况。由于列联表中，变量的位置可以任意变换，因此 φ 的符号没有什么实际意义，其绝对值 $|\varphi|=1$ 只是表明 A、B 完全相关。现实中，$|\varphi|=1$ 的情况比较少。因此，实际上 φ 系数的取值为 0～1，φ 的绝对值越大，说明变量 A 与 B 的相关程度越高。

但是，当列联表的行数 R 或列数 C 大于 2 时，φ 系数将随着 R 或 C 的变大而无限增大。这时用 φ 系数测量两个变量的相关程度就不够准确，可以采用列联相关系数。

二、列联相关系数

列联相关系数（correlation coefficient of contingency）又称为列联系数，简称 c 系数，主要用于大于 2×2 列联表的情况。c 系数的计算公式为

$$c=\sqrt{\frac{\chi^2}{\chi^2+T}} \tag{6-14}$$

当列联表中的两个变量相互独立时，系数 $c=0$。从式（6-14）可知，c 系数不可能大于 1。c 系数的特点是，其可能的最大值依赖于列联表的行数和列数，且随着行数和列数的增大而增大。例如，当两个变量完全相关时，对于 2×2 列联表，$c=0.7071$；对于 3×3 列联表，$c=0.8165$；而对 4×4 列联表，$c=0.8700$。因此，根据不同的行和列计算的列联系数不便于比较，除非两个列联表中行数和列数一致，这是列联系数的局限。但由于其计算简便，且对总体的分布没有任何要求，所以列联系数仍不失为一种适应性较广的测度值。

三、V 相关系数

鉴于 φ 系数无上限、c 系数小于 1 的情况，克莱默（Gramer）提出了 V 相关系数（V-coefficient of correlation），简称 V 系数。V 相关系数的计算公式是

$$V=\sqrt{\frac{\chi^2}{T\times\min[(R-1),(C-1)]}} \tag{6-15}$$

V 的计算也是以 χ^2 值为基础的，式中的 $\min[(R-1),(C-1)]$ 表示取（$R-1$）、（$C-1$）中较小的一个。当两个变量相互独立时，$V=0$；当两个变量完全相关时，$V=1$。所以，V 的取值为 0～1。如果列联表中的行或列为 2，则 $\min[(R-1),(C-1)]=1$，则 V 值就等于 φ 值。

四、三种相关系数的比较

以例 6-5 三种农药毒杀烟蚜数据的 2×3 列联表为例，分别计算 φ 系数、c 系数和 V 系数。本例中，$\chi^2=7.692$，$T=416$。有

$$\varphi=\sqrt{\frac{\chi^2}{T}}=\sqrt{\frac{7.692}{416}}=0.1360$$

$$c=\sqrt{\frac{\chi^2}{\chi^2+T}}=\sqrt{\frac{7.692}{7.692+416}}=0.1347$$

$$V=\sqrt{\frac{\chi^2}{T\times\min[(R-1),(C-1)]}}=\sqrt{\frac{7.692}{416\times1}}=0.1360$$

对于 φ 系数，当 $R>2$，$C>2$ 时，φ 值有可能突破 1，相比之下，本例中的 $\varphi=0.1360$ 不是很大。对于 c 系数，其结果必然低于 φ 值，因此 c 值一定小于 1。因本例为 2×3 列联表，V 系数与 φ 系数相等。当 $R>2$ 和 $C>2$ 的情况下，V 系数更小。

上例三个相关系数的结果还说明，对于同一组数据，系数 φ、c 和 V 的结果可以不同。同样，对于不同的列联表，由于行数和列数的差异，也会影响相关系数值。因此，在对不同列联表变量之间的相关程度进行比较时，不同列联表中行与行、列与列的个数要相同，并且采用同一种系数，这样的相关系数数值才具有可比性。

第六节　差分概率的置信区间与相对风险

一、差分概率的置信区间

2×2 列联表的 χ^2 检验仅仅计算了估计概率，我们可以用 $\hat{p}_1$ 和 $\hat{p}_2$ 表示，但是否能够真正得出与真实概率 p_1 和 p_2 不同的结论？这就需要计算 p_1-p_2 差值的置信区间。

根据第 4 章置信区间的知识，我们对 2×2 列联表数据进行调整，使置信区间具有较好的覆盖性。同样，当构建两个频率差异的置信区间时，我们会在表格的每个单元格加入一个观测值，定义新的估计值。我们可以将一个 2×2 列联表看作是容量为 n_1 和 n_2 的二分变量，见表 6-19。

表 6-19　样本与容量的二分变量

样本 1	样本 2
x_1	x_2
n_1-x_1	n_2-x_2
n_1	n_2

根据表 6-19 定义：

$$\hat{p}_1=\frac{x_1+1}{n_1+2} \tag{6-16}$$

$$\hat{p}_2=\frac{x_2+1}{n_2+2} \tag{6-17}$$

因此，就可以用 $\hat{p}_1-\hat{p}_2$ 的差值构建 p_1-p_2 的置信区间。那么，$\hat{p}_1-\hat{p}_2$ 的差值也可以归为抽样误差。$\hat{p}_1-\hat{p}_2$ 的标准误如下：

$$s_{\hat{p}_2-\hat{p}_2}=\sqrt{\frac{\hat{p}_1(1-\hat{p}_1)}{n_1+2}+\frac{\hat{p}_2(1-\hat{p}_2)}{n_2+2}} \tag{6-18}$$

根据 $s_{\hat{p}_2-\hat{p}_2}$ 可以得到近似的置信区间：

$$(\hat{p}_1-\hat{p}_2)\pm u_\alpha s_{\hat{p}_1-\hat{p}_2}$$

2×2 列联表的每个单元格加入 1 个观测值，以这种方法构建的置信区间具有良好的覆盖性。例如，所有 95% 的置信区间，几乎覆盖了容量为 n_1 和 n_2 的绝大多数任意样本真实差异 p_1-p_2 的 95%。

例 6-9　患有中度到重度偏头痛的患者参加了一项双盲临床试验，以评估试验性手术的作用。将 75 位患者随机分组，一组在偏头痛触发位点实施真正的手术（$n_1=49$），另一组是仅仅开刀而不做进一步治疗的假手术（$n_2=26$）。外科医生将患者感觉偏头痛“明显减轻”定义为“成功”，结果见表 6-20。

表 6-20　患者对偏头痛手术的反应（人）

治疗效果	手术	
	真手术	假手术
成功	41	15
失败	8	11
总和	49	26

本例中，样本大小 $n_1=49$，$n_2=26$，根据式（6-16）和式（6-17），偏头痛缓解的估计概率为

$$\hat{p}_1=\frac{42}{51}=0.824$$

$$\hat{p}_2=\frac{16}{28}=0.571$$

所以，有

$$\hat{p}_1-\hat{p}_2=0.824-0.571=0.253$$

这样，与假手术相比，我们估计真实手术将偏头痛缓解的概率提高了 0.253，以这个估计值确定置信限，根据式（6-18）计算标准误为

$$s_{\hat{p}_1-\hat{p}_2}=\sqrt{\frac{0.824\times(1-0.824)}{49+2}+\frac{0.571\times(1-0.571)}{26+2}}=0.1077$$

其 95% 的置信区间为

$$(\hat{p}_1-\hat{p}_2)\pm u_\alpha s_{\hat{p}_1-\hat{p}_2}=0.253\pm1.96\times0.1077=0.253\pm0.211$$

因此，$0.042<p_1-p_2<0.464$。有 95%的把握认为，真实手术使得偏头痛的缓解概率比假手术高 0.042～0.464。

二、相对风险与比值比

无效假设是检验两个总体频率 p_1 和 p_2 是否相等的常用方法，p_1-p_2 的置信区间为 p_1 和 p_2 之间的差值提供了信息。分类数据的依存关系测定中，还存在另外两种：相对风险与比值比。

（一）相对风险

在对事件频率进行比较时，人们关注的重点在于样本频率的概率，而不是比较它们的差异性。当结果事件是有害时（如患心脏病或癌症），两个事件发生概率的比值被称为相对风险（relative risk），或风险系数。相对风险被定义为

$$相对风险=\frac{p_1}{p_2} \tag{6-19}$$

例 6-10　多年来，有人追踪调查了 11900 位中年吸烟男性的健康史。在此项研究中，126 名男性患肺癌，其中 89 名为吸烟者，37 名为已戒烟者。数据如表 6-21 所示。

表 6-21　肺癌发生率与吸烟状况（人）

肺癌发生情况	吸烟史		总和
	吸烟者	已戒烟者	
是	89	37	126
否	6063	5711	11774
总和	6152	5748	11900

根据表 6-21，对肺癌｜吸烟者 p_1 和肺癌｜已戒烟者 p_2 两个条件概率进行估计：

$$\hat{p}_1=\frac{89}{6152}=0.01447$$

$$\hat{p}_2=\frac{37}{5748}=0.00644$$

所以，估计相对风险为

$$\frac{\hat{p}_1}{\hat{p}_2}=\frac{0.01447}{0.00644}=2.247$$

因此，我们估计患肺癌的风险，吸烟者是已戒烟者的 2.247 倍。当然，因为这是一个观察型研究，还不能充分地断定吸烟引发肺癌的结论。

（二）比值比

另一种比较两个概率的方式是比值（odd）。对于事件 E，其比值被定义为事件 E 发生的概率 p 除以事件 E 不发生的概率 $1-p$，即

$$E\text{的比值}=\frac{p}{1-p} \tag{6-20}$$

比值比（odd ratio）就是指在两种条件下事件概率比值的比。假设 p_1 和 p_2 为一个事件在两种不同条件下的条件概率，那么比值比 θ 则被定义为

$$\theta=\frac{\dfrac{p_1}{1-p_1}}{\dfrac{p_2}{1-p_2}} \tag{6-21}$$

如果估计概率 $\hat{p}_1$ 和 $\hat{p}_1$ 是从 2×2 列联表中得来的，相应比值比的估计值用 $\hat{\theta}$ 表示，被定义为

$$\hat{\theta}=\frac{\dfrac{\hat{p}_1}{1-\hat{p}_1}}{\dfrac{\hat{p}_2}{1-\hat{p}_2}} \tag{6-22}$$

对于例 6-10 的数据，代入式（6-22），可以估计出患肺癌的比值为

$$\text{吸烟者：比值}=\frac{0.01447}{1-0.01447}=0.01468$$

$$\text{已戒烟者：比值}=\frac{0.00644}{1-0.00644}=0.00648$$

估计值比值比为

$$\hat{\theta}=\frac{0.01468}{0.00648}=2.265$$

因此，估计吸烟者患肺癌的风险是已戒烟者的 2.265 倍。

（三）比值比与相对风险的关系

比值比是一种与相对风险有关联的不常见度量指标，相对风险是一种更常见的衡量指标。在大多数应用中，这两种度量指标近似相等，比值比与相对风险的关系可以用式（6-23）表示：

$$\text{比值比}=\text{相对风险}\times\frac{1-p_2}{1-p_1} \tag{6-23}$$

值得注意的是，如果 p_1 和 p_2 的值很小，那么相对风险的值近似于比值比。例如，例 6-10 中，我们计算得到的相对风险值为 2.247，估计值比值比为 2.265，二者近似相等，是因为结果（患肺癌）的发生率很小，所以 $\hat{p}_1$ 和 $\hat{p}_2$ 也都很小。

比值比的优点

思考练习题

习题 6.1 名词解释：列联表、拟合优度检验、独立性检验、Fisher 精确检验、φ 相关系数、列联相关系数、V 相关系数、相对风险、比值比。

习题 6.2 χ^2 检验的主要步骤有哪些？什么情况下 χ^2 需要进行连续性矫正？

习题 6.3 某林场狩猎得到 143 只野兔，其中雄性 57 只，雌性 86 只。试检验该野兔的性别比例是

否符合 1∶1？

习题 6.4 有一大麦杂交组合，F_2 代的芒性状表型有钩芒、长芒和短芒 3 种，观察得其株数依次分别为 348、115、157。试检验其比率是否符合 9∶3∶4 的理论比率。

习题 6.5 某乡 10 岁以下的 747 名儿童中有 421 名男孩，用 95%的置信水平，估计这群儿童的性别比例是否合理？

习题 6.6 某仓库调查不同品种苹果的耐贮情况，随机抽取'国光'苹果 200 个，腐烂 14 个；'红星'苹果 178 个，腐烂 16 个。试检验这两种苹果耐贮差异是否显著。

习题 6.7 调查了 5 个不同小麦品种感染赤霉病（株）的情况，结果见下表。试分析①小麦赤霉病的发生与品种是否有关；②计算 φ 系数、c 系数和 V 系数。

品种	A	B	C	D	E	总和
健株数	442	460	478	376	494	2250
病株数	78	39	35	298	50	500
总和	520	499	513	674	544	2750

习题 6.8 调查了 3 种灌溉方式下水稻叶片衰老数据（片）如下表所示。试检验叶片衰老与灌溉方式是否有关。

灌溉方式	绿叶数	黄叶数	枯叶数	总和
深水	146	7	7	160
浅水	183	9	13	205
湿润	152	14	16	182
总和	481	30	36	547

习题 6.9 一项双盲随机临床试验，比较了冠状动脉病患者服用肝素和依诺肝素后的治疗效果。根据治疗效果，将患者分为正效应和负效应组，结果见下表。试计算该治疗试验效果的相对风险和比值比。

治疗效果	药物	
	肝素	依诺肝素
负	309	266
正	1225	1341
总和	1564	1607

参考答案

第7章 方差分析

本章提要

方差分析是对两个或多个样本平均数进行差异显著性检验的重要方法。本章主要讨论：

- 方差分析的基本原理与分析步骤；
- 单因素、二因素及多因素方差分析的基本方法；
- 方差分析中缺失数据的估计与数据转换方法。

通过前面的学习，我们知道对于样本平均数的假设检验，可将 u 检验（或 t 检验）用于样本平均数与总体平均数及两个样本平均数间的差异显著性检验。但在实际研究过程中，常需要对 3 个及 3 个以上样本平均数进行比较。此时，如果仍用 u 检验（或 t 检验）对其平均数进行两两相互比较，比较的次数会随着样本平均数个数的增加而剧增。例如，要用 t 检验进行 4 个样本的均值检验，需要检验 6 次：检验 1：H_0：$\mu_1=\mu_2$；检验 2：H_0：$\mu_1=\mu_3$；检验 3：H_0：$\mu_1=\mu_4$；检验 4：H_0：$\mu_2=\mu_3$；检验 5：H_0：$\mu_2=\mu_4$；检验 6：H_0：$\mu_3=\mu_4$。而 n 个样本平均数检验需要比较的次数为 C_n^2。这样会出现以下问题：①检验过程烦琐；②两两比较过程中试验误差不统一，误差估计的精确性和检验的灵敏性低；③推断的可靠性降低，犯 α 错误的概率增加。应用方差分析的方法就可以有效解决这些问题。

方差分析（analysis of variance，ANOVA）又称为变量分析，是对两个或多个样本平均数进行差异显著性检验的统计方法，是英国著名统计学家 R. A. Fisher 于 1923 年提出的。方差分析是将所有处理的观测值作为一个整体，一次比较就对所有各组间样本平均数是否有差异做出判断。如果差异不显著，则认为它们都是相同的；如果差异显著，再进一步比较是哪组数据与其他数据不同。方差分析的用途非常广泛，可用于多个样本平均数的比较、分析多个因素间的交互作用、回归方程的假设检验、方差的同质性检验等。按因变量多少划分，方差分析分为一元方差分析和多元方差分析。本章主要介绍一元方差分析多个样本平均数的比较，并对多个因素间的交互作用进行分析。

多元方差分析

第一节 方差分析的基本原理

视频讲解

一、方差分析的基本思想

在一个试验中，可以得到一系列不同的观测值。造成观测值不同的原因是多方面的，可能是由处理因素不同引起的，即处理效应（treatment effect）；也可能是由试验过程中偶然性因素的干扰和测量误差所致，即误差效应（error effect）。通过方差分析对处理效应与误差效应进行分析的基本思想，就是将测量数据的总变异按照变异原因不同分解为处理效应和误差效应，并做出其数量估计。处理因素为自变量，属于分类变量；而测量数据的总变异为因变量，属于数值变量。

反映测量数据变异性的指标有多个，在方差分析中选用方差，即均方（mean square）作为度量数据变异程度的指标。要正确判断观测值的变异是由处理效应还是误差效应引起的，我们首先要计算出处理效应的方差和误差效应的方差，在一定显著水平下进行比较：如果二者相差不大，说明试验处理对指标影响不大；如果处理效应比试验误差大得多，则说明试验处理影响是很大的，不可忽视。

二、方差分析的数学模型

方差分析的数学模型（mathematical model）就是指试验数据的结构情况，或者是每一个观测值的线性组成。以单因素试验为例，假设试验考察的因素中有 k 个水平，每个处理有 n 次重复，则共有 nk 个观测值。其数据模型可用表 7-1 表示。

表 7-1　每组 n 次重复的 k 组样本的数据构成

处理	A_1	A_2	…	A_i	…	A_k	
重复	x_{11}	x_{21}	…	x_{i1}	…	x_{k1}	
	x_{12}	x_{22}	…	x_{i2}	…	x_{k2}	
	⋮	⋮		⋮		⋮	
	x_{1j}	x_{2j}	…	x_{ij}	…	x_{kj}	
	⋮	⋮		⋮		⋮	
	x_{1n}	x_{2n}	…	x_{in}	…	x_{kn}	
总和 $T_{i.}$	$T_{1.}$	$T_{2.}$	…	$T_{i.}$	…	$T_{k.}$	$T=\sum x_{ij}$
平均数 $\bar{x}_{i.}$	$\bar{x}_{1.}$	$\bar{x}_{2.}$	…	$\bar{x}_{i.}$	…	$\bar{x}_{k.}$	$\bar{x}_{..}$

表 7-1 中，x_{ij} 表示第 i 个处理的第 j 个观测值（$i=1$，2，…，k；$j=1$，2，…，n）；各处理相对应的总和与平均数分别表示为 $T_{i.}=\sum_{j=1}^{n}x_{ij}$，$\bar{x}_{i.}=\frac{1}{n}\sum_{j=1}^{1}x_{i.}$（$i=1$，2，…，$k$）；全试验总和与全试验总平均数分别表示为 $T=\sum x_{ij}$ 和 $\bar{x}_{..}=\frac{T}{nk}$。这里，“·”作为占位符，表示某一个下标的和，在本章会经常使用。

表 7-1 中，对于任意一个观测值 x_{ij}，可用线性可加模型（linear additive model）来进行描述，即

$$x_{ij}=\mu_i+\varepsilon_{ij} \tag{7-1}$$

式中，μ_i 为第 i 个处理观测值的总体平均数；ε_{ij} 为试验误差，要求 ε_{ij} 是相互独立且服从正态分布 N（0，σ^2）。

对于总体平均数 μ，有

$$\mu=\frac{1}{k}\sum_{i=1}^{k}\mu_i \tag{7-2}$$

令 τ_i 为第 i 个处理的效应，则

$$\tau_i = \mu_i - \mu \tag{7-3}$$

将式（7-3）代入式（7-1）中，则有

$$x_{ij} = \mu + \tau_i + \varepsilon_{ij} \tag{7-4}$$

式（7-4）就称为单因素试验数据的数学模型。由式（7-4）可知这类数学模型是一种线性模型，它将观测值分解为影响观测值大小的各个因素效应的线性组合。同理，对于由样本估计的线性模型为

$$x_{ij} = \overline{x} + t_i + e_{ij} \tag{7-5}$$

式中，$\overline{x}$ 为样本平均数；t_i 为样本的第 i 个处理的效应；e_{ij} 为试验误差。

依据对 τ_i 的不同假定，方差分析的数学模型可分为固定模型、随机模型和混合模型。

（一）固定模型

固定模型（fixed model）是指各个处理的效应 τ_i 是固定的一个常量，是由固定因素（fixed factor）引起的效应，且 $\sum \tau_i = 0$ 。在试验中，我们只能讨论参加试验的个体而不是随机选择的样本，也就是说除去随机误差之后每个处理所产生的效应是固定的，分析的目的在于研究 τ_i。例如，试验者人为选定的不同试验温度、几种不同药物或者一种药物的几个不同浓度等。在这些试验中，因素的水平是特意选择的，得到的结论仅适合于方差分析中所选定的几个水平，不能扩展到未加考虑的其他水平。处理固定因素所用的模型称为固定效应模型（fixed effect model）或简称固定模型。

（二）随机模型

随机模型（random model）是指各处理的效应值 τ_i 不是一个常量，是由随机因素（random factor）所引起的效应。这里 τ_i 是一个随机变量，是从 N（0，σ^2）的正态总体中得到的一个随机变量，研究的目的不仅是处理效应 τ_i，还有 τ_i 的变异程度。例如，将从美国引进的黑核桃品种在不同纬度生态条件下种植，观察该品种对不同地理条件的适应情况，由于各地的气候、水肥、土壤条件是无法人为控制的，属于随机因素，需要用随机模型来处理。由试验所得出的结论可以推广到随机因素的所有水平上。处理随机因素所用的模型称为随机效应模型（random effect model）或简称随机模型。

（三）混合模型

在多因素试验中，若既包括固定效应的试验因素，又包括随机效应的试验因素，则该试验对应于混合模型（mixed model）。例如，为了解全国 6～7 岁男性儿童的身高发育是否平衡，从所有省（自治区、直辖市）中随机抽取 3 个省（自治区、直辖市），每个省（自治区、直辖市）又分为城市和农村两类地区，各抽取 20 例的数据进行分析。其中城市与农村两个水平组成的地区是固定因素，省（自治区、直辖市）的 3 个水平是通过随机抽样确定的，是随机因素，则该试验数据对应于混合模型。

不同的模型在平方和与自由度的计算上是相同的，但在进行假设检验时 F 值的计算公式不同，另外，模型分析的侧重点也不完全相同。固定模型侧重于效应值 τ_i 的估计和比较，而

随机模型则侧重效应方差的估计和检验。对于单因素方差分析来说，固定模型和随机模型区别不大。

三、方差分析的基本假定

对试验数据进行方差分析是有条件的，即方差分析的有效性建立在正态性、可加性和方差同质性这 3 个基本假定基础上的。如果分析的数据不符合这些基本假定，得出的结论就不会正确。一般来说，在试验设计时，就应考虑是否符合方差分析的条件。

视频讲解

（一）正态性

正态性（normality）是指试验误差应当是服从正态分布 $N(0, \sigma^2)$ 的独立随机变量，只有在这样的条件下才能进行 F 检验。因为方差分析只能估计随机误差，顺序排列或顺序取样数据不能进行方差分析。应用方差分析的数据应服从正态分布，即试验所抽取的任一观测值 x_{ij} 的数据分布是正态分布，即试验数据的总体是正态总体。非正态分布的数据进行适当数据转换或抽取平均数据的分布符合正态分布条件的，也能进行方差分析。

（二）可加性

可加性（additivity）又称为效应的可加性，是指试验的总效应中，处理效应与误差效应是可加的，并服从数据的线性模型，即 $x_{ij}=\mu+\tau_i+\varepsilon_{ij}$。只有这样，才能在方差分析中，将试验的总变异分解为处理效应和误差效应所引起的变异，以确定各变异在总变异中所占的比例，对试验结果做出客观评价。

（三）方差同质性

方差同质性（homogeneity of variance）也称为方差齐性，是指所有试验的误差方差应相同，它们有一个共同的总体方差 σ^2。因为方差分析是将各个处理的试验误差合并以得到一个共同误差方差，从而作为检验各处理平均数差异显著性的误差方差值，所以必须假定数据中这样一个共同方差存在。误差异质将使假设检验中某些处理效应得出不正确的结果。方差的同质性检验已在第 4 章介绍过。如果发现误差异质，只要不属于研究对象本身的原因，在不影响分析正确性的条件下，可将变异特别明显的数据剔除。当然在剔除数据时应十分小心，以免失掉某些信息，或者将试验分成几个部分进行分析，使每部分具有同质的方差。

以上 3 个假定条件中，可加性比较容易满足，正态性和方差同质性两者相比，方差同质性对分析结果影响更大。因此，在做方差分析之前应该先做多个方差的同质性检验，只有在具备方差同质性条件下才可做方差分析，否则方差分析的结果不可信。

四、平方和与自由度的分解

将表 7-1 中全部观测值的总变异用总体方差来度量。方差是离均差平方和（squariance）除以自由度的商。根据方差分析的基本思想，我们把试验数据的总变异按照变异来源分解为由处理引起的变异和由误差引起的变异。因此，首先要将总平方和（total sum of squares）与总自由度（total degrees of freedom）分解为各个变异来源的相应部分。

视频讲解

（一）平方和分解

我们知道引起观测值变异的原因有处理效应和误差效应。处理间平均数的差异是由处理效应所引起的，同一处理内的变异则由随机误差引起。根据方差的线性可加模型，对于任一观测值 x_{ij} 与总平均数 $\overline{x}_{..}$ 之差可以表示为

$$(x_{ij}-\overline{x}_{..})=(x_{ij}-\overline{x}_{i.})+(\overline{x}_{i.}-\overline{x}_{..})$$

等式两边平方：

$$\begin{aligned}(x_{ij}-\overline{x}_{..})^2&=[(x_{ij}-\overline{x}_{i.})+(\overline{x}_{i.}-\overline{x}_{..})]^2\\&=(x_{ij}-\overline{x}_{i.})^2+2(x_{ij}-\overline{x}_{i.})(\overline{x}_{i.}-\overline{x}_{..})+(\overline{x}_{i.}-\overline{x}_{..})^2\end{aligned}$$

每一处理 n 个观测值离均差平方和累加，有

$$\sum_{j=1}^{n}(x_{ij}-\overline{x}_{..})^2=\sum_{j=1}^{n}(x_{ij}-\overline{x}_{i.})^2+2\sum_{j=1}^{n}(x_{ij}-\overline{x}_{i.})(\overline{x}_{i.}-\overline{x}_{..})+\sum_{j=1}^{n}(\overline{x}_{i.}-\overline{x}_{..})^2$$

由于 $2\sum_{j=1}^{n}(x_{ij}-\overline{x}_{i.})(\overline{x}_{i.}-\overline{x}_{..})=2(\overline{x}_{i.}-\overline{x}_{..})\sum_{j=1}^{n}(x_{ij}-\overline{x}_{i.})=0$，则

$$\sum_{j=1}^{n}(x_{ij}-\overline{x}_{..})^2=\sum_{j=1}^{n}(x_{ij}-\overline{x}_{i.})^2+\sum_{j=1}^{n}(\overline{x}_{i.}-\overline{x}_{..})^2=\sum_{j=1}^{n}(x_{ij}-\overline{x}_{i.})^2+n(\overline{x}_{i.}-\overline{x}_{..})^2$$

再把 k 个观测值离均差平方和累加，得

$$\sum_{i=1}^{k}\sum_{j=1}^{n}(x_{ij}-\overline{x}_{..})^2=\sum_{i=1}^{k}\sum_{j=1}^{n}(x_{ij}-\overline{x}_{i.})^2+n\sum_{i=1}^{k}(\overline{x}_{i.}-\overline{x}_{..})^2$$

将上式简写为

$$\sum_{1}^{k}\sum_{1}^{n}(x_{ij}-\overline{x}_{..})^2=\sum_{1}^{k}\sum_{1}^{n}(x_{ij}-\overline{x}_{i.})^2+n\sum_{1}^{k}(\overline{x}_{i.}-\overline{x}_{..})^2 \tag{7-6}$$

式中，$\sum_{1}^{k}\sum_{1}^{n}(x_{ij}-\overline{x}_{..})^2$ 为总平方和，用 SS_T 表示；$n\sum_{1}^{k}(\overline{x}_{i.}-\overline{x}_{..})^2$ 为处理间（组间）平方和（sum of squares for treatment），用 SS_t 表示；$\sum_{1}^{k}\sum_{1}^{n}(x_{ij}-\overline{x}_{i.})^2$ 为处理内（组内误差）平方和（sum of squares for error），用 SS_e 表示。

因此，式（7-6）可表示为

$$SS_T=SS_t+SS_e \tag{7-7}$$

即总平方和＝处理间平方和＋处理内平方和。

实际计算中，SS_T 和 SS_t 可以用下面公式进行推导：

$$\begin{aligned}SS_T&=\sum_{1}^{k}\sum_{1}^{n}(x_{ij}-\overline{x}_{..})^2\\&=\sum x_{ij}^2-2\sum x_{ij}\overline{x}_{..}+\sum\overline{x}_{..}^2\\&=\sum x_{ij}^2-\frac{\left(\sum x_{ij}\right)^2}{nk}=\sum x_{ij}^2-\frac{T^2}{nk}\end{aligned}$$

令矫正数 $C=\frac{T^2}{nk}$，则

$$SS_T=\sum x_{ij}^2-C \quad (7\text{-}8)$$

$$SS_t=n\sum_1^k(\bar{x}_{i.}-\bar{x}_{..})^2=n\sum_1^k(\bar{x}_{i.}^2-2\bar{x}_{i.}\bar{x}_{..}+\bar{x}_{..}^2)$$

$$=n\sum_1^k\bar{x}_{i.}^2-2nk\bar{x}_{..}^2+nk\bar{x}_{..}^2=n\sum_1^k\bar{x}_{i.}^2-nk\bar{x}_{..}^2$$

$$=n\sum_1^k\left(\frac{T_{i.}}{n}\right)^2-nk\left(\frac{T}{nk}\right)^2=\frac{\sum_1^k T_{i.}^2}{n}-C$$

即

$$SS_t=\frac{\sum T_{i.}^2}{n}-C \quad (7\text{-}9)$$

则处理内平方和：

$$SS_e=SS_T-SS_t \quad (7\text{-}10)$$

（二）自由度分解

总自由度可分解为处理间自由度和处理内自由度，即总自由度＝处理间自由度＋处理内自由度，用公式表示为

$$df_T=df_t+df_e \quad (7\text{-}11)$$

式中，df_T 为总自由度；df_t 为处理间自由度；df_e 为处理内自由度。

$$df_T=nk-1 \quad (7\text{-}12)$$

$$df_t=k-1 \quad (7\text{-}13)$$

$$df_e=df_T-df_t=(nk-1)-(k-1)=k(n-1) \quad (7\text{-}14)$$

（三）计算方差

根据各变异部分的平方和与自由度，计算处理间方差 s_t^2 和处理内方差 s_e^2：

$$s_t^2=\frac{SS_t}{df_t} \quad (7\text{-}15)$$

$$s_e^2=\frac{SS_e}{df_e} \quad (7\text{-}16)$$

下面，以单因素方差为例，介绍方差分析的步骤和过程。

例 7-1 某花卉研究所为促进芦荟生长，研究 4 种不同配方营养土（A_1、A_2、A_3 和 A_4）对芦荟生长的影响。选取初始高度一致的试管苗 20 株，随机分成四组，每组 5 株。一段时间后测量各处理试管苗株高（cm），测定结果列于表 7-2，试进行方差分析，比较不同配方营养土对芦荟生长的影响是否存在显著差异。

表 7-2　不同配方营养土培养下芦荟的株高（cm）

重复	营养土				
	A_1	A_2	A_3	A_4	
1	18.1	17.4	17.3	15.6	
2	18.6	17.9	16.9	15.8	
3	18.7	17.1	18.5	16.7	
4	18.9	16.5	18.2	15.3	
5	18.3	17.5	16.2	16.8	
总和 $T_{i.}$	92.6	86.4	87.1	80.2	T=346.3
平均数 $\bar{x}_{i.}$	18.52	17.28	17.42	16.04	$\bar{x}_{..}$=17.32

本例中，营养土有 4 种，即处理数 $k=4$，重复数 $n=5$，观测数据总数 $nk=5\times4=20$。

（1）平方和计算：

$$C=\frac{T^2}{nk}=\frac{346.3^2}{5\times4}=5996.18$$

$$SS_T=\sum x_{ij}^2-C=(18.1^2+18.6^2+\cdots+16.8^2)-5996.18$$
$$=6018.49-5996.18=22.31$$

$$SS_t=\frac{\sum T_{i.}^2}{n}-C=\frac{92.6^2+86.4^2+87.1^2+80.2^2}{5}-5996.18$$
$$=6011.63-5996.18=15.45$$

$$SS_e=SS_T-SS_t=22.31-15.45=6.86$$

（2）自由度计算：

$$df_T=nk-1=5\times4-1=19$$
$$df_t=k-1=4-1=3$$
$$df_e=k(n-1)=4\times(5-1)=16$$

（3）方差计算：

$$s_t^2=\frac{SS_t}{df_t}=\frac{15.45}{3}=5.150$$

$$s_e^2=\frac{SS_e}{df_e}=\frac{6.86}{16}=0.429$$

五、统计假设的显著性检验——*F* 检验

例 7-1 中，处理内（营养土内）的方差可以估计误差方差，而处理间（营养土间）的方差则可估计不同营养土培养对芦荟株高影响的差异。为比较不同营养土培养对芦荟株高影响有无差别，可应用 F 分布进行 F 检验（F-test）。

（一）F 检验

方差分析中进行 F 检验的目的在于推断处理间的差异是否存在。因此在计算 F 值时，总是以被检验因素的方差（处理间方差 s_t^2）作分子，以误差方差（处理内方差 s_e^2）作分母。无效假设是假设各个处理的变量来自同一个总体，认为处理间方差 σ_t^2 与误差方差 σ_e^2 相等，即 H_0：$\sigma_t^2=\sigma_e^2$；同时，给出备择假设 H_A：$\sigma_t^2\neq\sigma_e^2$。

无效假设是否成立，取决于计算的 F 值在 F 分布中出现的概率。本例中，F 值为

$$F=\frac{s_t^2}{s_e^2}=\frac{5.150}{0.429}=12.00$$

根据确定的显著标准 α，从附表 5 中查出在 df_t 和 df_e 下的 F_α 值。如果所计算的 $F \leqslant F_{0.05}$，则 $P>0.05$，接受 H_0，说明处理间差异不显著，在 F 值右上方标记“ns”或不标记符号；若 $F>F_{0.05}$，则 $P<0.05$，在 0.05 显著水平上否定 H_0、接受 H_A，即 $\sigma_t^2 \neq \sigma_e^2$，说明处理间差异达到显著水平，在 F 值右上方标记“*”号；如果 $F>F_{0.01}$，则 $P<0.01$，说明处理间差异达到极显著水平，在 F 值右上方标记“**”号。如果处理间方差小于误差方差，则不必进行检验，即可得出接受 H_0 的结论。

本例 $df_t=3$、$df_e=16$，查附表 5 得 $F_{0.05(3,16)}=3.24$、$F_{0.01(3,16)}=5.29$，$F>F_{0.01}$，应否定 H_0：$\sigma_t^2=\sigma_e^2$，接受 H_A：$\sigma_t^2 \neq \sigma_e^2$，说明不同营养土培养下芦荟株高的差异达极显著水平。

（二）方差分析表

为了使计算过程更加清晰，通常会将平方和计算、自由度计算、方差计算和 F 值等方差分析的结果以表格形式列出，这就是方差分析表（analysis of variance table），表 7-3 为方差分析表的一般形式。

表 7-3　表 7-1 数据方差分析表的一般形式

变异来源	df	SS	s^2	F	F_α
处理间（组间）	$k-1$	$\frac{\sum T_{i.}^2}{n}-C$	$\frac{SS_t}{df_t}$	$\frac{s_t^2}{s_e^2}$	
处理内（组内）	$k(n-1)$	SS_T-SS_t	$\frac{SS_e}{df_e}$		
总变异	$nk-1$	$\sum x_{ij}^2-C$			

将例 7-1 数据的计算结果列成方差分析表，如表 7-4 所示。

表 7-4　例 7-1 不同营养土培养芦荟株高数据方差分析表

变异来源	df	SS	s^2	F	$F_{0.05}$	$F_{0.01}$
营养土间（处理间）	3	15.45	5.150	12.00**	3.24	5.29
误差（处理内）	16	6.86	0.429			
总变异	19	22.31				

（三）变量间的关系强度

例 7-1 数据的方差分析结果显示，4 种不同的营养土处理下的芦荟株高平均数之间存在极显著差异，即芦荟株高受到处理效应（营养土）的影响。表 7-4 中有处理间（组间）平方和（SS_t）的数值，实际上，只要处理间平方和不等于零，就表明两个变量之间有关系。当处理间平方和比处理内（组内）平方和（SS_e）大，而且大到一定程度，就意味着两个变量关系显著，大得越多，表明它们之间的关系越强；反之，当处理间平方和比处理内平方和小，则意味着两个变量之间关系弱。

那么，怎么度量它们之间的关系强度呢？我们知道，处理内平方和是总平方和与处理间平方和之差，因此，变量间的关系强度（degree of relationship）可以用处理间平方和（SS_t）占总平方和的比例大小来反映，将这个比例记为 R^2，有

$$R^2 = \frac{SS_t}{SS_T} \tag{7-17}$$

其平方根 R 就可以用来测量两个变量之间的关系强度。

以表 7-4 数据为例，其 R^2 为

$$R^2 = \frac{SS_t}{SS_T} = \frac{15.45}{22.31} = 0.6925 = 69.25\%$$

说明营养土（处理效应）对芦荟株高的影响占总效应的 69.25%，而误差效应占 30.75%。

用 R^2 的平方根 R 来测算两个营养土变量间的关系强度。对 0.6925 进行开方得出 R=0.8322=83.22%，表明营养土与芦荟株高之间有极高的关系强度。

通过对例 7-1 的分析过程，可以清楚地领悟方差分析的基本思想，那就是不再对数据进行一对一的比较，而是将总变异按照变异来源进行分解，通过一次检验即完成多组处理平均数之间的差异显著性检验。

视频讲解

六、平均数的多重比较

F 检验如果否定了 H_0，接受了 H_A，说明试验的总变异主要来源于处理间的变异。这也仅说明 k 个处理的平均数间有显著（或极显著）差异，但并不意味着每两个处理平均数间的差异都是显著（或极显著）的，也不能具体说明哪些平均数间有显著（或极显著）差异。例如，例 7-1 中不同营养土培养处理下芦荟株高有极显著差异，但并不是说 4 种营养土间芦荟株高的影响都达到极显著水平，有些处理间可能差异显著，也有些处理间可能差异不显著。要比较不同处理平均数两两间差异的显著性，每个处理的平均数都要与其他处理的平均数进行比较。统计上把多个平均数两两间的相互比较称为多重比较（multiple comparison）。

多重比较的方法多种，常用的有最小显著差数法和最小显著极差法。

（一）最小显著差数法

最小显著差数法（the least significant difference method，LSD 法）是由统计学家 R. A. Fisher 提出的，所以又称为 Fisher LSD 法或 LSD 法，是最早用于检验所有总体均数间两两相等假设的方法，其实质是两个平均数相比较的 t 检验法。

检验时先计算出达到差异显著的最小差数（LSD_α），然后用两个处理平均数的差值与 LSD_α 进行比较。若 $|\bar{x}_1 - \bar{x}_2| > LSD_\alpha$，即在给定的 α 水平上差异显著；反之，差异不显著。

由 $t = \dfrac{\bar{x}_1 - \bar{x}_2}{s_{\bar{x}_1 - \bar{x}_2}}$，得

$$\bar{x}_1 - \bar{x}_2 = t \cdot s_{\bar{x}_1 - \bar{x}_2} \tag{7-18}$$

如果式（7-18）的 t 值为 $t_{0.05}$ 或 $t_{0.01}$，则 $\bar{x}_1 - \bar{x}_2$ 为两个样本平均数差异达到显著或极显著水平的最小值，记为 LSD_α，即

$$LSD_{0.05} = t_{0.05} \cdot s_{\bar{x}_1 - \bar{x}_2} \tag{7-19}$$

$$LSD_{0.01}=t_{0.01}\cdot s_{\overline{x}_1-\overline{x}_2} \quad (7\text{-}20)$$

若$|\overline{x}_1-\overline{x}_2|>LSD_{0.05}$或$|\overline{x}_1-\overline{x}_2|>LSD_{0.01}$，则认为两个样本平均数的差异达显著或极显著水平。

平均数差数标准误$s_{\overline{x}_1-\overline{x}_2}$的计算公式为

$$s_{\overline{x}_1-\overline{x}_2}=\sqrt{\frac{s_1^2}{n_1}+\frac{s_2^2}{n_2}}=\sqrt{s_e^2\left(\frac{1}{n_1}+\frac{1}{n_2}\right)} \quad (7\text{-}21)$$

式中，s_e^2为误差方差（处理内方差）；n为每一处理的观测次数（重复数）。

当$n_1=n_2$时，有

$$s_{\overline{x}_1-\overline{x}_2}=\sqrt{\frac{2s_e^2}{n}} \quad (7\text{-}22)$$

根据式（7-22），例 7-1 数据中平均数差数的标准误$s_{\overline{x}_1-\overline{x}_2}$为

$$s_{\overline{x}_1-\overline{x}_2}=\sqrt{\frac{2s_e^2}{n}}=\sqrt{\frac{2\times 0.429}{5}}=0.414(\text{cm})$$

查附表 3，当误差自由度$df_e=16$时，$t_{0.05}=2.120$，$t_{0.01}=2.921$，则

$$LSD_{0.05}=t_{0.05}\cdot s_{\overline{x}_1-\overline{x}_2}=2.120\times 0.414=0.878(\text{cm})$$

$$LSD_{0.01}=t_{0.01}\cdot s_{\overline{x}_1-\overline{x}_2}=2.921\times 0.414=1.209(\text{cm})$$

多重比较结果的表示方法有多种，最常用的方法是标记字母法和梯形法。

标记字母法（method of marked letter）：首先将全部平均数从大到小依次排列，然后在 0.05 显著水平上在最大的平均数后标上字母 a，将该平均数与以下各平均数相比，相差不显著的（$<LSD_{0.05}$）都标上字母 a，直至某个与之相差显著的则标以字母 b。再以标有 b 的平均数为标准，与各个比它大的平均数比较，凡差数差异不显著的在字母 a 的右边加标字母 b。然后再以标 b 的最大平均数为标准与以下未曾标有字母的平均数比较，凡差数不显著的继续标以字母 b，直至差异显著的平均数标以字母 c，再与上面的平均数比较。如此重复进行，直至最小的平均数有了标记字母，并与上面的平均数比较后为止。这样各平均数间，凡有一个相同标记字母的即差异不显著，凡具不同标记字母的即为差异显著。差异极显著标记方法同上，差数与$LSD_{0.01}$相比较，用大写字母标记。

例如，对例 7-1 数据用标记字母法表示其多重比较的结果（表 7-5）。先将各平均数按大小顺序排列，在 0.05 显著水平上，在"A_1"行上标 a，"A_1"与"A_3"相比存在显著差异，故在"A_3"行上标 b。"A_3"与"A_2"相比无显著差异，故在"A_2"行上仍标 b。然后"A_3"与"A_4"相比有显著差异，在"A_4"行上标 c，然后以"A_4"为标准，与"A_2"进行比较有显著差异，则比较结束。同理，差异极显著的结果用大写字母标记，其多重比较结果列于表 7-5。

表 7-5　例 7-1 不同营养土培养芦荟株高差异显著性（*LSD* 法，字母标记法）

营养土	平均数（$\overline{x}_i$）	差异显著性	
		$\alpha=0.05$	$\alpha=0.01$
A_1	18.52	a	A
A_3	17.42	b	AB
A_2	17.28	b	B
A_4	16.04	c	C

多重比较还可用梯形法（method of trapezoid）表示。这种方法是将各处理的平均数差数按梯形列于表中，并将这些差数和 LSD_α 值比较。若差数＞$LSD_{0.05}$，说明处理平均数间的差异达到显著水平，在差数的右上角标上“*”号；差数＞$LSD_{0.01}$，说明处理平均数间差异达到极显著水平，在差数的右上角标上“**”号；差数≤$LSD_{0.05}$，说明差异不显著。表 7-6 是用梯形法表示的例 7-1 资料中不同营养土培养的芦荟株高差异显著性结果。梯形表中各个平均数差数构成一个三角形阵列，故又称为三角形法（method of triangle）。此法的优点是简便直观，缺点是表格篇幅较大。

表 7-6 例 7-1 不同营养土培养芦荟株高差异显著性（*LSD* 法，梯形法）

营养土	平均数	差异显著性		
	$(\bar{x}_{i})$	$\bar{x}_{i}.-16.04$	$\bar{x}_{i}.-17.28$	$\bar{x}_{i}.-17.42$
A_1	18.52	2.48^{**}	1.24^{**}	1.10^{*}
A_3	17.42	1.38^{**}	0.14	
A_2	17.28	1.24^{**}		
A_4	16.04			

多重比较结果表明：A_1 对芦荟株高影响极显著高于 A_2 和 A_4，显著高于 A_3；A_3、A_2 对芦荟株高影响极显著高于 A_4；A_3 与 A_2 处理下芦荟株高差异不显著。

综上，利用 *LSD* 法进行多重比较，可以分三步进行：①计算最小显著差数 $LSD_{0.05}$ 和 $LSD_{0.01}$；②列出平均数的多重比较表，表中各处理按其平均数从大到小依次进行排列；③将两两平均数的差数与 $LSD_{0.05}$ 和 $LSD_{0.01}$ 进行比较，做出统计推断。

对于多个处理平均数所有可能的两两比较，*LSD* 法的优点是方法比较简单，克服了 t 检验法的某些缺点。但是由于没有考虑相互比较的处理平均数依数值大小排列上的秩次，故仍有推断可靠性低、犯 α 错误概率增加的问题。自 20 世纪 50 年代以来，统计学家提出了各种新的检验法，应用较多的有最小显著极差法。

（二）最小显著极差法

最小显著极差法（the least significant range method，*LSR* 法）是在一定的显著水平 α 上，根据极差范围内所包含的处理数据 M（也称为秩次距）值的不同而采用不同的显著差数标准进行比较。*LSR* 检验又可分为新复极差检验和 q 检验。

1. 新复极差检验 新复极差检验（new multiple range test）是由邓肯（Duncan）于 1955 年提出的，又称为 Duncan 法，也称为 *SSR* 法（the shortest significant range method）。无效假设为 H_0：$\mu_1-\mu_2=0$，具体检验步骤如下。

（1）按相比较的样本容量计算平均数标准误：当 $n_1=n_2=n$ 时，有

$$s_{\bar{x}}=\sqrt{\frac{s_e^2}{n}} \tag{7-23}$$

（2）根据平均数标准误所具有的自由度 df_e，以及比较各平均数对应的秩次距 M，查 *SSR* 值表（附表 11），然后计算最小显著极差：

$$LSD_\alpha=SSR_\alpha \cdot s_{\bar{x}} \tag{7-24}$$

（3）将各平均数按大小顺序排列，用各个 M 值对应的 LSR_α 值即可检验各平均数间差异的显著性。

用式（7-23）和式（7-24）对例 7-1 中的各组平均值做新复极差检验：

$$s_{\bar{x}}=\sqrt{\frac{s_e^2}{n}}=\sqrt{\frac{0.429}{5}}=0.293\text{（cm）}$$

查附表 11，当 $df_e=16$，$M=2$ 时，$SSR_{0.05}=3.00$，$SSR_{0.01}=4.13$，则

$$LSR_{0.05}=SSR_{0.05}\cdot s_{\bar{x}}=3.00\times0.293=0.879\text{（cm）}$$

$$LSR_{0.01}=SSR_{0.01}\cdot s_{\bar{x}}=4.13\times0.293=1.210\text{（cm）}$$

当 $M=3$、$M=4$ 时按相同方法计算，结果列于表 7-7。

表 7-7　例 7-1 不同营养土培养芦荟株高多重比较的 *LSR* 值（*SSR* 法）

M	2	3	4
$SSR_{0.05}$	3.00	3.14	3.24
$SSR_{0.01}$	4.13	4.31	4.42
$LSR_{0.05}$	0.879	0.920	0.949
$LSR_{0.01}$	1.210	1.263	1.295

用表 7-7 中的 LSR_α 值即可进行不同 M 的平均数间差异显著性的检验。例如，A_1 与 A_3 进行比较，$M=2$，差值（1.10）>0.879 且<1.210，所以 A_1 与 A_3 差异达到显著水平。A_1 与 A_2 进行比较，$M=3$，差值（1.24）>0.920 且<1.263，差异达到显著水平。A_1 与 A_4 进行比较，$M=4$，差值（2.48）>1.295，差异达到极显著水平。用 *SSR* 法比较 4 种营养土培养下芦荟株高的差异显著性，结果列于表 7-8。

表 7-8　例 7-1 不同营养土培养芦荟株高差异显著性（*SSR* 法）

营养土	平均数	差异显著性	
	（$\bar{x}_i$）	$\alpha=0.05$	$\alpha=0.01$
A_1	18.52	*a*	*A*
A_3	17.42	*b*	*A*
A_2	17.28	*b*	*A*
A_4	16.04	*c*	*B*

由表 7-8 可以看出，A_1 与 A_4 之间的差异达到极显著水平，与 A_3、A_2 之间的差异达显著水平，A_3、A_2 与 A_4 的差异达极显著水平，A_3 与 A_2 之间的差异没有达到显著水平，检验结果与 *LSD* 检验相同。而 A_1 与 A_2 之间的差异仅达显著水平，这与 *LSD* 检验中二者差异达极显著水平的结果不同。

2．*q* 检验　*q* 检验（*q*-test）法也称为 *SNK* 检验（Student-Newman-Keuls test），是以统计数 q 的概率分布为基础的，方法与新复极差检验相似，其区别仅在于计算最小显著极差 LSR_α 时查的不是 SSR_α 值，而是 q_α 值（附表 12）。

$$LSD_\alpha=q\cdot s_{\bar{x}} \tag{7-25}$$

查 q 值表（附表 12），当 $df_e=16$，$M=2$、3、4 时，将 $q_{0.05}$、$q_{0.01}$ 的值列于表 7-9，由式（7-25）计算出相应的最小显著极差 LSR：

$$LSR_{0.05}=q_{0.05}\cdot s_{\bar{x}}$$
$$LSR_{0.01}=q_{0.01}\cdot s_{\bar{x}}$$

计算结果列于表 7-9 中。

表 7-9 例 7-1 不同营养土培养芦荟株高多重比较的 *LSR* 值（*q* 法）

M	2	3	4
$q_{0.05}$	3.00	3.65	4.05
$q_{0.01}$	4.13	4.78	5.19
$LSR_{0.05}$	0.879	1.069	1.187
$LSR_{0.01}$	1.210	1.401	1.521

根据表 7-9，用 q 检验法对例 7-1 数据进行差异显著性检验，结果列于表 7-10。

表 7-10 例 7-1 不同营养土培养芦荟株高差异显著性（*q* 法）

营养土	平均数（$\bar{x}_i$）	差异显著性	
		$\alpha=0.05$	$\alpha=0.01$
A_1	18.52	a	A
A_3	17.42	b	A
A_2	17.28	b	A
A_4	16.04	c	B

由表 7-7 和表 7-9 可知，当 $M>2$ 时，由于 q 法的 LSR_α 更大，所以对于例 7-1 的数据进行多重比较时，q 法检验结果（表 7-10）与 SSR 法检验结果（表 7-8）存在一定的差异。

对比以上所介绍的这三种多重比较检验方法可以发现，在样本数（处理数）$k=2$ 时，LSD 法、SSR 法和 q 法的显著尺度是相同的。当 $k\geq3$ 时，3 种检验的显著尺度便不相同。LSD 法最低、SSR 法次之、q 法最高，即这三种检验方法的检验尺度关系为 LSD 法$\leq$$SSR$ 法$\leq$$q$ 法。用 LSD 法检验显著的差数，用 SSR 法或 q 法检验则未必显著；而用 q 法检验显著的差数，用 LSD 法进行检验差异必然显著。在实际研究工作中，对于精度要求高的试验应用 q 法，一般试验可用 SSR 法，试验中各处理都与对照相比的试验数据可用 LSD 法。

不同多重比较方法的比较

多重比较的方法还有很多。应当注意，无论采用何种方法表示多重比较结果，都应注明采用的是哪一种多重比较方法。

综上所述，方差分析的基本步骤是：①将样本数据的总平方和与总自由度分解为各变异因素的平方和与自由度；②列方差分析表进行 F 检验，分析各变异因素在总变异中的重要程度；③计算处理间平方和与处理内平方和之间的关系强度；④若 F 检验结果显著，对各处理平均数进行多重比较。

第二节 单因素方差分析

根据试验因素的多少，方差分析可以分为单因素方差分析、二因素方差分析和多因素方

方差分析与试验设计

差分析。单因素试验（single factor experiment）数据的方差分析称为单因素方差分析（one-way analysis of variance，one-way ANOVA），它是方差分析中最基本、最简单的一种，目的在于正确判断该试验因素各水平的相对效果。在单因素方差分析中，根据组内观测数目（重复数）是否相同，又分为组内观测次数相等的方差分析和组内观测次数不相等的方差分析。如果考虑到非试验因素的差异，需要使用局部控制手段通过试验设计的区组技术，进行包含分解区组效应的方差分析方法，以提高试验的精度。

一、组内观测次数相等的方差分析

k 组数据，每一处理组皆含有 n 个观测值，其方差分析方法在本章第一节已做介绍，这里以方差分析表形式给出有关计算公式（表 7-11）。

表 7-11　组内观测次数相等（k 个处理 n 次重复）的单因素方差分析

变异来源	df	SS	s^2	F
处理间	$k-1$	$SS_t=\frac{\sum T_{i.}^2}{n}-C$	s_t^2	$\frac{s_t^2}{s_e^2}$
处理内	$k(n-1)$	$SS_e=SS_T-SS_t$	s_e^2	
总变异	$nk-1$	$SS_T=\sum x^2-C$		

例 7-2　测定东北、内蒙古、河北、安徽、贵州 5 个地区黄鼬冬季针毛的长度，每个地区随机抽取 4 个样本，测定的结果列于表 7-12。试比较各地区黄鼬针毛长度的差异显著性。

表 7-12　不同地区黄鼬冬季针毛长（mm）

地区	东北	内蒙古	河北	安徽	贵州	合计
1	32.0	29.2	25.5	23.3	22.3	
2	32.8	27.4	26.1	25.1	22.5	
3	31.2	26.3	25.8	25.1	22.9	
4	30.4	26.7	26.7	25.5	23.7	
$\sum x$	126.4	109.6	104.1	99.0	91.4	530.5
n	4	4	4	4	4	20
$\bar{x}$	31.60	27.40	26.03	24.75	22.85	26.53
$\sum x^2$	3997.44	3007.98	2709.99	2453.16	2089.64	14258.21

在本例中，$k=5$，$n=4$。

（1）整理数据：计算 $\sum x$、$\bar{x}$ 和 $\sum x^2$，并列入表 7-12 中。

（2）计算平方和与自由度：

$$C=\frac{T^2}{nk}=\frac{530.5^2}{4\times5}=14071.51$$

$$SS_T=\sum x^2-C=14258.21-14071.51=186.70$$

$$SS_t=\frac{\sum T_{i.}^2}{n}-C=\frac{(126.4^2+109.6^2+\cdots+91.4^2)}{4}-14071.51=173.71$$

$$SS_e=SS_T-SS_t=186.70-173.71=12.99$$

$$df_T=nk-1=20-1=19$$

$$df_t=k-1=5-1=4$$

$$df_e=k(n-1)=5\times(4-1)=15$$

（3）计算方差：

$$s_t^2=\frac{SS_t}{df_t}=\frac{173.71}{4}=43.428$$

$$s_e^2=\frac{SS_e}{df_e}=\frac{12.99}{15}=0.866$$

（4）进行 F 检验：

$$F=\frac{s_t^2}{s_e^2}=\frac{43.428}{0.866}=50.1478$$

查附表 5，得 $F_{0.05(4,15)}=3.06$、$F_{0.01(4,15)}=4.89$，故 $F>F_{0.01}$，$P<0.01$，说明 5 个地区黄鼬冬季针毛长度差异极显著，并将结果记入方差分析表（表 7-13）。

表 7-13　不同地区黄鼬冬季针毛长度方差分析表

变异来源	df	SS	s^2	F	$F_{0.05(4,15)}$	$F_{0.01(4,15)}$
处理间	4	173.71	43.428	50.15**	3.06	4.89
处理内	15	12.99	0.866			
总变异	19	186.70				

知道了 5 个地区之间存在极显著性差异，要确定哪些地区之间的差异达到显著或极显著水平，需要进一步进行关系强度的测量和多重比较。

（5）关系强度的测量：由式（7-17）可知，本例中 R^2 为

$$R^2=\frac{SS_t}{SS_T}=\frac{173.71}{186.70}=93.04\%$$

这表明不同地区（处理效应）对黄鼬冬季针毛长度的影响占总效应的 93.04%，而误差效应仅占 6.96%，说明地区间的差异达到了统计意义上极显著的程度。而其平方根 R 为 96.46%，说明不同地区黄鼬冬季针毛长度之间关系极强。

（6）多重比较：这里用 LSD 法进行检验。平均数差数标准误 $s_{\bar{x}_1-\bar{x}_2}$ 为

$$s_{\bar{x}_1-\bar{x}_2}=\sqrt{\frac{2s_e^2}{n}}=\sqrt{\frac{2\times0.866}{4}}=0.658\text{(mm)}$$

查 t 值表，当误差自由度 $df_e=15$ 时，$t_{0.05}=2.131$，$t_{0.01}=2.947$，则

$$LSD_{0.05}=t_{0.05}\cdot s_{\bar{x}_1-\bar{x}_2}=2.131\times0.658=1.402\text{(mm)}$$

$$LSD_{0.01}=t_{0.01}\cdot s_{\bar{x}_1-\bar{x}_2}=2.947\times0.658=1.939\text{(mm)}$$

将两组平均数的差值与 $LSD_{0.05}$ 及 $LSD_{0.01}$ 比较，若差数 $>LSD_{0.01}$，说明两地间黄鼬冬季针毛长度差异极显著，标以不同的大写字母；若差数 $>LSD_{0.05}$，说明两地黄鼬冬季针毛长度差异显著，标以不同的小写字母。多重比较的结果列于表 7-14。

表 7-14　不同地区黄鼬冬季针毛长度的差异显著性（*LSD* 法）

地区	平均数 ($\bar{x}_i$)	差异显著性	
		$\alpha=0.05$	$\alpha=0.01$
东北	31.60	*a*	*A*
内蒙古	27.40	*b*	*B*
河北	26.03	*bc*	*BC*
安徽	24.75	*c*	*CD*
贵州	22.85	*d*	*D*

检验结果表明，东北与其他地区，内蒙古与安徽、贵州，河北与贵州，黄鼬冬季针毛长度差异达极显著水平，安徽与贵州差异达到显著水平，而内蒙古与河北、河北与安徽差异不显著。

二、组内观测次数不相等的方差分析

由于试验情况的不同，有时会出现不同处理间观测次数（重复数）不同的情况。对于 k 个处理的观测次数依次是 n_1、n_2、…、n_k 的单因素数据，上面所述的方差分析方法仍然可用，但由于总观测次数不是 nk，而是 $\sum_{i=1}^{k} n_i$，计算平方和的公式稍有不同（表 7-15）。

表 7-15　组内观测次数不等的方差分析

变异来源	*df*	*SS*	s^2	*F*
处理间（组间）	$k-1$	$\sum \frac{T_i^2}{n_i} - C$	$\frac{SS_t}{df_t}$	$\frac{S_t^2}{S_e^2}$
处理内（组内）	$\sum n_i - k$	$SS_T - SS_t$	$\frac{SS_e}{df_e}$	
总变异	$\sum n_i - 1$	$\sum x_{ij}^2 - C$		

在进行多重比较时，首先应计算平均数（或平均数差数）的标准误。由于各组内观测次数不等，无法直接套用式（7-22）或式（7-23），需先算得各 n_i 的平均数 n_0：

$$n_0 = \frac{\left(\sum n_i\right)^2 - \sum n_i^2}{\left(\sum n_i\right)(k-1)} \tag{7-26}$$

然后有 $s_{\bar{x}_1-\bar{x}_2} = \sqrt{\frac{2s_e^2}{n_0}}$，或 $s_{\bar{x}} = \sqrt{\frac{s_e^2}{n_0}}$。

例 7-3　园艺研究所调查了 3 个品种草莓的维生素 C 含量（mg/100g），测定结果列于表 7-16。试分析不同品种草莓之间维生素 C 含量是否有显著差异。

表 7-16　不同品种草莓维生素 C 含量（mg/100g）

处理	维生素 C 含量										合计	平均数
	1	2	3	4	5	6	7	8	9	10		
Ⅰ	117	99	107	112	113	106					654	109.0
Ⅱ	81	77	79	76	85	87	74	69	72	80	780	78.0
Ⅲ	80	82	78	84	89	73	86	88			660	82.5

（1）平方和计算：

$$C=\frac{\left(\sum T_i\right)^2}{\sum n_i}=\frac{(654+780+660)^2}{6+10+8}=182701.5$$

$$SS_T=\sum x^2-C=117^2+99^2+\cdots+88^2-182701.5=4562.5$$

$$SS_t=\sum\frac{T_{i.}^2}{n_i}-C=\frac{654^2}{6}+\frac{780^2}{10}+\frac{660^2}{8}-182701.5=3874.5$$

$$SS_e=SS_T-SS_t=4562.5-3874.5=688.0$$

（2）自由度计算：

$$df_T=\sum n_i-1=6+10+8-1=23$$

$$df_t=k-1=3-1=2$$

$$df_e=df_T-df_t=21$$

（3）列方差分析表（表7-17）。

表7-17　不同品种草莓维生素C含量方差分析表

变异来源	df	SS	s^2	F	$F_{0.05(2,21)}$	$F_{0.01(2,21)}$
品种间	2	3874.5	1937.25	59.13**	3.47	5.28
品种内	21	688.0	32.76			
总变异	23	4562.5				

从表7-17方差分析结果可知，$F>F_{0.01}$，表明3个品种草莓维生素C含量差异达极显著水平，需要测量关系强度，做进一步的多重比较。

（4）关系强度的测量：

$$R^2=\frac{SS_t}{SS_T}=\frac{3874.5}{4562.5}=84.92\%$$

表明不同的草莓品种对维生素C含量的影响占总效应的84.92%，而误差效应占15.08%，其平方根R为92.15%，说明草莓品种与维生素C含量间关系极强。

（5）多重比较：进行多重比较时，需要计算n_0，并求得$s_{\bar{x}_1-\bar{x}_2}$（用于LSD检验）或$s_{\bar{x}}$（用于LSR检验），即

$$n_0=\frac{\left(\sum n_i\right)^2-\sum n_i^2}{\left(\sum n_i\right)(k-1)}=\frac{24^2-(6^2+10^2+8^2)}{24\times 2}=7.8\approx 8$$

本题以LSD检验法为例进行多重比较（表7-18）。

$$s_{\bar{x}_1-\bar{x}_2}=\sqrt{\frac{2s_e^2}{n}}=\sqrt{\frac{2\times 32.76}{8}}=2.862\text{(mg/100g)}$$

查t值表，当误差自由度$df_e=21$时，$t_{0.05}=2.080$，$t_{0.01}=2.831$，则

$$LSD_{0.05}=t_{0.05}\cdot s_{\bar{x}_1-\bar{x}_2}=2.080\times 2.862=5.953\text{(mg/100g)}$$

$$LSD_{0.01}=t_{0.01}\cdot s_{\bar{x}_1-\bar{x}_2}=2.831\times 2.862=8.102\text{(mg/100g)}$$

表 7-18　不同品种草莓维生素 C 含量的差异显著性（*LSD* 法）

品种	平均数 ($\bar{x}_i$)	差异显著性	
		$\alpha=0.05$	$\alpha=0.01$
Ⅰ	109.0	*a*	*A*
Ⅲ	82.5	*b*	*B*
Ⅱ	78.0	*b*	*B*

多重比较结果表明，品种Ⅰ与品种Ⅲ、品种Ⅱ维生素 C 含量的差异达到极显著水平。品种Ⅲ与品种Ⅱ之间维生素 C 含量差异不显著。

要注意的是，组内不等观测次数的试验要尽量避免，因为这样的试验数据不仅计算麻烦，而且降低了分析的灵敏度。

第三节　二因素方差分析

在试验实施中，经常会遇到两个因素共同影响试验结果的情况。二因素试验（two-factor experiment）的方差分析，因素的主效应和因素间的互作都需要考虑。因素间的交互作用显著与否关系到主效应的利用价值，有时互作效应相当大，甚至可以忽略主效应。两个因素间是否存在交互作用可以根据专门的统计方法或专业知识进行判断。

一、无重复观测值的二因素方差分析

有些试验，如果依据经验或专业知识能够判断两个因素间无互作时，每个处理可不设重复。假定 *A* 因素有 *a* 个水平，*B* 因素有 *b* 个水平，每个处理组合只有一个观测值。这种无重复观测值的二因素分组数据模式如表 7-19 所示。

表 7-19　无重复观测值的二因素数据构成

因素 *A*	因素 *B*				总和 $T_{i.}$	平均数 $\bar{x}_{i.}$
	B_1	B_2	…	B_b		
A_1	x_{11}	x_{12}	…	x_{1b}	$T_{1.}$	$\bar{x}_{1.}$
A_2	x_{21}	x_{22}	…	x_{2b}	$T_{2.}$	$\bar{x}_{2.}$
⋮	⋮	⋮		⋮	⋮	⋮
A_a	x_{a1}	x_{a2}	…	x_{ab}	$T_{a.}$	$\bar{x}_{a.}$
总和 $T_{.j}$	$T_{.1}$	$T_{.2}$	…	$T_{.b}$	T	
平均数 $\bar{x}_{.j}$	$\bar{x}_{.1}$	$\bar{x}_{.2}$	…	$\bar{x}_{.b}$		$\bar{x}_{..}$

在无重复观测值的二因素试验数据中，*A* 因素的每一个水平可看成有 *b* 个重复，*B* 因素的每一个水平可看成有 *a* 个重复。每个观测值既受到 *A* 因素的影响，又受到 *B* 因素的影响。二因素方差分析的线性模型可以以单因素模型为基础导出。若因素间不存在互作，则二因素方差分析观测值的线性模型为

$$x_{ij}=\mu+\alpha_i+\beta_j+\varepsilon_{ij} \tag{7-27}$$

式中，α_i、β_j 分别是 *A* 因素、*B* 因素的效应（$i=1, 2, \cdots, a$; $j=1, 2, \cdots, b$），可以是固

定因素，也可以是随机因素，且 $\sum\alpha_i=\sum\beta_j=0$；$\varepsilon_{ij}$ 是随机误差，彼此独立并且服从正态分布 N（0，σ^2）。

（1）平方和分解：

$$C=\frac{T^2}{ab}$$

$$\begin{cases} SS_T=\sum\sum(x_{ij}-\bar{x})^2=\sum x_{ij}^2-C \\ SS_A=b\sum(\bar{x}_{i\cdot}-\bar{x})^2=\dfrac{\sum T_{i\cdot}^2}{b}-C \\ SS_B=a\sum(\bar{x}_{\cdot j}-\bar{x})^2=\dfrac{\sum T_{\cdot j}^2}{a}-C \\ SS_e=\sum\sum(\bar{x}_{ij}-\bar{x}_{i\cdot}-\bar{x}_{\cdot j}+\bar{x})^2=SS_T-SS_A-SS_B \end{cases} \tag{7-28}$$

（2）自由度分解：

$$\begin{cases} df_T=ab-1 \\ df_A=a-1 \\ df_B=b-1 \\ df_e=(a-1)(b-1) \end{cases} \tag{7-29}$$

（3）各项方差的计算：

$$\begin{cases} s_A^2=\dfrac{SS_A}{df_A} \\ s_B^2=\dfrac{SS_B}{df_B} \\ s_e^2=\dfrac{SS_e}{df_e} \end{cases} \tag{7-30}$$

（4）将以上结果及期望方差列入方差分析表（表 7-20）中。

表 7-20　无重复观测值的二因素方差分析

变异来源	df	SS	s^2	F	期望方差 E（s^2）		
					固定模型	随机模型	混合模型*
A 因素	$a-1$	SS_A	s_A^2	$\frac{s_A^2}{s_e^2}$	$\sigma^2+b\eta_\alpha^2$	$\sigma^2+b\sigma_\alpha^2$	$\sigma^2+b\eta_\alpha^2$
B 因素	$b-1$	SS_B	s_B^2	$\frac{s_B^2}{s_e^2}$	$\sigma^2+a\eta_\beta^2$	$\sigma^2+a\sigma_\beta^2$	$\sigma^2+a\sigma_\beta^2$
误差	$(a-1)(b-1)$	SS_e	s_e^2		σ^2	σ^2	σ^2
总变异	$ab-1$	SS_T					

*A 为固定，B 为随机

例 7-4　将一种生长激素配成 M_1、M_2、M_3、M_4、M_5 5 种浓度，并用 H_1、H_2、H_3 3 种时间浸渍某大豆品种的种子，出苗 45d 后得各处理每一植株的平均干物质重量（g），结果列于表 7-21。试做方差分析并进行多重比较。

表 7-21　生长激素及浸渍时间对大豆干物质重量（g）的影响

浓度（A）	时间（B）			$T_{i.}$	$\bar{x}_{i.}$
	H_1	H_2	H_3		
M_1	13	14	14	41	13.67
M_2	12	12	13	37	12.33
M_3	3	3	3	9	3.00
M_4	10	9	10	29	9.67
M_5	2	5	4	11	3.67
$T_{.j}$	40	43	44	127	
$\bar{x}_{.j}$	8.0	8.6	8.8		8.47

本例主要研究生长激素和时间的效应，这两个因素均为固定因素，因而 α_i 和 β_j 均为固定效应，适应于固定模型。

（1）平方和计算：

$$C=\frac{T^2}{ab}=\frac{127^2}{5\times3}=1075.27$$

$$SS_T=\sum x^2-C=13^2+14^2+\cdots+4^2-1075.27=295.73$$

$$SS_A=\frac{\sum T_{i.}^2}{b}-C=\frac{41^2+37^2+\cdots+11^2}{3}-1075.27=289.07$$

$$SS_B=\frac{\sum T_{.j}^2}{a}-C=\frac{40^2+43^2+44^2}{5}-1075.27=1.73$$

$$SS_e=SS_T-SS_A-SS_B=295.73-289.07-1.73=4.93$$

（2）自由度计算：

$$df_T=ab-1=5\times3-1=14$$

$$df_A=a-1=5-1=4$$

$$df_B=b-1=3-1=2$$

$$df_e=(a-1)(b-1)=(5-1)\times(3-1)=8$$

（3）列方差分析表（表 7-22），并进行 F 检验。

表 7-22　例 7-4 生长激素处理对大豆干物质重量影响的方差分析表

变异来源	df	SS	s^2	F	$F_{0.05}$	$F_{0.01}$
浓度间（A）	4	289.07	72.27	116.56**	3.84	7.01
时间间（B）	2	1.73	0.87	1.40	4.46	8.65
误差	8	4.93	0.62			
总变异	14	295.73				

F 检验结果表明，生长激素处理浓度之间的 F 值大于 $F_{0.01}$，生长激素处理时间之间的 F 值未达到显著水平，表明不同生长激素浓度对大豆干物质重量有极显著的影响。

（4）关系强度的测量：例 7-4 的方差分析结果显示，不同浓度处理对大豆干物质重量有极显著影响，这意味着浓度（A 因素）与大豆干物质重量之间的关系是显著的。而浸泡时间（B 因素）与大豆干物质重量之间的关系不显著。那么，两个因素合起来与大豆干物质重量之间的关系强度是怎样的呢？

表 7-22 给出了 A 因素激素浓度的平方和（SS_A）、B 因素浸泡时间的平方和（SS_B）、误差平方和（SS_e）。将两个因素平方和相加，就度量了两个因素对大豆干物质重量的联合效应；联合效应与总平方和的比值为 R^2，其平方根 R 值可反映其关系强度：

$$R^2=\frac{\text{联合效应}}{\text{总效应}}=\frac{SS_A+SS_B}{SS_T} \tag{7-31}$$

根据表 7-22 的数据，得

$$R^2=\frac{SS_A+SS_B}{SS_T}=\frac{289.07+1.73}{295.73}=0.9833=98.33\%$$

这表明，激素浓度和浸泡时间两个因素合起来一共解释了大豆干物质增重差异的 98.33%，而误差效应只占了干物质重量差异的1.67%。$R=99.16\%$，表明两个因素之和与大豆干物质重量之间有极强的关系。

（5）多重比较（SSR 检验）：生长激素处理浓度之间的效应达到了极显著差异，生长激素处理时间之间的效应未达到显著水平，只需对 5 种浸渍浓度进行多重比较。根据式（7-23）可计算出浓度之间的平均数标准误为

$$s_{\bar{x}}=\sqrt{\frac{s_e^2}{b}}=\sqrt{\frac{0.62}{3}}=0.455\text{（g）}$$

这里需注意：上式的 $b=3$ 是每一浓度水平下的观测值数目。如果要比较时间之间的效应，则由于每一时间水平下有 $a=5$ 个观测值，其平均数的标准误为 $s_{\bar{x}}=\sqrt{\frac{s_e^2}{a}}=\sqrt{\frac{0.62}{5}}=0.352$（g）。查附表 11，当 $df_e=8$，M 为 2、3、4、5 时的 SSR 值及由此计算的 LSR 值列于表 7-23，多重比较结果列于表 7-24。

表 7-23　例 7-4 不同生长激素浓度大豆干物质重量多重比较的 *SSR* 值和 *LSR* 值

M	2	3	4	5
$SSR_{0.05}$	3.26	3.40	3.48	3.52
$SSR_{0.01}$	4.75	4.94	5.06	5.14
$LSR_{0.05}$	1.48	1.55	1.58	1.60
$LSR_{0.01}$	2.16	2.25	2.30	2.34

表 7-24　例 7-4 不同生长激素浓度大豆干物质重量平均数差异显著性（*SSR* 法）

浓度	平均数（$\bar{x}_i$）	差异显著性	
		$\alpha=0.05$	$\alpha=0.01$
M_1	13.67	a	A
M_2	12.33	a	A
M_4	9.67	b	B
M_5	3.67	c	C
M_3	3.00	c	C

多重比较结果表明：5 种生长激素浓度对大豆干物质重量的影响达到了极显著水平，除

M_1与M_2、M_5与M_3之间差异不显著外，其他生长激素浓度之间的大豆干物质重量均达到极显著差异。5 种生长激素浓度中，以M_1和M_2的处理效果较好。

二、具有重复观测值的二因素方差分析

没有重复观测值的二因素试验，估计的误差实际上是这两个因素的相互作用，这是在两个因素不存在互作或互作效应非常小的前提下估计的。但是，如果两个因素间存在互作，在进行方差分析时，就需要将互作项和误差项的平方和与自由度分别解析。因此，进行二因素或多因素试验时，一般应设置重复。

具有重复观测值的二因素试验的典型设计是：假定 A 因素有 a 个水平，B 因素有 b 个水平，则每一次重复都包括 ab 次试验，设试验重复 n 次，则试验总观测次数为 abn 次。具有重复观测值的二因素试验数据模式如表 7-25 所示。

表 7-25　具有重复观测值的二因素数据构成

因素 A	因素 B				$T_{i\cdot}$	$\bar{x}_{i\cdot}$
	B_1	B_2	…	B_b		
A_1	x_{111}	x_{121}	…	x_{1b1}	$T_{1\cdot}$	$\bar{x}_{1\cdot}$
	x_{112}	x_{122}	…	x_{1b2}		
	⋮	⋮		⋮		
	x_{11n}	x_{12n}	…	x_{1bn}		
A_2	x_{211}	x_{221}	…	x_{2b1}	$T_{2\cdot}$	$\bar{x}_{2\cdot}$
	x_{212}	x_{222}	…	x_{2b2}		
	⋮	⋮		⋮		
	x_{21n}	x_{22n}	…	x_{2bn}		
⋮	⋮	⋮		⋮	⋮	⋮
A_a	x_{a11}	x_{a21}	…	x_{ab1}	$T_{a\cdot}$	$\bar{x}_{a\cdot}$
	x_{a12}	x_{a22}	…	x_{ab2}		
	⋮	⋮		⋮		
	x_{a1n}	x_{a2n}	…	x_{abn}		
$T_{\cdot j}$	$T_{\cdot 1}$	$T_{\cdot 2}$	…	$T_{\cdot b}$	T	
$\bar{x}_{\cdot j}$	$\bar{x}_{\cdot 1}$	$\bar{x}_{\cdot 2}$	…	$\bar{x}_{\cdot b}$		$\bar{x}_{\cdot\cdot}$

具有重复观测值的二因素方差分析可用下面的线性模型来描述：

$$x_{ijk}=\mu+\alpha_i+\beta_j+(\alpha\beta)_{ij}+\varepsilon_{ijk} \tag{7-32}$$

式中，x_{ijk}为 A 因素第 i 水平、B 因素第 j 水平的第 k 次重复观测值（$i=1, 2, \cdots, a$；$j=1, 2, \cdots, b$；$k=1, 2, \cdots, n$）；μ 为总体平均值；α_i为 A 因素第 i 水平的效应，β_j为 B 因素第 j 水平的效应；$(\alpha\beta)_{ij}$为 α_i和 β_j的交互作用，且有$\sum\alpha_i=\sum\beta_j=\sum(\alpha\beta)_{ij}=0$；$\varepsilon_{ijk}$为随机误差，彼此独立且服从 $N(0, \sigma^2)$。

具有重复观测值的二因素方差分析，步骤和前面介绍的类似，不同的是 F 检验的方法。

（1）平方和计算：

$$C=\frac{T^2}{abn}$$

$$\begin{cases} SS_T=\sum\sum\sum(x_{ijk}-\overline{x})^2=\sum x^2-C \\ SS_A=bn\sum(\overline{x}_{i.}-\overline{x})^2=\dfrac{\sum T_{i.}^2}{bn}-C \\ SS_B=an\sum(\overline{x}_{.j}-\overline{x})^2=\dfrac{\sum T_{.j}^2}{an}-C \\ SS_{AB}=n\sum\sum(\overline{x}_{ij}-\overline{x}_{i.}-\overline{x}_{.j}+\overline{x})^2 \\ \quad =\dfrac{\sum T_{ij}^2}{n}-C-SS_A-SS_B \\ SS_e=SS_T-SS_A-SS_B-SS_{AB} \end{cases} \tag{7-33}$$

（2）自由度计算：

$$\begin{cases} df_T=abn-1 \\ df_A=a-1 \\ df_B=b-1 \\ df_{AB}=(a-1)(b-1) \\ df_e=ab(n-1) \end{cases} \tag{7-34}$$

（3）各项方差的计算：

$$\begin{cases} s_A^2=\dfrac{SS_A}{df_A} \\ s_B^2=\dfrac{SS_B}{df_B} \\ s_{AB}^2=\dfrac{SS_{AB}}{df_{AB}} \\ s_e^2=\dfrac{SS_e}{df_e} \end{cases} \tag{7-35}$$

（4）F 检验。

A．固定模型：在固定模型中，α_i、β_j 及 $(\alpha\beta)_{ij}$ 均为固定效应。在 F 检验时，检验 A 因素、B 因素和 $A\times B$ 互作项均以 s_e^2 作为分母。

B．随机模型：对于随机模型，α_i、β_j、$(\alpha\beta)_{ij}$ 和 ε_{ijk} 是相互独立的随机变量，都服从正态分布。做 F 检验，检验 $A\times B$ 互作时，F 值为

$$F_{AB}=\frac{s_{AB}^2}{s_e^2} \tag{7-36}$$

检验 A 因素、B 因素时，F 值为

$$\begin{cases} F_A=\dfrac{s_A^2}{s_{AB}^2} \\ F_B=\dfrac{s_B^2}{s_{AB}^2} \end{cases} \tag{7-37}$$

C．混合模型（以 A 为固定因素、B 为随机因素为例）：在混合模型中，A 和 B 的效应为非可加性，α_i 为固定效应，β_j 及 $(\alpha\beta)_{ij}$ 为随机效应。对固定因素（A）做检验时同随机模型，

对随机因素（B、$A \times B$）做检验时同固定模型，即

$$\begin{cases} F_A = \dfrac{s_A^2}{s_{AB}^2} \\ F_B = \dfrac{s_B^2}{s_e^2} \\ F_{AB} = \dfrac{s_{AB}^2}{s_e^2} \end{cases} \tag{7-38}$$

为了便于比较，将 3 种模型的方差分析列于表 7-26。

表 7-26　有重复观测值的二因素资料方差分析表

变异来源	SS	df	s^2
因素 A	SS_A	$a-1$	s_A^2
因素 B	SS_B	$b-1$	s_B^2
$A \times B$	SS_{AB}	$(a-1)(b-1)$	s_{AB}^2
误差	SS_e	$ab(n-1)$	s_e^2
总变异	SS_T	$abn-1$	

变异来源	固定模型		随机模型		混合模型（A 固定，B 随机）	
	F	期望方差	F	期望方差	F	期望方差
因素 A	$\frac{s_A^2}{s_e^2}$	$\sigma^2+bn\eta_\alpha^2$	$\frac{s_A^2}{s_{AB}^2}$	$\sigma^2+n\sigma_{\alpha\beta}^2+bn\sigma_\alpha^2$	$\frac{s_A^2}{s_{AB}^2}$	$\sigma^2+n\sigma_{\alpha\beta}^2+bn\eta_\alpha^2$
因素 B	$\frac{s_B^2}{s_e^2}$	$\sigma^2+an\eta_\beta^2$	$\frac{s_B^2}{s_{AB}^2}$	$\sigma^2+n\sigma_{\alpha\beta}^2+an\sigma_\beta^2$	$\frac{s_B^2}{s_e^2}$	$\sigma^2+an\sigma_\beta^2$
$A \times B$	$\frac{s_{AB}^2}{s_e^2}$	$\sigma^2+n\eta_{\alpha\beta}^2$	$\frac{s_{AB}^2}{s_e^2}$	$\sigma^2+n\sigma_{\alpha\beta}^2$	$\frac{s_{AB}^2}{s_e^2}$	$\sigma^2+n\sigma_{\alpha\beta}^2$
误差		σ^2		σ^2		σ^2

在生物学及其相关学科实际应用中，固定模型应用最多，随机模型和混合模型相对较少。

例 7-5　为了研究某种昆虫滞育期长短与环境的关系，在给定的温度和光照条件下进行实验室培养，每一处理记录 4 只昆虫的滞育天数，结果列于表 7-27。试对该数据进行方差分析。

表 7-27　不同温度及光照条件下某种昆虫滞育天数（d）

光照（A）	温度（B）		
	25℃	30℃	35℃
5h/d	143	101	89
	138	100	93
	120	80	101
	107	83	76
10h/d	96	79	80
	103	61	76
	78	83	61
	91	59	67

续表

光照（A）	温度（B）		
	25℃	30℃	35℃
15h/d	79	60	67
	83	71	58
	96	78	71
	98	64	83

本例中，由于温度和光照条件都是人为控制的，均为固定因素，可依固定模型分析。为便于展示，将表 7-27 中的数字均减去 80，并整理于表 7-28 中。

表 7-28　例 7-5 昆虫滞育天数数据整理表（d）

光照（A）	标本	温度（B）			$T_{i.}$
		25℃	30℃	35℃	
5h/d	1	63	21	9	271
	2	58	20	13	
	3	40	0	21	
	4	27	3	−4	
	T_{ij}	188	44	39	
10h/d	1	16	−1	0	−26
	2	23	−19	−4	
	3	−2	3	−19	
	4	11	−21	−13	
	T_{ij}	48	−38	−36	
15h/d	1	−1	−20	−13	−52
	2	3	−9	−22	
	3	16	−2	−9	
	4	18	−16	3	
	T_{ij}	36	−47	−41	
$T_{.j}$		272	−41	−38	T=193

平方和与自由度的分解：

$$C=\frac{T^2}{abn}=\frac{193^2}{3\times3\times4}=1034.69$$

$$SS_T=\sum x^2-C=(63^2+58^2+\cdots+3^2)-1034.69=14526.31$$

$$SS_A=\frac{\sum T_{i.}^2}{bn}-C=\frac{271^2+(-26)^2+(-52)^2}{3\times4}-1034.69=5367.06$$

$$SS_B=\frac{\sum T_{.j}^2}{an}-C=\frac{272^2+(-41)^2+(-38)^2}{3\times4}-1034.69=5391.06$$

$$SS_{AB}=\frac{\sum T_{ij}^2}{n}-C-SS_A-SS_B$$

$$=\frac{188^2+44^2+\cdots+(-41)^2}{4}-1034.69-5367.06-5391.06=464.94$$

$$SS_e = SS_T - SS_A - SS_B - SS_{AB}$$
$$= 14526.31 - 5367.06 - 5391.06 - 464.94 = 3303.25$$
$$df_T = abn - 1 = 3 \times 3 \times 4 - 1 = 35$$
$$df_A = a - 1 = 3 - 1 = 2$$
$$df_B = b - 1 = 3 - 1 = 2$$
$$df_{AB} = (a-1)(b-1) = (3-1) \times (3-1) = 4$$
$$df_e = ab(n-1) = 3 \times 3 \times (4-1) = 27$$

将上述结果列入方差分析表（表 7-29）。从表 7-29 可以看出，不同光照和温度间的差异均达到了极显著，即昆虫滞育期长短主要取决于光照和温度，而与两者之间互作关系不大。

表 7-29　例 7-4 昆虫滞育天数数据方差分析表

变异来源	df	SS	s^2	F	$F_{0.05}$	$F_{0.01}$
光照间	2	5367.06	2683.53	21.93**	3.35	5.49
温度间	2	5391.06	2695.53	22.03**	3.35	5.49
光照×温度	4	464.94	116.24	0.95	2.73	4.11
误差	27	3303.25	122.34			
总变异	35	14526.31				

要了解各种光照时间及温度对滞育期的影响，需进行不同光照之间及不同温度之间的多重比较，其方法可参照前面例子进行。其平均数标准误的计算为：光照（A）间平均数标准误 $s_{\bar{x}} = \sqrt{\dfrac{s_e^2}{bn}}$；温度（$B$）间平均数标准误 $s_{\bar{x}} = \sqrt{\dfrac{s_e^2}{an}}$。

例 7-6　用大麦生产啤酒过程中，需要研究烘烤方式（A）与大麦水分（B）对糖化时间的影响，选择 2 种烘烤方式、4 种大麦水分，共 8 种处理，每一处理重复 3 次，结果列于表 7-30。

表 7-30　不同烘烤方式及大麦水分对糖化时间（h）的影响

烘烤方式（A）	水分（B）			
	B_1	B_2	B_3	B_4
A_1	12.0	9.5	16.0	18.0
	13.0	10.0	15.5	19.0
	14.5	12.5	14.0	17.0
A_2	5.0	13.0	17.5	15.0
	6.5	14.0	18.5	16.0
	5.5	15.0	16.0	17.5

本例中，烘烤方式这一因素是固定因素，大麦水分是不均匀的，又不易控制，所以该因素是随机因素，其效应也是随机的。由此可见，本题应采用混合模型进行方差分析。将表 7-30 中各观测值都减去 10，整理后的数据列于表 7-31。

表 7-31 糖化时间数据整理表

烘烤方式（A）	标本号	温度（B）				$T_{i\cdot}$
		B_1	B_2	B_3	B_4	
A_1	1	2.0	−0.5	6.0	8.0	51.0
	2	3.0	0.0	5.5	9.0	
	3	4.5	2.5	4.0	7.0	
	T_{ij}	9.5	2.0	15.5	24.0	
A_2	1	−5.0	3.0	7.5	5.0	39.5
	2	−3.5	4.0	8.5	6.0	
	3	−4.5	5.0	6.0	7.5	
	T_{ij}	−13.0	12.0	22.0	18.5	
$T_{\cdot j}$		−3.5	14.0	37.5	42.5	T=90.5

（1）平方和与自由度的分解：

$$C=\frac{T^2}{abn}=\frac{90.5^2}{2\times4\times3}=341.26$$

$$SS_T=\sum x^2-C=2.0^2+(-0.5)^2+\cdots+7.5^2-341.26=363.99$$

$$SS_A=\frac{\sum T_{i\cdot}^2}{bn}-C=\frac{51.0^2+39.5^2}{4\times3}-341.26=5.511$$

$$SS_B=\frac{\sum T_{\cdot j}^2}{an}-C=\frac{(-3.5)^2+14^2+\cdots+42.5^2}{2\times3}-341.26=228.865$$

$$\begin{aligned}SS_{AB}&=\frac{\sum T_{ij}^2}{n}-C-SS_A-SS_B\\&=\frac{9.5^2+2.0^2+\cdots+18.5^2}{3}-341.26-5.511-228.865=107.614\end{aligned}$$

$$\begin{aligned}SS_e&=SS_T-SS_A-SS_B-SS_{AB}\\&=363.99-5.511-228.865-107.614=22.000\end{aligned}$$

$$df_T=abn-1=2\times4\times3-1=23$$

$$df_A=a-1=2-1=1$$

$$df_B=b-1=4-1=3$$

$$df_{AB}=(a-1)(b-1)=(2-1)\times(4-1)=3$$

$$df_e=ab(n-1)=2\times4\times(3-1)=16$$

（2）计算 F 值：

$$F_A=\frac{s_A^2}{s_{AB}^2}=\frac{5.511}{35.872}=0.154$$

$$F_B=\frac{s_B^2}{s_e^2}=\frac{76.288}{1.375}=55.482$$

$$F_{AB}=\frac{s_{AB}^2}{s_e^2}=\frac{35.872}{1.375}=26.089$$

（3）列出方差分析表并进行 F 检验（表 7-32）。

表 7-32　糖化时间方差分析表

变异来源	df	SS	s^2	F	$F_{0.05}$	$F_{0.01}$
烘烤方式（A）	1	5.511	5.511	0.154	10.13	34.12
水分（B）	3	228.865	76.288	55.482**	3.24	5.29
$A\times B$	3	107.614	35.872	26.089**	3.24	5.29
误差	16	22.000	1.375			
总变异	23	363.990				

由表 7-32 可以看出，大麦中的水分及水分与烘烤方式之间的互作对糖化时间的影响达到了极显著水平，而烘烤方式对糖化时间的作用则不显著。在生产中应注意大麦的含水量及根据含水量来选择合适的烘烤方式。

由本例可以看出，由于 SS_{AB} 一般要大于 SS_e，尤其是在互作存在时 SS_{AB} 更是显著地偏大，因此若不注意区分是随机因素还是固定因素，就有可能错用统计量，导致错误的结论。因此在两个以上因素的方差分析中，区分因素类型更为重要。

在随机模型和混合模型中，如果不设重复，同样无法把 SS_{AB} 与 SS_e 分开，此时随机模型仍可对主效应进行检验，混合模型中也可以对固定因素的主效应进行检验。如果互作存在，仅检验主效应是没有太大意义的，因为很可能是互作在起主要作用。因此只要条件许可，无论哪一类模型都应尽可能设置重复，除非有可靠的证据证明互作不存在。

第四节　多因素方差分析

科研工作中，往往需要考察三个或多个因素的效应。这相当于把二因素方差分析扩展到一般情况。多因素方差分析的方法，本节仅对三因素的情况进行分析。设 A 因素有 a 个水平、B 因素有 b 个水平、C 因素有 c 个水平，假设每一处理都有 n 次重复，那么总观测次数为 $abcn$ 次。对观测值 x_{ijkl}，这个三因素方差分析的线性数学模型为

$$x_{ijkl}=\mu+\alpha_i+\beta_j+\gamma_k+(\alpha\beta)_{ij}+(\alpha\gamma)_{ik}+(\beta\gamma)_{jk}+(\alpha\beta\gamma)_{ijk}+\varepsilon_{ijkl} \tag{7-39}$$

式中，x_{ijkl} 为 A 因素第 i 水平、B 因素第 j 水平、C 因素第 k 水平的第 l 次重复观测值（其中 $i=1, 2, \cdots, a$；$j=1, 2, \cdots, b$；$k=1, 2, \cdots, c$；$l=1, 2, \cdots, n$）；μ 为总体平均值；α_i 为 A 因素第 i 水平的效应；β_j 为 B 因素第 j 水平的效应，γ_k 为 C 因素第 k 水平的效应；$(\alpha\beta)_{ij}$、$(\alpha\gamma)_{ik}$ 和 $(\beta\gamma)_{jk}$ 分别为 $A\times B$、$A\times C$ 和 $B\times C$ 的交互效应，$(\alpha\beta\gamma)_{ijk}$ 为 $A\times B\times C$ 的交互效应；ε_{ijkl} 为随机误差。同时，应满足以下条件：① $\sum\alpha_i=\sum\beta_j=\sum\gamma_k=0$；② $\sum(\alpha\beta)_{ij}=\sum(\alpha\gamma)_{ik}=\sum(\beta\gamma)_{jk}=0$；③ $\sum(\alpha\beta\gamma)_{ijk}=0$；④ ε_{ijkl} 为随机误差，彼此独立且服从 $N(0, \sigma^2)$。

实际分析时，可将三因素方差分析转化成 3 个二因素方差分析，列出 3 个两向表。例如，把 A、B 条件下的全部结果列成一个两向表，如表 7-33 所示。

表 7-33 三因素数据的二向表

		B_j			
A_i	c_1	x_{ij11}	x_{ij12}	…	x_{ij1n}
	c_2	x_{ij21}	x_{ij22}	…	x_{ij2n}
	⋮	⋮	⋮		⋮
	c_c	x_{ijc1}	x_{ijc2}	…	x_{ijcn}

这样，可用二因素方差分析计算出 SS_A、SS_B 和 SS_{AB}。类似地，也可把 A、C，B、C 二因素的数据列成两向表，用同样方法计算出 SS_A、SS_C 和 SS_{AC}，以及 SS_B、SS_C 和 SS_{BC}，其中 SS_A、SS_B、SS_C 不需要重复计算。误差平方和 SS_e 为同一处理下数据的变异平方和，即

$$SS_e=\sum_i\sum_j\sum_k\sum_l(x_{ijkl}-\bar{x}_{ijk})^2 \tag{7-40}$$

总平方和为全部数据的平方和，即

$$SS_T=\sum_i\sum_j\sum_k\sum_l x_{ijkl}^2-\frac{T^2}{abcn} \tag{7-41}$$

总平方和可分解为

$$SS_T=SS_A+SS_B+SS_C+SS_{AB}+SS_{AC}+SS_{BC}+SS_{ABC}+SS_e \tag{7-42}$$

三因素方差分析模型列于表 7-34。

表 7-34 三因素数据方差分析表

变异来源	SS	df	s^2	固定模型	
				F	期望方差
A	SS_A	$a-1$	s_A^2	$\frac{s_A^2}{s_e^2}$	$\sigma^2+bcn\eta_\alpha^2$
B	SS_B	$b-1$	s_B^2	$\frac{s_B^2}{s_e^2}$	$\sigma^2+acn\eta_\beta^2$
C	SS_C	$c-1$	s_C^2	$\frac{s_C^2}{s_e^2}$	$\sigma^2+abn\eta_\gamma^2$
$A\times B$	SS_{AB}	$(a-1)(b-1)$	s_{AB}^2	$\frac{s_{AB}^2}{s_e^2}$	$\sigma^2+cn\eta_{\alpha\beta}^2$
$A\times C$	SS_{AC}	$(a-1)(c-1)$	s_{AC}^2	$\frac{s_{AC}^2}{s_e^2}$	$\sigma^2+bn\eta_{\alpha\gamma}^2$
$B\times C$	SS_{BC}	$(b-1)(c-1)$	s_{BC}^2	$\frac{s_{BC}^2}{s_e^2}$	$\sigma^2+an\eta_{\beta\gamma}^2$
$A\times B\times C$	SS_{ABC}	$(a-1)(b-1)(c-1)$	s_{ABC}^2	$\frac{s_{ABC}^2}{s_e^2}$	$\sigma^2+n\eta_{\alpha\beta\gamma}^2$
误差	SS_e	$abc(n-1)$	s_e^2		σ^2

变异来源	随机模型		混合模型（假定 A、B 固定，C 随机）	
	F	期望方差	F	期望方差
A		$\sigma^2+bcn\sigma_\alpha^2+cn\sigma_{\alpha\beta}^2+bn\sigma_{\alpha\gamma}^2+n\sigma_{\alpha\beta\gamma}^2$	$\frac{s_A^2}{s_{AC}^2}$	$\sigma^2+bcn\eta_\alpha^2+bn\sigma_{\alpha\gamma}^2$
B		$\sigma^2+acn\sigma_\beta^2+cn\sigma_{\alpha\beta}^2+an\sigma_{\beta\lambda}^2+n\sigma_{\alpha\beta\gamma}^2$	$\frac{s_B^2}{s_{BC}^2}$	$\sigma^2+acn\eta_\beta^2+an\sigma_{\beta\gamma}^2$

续表

变异来源	随机模型		混合模型（假定 A、B 固定，C 随机）	
	F	期望方差	F	期望方差
C		$\sigma^2+abn\sigma_\gamma^2+bn\sigma_{\alpha\gamma}^2+an\sigma_{\beta\gamma}^2+n\sigma_{\alpha\beta\gamma}^2$	$\frac{s_C^2}{s_e^2}$	$\sigma^2+abn\sigma_\gamma^2$
$A\times B$	$\frac{s_{AB}^2}{s_{ABC}^2}$	$\sigma^2+cn\sigma_{\alpha\beta}^2+n\sigma_{\alpha\beta\gamma}^2$	$\frac{s_{AB}^2}{s_{ABC}^2}$	$\sigma^2+cn\eta_{\alpha\beta}^2+n\sigma_{\alpha\beta\gamma}^2$
$A\times C$	$\frac{s_{AC}^2}{s_{ABC}^2}$	$\sigma^2+bn\sigma_{\alpha\gamma}^2+n\sigma_{\alpha\beta\gamma}^2$	$\frac{s_{AC}^2}{s_e^2}$	$\sigma^2+bn\sigma_{\alpha\gamma}^2$
$B\times C$	$\frac{s_{BC}^2}{s_{ABC}^2}$	$\sigma^2+an\sigma_{\beta\gamma}^2+n\sigma_{\alpha\beta\gamma}^2$	$\frac{s_{BC}^2}{s_e^2}$	$\sigma^2+an\sigma_{\beta\gamma}^2$
$A\times B\times C$	$\frac{s_{ABC}^2}{s_e^2}$	$\sigma^2+n\sigma_{\alpha\beta\gamma}^2$	$\frac{s_{ABC}^2}{s_e^2}$	$\sigma^2+n\sigma_{\alpha\beta\gamma}^2$
误差		σ^2		σ^2

例 7-7　为了研究在猪饲料中添加胱氨酸（因素 A）、甲硫氨酸（因素 B）和蛋白质（因素 C）对猪日增重的影响，设计了如下试验，每一组以两头猪做重复，结果如表 7-35 所示。试对该组数据进行方差分析。

表 7-35　添加不同物质后猪日增重数据

胱氨酸（A，%）	甲硫氨酸（B，%）	蛋白质（C，%）	日增重（kg）		合计（kg）
0	0	12	1.11	0.97	2.08
		14	1.52	1.45	2.97
	0.025	12	1.09	0.99	2.08
		14	1.27	1.22	2.49
	0.050	12	0.85	1.21	2.06
		14	1.67	1.24	2.91
0.05	0	12	1.30	1.00	2.30
		14	1.55	1.53	3.08
	0.025	12	1.03	1.21	2.24
		14	1.24	1.34	2.58
	0.050	12	1.12	0.96	2.08
		14	1.76	1.27	3.03
0.10	0	12	1.22	1.13	2.35
		14	1.38	1.08	2.46
	0.025	12	1.34	1.41	2.75
		14	1.40	1.21	2.61
	0.050	12	1.34	1.19	2.53
		14	1.46	1.39	2.85
0.15	0	12	1.19	1.03	2.22
		14	0.80	1.29	2.09
	0.025	12	1.36	1.16	2.52
		14	1.42	1.39	2.81
	0.050	12	1.46	1.03	2.49
		14	1.62	1.27	2.89
	合计		31.50	28.97	60.47

由于胱氨酸、甲硫氨酸和蛋白质添加量都是可控的，所以适用于固定模型。

（1）将数据分别累加，记入表 7-36～表 7-38 中。

表 7-36　表 7-35 数据 $A\times B$ 表

甲硫氨酸（B）	胱氨酸（A）				$T_{.j.}$
	0	0.05	0.10	0.15	
0	5.05	5.38	4.81	4.31	19.55
0.025	4.57	4.82	5.36	5.33	20.08
0.050	4.97	5.11	5.38	5.38	20.84
$T_{i..}$	14.59	15.31	15.55	15.02	60.47

表 7-37　表 7-35 数据 $A\times C$ 表

蛋白质（C）	胱氨酸（A）				$T_{..k}$
	0	0.05	0.10	0.15	
12	6.22	6.62	7.63	7.23	27.70
14	8.37	8.69	7.92	7.79	32.77
$T_{i..}$	14.59	15.31	15.55	15.02	60.47

表 7-38　7-35 数据 $B\times C$ 表

甲硫氨酸（B）	蛋白质（C）		$T_{.j.}$
	12	14	
0	8.95	10.60	19.55
0.025	9.59	10.49	20.08
0.050	9.16	11.68	20.84
$T_{..k}$	27.70	32.77	60.47

（2）平方和计算：其中，$a=4$，$b=3$，$c=2$，$n=2$。

$$C=\frac{T^2}{abcn}=\frac{60.47^2}{4\times3\times2\times2}=76.1796$$

$$SS_T=\sum\sum\sum\sum x_{ijkl}^2-C=(1.11^2+0.97^2+\cdots+1.27^2)-76.1796=2.0409$$

$$SS_t=\frac{1}{n}\sum\sum\sum T_{ijk}^2-C=\frac{2.08^2+2.97^2+\cdots+2.89^2}{2}-76.1796=1.2757$$

$$SS_A=\frac{\sum T_{i..}^2}{bcn}-C=\frac{14.59^2+\cdots+15.02^2}{3\times2\times2}-76.1796=0.0427$$

$$SS_B=\frac{\sum T_{.j.}^2}{acn}-C=\frac{19.55^2+\cdots+20.84^2}{4\times2\times2}-76.1796=0.0526$$

$$SS_C=\frac{\sum T_{..k}^2}{abn}-C=\frac{27.70^2+32.77^2}{4\times3\times2}-76.1796=0.5355$$

$$\begin{aligned}SS_{AB}&=\frac{\sum\sum T_{ij.}^2}{cn}-C-SS_A-SS_B\\&=\frac{5.05^2+5.38^2+\cdots+5.38^2}{2\times2}-76.1796-0.0427-0.0526\\&=0.2543\end{aligned}$$

$$SS_{AC}=\frac{\sum\sum T_{i.k}^2}{bn}-C-SS_A-SS_C$$

$$=\frac{6.22^2+6.62^2+\cdots+7.79^2}{3\times 2}-76.1796-0.0427-0.5355$$

$$=0.2399$$

$$SS_{BC}=\frac{\sum\sum T_{.jk}^2}{an}-C-SS_B-SS_C$$

$$=\frac{8.95^2+10.60^2+\cdots+11.68^2}{4\times 2}-76.1796-0.0562-0.5355$$

$$=0.0821$$

$$SS_{ABC}=\frac{\sum\sum\sum T_{ijk}^2}{n}-C-SS_A-SS_B-SS_C-SS_{AB}-SS_{AC}-SS_{BC}$$

$$=\frac{2.08^2+2.97^2+\cdots+2.89^2}{2}-76.1796-0.0427-0.0562-0.5355$$

$$-0.2543-0.2399-0.0821=0.0685$$

$$SS_e=SS_T-SS_t=2.0409-1.2756=0.7653$$

（3）自由度计算：

$$df_T=abcn-1=4\times 3\times 2\times 2-1=47$$

$$df_A=a-1=4-1=3$$

$$df_B=b-1=3-1=2$$

$$df_C=c-1=2-1=1$$

$$df_{AB}=(a-1)(b-1)=(4-1)\times(3-1)=6$$

$$df_{AC}=(a-1)(c-1)=(4-1)\times(2-1)=3$$

$$df_{BC}=(b-1)(c-1)=(3-1)\times(2-1)=2$$

$$df_{ABC}=(a-1)(b-1)(c-1)=(4-1)\times(3-1)\times(2-1)=6$$

$$df_e=abc(n-1)=4\times 3\times 2\times(2-1)=24$$

（4）将以上结果列成方差分析表（表 7-39）。

表 7-39　例 7-7 猪日增重数据的方差分析表

变异来源	df	SS	s^2	F	$F_{0.05}$	$F_{0.01}$
胱氨酸（A）	3	0.0427	0.0142	0.445	3.01	4.72
蛋氨酸（B）	2	0.0526	0.0263	0.824	3.40	5.61
蛋白质（C）	1	0.5355	0.5355	16.787**	4.26	7.82
$A\times B$	6	0.2543	0.0424	1.329	2.51	3.67
$A\times C$	3	0.2399	0.0800	2.508	3.01	4.72
$B\times C$	2	0.0821	0.0410	1.285	3.40	5.61
$A\times B\times C$	6	0.0685	0.0114	0.357	2.51	3.67
误差	24	0.7653	0.0319			
总变异	47	2.0409				

检验结果表明，蛋白质添加量对猪日增重影响极显著，胱氨酸及甲硫氨酸添加量的影响

不显著，可能的原因是在饲料中并不缺乏这两种氨基酸。

第五节　方差分析缺失数据的估计和数据转换

进行方差分析时，其数据体系一般都是按照试验要求事先设计好的，但在试验过程中经常会因意外事件使某一个或某几个数据丢失。例如，收获的作物可能遭到毁坏，动物可能有死亡，或者在记录时可能漏记或记错等。数据的缺失使平方和的线性可加模型无效，因此无法直接进行方差分析。缺失的数据可用统计方法从理论上进行估计，然后用前面介绍过的方法进行方差分析。但有一点必须明确，缺失数据估计并不能恢复原来的数据，只能是补足后不致干扰其余数据，估计的数据并不能提供任何新的信息。因此，试验中应尽量避免这类情况发生。弥补缺失数据的原则是，使补上缺失的数据后，误差平方和最小。

一、方差分析缺失数据的估计方法

（一）一个缺失数据的估计

假定表 7-40 中的 x_{23} 是缺失的，需要补上。

表 7-40　缺失一个数据的试验结果

	B_1	B_2	B_3	B_4	B_5	B_6	B_7	B_8	合计
A_1	30	39	41	42	42	39	38	38	309
A_2	37	46	x	43	51	44	35	49	$305+x$
A_3	27	37	36	24	37	41	33	43	278
A_4	30	42	35	40	46	47	38	46	324
总和	124	164	$112+x$	149	176	171	144	176	$1216+x$

误差平方和可由下式求出：

$$\begin{aligned}SS_e&=SS_T-SS_A-SS_B\\&=(30^2+37^2+\cdots+x^2+\cdots+46^2)\\&\quad-\frac{1}{8}\times\left[309^2+(305+x)^2+\cdots+324^2\right]\\&\quad-\frac{1}{4}\times\left[124^2+164^2+(112+x)^2+\cdots+176^2\right]\\&\quad+\frac{1}{32}\times(1216+x)^2\end{aligned}$$

为使 SS_e 达到最小，令 $\frac{\mathrm{d}SS_e}{\mathrm{d}x}=0$，则有

$$2x-\frac{1}{4}\times(305+x)-\frac{1}{2}\times(112+x)+\frac{1}{16}\times(1216+x)=0$$

解该方程，得 $x=42.857\approx43$。

把这个数据填在表 7-40 内，方差分析时除总自由度 df_T 和误差自由度 df_e 各需减 1 外，其他仍可以按前面介绍的方法进行。

（二）缺失两个数据的估计

仍以表 7-40 数据为例，假定 x_{23} 和 x_{37} 都缺失，分别记为 x 和 y。其弥补原则和弥补一个数据是一样的，使 SS_e 达到最小。把表 7-40 数据重新整理成表 7-41。

与缺失一个数据的估计方法类似，计算误差平方和。

表 7-41　缺失两个数据的试验结果

	B_1	B_2	B_3	B_4	B_5	B_6	B_7	B_8	合计
A_1	30	39	41	42	42	39	38	38	309
A_2	37	46	x	43	51	44	35	49	$305+x$
A_3	27	37	36	24	37	41	y	43	$245+y$
A_4	30	42	35	40	46	47	38	46	324
总和	124	164	$112+x$	149	176	171	$111+y$	176	$1183+x+y$

$$\begin{aligned}SS_e&=SS_T-SS_A-SS_B\\&=(30^2+37^2+\cdots+x^2+\cdots+y^2+\cdots+46^2)\\&\quad-\frac{1}{8}\times\left[309^2+(305+x)^2+(245+y)^2+324^2\right]\\&\quad-\frac{1}{4}\times\left[124^2+164^2+(112+x)^2+\cdots+(111+y)^2+176^2\right]\\&\quad+\frac{1}{32}\times(1183+x+y)^2\end{aligned}$$

为使 SS_e 最小，应满足：

$$\begin{cases}\dfrac{\partial SS_e}{\partial x}=0\\[2mm]\dfrac{\partial SS_e}{\partial y}=0\end{cases}$$

即

$$\begin{cases}2x-\dfrac{1}{4}\times(305+x)-\dfrac{1}{2}\times(112+x)+\dfrac{1}{16}\times(1183+x+y)=0\\[2mm]2y-\dfrac{1}{4}\times(245+y)-\dfrac{1}{2}\times(111+y)+\dfrac{1}{16}\times(1183+x+y)=0\end{cases}$$

经整理，解得：$x=42.97$，$y=30.57$。

丢失的两个数据补上后，在进行方差分析时其误差自由度 df_e 及总自由度 df_T 均减 2。由于误差自由度减小，F 检验的灵敏度会相应降低，这对分析问题是不利的。因此，在获得试验数据时，要尽可能保持数据的完整性，避免数据缺失。

二、方差分析的数据转换

在生物学研究中经常会遇到一些样本，就其本身的性质来说，并不符合方差分析的基本假定。在进行方差分析之前，这些数据必须经过适当处理，即数据转换（transformation of data）以变更测量标尺。样本的非正态性、不可加性和方差异质性通常会连带出现。在进行数据转换中，根据实际经验，主要应考虑处理效应与误差效应的可加性，其次才考虑方差同质性。常用的转换方法如下所述。

（一）平方根转换

有些生物学观测数据为泊松分布而非正态分布。例如，一定面积上某种杂草株数或昆虫头数等，样本平均数与其方差有某种比例关系。采用平方根转换（square root transformation）可以对方差进行降缩，减少极端大的变量对方差的影响，从而获得同质的方差。一般将原观测值转换成 $\sqrt{x}$ ，数据较小时采用 $\sqrt{x+1}$ 。

例如，表 7-42 中所列的一定面积燕麦田中某杂草的株数。从直观上看，A_1、A_2 和 A_3、A_4 及 A_5 间的数据相差太大，方差同质性是不成立的。

表 7-42 中的数据，如算出误差项的方差，它可能是个平均值，用以检验 A_1、A_2 间差数则太小，用来检验 A_3、A_4 及 A_5 间的差数则太大。如果把表 7-42 中的数据进行平方根转换（表 7-43），可以看出各个处理的数据范围就相对减小了。

表 7-42　燕麦田中某种杂草的株数（株）

处理	A_1	A_2	A_3	A_4	A_5
1	438	538	77	17	18
2	442	422	61	31	26
3	319	377	151	87	77
4	380	315	52	16	20
$\overline{x}_i$	394.75	413.00	85.25	37.75	35.25

表 7-43　表 7-42 数据的平方根

处理	A_1	A_2	A_3	A_4	A_5
1	20.9	23.2	8.8	4.1	4.2
2	21.0	20.5	7.8	5.6	5.1
3	17.9	19.4	12.3	9.3	8.8
4	19.5	17.7	7.2	4.0	4.5
$\overline{x}_i$	19.8	20.2	9.0	5.8	5.7

对表 7-43 数据进行方差分析，列入表 7-44。

表 7-44　表 7-43 数据的方差分析表

变异来源	df	SS	s^2	F	$F_{0.05}$	$F_{0.01}$
处理间	4	866.663	216.666	46.43**	3.06	4.89
误差	15	69.995	4.666			
总变异	19	936.658				

（二）对数转换

如果已知数据中的效应为相乘性或非相加性，或者标准差（或极差）与平均数成比例时，可以使用对数转换（logarithmic transformation）。一般是将原数据转换为对数（lg$x$或 ln$x$），从而使方差变成比较一致而且使效应由相乘性变为相加性。如果原始数据包括 0，可以采用 lg（x+1）转换的方法。通常情况下，对数转换对于削弱大变数的作用要比平方根转换更强。例如，1、10、100 进行平方根转换是 1、3.16、10，进行对数转换则是 0、1、2。

表 7-45 是昆虫生育 5 个不同时期用 3 种捕蛾灯捕获昆虫数目（个）的数据。

表 7-45　捕获昆虫统计资料及捕获数的对数值

时期	捕蛾灯			对数值		
	Ⅰ	Ⅱ	Ⅲ	Ⅰ	Ⅱ	Ⅲ
1	19.1	50.1	123.0	1.28	1.70	2.09
2	23.4	166.0	407.4	1.37	2.22	2.61
3	39.5	223.9	398.1	1.60	2.35	2.60
4	23.4	58.9	229.1	1.37	1.77	2.36
5	16.6	64.6	251.2	1.22	1.81	2.40
$\bar{x}_i$	24.4	112.7	281.8	1.37	1.97	2.41
极差	22.9	173.8	284.4	0.38	0.65	0.52

由表 7-45 可知，原始数据的平均数和极差近于正比关系，经对数转换后 3 个极差则较为接近，且与平均数无关。将对数转换后的数据进行方差分析，结果列于 7-46。

表 7-46　表 7-45 数据对数转换后数据的方差分析表

变异来源	df	SS	s^2	F	$F_{0.05}$	$F_{0.01}$
时期间	4	0.4876	0.1219	8.08**	3.84	7.01
捕蛾灯	2	2.7504	1.3752	91.17**	4.46	8.65
误差	8	0.1200	0.0150			
总变异	14	3.3603				

结果表明，捕蛾灯及捕蛾时期之间的差异均达到极显著水平。

（三）反正弦转换

如果数据是以比率或以百分数表示的，当 n 值较小（n<30）时，其分布趋向于二项分布，方差分析时应做反正弦转换（arcsine transformation），转换后的数值是以度为单位的角度，因此也称为角度转换（angle transformation）。转换的公式为

$$\theta=\sin^{-1}\sqrt{P} \tag{7-43}$$

式中，P 为百分数数据；θ 为相应的角度值。

二项分布的特点是其方差与平均数之间有一定的函数关系，即当平均数处于中间数值附近（50%左右）时方差较大。将数据转换成角度以后，接近于 0 和 100%的数值变异度增大，使方差变大，这样有利于满足方差同质性的要求。如果数据中的百分数为 30%～70%，因数

据的分布接近于正态分布，通常数据转换与否对分析结果影响不大。

例 7-8　有三个玉米品种的种子在相同条件下保存。为了测定保存一段时间后种子的生活力，每个品种随机选取 100 粒种子在培养箱内做发芽试验，重复 7 次，3 个玉米品种的发芽率数据列于表 7-47，试对数据进行方差分析。

表 7-47　三个玉米品种的发芽率（%）

品种	发芽率（P）						
Ⅰ	94.3	64.1	47.7	43.6	50.4	80.5	57.8
Ⅱ	26.7	9.4	42.1	30.6	40.9	18.6	40.9
Ⅲ	18.0	35.0	20.7	31.6	26.8	11.4	19.7

表 7-47 的数据是一个服从二项分布的发芽率数据，且有低于 30%和高于70%的，先对数据进行反正弦转换，得出各个观测值的反正弦角度θ值，列于表 7-48。然后对表 7-48 数据进行方差分析，列于表 7-49。

表 7-48　表 7-47 数据的反正弦值

品种	发芽率 $x=\sin^{-1}\sqrt{P}$							$T_{i.}$	$\bar{x}_{i.}$	反转换值
Ⅰ	76.19	53.19	43.68	41.32	45.23	63.79	49.49	372.89	53.27	64.2
Ⅱ	31.11	17.85	40.45	33.58	39.76	25.55	39.76	228.06	32.58	29.0
Ⅲ	25.10	36.27	27.06	34.20	31.18	19.73	26.35	199.89	28.56	22.8
合计								800.84		

表 7-49　表 7-48 数据的方差分析表

变异来源	df	SS	s^2	F	$F_{0.05}$	$F_{0.01}$
处理间	2	2461.8228	1230.9114	14.03**	3.55	6.01
误差	18	1579.4927	87.7500			
总变异	20	4041.3155				

F 检验结果表明，三个品种玉米种子发芽率差异极显著。下面用 SSR 法进行多重比较，结果见表 7-50。

$$s_{\bar{x}}=\sqrt{\frac{87.7500}{7}}=3.54$$

表 7-50　表 7-48 数据的 *SSR* 值和 *LSR* 值

M	$SSR_{0.05}$	$SSR_{0.01}$	$LSR_{0.05}$	$LSR_{0.01}$
2	2.97	4.07	10.51	14.41
3	3.12	4.27	11.04	15.12

比较结果表明，品种Ⅰ的发芽率极显著高于品种Ⅲ和品种Ⅱ，而品种Ⅱ和品种Ⅲ之间差异不显著。对结果进行解释时，应将各组平均数还原为发芽率。例如，表 7-48 中平均数 53.27，根据 $P=\sin x$，还原为 64.2%；平均数 32.58 还原为 29.0%，平均数 28.56 还原为 22.8%。但

变换过的数据所算出的方差或标准差不需要再换回原来的数据。

以上介绍了三种数据转换方法。无论采用何种数据转换方法，在对转换后的数据进行方差分析时，若经检验差异显著，在进行平均数的多重比较时需用转换后的数据进行计算。但在解释分析其最终结果时，应还原为原始数值。

无论何种数据转换方法，对于一般非连续性的数据，最好在方差分析前先检查各处理平均数与相应处理内均方是否存在相关性，以及各处理内均方间的变异是否较大。如果存在相关性，或者变异较大，则应考虑对数据做出转换。有时要确定适当的转换方法并不容易，可事先在试验中选取几个平均数为大、中、小的试验处理做转换，哪种方法能使处理平均数与其均方的相关性最小，哪种方法就是最合适的转换方法。另外，还可以使用其他的数据转换方法。例如，当各处理标准差与其平均数的平方成比例时，可进行倒数转换（reciprocal transformation）。

思考练习题

习题 7.1　什么是方差分析？方差分析的基本思想是什么？进行方差分析一般有哪些步骤？

习题 7.2　方差分析应建立在哪三个基本假定基础上？为什么有些数据需经过转换后才能进行方差分析？

习题 7.3　什么是变量间的关系强度，其意义是什么？

习题 7.4　什么是多重比较？多重比较有哪些方法？多重比较的结果如何表示？

习题 7.5　为研究氟对种子发芽的影响，分别用 0（对照）、10、50、100 4 种不同浓度（μg/g）的氟化钠溶液处理种子（浸种），每一种浓度处理的种子用培养皿进行发芽试验（每皿 50 粒，每处理重复 3 次）。观察它们的发芽情况，测得芽长数据如下表所示。试做方差分析，并用 *LSD* 法、*SSR* 法和 *q* 法分别进行多重比较。

处理（μg/g）	芽长（cm）		
	1	2	3
0（对照）	8.9	8.4	8.6
10	8.2	7.9	7.5
50	7.0	5.5	6.1
100	5.0	6.3	4.1

习题 7.6　用同一公猪对 3 头母猪（1 号、2 号、3 号）进行配种试验，所产各头仔猪断奶时的体重（kg）数据如下：

1 号：24.0，22.5，24.0，20.0，22.0，23.0，22.0，22.5；

2 号：19.0，19.5，20.0，23.5，19.0，21.0，16.5；

3 号：16.0，16.0，15.5，20.5，14.0，17.5，14.5，15.5，19.0。

试分析母猪对仔猪体重效应的差异显著性。

习题 7.7　选取 4 个品种的家兔，每一个品种用兔 7 只，测定其在不同室温下的血糖值，以每 100mg 血液中葡萄糖的含量（mg/100mg）表示，试验数据见下表。试分析：各种家兔血糖值间有无差异？室温对家兔的血糖值有无影响？

<table>
<tr><th rowspan="2">品种</th><th colspan="7">室温</th></tr>
<tr><th>35℃</th><th>30℃</th><th>25℃</th><th>20℃</th><th>15℃</th><th>10℃</th><th>5℃</th></tr>
<tr><td>Ⅰ</td><td>140</td><td>120</td><td>110</td><td>82</td><td>82</td><td>110</td><td>130</td></tr>
<tr><td>Ⅱ</td><td>160</td><td>140</td><td>100</td><td>83</td><td>110</td><td>130</td><td>120</td></tr>
<tr><td>Ⅲ</td><td>160</td><td>120</td><td>120</td><td>110</td><td>100</td><td>140</td><td>150</td></tr>
<tr><td>Ⅳ</td><td>130</td><td>110</td><td>100</td><td>82</td><td>74</td><td>100</td><td>120</td></tr>
</table>

习题 7.8 为了从3种不同原料和三种不同发酵温度中选出某种物质较为适宜的条件，设计了一个二因素试验，并得到如下结果。试对该组数据进行方差分析。

<table>
<tr><th rowspan="2">原料（A）</th><th colspan="12">温度（B）</th></tr>
<tr><th colspan="4">B_1（30℃）</th><th colspan="4">B_2（35℃）</th><th colspan="4">B_3（40℃）</th></tr>
<tr><td>A_1</td><td>41</td><td>49</td><td>23</td><td>25</td><td>11</td><td>13</td><td>25</td><td>24</td><td>6</td><td>22</td><td>26</td><td>18</td></tr>
<tr><td>A_2</td><td>47</td><td>59</td><td>50</td><td>40</td><td>43</td><td>38</td><td>33</td><td>36</td><td>8</td><td>22</td><td>18</td><td>14</td></tr>
<tr><td>A_3</td><td>43</td><td>35</td><td>53</td><td>50</td><td>55</td><td>38</td><td>47</td><td>44</td><td>30</td><td>33</td><td>26</td><td>19</td></tr>
</table>

习题 7.9 在药物处理大豆种子试验中，使用了大粒、中粒、小粒3种类型种子，分别用5种浓度、2种处理时间进行试验处理，播种后45d对每种处理各取2个样本，每个样本取10株测定其干物质质量，求其平均数，结果如下表所示。试进行方差分析。

<table>
<tr><th rowspan="2">处理时间（A）</th><th rowspan="2">种子类型（C）</th><th colspan="5">浓度（B）</th></tr>
<tr><th>B_1（0μg/g）</th><th>B_2（10μg/g）</th><th>B_3（20μg/g）</th><th>B_4（30μg/g）</th><th>B_5（40μg/g）</th></tr>
<tr><td rowspan="6">A_1(12h)</td><td rowspan="2">C_1（小粒）</td><td>7.0</td><td>12.8</td><td>22.0</td><td>21.3</td><td>24.2</td></tr>
<tr><td>6.5</td><td>11.4</td><td>21.8</td><td>20.3</td><td>23.2</td></tr>
<tr><td rowspan="2">C_2（中粒）</td><td>13.5</td><td>13.2</td><td>20.8</td><td>19.0</td><td>24.6</td></tr>
<tr><td>13.8</td><td>14.2</td><td>21.4</td><td>19.6</td><td>23.8</td></tr>
<tr><td rowspan="2">C_3（大粒）</td><td>10.7</td><td>12.4</td><td>22.6</td><td>21.3</td><td>24.5</td></tr>
<tr><td>10.3</td><td>13.2</td><td>21.8</td><td>22.4</td><td>24.2</td></tr>
<tr><td rowspan="6">A_2(24h)</td><td rowspan="2">C_1（小粒）</td><td>3.6</td><td>10.7</td><td>4.7</td><td>12.4</td><td>13.6</td></tr>
<tr><td>1.5</td><td>8.8</td><td>3.4</td><td>10.5</td><td>13.7</td></tr>
<tr><td rowspan="2">C_2（中粒）</td><td>4.7</td><td>9.8</td><td>2.7</td><td>12.4</td><td>14.0</td></tr>
<tr><td>4.9</td><td>10.5</td><td>4.2</td><td>13.2</td><td>14.2</td></tr>
<tr><td rowspan="2">C_3（大粒）</td><td>8.7</td><td>9.6</td><td>3.4</td><td>13.0</td><td>14.8</td></tr>
<tr><td>8.5</td><td>9.7</td><td>4.2</td><td>12.7</td><td>12.6</td></tr>
</table>

参考答案

第 8 章

直线回归与相关分析

本章提要

直线回归与相关是建立两变量间定量关系的最基本方法。本章主要讨论：

- 回归与相关的概念；
- 直线回归方程建立及检验；
- 直线相关分析及相关系数检验。

前面所讨论的统计方法，通常只涉及一个变量。两个或两个以上变量，其相互关系有两类，一类是变量间存在确定的函数关系，如长方形的面积 $S=ab$、气体定律 $PV=RT$ 等。这些变量依公式关系而存在，只要知道了其中一个或多个变量值就可以准确地计算出另外变量的值。这类例子在生物界较少存在。另一类是变量间存在不确定的函数关系，不能用确定的函数式来表示。例如，人的身高和体重的关系，通常身高越高、体重越重。但是身高与体重之间不存在确定的函数关系，知道身高并不能得知准确的体重；同样，知道体重也不会得知准确的身高。对于多个变量，一个变量发生变化，其他变量也会跟着发生变化，在统计上常采用回归（regression）与相关（correlation）的分析方法探讨多变量间的变化规律。

视频讲解

第一节　回归和相关的概念

变量间的相互关系，常见的有因果关系和平行关系。因果关系是指一个变量的变化受另一个变量或几个变量的制约。例如，微生物的繁殖速度受温度、湿度、光照等因素的影响，子女的身高受父母身高的影响等。平行关系是指两个以上变量之间共同受到另外因素的影响。例如，人的身高与体重之间的关系，兄弟身高之间的关系等。

对于两个变量，常用符号 x、y 表示，如果通过 n 次试验或调查获得两个变量的成对观测值，可表示为（x_1，y_1），（x_2，y_2），…，（x_n，y_n）。为了直观地表示 x 和 y 的变化关系，可将每一对观测值在平面直角坐标系中表示成一个点，做成散点图（scatter chart）。从散点图可以看出：①两个变量间关系的性质和程度；②两个变量间关系的类型，是直线型还是曲线型；③是否有异常观测值的干扰等。图 8-1 是 3 幅两个变量的散点图。从图中可以看出，图 8-1（a）、（b）都是趋向于直线型的，但图 8-1（a）的两个变量关系较图 8-1（b）更密切，且是正向的，即随 x 增加 y 也增加；而图 8-1（b）是负向的，即随 x 增加 y 减小；图 8-1（c）两个变量之间的关系则趋向于曲线型。用散点图表示两个变量之间的关系只是进行了定性研究，为了定量地探讨它们之间的规律性，必须根据观测值将其理论关系推导出来。

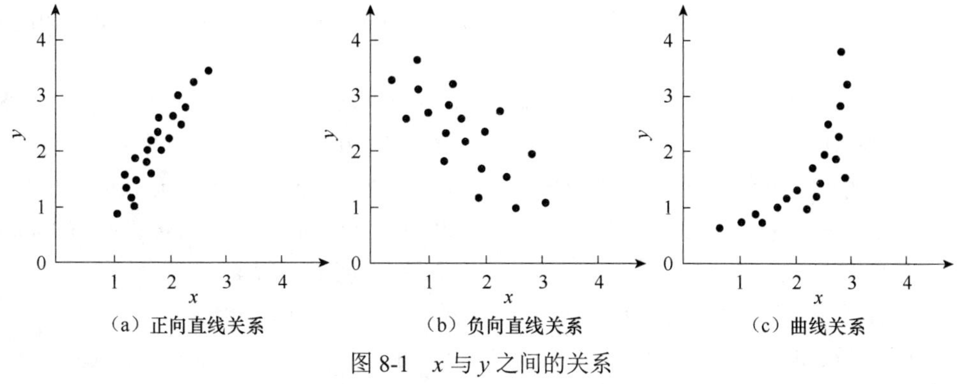

图 8-1　x 与 y 之间的关系

如果两个变量间的关系属于因果关系，一般用回归分析（regression analysis）来研究。表示原因的变量称为自变量（independent variable），常用 x 表示，一般自变量是固定的（试验时预先确定的），没有随机误差或者随机误差较小；表示结果的变量称为因变量或依变量（dependent variable），常用 y 表示，它是随 x 的变化而变化的，具有随机误差。例如，作物施肥量和产量之间的关系，前者是表示原因的变量，为事先确定的，是自变量；后者是表示结果的变量，为依变量，且具有随机误差。若对于变量 x 的每一个可能值 x_i，都有随机变量 y_i 的一个分布与之相对应，则称随机变量 y 对变量 x 存在回归关系。研究“一因一果”，即一个自变量与一个依变量的回归分析称为一元回归分析（one factor regression analysis）；研究“多因一果”，即多个自变量与一个依变量的回归分析称为多元回归分析（multiple regression analysis）。一元回归可分为直线回归（linear regression）与曲线回归（curve regression）两种；多元回归可分为多元线性回归（multiple linear regression）与多元非线性回归（multiple nonlinear regression）两种。回归分析的目的是揭示变量之间的因果关系，建立回归方程，并通过回归方程由自变量来预测和控制依变量。

如果两个变量间的关系属于平行关系，一般用相关分析（correlation analysis）来进行研究。在相关分析中，变量 x 和 y 无自变量和依变量之分，且都具有随机误差。两个随机变量 x 和 y，对于其中任一随机变量的每一个可能的值，另一个随机变量都有一个确定的分布与之相对应，则称这两个随机变量间存在相关关系。对两个变量间的直线关系进行相关分析称为直线相关（linear correlation）分析或简单相关（simple correlation）分析；对多个变量进行相关分析时，研究一个变量与多个变量间的线性相关称为复相关（multiple correlation）分析；研究其余变量保持不变的情况下两个变量间的线性相关称为偏相关（partial correlation）分析。

本章主要探讨直线回归分析和直线相关分析。

第二节　直线回归分析

直线回归是回归分析中最基本、最简单的一种，故又称为简单回归（simple regression）。

一、直线回归方程的建立

研究回归关系时，对自变量 x 的每一个取值 x_i，都有 y 的一个分布与之对应。即当 $x=x_i$ 时，y_i 的平均数 $\mu_{y/x=x_i}$ 与之是相对应的，$\mu_{y/x=x_i}$ 称为 y 的条件平均数（conditional mean）。在这种情况下，我们可以利用直线回归方程（linear regression equation）来描述 x 与 y 的均值的关系，其一般形式为

$$\hat{y}=a+bx \tag{8-1}$$

式（8-1）为“y 依 x 的直线回归方程”。其中，x 为自变量；$\hat{y}$ 为与 x 值相对应的依变量 y 的总体平均数的点估计值；a 为当 $x=0$ 时的 $\hat{y}$ 值，即直线在 y 轴上的截距（intercept），称为回归截距（regression intercept）；b 为回归直线的斜率（slope），称为回归系数（regression coefficient），其含义是自变量 x 改变一个单位，依变量 y 平均增加或减少的单位数。

如果两个变量在散点图上呈线性关系，就可用直线回归方程来进行描述。为了使 $\hat{y}=a+bx$ 能最好地反映 y 和 x 两变量间的数量关系，根据最小二乘法（method of least square），a、b 应使依变量的观测值与回归估计值的离差平方和最小，即

$$Q=\sum_{1}^{n}(y-\hat{y})^2=\sum_{1}^{n}(y-a-bx)^2=\text{最小值} \tag{8-2}$$

根据微积分学中的极值原理，必须使 Q 对 a、b 的一阶偏导数值为 0：

$$\frac{\partial Q}{\partial a}=-2\sum(y-a-bx)=0$$

$$\frac{\partial Q}{\partial b}=-2\sum(y-a-bx)x=0$$

整理得正规方程组（normal equation group）：

$$\begin{cases} an+b\sum x=\sum y \\ a\sum x+b\sum x^2=\sum xy \end{cases}$$

解方程组，得

$$a=\bar{y}-b\bar{x} \tag{8-3}$$

$$b=\frac{\sum xy-\frac{\sum x\sum y}{n}}{\sum x^2-\frac{\left(\sum x\right)^2}{n}}=\frac{\sum(x-\bar{x})(y-\bar{y})}{\sum(x-\bar{x})^2}=\frac{SP}{SS_x} \tag{8-4}$$

式中，分子 $\sum(x-\bar{x})(y-\bar{y})$ 为 x 的离均差和 y 的离均差乘积和（mean deviation product sum），简称乘积和（product sum），记作 SP 或 SS_{xy}；分母 $\sum(x-\bar{x})^2$ 为 x 的离均差平方和（mean deviation sum of square），记作 SS_x。

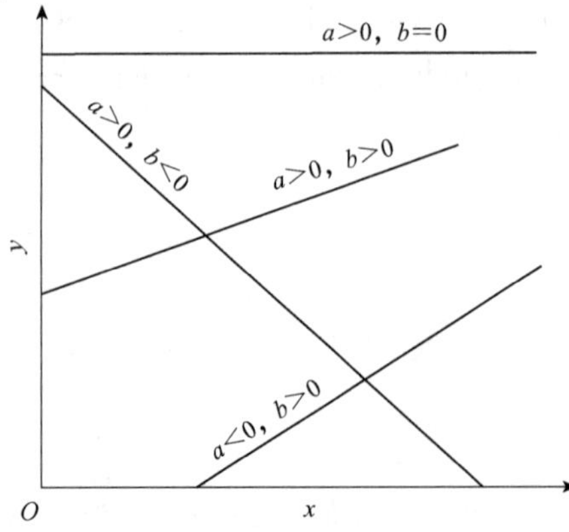

图 8-2　直线回归方程 $\hat{y}=a+bx$ 的图像

回归直线在平面直角坐标系中的位置取决于 a、b 的取值。由图 8-2 可以看出，$a>0$，表示回归直线在第Ⅰ象限与 y 轴相交；$a<0$，表示回归直线在第Ⅰ象限与 x 轴相交。$b>0$，表示 y 随 x 的增加而增加；$b<0$，表示 y 随 x 的增加而减小；$b=0$ 或与 0 差异不显著，表示 y 的变化与 x 的取值无关，两变量不存在直线回归关系。这只是对 a 和 b 的统计学解释，对于具体数据，a 和 b 通常还有专业上的实际意义。

将 x 的取值代入直线回归方程，可计算出 $\hat{y}$ 值，

研究 y 和 $\hat{y}$ 之间的关系，可发现回归方程的 3 个基本性质。

性质 1　$Q=\sum(y-\hat{y})^2=$最小值；

性质 2　$\sum(y-\hat{y})=0$；

性质 3　回归直线通过中心点（$\overline{x}$，$\overline{y}$）。

将式（8-3）代入式（8-1），得到直线回归方程的另一种形式：

$$\hat{y}=\overline{y}-b\overline{x}+bx=\overline{y}+b(x-\overline{x}) \tag{8-5}$$

例 8-1　有人研究了黏虫孵化历期平均温度（x，℃）与历期天数（y，d）之间的关系，试验数据列于表 8-1。试建立直线回归方程。

表 8-1　黏虫孵化历期平均温度与历期天数

序号	1	2	3	4	5	6	7	8
平均温度（x，℃）	11.8	14.7	15.6	16.8	17.1	18.8	19.5	20.4
历期天数（y，d）	30.1	17.3	16.7	13.6	11.9	10.7	8.3	6.7

（1）计算回归分析的 6 个一级数据：

$$\sum x=11.8+14.7+\cdots+20.4=134.70$$

$$\sum x^2=11.8^2+14.7^2+\cdots+20.4^2=2323.19$$

$$\sum y=30.1+17.3+\cdots+6.7=115.30$$

$$\sum y^2=30.1^2+17.3^2+\cdots+6.7^2=2039.03$$

$$\sum xy=11.8\times30.1+14.7\times17.3+\cdots+20.4\times6.7=1801.67$$

$$n=8$$

（2）由一级数据计算 5 个二级数据：

$$SS_x=\sum x^2-\frac{\left(\sum x\right)^2}{n}=2323.19-\frac{134.70^2}{8}=55.1788$$

$$SS_y=\sum y^2-\frac{\left(\sum y\right)^2}{n}=2039.03-\frac{115.30^2}{8}=377.2688$$

$$SP=\sum xy-\frac{\sum x\sum y}{n}=1801.67-\frac{134.70\times115.30}{8}=-139.6938$$

$$\overline{x}=\frac{\sum x}{n}=\frac{134.70}{8}=16.8375$$

$$\overline{y}=\frac{\sum y}{n}=\frac{115.30}{8}=14.4125$$

（3）计算 b 值和 a 值：

$$b=\frac{SP}{SS_x}=\frac{-139.6938}{55.1788}=-2.5317$$

$$a=\overline{y}-b\overline{x}=14.4125-(-2.5317)\times16.8375=57.0400$$

（4）建立黏虫孵化历期天数依历期平均温度的直线回归方程：

$$\hat{y}=57.0400-2.5317x$$

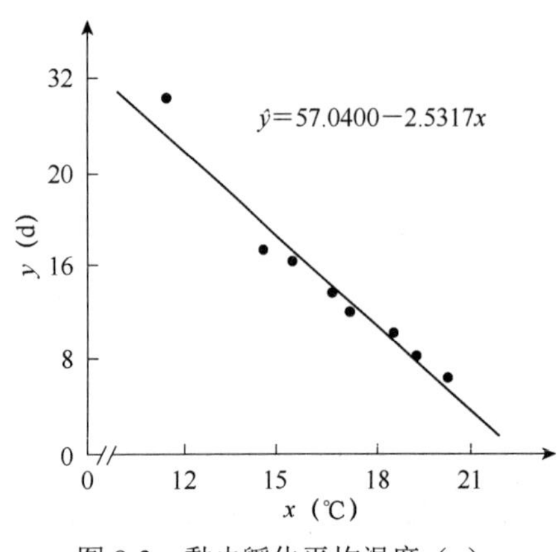

图 8-3　黏虫孵化平均温度（x）与历期天数（y）的关系

或

$$\hat{y}=14.4125-2.5317(x-16.8375)$$

从回归方程可知，黏虫孵化历期平均温度每增加 1℃，孵化历期就减少 2.5317d，当历期平均温度为 0℃时，孵化历期为 57.04d。但是，由于本例 x 的取值只为 11.8～20.4℃，$x=0$ 不在此区间，是否符合 $\hat{y}=57.0400-2.5317x$ 的变化规律，有待于实践进一步验证。

从该数据直线回归方程的图形（图 8-3）可以看出，尽管 $\hat{y}=57.0400-2.5317x$ 可以作为该数据的回归方程，但是并不是所有的散点均恰好落在回归直线上，而是比较靠近回归直线，这说明用 x 去估计 y 是有随机误差的，因此必须根据回归的数学模型对随机误差进行估计，并对回归方程进行检验。

二、直线回归的数学模型和基本假定

（一）直线回归的数学模型

在直线回归中，y 总体的每一个观测值可分解为三部分，即 y 的总体平均数 μ_y、因 x 引起 y 的变异 $\beta(x-\mu_x)$ 及 y 的随机误差 ε。因此，直线回归的数学模型为

$$y=\mu_y+\beta(x-\mu_x)+\varepsilon \tag{8-6}$$

或

$$y=\alpha+\beta x+\varepsilon \tag{8-7}$$

式（8-6）和式（8-7）为总体数据直线回归的数学模型，其各部分含义如下。

（1）常量 α。α 是总体回归截距，是回归直线在纵坐标的截距，它是 y 的本底水平，即 x 对 y 没有任何作用时 y 的数量表现。它属于不能用 x 来估计的部分。

（2）βx 的部分。β 为总体回归系数，βx 表示依变量 y 的取值改变中，由 y 与自变量 x 的线性回归关系所引起变化的部分，即可以由 x 直接估计的部分。

（3）回归估计误差 ε。ε 为随机误差，也称为回归估计误差（errors of regression）或残差、剩余（residual）。它表示依变量 y 的取值改变中由自变量 x 以外的其他所有未进入该模型或未知、但可能与 y 有关的随机和非随机因素共同引起变化的部分，即不能由 x 直接估计的部分。也就是说，在回归方程中，第 i 个观察对象的残差 ε_i 是其依变量 y 的实测值 y_i 与其估计值 $\hat{y}_i$ 之差。

如果是样本数据，直线回归的数学模型为

$$y=\bar{y}+b(x-\bar{x})+e \tag{8-8}$$

或

$$y=a+bx+e \tag{8-9}$$

式（8-8）和式（8-9）中，a、b、e 分别为 α、β、ε 的估计值。

（二）直线回归的基本假定

按上述直线回归模型进行回归分析，应符合如下基本假定。

（1）x 是没有误差的固定变量，至少和 y 比较起来，x 的误差是小到可以忽略的。而 y 是随机变量，且具有随机误差。

（2）x 的任一值都对应着一个 y 总体，且呈正态分布，其平均数 $\mu_{y/x}=a+\beta x$，方差 $\sigma_{y/x}^2$ 受偶然因素的影响，不因 x 的变化而改变。

（3）随机误差 ε 是相互独立的，且呈正态分布，服从 $N(0, \sigma_{\varepsilon}^2)$。

直线回归分析建立在以上这些基本假定之上。如果试验数据不满足这些假定，就不能进行直线回归分析，但有些数据经适当处理后可满足这些假设，然后再进行直线回归分析。

三、直线回归的假设检验

任何两个变量之间都可通过前面的方法建立一个直线回归方程，该方程是否有意义，关键在于回归是否达到显著水平。我们知道，即使 x、y 所在的总体回归系数 $\beta=0$，由于抽样误差，其样本回归系数 b 也不一定为零，因此需用方差分析或 t 检验进行假设检验。在讨论假设检验之前，我们先来分析依变量 y 的变异来源。

（一）直线回归的变异来源

从图 8-4 可以看出，在直线回归中，依变量 y 是随机变量，y 的总变异 $(y-\bar{y})$ 可以分解为两部分，即由 x 变异引起的变异 $(\hat{y}-\bar{y})$ 和误差所引起的变异 $(y-\hat{y})$。因此：

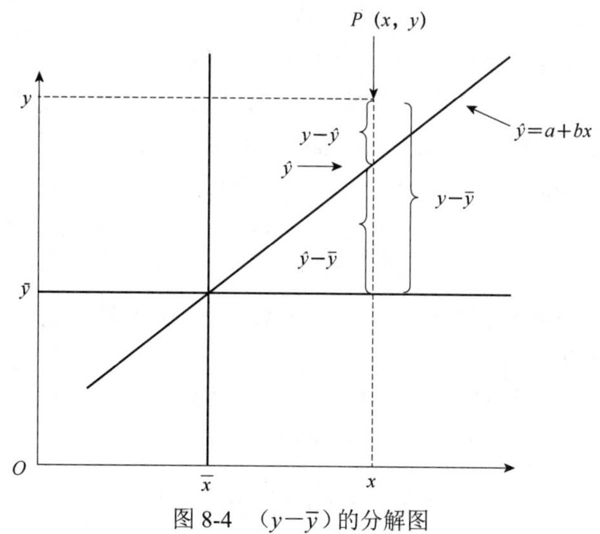

图 8-4　$(y-\bar{y})$ 的分解图

$$\sum(y-\bar{y})^2=\sum[(\hat{y}-\bar{y})+(y-\hat{y})]^2$$
$$=\sum(\hat{y}-\bar{y})^2+\sum(y-\hat{y})^2+2\sum(\hat{y}-\bar{y})(y-\hat{y})$$

由直线回归方程 $\hat{y}=\bar{y}+b(x-\bar{x})$，得

$$\sum(\hat{y}-\overline{y})(y-\hat{y})=\sum b(x-\overline{x})[(y-\overline{y})-b(x-\overline{x})]$$
$$=\sum b(x-\overline{x})(y-\overline{y})-b^2\sum(x-\overline{x})^2$$
$$=bSP-b^2SS_x=bSP-bSP=0$$

则有

$$\sum(y-\overline{y})^2=\sum(\hat{y}-\overline{y})^2+\sum(y-\hat{y})^2 \tag{8-10}$$

式中，$\sum(y-\overline{y})^2$ 为依变量 y 的离均差平方和，称为离均差平方和或总平方和，记作 SS_y 或 $SS_{总}$，表明随机变量 y 的总变异。

$\sum(\hat{y}-\overline{y})^2$ 为由 x 变异引起 y 变异的平方和，称为回归平方和（regression sum of square），记作 U 或 $SS_{回归}$。它反映在 y 的总变异中由于 x 与 y 的直线关系而引起 y 变异的部分，也就是在总平方和中可以用 x 解释的部分。U 在总平方和中的占比越大，说明回归效果越好。

$\sum(y-\hat{y})^2$ 为误差因素引起的平方和，称为离回归平方和或残差平方和（剩余平方和）（residual sum of square），记作 Q、$SS_{离回归}$或 $SS_{剩余}$。它反映除去 x 与 y 的直线回归关系外的其余因素使 y 发生变异的部分，即反映 x 对 y 的线性影响之外的其他因素对 y 变异的作用，也就是在总平方和中无法用 x 解释的部分。在散点图上，各实测点离回归直线越近，Q 值也就越小，说明直线回归的估计误差越小。

因此，式（8-10）也可记作

$$SS_y=U+Q \tag{8-11}$$

其中，

$$U=\sum(\hat{y}-\overline{y})^2=\sum[\overline{y}+b(x-\overline{x})-\overline{y}]^2=b^2\sum(x-\overline{x})^2=b^2SS_x=bSP=\frac{SP^2}{SS_x} \tag{8-12}$$

$$Q=SS_y-U \tag{8-13}$$

由于直线回归只涉及 1 个自变量，所以回归平方和的自由度为 1。离回归平方和的自由度为 $n-1-1=n-2$，离回归平方和除以相应自由度即离回归方差，记作 $s_{y/x}^2$，$s_{y/x}^2$的平方根值即离回归标准差或残差标准差（residual standard deviation），习惯上也称为回归估计标准误（standard error of regression），即

$$s_{y/x}=\sqrt{\frac{Q}{n-2}} \tag{8-14}$$

例 8-2 试计算例 8-1 数据的回归平方和、离回归平方和及回归估计标准误。

根据前面计算结果，可得

$$U=bSP=-2.5317\times(-139.6938)=353.6628$$
$$Q=SS_y-U=377.2688-353.6625=23.6060$$
$$s_{y/x}=\sqrt{\frac{Q}{n-2}}=\sqrt{\frac{23.6060}{8-2}}=1.9834$$

（二）残差图

在实际应用中，除了前面介绍的 y 与 x 散点图外，观察各种残差的特征也具有重要意义。由每一个 $\hat{y}_i$ 残差（$y_i-\hat{y}_i$）所构成的散点图称为残差图（residual plot）。如果线性模型适用，

没有异常值，那么拟合回归线能够描述数据的趋势，在残差图中表现出随机特性。图 8-5 描述了黏虫孵化历期平均温度与历期天数残差图，从该图中看不出异常特征，因此我们认为回归模型适用于这些数据。

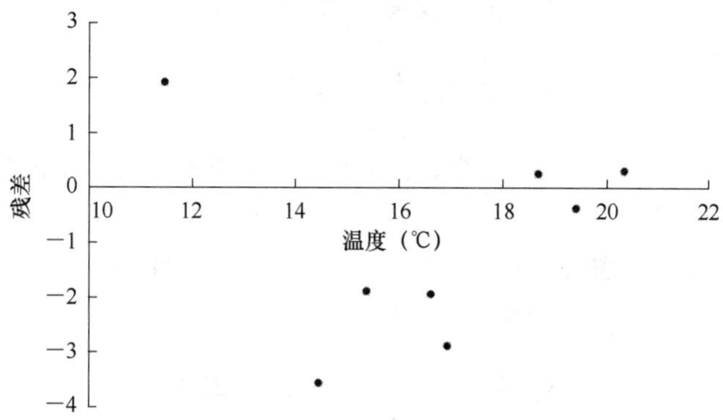

图 8-5　黏虫孵化历期平均温度（x）与历期天数（y）残差图

（三）F 检验

两个变量是否存在线性关系，可采用 F 检验法进行。假设 H_0：两变量间无线性关系，对 H_A：两变量有线性关系。在无效假设下，回归方差与离回归方差的比值服从 $df_1=1$ 和 $df_2=n-2$ 的 F 分布，可用

$$F=\frac{\frac{U}{1}}{\frac{Q}{n-2}}=\frac{U}{Q}\times(n-2) \tag{8-15}$$

来检验直线回归方程的显著性。

例 8-3　用 F 检验的方法检验例 8-1 数据直线回归关系的显著性。

假设 H_0：黏虫孵化历期平均温度 x 与历期天数 y 之间无线性关系；H_A：二者存在线性关系。

将 F 检验结果列于表 8-2。

表 8-2　例 8-1 数据直线回归关系的假设检验

变异来源	df	SS	s^2	F	$F_{0.05}$	$F_{0.01}$
回归	1	353.6628	353.6628	89.891^{**}	5.99	13.74
离回归	6	23.6060	3.9343			
总变异	7	377.2688				

因 $F>F_{0.01}$，所以否定 H_0，接受 H_A，说明黏虫孵化历期平均温度与历期天数之间有极显著的直线回归关系。

（四）t 检验

s_b 的结构

采用 t 检验也可以检验线性回归关系的显著性。假设 H_0：$\beta=0$，对 H_A：$\beta\neq0$。

该方法是检验样本回归系数 b 是否来自 $\beta=0$ 的双变量总体，以推断线性回归的显著性。

回归系数的标准误 S_b 和在 H_0 成立下的 t 值为

$$s_b=\sqrt{\frac{\sum(y-\hat{y})^2}{(n-2)\sum(x-\overline{x})^2}}=\frac{s_{y/x}}{\sqrt{SS_x}} \tag{8-16}$$

$$t=\frac{b-\beta}{s_b}=\frac{b}{s_b} \tag{8-17}$$

式（8-17）遵循 $df=n-2$ 的 t 分布，由 t 值可得出样本回归系数 b 落在 $\beta=0$ 总体中的区间概率。

例 8-4　用 t 检验的方法检验例 8-1 数据回归关系的显著性。

前面已计算出 $s_{y/x}=1.9834$，$SS_x=55.1788$，$b=-2.5317$，所以

$$s_b=\frac{s_{y/x}}{\sqrt{SS_x}}=\frac{1.9834}{\sqrt{55.1788}}=0.2670$$

$$t=\frac{b}{s_b}=\frac{-2.5317}{0.2670}=-9.482$$

查附表 3，当 $df=n-2=8-2=6$ 时，$t_{0.01}=3.707$，$|t|=9.482>t_{0.01}$，应否定 H_0，接受 H_A，认为黏虫孵化历期平均温度与历期天数之间有极显著的直线回归关系。

上述 t 检验和 F 检验，都是对直线回归关系的假设检验，二者的检验结果是完全一致的。因为在同一概率值下，$df_1=1$、$df_2=n-2$ 的一尾 F 值为 $df=n-2$ 的双尾 t 值的平方，且计算出的 F 值也是 t 值的平方。本例中 $t^2=(-9.482)^2=89.908$ 与 $F=89.891$ 的微小差异是在计算过程中有效位数的不同而造成的。由式（8-18）可以证明：

$$t^2=\left(\frac{b}{s_b}\right)^2=\frac{b^2}{\dfrac{s_{y/x}^2}{SS_x}}=\frac{b^2SS_x}{s_{y/x}^2}=\frac{U}{\dfrac{Q}{n-2}}=F \tag{8-18}$$

四、直线回归的区间估计

当确定直线回归关系显著之后，既可用样本统计数 a、b 来估计总体参数 α、β，又可利用回归方程去估计某一 x 值对应 y 总体的平均数和预测单个 y 值所在的区间。

（一）回归截距和回归系数的置信区间

根据公式 $a=\overline{y}-b\overline{x}$，得到回归截距 a 的方差为

$$s_a^2=s_{y/x}^2\left(\frac{1}{n}+\frac{\overline{x}^2}{SS_x}\right)$$

因而回归截距 a 的标准误 s_a 和 t 值为

$$s_a=s_{y/x}\sqrt{\frac{1}{n}+\frac{\overline{x}^2}{SS_x}} \tag{8-19}$$

$$t=\frac{a-\alpha}{s_a} \tag{8-20}$$

式（8-20）服从 $df=n-2$ 的 t 分布，所以总体回归截距 α 的置信区间为

$$(L_1=a-t_\alpha s_a,\ L_2=a+t_\alpha s_a) \tag{8-21}$$

由于 $\dfrac{b-\beta}{s_b}$ 服从 $df=n-2$ 的 t 分布，故总体回归系数 β 的置信区间为

$$(L_1=b-t_\alpha s_b,\ L_2=b+t_\alpha s_b) \tag{8-22}$$

例 8-5　试计算例 8-1 数据回归截距和回归系数的 95%置信区间。

由式（8-19），求得

$$s_a=s_{y/x}\sqrt{\frac{1}{n}+\frac{\overline{x}^2}{SS_x}}=1.9834\times\sqrt{\frac{1}{8}+\frac{16.8375^2}{55.1788}}=4.5501$$

查附表 3，$t_{0.05(6)}=2.447$，根据式（8-21）得回归截距 95%的置信区间为

$$L_1=a-t_{0.05}s_a=57.0400-2.447\times4.5501=45.9059$$
$$L_2=a+t_{0.05}s_a=57.0400+2.447\times4.5501=68.1741$$

表明在研究黏虫孵化历期平均温度与历期天数关系时，将有 95%的总体回归截距在（45.9059d，68.1741d）这一区间内。

同理，根据式（8-22），所求回归系数 95%的置信区间为

$$L_1=b-t_{0.05}s_b=-2.5317-2.447\times0.2670=-3.1850$$
$$L_2=b+t_{0.05}s_b=-2.5317+2.447\times0.2670=-1.8784$$

说明黏虫孵化历期平均温度和历期天数的总体回归系数在（−3.1850，−1.8784）区间的可靠度为 95%。

（二）$\mu_{y/x}$ 的置信区间和单个 y 的预测区间

由 x 的任一值对应 y 总体的平均数 $\mu_{y/x}$ 的样本估计值为 $\hat{y}=\overline{y}+b(x-\overline{x})$，这一估计值受 $\overline{y}$ 和 b 的抽样误差的影响。对于给定的 x，预测总体平均数 $\mu_{y/x}$ 时 $\hat{y}$ 的方差为

$$s_{\hat{y}}^2=s_{y/x}^2\left[\frac{1}{n}+\frac{(x-\overline{x})^2}{SS_x}\right]$$

于是，$\hat{y}$ 的标准误为

$$s_{\hat{y}}=s_{y/x}\sqrt{\frac{1}{n}+\frac{(x-\overline{x})^2}{SS_x}} \tag{8-23}$$

而且 $\dfrac{\hat{y}-\mu_{y/x}}{s_{\hat{y}}}$ 服从 $df=n-2$ 的 t 分布，所以 $\mu_{y/x}$ 的置信区间为

$$(L_1=\hat{y}-t_\alpha s_{\hat{y}},\ L_2=\hat{y}+t_\alpha s_{\hat{y}}) \tag{8-24}$$

如果由回归方程去预测 x 为某一值时 y 的观测值所在区间，则 y 观测值不仅受 $\overline{y}$ 和 b 的影响，还受随机误差的影响。预测单个 y 观测值的方差为

$$s_y^2=s_{y/x}^2\left[1+\frac{1}{n}+\frac{(x-\overline{x})^2}{SS_x}\right]$$

单个 y 值的标准误为

$$s_y=s_{y/x}\sqrt{1+\frac{1}{n}+\frac{(x-\bar{x})^2}{SS_x}} \tag{8-25}$$

而且 $\frac{y-\hat{y}}{s_y}$ 近似服从 $df=n-2$ 的 t 分布，所以某一 x 值对应 y 观测值的预测区间为

$$(L_1=\hat{y}-t_\alpha s_y,\ L_2=\hat{y}+t_\alpha s_y) \tag{8-26}$$

$\mu_{y/x}$ 的置信区间和单个 y 的预测区间的意义相似。但 $\mu_{y/x}$ 的置信区间是对常量（总体参数）的推断，主要用于推断总体平均数；而单个 y 的预测区间是对变量的推断，主要用于推断单一变量。

例 8-6　试根据例 8-1 数据，估计黏虫孵化历期平均温度为 15℃时历期天数为多少天（取 95%置信概率）？若某年的历期平均温度为 15℃，该年黏虫孵化的历期天数为多少天（取 95%置信概率）？

根据题意可知，第一个问题是估计 $x=15$ 时 y 总体平均数的置信区间，第二个问题是估计 $x=15$ 时对应 y 观测值所在的观测区间。

当 $x=15$ 时，有

$$\hat{y}=a+bx=57.0400+(-2.5317)\times 15=19.0645$$

根据式（8-23）和式（8-25），有

$$s_{\hat{y}}=s_{y/x}\sqrt{\frac{1}{n}+\frac{(x-\bar{x})^2}{SS_x}}=1.9834\times\sqrt{\frac{1}{8}+\frac{(15-16.8375)^2}{55.1788}}=0.8558$$

$$s_y=s_{y/x}\sqrt{1+\frac{1}{n}+\frac{(x-\bar{x})^2}{SS_x}}=1.9834\times\sqrt{1+\frac{1}{8}+\frac{(15-16.8375)^2}{55.1788}}=2.1602$$

由式（8-24），当 $x=15$ 时，$\mu_{y/x}$ 的 95%置信区间为

$$L_1=\hat{y}-t_{0.05}s_{\hat{y}}=19.0645-2.447\times 0.8558=16.9703$$

$$L_2=\hat{y}+t_{0.05}s_{\hat{y}}=19.0645+2.447\times 0.8558=21.1586$$

即当黏虫孵化历期的平均温度为15℃时，历期平均天数的95%置信区间为（16.9703d，21.1586d）。

由式（8-26），$x=15$ 时，对应 y 观测值的 95%置信区间为

$$L_1=\hat{y}-t_{0.05}s_y=19.0645-2.447\times 2.1602=13.7785$$

$$L_2=\hat{y}+t_{0.05}s_y=19.0645+2.447\times 2.1602=24.3505$$

即某年黏虫孵化历期平均温度为 15℃时，该年黏虫孵化历期天数的 95%置信区间为（13.7785d，24.3505d）。

（三）$\mu_{y/x}$ 的置信区间和单个 y 观测值预测区间图示（预测精度）

我们知道回归的一个实际作用是进行预测（forecast）。在此，我们将区分给定 x 值时平均数 μ_y 值的预测和给定 x 值时单个 y 值的预测。我们还要比较这两种不同预测类型的精度。

在例 8-1 中，我们根据回归直线 $\hat{y}=57.0400-2.5317x$ 进行预测。使用回归直线，我们可

以预测黏虫孵化温度为 15℃时，黏虫孵化天数为 57.0400－2.5317×15＝19.0645d。如果我们不是估计所有黏虫孵化温度为 15℃时的黏虫孵化的平均天数，我们只是希望预测一只黏虫 15℃时的孵化天数，我们应该如何进行预测？我们的估计值是一样的，即 $\hat{y}$=19.0645d。也就是说，对于给定的 x 值，无论我们是估计 $\mu_{y/x}$ 还是单个 y 值，我们都同样使用回归直线。然而，这两种估计的精度是不一样的。

预测单个 y 值的精度远低于 $\mu_{y/x}$，这是因为除了回归直线的不确定性（例如，我们对回归截距和回归系数估计的不确定性）之外，对于相同的 x 值，y 值也存在不确定的潜在变异。例如，黏虫在 15℃时孵化历期天数存在变异，即 $s_{y/x}=\sqrt{\dfrac{Q}{n-2}}$。由式（8-23）和式（8-25）可以看出，$s_{\hat{y}}$ 和 s_y 都与 $(x-\overline{x})^2$ 有关，它们之间是变形的双曲线关系，所以 $s_{\hat{y}}$ 和 s_y 的估计值因 x 的不同而异，当 $x=\overline{x}$ 时取最小值，即 $\mu_{y/x}$ 和单个 y 的估计区间最小。如果将置信区间制作成图，便可从图上进行推断和预测。

例 8-7　制作例 8-1 数据 $\mu_{y/x}$ 95%的置信区间和单个 y 的 95%预测区间图。

首先根据 x 的取值范围选取间距为 1 的 9 个 x 值，将各个 x 值代入回归方程 $\hat{y}$ ＝57.0400－2.5317x，得到相应的 $\hat{y}$ 值，然后计算相应的 $s_{\hat{y}}$ 和 s_y 值以及 $t_{0.05}s_{\hat{y}}$ 和 $t_{0.05}s_y$，从而估计出 $\mu_{y/x}$ 置信区间和单个 y 的 95%预测区间，计算结果见表 8-3。

表 8-3　例 8-1 数据 $\mu_{y/x}$ 95%的置信区间与单个 y 的 95%预测区间

（1）	（2）	$\mu_{y/x}$ 的 95%置信区间的计算				y 的 95%置信区间的计算			
x	$\hat{y}$	（3）$s_{\hat{y}}$	（4）$t_{0.05}s_{\hat{y}}$	（5）（L_1，L_2）		（6）s_y	（7）$t_{0.05}s_y$	（8）（L_1，L_2）	
12	26.7	1.47	3.6	23.1	30.3	2.47	6.0	20.6	32.7
13	24.1	1.24	3.0	21.1	27.2	2.34	5.7	18.4	29.9
14	21.6	1.03	2.5	19.1	24.1	2.24	5.5	16.1	27.1
15	19.1	0.86	2.1	17.0	21.2	2.16	5.3	13.8	24.4
16	16.5	0.74	1.8	14.7	18.3	2.12	5.2	11.4	21.7
17	14.0	0.70	1.7	12.3	15.7	2.10	5.1	8.9	19.2
18	11.5	0.77	1.9	9.6	13.3	2.13	5.2	6.3	16.7
19	8.9	0.91	2.2	6.7	11.2	2.18	5.3	3.6	14.3
20	6.4	1.10	2.7	3.7	9.1	2.27	5.5	0.9	12.0

将表 8-3 中的（1）列 x 的值分别与（5）列的 L_1 和 L_2 的值在坐标系中作成散点，分别连接以 x 与 L_1、x 与 L_2 为坐标的点，得到两条曲线，这两条曲线中间的区域即 $\mu_{y/x}$ 的 95%置信区间，简称 $\mu_{y/x}$ 的 95%置信带（confidence belt）。将表 8-3 中的（1）列 x 的值分别与（8）列的 L_1 和 L_2 的值在坐标系中做成散点，分别连接以 x 与 L_1、x 与 L_2 为坐标的点，也得到两条曲线，这两条曲线中间的区域即单个 y 的 95%预测区间，简称为单个 y 值的 95%置信带。由图 8-6 可以看出，单个 y 的置信带要比 $\mu_{y/x}$ 的置信带宽；x 偏离 $\overline{x}$ 越远，置信带越宽，预测效果越差。通过图 8-6 中 $\mu_{y/x}$ 与单个 y 的 95%置信带，就可由黏虫孵化历期平均温度对孵化历期天数总体平均数的置信区间做出估计及对单个 y 观测值的区间直接做出预报。

五、直线回归的应用及注意问题

（一）直线回归的应用

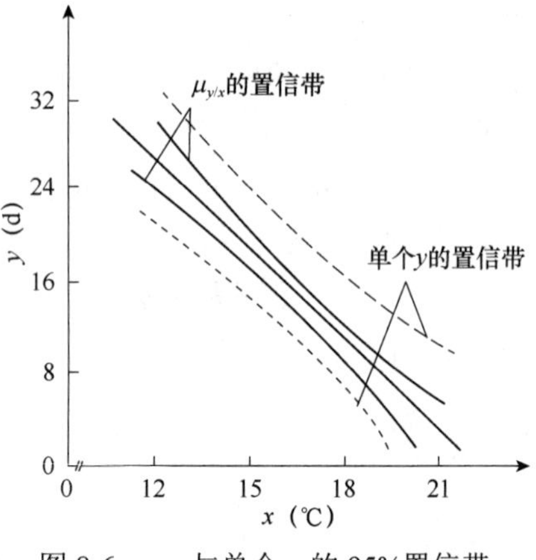

图 8-6　$\mu_{y/x}$与单个 y 的 95%置信带

直线回归方程主要应用于以下 3 个方面。

（1）描述两个变量的依存关系：通过直线回归方程或回归系数的假设检验，若认为两个变量间存在直线回归关系，则可以利用直线回归方程描述 x 和 y 两个变量之间的数量关系。

（2）在一定范围内对依变量 y 进行预测：在自变量 x 的观测范围内对依变量 y 进行估计，就是把自变量 x 代入回归方程对依变量 y 进行估计。一般常用区间估计求出当 x 取某定值时 y 值的波动范围，从而进行预测。

（3）通过控制自变量 x 来对依变量 y 进行控制：根据实际工作需求，利用回归方程进行逆运算，通过控制（control）自变量 x 的取值来限定依变量 y 在一定范围内的波动。

（二）应用直线回归时应注意的问题

（1）进行回归分析要有意义。变量间是否存在直线回归关系，求出的直线回归方程是否有意义，都必须由各具体学科本身来决定，并且还要在实践中进行检验。回归只能作为一种统计分析手段，帮助认识和解释事物的客观规律，绝不能把风马牛不相及的数据凑到一起进行分析，否则将会造成根本性的错误。

（2）回归变量的确定。如果两个有内在联系的变量之间是一种依存的因果关系，应该以“因”的变量为 x，以“果”的变量为 y。如果变量之间并无明显的因果关系，则应以易于测定、较为稳定或变异较小的变量作为自变量 x。在研究两个变量之间的关系时，要求其余变量尽量保持在同一水平，否则，回归分析就可能会导致不可靠甚至完全虚假的结果。例如，人的身高和胸围之间的关系，如果体重固定，身高较高的人，胸围一定较小，但如果体重在变化，其结果就会发生变化。

（3）观测值要尽可能多。在进行回归关系分析时，两个变量成对观测值应尽可能多一些，这样可提高分析的准确性。一般至少有 5 对观测值，同时变量 x 的取值范围要尽可能大一些。

（4）回归方程应进行检验。回归方程建立后必须做假设检验，只有经检验拒绝了无效假设，回归方程才有意义。一个不显著的回归系数并不意味着变量之间没有回归关系，而只能说明两个变量间没有显著的直线回归关系，这并不排除有能够更好描述它们关系的非线性方程的存在。

（5）预测和外推要谨慎。使用回归方程计算估计值时，一般不可把估计的范围扩大到建立方程时的自变量的取值范围之外。如果超出这个取值范围，变量间的关系类型可能会发生改变，所以回归预测必须限制自变量 x 的取值区间，外推要谨慎，否则会得出错误的结果。

第三节　直线相关分析

一、相关系数和决定系数

如果两个变量间呈线性关系，但不需要由一个变量来估计另一个变量，只需了解两个变量的相关程度（degree of correlation）及相关性质，可以通过计算表示两个变量相关程度和性质的统计数——相关系数（correlation coefficient）来进行研究。

直线相关常用于分析双变量正态分布的数据。设有一双变量总体数据，两个变量分别用 x、y 来表示，总体个体数为 N，这 N 对观测值在平面直角坐标系中可用坐标点来表示。如将 x 轴和 y 轴平移，使原点位于点（μ_x，μ_y）上，则原坐标（x，y）转变为（$x-\mu_x$，$y-\mu_y$）。若多数数据散点在Ⅰ、Ⅲ象限，由于在Ⅰ象限中，$x-\mu_x>0$、$y-\mu_y>0$，在Ⅲ象限中，$x-\mu_x<0$、$y-\mu_y<0$，其离均差的乘积和 $\sum(x-\mu_x)(y-\mu_y)>0$，因此在Ⅰ、Ⅲ象限散点越多，这个正值的乘积和越大。由于在Ⅱ象限中，$x-\mu_x<0$、$y-\mu_y>0$，在Ⅳ象限中，$x-\mu_x>0$、$y-\mu_y<0$，其离均差的乘积和 $\sum(x-\mu_x)(y-\mu_y)<0$，因此若散点在Ⅱ、Ⅳ象限越多，则这个负值的乘积和越大。若散点均匀地分布在 4 个象限中，由于正负相消，$\sum(x-\mu_x)(y-\mu_y)=0$ 或接近于 0。参见图 8-7。

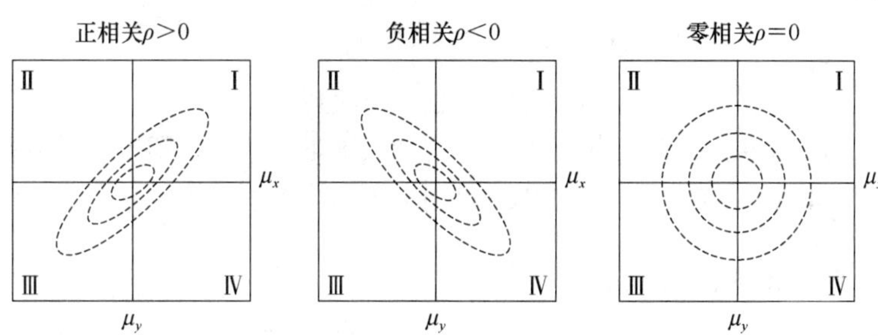

图 8-7　三种不同的总体相关散点图

由此可见，乘积和可以表示直线相关的两个变量的相关程度和性质。但是，不同双变量数据的乘积和无可比性，因为 x 和 y 的变异程度及其度量单位和 N 的大小都会影响乘积和。要消除这种影响，可将离均差除以各自的标准差，再以 N 除之。因此，定义双变量总体的相关系数 ρ 值为

$$\rho=\frac{1}{N}\sum\left[\left(\frac{x-\mu_x}{\sigma_x}\right)\left(\frac{y-\mu_y}{\sigma_y}\right)\right]=\frac{\sum(x-\mu_x)(y-\mu_y)}{\sqrt{\sum(x-\mu_x)^2\sum(y-\mu_y)^2}} \tag{8-27}$$

式中，ρ 称为 Pearson 相关系数，与两个变量的变异程度、度量单位及 N 的大小均没有关系，因而可用来比较不同双变量总体的相关程度和性质。

当研究的是样本数据时，样本相关系数 r 值为

$$r=\frac{\sum(x-\bar{x})(y-\bar{y})}{\sqrt{\sum(x-\bar{x})^2\sum(y-\bar{y})^2}}=\frac{SP}{\sqrt{SS_xSS_y}}=\sqrt{\frac{U}{SS_y}} \tag{8-28}$$

从式（8-28）中可以看出，两个变量在相关系数计算中的地位是平等的，没有自变量和依变量之分，这是与回归系数的主要区别。相关系数 r 的实质就是变量 x 引起 y 变异的回归平方和占 y 变异总平方和比率的平方根。因此，r 的取值区间为［−1，1］。若 r 的绝对值为 1，称为绝对相关（absolute correlation）或完全相关（complete correlation）；r 的绝对值越接近于 1，相关程度越高；若 r 的绝对值为 0，称为绝对无关（absolute irrelevance）或完全无关（complete irrelevance）或零相关（null correlation）；r 的绝对值越接近于 0，越无相关性。r 的正与负，是表示相关性质的。r 为正值表示正相关（positive correlation），即 x 增大时 y 也增大；r 为负值表示负相关（negative correlation），即 x 增大时 y 反而减小。

统计中还有另外一个表示相关程度的统计数——决定系数（coefficient of determination）。决定系数定义为相关系数 r 的平方，其计算公式为

$$r^2=\frac{SP^2}{SS_xSS_y}=\frac{bSP}{SS_y}=\frac{U}{SS_y}=1-\frac{Q}{SS_y} \tag{8-29}$$

因此，r^2 的含义是变量 x 引起 y 变异的回归平方和占 y 变异总平方和的比率。r^2 的取值范围为［0，1］，它只能表示相关程度而不能表示相关性质。

例 8-8　求例 8-1 数据黏虫孵化历期平均温度与历期天数的相关系数和决定系数。

根据前面的计算结果，可得

$$r=\frac{SP}{\sqrt{SS_x\cdot SS_y}}=\frac{-139.6938}{\sqrt{55.1788\times 377.2688}}=-0.9682$$

$$r^2=(-0.9682)^2=0.9374$$

以上结果表明，黏虫孵化历期平均温度与历期天数呈负相关，即平均温度越高，历期天数越少。$r^2=0.9374$ 表明 y 的变异有 93.74%可用 y 与 x 二者之间的线性关系来解释。

二、相关系数的假设检验

由于抽样误差的存在，从 $\rho=0$ 的双变量正态总体中抽出的样本相关系数 r 不一定等于 0。所以，为了判断 r 所代表的总体是否存在直线相关，必须计算 r 来自 $\rho=0$ 总体的概率。因此，需进行相关系数的假设检验。

相关系数的标准误 s_r 和 t 值为

$$s_r=\sqrt{\frac{1-r^2}{n-2}} \tag{8-30}$$

$$t=\frac{r-\rho}{s_r} \tag{8-31}$$

式（8-31）服从自由度 $df=n-2$ 的 t 分布。检验时，假设 H_0：$\rho=0$；H_A：$\rho\neq 0$。在无效假设下，式（8-31）可写为

$$t=\frac{r}{s_r}=\frac{r\sqrt{n-2}}{\sqrt{1-r^2}} \tag{8-32}$$

例 8-9　试检验例 8-8 中所求相关系数的显著性。

首先假设 H_0：$\rho=0$；H_A：$\rho\neq 0$。然后计算相关系数的标准误 s_r 和 t 值：

$$s_r=\sqrt{\frac{1-r^2}{n-2}}=\sqrt{\frac{1-(-0.9682)^2}{8-2}}=0.1021$$

$$t=\frac{r}{s_r}=\frac{-0.9682}{0.1021}=-9.483$$

查附表 3，$t_{0.01(6)}=3.707$，$|t|>t_{0.01}$，应否定 H_0，接受 H_A，说明黏虫孵化历期平均温度与历期天数之间存在着极显著的负相关关系。

前面对回归系数进行的假设检验中，t 值为-9.483，与相关系数所做检验的 t 值是相等的，说明相关的显著性与回归的显著性是一致的，这也可从二者的计算公式推导出，即

$$t_b=\frac{b}{s_b}=\frac{b\sqrt{SS_x}}{\sqrt{\frac{SS_y-bSP}{n-2}}}=\frac{b\sqrt{SS_x}}{\sqrt{\frac{SS_y\left(1-\frac{bSP}{SS_y}\right)}{n-2}}}$$

$$=\frac{\frac{SP}{\sqrt{SS_x\cdot SS_y}}}{\sqrt{\frac{1-\frac{SP^2}{SS_x\cdot SS_y}}{n-2}}}=\frac{r}{\sqrt{\frac{1-r^2}{n-2}}}=\frac{r}{s_r}=t_r \tag{8-33}$$

相关系数的假设检验也可不必计算 t 值，可直接从附表 13 中查出 $df=n-2$ 的 r_α 临界值，从而做出统计推断。

三、相关系数的区间估计

如果相关系数的假设检验达到显著水平，还需要用 r 去估计 ρ 所在的区间。但是，相关系数的绝对值不可能大于 1，所以只要 ρ 不等于 0，r 的抽样分布就不服从 t 分布或 u 分布。因此，要估计总体相关系数 ρ 的置信区间，需要将 r 转换成 z，即 Fisher 提出的 z 转换（z-transformation），z 值近似服从正态分布。

$$z=0.5\ln\frac{1+r}{1-r}=1.1513\lg\frac{1+r}{1-r} \tag{8-34}$$

z 值的标准误为

$$\sigma_z=\sqrt{\frac{1}{n-3}} \tag{8-35}$$

这样就用 $z\pm\mu_\alpha\sigma_z$ 求出置信区间：

$$(L_1=z-u_\alpha\sigma_z,\ L_2=z+u_\alpha\sigma_z) \tag{8-36}$$

然后将 L_1 和 L_2 反转换为 ρ 值的置信区间的下限 L'_1 和上限 L'_2。还原时可用式（8-37）：

$$L'=\frac{e^{2L}-1}{e^{2L}+1} \tag{8-37}$$

例 8-10　试求例 8-1 数据中总体 ρ 的 95%置信区间。

将 $r=-0.9682$ 转换为 z 值：

$$z=0.5\ln\frac{1+r}{1-r}=0.5\ln\frac{1-0.9682}{1+0.9682}=-2.0627$$

算出 σ_z，进而可求出 L_1 和 L_2：

$$\sigma_z=\sqrt{\frac{1}{n-3}}=\sqrt{\frac{1}{8-3}}=0.4472$$

$$L_1=z-1.96\sigma_z=-2.0627-1.96\times0.4472=-2.9392$$

$$L_2=z+1.96\sigma_z=-2.0627+1.96\times0.4472=-1.1862$$

直线回归与相关参数的区间估计一览表

然后将 L_1 和 L_2 反转换为 ρ 值的置信限：

$$L_1'=\frac{e^{2L_1}-1}{e^{2L_1}+1}=\frac{e^{2\times(-2.9392)}-1}{e^{2\times(-2.9392)}+1}=\frac{-0.9972}{1.0028}=-0.9944$$

$$L_2'=\frac{e^{2L_2}-1}{e^{2L_2}+1}=\frac{e^{2\times(-1.1862)}-1}{e^{2\times(-1.1862)}+1}=\frac{-0.9067}{1.0933}=-0.8293$$

黏虫孵化历期平均温度与历期天数的总体相关系数 ρ 的95%置信区间为（-0.9944，-0.8293）。

四、应用直线相关的注意事项

（1）直线相关分析时对变量的要求。直线相关分析所涉及的两个变量应该都服从正态分布。如果数据不符合正态分布，应先通过变量转换，使之正态化，再根据转换值分析其相关关系。

（2）相关系数应进行检验。根据公式计算出的相关系数仅是样本相关系数，它是总体相关系数的一个估计值，与总体相关系数之间存在着抽样误差，要判断两个事物之间有无相关及相关的密切程度，必须进行假设检验。只有当检验拒绝了无效假设时，才可认为两个事物间存在着真实的相关关系，然后根据计算出的相关系数的大小来判断相关关系的密切程度。

（3）变量观测值应尽可能多。在进行相关分析时，两个变量成对观测值应尽可能多一些。这是由于在 $\rho=0$ 的总体中所得 r 的抽样分布，在 $n\geqslant5$ 时才逐渐转为近似正态分布，所以进行相关分析时一般至少要有 5 对观测值。

（4）正确理解相关系数的含义。相关分析是用相关系数来描述两个变量之间相互关系的密切程度和性质，而两个变量之间的关系既可能是因果关系，也可能是平行关系。绝不可以因为两个变量间的相关系数具有统计学意义，就认为二者之间存在实际意义上的因果关系。不过，当两变量之间的内在联系未被认识之前，相关分析可从数量上为其理论研究提供线索。一个不显著的相关系数并不意味着变量之间没有关系，而只能说明两变量间没有显著的直线相关关系。

视频讲解

思考练习题

习题 8.1　什么叫回归分析？回归截距和回归系数的统计学意义是什么？

习题 8.2　直线回归中总变异可分解为哪几部分？每一部分的平方和如何计算？

习题 8.3　什么叫相关分析？相关系数和决定系数各具有什么意义？

习题 8.4　下表是某地区 4 月下旬平均气温与 5 月上旬 50 株棉苗蚜虫头数的数据。

年份	1969	1970	1971	1972	1973	1974	1975	1976	1977	1978	1979	1980
4 月下旬平均气温（x，℃）	19.3	26.6	18.1	17.4	17.5	16.9	16.9	19.1	17.9	17.5	18.1	19.0
5 月上旬 50 株棉蚜虫数（y，头）	86	197	8	29	28	29	23	12	14	64	50	112

（1）应用最小二乘法建立直线回归方程。

（2）对回归系数进行假设检验。

（3）该地区 4 月下旬平均温度为 18℃时，5 月上旬 50 株棉苗蚜虫预期为多少头？

习题 8.5　在研究代乳粉营养价值时，用大白鼠做试验，得大白鼠进食量（x，g）和体重增加量（y，g）数据见下表。

鼠号	1	2	3	4	5	6	7	8
进食量	800	780	720	867	690	787	934	750
增重量	185	158	130	180	134	167	186	133

（1）试用直线回归方程描述其关系。

（2）根据以上计算结果，求其回归系数的 95%置信区间。

（3）试估计进食量为 900g 时，大白鼠的体重平均增加多少，计算其 95%置信区间。

（4）求进食量为 900g 时，单个 y 的 95%预测区间。

习题 8.6　用白菜 16 棵，将每棵纵剖两半，一半受冻，一半未受冻，测定其维生素 C 含量（mg/g），结果见下表。试计算 Pearson 相关系数 r 和决定系数，检验相关系数的显著性；并估计 Pearson 相关系数 r 的 95%置信区间。

未受冻	39.01	34.23	30.82	32.13	43.03	36.71	28.74	26.03
受冻	33.29	34.75	37.93	34.38	41.52	34.87	34.93	30.95
未受冻	30.15	22.21	30.81	29.58	33.49	30.07	38.52	41.27
受冻	38.90	26.86	34.57	32.02	42.37	31.55	39.08	35.00

参考答案

第 9 章

可直线化的非线性回归分析

本章提要

可直线化的非线性回归分析是对自变量 x 和依变量 y 之间不是直线关系，但经数据变换后可以进行直线回归分析的一种方法。本章主要讨论：

- 变量 y 与 x 曲线关系类型的确定及数据变换方法；
- 倒数函数、指数函数、对数函数、幂函数及 Logistic 生长曲线等常见非线性方程的建立与回归关系显著性检验；
- 相关指数的概念及其应用。

在研究过程中经常可以遇到变量间的非线性关系，如细菌的繁殖速率与温度、作物产量与施肥量等都属这种类型，可通过非线性回归分析来描述这种关系。非线性回归分析最主要的任务是确定变量 y 与 x 的曲线关系类型。首先通过专业知识判断函数类型，或者根据专业人士已知的理论推导，或者是经验公式来判断。例如，单细胞生物生长初期数量、植物冠层中的光强度分布，都可用指数函数描述。如果没有足够的专业知识判断变量间的关系是哪种类型，则可用直观的方法——作散点图的方法来判断。把 n 对观测值在坐标轴上绘出，观察实测点的分布趋势与哪一类已知函数最接近，即可用该函数曲线进行拟合。

可以用来表示两个变量间关系的曲线种类有很多，有些曲线类型可以通过数据转换变形为直线形式，我们称之为直线化（rectification）。对转换后的数据建立直线回归方程，然后再反转换为曲线回归方程（curvilinear regression equation），这就是可直线化的非线性回归分析。

第一节　非线性回归的直线化

一、曲线类型的确定

生物学中变量间的曲线关系通常有倒数函数曲线、指数函数曲线、对数函数曲线、幂函数曲线、“S”形曲线等多种形式，但是要找出两个变量间恰当的非线性回归方程形式并不是很容易的事情，需要借助于有关专业知识所提供的推断。例如，单细胞生物生长初期数量是按指数函数增长，但若生长时间较长，受营养供应和生存空间等因素的限制，后期生长受到抑制，则会变为“S”形曲线；酶促反应动力学中的米氏方程是一种双曲线等。

因此，只有研究工作者对所研究的变量有足够的专业知识和实践经验，并借助于散点图和直线化的数据转换，才能选出一条符合要求的最优曲线的。

确定曲线类型是非线性回归分析的关键，主要有以下几种方法。

（1）图示法。根据所获得的调查与试验数据的自然尺度绘出散点图，然后按照散点图的趋势绘出能够反映它们之间变化规律的曲线，并与已知的曲线相比较，找出与之较为相似的曲线图形，该曲线即选定的类型。

（2）直线化法。根据散点图进行直观的比较，选出一种曲线类型，并将原始数据进行转换，将曲线方程直线化，用转换后的数据绘出散点图，若该图形为直线趋势，即表明选取的曲线类型是恰当的，否则需要重新进行选择。

确定曲线类型时，往往需要从多方面慎重考虑。曲线配合得好坏，通常以所配曲线与实测点吻合程度的高低来衡量，这取决于离回归平方和 $\sum(y-\hat{y})^2$ 与 y 的总平方和 $\sum(y-\overline{y})^2$ 的比例大小。若这个比例小，说明所配曲线与实测点吻合程度高，反之则低。我们把 1 与这个比值之差定义为曲线回归的相关指数（correlation exponential），记为 R^2，即

$$R^2=1-\frac{\sum(y-\hat{y})^2}{\sum(y-\overline{y})^2} \tag{9-1}$$

相关指数 R^2 的大小反映了回归曲线拟合度的高低，表示利用曲线回归方程进行估测的可靠程度的高低。

对于同一组实测数据，根据散点图的形状，可用若干相近的曲线进行拟合，同时建立若干曲线回归方程，然后根据 R^2 的大小和生物学等专业知识，选择既符合生物学规律，又有较高拟合度的曲线回归方程来描述两个变量间的曲线回归关系。

二、数据变换的方法

在进行非线性回归曲线的直线化时，对原数据进行转换的方法通常有两种。

（1）直接引入新变量。这种方法是直接引入新的变量，从而使变量间为直线关系。例如，对数函数曲线方程为

$$\hat{y}=a+b\lg x$$

直接引入新变量 x'，令 $x'=\lg x$，原方程式转换为直线形式，即

$$\hat{y}=a+bx'$$

（2）方程变换后再引入新变量。这种方法是将原曲线方程进行一定的数学变换后，再引入新变量，从而使变量间的关系变为直线关系。例如，幂函数曲线方程为

$$\hat{y}=ax^b$$

两边取对数，得

$$\lg\hat{y}=\lg a+b\lg x$$

若令 $\hat{y}'=\lg\hat{y}$、$a'=\lg a$、$x'=\lg x$，则原方程式变为

$$\hat{y}'=a'+bx'$$

双曲线函数

几种常用曲线方程的直线化方法列于表 9-1。

表 9-1　常用曲线方程的直线化方法

曲线回归方程	经尺度转换的新变量及参数			直线化的方程
	y'	x'	a'	
$\hat{y}=\frac{a+bx}{x}$	$y'=yx$			$\hat{y}'=a+bx$
$\hat{y}=\frac{1}{a+bx}$	$y'=\frac{1}{y}$			$\hat{y}'=a+bx$
$\hat{y}=\frac{x}{a+bx}$	$y'=\frac{x}{y}$			$\hat{y}'=a+bx$
$\hat{y}=ax+bx^2$	$y'=\frac{y}{x}$			$\hat{y}'=a+bx$
$\hat{y}=a+b\ln x$		$x'=\ln x$		$\hat{y}=a+bx'$
$\hat{y}=a+b\lg x$		$x'=\lg x$		$\hat{y}=a+bx'$
$\hat{y}=ax^b$	$y'=\ln y$	$x'=\ln x$	$a'=\ln a$	$\hat{y}'=a'+bx'$
$\hat{y}=ae^{bx}$	$y'=\ln y$		$a'=\ln a$	$\hat{y}'=a'+bx$
$\hat{y}=axe^{bx}$	$y'=\ln\frac{y}{x}$		$a'=\ln a$	$\hat{y}'=a'+bx$
$\hat{y}=\frac{1}{ax^b}$	$y'=\ln\frac{1}{y}$	$x'=\ln x$	$a'=\ln a$	$\hat{y}'=a'+bx'$

统计学上已经证明，对于倒数函数曲线、指数函数曲线、对数函数曲线、幂函数曲线和 Logistic 生长曲线这几种曲线方程，只要变量转换以后的直线化回归关系达到显著，变量反转后得到的曲线方程回归关系也较好。

第二节　倒数函数曲线

倒数函数（reciprocal function）常见的表达式有以下几种：

$$\hat{y}=\frac{a+bx}{x} \tag{9-2}$$

$$\hat{y}=\frac{1}{a+bx} \tag{9-3}$$

$$\hat{y}=\frac{x}{a+bx} \tag{9-4}$$

若令 $y'=xy$，则式（9-2）可以写成

$$\hat{y}'=a+bx \tag{9-5}$$

若令 $y'=\frac{1}{y}$，则式（9-3）也可以写成式（9-5）。若令 $y'=\frac{x}{y}$，则式（9-4）也可以写成式（9-5）。

因此，式（9-5）是式（9-2）、式（9-3）和式（9-4）直线化后的表达形式。本节以式（9-2）为例讨论倒数函数方程的拟合过程。

如果两个变量的成对观测值在坐标系中的散点图分布趋势类似于倒数函数曲线图（图 9-1），可试配 $\hat{y}=\frac{a+bx}{x}$ 型的回归方程。首先引入新的变量 y'（$y'=xy$），然后用 y' 与 x 进

行直线回归分析，求得 a 和 b，经过数据还原即可得倒数函数方程。

应用 $\hat{y}=\frac{a+bx}{x}$ 的条件如下：①x 的观测值无 0 值；②xy 应具有专业意义，而不是抽象的变量；③以 y'（$y'=xy$）和 x 为坐标绘制出的散点图有明显的直线性；④y'和 x 的相关系数差异达到显著。

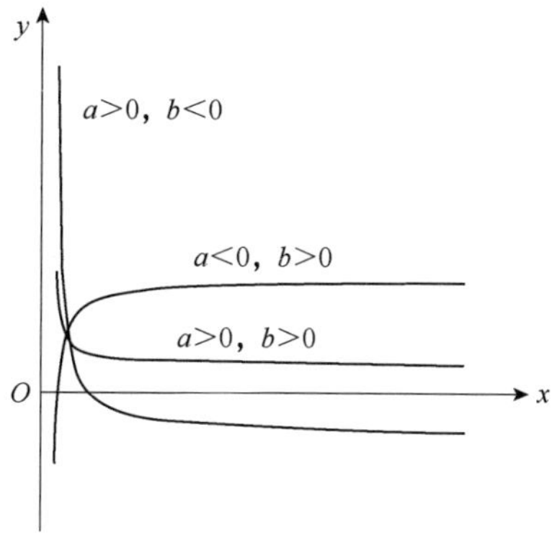

图 9-1　倒数函数 $\hat{y}=\frac{a+bx}{x}$ 的图示

例 9-1　测定'苏品 1 号'玉米在不同密度下的平均株重（x，g/株）和经济系数（y）的关系，结果如表 9-2 所示。试对该组数据进行回归分析。

表 9-2　玉米株重与经济系数的关系

密度（千株/667m^2）	x	y	$y'=xy$	x^2	xy'	y'^2	$\hat{y}$	$y-\hat{y}$
1	399	0.380	151.620	159201	60496.380	22988.624	0.384	−0.004
2	329	0.379	124.691	108241	41023.339	15547.845	0.376	0.003
3	247	0.371	91.637	61009	22634.339	8397.340	0.362	0.009
4	191	0.343	65.513	36481	12512.983	4291.953	0.344	−0.001
5	145	0.317	45.965	21025	6664.925	2112.781	0.320	−0.003
6	119	0.301	35.819	14161	4262.461	1283.001	0.298	0.003
7	90	0.248	22.320	8100	2008.800	498.182	0.259	−0.011

（1）绘制散点图，判断曲线类型。根据表 9-2 数据绘制 x 和 y 的散点图（图 9-2），散点图与图 9-1 中 $a<0$、$b>0$ 的曲线相似。为了能够做出更准确的判断，图 9-3 绘出了 x 与 y'（$y'=xy$）的散点图，y'与 x 之间存在直线关系，这表明选择该倒数函数曲线是适合的。

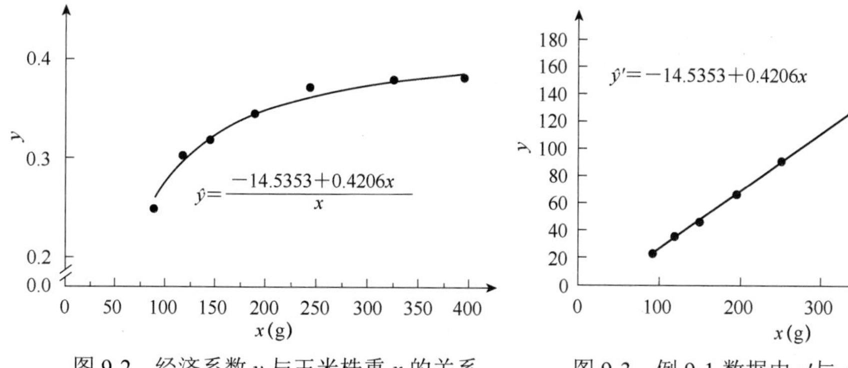

图 9-2　经济系数 y 与玉米株重 x 的关系　　图 9-3　例 9-1 数据中 y'与 x 之间的直线关系

（2）配合倒数函数方程。利用 y'和 x 进行直线回归分析，得到 a 和 b 值，代入式（9-2）即得倒数函数方程。具体步骤如下所述。

第一步，根据表 9-2 数据计算 6 个一级数据：

$$\sum x=1520 \qquad \sum x^2=408218 \qquad \sum y'=537.565$$
$$\sum y'^2=55119.727 \qquad \sum xy'=149603.227 \qquad n=7$$

第二步，由 6 个一级数据计算 5 个二级数据：

$$SS_x=\sum x^2-\frac{\left(\sum x\right)^2}{n}=408218-\frac{1520^2}{7}=78160.857$$

$$SS_{y'}=\sum y'^2-\frac{\left(\sum y'\right)^2}{n}=55119.727-\frac{537.565^2}{7}=13837.423$$

$$SP_{xy'}=\sum xy'-\frac{\left(\sum x\right)\left(\sum y'\right)}{n}=149603.227-\frac{1520\times537.565}{7}=32874.827$$

$$\bar{x}=\frac{\sum x}{n}=\frac{1520}{7}=217.143$$

$$\bar{y}'=\frac{\sum y'}{n}=\frac{537.565}{7}=76.795$$

第三步，计算回归系数 b 和回归截距 a：

$$b=\frac{SP_{xy'}}{SS_x}=\frac{32874.827}{78160.857}=0.4206$$

$$a=\bar{y}'-b\bar{x}=76.795-0.4206\times217.143=-14.5353$$

第四步，将 a 和 b 代入式（9-2），得到 y 和 x 之间的倒数函数方程：

$$\hat{y}=\frac{-14.5353+0.4206x}{x}$$

（3）直线化回归方程的显著性检验。对直线化后的回归方程进行显著性检验时，我们可以计算 x 与 y'的相关系数并对其进行显著性检验。

$$r_{xy'}=\frac{SP_{xy'}}{\sqrt{SS_x SS_{y'}}}=\frac{32874.827}{\sqrt{78160.857\times13837.423}}=0.9996^{**}$$

（4）计算曲线回归方程的相关指数。将 x 的每一取值代入倒数方程 $\hat{y}=\frac{-14.5353+0.4206x}{x}$，可以得到相应的 $\hat{y}$，其结果列于表 9-2 中。从每一对 y 与 $\hat{y}$ 的差值大小可看出每一对观测值受随机误差影响的大小，差异越大，随机误差就越大。根据式（9-1），有

$$R^2=1-\frac{\sum(y-\hat{y})^2}{\sum(y-\bar{y})^2}=1-\frac{0.000246}{0.0144}=0.9829$$

表明玉米株重（x）和经济系数（y）的回归关系用倒数函数方程 $\hat{y}=\frac{-14.5353+0.4206x}{x}$ 进行描述，其相关指数达 0.9829，说明该倒数函数拟合程度较好。

第三节　指数函数曲线

指数函数（exponential function）常见的有两种形式：

$$\hat{y}=a\mathrm{e}^{bx} \tag{9-6}$$

$$\hat{y}=ab^{x} \tag{9-7}$$

在指数函数中，x 是作为指数出现的，系数 b 常用以描述动植物生长、细菌繁殖和经济增长或衰减速率。如图 9-4 所示，当 $a>0$ 时，如果曲线方程是式(9-6)，$b>0$ 表示是生长型曲线，$b<0$ 表示是衰减型曲线；如果曲线方程是式（9-7），$b>1$ 表示是凹增长型曲线，$0<b<1$ 表示是凸增长型曲线，$b<0$ 表示是衰减型曲线。

相对生长率

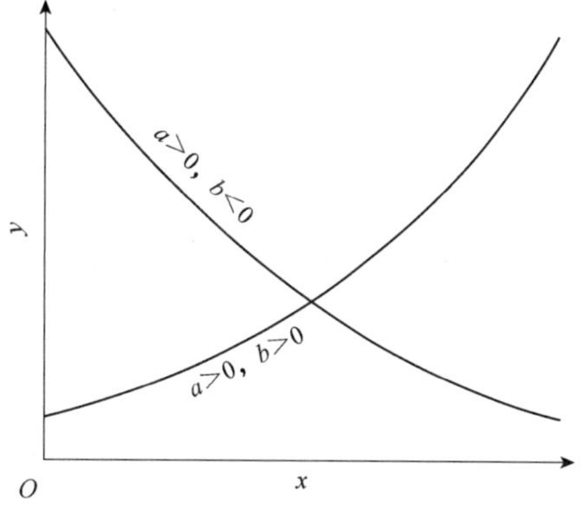

图 9-4　指数函数 $\hat{y}=a\mathrm{e}^{bx}$ 的图示

将式（9-6）两边取自然对数，得到：

$$\ln\hat{y}=\ln a+bx \tag{9-8}$$

令 $y'=\ln y$，$a'=\ln a$，式（9-8）变形为

$$\hat{y}'=a'+bx \tag{9-9}$$

式（9-9）为式（9-6）直线化后的表达式。

例 9-2　棉花红铃虫的产卵数与温度有关，试根据表 9-3 中的数据建立棉花红铃虫产卵数与温度的回归方程。

表 9-3　棉花红铃虫产卵数与温度的关系

温度（x，℃）	21	23	25	27	29	32	35
产卵数（y）	7	11	21	24	66	115	325
$y'=\ln y$	1.9459	2.3979	3.0445	3.1781	4.1897	4.7449	5.7838

（1）绘制散点图，判断曲线类型。根据表 9-3 的数据绘制（x，y）散点图（图 9-5）。该散点图与图 9-4 中 $b>0$ 时的曲线相似，选择方程 $\hat{y}=a\mathrm{e}^{bx}$ 进行曲线拟合。同时，以 x 和 y'（$y'=\ln y$）的数据绘制散点图（图 9-6），其直线趋势较为明显，说明配合 $\hat{y}=a\mathrm{e}^{bx}$ 的曲线方程是适合的。

（2）配合指数曲线方程。以 x 和 y'（$y'=\ln y$）进行直线回归分析，求出 b 和 a'，并将 a' 转换为 a，代入 $\hat{y}=a\mathrm{e}^{bx}$ 即可。具体步骤如下。

第一步，根据表 9-3 数据计算 6 个一级数据：

$$\sum x=192 \qquad \sum x^2=5414 \qquad \sum y'=25.2848$$

$$\sum y'^2=102.4258 \qquad \sum xy'=733.7079 \qquad n=7$$

第二步，由 6 个一级数据计算 5 个二级数据：

$$SS_x=\sum x^2-\frac{\left(\sum x\right)^2}{n}=5414-\frac{192^2}{7}=147.7143$$

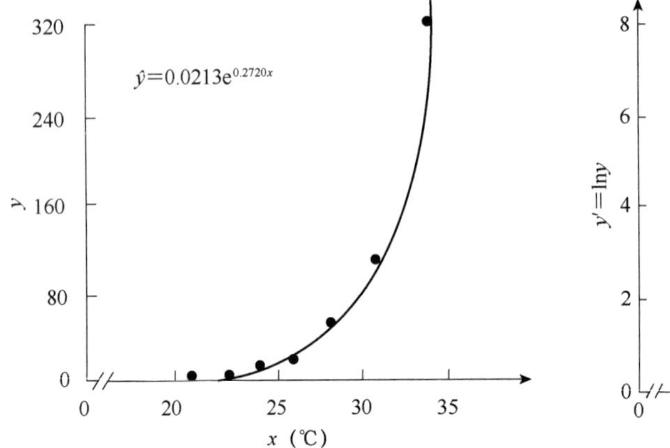

图 9-5　棉花红铃虫产卵数 y 与温度 x 的关系

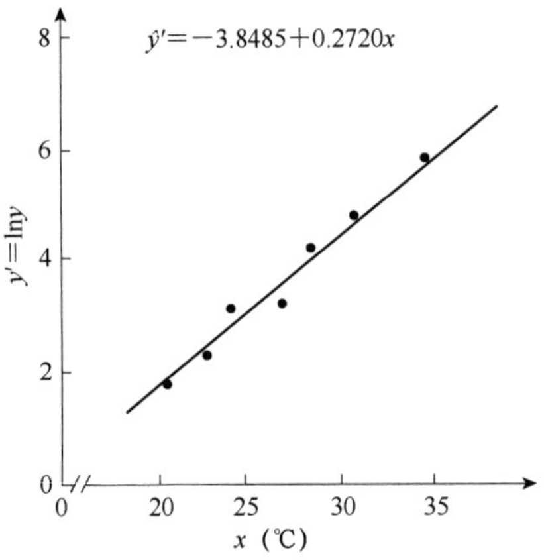

$\hat{y}'=-3.8485+0.2720x$

图 9-6　例 9-2 数据中 y' 与 x 之间的直线关系

$$SS_{y'}=\sum y'^2-\frac{\left(\sum y'\right)^2}{n}=102.4258-\frac{25.2848^2}{7}=11.0942$$

$$SP_{xy'}=\sum xy'-\frac{\sum x\sum y'}{n}=733.7079-\frac{192\times 25.2848}{7}=40.1820$$

$$\overline{x}=\frac{\sum x}{n}=\frac{192}{7}=27.4286$$

$$\overline{y}'=\frac{\sum y'}{n}=\frac{25.2848}{7}=3.6121$$

第三步，计算 b 和 a'：

$$b=\frac{SP_{xy'}}{SS_x}=\frac{40.1820}{147.7143}=0.2720$$

$$a'=\overline{y}'-b\overline{x}=3.6121-0.2720\times 27.4286=-3.8485$$

第四步，计算 a 值，将 a、b 代入 $\hat{y}=ae^{bx}$，得到曲线方程：

$$a=e^{a'}=e^{-3.8485}=0.0213$$

$$\hat{y}=0.0213e^{0.2720x}$$

（3）直线化回归方程的显著性检验。检验 y' 与 x 的回归关系，计算回归与离回归的平方和：

$$U=b\cdot SP_{xy'}=0.2720\times 40.1820=10.9295$$

$$Q=SS_{y'}-U=11.0942-10.9295=0.1647$$

$$F=\frac{\frac{U}{1}}{\frac{Q}{n-2}}=\frac{10.9295}{\frac{0.1647}{7-2}}=331.800^{**}$$

$F=331.800>F_{0.01}$，回归关系极显著，说明配合曲线方程 $\hat{y}=0.0213e^{0.2720x}$ 是适合的（表 9-4）。

表 9-4　表 9-3 数据 x 与 y' 回归关系的显著性检验

变异来源	df	SS	s^2	F	$F_{0.05}$	$F_{0.01}$
回归	1	10.9295	10.9295	331.800**	6.61	16.26
离回归	5	0.1647	0.0329			
总变异	6	11.0942				

第四节　对数函数曲线

对数函数（logarithmic function）的一般表达式为

$$\hat{y}=a+b\lg x \tag{9-10}$$

若令 $\lg x=x'$，则式（9-10）可以写成

$$\hat{y}=a+bx' \tag{9-11}$$

式（9-11）为式（9-10）直线化后的表达形式。

如果两个变量的成对观测值在坐标系中的散点图分布趋势类似于对数函数曲线（图 9-7），可配合对数曲线方程 $\hat{y}=a+b\lg x$。首先将 x 变量的每一观测值取对数转换为新变量 x'，然后用 x' 与 y 进行直线回归分析，求得 a 和 b，即得到对数函数方程。

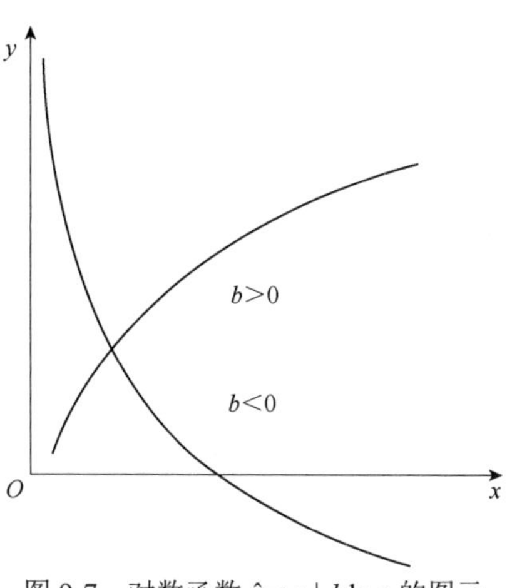

图 9-7　对数函数 $\hat{y}=a+b\lg x$ 的图示

例 9-3　在水稻育秧中，塑料薄膜青苗床内空气最高温度（y，℃）和室外空气最高温度（x，℃）数据如表 9-5 所示。求它们之间的函数关系式。

表 9-5　苗床内最高温度与空气最高温度的关系

序号	x	y	$x'=\lg x$	x'^2	$x'y$	y^2	$\hat{y}$
1	7.2	13.8	0.8573	0.7350	11.8312	190.44	16.79
2	7.9	21.4	0.8976	0.8057	19.2092	457.96	18.79
3	11.8	24.9	1.0719	1.1489	26.6899	620.01	27.45
4	12.0	32.3	1.0792	1.1646	34.8576	1043.29	27.81
5	16.9	33.6	1.2279	1.5077	41.2570	1128.96	35.20
6	18.7	39.5	1.2718	1.6176	50.2377	1560.25	37.38
7	18.9	40.1	1.2765	1.6294	51.1861	1608.01	37.61
8	20.2	36.9	1.3054	1.7039	48.1675	1361.61	39.05
9	21.8	40.2	1.3385	1.7915	53.8060	1616.04	40.69
10	22.7	42.6	1.3560	1.8388	57.7667	1814.76	41.57
11	22.9	44.6	1.3598	1.8492	60.6487	1989.16	41.76
12	23.1	36.6	1.3636	1.8594	49.9082	1339.56	41.94
13	23.3	35.1	1.3674	1.8697	47.9942	1232.01	42.13
14	23.6	44.4	1.3729	1.8849	60.9573	1971.36	42.41
15	23.8	44.1	1.3766	1.8950	60.7070	1944.81	42.59
16	27.0	43.9	1.4314	2.0488	62.8369	1927.21	45.31

续表

序号	x	y	$x'=\lg x$	x'^2	$x'y$	y^2	$\hat{y}$
17	27.6	48.3	1.4409	2.0762	69.5959	2332.89	45.78
18	28.6	48.5	1.4564	2.1210	70.6338	2352.25	46.55
19	30.7	46.3	1.4871	2.2116	68.8545	2143.69	48.08
20	31.4	50.4	1.4969	2.2408	75.4453	2540.16	48.57
合计	420.1	767.5	25.8350	33.9997	1022. 5905	31174.43	

（1）绘制散点图，判断曲线类型。根据表 9-5 的数据绘制（x，y）散点图（图 9-8），该散点图与图 9-7 中 $b>0$ 的曲线相似。为了能够做出更准确的判断，图 9-9 绘出了 x'（$x'=\lg x$）与 y 的散点图，x'与 y 之间存在直线关系，这说明选择对数曲线是适合的。

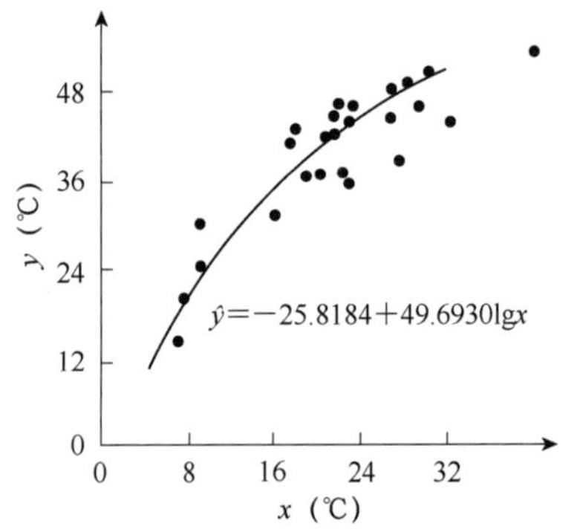

图 9-8　苗床内最高气温 y 与空气最高气温 x 的关系

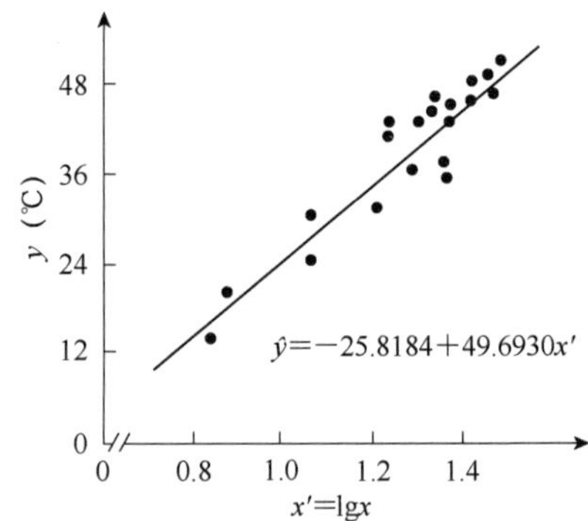

图 9-9　例 9-3 数据中 x'与 y 之间的直线关系

（2）配合对数函数方程。以 x'（$x'=\lg x$）和 y 进行直线回归分析，求出 a 和 b，并代入式（9-10）即得对数函数方程。具体步骤如下。

第一步，根据表 9-5 数据计算 6 个一级数据：

$$\sum x'=25.8350 \qquad \sum x'^2=33.9997 \qquad \sum y=767.5$$

$$\sum y^2=31174.43 \qquad \sum x'y=1022.5905 \qquad n=20$$

第二步，由 6 个一级数据计算 5 个二级数据：

$$SS_{x'}=\sum x'^2-\frac{\left(\sum x'\right)^2}{n}=33.9997-\frac{25.8350^2}{20}=0.6273$$

$$SS_y=\sum y^2-\frac{\left(\sum y\right)^2}{n}=31174.43-\frac{767.5^2}{20}=1721.6175$$

$$SP_{x'y}=\sum x'y-\frac{\sum x'\sum y}{n}=1022.5905-\frac{25.8350\times 767.5}{20}=31.1724$$

$$\overline{x}'=\frac{\sum x'}{n}=\frac{25.8350}{20}=1.2918$$

$$\overline{y}=\frac{\sum y}{n}=\frac{767.5}{20}=38.375$$

第三步，计算回归系数 b 和回归截距 a：

$$b=\frac{SP_{x'y}}{SS_{x'}}=\frac{31.1724}{0.6273}=49.6930$$

$$a=\bar{y}-b\bar{x}'=38.375-49.6930\times1.2918=-25.8184$$

第四步，将 a 和 b 直接代入式（9-10），得到 y 与 x 的对数函数方程

$$\hat{y}=-25.8184+49.6930\lg x$$

（3）直线化回归方程的显著性检验。计算 y 与 x' 直线回归关系的回归与离回归平方和：

$$U=b\cdot SP_{x'y}=49.6930\times31.1724=1549.0501$$

$$Q=SS_y-U=1721.6175-1549.0501=172.5674$$

$$F=\frac{\frac{U}{1}}{\frac{Q}{n-2}}=\frac{1549.0501}{\frac{172.5674}{20-2}}=161.577^{**}$$

$F=161.577>F_{0.01}$，说明回归关系极显著，配合对数函数是适合的（表 9-6）。

表 9-6　例 9-3 数据中 y 与 x' 回归关系的显著性检验

变异来源	df	SS	s^2	F	$F_{0.05}$	$F_{0.01}$
回归	1	1549.0501	1549.0501	161.577**	4.41	8.29
离回归	18	172.5674	9.5871			
总变异	19	1721.6175				

利用曲线回归方程进行预测时，可将每一个 x 值转换成 x'，再通过回归分析的方法预测出 y 所在区间。表 9-5 最后一列即为每一个 x 值代入曲线回归方程得到相应估计值 $\hat{y}$。

第五节　幂函数曲线

幂函数（power function）是 y 为 x 某次幂的函数曲线，其方程为

$$\hat{y}=ax^b \tag{9-12}$$

将式（9-12）两边取对数，得

$$\lg\hat{y}=\lg a+b\lg x \tag{9-13}$$

令 $y'=\lg y$，$x'=\lg x$，$a'=\lg a$，得到直线方程：

$$\hat{y}'=a'+bx' \tag{9-14}$$

式（9-12）的图形如图 9-10 所示。如果两个变量的散点图类似于图 9-10 中的某一条曲线，说明可用幂函数曲线进行拟合。为了进一步进行验证，可将 x 和 y 都取对数，然后绘出 x'（$x'=\lg x$）和 y'（$y'=\lg y$）的散点图，如果散点呈直线趋势，即说明选用幂函数曲线是适合的。

例 9-4　为了研究 CO_2 对变黄期烟叶叶绿素降解的影响，在 30 倍 CO_2 浓度下测定了不同烘烤时间（x，h）下叶绿素含量（y，占干重%），其结果列于表 9-7。试对该数据进行回归分析。

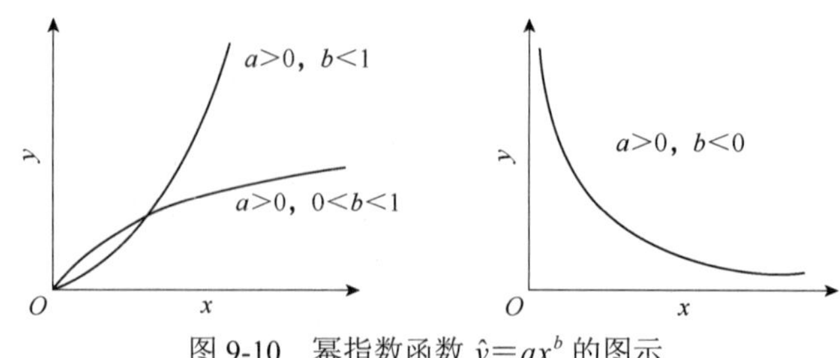

图 9-10　幂指数函数 $\hat{y}=ax^b$ 的图示

表 9-7　烘烤时间与叶绿素含量的关系

序号	x	y	$x'=\lg x$	$y'=\lg y$
1	12	0.17430	1.0792	−0.7587
2	15	0.11080	1.1761	−0.9555
3	19	0.06340	1.2788	−1.1979
4	25	0.05310	1.3979	−1.2749
5	32	0.04155	1.5051	−1.3814
6	35	0.04080	1.5441	−1.3893
7	38	0.04020	1.5798	−1.3958
8	41	0.03998	1.6128	−1.3982
9	46	0.03762	1.6628	−1.4246
10	49	0.03538	1.6902	−1.4512
11	58	0.03533	1.7634	−1.4519

（1）绘制散点图，判断曲线类型。根据表 9-7 的 x 和 y 的成对观测值在坐标系中绘制散点图（图 9-11），该图类似于图 9-10 中 $b<0$ 的曲线，可试配幂函数曲线。绘出 x'（$x'=\lg x$）和 y'（$y'=\lg y$）的散点图（图 9-12），如散点图呈直线趋势，说明选用幂函数曲线是适合的。

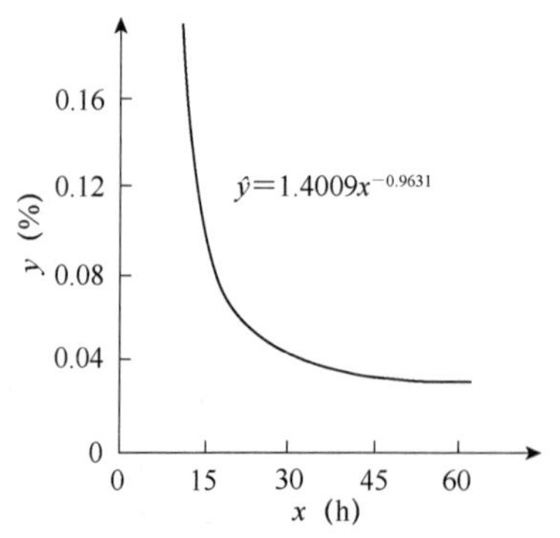

图 9-11　烘烤时间 x 与叶绿素含量 y 的关系

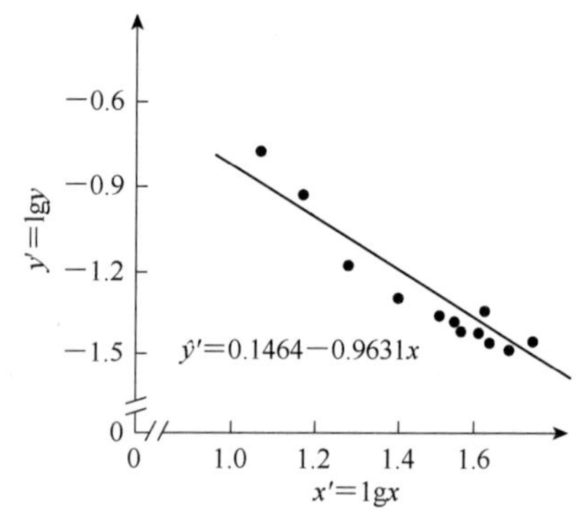

图 9-12　例 9-4 数据中 x'与 y'之间的直线关系

（2）配合幂函数曲线方程。具体步骤如下。

第一步，计算 6 个一级数据：

$$\sum x'=16.2901 \qquad \sum x'^2=24.6149 \qquad \sum y'=-14.0794$$

$$\sum y'^2=18.5340 \qquad \sum x'y'=-21.3229 \qquad n=11$$

第二步，由 6 个一级数据计算 5 个二级数据：

$$SS_{x'}=\sum x'^2-\frac{\left(\sum x'\right)^2}{n}=24.6149-\frac{16.2901^2}{11}=0.4906$$

$$SS_{y'}=\sum y'^2-\frac{\left(\sum y'\right)^2}{n}=18.5340-\frac{(-14.0794)^2}{11}=0.5131$$

$$SP_{x'y'}=\sum x'y'-\frac{\sum x'\sum y'}{n}=-21.3229-\frac{16.2901\times(-14.0794)}{11}=-0.4725$$

$$\overline{x}'=\frac{\sum x'}{n}=\frac{16.2901}{11}=1.4809$$

$$\overline{y}'=\frac{\sum y'}{n}=\frac{-14.0794}{11}=-1.2799$$

第三步，计算 b 和 a'：

$$b=\frac{SP_{x'y'}}{SS_{x'}}=\frac{-0.4725}{0.4906}=-0.9631$$

$$a'=\overline{y}'-b\overline{x}'=-1.2799-(-0.9631)\times1.4809=0.1464$$

第四步，将 a'转换为 a，得到幂函数曲线方程：

$$a=10^{a'}=10^{0.1464}=1.4009$$

$$\hat{y}=1.4009x^{-0.9631}$$

（3）直线化回归方程的显著性检验。计算 y'与 x'直线回归关系的回归与离回归平方和：

$$U=b\cdot SP_{x'y'}=-0.9631\times(-0.4725)=0.4551$$

$$Q=SS_{y'}-U=0.5131-0.4551=0.0580$$

$$F=\frac{\frac{U}{1}}{\frac{Q}{n-2}}=\frac{0.4551}{\frac{0.0580}{11-2}}=70.619^{**}$$

$F=70.619>F_{0.01}$，说明回归关系达到极显著，配合幂函数曲线方程是适合的（表 9-8）。

表 9-8　例 9-4 数据中 y 与 x'回归关系的显著性检验

变异来源	df	SS	s^2	F	$F_{0.05}$	$F_{0.01}$
回归	1	0.4551	0.4551	70.619**	5.12	10.56
离回归	9	0.0580	0.0064			
总变异	10	0.5131				

为了更好地说明例 9-4 数据符合幂函数曲线关系，而不是其他类型曲线或直线关系，可将其进行不同曲线方程的拟合，并计算直线化后两个变量之间的相关系数。

幂函数方程：$\hat{y}=1.4009x^{-0.9631}$，lg$x$ 与 y 之间的 $r=-0.9417$；

对数函数方程：$\hat{y}=0.3147-0.0743\ln x$，ln$x$ 与 y 之间的 $r=-0.8720$；

指数函数方程：$\hat{y}=0.1457e^{-0.0304x}$，$x$ 与 ln$y$ 之间的 $r=-0.8562$；

直线函数方程：$\hat{y}=0.1372-0.0023x$，x 与 y 之间的 $r=-0.7652$。

以上 4 个方程，其直线化后两个变量的相关系数均达极显著水平［$r_{0.01(9)}=0.735$］，而幂函数曲线直线化后的相关程度最高，表明配合出的幂函数曲线方程 $\hat{y}=1.4009x^{-0.9631}$ 是最适宜的。

视频讲解

第六节　Logistic 生长曲线

一、Logistic 生长曲线的由来和基本特征

Logistic 生长曲线（Logistic growth curve）最初由比利时数学家 P. F. Verhulst 于 1838 年推导出来，但长期被忽视。直到 20 世纪 20 年代才被生物学家和统计学家 R. Pearl 和 L. J. Reed 重新发现，应用于研究人口生长规律，所以，这种特殊的曲线也称为 Pearl 增长曲线，简称 Pearl 曲线。目前它已广泛应用于动植物的饲养、栽培、资源、生态、环保等方面的模拟研究。

Logistic 生长曲线的基本特点是开始增长缓慢，而在以后的某一范围内迅速增长，达到一定的限度后又缓慢下来，曲线呈拉长的“S”形，因此，也称为“S”形曲线。相对于对称“S”形曲线，Logistic 生长曲线属于非对称的“S”形曲线，其方程为

对称“S”形曲线

$$\hat{y}=\frac{K}{1+a\mathrm{e}^{-bx}} \tag{9-15}$$

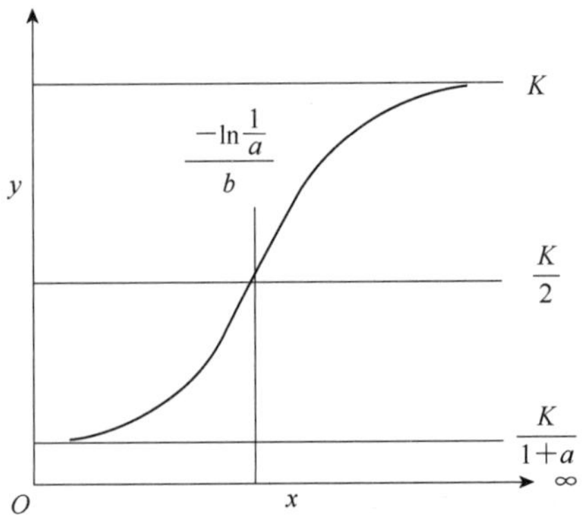

曲线的图形如图 9-13 所示。

图 9-13　Logistic 生长曲线 $\hat{y}=\frac{K}{1+a\mathrm{e}^{-bx}}$ 的图示

Logistic 生长曲线的基本特征如下。

（1）当 $x=0$ 时，$\hat{y}=\frac{K}{1+a}$；当 $x\to\infty$，$\hat{y}=K$。所以时间为 0 的起始量是 $\frac{K}{1+a}$，时间无限延长的终极量是 K。

（2）式（9-15）的二阶导数 $\frac{\mathrm{d}^2y}{\mathrm{d}x^2}=0$ 时，$x=\frac{-\ln\frac{1}{a}}{b}$，$\hat{y}=\frac{K}{2}$，这说明 y 是随 x 的增加而增加的。当 $x=\frac{-\ln\frac{1}{a}}{b}$ 时，曲线有一个拐点（knee point），这时 $\hat{y}=\frac{K}{2}$，恰为终极量 K 的一半。所以，x 在 $\left[0,\frac{-\ln\frac{1}{a}}{b}\right]$ 区间内，曲线下凹，x 在 $\left(\frac{-\ln\frac{1}{a}}{b},\infty\right)$ 区间内，曲线上凸。

二、Logistic 生长曲线方程的配合

从式（9-15）可以看出，只要确定了 K 值，就可利用直线化方法求出方程的两个统计数 a 和 b。式（9-15）移项后可得

$$\frac{K-\hat{y}}{\hat{y}}=ae^{-bx} \tag{9-16}$$

两边取自然对数后得

$$\ln\frac{K-\hat{y}}{\hat{y}}=\ln a-bx \tag{9-17}$$

若令 $\hat{y}'=\ln\frac{K-\hat{y}}{\hat{y}}$、$a'=\ln a$、$b'=-b$，式（9-17）即

$$\hat{y}'=a'+b'x \tag{9-18}$$

因此，可将每一个 y 观测值转换为 y'，用 y' 与 x 进行直线回归分析，即可求出 a' 和 b'。在转换时，必须先确定 K 值，K 值的确定方法有下面两种。

（1）如果依变量 y 是累积频率，则 y 无限增大的终极量应为 100（%），可用 $K=100$ 表示。

（2）当依变量 y 是生长量或繁殖量时，可取 3 对自变量为等间距的观测值（x_1，y_1）、（x_2，y_2）和（x_3，y_3），并将其代入式（9-16），得到联立方程组：

$$\begin{cases}\dfrac{K-y_1}{y_1}=ae^{-bx_1}\\ \dfrac{K-y_2}{y_2}=ae^{-bx_2}\\ \dfrac{K-y_3}{y_3}=ae^{-bx_3}\end{cases}$$

将方程组中的 a 和 b 消去，得

$$\frac{y_2(K-y_1)}{y_1(K-y_2)}=\left[\frac{y_3(K-y_2)}{y_2(K-y_3)}\right]^{\frac{x_1-x_2}{x_2-x_3}}$$

如果令 $x_2=\frac{x_1+x_3}{2}$，可得

$$K=\frac{y_2^2(y_1+y_3)-2y_1y_2y_3}{y_2^2-y_1y_3} \tag{9-19}$$

例 9-5　表 9-9 是某种肉鸡在良好饲养环境条件下的增重数据。试配合 Logistic 生长曲线方程。

表 9-9　肉鸡饲养过程增重数据

x（周次）	y（kg）	$\frac{2.827-y}{y}$	$y'=\ln\frac{2.827-y}{y}$
2	0.30	8.4233	2.1310
4	0.86	2.2872	0.8273
6	1.73	0.6341	−0.4555
8	2.20	0.2850	−1.2553
10	2.47	0.1445	−1.9342
12	2.67	0.0588	−2.8336
14	2.80	0.0096	−4.6415

（1）求终极量 K。取 x 为等间距的 $x_1=2$、$x_2=8$、$x_3=14$ 的生长量 $y_1=0.30$、$y_2=2.20$ 和

y_3=2.80，由式（9-19）得

$$K=\frac{2.20^2\times(0.30+2.80)-2\times0.30\times2.20\times2.80}{2.20^2-0.30\times2.80}=2.827(\text{kg})$$

（2）将 y 转换为 y'。计算出 $\frac{2.827-y}{y}$ 和 $y'=\ln\frac{2.827-y}{y}$，分别列于表 9-9。

（3）计算 x 和 y'回归分析的二级数据。

$$SS_x=112 \qquad SS_{y'}=30.8067 \qquad SP_{xy'}=-58.2363$$

$$\bar{x}=8 \qquad \bar{y}'=-1.1660$$

（4）计算 b'和 a'，并转换成 a 和 b，建立 Logistic 方程。

$$b'=\frac{SP_{xy'}}{SS_x}=\frac{-58.2363}{112}=-0.5200$$

$$a'=\bar{y}'-b'\bar{x}=-1.1660-(-0.5200)\times8=2.9940$$

$$a=e^{a'}=e^{2.9940}=19.9654$$

$$b=-b'=0.5200$$

所以，有

$$\hat{y}=\frac{2.827}{1+19.9654e^{-0.5200x}}$$

此方程的图形如图 9-14 所示，并可求 $\hat{y}=\frac{K}{2}=1.4135$，$x=\frac{-\ln\frac{1}{a}}{b}=5.76$（周次）时，是曲线的拐点，生长速率从越来越快开始变为越来越慢，这是此种肉鸡生长的关键时期。

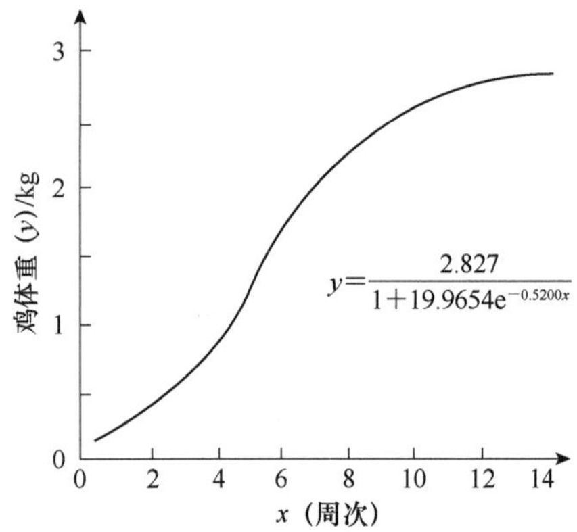

图 9-14　肉鸡增生的 Logistic 生长曲线

（5）计算 x 和 y'的相关系数 $r_{xy'}$。

$$r_{xy'}=\frac{-58.2363}{\sqrt{112\times30.8067}}=-0.9914^{**}$$

$|r_{xy'}|=0.9914>r_{0.01(5)}=0.874$，达到极显著水平，说明 x 和 y'的直线关系是极显著的，表 9-9 的数据配合 Logistic 生长曲线方程是适合的。

思考练习题

习题 9.1　生物学中常见的曲线类型有哪些？如何确定两个变量之间的曲线类型？

习题 9.2　非线性回归曲线进行直线化时，常用的转换方法有哪些？

习题 9.3　测定细砂土中毛管水的上升高度（y，cm）和经历时数（x，h）的关系，其结果如下表所示。试做回归分析。

经历时数（x，h）	12	24	48	96	144	192	240
上升高度（y，cm）	21	34	42	48	53	57	60

习题 9.4　下表列出了甘薯薯块在生长过程中的鲜重（x，g）和呼吸强度［y，mg CO_2/（100g FW·h）］的数据。为探讨二者的回归关系，试分别建立幂函数方程、对数函数方程及指数函数方程，并分别对

方程的拟合效果进行评价。

鲜重（x，g）	10	38	80	125	200	310	445	480
呼吸强度［y，mg CO_2/（100g FW·h）］	92	32	21	12	10	7	7	6

习题 9.5　玉米淀粉生产中，浸渍时间（x，h）和乳酸菌数（y，mL）的数据记录如下，试建立浸渍时间和乳酸菌数的回归关系。

浸渍时间（x，h）	4	12	20	28	36	44
乳酸菌数（y，mL）	226000	362000	659000	839000	1612000	3004000

习题 9.6　在动物的饲料配方研究中，发现动物体重（y，g）和日龄（x，d）存在某种曲线关系，试根据下列数据进行回归关系分析。

日龄（x，d）	0	7	14	21	28	42	56	70
体重（y，g）	105	214	335	560	790	1290	2010	2950

参考答案

第 10 章 试验设计及其统计分析

本章提要

试验设计及其统计分析是生物统计学的重要内容之一，在生物学研究中发挥着重要的工具作用。本章主要讨论：

- 试验设计主要类型及其特点；
- 重点介绍对比设计、随机区组设计、拉丁方设计、裂区设计、交叉设计、正交设计、均匀设计等常用试验设计和统计分析方法。

第 2 章在阐述数据来源时，初步介绍了试验的概念与基本要求、试验设计的基本要素、试验误差及其控制途径、试验设计必须遵循的基本原则，以及如何制订试验方案。本章在简述试验设计主要类型、概念和特点的基础上，通过案例重点介绍常用试验设计及其统计分析方法。

第一节　试验设计的类型

在第 2 章，我们已经知道试验设计包含受试对象、试验因素和处理效应三个要素。开展试验设计，就是围绕这三个要素进行合理、有效的因素、水平设置及科学组合，并根据试验条件合理布局和安排的过程。一个科学、有效的试验设计一般要达到三个要求：一是试验误差小、试验精度高、试验数据的可靠性强；二是设计效率高，用较少的人力、物力、财力和时间获得较多而可靠的数据信息；三是便于开展统计分析，尽可能多地挖掘试验数据的有效信息，从而进行正确的推断。

根据试验的研究目的不同，研究者要选用合理的试验设计和数据统计分析方法。生物学研究中，试验设计的类型较多，也有不同的分类方法。根据试验处理因素数量，试验设计可分为单因素设计、二因素设计和多因素设计。根据试验中处理是否全部实施，可分为完全实施试验设计和部分实施试验设计。按照具体的试验设计方法，有对比设计、完全随机设计、随机区组设计、拉丁方设计、裂区设计、交叉设计、析因设计、正交设计、均匀设计等。

一、对比设计

对比设计（comparison design）是一种最简单的试验设计方法，常适用于单因素试验，是设置一个或几个试验组与多个对照组进行比较，试验组常按顺序排列。为降低试验误差，常常通过增加重复数来提高试验的精确度。

对比设计一般需要安排对照（control），用 CK 表示，作为各处理比较的标准。对照的类型包括空白对照、标准对照、自身对照和试验对照等。医学试验中常用安慰剂作为对照，用盲法（单盲法和双盲法）进行对比试验。

对比设计包括邻比设计、间比设计和配对设计等类型。邻比设计（neighbor comparison design）是每一个处理均直接排列于对照旁边，使每个处理都能与相邻的对照进行比较，能充分反映出处理的效应。

对比设计中，如果试验处理数过多，可采用对照小区相对较少的间比设计（interphase comparison design），即在每个重复的各处理排列中，位于第一小区和末尾小区一定是 CK 区，中间每隔相同数目的若干处理小区（通常是 4～9 个）设置一个 CK 区。与邻比设计相比，间比设计的每个处理不一定与 CK 相邻。

配对设计（paried design）是将受试对象按配对条件配成对子，使同一对中的受试对象条件相同或相近；再将各对中的两个受试对象随机分配到试验组和对照组（或两个不同处理组）接受不同的处理。例如，将年龄、体重、遗传基础较为一致的动物配成对子，再随机分配每对中的两个受试对象接受不同试验处理；半叶法测定植物叶片的光合速率；观察每一位受试对象药物试验前后某种生理指标的变化，都是配对设计。

二、完全随机设计

视频讲解

完全随机设计（completely random design）是将受试对象按随机化原则分配到不同的处理组中。在完全随机设计中，试验中每个处理的所有重复随机地分配到试验单元中，即每个处理占有每个试验单元的机会是相等的。

完全随机设计中，通常不考虑个体差异的影响。假定一项研究中，处理数为 8（$i=1$，2，…，8）、重复数为 3（$j=1$，2，3），则有 24 个（i，j）组合，需要 24 个受试对象。这 24 个（i，j）组合随机排列，即完全随机设计。完全随机设计中，各处理的重复数可以相同也可以不同。但在总体样本含量相同的情况下，各处理组重复数相等时效率最高。

二因素及多因素试验也可以采用完全随机设计。以二因素为例，假设因素 A 有 a 个水平，B 有 b 个水平，则研究中有 ab 个处理，如果重复数为 n，则需要有 abn 个受试对象。这 abn 个受试对象随机排列，即可得到 abn 个观测值。

完全随机设计保证每个受试对象都有相同机会接受任何一种处理，而不受试验人员主观倾向的影响。受试对象的初始条件比较一致时，可采用完全随机设计。这种设计应用了试验设计的重复和随机化两个原则，因此能使试验结果受非处理因素的影响基本一致，真实反映出试验的处理效应。但由于没有体现局部控制原则，完全随机设计要求其在尽可能一致的试验条件下进行试验。

完全随机设计的数据，常采用方差分析的方法，分析单因素的处理效应、二因素及多因素的主效和互作效应。第 7 章介绍的方差分析就是基于完全随机设计的。

完全随机设计具有突出的优点：一是设计容易，处理数与重复数都不受限制，适用于试验条件、环境、受试对象差异较小的试验；二是统计分析简单，无论所获得的试验数据各处理重复数相同与否，都可采用 t 检验或方差分析法进行统计分析。完全随机设计也有明显的缺点：由于未应用局部控制原则，非试验因素的影响被归入试验误差，因而试验误差较大，试验的精确性较低。因此，在试验条件、环境、受试对象差异较大时，不宜采用此种设计方法。

三、随机区组设计

完全随机设计要求在试验过程中，除试验处理不同之外，其余非试验因素（环境条件）应尽可能相同。由于客观条件的限制，试验的环境不可能完全相同时，如果采用完全随机设计，可能使得不同试验处理所占有的环境条件不同，试验处理之间的可比性大大降低，增大试验误差，试验结果的准确性下降。例如，田间试验中土壤变化会出现肥力不一致，较大空间试验的光照与温度条件会出现控制不一样等情况，这就需要通过随机区组设计来“清除”这种人为不易控制的非试验条件的不一致性。

随机区组设计（randomized block design）是根据非试验因素将试验环境划分成若干个区组，使得每个区组内的差异尽可能小；然后将每个区组划分成若干小区，将处理随机安排在小区内。在该设计的区组安排中，区组的划分应使区组内非试验因素差异最小而区组间非试验因素差异最大，将可控的非试验因素及条件相同或相近的受试对象安排在同一区组。

随机区组设计按试验因素多少可分为单因素随机区组设计、二因素随机区组设计和多因素随机区组设计等；按实施程度可分为随机完全区组设计和随机不完全区组设计。

随机完全区组设计（randomized complete block design）是指根据局部控制的原则将整个试验划分为若干区组，在同一区组内每个处理均出现，且各处理在区组内随机排列。例如，有 A、B 两个因素，水平数各为 a 和 b，其全部处理就是 ab 个水平组合数，将所有 ab 个处理全部安排在同一区组内的设计就是二因素完全随机区组设计。

随机不完全区组设计（randomized incomplete block design）是将整个试验划分为若干区组，每个区组只包括参加试验的部分处理，每个区组内处理的排列次序是随机的。随机不完全区组设计有多种方法，平衡不完全区组设计是其中的一种。平衡不完全区组设计（balanced incomplete block design，BIB）是指将 v 个处理安排于 b 个区组的一种试验设计方法。该设计中包括以下参数：①k，区组的大小，指每个区组包含 k 个不同处理；②γ，处理的重复数，指每个处理在 γ 个不同的区组中出现；③λ，相遇数，指任何一对处理在 λ 个不同的区组中相遇。平衡不完全区组设计的参数满足下列条件：①$bk=v\gamma$；②$\gamma(k-1)=\lambda(v-1)$；③$b\geqslant v$ 或者 $\gamma\geqslant k$。当 $k=v$，$\lambda=\gamma=b$ 时，即随机完全区组设计。

随机区组设计体现了试验设计重复、随机和局部控制三原则，可以将区组间的变异（区组效应）从试验误差中分离出来，从而有效降低试验误差，获得较高的试验精确性。同时，该设计把条件近乎一致的受试对象分在同一区组，再将同一区组的受试对象随机分配到不同处理组内，加大了处理之间的可比性。与拉丁方设计、裂区设计相比，虽然都考虑了处理因素与区组因素，但随机区组设计方法更简单易行。在实际应用随机区组设计时，处理数以≤20为宜。如果处理数目过多，区组的规模必然增大，区组内的误差也会相应增大，这样局部控制的效率就会降低。但在随机区组设计中，处理或处理组合也不能太少，如果太少，误差项自由度若太小，误差就会相应增大，也会降低假设检验的灵敏度。

四、拉丁方设计

随机区组设计通过局部控制原则可以控制并分解非试验条件单向不一致的区组效应。但如果出现非试验条件的双向不一致变异，就需要采用具有双向区组控制功能的拉丁方设计。

拉丁方（Latin square）一词最早是由英国统计学家 R. A. Fisher 提出的。其含义为，将 k 个不同符号排成一个 k 阶方阵，使每一个符号在每一行、每一列都仅出现一次，这个方阵称为 $k\times k$ 拉丁方。拉丁方设计（Latin square design）就是在行和列两个方向上都进行局部控制，每一行区组、每一列区组均包含一套完全的处理，是比随机区组设计多一个区组的设计。

进行拉丁方设计，首先需要根据试验的处理数 k 选择一个 $k\times k$ 的标准方，然后进行列随机、行随机和处理随机排列。在进行拉丁方试验数据的统计分析中，可以从总试验效应中分解出行效应、列效应和处理效应，当处理效应差异显著时，对处理进行多重比较。

拉丁方设计的特点是处理数、重复数、行数、列数都相等。当行间、列间皆有明显差异时，其行、列两个区组的变异均可以从试验误差中分解出来。因此在控制试验误差、提高试验精确度方面，应用拉丁方设计比随机区组设计更为有效。Cochran 经过 8 年的田间试验表明，拉丁方试验的误差方差约为随机区组试验的 73%。但拉丁方设计需保持行、列、处理数三者相等，如正方形的试验空间，缺乏伸缩性。因此，试验处理数一般不能太多，以 5～10 个为宜，且在对试验精确度有较高要求时使用。处理数大于 10 个，试验庞大，很难实施；处理数≤4，误差项自由度不足。为了较精确地估计试验误差和检验处理效应，拉丁方试验设计要求误差自由度不小于 12，最好大于 20。

如果处理因素不是一个而是多个，但供试单元不能增加，可以在拉丁方的基础上以不增加试验次数为前提引进另一因素，通过希腊拉丁方设计来解决问题。希腊拉丁方设计（Greek-Latin square design）也称为正交拉丁方设计（orthogonal Latin square design），是在一个用拉丁字母表示的 $k\times k$ 拉丁方上，再整合一个用希腊字母表示的 $k\times k$ 拉丁方，并使每个希腊字母和拉丁字母都共同出现一次，且仅共同出现一次。

希腊拉丁方设计可容纳 4 个因素，即行、列、希腊字母、拉丁字母所代表的因素。每个因素都有 k 个水平，进行 k^2 次试验。这 4 个因素中常只有一个代表需要检验的处理效应，其他均为希望排除的非试验因素的影响。因此，采用此设计可控制三种非试验因素的变异性。希腊拉丁方设计可以节省试验次数，但在应用时要求各因素水平数相同且无交互作用。

五、裂区设计

在试验处理组合数较多，而不同试验因素重要性不一样或因素可控性存在差异等特殊条件下，可采用裂区设计。根据试验要求和目的不同，将试验空间因素按不同要求分成主区因素（主因素）和副区因素（副因素），并根据主、副区的不同，将试验因素分别安排在主、副区。

裂区设计（split plot design）是在一个区组上，先按一个因素（主因素或主处理）的水平数划分主区，用于安排主因素；在主区内再按第二个因素（副因素或副处理）的水平数划分副区，安排副因素。这种设计是将主区（main plot）分裂成副区，所以称为裂区设计。主区内的小区称副区（secondary plot）或裂区（split plot），对第二个因素来讲，主区就是一个完全区组；但是从整个试验所有处理组合来讲，主区又是一个不完全区组。

裂区设计是将主处理设在主区，副处理设于主区内的副区，副区之间比主区之间的试验空间更为接近。因此进行统计分析时，可分别估算主区与副区的试验误差，而后者常小于前者，即副处理比主处理试验精度高。

裂区设计通常在下列情况下应用：①一个因素的各处理比另一个因素的各处理需要更大区域时，为了实施和管理上的方便而应用裂区设计。需要较大区域的因素宜作为主处理，设在主区，而另一个需要区域较小的因素可设置于副区。②试验中某一个因素的主效比另一个因素的主效更为重要，而且要求进行更精确的比较，或两个因素的交互作用比其主效更为重要时，宜采用裂区设计，将要求精度较高的因素作为副处理，另一个因素作为主处理。③根据以往的研究，知道某一个因素的效应比另一个因素的效应更大时也可采用裂区设计，将可能表现较大差异的因素作为主处理。④试验设计需临时改动再加入一个试验因素时，可在原试验设计中的小区（主区）中再划分若干个小区（副区），增加一个试验因素，这样就成了裂区设计。当然，一般情况下我们还是要强调事先的周密设计，这种临时再改变设计方案的做法只是一种在可能情况下的补救措施。

六、交叉设计

如果研究中需要考虑的因素（以 A 表示）有 2 个水平（以 A_1 和 A_2 表示），同时要求这 2 个水平要先后作用于每一个受试对象，此时，受试对象和处理顺序成为 2 个重要的非试验因素，可以考虑用 2×2 交叉设计。

2×2 交叉设计（cross-over design）是让全部受试对象中的一半接受处理的顺序为“先 A_1 后 A_2”，另一半接受处理的顺序为“先 A_2 后 A_1”，从而使“A_1 和 A_2 处理”在两组受试者中施加的先后顺序是“交叉”的，故称为“成组交叉设计”。另外，也可以将全部受试对象按照某些重要的非试验因素配成 n 对，用随机的方法决定每对中的一个接受“先 A_1 后 A_2”的顺序，另一个接受处理的顺序为“先 A_2 后 A_1”，这称为“配对交叉设计”。2×2 交叉设计是在自身配对设计基础上发展起来的，该设计考虑了 1 个处理因素（两个水平），2 个与处理因素无交互作用的非处理因素（试验阶段和受试对象）对试验结果的影响。虽然只有 1 个处理因素，但由于控制了试验阶段和受试对象差异的影响，也可认为是 3 因素（处理因素、试验阶段、受试对象）的试验设计。

交叉设计是医学试验常用的特殊自身对照设计，将自身比较与组间设计思路综合，使每个受试者随机在两个或多个试验阶段分别接受指定的处理。交叉设计具有配对设计的优点，可减少个体间差异，减少样本容量，又能平衡试验顺序对结果的影响；同时，能控制时间因素（试验阶段）对处理因素的影响，优于自身对照设计，因而试验效率较高。交叉设计中，各受试对象均接受试验因素所设计的处理，符合医德要求。但是，由于两种处理先后作用于同一受试对象，交叉设计仅限于处理的效应在短时间就能消失的研究，否则易造成两种处理的效应混杂。因此，对于同一受试对象先后接受不同处理之间要有一定的“空白”时间，此时间长短因具体情况而定。如果是药物使用时间较长，且受试对象观测指标的数值难以恢复到原先的水平时，应慎重使用。交叉设计中两次观察时间不能过长，处理不能有持久效应，而且不能分析交互作用。为消除患者的心理作用或防止研究者暗示，多采用盲法进行交叉设计。

七、析因设计

析因设计（factorial design）是一种多因素的交叉分组设计，探求多因素（两个或两个以上）的主效应和因素间的交互效应。

析因设计以完全随机设计、随机区组设计和拉丁方设计为基础，有完全随机析因设计、随机区组析因设计、裂区析因设计、混杂析因设计、部分析因设计等种类。研究中如果考虑 $k(k\geqslant 2)$ 个因素同时施加于受试对象（因素施加没有先后顺序之分）且对观测指标的影响地位相等，涉及全部试验因素各水平的全面组合，该设计就称为 k 因素析因设计或全因子设计。

析因设计不仅可检验每个因素各水平间的差异，而且可检验各因素间的交互作用。两个或多个因素如存在交互作用，表示各因素不是各自独立的，而是一个因素的水平有改变时，另一个或几个因素的效应也相应有所改变；反之，如不存在交互作用，表示各因素具有独立性，一个因素的水平有所改变时不影响其他因素的效应。例如，A、B 两种治疗高血压的新药，即 A、B 两个因素，每个因素各有两个水平（不使用与使用，A_1、A_2、B_1、B_2），交叉可形成 4 个处理组。将每个因素的所有水平都互相交叉形成处理组，属全组合试验。可用于研究 A、B 两个因素内部不同水平间有无差异，以及 A、B 因素间是否存在交互作用（$A\times B$）。

析因设计要求各处理组间在均衡性方面的要求与随机设计一致，各处理组样本含量应尽可能相同，且析因设计包含了各因素不同水平的全部组合试验，因而具有均衡性和全面性。它的最大优点是所获得的信息量很多，可以准确地估计各因素的主效应及各因素间的交互作用，通过各因素各水平组合的比较找出最佳组合。其最大的缺点是所需要的试验次数多，因此耗费的人力、物力和时间也较多，当所考察的试验因素和水平较多时，研究者很难承受。

八、正交设计

在多因素试验中，随着试验因素和水平数的增加，处理组合数急剧增加。要全面实施这么庞大的试验是相当困难的。因而，D. J. Finney 倡议了部分试验法。而后日本学者田口玄一倡导利用正交表设计部分试验，称为正交试验。

正交设计（orthogonal design）是利用正交表（orthogonal table），在全部试验处理组合中，挑选部分有代表性的水平组合（处理组合）进行试验。通过部分实施了解全面试验情况，从中找出较优的处理组合。这样可以大大节省人、财、物和时间，使一些难以实施的多因素试验得以实施。

正交表是按正交性排列好的用于安排多因素试验的表格，是正交设计的基本工具。正交表常以 L_n（m^k）表示，L 表示正交表，L 右下角的 n 表示正交表的行数，也就是试验的次数；括号内 m 表示因素的水平数，m 右上方指数 k 表示正交表的列数，是最多可以安排因素（包括互作）的个数。

在正交设计中，安排试验、分析结果均在正交表上进行。常用的正交表，已由数学工作者制订出来（附表 15），试验时只要根据试验条件直接套用就行了，不需要另行编制。例如，要进行一个 4 因素 3 水平的多因素试验，如果全面实施则需要 $3^4=81$ 个处理组合，在试验中因规模太大而难以实施。但是，如果采用一张 L_9（3^4）的正交表安排试验，则只要 9 个处理组合就够了。

正交表的列之间具有正交性，正交性具体表现在两个方面：①均匀分散性，即正交表的每一列中，不同数字（各种水平）出现的次数相等。例如，L_9（3^4）中，每一列中，有 1、2、3 三个不同数字，它们在每列中各出现 3 次；②整齐可比性，即正交表任意两列中，“有序数对”出现次数相等。

正交表有等水平正交表和混合正交表两种类型。等水平正交表是指试验因素均相等的正交表，如 L_4（2^3）、L_8（2^7）、L_9（3^4）、L_{25}（5^6）。混合正交表是在试验因素的水平不相同时使用的正交表，其代号为 L_n（$m_1^{k_1}\times m_2^{k_2}$），表示正交表有 n 行，有 k_1 列 m_1 水平和 k_2 列 m_2 水平。例如，L_{18}（6×3^6）表示有 1 列 6 水平和 6 列 3 水平一共 18 行的正交表。

九、均匀设计

均匀设计（uniform design）是在正交设计的基础上，不考虑试验数据的整齐可比性，只考虑让数据点在试验范围内均匀分散，将试验实施的次数减少至比正交试验设计更少。它由我国著名数学家方开泰教授和王元教授在 1978 年共同提出，是数论方法中的“伪蒙特卡罗方法”的一个应用。这种单纯地从数据点分布均匀性出发的试验设计方法，称为均匀设计。

对于均匀设计来说，每个因素的每个水平仅做一次试验，因而试验次数与最高水平数相等，当水平数增加时，试验数仅随水平数的增加而增加。例如，某因素的水平数为 8，采用正交设计，至少需要 64 次试验；采用均匀设计，则仅需要 8 次试验，而试验效果基本相同。再如，5 因素 31 水平试验，正交设计需做 961 次试验，采用均匀设计只需做 31 次试验，其效果基本相同。均匀设计的最大特点是试验次数等于因素的最大水平数，而不是平方的关系。

均匀设计和正交设计相似，也是通过一套精心设计的均匀设计表来进行试验设计安排的。均匀设计表（uniform design table）是根据数论在多维数值积分中的应用原理构造而成的，以 U_n（q^s）或 U_n^*（q^s）表示（附表 16）。其中，“U”表示均匀设计，“n”表示要做 n 次试验，“q”表示每个因素有 q 个水平，“s”表示该表有 s 列。U 的右上角加“*”和不加“*”代表两种不同类型的均匀设计表。通常加“*”的均匀设计表有更好的均匀性，应优先选用。当试验数 n 给定时，通常 U_n 表比 U_n^*表能安排更多的因素。故当试验因素数较多，且超过 U_n^*的使用范围时可使用 U_n 表。例如，U_7（7^4）表示要做 7 次试验，每个因素有 7 个水平，该表有 4 列，可安排 4 个因素。

均匀设计表和正交表一样，也有等水平和不等水平两种。每个均匀设计表均有一个附加的使用表（附表 16），它指示我们如何从设计表中选用适当的列，以及由这些列所组成的试验方案的均匀度，表中的偏差（discrepancy，D）表示均匀设计表的均匀度。偏差值越小，表示均匀度越好。

当试验中拟考察的因素很多，因素的水平也较多时，即使采用正交设计，仍感到试验次数太多，此时可以考虑选用均匀设计。均匀设计主要适用于原因变量取值范围大、水平多（一般不少于 5）的场合。对于研究问题为定量因素且各因素及其交互作用的重要性一概不知的大规模试验研究，可通过均匀设计进行因素筛选。当因素和水平的数目缩小后，可以再改用正交设计或析因设计进行详细的试验研究。

第二节　对比设计及其统计分析

一、邻比设计及其统计分析

在田间试验中，邻比法排列的特点是每一个处理均直接排列于对照旁边，使每个处理都能与相邻的对照进行比较，能充分反映出处理的效应。具体进行小区排列时，同一个重复内各处理小区顺序排列；每一个重复内的第一个小区应安排为处理区，第二个小区安排为对照区，以后每隔两个处理小区设置一个对照区，同时必须使每一个重复的最后一个处理区的一侧有对照区；不同重复间常采用阶梯式排列。设置重复时，要注意不同重复间的相同处理不要排列在同一平面试验场所的一条直线上，可采用阶梯式或逆向式排列。

例如，有一小麦品种的田间比较试验，对照品种以 CK 表示，参试的 8 个小麦品种以阿拉伯数字（1、2、3、4、5、6、7、8）表示。采用邻比设计，3 次重复，可以采用图 10-1 的方法进行田间排列。

重复Ⅰ	1	CK	2	3	CK	4	5	CK	6	7	CK	8
重复Ⅱ	3	CK	4	5	CK	6	7	CK	8	1	CK	2
重复Ⅲ	5	CK	6	7	CK	8	1	CK	2	3	CK	4

图 10-1　处理数为 8 的邻比法排列示意图

Ⅰ、Ⅱ、Ⅲ代表重复；1、2、…、8 代表处理；CK 为对照

由图 10-1 可以看出，在邻比设计中，由于处理区与对照区相连接，土壤、气候等环境条件相近，二者相比较时，容易反映出处理与对照之间的真实差异，即使减少重复也能达到应有的精确度。

邻比设计中，如果处理数为偶数，如图 10-1 所示（处理数为 8），每一个重复内的第一个小区常安排为处理区，第二个小区安排为 CK，以后每隔两个处理小区设立一个 CK 区，同时必须使最后一个处理区的一侧有 CK 区，这种排列法可以节省一个对照小区；如果处理数为奇数（图 10-2），在小区排列时，每一个重复开头，无论先排处理区（排列方式Ⅰ）还是先排 CK 区（排列方式Ⅱ），其 CK 小区数均是相同的。图 10-2 是处理数为 7 的邻比法排列示意图。

排列Ⅰ	1	CK	2	3	CK	4	5	CK	6	7	CK
排列Ⅱ	CK	1	2	CK	3	4	CK	5	6	CK	7

图 10-2　处理数为 7 的邻比法排列示意图

Ⅰ、Ⅱ代表重复；1、2、…、7 代表处理；CK 为对照

邻比设计的优点是简单易行，便于观察比较；缺点是对照小区太多，一般要占试验地空间面积的 1/3。因此，采用邻比设计通常要求处理数为 10 以内，或者进行简单对比试验时可采用此法。

例 10-1　某育种站进行水稻品系比较试验，参试 6 个品系，另外设一个对照品种（CK），采用邻比法设计，重复 3 次，田间小区分布如图 10-3 所示。水稻成熟后，进行小区产量（$kg/6m^2$）测定，结果列于图 10-3 各小区内。试分析品种间的产量差异。

Ⅰ	1（19）	CK（18）	2（18）	3（14）	CK（15）	4（17）	5（18）	CK（16）	6（17）
Ⅱ	3（15）	CK（16）	4（18）	5（17）	CK（15）	6（16）	1（16）	CK（17）	2（18）
Ⅲ	5（18）	CK（17）	6（17）	1（19）	CK（16）	2（17）	3（16）	CK（16）	4（17）

图 10-3　6 个水稻品系邻比设计田间分布图及各小区产量（$kg/6m^2$）

此例为单因素试验，参试的 6 个品系可以看作 6 个处理。由于邻比设计中各小区处理为顺序排列，未体现试验设计的随机原则，不能正确地估计出无偏的试验误差，其试验结果不能采用方差分析的方法进行显著性检验，其数据分析常采用百分数法。

（1）将各品系在不同重复中的小区产量相加，得到各品系及相邻 CK 产量总和 T_i 及平均数 $\bar{x}_i$。

（2）计算各品系的相对生产力（relative productive power），即该品系产量对邻近 CK 产量的百分数。

$$\text{对相邻CK的百分数}=\frac{\text{某处理总和}}{\text{邻近CK总和}}\times 100\%=\frac{\text{某处理平均值}}{\text{邻近CK平均值}}\times 100\% \tag{10-1}$$

例如，品系 1 对邻近 CK 的百分数$=\frac{54}{51}\times 100\%=105.88\%$，其余品系皆类推，计算结果列于表 10-1。

表 10-1　水稻品系比较试验（邻比法）产量分析表

品系	各重复小区产量（$kg/6m^2$）			T_i	$\bar{x}_i$	对邻近 CK 的百分数（%）
	Ⅰ	Ⅱ	Ⅲ			
1	19	16	19	54	18.00	105.88
CK_1	18	17	16	51	17.00	100.00
2	18	18	17	53	17.67	103.92
3	14	15	16	45	15.00	95.74
CK_2	15	16	16	47	15.67	100.00
4	17	18	17	52	17.33	110.64
5	18	17	18	53	17.67	110.42
CK_3	16	15	17	48	16.00	100.00
6	17	16	17	50	16.67	104.17

（3）进行推断：对产量数据而言，对邻近 CK 的百分数（相对生产力）如果大于 100%，其百分数越高，就越可能优于对照品种。但也不能认为超过 100% 的所有品种都是显著优于对照的，这是因为将品种与相邻 CK 相比只是减少了误差，而实际上误差仍然存在。一般试

验很难察觉处理间差异在 5% 以下的显著性，因此，对于对比设计的试验结果，要判断某品种生产力的好坏，其相对生产力一般至少应超过 CK 10%。相对生产力仅超过对照 CK 5%左右的品种，均需要继续试验再进行推断。当然，由于不同试验的误差大小不同，上述标准仅供参考。

本例中，品系 4、品系 5 的产量超过 CK 10%以上，可以认为它们确实优于对照；品系 1 超过 CK 5.88%，尚需进一步试验验证。

二、间比设计及其统计分析

对比设计中，如果试验处理数过多，可采用对照小区数相对较少的间比设计。间比设计是在一个重复内排列的第一小区和末尾小区一定是 CK 区，中间每隔相同数目的若干处理小区（通常是 4～9 个）设置一个 CK 区；通常设置重复 2～4 个，每个重复可排成一排或多排。当重复排成多排时，多采用逆向式排列。

图 10-4 为 8 个处理、重复 4 次的间比法排列示意图。与邻比设计相比，间比设计试验结果的精度不够高，但在一个试验中可以包括较多的处理。

Ⅰ	CK	1	2	3	4	CK	5	6	7	8	CK
Ⅱ	CK	8	7	6	5	CK	4	3	2	1	CK
Ⅲ	CK	4	3	2	1	CK	8	7	6	5	CK
Ⅳ	CK	5	6	7	8	CK	1	2	3	4	CK

图 10-4　处理数为 8 的间比法排列示意图

Ⅰ、Ⅱ、Ⅲ、Ⅳ代表重复；1、2、…、8 代表处理；CK 为对照

与邻比设计一样，间比设计中各小区处理也是顺序排列，不能正确地估计试验误差，其试验结果的统计分析一般也采用百分数法。

例 10-2　有 8 个双孢菇品系的鉴定试验，另加一标准品种 CK，采用间比设计，4 次重复，小区计产面积 $2m^2$，每隔 4 个品系设一个 CK，其菇床排列如图 10-4 如示。所得小区产量（kg）整理后列于表 10-2，试进行双孢菇小区产量的统计分析。

表 10-2　双孢菇品系鉴定试验（间比法）产量分析表

品系	各重复小区产量（$kg/2m^2$）				T_i	$\bar{x}_i$	$\overline{CK}$	对 $\overline{CK}$（%）	排序
	Ⅰ	Ⅱ	Ⅲ	Ⅳ					
CK_1	25.3	24.9	24.4	27.0	101.6	25.40			
1	24.3	25.0	25.4	25.1	99.8	24.95	24.0	103.96	4
2	26.2	26.1	26.8	26.3	105.4	26.35	24.0	109.79	2
3	22.1	21.0	22.5	22.2	87.8	21.95	24.0	91.46	7
4	24.7	24.3	21.6	23.6	94.2	23.55	24.0	98.13	5

续表

品系	各重复小区产量（kg/2m^2）				T_i	$\overline{x}_i$	$\overline{\text{CK}}$	对 $\overline{\text{CK}}$（%）	排序
	Ⅰ	Ⅱ	Ⅲ	Ⅳ					
CK_2	23.6	22.3	21.4	23.1	90.4	22.60			
5	26.6	22.7	25.7	25.2	100.2	25.05	23.1	108.44	3
6	20.0	21.2	21.0	20.2	82.4	20.60	23.1	89.18	8
7	25.9	25.8	26.0	27.9	105.6	26.40	23.1	114.29	1
8	24.3	22.5	21.1	22.7	90.6	22.65	23.1	98.05	6
CK_3	24.8	24.4	22.6	22.6	94.4	23.60			

根据表 10-2 试验数据，按照间比设计统计分析方法计算出各品系与对照比较的百分数。

首先，计算各品系及对照的总和 T_i 与平均数 $\overline{x}_i$。

其次，计算各品系的理论对照标准 $\overline{\text{CK}}$。理论对照标准 $\overline{\text{CK}}$ 为前后两个对照产量的平均数，即品系 1、2、3、4 的理论对照标准：

$$\overline{\text{CK}}=\frac{1}{2}(\text{CK}_1+\text{CK}_2)=\frac{1}{2}(25.40+22.60)=24.00$$

品系 5、6、7、8 的理论对照标准：

$$\overline{\text{CK}}=\frac{1}{2}(\text{CK}_2+\text{CK}_3)=\frac{1}{2}(22.60+23.60)=23.10$$

第三，计算各品系的相对生产力，即各品系产量对其理论对照标准产量 $\overline{\text{CK}}$ 的百分数。例如，品系 1 对理论对照标准 $\overline{\text{CK}}$ 的产量百分数为 24.95/24.00×100%＝103.96%。类似地，可以计算出其他品系对理论对照标准 $\overline{\text{CK}}$ 的产量百分数。

第四，进行排序。根据各品系对理论对照标准 $\overline{\text{CK}}$ 的产量百分数，按从大到小顺序排序，依次为品系 7 为第 1 位，品系 2 为第 2 位，…，品系 6 为第 8 位。

最后，得出试验结论。相对生产力超过对照 10%的有 1 个品系，为品系 7，达到 14.29%；相对生产力超过对照 5%～10%的有 3 个品系，分别为品系 2、品系 5 和品系 1。

三、配对设计及其统计分析

配对试验设计中，以影响研究结果的主要非研究因素作为配对条件，做到“对子间可不一致，对子内尽可能一致”。采用配对设计方法适用以下几种情形：①配对的两个受试对象分别接受两种不同的处理；②同一受试对象接受两种不同的处理；③同一受试对象处理前后的结果进行比较（自身配对）；④同一受试对象的两个部位给予不同的处理。例如，动物试验中以种属、品系、窝别、性别相同，年龄、体重相近进行配对；临床试验中以性别相同，年龄、职业、生活工作条件、病情等相同或相近进行配对。某些医学试验研究中的自身对照也可看作配对设计，如某指标治疗前后的比较（平行样本），同一受试对象不同部位、不同器官的比较，同一标本不同检测方法的比较。

配对试验设计方法简单，通过配对降低了非研究因素对试验指标的影响。由于同一对子内两个个体间的试验条件接近，而不同对子间的差异可通过统计处理进行计算，控制了试验误差，提高了试验的精确性。但配对试验设计仅适用于 2 个处理的试验，具有一定的局限性。

配对试验设计，一般要求其差值为正态总体。如果是数值变量数据，常用分析方法为成对数据 t 检验、配对设计的 Wilcoxon 符号秩和检验；如果是分类变量数据，常用配对 2×2 列联表 χ^2 检验。以上分别在第 4 章、第 5 章、第 6 章做了介绍，此处不再赘述。

第三节　随机区组设计及其统计分析

随机区组设计是通过对存在单向变异的非试验条件设置区组、进行局部控制的试验设计方法，它能有效降低试验误差，提高试验精度。本节主要介绍单因素随机区组设计、二因素随机区组设计及其试验数据的统计分析。

一、单因素随机区组设计及其统计分析

（一）单因素随机区组设计

单因素随机区组设计（randomized block design of one-factor）只考虑一个处理因素，将受试对象分成若干区组，每个区组内随机安排各个处理。

以田间试验为例，田间土壤常表现为邻近区域土壤肥力相近的特点，如果试验处理数或重复数较多，试验田面积相应增大，土壤差异也要随之增大。如果不同处理的各个重复小区进行完全随机安排，则由于土壤肥力差异增大，即使增加试验重复数，也不能最有效地降低误差。为了克服这种现象，研究中可将整块试验田按照与土壤肥力变化趋势垂直的方向设置与重复数相同的区组，每一个区组内再按处理数目划分成小区，一个小区安排一个处理。因此每一个区组内（同一个重复）的不同处理间土壤差异较小，不同区组（重复）间土壤差异较大，而区组间的差异则可以运用适当的统计方法予以分解，此时能影响试验误差的主要是区组内不同小区间非常小的土壤差异，从而有效减小试验误差，提高试验精度。随机区组设计排列如图 10-5 所示。

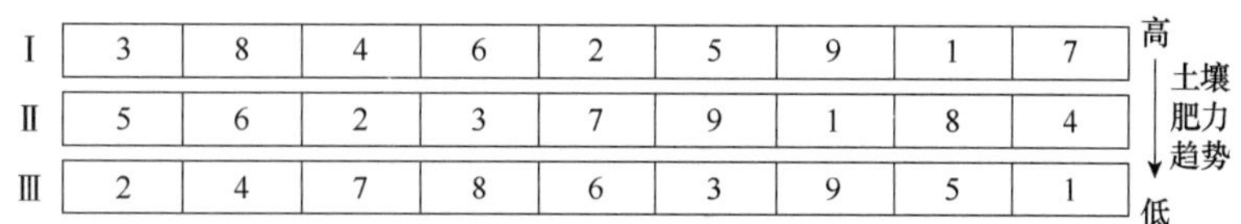

图 10-5　9 个处理 3 次重复随机区组试验排列示意图

Ⅰ、Ⅱ、Ⅲ表示区组；1、2、…、9 表示处理

随机区组设计在动物试验上也称为窝组设计（fossa design），这是因为同窝组动物来源相同，不同窝组动物差异较大，所以常以窝组为单位安排试验。在同一个窝组（区组）内各试验动物的安排是随机的。

对于完全区组来说，由于每个处理在每个区组内都做了一次试验，有几个区组，处理就做了几次试验，因此，处理的重复次数＝区组数。

（二）单因素随机区组试验数据的线性模型与统计分析

在单因素随机区组设计中，设试验有 k 个处理、n 个区组，整个试验共有 nk 个观测值，每一观测值 x_{ij} 的线性模型为

$$x_{ij}=\mu+\alpha_i+\beta_j+\varepsilon_{ij} \tag{10-2}$$

式中，μ 为总体平均值；α_i 为处理效应（$i=1，2，\cdots，k$）；β_j 为区组效应（$j=1，2，\cdots，n$）；ε_{ij} 为随机误差，来自总体 $N(0，\sigma^2)$。

根据式（10-2），对试验数据进行方差分析时，总平方和与总自由度均可分解为区组、处理和误差的相应部分，即

$$\begin{cases}\text{总平方和 } SS_T=SS_r+SS_t+SS_e\\ \text{总自由度 } df_T=df_r+df_t+df_e\end{cases} \tag{10-3}$$

式中，T 为总和；r 为区组；t 为处理；e 为随机误差。

各部分平方和计算如下：

$$\begin{cases}\text{矫正数} C=\dfrac{T^2}{nk}\\ \text{总平方和} SS_T=\sum_{i=1}^{k}\sum_{j=1}^{n}(x_{ij}-\overline{x})^2=\sum_{1}^{nk}x^2-C\\ \text{区组平方和} SS_r=k\sum_{j=1}^{n}(\overline{x}_r-\overline{x})^2=\dfrac{\sum_{j=1}^{n}T_r^2}{k}-C\\ \text{处理平方和} SS_t=n\sum_{i=1}^{k}(\overline{x}_t-\overline{x})^2=\dfrac{\sum_{i=1}^{k}T_t^2}{n}-C\\ \text{误差平方和} SS_e=\sum_{i=1}^{k}\sum_{j=1}^{n}(x_{ij}-\overline{x}_r-\overline{x}_t+\overline{x})^2=SS_T-SS_r-SS_t\end{cases} \tag{10-4}$$

各部分自由度计算如下：

$$\begin{cases}\text{总自由度 } df_T=nk-1\\ \text{区组自由度 } df_r=n-1\\ \text{处理自由度 } df_t=k-1\\ \text{误差自由度 } df_e=df_T-df_t-df_r=(n-1)(k-1)\end{cases} \tag{10-5}$$

例 10-3　有一个小麦品系比较试验，共有 8 个品种（以 A、B、C、D、E、F、G、H 作为品种代号，其中 A 为标准品种）。试验采用随机区组设计，设置 3 次重复，田间排列及小区计产（kg/40m^2）结果如图 10-6 所示。试采用方差分析的方法对试验数据进行分析。

区组Ⅰ	*B* 10.8	*F* 10.1	*A* 10.9	*E* 11.8	*H* 9.3	*G* 10.0	*C* 11.1	*D* 9.1
区组Ⅱ	*C* 12.5	*E* 13.9	*G* 11.5	*H* 10.4	*B* 12.3	*A* 9.1	*D* 10.7	*F* 10.6
区组Ⅲ	*A* 12.2	*C* 10.5	*E* 16.8	*G* 14.1	*D* 10.1	*H* 14.4	*F* 11.8	*B* 14.0

图 10-6　小麦品系比较试验田间排列和产量结果

（1）原始资料的整理。将小区产量结果整理成区组和处理两向表（表 10-3），分别计算各处理总和 T_t 及平均数 $\bar{x}_t$、各区组总和 T_r 和全试验总和 T。

表 10-3　小麦品系比较试验（随机区组设计）的产量结果（kg/40m²）

品种	区组			T_t	$\bar{x}_t$
	Ⅰ	Ⅱ	Ⅲ		
A	10.9	9.1	12.2	32.2	10.7
B	10.8	12.3	14.0	37.1	12.4
C	11.1	12.5	10.5	34.1	11.4
D	9.1	10.7	10.1	29.9	10.0
E	11.8	13.9	16.8	42.5	14.2
F	10.1	10.6	11.8	32.5	10.8
G	10.0	11.5	14.1	35.6	11.9
H	9.3	10.4	14.4	34.1	11.4
T_r	83.1	91.0	103.9	T=278.0	

（2）平方和分解。

$$C=\frac{T^2}{nk}=\frac{278.0^2}{3\times 8}=3220.17$$

$$SS_T=\sum_1^{nk}x^2-C=(10.9^2+9.1^2+\cdots+14.4^2)-3220.17=84.61$$

$$SS_r=\frac{\sum_1^{n}T_r^2}{k}-C=\frac{83.1^2+91.0^2+103.9^2}{8}-3220.17=27.56$$

$$SS_t=\frac{\sum_1^{k}T_t^2}{n}-C=\frac{32.2^2+37.1^2+\cdots+34.1^2}{3}-3220.17=34.08$$

$$SS_e=SS_T-SS_r-SS_t=84.61-27.56-34.08=22.97$$

（3）自由度分解。

$$df_T=nk-1=3\times 8-1=23$$

$$df_r=n-1=3-1=2$$

$$df_t=k-1=8-1=7$$

$$df_e=(n-1)(k-1)=(3-1)\times(8-1)=14$$

（4）列方差分析表进行 F 检验。由表 10-4 可知，品种间的 F 值达显著水平，区组间的 F 值达极显著水平。

表 10-4　表 10-3 数据的方差分析

变异来源	df	SS	s^2	F	$F_{0.05}$	$F_{0.01}$
区组间	2	27.56	13.78	8.40**	3.74	6.51
品种间	7	34.08	4.87	2.97*	2.76	4.28
误差	14	22.97	1.64			
总变异	23	84.61				

随机区组试验中，设置区组和估算区组间变异的目的，是为了在判断试验因素对试验结果的影响中排除不同条件的干扰，提高试验精度。区组之间的差异有多大，试验者一般并不关心。本例中，区组间的 F 值极显著，说明本试验中区组作为局部控制手段，对减少误差是相当有效的。

（5）多重比较。本例中，区组间差异极显著，由于一般试验的目的不是研究区组效应，所以可不必进行区组间的多重比较。品种间差异显著，因试验设有对照（标准品种 A），故采用 LSD 法进行多重比较。

计算平均数差数标准误：

$$s_{\bar{x}_1-\bar{x}_2}=\sqrt{\frac{2s_e^2}{n}}=\sqrt{\frac{2\times1.64}{3}}=1.05\text{（kg/40m}^2\text{）}$$

误差自由度 $df=14$ 时，$t_{0.05(14)}=2.145$、$t_{0.01(14)}=2.977$，计算 LSD_α 值：

$$LSD_{0.05}=2.145\times1.05=2.252\text{（kg/40m}^2\text{）}$$

$$LSD_{0.01}=2.977\times1.05=3.126\text{（kg/40m}^2\text{）}$$

各品种与对照相比较的差异显著性见表 10-5。

表 10-5　各品种与 CK 比较的差异显著性结果（*LSD* 法）

品种	$\bar{x}_t$（kg/40m²）	与 CK 差值及显著性	品种	$\bar{x}_t$（kg/40m²）	与 CK 差值及显著性
E	14.2	3.5**	C	11.4	0.7
B	12.4	1.7	F	10.8	0.1
G	11.9	1.2	D	10.0	−0.7
H	11.4	0.7	A（CK）	10.7	

例 10-3 试验数据按完全随机设计的方差分析及其与随机区组设计的比较

结果表明：除品种 E 与对照 A 产量有极显著差异外，其他品种与对照均无显著差异。

二、二因素随机区组设计及其统计分析

二因素随机区组设计（randomized block design of two-factors）试验包含两个因素（以 A、B 表示），设 A 因素有 a 个水平，B 因素有 b 个水平，区组数为 n。试验中两因素各水平组成 ab 个处理组合。由于二因素随机区组设计是完全区组，这样就可以参照图 10-5，在每个区组内随机安排全部 ab 个处理组合。

二因素随机区组设计全部试验共有 abn 个观测值，每一观测值 x_{ijk} 的线性模型为

$$x_{ijk}=\mu+\alpha_i+\beta_j+(\alpha\beta)_{ij}+\gamma_k+\varepsilon_{ijk} \tag{10-6}$$

式中，μ 为总体平均数；α_i 为 A 因素主效（$i=1, 2, \cdots, a$）；β_j 为 B 因素主效（$j=1, 2, \cdots, b$）；$(\alpha\beta)_{ij}$ 为 AB 交互作用效应；γ_k 为区组效应（$k=1, 2, \cdots, n$）；ε_{ijk} 为随机误差，服从 $N(0, \sigma^2)$ 分布。

二因素随机区组试验的处理效应可进一步分解为 A 因素、B 因素和 AB 互作三部分效应，即处理平方和 $SS_t=SS_A+SS_B+SS_{AB}$，处理自由度 $df_t=df_A+df_B+df_{AB}$。因此，二因素随机区组

试验数据相应的平方和与自由度可分解为

$$\begin{cases} SS_T = SS_r + SS_A + SS_B + SS_{AB} + SS_e \\ df_T = df_r + df_A + df_B + df_{AB} + df_e \end{cases} \tag{10-7}$$

式中，T 为总和；r 为区组；e 为随机误差；A 为 A 因素；B 为 B 因素；AB 为两因素互作。

各部分平方和可由下列各式计算：

$$\begin{cases} C = \dfrac{\left(\sum x\right)^2}{abn} = \dfrac{T^2}{abn} \\ SS_T = \sum\limits_1^{abn}(x - \bar{x})^2 = \sum\limits_1^{abn} x^2 - C \\ SS_r = ab\sum\limits_1^{n}(\bar{x}_r - \bar{x})^2 = \dfrac{\sum\limits_1^{n} T_r^2}{ab} - C \\ SS_t = n\sum\limits_1^{ab}(\bar{x}_{ij} - \bar{x})^2 = \dfrac{\sum\limits_1^{ab} T_{AB}^2}{n} - C \\ SS_A = bn\sum\limits_1^{a}(\bar{x}_i - \bar{x})^2 = \dfrac{\sum\limits_1^{a} T_A^2}{bn} - C \\ SS_B = an\sum\limits_1^{b}(\bar{x}_j - \bar{x})^2 = \dfrac{\sum\limits_1^{b} T_B^2}{an} - C \\ SS_{AB} = n\sum\limits_1^{ab}(\bar{x}_{ij} - \bar{x}_i - \bar{x}_j + \bar{x})^2 = SS_t - SS_A - SS_B \\ SS_e = \sum\limits_1^{abn}(x - \bar{x}_r - \bar{x}_{ij} + \bar{x})^2 = SS_T - SS_r - SS_t \end{cases} \tag{10-8}$$

各部分自由度的计算公式如下：

$$\begin{cases} df_T = abn - 1 \\ df_r = n - 1 \\ df_t = ab - 1 \\ df_A = a - 1 \\ df_B = b - 1 \\ df_{AB} = (a-1)(b-1) \\ df_e = (ab-1)(n-1) \end{cases} \tag{10-9}$$

例 10-4　为探讨橡胶树品系与栽培密度对年产干胶量的影响，现设计了一个 2 因素 4 次重复的随机区组试验，其中参试品系（A 因素）有 2 个品系，栽培密度（B 因素）有 3 种方式（表 10-6）。产量（kg/667m^2）数据列于表 10-7，试对该试验数据进行方差分析。

表 10-6　橡胶品系及栽培密度对年产干胶量影响试验方案

品系（A）	栽培密度（B）		
	B_1（3m×6m）	B_2（4m×6m）	B_3（3.5m×6m）
A_1	A_1B_1	A_1B_2	A_1B_3
A_2	A_2B_1	A_2B_2	A_2B_3

表 10-7　不同处理的橡胶产量（kg/667m²）

处理	区组				T_{AB}
	Ⅰ	Ⅱ	Ⅲ	Ⅳ	
A_1B_1	56	45	43	46	190
A_2B_1	65	61	60	63	249
A_1B_2	60	50	45	48	203
A_2B_2	60	58	56	60	234
A_1B_3	66	57	50	50	223
A_2B_3	53	53	48	55	209
T_r	360	324	302	322	T=1308

（1）数据整理。按处理和区组将数据整理成两向分组表（表 10-7），在表 10-7 中计算出处理总和 T_{AB}、区组总和 T_r 和全试验总和 T。按品系和栽培密度将数据整理成两向表（表 10-8），在表 10-8 中计算出 A 因素（品系）各水平总和 T_A 和 B 因素（栽培密度）各水平总和 T_B。

表 10-8　橡胶产量数据按品系和栽培密度的两向表

品系（A）	栽培密度（B）			T_A
	B_1（3m×6m）	B_2（4m×6m）	B_3（3.5m×6m）	
A_1	190	203	223	616
A_2	249	234	209	692
T_B	439	437	432	T=1308

（2）平方和与自由度的分解。

$$C=\frac{T^2}{abn}=\frac{1308^2}{2\times3\times4}=71286$$

$$SS_T=\sum x^2-C=56^2+45^2+\cdots+55^2-71286=1036$$

$$SS_r=\frac{\sum T_r^2}{ab}-C=\frac{360^2+324^2+302^2+322^2}{2\times3}-71286=291.33$$

$$SS_t=\frac{\sum T_{AB}^2}{n}-C=\frac{190^2+249^2+\cdots+209^2}{4}-71286=583$$

$$SS_A=\frac{\sum T_A^2}{bn}-C=\frac{616^2+692^2}{3\times4}-71286=240.67$$

$$SS_B=\frac{\sum T_B^2}{an}-C=\frac{439^2+437^2+432^2}{2\times4}-71286=3.25$$

$$SS_{AB}=SS_t-SS_A-SS_B=583-240.67-3.25=339.08$$

$$SS_e=SS_T-SS_r-SS_t=1036-291.33-583=161.67$$

$$df_T=abn-1=2\times3\times4-1=23$$

$$df_r=n-1=4-1=3$$

$$df_t=ab-1=2\times3-1=5$$

$$df_A=a-1=2-1=1$$

$$df_B=b-1=3-1=2$$

$$df_{AB}=(a-1)(b-1)=(2-1)\times(3-1)=2$$

$$df_e=(ab-1)(n-1)=(2\times3-1)\times(4-1)=15$$

（3）列方差分析表，进行 F 检验。将上述计算结果列入表 10-9。

表 10-9　橡胶产量的方差分析表

变异来源	df	SS	s^2	F	$F_{0.05}$	$F_{0.01}$
区组间	3	291.33	97.11	9.01**	3.29	5.42
品系（A）	1	240.67	240.67	22.33**	4.54	8.68
栽培密度（B）	2	3.25	1.63	＜1	3.68	6.36
$A\times B$	2	339.08	169.54	15.73**	3.68	6.36
误差	15	161.67	10.78			
总变异	23	1036				

按固定模型分析，除栽培密度差异未达显著外，区组间、品系间、品系×栽培密度的互作差异均达极显著水平，因而需进行多重比较。

（4）多重比较。随机区组试验中，区组间的显著性不是统计分析的目的，故区组间的比较可免去；对于品系，只有两个水平，不必进行多重比较，因 $T_{A_2}=692$ 大于 $T_{A_1}=616$，故品系 A_2 极显著优于品系 A_1。因此只需对品系×栽培密度互作进行多重比较，比较不同品系下各栽培密度的橡胶产量。

本例多重比较采用 LSD 法。计算样本平均数差数标准误：

$$s_{\bar{x}_1-\bar{x}_2}=\sqrt{\frac{2s_e^2}{n}}=\sqrt{\frac{2\times10.78}{4}}=2.32\ (\text{kg/667m}^2)$$

当误差自由度 $df_e=15$ 时，$t_{0.05(15)}=2.131$、$t_{0.01(15)}=2.947$，因此：

$$LSD_{0.05}=t_{0.05}\cdot s_{\bar{x}_1-\bar{x}_2}=2.131\times2.32=4.94\ (\text{kg / 667m}^2)$$

$$LSD_{0.01}=t_{0.01}\cdot s_{\bar{x}_1-\bar{x}_2}=2.947\times2.32=6.84\ (\text{kg / 667m}^2)$$

从表 10-10 可以看出，橡胶品系 A_1 以 3.5m×6m 密度的产量最高，显著高于 4m×6m，极显著高于 3m×6m；品系 A_2 以 3m×6m 密度的产量最高，极显著高于 3.5m×6m，4m×6m 的产量显著高于 3.5m×6m。综合来看，以 A_2B_1 和 A_2B_2 效果最好，且二者间无显著差异。从节约成本角度看，则优先选择 A_2B_2，即选择品系 2 且栽培密度为 4m×6m。

表 10-10　不同橡胶品系下栽培密度对产量作用的差异显著性

密度	品系 A_1			密度	品系 A_2		
	平均产量（kg/667m²）	差异显著性			平均产量（kg/667m²）	差异显著性	
		0.05	0.01			0.05	0.01
B_3（3.5m×6m）	55.75	*a*	*A*	B_1（3m×6m）	62.25	*a*	*A*
B_2（4m×6m）	50.75	*b*	*AB*	B_2（4m×6m）	58.50	*a*	*AB*
B_1（3m×6m）	47.50	*b*	*B*	B_3（3.5m×6m）	52.25	*b*	*B*

视频讲解

第四节　拉丁方设计及其统计分析

拉丁方设计，就是在行和列两个方向上都进行局部控制，使行、列两向皆成完全区组或重复，是比随机区组多一个区组的设计，进行处理之间比较时就不会受到行、列区组间变异的影响，易于分析处理效应。

一、拉丁方设计方法

在动物试验中，如要控制来自两个方面的系统误差，且在动物头数较少情况下，常采用拉丁方设计。例如，研究 5 种不同饲料（分别用 *A*、*B*、*C*、*D*、*E* 表示）对乳牛产乳量影响的试验中，乳牛产乳量除受饲料（处理因素）影响外，还与乳牛个体及泌乳期有关。在研究中，我们选择 5 头乳牛（分别以Ⅰ、Ⅱ、Ⅲ、Ⅳ、Ⅴ表示），每头乳牛的泌乳期分为 5 个阶段（分别为 1 月、2 月、3 月、4 月、5 月），随机分配 5 种不同饲料，可采用 5×5 的拉丁方设计（表 10-11）。

表 10-11　饲料类型对乳牛产乳量影响的拉丁方设计

牛号	泌乳期				
	1 月	2 月	3 月	4 月	5 月
Ⅰ	*A*	*B*	*C*	*D*	*E*
Ⅱ	*B*	*A*	*E*	*C*	*D*
Ⅲ	*C*	*D*	*A*	*E*	*B*
Ⅳ	*D*	*E*	*B*	*A*	*C*
Ⅴ	*E*	*C*	*D*	*B*	*A*

下面以此为例说明拉丁方试验设计的方法步骤。

1. 选择标准方　标准拉丁方（standard Latin square）简称标准方，是指代表处理的字母，在第一行和第一列皆为顺序排列的拉丁方。标准方的数目较多。附表 14 列出了 3×3、4×4、5×5、7×7、8×8 的拉丁方，供进行拉丁方试验设计时选用。

拉丁方设计时，首先根据试验的处理数 k 选一个 $k\times k$ 的标准拉丁方。本例中，处理数为 5，需要选一个 5×5 的标准方，如可以选择附表 14 中 5×5 的Ⅳ（表 10-11 所表示的标准方），如图 10-7（1）所示。

2．列随机　用随机数字（如 32145）调整标准方的列顺序。本例中，将第 3 列调至第 1 列，第 1 列调至第 3 列，其余列不动，如图 10-7（2）所示。

3．行随机　用随机数字（如 25431）调整列随机后得到的拉丁方。本例中，将第 2 行调至第 1 行，第 5 行调至第 2 行，第 4 行调至第 3 行，第 3 行调至第 4 行，第 1 行调至第 5 行。如图 10-7（3）所示。

4．处理随机　将处理（饲料）的编号按随机数字（如 51342）的顺序进行随机排列。本例中，5 号＝A、1 号＝B、3 号＝C、4 号＝D、2 号＝E，如图 10-7（4）所示。

（1）选择标准方

（5×5）标准方

	1	2	3	3	5
1	*A*	*B*	*C*	*D*	*E*
2	*B*	*A*	*E*	*C*	*D*
3	*C*	*D*	*A*	*E*	*B*
4	*D*	*E*	*B*	*A*	*C*
5	*E*	*C*	*D*	*B*	*A*

（2）列随机

（按 32145 重排各列）

	3	2	1	4	5
1	*C*	*B*	*A*	*D*	*E*
2	*E*	*A*	*B*	*C*	*D*
3	*A*	*D*	*C*	*E*	*B*
4	*B*	*E*	*D*	*A*	*C*
5	*D*	*C*	*E*	*B*	*A*

（3）行随机

（按 25431 重排各行）

2	*E*	*A*	*B*	*C*	*D*
5	*D*	*C*	*E*	*B*	*A*
4	*B*	*E*	*D*	*A*	*C*
3	*A*	*D*	*C*	*E*	*B*
1	*C*	*B*	*A*	*D*	*E*

（4）处理随机

（按 5＝A，1＝B，3＝C，4＝D，2＝E 排列饲料）

2	5	1	3	4
4	3	2	1	5
1	2	4	5	3
5	4	3	2	1
3	1	5	4	2

图 10-7　拉丁方试验设计的步骤图示

本例中，饲料类型对乳牛产乳量影响的试验，采用拉丁方设计，经上述随机重排后，可得表 10-12 的拉丁方试验设计方案，同时将试验的乳牛产量（kg）结果也列于表 10-12。

表 10-12　5 种饲料类型对乳牛产乳量（kg）影响的拉丁方设计及试验结果

牛号	泌乳期					T_r
	1 月	2 月	3 月	4 月	5 月	
Ⅰ	*E* 300	*A* 320	*B* 390	*C* 390	*D* 380	1780
Ⅱ	*D* 420	*C* 390	*E* 280	*B* 370	*A* 270	1730
Ⅲ	*B* 350	*E* 360	*D* 400	*A* 260	*C* 400	1770
Ⅳ	*A* 280	*D* 400	*C* 390	*E* 280	*B* 370	1720
Ⅴ	*C* 400	*B* 380	*A* 350	*D* 430	*E* 320	1880
T_i	1750	1850	1810	1730	1740	T＝8880

拉丁方设计，行或列区组间的变异越大，拉丁方设计的效果越明显。若某一方向的区组间变异不大，则拉丁方设计的功效不如随机完全区组设计。部分原因是双向区组控制条件比单向区组控制有更小的误差自由度。

二、拉丁方设计试验数据的线性模型及统计分析

拉丁方设计试验数据的线性模型为

$$x_{ij(t)}=\mu+\alpha_i+\beta_j+\gamma_t+\varepsilon_{ij(t)} \tag{10-10}$$

式中，$x_{ij(t)}$代表拉丁方的 i 横行、j 纵列的交叉观测值；t 代表处理；$\varepsilon_{ij(t)}$为随机误差，且服从正态分布 N（0，σ^2）。如果处理与纵列或横行区组有交互作用存在，则交互作用与误差相混杂，不能得到正确的误差估计，难以进行正确的检验。不过，只要非试验因素差异不太大，一般假定不存在互作。

拉丁方试验中行、列皆成区组，根据式（10-10），在试验结果统计分析中比随机区组多一项区组间变异，即总变异可分解为处理间、行区组间、列区组间和试验误差 4 个部分。数据的平方和与自由度分解如下：

总平方和　　$SS_T = SS_{横行} + SS_{纵列} + SS_t + SS_e$

即

$$\sum_1^{k^2}(x-\bar{x})^2 = k\sum_1^k(\bar{x}_r-\bar{x})^2 + k\sum_1^k(\bar{x}_c-\bar{x})^2 + k\sum_1^k(\bar{x}_t-\bar{x})^2 + \sum_1^{k^2}(x-\bar{x}_r-\bar{x}_c-\bar{x}_t+2\bar{x})^2 \tag{10-11}$$

式中，x 为各处理观测值；$\bar{x}_r$ 为行区组平均数；$\bar{x}_c$ 为列区组平均数；$\bar{x}_t$ 为处理平均数；$\bar{x}$ 为全试验平均数。

总自由度　　$df_T = df_{横行} + df_{纵列} + df_t + df_e$

即

$$k^2-1=(k-1)+(k-1)+(k-1)+(k-1)(k-2) \tag{10-12}$$

例 10-5　上述研究 5 种不同饲料（分别用 A、B、C、D、E 表示）对乳牛产乳量影响的 5×5 拉丁方设计，乳牛产乳量见表 10-12。试进行拉丁方设计试验结果的统计分析。

（1）数据整理。将试验资料按横行、纵行排列，并计算总和，整理成表 10-12；饲料处理的总和（T_t）和平均数（$\bar{x}_t$）列于表 10-13。

表 10-13　例 10-5 资料中不同饲料处理的总和和平均数

饲料	5 号（A）	1 号（B）	3 号（C）	4 号（D）	2 号（E）	总和
T_t	1480	1860	1970	2030	1540	8880
$\bar{x}_t$	296	372	394	406	308	

（2）平方和与自由度分解。

矫正数　　$C=\dfrac{T^2}{k\times k}=\dfrac{8880^2}{5\times 5}=3154176$

总平方和　　$SS_T=\sum x^2-C=300^2+320^2+\cdots+320^2-3154176=63224$

纵列（月份）平方和 $SS_c=\dfrac{1}{k}\times\sum T_i^2-C$

$=\dfrac{1}{5}\times(1750^2+1850^2+\cdots+1740^2)-3154176=2144$

横行（乳牛）平方和 $SS_r=\dfrac{1}{k}\times\sum T_r^2-C$

$=\dfrac{1}{5}\times(1780^2+1730^2+\cdots+1880^2)-3154176=3224$

处理（饲料）平方和 $SS_t=\frac{1}{k}\times\sum T_t^2-C$

$$=\frac{1}{5}\times(1480^2+1860^2+\cdots+1540^2)-3154176=50504$$

误差平方和　$SS_e=SS_T-SS_c-SS_r-SS_t=63224-2144-3224-50504=7352$

总自由度　$df_T=5\times5-1=24$

纵列（月份）自由度　$df_c=5-1=4$

横行（乳牛）自由度　$df_r=5-1=4$

处理（饲料）自由度　$df_t=5-1=4$

误差自由度　$df_e=24-4-4-4=12$

（3）列出方差分析表。将上述计算结果列入表 10-14，并计算 F 值。

表 10-14　饲料类型对乳牛产乳量影响的方差分析表

变异来源	df	SS	s^2	F	$F_{0.05}$	$F_{0.01}$
纵列（月份）间	4	2144	536.00			
横行（乳牛）间	4	3224	806.00			
处理（饲料）间	4	50504	12626.00	20.61**	3.26	5.41
误差	12	7352	612.67			
总变异	24	63224				

查附表 5，$F_{0.05(4,\ 12)}=3.26$、$F_{0.01(4,\ 12)}=5.41$，计算所得 $F=20.61>5.41$，即 $P<0.01$，表示 5 种不同的饲料间存在极显著差异。

（4）多重比较：本例采用 q 检验法进行多重比较。

计算平均数误：

$$s_{\bar{x}}=\sqrt{\frac{s_e^2}{k}}=\sqrt{\frac{612.67}{5}}=11.07\ \text{（kg）}$$

当 $df_e=12$ 时，由 q 值表查得 M 为 2、3、4、5 时的 $q_{0.05}$ 和 $q_{0.01}$，并计算得 $LSR_{0.05}$ 和 $LSR_{0.01}$，列于表 10-15。

表 10-15　例 10-5 资料 q 检验的 LSR 值

M	$q_{0.05}$	$q_{0.01}$	$LSR_{0.05}$	$LSR_{0.01}$
2	3.08	4.32	34.096	47.822
3	3.77	5.04	41.734	55.793
4	4.20	5.50	46.494	60.885
5	4.51	5.84	49.926	64.649

以表 10-15 的 LSR 值对各饲料组的乳牛产量进行检验，其差异显著性结果列于表 10-16。

表 10-16　不同饲料的乳牛产乳量多重比较（q 法）

饲料名称	平均产乳量（$\bar{x}_{t_i}$）	差异显著性	
		α=0.05	α=0.01
4 号（D）	406	a	A
3 号（C）	394	a	A
1 号（B）	372	a	A
2 号（E）	308	b	B
5 号（A）	296	b	B

多重比较结果表明，4 号、3 号、1 号饲料与 2 号、5 号饲料之间的差异均达极显著水平。从平均数来看，4 号饲料效果最好，其次是 3 号饲料和 1 号饲料，5 号饲料效果最差。

视频讲解

第五节　裂区设计及其统计分析

一、裂区设计方法

完全随机设计、随机区组设计、拉丁方设计的效率比较

进行裂区设计，首先要根据试验因素的重要性明确因素的主次；然后根据试验的重复数将试验空间划分成与重复数相同的若干区组，在一个区组中，先按主因素的水平数划分出主区，安排主处理；主区内再按副因素的水平数划分出副区，安排副处理。主处理与副处理在小区中的排列可以采用完全随机、随机区组、拉丁方设计。

裂区设计中，每个主处理在每一主区中仅重复一次；副处理在一个区组中重复的次数＝主处理的水平数。

例如，在一个甜菜试验研究中，欲分析绿肥耕翻时期（A 因素）与施用氮肥量（B 因素）对甜菜产量的影响。采用裂区设计，A 因素分为早、晚两个水平（A_1、A_2）置于主区，B 因素为施肥量 4 个水平（B_1、B_2、B_3、B_4）置于副区。主区、副区均采用随机区组设计，主区重复 3 次，田间种植如图 10-8 所示。

Ⅰ								Ⅱ								Ⅲ							
A_1				A_2				A_1				A_2				A_1				A_2			
B_4	B_3	B_1	B_2	B_2	B_4	B_1	B_3	B_1	B_4	B_3	B_2	B_3	B_1	B_4	B_2	B_4	B_1	B_2	B_3	B_3	B_4	B_2	B_1

图 10-8　甜菜绿肥耕翻时期与氮肥施用量裂区试验设计田间种植图

二、裂区设计试验数据的线性模型与统计分析

在裂区试验中，设有 A 和 B 两个试验因素，A 因素为主处理，具 a 个水平；B 因素为副处理，具 b 个水平；区组数为 n，试验共有 abn 个观测值。其任一观测值 x_{ijk} 的线性模型为

$$x_{ijk}=\mu+\gamma_k+\alpha_i+\delta_{ik}+\beta_j+(\alpha\beta)_{ij}+\varepsilon_{ijk} \tag{10-13}$$

式中，μ 为总体平均数；γ_k 为区组效应（$k=1, 2, \cdots, n$）；α_i 为主处理（A 因素）效应（$i=1, 2, \cdots, a$）；β_j 为副处理（B 因素）效应（$j=1, 2, \cdots, b$）；$(\alpha\beta)_{ij}$ 为 $A\times B$ 互作效应；δ_{ik} 和 ε_{ijk} 分别为主区误差（error of main plot）和副区误差（error of secondary plot），并分别服从 $N(0, \sigma_a^2)$ 和 $N(0, \sigma_b^2)$。

根据式（10-13），裂区设计数据的平方和与自由度可分解为

$$\begin{cases} SS_T=SS_r+SS_A+SS_{e_a}+SS_B+SS_{AB}+SS_{e_b} \\ df_T=df_r+df_A+df_{e_a}+df_B+df_{AB}+df_{e_b} \end{cases} \tag{10-14}$$

其中，

$$\begin{cases} SS_m+SS_s=SS_T \\ SS_A+SS_B+SS_{AB}=SS_t \\ SS_A+SS_r+SS_{e_a}=SS_m \\ SS_B+SS_{AB}+SS_{e_b}=SS_s \\ SS_{e_a}+SS_{e_b}=SS_e \\ df_m+df_s=df_T \\ df_A+df_B+df_{AB}=df_t \\ df_A+df_r+df_{e_a}=df_m \\ df_B+df_{AB}+df_{e_b}=df_s \\ df_{e_a}+df_{e_b}=df_e \end{cases} \tag{10-15}$$

式（10-14）和式（10-15）中，T 为总和；r 为区组；t 为处理；m 为主处理；s 为副处理；A 为 A 因素；B 为 B 因素；AB 为两因素互作；e 为试验误差；e_a 为主区误差（误差 a）；e_b 为副区误差（误差 b）。

各部分平方和计算公式如下。

主区部分：

$$\begin{cases} \text{矫正数} & C=\dfrac{T^2}{abn} \\ \text{总平方和} & SS_T=\sum x^2-C \\ \text{主区平方和} & SS_m=\dfrac{1}{b}\sum T_m^2-C \\ A\text{因素平方和} & SS_A=\dfrac{1}{bn}\sum T_A^2-C \\ \text{区组平方和} & SS_r=\dfrac{1}{ab}\sum T_r^2-C \\ \text{主区误差平方和} & SS_{e_a}=SS_m-SS_A-SS_r \end{cases} \tag{10-16}$$

副区部分：

$$\begin{cases} 处理间平方和 & SS_t=\frac{1}{n}\sum T_t^2-C \\ 副区平方和 & SS_s=\sum x^2-\frac{1}{b}\sum T_m^2=SS_T-SS_m \\ B因素平方和 & SS_B=\frac{1}{an}\sum T_B^2-C \\ A\times B平方和 & SS_{AB}=SS_t-SS_A-SS_B \\ 副区误差平方和 & SS_{e_b}=SS_T-SS_A-SS_{e_a}-SS_B-SS_{AB} \\ & \quad =SS_T-SS_r-SS_t-SS_{e_a} \end{cases} \tag{10-17}$$

裂区设计各项变异来源和相应的自由度见表 10-17。

表 10-17　二裂式裂区试验设计自由度的分解

变异来源		df
主区部分	区组	$n-1$
	A	$a-1$
	误差（e_a）	$(a-1)(n-1)$
	主区变异	$an-1$
副区部分	处理	$ab-1$
	B	$b-1$
	$A\times B$	$(a-1)(b-1)$
	误差（e_b）	$a(b-1)(n-1)$
	副区变异	$an(b-1)$
总变异		$abn-1$

由表 10-17 可见，二裂式裂区设计和二因素随机区组设计在分析上的不同，仅在于前者有主区部分和副区部分，因而有主区误差和副区误差，分别用于检验主区处理和副区处理及主、副处理互作的显著性。由式（10-14）～式（10-17）可知，df_e、SS_e 分别为随机区组设计误差项的自由度和平方和，df_{e_a}、df_{e_b} 分别为裂区设计误差 e_a 和误差 e_b 的自由度，SS_{e_a}、SS_{e_b} 分别为误差 e_a 和误差 e_b 的平方和。而其余各项变异来源的自由度和平方和皆与随机区组设计相同。由此说明，裂区试验设计和二因素随机区组试验设计在变异来源上的区别为前者有误差项的再分解。这是由裂区设计的每一个主区都包括一套副处理的特点决定的。

具体计算时，裂区试验需以副区为基本单位。另外，在多重比较时，还需注意裂区试验中有以下 4 类平均数差数标准误的比较，其标准误的计算也各不相同。现以 *LSD* 法为例进行说明。

（1）主区因子两水平平均数差数标准误 $s_{\bar{a}_1-\bar{a}_2}$ 为

$$s_{\bar{a}_1-\bar{a}_2}=\sqrt{\frac{2s_{e_a}^2}{bn}} \tag{10-18}$$

（2）副区因子两水平平均数差数标准误 $s_{\bar{b}_1-\bar{b}_2}$ 为

$$s_{\bar{b}_1-\bar{b}_2}=\sqrt{\frac{2s_{e_b}^2}{an}} \tag{10-19}$$

（3）同一主区因子水平的两个副区因子水平平均数差数标准误 $s_{\overline{a_ib_1}-\overline{a_ib_2}}$ 为

$$s_{\overline{a_ib_1}-\overline{a_ib_2}}=\sqrt{\frac{2s_{e_b}^2}{n}} \tag{10-20}$$

（4）同一副区因子水平的两个主区因子水平平均数差数标准误 $s_{\overline{a_1b_j}-\overline{a_2b_j}}$ 为

$$s_{\overline{a_1b_j}-\overline{a_2b_j}}=\sqrt{\frac{2(b-1)\ s_{e_b}^2+s_{e_a}^2}{bn}} \tag{10-21}$$

前 3 种情况下 t 检验的方法为 $t=\dfrac{\bar{x}_1-\bar{x}_2}{s_{\bar{x}_1-\bar{x}_2}}$，最后一种比较包括 $s_{e_a}^2$ 和 $s_{e_b}^2$ 两种误差，因为这两种误差并不相等，需采取加权方法来计算。因此进行 t 检验时也应对 df_{e_a} 下的 t 值 t_a 与 df_{e_b} 下的 t 值 t_b 加权，于是有

$$t=\frac{(b-1)\,s_{e_b}^2t_b+s_{e_a}^2t_a}{(b-1)\,s_{e_b}^2+s_{e_a}^2} \tag{10-22}$$

下面以具体实例对裂区设计试验数据的统计分析进行介绍。

例 10-6　前述图 10-8 开展的甜菜绿肥耕翻时期（A 因素）与氮肥施用量（B 因素）对甜菜产量影响的裂区试验设计中，小区产量（kg）数据列于表 10-18。试对该数据进行方差分析。

表 10-18　甜菜绿肥耕翻时期与氮肥施用量裂区试验区组和处理两向表

主区因子（A）	副区因子（B）	区组			T_t	$\bar{x}_t$
		Ⅰ	Ⅱ	Ⅲ		
A_1	B_1	13.8	13.5	13.2	40.5	13.5
	B_2	15.5	15.0	15.2	45.7	15.2
	B_3	21.0	22.7	22.3	66.0	22.0
	B_4	18.9	18.3	19.6	56.8	18.9
	T_m	69.2	69.5	70.3	T_{A_1}=209.0	$\bar{x}_{A_1}$=17.4
A_2	B_1	19.3	18.0	20.5	57.8	19.3
	B_2	22.2	24.2	25.4	71.8	23.9
	B_3	25.3	24.8	28.4	78.5	26.2
	B_4	25.9	26.7	27.6	80.2	26.7
	T_m	92.7	93.7	101.9	T_{A_2}=288.6	$\bar{x}_{A_2}$=24.0
T_r		161.9	163.2	172.2	T=497.3	$\bar{x}$=20.7

（1）结果整理。将试验数据整理成表 10-18，并进一步按 A 因素和 B 因素做两向分类，整理成表 10-19。

表 10-19 表 10-18 数据主区因素与副区因素两向表

B		B_1	B_2	B_3	B_4	T_A	$\bar{x}_A$
A	A_1	40.5	45.7	66.0	56.8	209.0	17.4
	A_2	57.8	71.8	78.5	80.2	288.3	24.0
T_B		98.3	117.5	144.5	137.0	T=497.3	$\bar{x}$=20.7
$\bar{x}_B$		16.4	19.6	24.1	22.8		

表 10-18 和表 10-19 中，T_r 为各区组总和；T_t 为各处理总和；T_A 为 A 因素各水平总和；T_B 为 B 因素各水平总和；T_m 为各主区总和；T 为全试验总和；$\bar{x}_A$、$\bar{x}_B$、$\bar{x}_t$、$\bar{x}$ 分别为主区、副区、处理、全部试验数据平均值。

（2）平方和与自由度的分解。根据表 10-17，将各项变异来源的自由度直接填入表 10-20 中。平方和的分解为

$$C=\frac{T^2}{abn}=\frac{497.3^2}{2\times4\times3}=10304.47$$

$$SS_T=\sum x^2-C=13.8^2+13.5^2+\cdots+27.6^2-10304.47$$
$$=10820.59-10304.47=516.12$$

$$SS_m=\frac{1}{b}\sum T_m^2-C=\frac{1}{4}\times(69.2^2+69.5^2+\cdots+101.9^2)-10304.47$$
$$=10579.39-10304.47=274.92$$

$$SS_A=\frac{1}{bn}\sum T_A^2-C=\frac{1}{4\times3}\times(209.0^2+288.3^2)-10304.47$$
$$=10566.49-10304.47=262.02$$

$$SS_r=\frac{1}{ab}\sum T_r^2-C=\frac{1}{2\times4}\times(161.9^2+163.2^2+172.2^2)-10304.47$$
$$=10312.34-10304.47=7.87$$

$$SS_{e_a}=SS_m-SS_A-SS_r=274.92-262.02-7.87=5.03$$

$$SS_t=\frac{1}{n}\sum T_t^2-C=\frac{1}{3}\times(40.5^2+45.7^2+\cdots+80.2^2)-10304.47$$
$$=10800.45-10304.47=495.98$$

$$SS_B=\frac{1}{an}\sum T_B^2-C=\frac{1}{2\times3}\times(98.3^2+117.5^2+\cdots+137^2)-10304.47$$
$$=10519.73-10304.47=215.26$$

$$SS_{AB}=SS_t-SS_A-SS_B=495.98-262.02-215.26=18.70$$

$$SS_{e_b}=SS_T-SS_r-SS_t-SS_{e_a}=516.12-7.87-495.98-5.03=7.24$$

（3）列方差分析表，进行 F 检验。按变异来源将上述计算结果填入表 10-20。表 10-20 中，e_a 为主区误差，用以检验区组间和主处理（A）的显著性；e_b 为副区误差，用以检验副处理（B）和 $A\times B$ 互作的显著性。

表 10-20　甜菜绿肥耕翻时期与氮肥施用量裂区试验数据方差分析表

变异来源		df	SS	s^2	F	$F_{0.05}$	$F_{0.01}$
主区部分	区组	2	7.87	3.94	1.56	19.00	99.00
	耕翻时期（A）	1	262.02	262.02	103.98**	18.51	98.45
	主区误差（e_a）	2	5.03	2.52			
副区部分	氮肥用量（B）	3	215.26	71.75	119.58**	3.49	5.95
	$A\times B$	3	18.70	6.23	10.38**	3.49	5.95
	副区误差（e_b）	12	7.24	0.6			
总变异		23	516.12				

表 10-20 中 F 检验结果表明：①区组间差异不显著，说明本试验区组的设置未能很好地控制试验误差；②不同绿肥耕翻时期之间有极显著差异；③不同氮肥施用量间有极显著差异；④不同氮肥施用量的作用因前茬绿肥耕翻时期而异，即前茬绿肥耕翻时期与氮肥施用量互作对甜菜产量有极显著的影响。

（4）多重比较。对 F 检验达到极显著的效应，还必须分别进行各效应产量平均数间差异显著性检验，即进行多重比较。

A. 不同绿肥耕翻时期（A）间比较：因为只有两个水平，因此不必进行多重比较。F 检验表明，晚耕翻（$\bar{x}_{A_2}=24.0\text{kg}$）极显著优于早耕翻（$\bar{x}_{A_1}=17.4\text{kg}$）。

B. 氮肥施用量（B）间比较：以不同氮肥施用量小区产量平均值进行 LSD 检验：

$$s_{\bar{b}_1-\bar{b}_2}=\sqrt{\frac{2s_{e_b}^2}{an}}=\sqrt{\frac{2\times0.60}{2\times3}}=0.447(\text{kg})$$

查 t 值表，当自由度 $df_{e_b}=12$ 时，$t_{0.05(12)}=2.179$，$t_{0.01(12)}=3.056$，因此，

$$LSD_{0.05}=t_{0.05}\times s_{\bar{b}_1-\bar{b}_2}=2.179\times0.447=0.97(\text{kg})$$

$$LSD_{0.01}=t_{0.01}\times s_{\bar{b}_1-\bar{b}_2}=3.056\times0.447=1.37(\text{kg})$$

对各氮肥施用量小区平均产量进行显著性检验，结果列于表 10-21。

表 10-21　4 种施氮量甜菜小区产量平均值及其差异显著性（*LSD* 法）

氮肥施用量	小区产量（$\bar{x}_{B_i}$，kg）	差异显著性	
		$\alpha=0.05$	$\alpha=0.01$
B_3	24.1	a	A
B_4	22.8	b	A
B_2	19.6	c	B
B_1	16.4	d	C

检验结果表明，各氮肥施用量之间除 B_3 与 B_4 达到显著差异外，其他均存在着极显著的差异。其中以 B_3 为最好，其次是 B_4，B_2、B_1 效果最差。

C. 绿肥耕翻时期×氮肥施用量互作的比较：同一绿肥耕翻时期内不同施氮水平的比较，该项比较的平均数差数标准误为

$$s_{\overline{a_ib_1}-\overline{a_ib_2}}=\sqrt{\frac{2s_{e_b}^2}{n}}=\sqrt{\frac{2\times0.60}{3}}=0.632(\text{kg})$$

查 t 值表，当自由度 $df_{e_b}=12$ 时，$t_{0.05(12)}=2.179$，$t_{0.01(12)}=3.056$，因此，

$$LSD_{0.05}=2.179\times0.632=1.38\text{（kg）}$$

$$LSD_{0.01}=3.056\times0.632=1.93\text{（kg）}$$

对绿肥耕翻时期与氮肥施用量互作的小区平均产量进行显著性检验，结果列于表 10-22。

表 10-22　不同绿肥耕翻时期条件下氮肥施用量的差异显著性（*LSD* 法）

A_1（早耕期）				A_2（晚耕期）			
氮肥施用量	产量（$\bar{x}_{t_i}$）	差异显著性		氮肥施用量	产量（$\bar{x}_{t_i}$）	差异显著性	
		$\alpha=0.05$	$\alpha=0.01$			$\alpha=0.05$	$\alpha=0.01$
B_3	22.0	*a*	*A*	B_4	26.7	*a*	*A*
B_4	18.9	*b*	*B*	B_3	26.2	*a*	*A*
B_1	15.2	*c*	*C*	B_2	23.9	*b*	*B*
B_2	13.5	*d*	*C*	B_1	19.3	*c*	*C*

多重比较结果（表 10-22）表明，绿肥早耕翻以 B_3 氮肥施用量的产量效果为最佳，晚耕翻以 B_3 和 B_4 氮肥施用量的产量效果为最佳。将表 10-22 左右两部分综合起来看，晚耕翻绿肥再加上氮肥施用量 B_4、B_3 的产量效果为最好。

D. 同一氮肥施用量水平下不同绿肥耕翻时期效应的比较：A_1B_1 与 A_2B_1、A_1B_2 与 A_2B_2、A_1B_3 与 A_2B_3 及 A_1B_4 与 A_2B_4 的比较属此类。其平均数差数标准误为

$$s_{\overline{a_1b_j}-\overline{a_2b_j}}=\sqrt{\frac{2\left[(b-1)s_{e_b}^2+s_{e_a}^2\right]}{bn}}=\sqrt{\frac{2\times[(4-1)\times0.60+2.52]}{4\times3}}=0.849\text{（kg）}$$

查 t 值表，当自由度 $df_{e_b}=2$ 时，$t_{0.05(2)}=4.303$、$t_{0.01(2)}=9.925$；当自由度 $df_{e_b}=12$ 时，$t_{0.05(12)}=2.179$、$t_{0.01(12)}=3.056$，于是有

$$t_{0.05}=\frac{(b-1)s_{e_b}^2t_b+s_{e_a}^2t_a}{(b-1)s_{e_b}^2+s_{e_a}^2}=\frac{(4-1)\times0.60\times2.179+2.52\times4.303}{(4-1)\times0.60+2.52}=\frac{14.766}{4.32}=3.418$$

$$t_{0.01}=\frac{(b-1)s_{e_b}^2t_b+s_{e_a}^2t_a}{(b-1)s_{e_b}^2+s_{e_a}^2}=\frac{(4-1)\times0.60\times3.056+2.52\times9.925}{(4-1)\times0.60+2.52}=\frac{30.512}{4.32}=7.063$$

$$LSD_{0.05}=3.418\times0.849=2.902\text{（kg）}$$

$$LSD_{0.01}=7.063\times0.849=5.996\text{（kg）}$$

同一氮肥施用量水平下不同绿肥耕翻时期效应比较列于表 10-23。结果表明，在氮肥施用量 B_1、B_3 水平下，绿肥的两种耕翻时期间有显著差异；在氮肥施用量 B_2、B_4 水平下，绿肥的两种耕翻时期间有极显著差异。

二因素裂区设计与二因素随机区组设计在误差分析上的不同

（5）结论。本试验中，绿肥晚耕翻的产量效果优于早耕翻；氮肥施用量以 B_3 效果最好；在晚耕翻条件下，以氮肥施用量 B_3 和 B_4 产量最高；甜菜产量的最优处理组合为 A_2B_3 或 A_2B_4，即绿肥晚耕翻＋氮肥施用量 B_3 或绿肥晚耕翻＋氮肥施用量 B_4 处理为最优的处理组合。

表 10-23　同一氮肥施用量下不同绿肥耕翻时期的差异显著性（*LSD* 法）

氮肥施用量	产量（kg）		$\overline{x}_{t_{A_1}}-\overline{x}_{t_{A_2}}$
	$\overline{x}_{t_{A_1}}$（早耕翻）	$\overline{x}_{t_{A_2}}$（晚耕翻）	
B_1	13.5	19.3	5.8*
B_2	15.2	23.9	8.7**
B_3	22.0	26.2	4.2*
B_4	18.9	26.7	7.8**

第六节　交叉设计及其统计分析

交叉设计是指按事先设计好的试验次序，在各个时期对受试对象先后实施各种处理，以比较处理组间差异的设计，是一种特殊的自身对照的试验设计方法。本节以最简单的 2×2 交叉设计为例，介绍交叉设计的基本步骤与试验数据的统计分析方法。

一、交叉设计的基本步骤

某研究者欲以 12 只大白鼠为受试对象，采用交叉设计研究两种参数电针刺激个体后痛阈值上升情况。交叉设计的基本步骤如下。

1．确定两个处理因素或一个因素的两个水平　　此研究中，选用 *A*、*B* 两种参数电针刺激，同时还要考虑个体差异与 *A*、*B* 顺序对痛阈值的影响。

2．确定同质性好的研究对象，配对或随机分为两组　　此研究中，选用 12 只大白鼠作为研究对象，按条件相近者进行配对并依次编号。本例中，12 只大白鼠配成 6 对，依次编号为：1，2；3，4；5，6；…；11，12。

3．随机确定每对中研究对象的试验顺序或两组的试验顺序　　对受试对象的试验顺序进行随机。本例中，规定随机数字为奇数时，配对中的单号个体先用 *A* 后用 *B*，双号个体先用 *B* 后用 *A*；随机数字为偶数时，配对中的单号个体先用 *B* 后用 *A*，双号个体先用 *A* 后用 *B*，如表 10-24 所示。

表 10-24　*A*、*B* 两种参数电针刺激大白鼠分组及试验顺序表

大白鼠号	1	2	3	4	5	6	7	8	9	10	11	12
随机数字	3		2		5		6		9		7	
用药顺序	*AB*	*BA*	*BA*	*AB*	*AB*	*BA*	*BA*	*AB*	*AB*	*BA*	*AB*	*BA*

分组结果为：1、4、5、8、9、11 号大白鼠处理顺序是 *A*、*B*；2、3、6、7、10、12 号大白鼠处理顺序是 *B*、*A*。

4．试验实施　　试验结果如表 10-25 所示。

表 10-25　*A*、*B* 两种参数（mA）电针刺激后大白鼠痛阈值上升数

大白鼠编号	阶段				个体合计 $\left(\sum x_i\right)$
	Ⅰ		Ⅱ		
1	*A*	2.6	*B*	2.0	4.6
2	*B*	2.2	*A*	2.8	5.0
3	*B*	3.0	*A*	3.4	6.4
4	*A*	2.4	*B*	1.6	4.0
5	*A*	3.5	*B*	3.0	6.5
6	*B*	2.0	*A*	2.4	4.4
7	*B*	3.2	*A*	3.8	7.0
8	*A*	2.4	*B*	2.0	4.4
9	*A*	2.0	*B*	1.6	3.6
10	*B*	2.8	*A*	3.2	6.0
11	*A*	2.5	*B*	1.6	4.1
12	*B*	2.6	*A*	3.2	5.8
阶段合计 $\left(\sum x_j\right)$		31.2		30.6	61.8
处理合计 $\left(\sum x_k\right)$	*A*	34.2	*B*	27.6	

二、交叉设计试验数据统计分析

交叉设计试验数据常用方差分析、秩和检验的方法进行统计分析。这里仅介绍交叉设计试验数据的方差分析。

例 10-7　某研究者欲通过 12 只大白鼠研究两种参数电针刺激个体后痛阈值上升情况，采用交叉试验设计，试对试验数据进行方差分析。

对例 10-7 交叉设计进行方差分析，有 3 种检验假设：①*A*、*B* 不同参数电针刺激后大白鼠痛阈值上升数相同；②Ⅰ、Ⅱ两阶段大白鼠痛阈值上升数相同；③各大白鼠痛阈值上升数相同。

在此交叉设计试验中，处理因素为 *A*、*B* 两个参数的电针刺激，即 $k=2$，个体数 $n=12$，处理分Ⅰ、Ⅱ两阶段（也是 $k=2$），整个试验共有 kn 个观测值。

任一观测值 x_{ijk} 的线性模型为

$$x_{ijk}=\mu+\alpha_i+\beta_j+\gamma_k+\varepsilon_{ijk} \tag{10-23}$$

根据式（10-23），交叉设计的平方和与自由度可分解为

$$\begin{cases} SS_T=SS_d+SS_s+SS_t+SS_e \\ df_T=df_d+df_s+df_t+df_e \end{cases} \tag{10-24}$$

式中，SS_T、SS_d、SS_s、SS_t、SS_e 为总平方和与个体、阶段、处理、误差的平方和；df_T、df_d、df_s、df_t、df_e 为各项的自由度。

各项平方和计算公式为

$$\begin{cases} C=\dfrac{\left(\sum x\right)^2}{kn} \\ SS_T=\sum x^2-C \\ SS_d=\dfrac{\sum\left(\sum x_i\right)^2}{k}-C \\ SS_s=\dfrac{\sum\left(\sum x_j\right)^2}{n}-C \\ SS_t=\dfrac{\sum\left(\sum x_k\right)^2}{n}-C \\ SS_e=SS_T-SS_d-SS_s-SS_t \end{cases} \tag{10-25}$$

各项自由度计算公式为

$$\begin{cases} df_T=kn-1 \\ df_d=n-1 \\ df_s=k-1 \\ df_t=k-1 \\ df_e=(k-1)(n-2) \end{cases} \tag{10-26}$$

根据式（10-25）和式（10-26），本例的平方和与自由度计算如下：

$$C=\frac{\left(\sum x\right)^2}{2n}=\frac{61.8^2}{24}=159.135$$

$$SS_T=\sum x^2-C=168.220-159.135=9.085$$

$$SS_d=\frac{\sum\left(\sum x_i\right)^2}{2}-C=\frac{4.6^2+5.0^2+\cdots+5.8^2}{2}-159.135=7.115$$

$$SS_s=\frac{\sum\left(\sum x_j\right)^2}{n}-C=\frac{31.2^2+30.6^2}{12}-159.135=0.015$$

$$SS_t=\frac{\sum\left(\sum x_k\right)^2}{n}-C=\frac{\left(\sum A\right)^2+\left(\sum B\right)^2}{n}-C$$

$$=\frac{34.2^2+27.6^2}{12}-159.135=1.815$$

$$SS_e=SS_T-SS_d-SS_s-SS_t=9.085-7.115-0.015-1.815=0.140$$

$$df_T=kn-1=2\times 12-1=23$$

$$df_d=n-1=12-1=11$$

$$df_s=k-1=2-1=1$$

$$df_t=k-1=2-1=1$$

$$df_e=(k-1)(n-2)=(2-1)\times(12-2)=10$$

将平方和与自由度的结果列入表 10-26，并进行各项方差计算，进行 F 检验。

表 10-26 例 10-7 大白鼠痛阈值研究交叉设计方差分析表

变异来源	df	SS	s^2	F	$F_{0.05}$	$F_{0.01}$
个体间	11	7.115	0.647	46.21**	2.94	4.77
阶段间	1	0.015	0.015	1.07	4.96	10.04
处理间	1	1.815	1.815	129.64**	4.96	10.04
误差	10	0.140	0.014			
总变异	23	9.085				

方差分析表明，进行电针刺激后，个体间和处理间都存在极显著的差异，两个阶段间没有明显的差异。对研究者来说，主要是关心 A、B 不同参数电针刺激后大白鼠痛阈值上升数是否有差别；然后才是检验其他两个非处理因素（阶段、个体）是否影响痛阈值的变化。因此，可以首先判断 A 参数的电针刺激后大白鼠痛阈值上升数极显著高于 B 参数。对于不同个体受电针刺激后痛阈值上升数的比较，可以先求出多重比较的标准误，然后进行两两比较就可以了。

视频讲解

第七节　正交设计及其统计分析

正交设计是利用正交表，在全部试验处理组合中，挑选部分有代表性的水平组合（处理组合）进行试验。本节中，我们首先介绍正交表的特点，然后用具体实例介绍如何使用正交表进行正交试验，并进行统计分析。

一、正交表及其特点

（一）正交表的表示

正交表（附表 15）常以 L_n（m^k）表示，L 表示正交表，L 右下角的 n 表示正交表的行数，也就是试验的次数；括号内 m 表示因素的水平数，m 的右上方指数 k 表示正交表的列数，是最多可以安排因素（包括互作）的个数。以 L_9（3^4）正交表为例，此表共有 4 列，表示允许安排 4 个因素；每一列都有 1、2、3 三种数字，代表各因素的 3 个水平；表中有 9 个横行，代表 9 个不同处理组合（treatment unit）。

用 L_9（3^4）进行试验设计（表 10-27），最多可以安排 4 个因素，每个因素取 3 个水平，一共做 9 次试验。表 10-27 右侧一列具体列出了试验的各个水平组合。

（二）正交表的特点

从 L_9（3^4）正交表可以看出，正交表的正交性体现在以下两个方面：①正交表的每一列中，不同数字（各种水平）出现的次数相等。L_9（3^4）正交表中，每一列有 1、2、3 三个不同数字，它们在每列中各出现 3 次，表明正交表是均衡分散的。②正交表任两列中，将同一横行的两个数值看成“有序数对”，每一个有序数对出现的次数相等。L_9（3^4）正交表中，有序数对共有 9 种：（1，1）、（1，2）、（1，3）、（2，1）、（2，2）、（2，3）、（3，1）、（3，2）、

表 10-27　L_9（3^4）正交表

列号		A	B	C	D	水平组合
		1	2	3	4	
试验号	1	1	1	1	1	$A_1B_1C_1D_1$
	2	1	2	2	2	$A_1B_2C_2D_2$
	3	1	3	3	3	$A_1B_3C_3D_3$
	4	2	1	2	3	$A_2B_1C_2D_3$
	5	2	2	3	1	$A_2B_2C_3D_1$
	6	2	3	1	2	$A_2B_3C_1D_2$
	7	3	1	3	3	$A_3B_1C_3D_3$
	8	3	2	1	1	$A_3B_2C_1D_1$
	9	3	3	2	2	$A_3B_3C_2D_2$

（3，3），它们各出现一次，也就是说每个因素的每一水平与另一个因素的各个水平各组合一次，也仅组合一次，即正交表任意两列中“有序数对”出现次数相等。这表明任意两因素的搭配是均衡的，因此正交表是整齐可比的。

基于正交表的这两个性质，正交试验具有两个特点。

1．均衡分散　正交表挑选出来的这部分水平组合，在全部可能的水平组合中分布均匀，因此代表性强，能较好地反映全面试验实施的情况。例如，设有一个 3 因素 3 水平试验，若进行全面试验，共有 $3^3=27$ 个处理，它们的水平组合为

$$A_1B_1\begin{cases}C_1\ ①\\C_2\\C_3\end{cases}\qquad A_2B_1\begin{cases}C_1\\C_2\ ④\\C_3\end{cases}\qquad A_3B_1\begin{cases}C_1\\C_2\\C_3\ ⑦\end{cases}$$

$$A_1B_2\begin{cases}C_1\\C_2\ ②\\C_3\end{cases}\qquad A_2B_2\begin{cases}C_1\\C_2\\C_3\ ⑤\end{cases}\qquad A_3B_2\begin{cases}C_1\ ⑧\\C_2\\C_3\end{cases}$$

$$A_1B_3\begin{cases}C_1\\C_2\\C_3\ ③\end{cases}\qquad A_2B_3\begin{cases}C_1\ ⑥\\C_2\\C_3\end{cases}\qquad A_3B_3\begin{cases}C_1\\C_2\ ⑨\\C_3\end{cases}$$

若选用 L_9（3^4）正交表，用①、②、…、⑨表示 9 个水平组合就是表 10-27 中正交表所选出的试验号。9 个试验点在三维空间中的分布见图 10-9。图中正方体的全部 27 个交叉点代表全面试验的 27 个试验点，由正交表确定的 9 个试验点均匀散布在其中。具体来说，从任一方向将正方体分为 3 个平面，每个平面含有 9 个交叉点，其中都是恰有 3 个是正交表安排的试验点。再将每一平面的中间位置

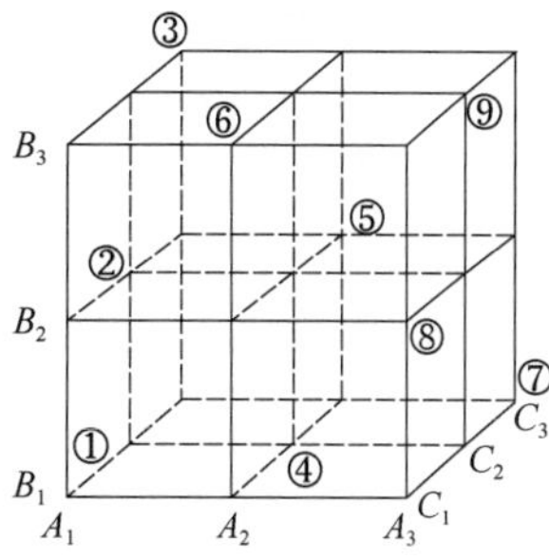

图 10-9　L_9（3^4）正交表 9 个试验点的分布

各添加一条行线段和一条列线段，这样每个平面各有三条等间隔的行线段和列线段，则在每一行上恰有一个试验点，每一列上也恰有一个试验点，可见这 9 个试验点在全面试验的 27 个试验组合中是均衡分散的。

2．整齐可比　由于正交表中各因素的水平是两两正交的，因此，任一因素任一水平下都均衡地包含着其他因素的各水平。

例如，A_1、A_2、A_3 条件下各有 3 种 B 水平、3 种 C 水平，即

$$A_1\begin{cases}B_1C_1\\B_2C_2\\B_3C_3\end{cases}\qquad A_2\begin{cases}B_1C_2\\B_2C_3\\B_3C_1\end{cases}\qquad A_3\begin{cases}B_1C_3\\B_2C_1\\B_3C_2\end{cases}$$

当比较 A 因素的 3 个水平（A_1、A_2 和 A_3）时，其余两个因素 B、C 的效应彼此抵消，余下的只有 A 效应和试验误差，此时 3 组的区别仅在于 A 因素的水平不同，因此这 3 个水平组就具有明显的可比性。在比较 B 因素（B_1、B_2、B_3）、C 因素（C_1、C_2、C_3）时也是同样情况。

由上述特性分析可以看出，对于一个正交表来说，我们可以通过以下三个变换得到一系列与它等价的正交表：①正交表的任意两列之间可以相互交换，这使得因素可以自由安排在正交表的各列上。②正交表的任意两行之间可以相互交换，这使得试验的顺序可以自由选择，行的位置互换后“有序数对”没有变。③正交表的每一列中不同数字之间可以任意交换，这使得因素的水平可以自由安排。

（三）正交表的类型

1．等水平正交表　试验因素均相等的正交表，如 $L_4(2^3)$、$L_8(2^7)$、$L_9(3^4)$、$L_{25}(5^6)$。

2．混合正交表　试验因素的水平不相同的正交表，如 $L_{16}(4^3\times2^6)$，表示有 3 列 4 水平和 6 列 2 水平的共 16 行的正交表。

二、正交试验的基本方法

正交试验的安排、分析均是借助于正交表进行的。利用正交表安排试验，一般包括以下几个步骤。

（一）确定试验因素数和水平数

根据试验目的确定试验要研究的因素。生物体的生长发育会涉及较多的影响因素。在生物学试验中，如果对研究的问题了解得较少，可多选择一些因素；对研究的问题了解得较多，可少选择一些因素，抓住主要因素进行研究。因素选好后要确定因素的水平，每个因素的水平可以相等，也可以不等。对于重要的或需要详细了解的因素，水平可适当多一些；而对另一些需要相对粗放了解的因素，水平可适当少一些。每个因素的水平，一般以 2～4 个为宜。

例 10-8　为解决花菜留种问题，进一步提高花菜种子的产量和质量，科研人员考察了浇水、施肥、病害防治和移入温室时间对花菜留种的影响，设计了一个 4 因素 2 水平的正交试验。各因素及其水平见表 10-28。

表 10-28　花菜留种正交试验的因素与水平表

因素	水平 1	水平 2
A：浇水次数	不干死为原则，整个生长期只浇 1 次或 2 次水	根据生长需水量和自然条件浇水，但不过湿
B：喷药次数	发现病害即喷药	每半月喷一次
C：施肥次数	开花期施硫酸铵	进室发根期、抽薹期、开花期和结实期各施肥一次
D：进室时间	11 月初	11 月 15 日

（二）选用合适的正交表

进行正交设计时，需根据试验因素和水平数，以及是否需要分析因素间的互作来选择合适的正交表。其基本原则是：所选的正交表既要能安排下全部试验因素（包括互作），又要使部分试验的水平组合数尽可能少。

在正交试验中，正交表的选择需要考虑以下几个方面：①试验因素的水平数＝正交表中的水平数；②因素个数（包括交互作用）≤正交表的列数；③各因素及交互作用的自由度之和＜所选正交表的总自由度，以估计试验误差；④若各因素及交互作用的自由度之和＝所选正交表总自由度，则可采用有重复正交试验估计试验误差。

例如，某制药厂进行了提高抗生素发酵单位的试验，设计了 8 个试验因素，每个因素各设 3 个水平。如果采用正交设计试验，并考虑 $A\times B$、$A\times C$ 互作效应，则最少需要做的试验次数$=(3-1)\times8+(3-1)\times(3-1)\times2+1=25$，因此应选用 L_{27}（3^{13}）正交表安排试验。

对于各因素水平数不相等的试验，处理组合数也依照上述原则确定。例如，要进行一个 4^1（A）$\times2^3$（B、C、D）的多因素试验，全面实施的处理组合数为 $4^1\times2^3=32$ 次。若采用正交设计，不考虑互作时，最少的试验次数为 $(4-1)+(2-1)\times3+1=7$；若考虑 $A\times B$、$A\times C$ 互作，则最少的试验数为 $(4-1)+(2-1)\times3+(4-1)\times(2-1)\times2+1=13$，因而选用 L_{16}（$4^1\times2^{12}$）正交表安排试验比较合适。

对于上述 4 因素 2 水平试验设计，如果不考虑互作，最少的试验次数即处理组合数$=(2-1)\times4+1=5$，这样可以从 2^n 因素正交表中选用处理组合数稍多于 5 的正交表安排试验，因此，对于例 10-8 的试验设计，选用 L_8（2^7）正交表比较合适。

（三）进行表头设计，列出试验方案

所谓表头设计（table heading design），就是把试验因素和要考察的交互作用分别安排到正交表各列的过程。一个正交表中的列，有基本列和交互列之分，基本列就是各因素所占的列，交互列则为两因素交互作用所占的列。

表头设计原则如下：①不能使主效应之间、主效应与交互作用间有混杂现象。所谓混杂，就是指在正交表的同列中，安排了两个或两个以上的因素或交互作用，这样，就无法区分同一列中这些不同因素或交互作用对试验指标的影响效果。因此当因素数少于列数时，尽量不在交互列中安排试验因素。②当存在交互作用时，需查交互作用表，将交互作用安排在合适的列上。

在表头设计中，为了避免混杂，应该优先安排主要因素、重点要考察的因素、涉及交

互作用较多的因素；然后安排次要因素、不涉及交互作用的因素。对于上述 4 因素 2 水平的花菜留种试验，若只考虑 $A\times B$ 和 $A\times C$ 互作，可选用 L_8（2^7）正交表，其表头设计见表 10-29。

表 10-29　例 10-8 花菜留种正交试验的表头设计

列号	1	2	3	4	5	6	7
因素	A	B	$A\times B$	C	$A\times C$		D

表头设计好后，把正交表中安排各因素的列（不包含欲考察的交互作用列）中的每个水平数字换成该因素的实际水平值，便形成了正交试验方案。

上述 L_8（2^7）中，第 1 列放 A 因素（浇水次数），就把第 1 列中数字 1 都换成 A 的第一水平（浇水 1 次或 2 次），数字 2 都换成 A 的第二水平（需要就浇）。第 2 列、第 3 列和第 7 列以此类推。该正交试验方案列于表 10-30。

表 10-30　花菜留种的正交试验方案

试验号（处理组合）	1 列 浇水次数（A）	2 列 喷药次数（B）	3 列 施肥方法（C）	7 列 进室时间（D）
1	1 浇水 1 次或 2 次	1 发病喷药	1 开花施	1　11 月初
2	1 浇水 1 次或 2 次	1 发病喷药	2 施 4 次	2　11 月 15 日
3	1 浇水 1 次或 2 次	2 半月喷药 1 次	1 开花施	2　11 月 15 日
4	1 浇水 1 次或 2 次	2 半月喷药 1 次	2 施 4 次	1　11 月初
5	2 需要就浇	1 发病喷药	1 开花施	2　11 月 15 日
6	2 需要就浇	1 发病喷药	2 施 4 次	1　11 月初
7	2 需要就浇	2 半月喷药 1 次	1 开花施	1　11 月初
8	2 需要就浇	2 半月喷药 1 次	2 施 4 次	2　11 月 15 日

由正交表的性质可知，试验号并非试验顺序，为了排除误差干扰，试验号可随机进行；安排试验方案时，部分因素的水平可采用随机安排。

（四）试验实施

正交试验方案做出后，就可按试验方案进行试验。如果选用的正交表较小，各列都被安排了试验因素，对试验结果进行方差分析时，无法估算试验误差；若选用较大的正交表，则试验的处理组合数会急剧增加。为了解决这个问题，可采用重复试验或重复抽样的方法解决这一问题。重复抽样不同于重复试验，重复抽样是从同一次试验中抽取几个样品进行观测或测试，使得每个处理组合可得到若干重复数据。

通过正交试验设计，可以解决以下问题：①判断各因素及其交互作用的主次顺序，即哪个是主要因素，哪个是次要因素；②判断因素对试验指标影响的显著程度；③找出试验因素的优水平和试验范围内的最优组合，即试验因素各取什么水平时，试验指标最好；④分析因素与试验指标之间的关系，即当因素变化时，试验指标是如何变化的，为进一步试验指明方向；⑤分析各因素之间的交互作用情况；⑥估计试验误差的大小。

三、正交设计试验数据的统计分析

正交设计试验数据可进行直观分析（visual analysis）和方差分析。

（一）正交设计试验数据的直观分析

直观分析可以推断因素的主次顺序，选定因素的优水平和水平组合，是正交试验结果分析最常用方法。以 L_n（m^k）正交表为例，通过 L_n（m^k）正交表，可以获得 n 个观测值 x_i（$i=1$，2，…，n），其数据如表 10-31 所示。在数据分析时，交互作用一律当作因素看待。作为因素，各级交互作用都可以安排在能考察交互作用的正交表的相应列上，它们对试验指标的影响情况都可以进行分析。

表 10-31　L_n（m^k）正交数据表

试验号	列号						试验指标
	1	2	…	j	…	k	(x_i)
1	1	…	…	…	…	…	x_1
2	1	…	…	…	…	…	x_2
⋮	⋮						⋮
n	m	…	…	…	…	…	x_n
T_{j1}	T_{11}	T_{21}	…	T_{j1}	…	T_{k1}	
T_{j2}	T_{12}	T_{22}	…	T_{j2}	…	T_{k2}	
⋮	⋮	⋮		⋮		⋮	
T_{jm}	T_{1m}	T_{2m}	…	T_{jm}	…	T_{km}	
$\overline{x}_{j1}$	$\overline{x}_{11}$	$\overline{x}_{21}$	…	$\overline{x}_{j1}$	…	$\overline{x}_{k1}$	
$\overline{x}_{j2}$	$\overline{x}_{12}$	$\overline{x}_{22}$	…	$\overline{x}_{j2}$	…	$\overline{x}_{k2}$	
⋮	⋮	⋮		⋮		⋮	
$\overline{x}_{jm}$	$\overline{x}_{1m}$	$\overline{x}_{2m}$	…	$\overline{x}_{jm}$	…	$\overline{x}_{km}$	
R_j	R_1	R_2	…	R_j	…	R_m	

1. 计算各列因素水平（互作）值的和与平均数　表 10-31 中，有 k 列，每列有 m 个水平，可以计算出每列各水平所对应观测值（试验指标）的总和 T_{jm} 与平均值 $\overline{x}_{jm}$。T_{jm}（$j=1$，2，…，k）表示第 j 列因素 m 水平所对应观测值的总和，$\overline{x}_{jm}$（$j=1$，2，…，k）表示第 j 列因素 m 水平所对应观测值的平均值。

根据试验目的，通过 T_{jm}、$\overline{x}_{jm}$ 的值，可以分析第 j 列因素的最优水平。

2. 计算各列因素（互作）水平值的极差　第 j 列因素的极差 $R_j=\overline{x}_{jm(\max)}-\overline{x}_{jm(\min)}$（$j=1$，2，…，$k$），它表示第 j 列因素水平波动时，试验指标的变动幅度。R_j 越大，说明该因素对试验指标的影响越大。根据 $|R_j|$ 大小，可以判断因素对试验指标影响的主次顺序。

例 10-9　将例 10-8 花菜留种的正交试验结果列于表 10-32，试对数据进行直观分析。

表 10-32　花菜留种正交试验结果的直观分析

试验号	A	B	$A\times B$	C	$A\times C$	D	种子产量
	1	2	3	4	5	7	(g/10m²)
1	1	1	1	1	1	1	350
2	1	1	1	2	2	2	325
3	1	2	2	1	1	2	425
4	1	2	2	2	2	1	425
5	2	1	2	1	2	2	200
6	2	1	2	2	1	1	250
7	2	2	1	1	2	1	275
8	2	2	1	2	1	2	375
T_1	1525	1125	1325	1250	1400	1300	T=2625
T_2	1100	1500	1300	1375	1225	1325	
$\bar{x}_1$	381.25	281.25	331.25	312.50	350.00	325.00	
$\bar{x}_2$	275.00	375.00	325.00	343.75	306.25	331.25	
R	106.25	−93.75	6.25	−31.25	43.75	−6.25	

（1）逐列计算各因素同一水平之和。

第 1 列 A 因素各水平之和为

$$T_{A_1}=350+325+425+425=1525\text{（g/10m}^2\text{）}$$
$$T_{A_2}=200+250+275+375=1100\text{（g/10m}^2\text{）}$$

第 2 列 B 因素各水平之和为

$$T_{B_1}=350+325+200+250=1125\text{（g/10m}^2\text{）}$$
$$T_{B_2}=425+425+275+375=1500\text{（g/10m}^2\text{）}$$

同理，可计算其他因素各水平之和（结果列于表 10-32）。

（2）逐列计算各水平的平均数。

第 1 列 A 因素各水平的平均数分别为

$$\bar{x}_{A_1}=\frac{T_1}{\frac{n}{2}}=\frac{1525}{\frac{8}{2}}=381.25\text{（g/10m}^2\text{）}$$

$$\bar{x}_{A_2}=\frac{T_2}{\frac{n}{2}}=\frac{1100}{\frac{8}{2}}=275.00\text{（g/10m}^2\text{）}$$

第 2 列 B 因素各水平的平均数分别为

$$\bar{x}_{B_1}=\frac{T_1}{\frac{n}{2}}=\frac{1125}{\frac{8}{2}}=281.25\text{（g/10m}^2\text{）}$$

$$\bar{x}_{B_2}=\frac{T_2}{\frac{n}{2}}=\frac{1500}{\frac{8}{2}}=375.00\text{（g/10m}^2\text{）}$$

同理，计算第 3、4、5、7 列各水平的平均数，结果列于表 10-32。

（3）水平选优与组合选优。根据各因素水平的和或平均数，可以找出各因素的最优水平。对于试验指标影响较大的交互作用，还应列出二元表，计算两个因素不同组合所对应的试验指标平均值，以找出其优化组合。

本例中，A 取 A_1、B 取 B_2、C 取 C_2、D 取 D_2 为好，即花菜留种最好的栽培管理方式为 $A_1B_2C_2D_2$。由于 $A\times C$ 对产量影响较大，所以花菜留种条件还不能这样选取。而 A 和 C 究竟选哪个水平，应根据 A 与 C 的最优组合来确定。所以还要对 $A\times C$ 的交互作用进行分析。

$A\times C$ 交互作用的直观分析是求 A 与 C 形成的处理组合平均数：

$$A_1C_1:\ \frac{350+425}{2}=387.5\ (\mathrm{g/10m^2})$$

$$A_1C_2:\ \frac{325+425}{2}=375.0\ (\mathrm{g/10m^2})$$

$$A_2C_1:\ \frac{200+275}{2}=237.5\ (\mathrm{g/10m^2})$$

$$A_2C_2:\ \frac{250+375}{2}=312.5\ (\mathrm{g/10m^2})$$

由此可知，A_1 与 C_1 水平组合时花菜种子产量最高。因此，在考虑 $A\times C$ 交互作用的情况下，花菜留种的最适条件应为 $A_1B_2C_1D_2$。它正是 3 号处理组合，也是 8 个处理组合中产量最高者。但 4 号处理组合与 3 号处理组合产量一样，二者有无差异，尚需进行方差分析。若选出的优处理组合不在试验中，还需要再进行一次试验，以确定选出的处理组合是否最优。

（4）逐列计算各水平平均数的差值（极差）。

第 1 列 A 因子各水平平均数的差值为

$$R_A=\bar{x}_{A_1}-\bar{x}_{A_2}=381.25-275.00=106.25\ (\mathrm{g/10m^2})$$

第 2 列 B 因子各水平平均数的差值为

$$R_B=\bar{x}_{B_1}-\bar{x}_{B_2}=281.25-375.00=-93.75\ (\mathrm{g/10m^2})$$

同理，可计算出第 3、4、5、7 列各水平平均数，结果列于表 10-32。

根据极差确定各因素及交互作用对结果的影响。本例中，每个因素只有两个水平，由表 10-32 可以看出，浇水次数（A）和喷药次数（B）的 $|R|$ 分居第一、二位，是影响花菜种子产量的关键性因子，其次是 $A\times C$ 互作和施肥方法（C），进室时间（D）和 $A\times B$ 互作影响较小。

（5）绘制因素水平趋势图。以各因素水平为横坐标，试验指标的平均值为纵坐标，绘制因素与指标趋势图。由因素与指标趋势图可以更直观地看出试验指标随着因素水平的变化而变化的趋势，可为进一步试验指明方向。本例中，因各因素只有 2 个水平，可不必绘制因素水平趋势图。

（二）正交设计试验数据的方差分析

直观分析中，通过极差可以评价各因素对试验指标影响的程度。判断因素对试验指标影响的显著程度，就需要对数据进行方差分析。

正交设计是多因素试验设计，一般包含 3 个以上的因素，其方差分析方法同多因素数据分析，也是通过平方和与自由度分解，计算 F 统计数，生成方差分析表，对因素效应和交互效应的显著性进行检验。

F 检验时，要用到误差项平方和 SS_e 及其自由度 df_e，而随机误差是通过正交表上空白列得到的。因此，进行方差分析，所选择的正交表应留出一定空列。当无空列时，应进行重复试验，以估计试验误差。误差自由度一般不应小于 2，df_e 小，F 检验的灵敏度低，有时即使因素对试验指标有影响，F 检验也检验不出来。为了增加 df_e，提高 F 检验的灵敏度，在进行显著性检验之前，可先将各因素和互作的方差与误差方差进行比较，如果 $s^2_{因素}$（$s^2_{互作}$）$<2s^2_e$，可将这些因素或互作的平方和、自由度并入误差的平方和、自由度，使误差的平方和与自由度增大，可以提高 F 检验的灵敏度。

L_n（m^k）正交表中数据的方差分析结构如表 10-33 所示。表 10-33 中，因素（包含互作）数为 k，每个因素有 m 个水平，试验组合有 n 个，对于每一因素而言，重复数为 $r=n/m$。T^2_{jm}（$j=1, 2, \cdots, k$）表示第 j 列因素 m 水平所对应的观测值的和的平方。

表 10-33　L_n（m^k）正交表及方差分析数据计算表格

试验号	表头设计及列号						试验指标（x_i）
	A	B	…	…	…	…	
	1	2	…	j	…	k	
1	1	…	…	…	…	…	x_1
2	1	…	…	…	…	…	x_2
⋮	⋮						⋮
n	m	…	…	…	…	…	x_n
T_{j1}	T_{11}	T_{21}	…	T_{j1}	…	T_{k1}	
T_{j2}	T_{12}	T_{22}	…	T_{j2}	…	T_{k2}	
⋮	⋮	⋮		⋮		⋮	
T_{jm}	T_{1m}	T_{2m}	…	T_{jm}	…	T_{km}	
T^2_{j1}	T^2_{11}	T^2_{21}	…	T^2_{j1}	…	T^2_{k1}	
T^2_{j2}	T^2_{12}	T^2_{22}	…	T^2_{j2}	…	T^2_{k2}	
⋮	⋮	⋮		⋮		⋮	
T^2_{jm}	T^2_{1m}	T^2_{2m}	…	T^2_{jm}	…	T^2_{km}	

1．平方和与自由度的分解

（1）平方和分解。

$$\begin{cases}\text{矫正数} & C=\dfrac{T^2}{n} \\ \text{总平方和} & SS_T=\sum\limits_{i=1}^{n}(x-\bar{x})^2=\sum\limits_{i=1}^{n}x^2-C \\ \text{每列平方和} & SS_j=\dfrac{1}{r}\sum\limits_{i=1}^{m}T_{ji}^2-C \\ \text{误差平方和} & SS_e=SS_T-\sum\limits_{j=1}^{k}SS_j\end{cases} \tag{10-27}$$

式中，SS_j 是第 j 列中各水平对应的试验数据平均值与总平均值的离差平方和，反映了该列水平在变动时所引起的试验数据的波动情况。

根据第 j 列是因素列、互作列还是空列，SS_j 的含义不同：①如果是因素列，SS_j 反映了该因素的离差平方和；②如果是互作列，SS_j 称为交互作用的离差平方和；③如果是空列，SS_j 表示由于试验误差和未被考察的因素（交互作用）所引起的波动，通常将其看作试验误差的离差平方和，用于显著性检验。

例 10-9 中，一个因素只有两个水平，其平方和可以 $SS=\frac{(T_1-T_2)^2}{n}$ 计算，其中 T_1 和 T_2 为两个水平各自的总和，n 为整个试验的数据总个数。

对例 10-9 数据，平方和计算如下：

$$C=\frac{T^2}{n}=2625^2/8=861328.125$$

$$SS_T=\sum x^2-C=(350^2+325^2+\cdots+375^2)-861328.125=46796.875$$

$$SS_A=\frac{(1525-1100)^2}{8}=22578.125$$

$$SS_B=\frac{(1125-1500)^2}{8}=17578.125$$

$$SS_C=\frac{(1250-1375)^2}{8}=1953.125$$

$$SS_D=\frac{(1300-1325)^2}{8}=78.125$$

$$S_{AB}=\frac{(1325-1300)^2}{8}=78.125$$

$$SS_{AC}=\frac{(1400-1225)^2}{8}=3828.125$$

$$\begin{aligned}SS_e&=SS_T-SS_A-SS_B-SS_C-SS_D-SS_{AB}-SS_{AC}\\&=46796.875-22578.125-17578.125-1953.125-78.125-78.125-3828.125\\&=703.125\end{aligned}$$

（2）自由度分解。

$$\begin{cases}\text{总自由度} & df_T=n-1\\ \text{列自由度} & df_j=m-1\\ \text{误差自由度} & df_e=df_T-\sum_{j=1}^{k}df_j=(n-1)-k(m-1)\end{cases}\tag{10-28}$$

对例 10-9 数据，自由度计算如下：

$$df_T=8-1=7$$

$$df_A=df_B=df_C=df_D=df_{AB}=df_{AC}=2-1=1$$

$$
\begin{aligned}
df_e &= df_T - df_A - df_B - df_C - df_D - df_{AB} - df_{AC} \\
&= 7-1-1-1-1-1-1=1
\end{aligned}
$$

2．列出方差分析表，进行 *F* 检验　将以上数据列于表 10-34。方差分析结果表明，各项变异来源的 F 值均不显著，其主要原因是误差项自由度偏小。解决这个问题的根本办法是增加试验的重复数，也可以将 F 值小于 1 的变异项（即 D 因素和 $A\times B$ 互作）的平方和与自由度和误差项的平方和与自由度合并，作为误差项平方和的估计值（SS_e），这样既可以增加试验误差的自由度（df'_e），又可以减少误差项的方差，从而提高假设检验的灵敏度。

表 10-34　花菜留种正交试验结果方差分析

变异来源	df	SS	s^2	F	$F_{0.05}$	$F_{0.01}$
浇水次数（A）	1	22578.125	22578.125	32.11	161	405
喷药次数（B）	1	17578.125	17578.125	25.00	161	405
施肥方式（C）	1	1953.125	1953.125	2.78	161	405
进室时间（D）	1	78.125	78.125	<1	161	405
$A\times B$	1	78.125	78.125	<1	161	405
$A\times C$	1	3828.125	3828.125	5.44	161	405
试验误差	1	703.125	703.125			
总变异	7	46796.875				

合并后的误差项平方和为

$$SS'_e = SS_e + SS_D + SS_{AB} = 703.125 + 78.125 + 78.125 = 859.375$$

合并后的误差项自由度为 3。合并后的方差分析结果列入表 10-35。

表 10-35　花菜留种正交试验的方差分析（去掉 *F*<1 因子后）

变异来源	df	SS	s^2	F	$F_{0.05}$	$F_{0.01}$
浇水次数（A）	1	22578.125	22578.125	78.82**	10.13	34.12
喷药次数（B）	1	17578.125	17578.125	61.36**	10.13	34.12
施肥方式（C）	1	1953.125	1953.125	6.82	10.13	34.12
$A\times C$	1	3828.125	3828.125	13.36*	10.13	34.12
试验误差	3	859.375	286.458			
总变异	7	46796.875				

由表 10-35 可知，浇水次数（A）、喷药次数（B）的 F 值均达极显著水平；$A\times C$ 互作的 F 值达显著水平。可见，假设检验的灵敏度明显提高。

3．互作分析与处理组合选优　由于浇水次数（A）极显著、施肥方法（C）不显著、$A\times C$ 显著，所以浇水次数（A）和施肥方法（C）的最优水平应根据 $A\times C$ 而定，即在 A_1 确定为最优水平后，在 A_1 水平上比较 C_1 和 C_2，确定施肥方法（C）的最优水平。

$$A_1C_1\text{的平均数} = \frac{350+425}{2} = 387.5\ (\text{g}/10\text{m}^2)$$

$$A_1C_2\text{的平均数}=\frac{325+425}{2}=375.0\ (\text{g}/10\text{m}^2)$$

因此，施肥方法（C）取 C_1 水平较好；喷药次数（B）取 B_2 较好；进室时间（D）水平间差异不显著，取哪一个水平都行。所以最优处理组合为：$A_1B_2C_1D_1$ 或 $A_1B_2C_1D_2$。

视频讲解

第八节　均匀设计及其统计分析

和正交设计相似，均匀设计也是通过均匀设计表来进行试验设计的。本节将介绍均匀设计表的特点，通过均匀设计表安排试验的方法，并对试验数据进行统计分析。

一、均匀设计表及其特点

（一）均匀设计表的表示

均匀设计表（附表 16）以 U_n（q^s）或 U_n^*（q^s）表示，其中，“U”表示均匀设计，“n”表示试验次数，“q”表示每个因素的水平数，“s”表示该表的列数。U 的右上角加“*”和不加“*”代表两种不同类型的均匀设计表。例如，U_7（7^4）均匀设计表，可以安排 7 次试验，每个因素有 7 个水平；该表有 4 列，可安排 4 个因素（表 10-36）。U_6^*（6^6）均匀设计表，表示需要进行 6 次试验，每个因素有 6 个水平，一共可以安排 6 个因素（表 10-37）。

表 10-36　均匀设计表 U_7（7^4）

试验号	1	2	3	4
1	1	2	3	6
2	2	4	6	5
3	3	6	2	4
4	4	1	5	3
5	5	3	1	2
6	6	5	4	1
7	7	7	7	7

表 10-37　均匀设计表 U_6^*（6^6）

试验号	1	2	3	4	5	6
1	1	2	3	4	5	6
2	2	4	6	1	3	5
3	3	6	2	5	1	4
4	4	1	5	2	6	3
5	5	3	1	6	4	2
6	6	5	4	3	2	1

（二）均匀设计表的特点

均匀设计表和正交表一样，也有等水平和不等水平两种。以等水平均匀设计表 U_6^*（6^6）

为例，由表 10-37 可以看出均匀设计表有如下特点。

（1）每个因素的每个水平做一次且仅进行一次试验。

（2）任意两个因素的试验点绘制在平面网格上，每行、每列有且仅有一个试验点。

性质（1）和（2）反映了均匀设计安排的均衡性。

（3）任意两列组成的试验方案一般并不等价。

对于均匀设计表来说，任意两列组成的试验方案一般并不等价。以 U_6^*（6^6）为例，如图 10-10 所示，其中 1、3 两列的点散布比较均匀，而 1、6 两列的点散布并不均匀。使用均匀设计表时不能随意选列，而应当选择均匀性较好的列。

通常加“*”的均匀设计表有更好的均匀性，应优先选用。当试验数 n 给定时，通常 U_n 表比 U_n^* 表能安排更多的因素。故当因素数较多时，且超过 U_n^* 的使用范围时可使用 U_n 表。

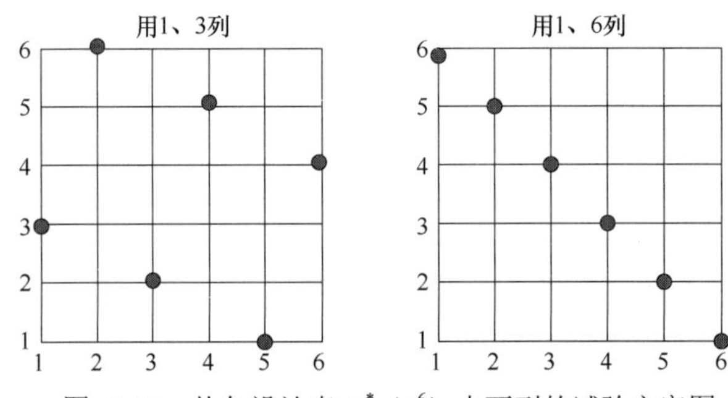

图 10-10　均匀设计表 U_6^*（6^6）中两列的试验方案图

（4）等水平均匀设计表的试验次数与该表的水平数相等。

（5）水平数为奇数的均匀设计表和水平数为偶数的均匀设计表之间具有确定的关系。

将奇数表划去最后一行，可得到水平数比原奇数表少 1 的偶数表。这时，试验次数减少，而使用表不变，同时相应的偏差值会改变。试验次数 n 为奇数时，U_n 表通常比 U_n^* 表能安排更多的因素，而 U_n^* 表比 U_n 表有更好的均匀性，应优先使用。

（6）均匀设计表中各列的因素水平不能像正交表那样可以任意改变顺序，而只能按照原来的顺序进行平滑。

通常将均匀设计表原来最后一个水平与第一个水平衔接起来，组成一个封闭圈，然后从任一个水平处开始定为第一个水平，按顺时针或逆时针方向，排出第二个水平、第三个水平，直至最后一个水平。

（7）当试验次数相同时，均匀设计比正交设计均匀性要好得多。

当偏差相近时，正交设计的试验次数比均匀设计能增加 4 倍至几十倍（表 10-38）。

表 10-38　水平数相同时正交设计与均匀设计的偏差比较

正交设计（OD）	偏差（D）	均匀设计（UD）	偏差（D）
L_{36}（6^2）	0.1597	U_6^*（6^2）	0.1875
L_{49}（7^2）	0.1378	U_7^*（7^2）	0.1582
L_{64}（8^2）	0.1211	U_8^*（8^2）	0.1445
L_{81}（9^2）	0.1080	U_9^*（9^2）	0.1574
L_{100}（10^2）	0.0975	U_{10}^*（10^2）	0.1125

续表

正交设计（OD）	偏差（D）	均匀设计（UD）	偏差（D）
L_{121}（11^2）	0.0888	U_{11}^*（11^2）	0.1136
L_{144}（12^2）	0.0816	U_{12}^*（12^2）	0.1163
L_{169}（13^2）	0.0754	U_{13}^*（13^2）	0.0962
L_{225}（15^2）	0.0656	U_{15}^*（15^2）	0.0833
L_{324}（18^2）	0.0548	U_{18}^*（18^2）	0.0779

（三）均匀设计表的使用

每个均匀设计表均有一个附加的使用表，它指示我们如何从设计表中选用适当的列，以及由这些列所组成的试验方案的均匀度。表 10-39 是 U_7（7^4）使用表，使用表中第一列为因素个数列，表中数字是试验的因素数；第二列是列号，指定了各种因素数进行试验时该如何选择设计表的列；第三列是偏差，表示均匀设计表的均匀度。偏差值越小，表示均匀度越好。由 U_7（7^4）使用表可知，如果有两个因素，应选用 1、3 两列来安排试验；若有三个因素，应选用 1、2、3 三列。

表 10-39　均匀设计表 U_7（7^4）使用表

因素数	列号				偏差（D）
2	1	3			0.2398
3	1	2	3		0.3721
4	1	2	3	4	0.4760

（四）均匀设计的使用范围

当试验中拟考察的因素较多，因素的水平也较多时，即使用正交设计，仍感到试验次数太多时，可以考虑选用均匀设计。

均匀设计主要适用于变量取值范围大，水平多（一般不少于 5）的场合，常用于定量因素的试验研究。通常是对所研究的问题中诸因素及其交互作用的重要性一概不知的大规模（或每做一次试验，费用十分昂贵的）试验研究，通过此设计可进行因素筛选。当因素和水平的数目缩小后，可以再改用正交设计或析因设计，进行详细研究。

正交设计与均匀设计的偏差与效率比较

二、均匀设计的基本方法

均匀设计通过均匀设计表来安排试验。其步骤和正交设计很相似，但也有一些不同之处。我们通过例子说明均匀设计的应用。

例 10-10　在发酵法生产肌苷的研究中，培养基由葡萄糖、酵母粉、玉米粉、尿素、硫酸铵、磷酸二氢钾、氯化钾、硫酸镁和碳酸钙等组成。由于培养基成分较多，现拟通过均匀设计确定最佳培养基方案。

1．根据试验目的确定试验指标　根据研究目的，选定适宜的衡量试验结果优劣的观测指标即试验指标。此例中，选择酵液产肌苷量（mg/mL）为试验指标，其值越高越好。

2．选因素，定水平　根据试验目的，结合专业知识，筛选对试验指标有影响的因素，在确定因素的水平时，要考虑以下几个方面：①试验范围尽可能宽一些，以防止最佳条件的遗漏；②每个因素的水平可适当多取一些，使试验点分布更均匀；③各因素的水平数可以不一样。

例 10-10 中，根据有关资料，选定葡萄糖浓度、尿素浓度、酵母浓度、硫酸铵浓度、玉米浆浓度 5 种成分作为试验因素，每个因素取 10 个水平（表 10-40）。

表 10-40　发酵法生产肌苷试验因素水平表

水平	葡萄糖（%）	尿素（%）	酵母（%）	硫酸铵（%）	玉米浆（%）
1	8.5	0.25	1.5	1.00	0.55
2	9.0	0.30	1.6	1.05	0.60
3	9.5	0.35	1.7	1.10	0.65
4	10.0	0.40	1.8	1.15	0.70
5	10.5	0.45	1.9	1.20	0.75
6	11.0	0.50	2.0	1.25	0.80
7	11.5	0.55	2.1	1.30	0.85
8	12.0	0.60	2.2	1.35	0.90
9	12.5	0.65	2.3	1.40	0.95
10	13.0	0.70	2.4	1.45	1.00

3．选择均匀设计表　根据拟研究的因素数和试验次数来选择合适的均匀设计表，这是均匀设计关键的一步。

因为均匀设计方案没有整齐可比性，结果的分析需采用多元回归分析，得到描述多个（m 个）因素与试验指标（y）间的统计关系（多元线性回归方程及多项式回归方程的建立将在第 12～14 章进行详细介绍）。

如果各因素与试验指标之间有线性关系，其多元回归方程为

$$\hat{y}=a+b_1x_1+b_2x_2+\cdots+b_ix_i+\cdots+b_mx_m \quad (i=1,\ 2,\ \cdots,\ m) \tag{10-29}$$

为了求出 m 个回归系数 b_i，就要列出 m 个方程。为了对回归方程进行检验，还需要增加一次试验，即需要 $m+1$ 次试验，这就要求选择 $n\geqslant m+1$ 的设计表。

如果各因素与试验指标之间是非线性关系，或者因素间有交互作用，需要建立多元高次方程。例如，当因素与试验指标为二次关系时，其回归方程为

$$\hat{y}=b_0+\sum_{i=1}^{m}b_ix_i+\sum_{i=1,\ j=1,\ i\neq j}^{T}b_Tx_ix_j+\sum_{i=1}^{m}b_ix_i^2 \tag{10-30}$$

式中，x_ix_j 表示因素间的交互效应；x_i^2 表示因素二次项。回归方程的回归系数（不计常数项 a）个数为 $m+m+\dfrac{m(m-1)}{2}$，其中，m 为因素个数，$\dfrac{m(m-1)}{2}$ 为交互项个数。

为求得二次项和交互项，需要选用试验次数大于回归系数总数的均匀设计表。

例如，当因素数为 3 时：

（1）各因素与试验指标为线性关系：回归方程系数与因素个数相同，即 $m=3$，可选用试验次数为 5 的 U_5（5^4）表安排试验。

（2）各因素的二次项与试验指标有关系：此时，回归方程的系数是因素数的 2 倍，即 $2\times3=6$，试验次数要 6 次，至少应选用 U_7（7^6）表安排试验。

（3）因素间互作与试验指标有关系：回归方程的系数个数为 $3+3+\dfrac{3(3-1)}{2}=9$，至少应选用 U_{10}（10^{10}）表安排试验。

由此可知，因素的多少和因素方次的大小直接影响试验工作量。为了减少试验次数，在安排试验之前，应以专业知识初步判断各因素对试验指标影响的情况，以及各因素之间是否存在交互作用，删去影响不显著的因素和影响小的交互作用和二次项，以减少回归系数。

试验次数与被考察因素的个数有关，建议试验次数选为因素数的 3 倍左右为宜，这样选择的均匀设计表均匀性好，也有利于以后的建模和优化。

例 10-10 中，考虑到有的因素与试验指标之间可能存在二次关系，即需要考察某些因素的平方项，至少要进行 10 次试验，选用 U_{10}（10^{10}）均匀设计表。

4．利用均匀设计使用表安排因素　均匀设计表选定以后，从均匀设计的使用表中选出列号，将因素分别安排到这些列号上，并将这些因素的水平按所在列的指示分别对应，则试验就安排好了。

（1）若为等水平表，则根据因素个数在使用表上查出可安排因素的列，各因素依其重要程度为序，依次排在表上，通常先排重要的、希望了解的因素。

（2）若为混合水平表，则按水平把各因素分别安排在具有相应水平的列中。各因素所在列确定后，将各因素的各列水平代码换成相应因素的具体水平值，即得到试验方案。如果均匀设计表的水平数＞设置的水平数，如 U_{12}（12^{11}）的水平数为 12，而因素只设置 6 个水平，这时可采用拟水平的方法安排试验，将设置的每个水平重复一次排入所用的均匀设计表中。例 10-10 中，根据 U_{10}（10^{10}）的使用表，当有 5 个因素时，应安排在第 1、2、3、5、7 列，把 5 个因素随机安排在这 5 列，再把每列的代码换成对应因素的水平值，即得到试验方案，如表 10-41 所示。

表 10-41　肌苷生产试验方案及试验结果

水平	葡萄糖（x_1，%）	尿素（x_2，%）	酵母（x_3，%）	硫酸铵（x_4，%）	玉米浆（x_5，%）	肌苷量（mg/mL）
1	8.5（1）	0.30（2）	1.7（3）	1.20（5）	0.85（7）	20.87
2	9（2）	0.40（4）	2.0（6）	1.45（10）	0.65（3）	17.15
3	9.5（3）	0.50（6）	2.3（9）	1.15（4）	1.00（10）	21.09
4	10（4）	0.60（8）	1.5（1）	1.40（9）	0.80（6）	23.06
5	10.5（5）	0.70（10）	1.8（4）	1.10（3）	0.60（2）	23.48
6	11.0（6）	0.25（1）	2.1（7）	1.35（8）	0.95（9）	23.40
7	11.5（7）	0.35（3）	2.4（10）	1.05（2）	0.75（5）	17.87
8	12.0（8）	0.45（5）	1.6（2）	1.30（7）	0.55（1）	26.17
9	12.5（9）	0.55（7）	1.9（5）	1.00（1）	0.90（8）	26.79
10	13.0（10）	0.65（9）	2.2（8）	1.25（6）	0.70（4）	14.80

三、均匀设计试验数据的统计分析

均匀设计的试验点没有整齐可比性的特点，其数据通常采用直观分析和回归分析。均匀设计表中也存在空列，即没有安排因素的列。与正交设计不同，空列既不能用于考察交互作用，也不能用于估计试验误差。

例 10-11 例 10-10 采用均匀设计发酵法确定生产肌苷的试验方案，试验结果列于表 10-41 中。试对该均匀设计试验数据进行统计分析。

（一）均匀设计试验数据的直观分析

如果试验目的是寻找一个较优的工艺条件，可以采用直观分析法。从已实施的试验点中挑选出一个试验指标最好的点，该点相应的因素水平组合即较优工艺条件。由于均匀设计的试验点充分均匀分布，由已做的试验点中筛选出的优化工艺条件与在整个试验范围内通过全面试验寻找的优化工艺条件逼近。该法经大量实践证明，是有效的。

表 10-41 中，对试验指标进行直观比较，可以看出第 9 次试验的数值最高，其所对应的条件即较优的工艺条件。本例中，培养基中，葡萄糖 12.5%、尿素 0.55%、酵母 1.9%、硫酸铵 1.00%、玉米浆 0.90%时，产肌苷量最高。

（二）均匀设计试验数据的回归分析

回归分析（线性回归或多项式回归）可对模型中因素进行回归显著性检验，根据因素偏回归平方和的大小确定该因素对回归的重要性；在各因素间无相关关系时，因素偏回归平方和的大小也体现了它对试验指标影响的重要性。

对数据进行回归分析，可解决如下问题：①获得反映各试验因素与试验指标之间的回归方程；②由标准回归系数的大小，可判断出试验因素对指标影响的主次；③根据回归方程的极值点可得出优化工艺条件。

例 10-11 中，采用回归分析的方法，计算表 10-42 中的数据，得到回归系数和标准回归系数，列于表 10-42。

表 10-42 例 10-11 肌苷生产试验数据回归分析结果

	常数	x_1	x_2	x_4	x_5	x_1^2	x_3^2	x_4^2	x_5^2
回归系数	75.002	12.882	−4.852	−106.321	−120.996	−0.563	−3.089	30.665	84.084
标准回归系数		4.570	−0.187	−4.091	−4.656	−4.667	−0.929	3.745	5.030

由表 10-42，可得回归方程：

$$\hat{y}=75.002+12.882x_1-4.852x_2-106.321x_4-120.996x_5-0.563x_1^2-3.089x_3^2 +39.665x_4^2+84.084x_5^2$$

经 F 检验，$F=3551.67>F_{0.05(8,1)}=238.88$，表明回归方程显著。

根据标准回归系数的绝对值，可以判断各因素对指标影响的主次顺序为葡萄糖浓度（x_1）＞玉米浆浓度（x_5）＞硫酸铵浓度（x_4）＞尿素浓度（x_2）。

对回归方程求偏导，得到极值：

$$
\begin{cases}
\dfrac{\partial y}{\partial x_1}=12.882-2\times 0.563x_1=0 \\
\dfrac{\partial y}{\partial x_4}=-106.31+2\times 39.665x_4=0 \\
\dfrac{\partial y}{\partial x_5}=120.996+2\times 84.084x_5=0
\end{cases}
$$

解方程，在试验范围内确定最优条件为：$x_{1,\ max}=11.44$，$x_{2,\ min}=0.25$，$x_{3,\ min}=1.50$，$x_{4,\ min}=1.34$，$x_{5,\ min}=0.72$。由此，在试验范围内可得到培养基配方优化如下：葡萄糖 11.44%、尿素 0.25%、酵母 1.5%、硫酸铵 1.34%、玉米浆 0.72%。

思考练习题

习题 10.1　常用试验设计有哪些类型？各有什么特点，其适用范围是什么？

习题 10.2　简述对正交设计数据进行直观分析的合理性。

习题 10.3　用对比设计进行大豆品种比较试验，产量（$kg/100m^2$）结果如下表所示，试对数据进行统计分析。

品种	CK	*A*	*B*	CK	*C*	*D*	CK	*E*	*F*	CK
Ⅰ	20.3	20.1	19.0	15.7	20.7	21.6	17.8	20.7	17.3	19.1
Ⅱ	20.0	18.4	20.0	16.8	17.8	18.1	16.4	14.9	14.9	16.2
Ⅲ	16.8	17.3	17.0	14.7	16.9	15.6	13.9	12.8	18.6	14.8

习题 10.4　下表为某养殖场使用 4 种不同饲料饲喂猪的增重（kg）结果。试对数据进行统计分析。

窝组	*A*	*B*	*C*	*D*	T_r
Ⅰ	14	14	16	15	59
Ⅱ	16	15	14	12	57
Ⅲ	16	12	15	12	55
Ⅳ	15	13	14	13	55
Ⅴ	15	14	15	13	57
T_t	76	68	74	65	T=283

习题 10.5　为了研究湿度和温度对黏虫卵发育历期（d）的影响，用 3 种湿度 4 种温度处理黏虫卵，采用随机区组设计，重复 4 次，结果如下表所示。试对数据进行方差分析。

相对湿度（%）	温度（℃）	历期（d）			
		Ⅰ	Ⅱ	Ⅲ	Ⅳ
100	26	93.2	91.2	90.7	92.2
	28	87.6	85.7	84.2	82.4
	30	79.2	74.5	79.3	70.4
	32	67.7	69.3	67.6	68.1

续表

相对湿度（%）	温度（℃）	历期（d）			
		Ⅰ	Ⅱ	Ⅲ	Ⅳ
70	26	89.4	88.7	86.3	88.5
	28	86.4	85.3	86.7	84.2
	30	77.2	76.3	74.5	85.7
	32	70.1	72.1	70.3	69.5
40	26	99.9	99.2	93.3	94.5
	28	91.3	94.6	92.3	91.1
	30	82.7	81.3	84.5	86.8
	32	75.3	74.1	72.3	71.4

习题 10.6　为了研究 5 种不同温度对蛋鸡产蛋量的影响，将 5 栋鸡舍的温度设为 A、B、C、D、E，把各栋鸡舍的鸡群产蛋期分为 5 期，由于各鸡群和产蛋期的不同对产蛋量（枚）有较大的影响，因此采用拉丁方设计，把鸡群和产蛋期作为单位组设置，得到 5×5 拉丁方设计，其试验设计及试验结果如下表所示，表中括号内数值为产蛋量（枚）。试对该数据进行统计分析。

产蛋期	鸡群				
	1	2	3	4	5
Ⅰ	D（23）	E（21）	A（24）	B（21）	C（19）
Ⅱ	A（22）	C（20）	E（20）	D（21）	B（22）
Ⅲ	E（20）	A（25）	B（26）	C（22）	D（23）
Ⅳ	B（25）	D（22）	C（25）	E（21）	A（23）
Ⅴ	C（19）	B（20）	D（24）	A（22）	E（19）

习题 10.7　以裂区设计研究提取方法（A 因素，主区因素）、提取浓度（B 因素，副区因素）对细胞转化（个/mm^2）的影响，试验设计及结果如下表所示。试对数据进行统计分析。

提取方法（A）		Ⅰ			Ⅱ			Ⅲ		
		A_1	A_2	A_3	A_1	A_2	A_3	A_1	A_2	A_3
提取浓度（B）	B_1	43	47	42	41	44	44	44	48	45
	B_2	48	54	39	45	49	43	50	53	54
	B_3	50	51	46	53	55	45	54	52	52
	B_4	49	55	49	54	53	53	53	57	58

习题 10.8　研究人员以 6 只家兔为材料，研究了胰岛素的生物检定。研究中，采用交叉设计以消除不同试验日期可能引起的偏差。下表数据为应用胰岛素后家兔的血糖下降百分率。表中，S 与 T 分别代表标准品和检品。研究中，第一次试验将 3 只家兔用作标准品检定，3 只家兔用作检品检定；第二次试验是将上次检定标准品的家兔用来检定检品，将上次检定检品的家兔用来检定标准品。试对数据进行方差分析。

兔号	1	2	3	4	5	6	合计
第一次试验	S（52.2）	T（37.0）	S（29.3）	T（44.6）	S（35.8）	T（41.7）	240.6
第二次试验	T（39.1）	S（49.6）	T（53.1）	S（40.6）	T（48.6）	S（41.8）	272.8
合计	91.3	86.6	82.4	85.2	84.4	83.5	513.4

习题 10.9　某校在研究利用木霉酶解稻草粉的优良工艺条件时，发现曲种比例、水量多少、pH 大小等因素取不同水平时对稻草粉糖化的质量有很大影响，因此设计了 3 因素 3 水平的正交设计试验，其试验设计及结果如下表所示。试用直观分析及方差分析的方法对试验结果进行统计分析。

试验号	因素			测定指标
	A（曲比）	*B*（水量）	*C*（pH）	（酶解得糖率，%）
1	1（3∶7）	1（7）	1（4）	8.89
2	1（3∶7）	2（9）	2（4.5）	7.00
3	1（3∶7）	3（5）	3（5）	7.50
4	2（5∶5）	1（7）	2（4.5）	10.08
5	2（5∶5）	2（9）	3（5）	7.56
6	2（5∶5）	3（5）	1（4）	8.00
7	3（7∶3）	1（7）	3（5）	6.72
8	3（7∶3）	2（9）	1（4）	11.34
9	3（7∶3）	3（5）	2（4.5）	9.50

习题 10.10　在猕猴桃籽油超声波提取试验中，采用均匀设计研究超声时间（x_1）、超声强度（x_2）、溶剂用量（液固比，x_3）三个因素对提取率（y）的影响，每个因素各取 6 个水平，采用 U_6^*（6^4）均匀设计表，且根据使用表选择第 1、2、3 列安排试验。试验方案及结果见下表。试对数据进行回归分析，并进行回归方程的显著性检验。

试验号	因素			提取率
	x_1（min）	x_2（%）	x_3（液固比）	y（%）
1	1（10）	2（60）	3（6）	26.34
2	2（20）	4（80）	6（12）	29.55
3	3（30）	6（100）	2（4）	26.98
4	4（40）	1（50）	5（10）	27.48
5	5（50）	3（70）	1（2）	25.77
6	6（60）	5（90）	4（8）	28.74

参考答案

第 11 章

协方差分析

本章提要

协方差分析是将方差分析和回归分析结合应用的一种综合统计分析方法。本章主要讨论:

- 协方差分析的意义和作用;
- 协方差分析的数学模型与基本假定;
- 单向分组数据的协方差分析;
- 两向分组数据的协方差分析。

第 7 章所介绍的方差分析是对某一种性状的变量进行分析的方法，但是在实际调查或试验中，我们常会遇到所分析的变量还受到另一个或多个难以控制的变量影响的情况，此时我们就需要考虑是否能够采用某种方法来消除这些干扰变量的影响，以提高试验结果的可靠程度。

协方差分析常用于在比较一个依变量 y 在一个或几个不同试验因素水平上的差异的同时，y 还受另一个难以人为控制的变量 x 的影响，且该变量 x 不能作为方差分析中的一个因素去进行分解处理。此时，如果 x 和 y 之间存在直线回归关系，我们就在按照变异来源对平方和、乘积和与自由度进行分解的基础上，首先检验 x 和 y 的直线回归关系，并据此对 y 进行矫正，然后对矫正后的 y 值进行方差分析。这种把回归分析与方差分析结合起来应用的分析方法，就称为协方差分析（analysis of covariance），变量 x 称为协变量（covariate）。

协方差分析与方差分析变量关系的不同

协方差分析可用于单因素、二因素及多因素分组数据，本章仅介绍单因素（单向分组）和二因素（两向分组）数据的协方差分析。

第一节　协方差分析的基本概念

一、协方差分析的意义和作用

第 7 章中的“方差”是描述某一变量偏离其平均数程度的变异特征数，方差越大，该变量的变异越大。而“协方差”则是用来度量两个变量之间协同变异程度的总体参数，协方差的绝对值越大，两个变量相互影响越大。对于涉及两个变量的试验数据，由于每个变量的总变异既包含了各变量的自身变异，也包含了由于二者相互影响的协同变异，故须采用协方差分析的方法来进行分析，才能得到正确的推断。

协方差分析的作用主要有以下 3 个方面。

（一）降低试验误差，实现统计控制

要提高试验的精确度和灵敏度，必须严格控制试验条件的均匀性，使各处理处于尽可能一致的条件下，这称为试验控制（experimental control）。但是在某些情况下，即使做出很大努力也难使试验控制达到预期要求。例如，研究植物生长调节剂对减少棉花蕾铃脱落的效应，要求各处理的单株有相同的蕾铃数，而这是不易达到的。如果单株蕾铃数（x）和蕾铃脱落率（y）之间存在直线回归关系，则可以利用这种直线回归关系将各处理 y 的观测值都矫正到 x 相同时的结果，使得处理间 y 的比较能够在相同的 x 基础上进行，从而得出正解的结论，实现统计控制。统计控制（statistical control）是试验控制的一种辅助手段，是用统计方法来矫正因客观存在又无法控制的因素造成的自变量的不同而对依变量所产生的影响。经过矫正，可使试验误差减小，对试验处理效应的估计更为准确。

（二）分析不同变异来源的相关关系

在第 8 章“直线回归与相关分析”一章，已经介绍过相关系数可以表示两个相关变量线性相关的性质与程度。相关系数的计算公式为

$$r=\frac{\sum(x-\bar{x})(y-\bar{y})}{\sqrt{\sum(x-\bar{x})^2\sum(y-\bar{y})^2}}$$

将该式的分子和分母同时除以（$n-1$），可得

$$r=\frac{\frac{\sum(x-\bar{x})(y-\bar{y})}{n-1}}{\sqrt{\frac{\sum(x-\bar{x})^2}{n-1}\frac{\sum(y-\bar{y})^2}{n-1}}} \tag{11-1}$$

式中，$\frac{\sum(x-\bar{x})^2}{n-1}$ 为 x 的均方（mean square），记作 MS_x，它是变量 x 总体方差 σ_x^2 的无偏估计量；$\frac{\sum(y-\bar{y})^2}{n-1}$ 为 y 的均方，记作 MS_y，它是变量 y 总体方差 σ_y^2 的无偏估计量；$\frac{\sum(x-\bar{x})(y-\bar{y})}{n-1}$ 为 x 与 y 的平均的离均差的乘积和，简称为均积（mean product），记作 MP_{xy}，公式为

$$MP_{xy}=\frac{\sum(x-\bar{x})(y-\bar{y})}{n-1}=\frac{\sum xy-\frac{\sum x\sum y}{n}}{n-1} \tag{11-2}$$

与样本的均积相应的总体参数称为协方差（covariance），记作 COV_{xy} 或 σ_{xy}^2。其计算公式为

$$COV_{xy}=\frac{\sum(x-\mu_x)(y-\mu_y)}{N} \tag{11-3}$$

统计学上已经证明样本均积 MP_{xy} 是总体协方差 COV_{xy} 的无偏估计值。因此，样本相关系数 r 也可用样本的均方 MS_x、MS_y 和均积 MP_{xy} 表示：

$$r=\frac{MP_{xy}}{\sqrt{MS_xMS_y}} \tag{11-4}$$

而相应的总体相关系数 ρ 可用 x 与 y 的总体方差与总体协方差表示：

$$\rho=\frac{COV_{xy}}{\sqrt{\sigma_x^2\sigma_y^2}}=\frac{COV_{xy}}{\sigma_x\sigma_y} \tag{11-5}$$

在随机模型的方差分析中，根据方差和期望方差的关系，可以得到不同来源的方差组分的估计值。同样，在随机模型的协方差分析中，根据均积和期望均积的关系，可以得到不同变异来源的协方差组分的估计值。有了这些估计值，就可进一步估算出两个变量 x 与 y 之间各个变异来源的相关系数，从而进行相应的总体相关分析。这些分析在遗传、育种、生态和环保等方面的研究上是很有用处的。

（三）估计缺失数据

利用方差分析的方法对缺失数据进行估计，是建立在误差平方和最小的基础上的，但处理平方和却向上偏倚。如果用协方差分析的方法估计缺失数据，则既可保证误差平方和最小，又能得到无偏的处理平方和。

二、协方差分析的数学模型

对于一个具有 N 对（x，y）观测值的总体，协方差分析的线性数学模型为

$$y_{ij}=\mu_y+\alpha_i+\beta(x_{ij}-\mu_x)+\varepsilon_{ij} \tag{11-6}$$

式中，μ_y 和 μ_x 分别为 y 和 x 的总体平均数；α_i 为第 i 个处理的效应；β 为 y 依 x 的总体回归系数；ε_{ij} 为随机误差。式（11-6）移项可得

$$y_{ij}-\alpha_i=\mu_y+\beta(x_{ij}-\mu_x)+\varepsilon_{ij} \tag{11-7}$$

$$y_{ij}-\beta(x_{ij}-\mu_x)=\mu_y+\alpha_i+\varepsilon_{ij} \tag{11-8}$$

式（11-7）中，若令 $y'_{ij}=y_{ij}-\alpha_i$，y'_{ij} 表示在观测值中剔除了处理效应，即误差项，此时协方差分析即 y'_{ij} 与 x_{ij} 的线性回归分析。式（11-8）中，若令 $y''_{ij}=y_{ij}-\beta(x_{ij}-\mu_x)$，$y''_{ij}$ 表示对观测值进行了回归矫正，此时协方差分析即 y''_{ij} 的方差分析，并且是消除了 x_{ij} 不一致对 y_{ij} 影响之后的方差分析。由此说明协方差分析是回归分析与方差分析的结合。

三、协方差分析的基本假定

关于回归系数同质性检验的问题

当应用上述模型检验矫正平均数时，必须满足下面 3 个基本假定。

（1）x 是固定的变量，因而处理效应 α_i 属固定模型。

（2）ε_{ij} 是独立的（与处理效应无关），且服从 $N(0,\ \sigma^2_{y/x})$。从样本来说，各处理的离回归方差 $s^2_{y/x}=\dfrac{Q_i}{n-2}$ 应没有显著差异，即离回归方差同质。

（3）各处理的（x，y）总体都是线性的，且具有共同的回归系数 β，因而各处理总体的回归是一组平行的直线。对样本来说，各误差项的回归系数本身是显著的，但各回归系数 b_i 之间的差异不显著，即误差项的线性回归是显著的，而回归系数 b_i 的差异是不显著的。

第二节　单向分组数据的协方差分析

由式（11-2）可以看出，均积与均方有相似的形式，同时二者也具有相似的性质。在方

差分析中，一个变量的总平方和与总自由度可以按照变异来源进行分解，从而求得相应的均方。统计学已证明，两个变量的总乘积和与总自由度也可按照变异来源进行分解从而获得相应的均积。

设有 k 组双变量数据，每组样本皆有 n 对（x，y）观测值，那么该数据共有 nk 对观测值，其数据模式如表 11-1 所示。

表 11-1　单向分组试验的数据模式

组别	观测值						总和	平均
1	x_{11}	x_{12}	…	x_{1j}	…	x_{1n}	$T_{x1\cdot}$	$\bar{x}_{1\cdot}$
	y_{11}	y_{12}	…	y_{1j}	…	y_{1n}	$T_{y1\cdot}$	$\bar{y}_{1\cdot}$
2	x_{21}	x_{22}	…	x_{2j}	…	x_{2n}	$T_{x2\cdot}$	$\bar{x}_{2\cdot}$
	y_{21}	y_{22}	…	y_{2j}	…	y_{2n}	$T_{y2\cdot}$	$\bar{y}_{2\cdot}$
⋮	⋮	⋮		⋮		⋮	⋮	⋮
i	x_{i1}	x_{i2}	…	x_{ij}	…	x_{in}	$T_{xi\cdot}$	$\bar{x}_{i\cdot}$
	y_{i1}	y_{i2}	…	y_{ij}	…	y_{in}	$T_{yi\cdot}$	$\bar{y}_{i\cdot}$
⋮	⋮	⋮		⋮		⋮	⋮	⋮
k	x_{k1}	x_{k2}	…	x_{kj}	…	x_{kn}	$T_{xk\cdot}$	$\bar{x}_{k\cdot}$
	y_{k1}	y_{k2}	…	y_{kj}	…	y_{kn}	$T_{yk\cdot}$	$\bar{y}_{k\cdot}$
总计							T_x	$\bar{x}$
							T_y	$\bar{y}$

表 11-1 中，x 和 y 的总平方和与总自由度皆可按方差分析分解为组间和组内两部分，此处不再赘述。相应地，总乘积和（total sum of product）也可分解为组间乘积和（sum of products between group）和组内乘积和（sum of products within group）两部分。总乘积和用 $SP_{总}$或 SP_T 表示，组间乘积和用 $SP_{组间}$或 SP_t 表示，组内乘积和用 $SP_{组内}$或 SP_e 表示，则有

$$SP_T = SP_t + SP_e \tag{11-9}$$

各部分相应的自由度为

$$nk-1=(k-1)+k(n-1) \tag{11-10}$$

乘积和的计算公式为

$$\begin{cases} SP_T=\sum_{i=1}^{k}\sum_{j=1}^{n}(x_{ij}-\bar{x})(y_{ij}-\bar{y})=\sum_{i=1}^{k}\sum_{j=1}^{n}x_{ij}y_{ij}-\dfrac{1}{nk}(T_xT_y) \\ SP_t=n\sum_{i=1}^{k}(\bar{x}_{i\cdot}-\bar{x})(\bar{y}_{i\cdot}-\bar{y})=\dfrac{1}{n}\sum_{i=1}^{k}(T_{x_i\cdot}T_{y_i\cdot})-\dfrac{1}{nk}(T_xT_y) \\ SP_e=\sum_{i=1}^{k}\sum_{j=1}^{n}(x_{ij}-\bar{x}_{i\cdot})(y_{ij}-\bar{y}_{i\cdot})=\sum_{i=1}^{k}\sum_{j=1}^{n}x_{ij}y_{ij}-\dfrac{1}{n}\sum_{i=1}^{k}(T_{x_i\cdot}T_{y_i\cdot}) \end{cases} \tag{11-11}$$

式（11-11）代入式（11-9），则有

$$\sum_{i=1}^{k}\sum_{j=1}^{n}(x_{ij}-\bar{x})(y_{ij}-\bar{y})=n\sum_{i=1}^{k}(\bar{x}_{i\cdot}-\bar{x})(\bar{y}_{i\cdot}-\bar{y})+\sum_{i=1}^{k}\sum_{j=1}^{n}(x_{ij}-\bar{x}_{i\cdot})(y_{ij}-\bar{y}_{i\cdot}) \tag{11-12}$$

例 11-1　为比较 3 种不同配合饲料的效应，现将 24 头猪随机分成 3 组进行不同饲料喂

养试验，测定结果列于表 11-2。试分析 3 种配合饲料对猪的增重差异是否显著。

表 11-2　3 种饲料饲喂试验中猪的始重与增重数据（kg）

饲料		观测值								总和	平均
A_1	x（始重）	18	16	11	14	14	13	17	17	120	15
	y（增重）	85	89	65	80	78	83	91	85	656	82
A_2	x（始重）	17	18	18	19	21	21	16	22	152	19
	y（增重）	95	100	94	98	104	97	90	106	784	98
A_3	x（始重）	18	23	23	20	24	25	25	26	184	23
	y（增重）	91	89	98	82	100	98	102	108	768	96
总计	x									456	19
	y									2208	92

对于表 11-2 的数据可先直接对增重 y 进行方差分析，结果列于表 11-3。方差分析结果表明，3 种配合饲料对猪的增重影响差异达极显著水平。但是，我们不能轻易相信这一推断。由表 11-2 数据可以看出，各组猪的始重 x 相差较大。而始重不同对猪的增重也有影响，一般始重大的猪，增重快；始重小的猪，增重慢。方差分析的方法忽略了始重不同的影响，将始重与饲料对增重的效应混在一起，并不能反映饲料的真实效应。因此，需用协方差分析的方法，矫正始重 x 对增重 y 的影响，从而获得真实的饲料效应。

表 11-3　表 11-2 数据不考虑始重时的方差分析表

变异来源	df	SS	s^2	F	$F_{0.05}$	$F_{0.01}$
饲料间	2	1216	608.00	11.34**	3.47	5.78
误差	21	1126	53.62			
总变异	23	2342				

下面结合本例详述协方差分析的方法步骤。

一、计算各项变异的平方和、乘积和与自由度

根据表 11-2 的数据，首先计算分析所需的 6 个数据，即

$$\sum x=456 \qquad \sum x^2=9044 \qquad nk=24$$
$$\sum y=2208 \qquad \sum y^2=205478 \qquad \sum xy=42701$$

（1）x 变量的平方和：

总变异
$$SS_{T_x}=\sum x^2-\frac{\left(\sum x\right)^2}{nk}=9044-\frac{456^2}{24}=380$$

饲料间
$$SS_{t_x}=\frac{\sum T_{x_i\cdot}^2}{n}-\frac{\left(\sum x\right)^2}{nk}=\frac{120^2+152^2+184^2}{8}-\frac{456^2}{24}=256$$

误差
$$SS_{e_x}=SS_{T_x}-SS_{t_x}=380-256=124$$

（2）y 变量的平方和：

总变异
$$SS_{T_y}=\sum y^2-\frac{\left(\sum y\right)^2}{nk}=205478-\frac{2208^2}{24}=2342$$

饲料间　$SS_{t_y}=\frac{\sum T_{y_i\cdot}^2}{n}-\frac{\left(\sum y\right)^2}{nk}=\frac{656^2+784^2+768^2}{8}-\frac{2208^2}{24}=1216$

误差　$SS_{e_y}=SS_{T_y}-SS_{t_y}=2342-1216=1126$

（3）x 与 y 的乘积和：

总变异　$SP_T=\sum xy-\frac{\sum x\sum y}{nk}=42701-\frac{456\times 2208}{24}=749$

饲料间　$SP_t=\frac{\sum T_{x_i\cdot}T_{y_i\cdot}}{n}-\frac{\sum x\sum y}{nk}$

$$=\frac{120\times 656+152\times 784+184\times 768}{8}-\frac{456\times 2208}{24}=448$$

误差　$SP_e=SP_T-SP_t=749-448=301$

（4）相应的自由度：

总变异　$df_T=nk-1=8\times 3-1=23$

饲料间　$df_t=k-1=3-1=2$

误差　$df_e=k(n-1)=3\times(8-1)=21$

将以上结果列于表 11-4。

表 11-4　表 11-2 数据始重 x 与增重 y 的协方差分析表

变异来源	df	SS_x	SS_y	SS_{xy}	$b_{e(y/x)}$	矫正值（离回归部分）变异的分析			
						df	Q	s^2	F
总变异	23	380	2342	749		22	865.6816		
饲料组	2	256	1216	448					
组内	21	124	1126	301	2.4274	20	395.3468	19.7673	
矫正组（饲料组）间变异						2	470.3348	235.1674	11.90**

二、检验 x 和 y 是否存在直线回归关系

计算误差项（组内项）的回归系数 $b_{e(y/x)}$，并对线性回归关系进行显著性检验，其目的是要从组内项变异中找出始重 x 与增重 y 之间是否存在真实的线性回归关系。在对回归系数进行显著性检验时，假设 H_0：$\beta=0$；H_A：$\beta\neq 0$。若接受 H_0：$\beta=0$，则二者之间回归关系不显著，说明增重 y 不受始重 x 的影响，即 y 与 x 无关，可以不用考虑始重 x，而直接对增重 y 进行方差分析；若否定 H_0：$\beta=0$，则二者之间存在显著的直线回归关系，表明增重 y 受始重 x 的影响，应当用线性回归关系来矫正 y 值以消除因 x 的不同而产生的影响，然后根据矫正后的 y 值进行方差分析。

（一）计算误差项回归系数、回归平方和、离回归平方和与相应的自由度

误差项回归系数：

$$b_{e(y/x)}=\frac{SP_e}{SS_{e_x}}=\frac{301}{124}=2.4274$$

误差项回归平方和与自由度：

$$U_e=\frac{SP_e^2}{SS_{e_x}}=\frac{301^2}{124}=730.6532$$

$$df_{e(U)}=1$$

误差项离回归平方和与自由度：

$$Q_e=SS_{e_y}-U_e=1126-730.6532=395.3468$$

$$df_{e(Q)}=df_e-df_{e(U)}=k(n-1)-1=3\times(8-1)-1=20$$

（二）检验误差项回归系数 b_e 的显著性（t 检验）

$$s_{e(y/x)}=\sqrt{\frac{Q_e}{df_{e(Q)}}}=\sqrt{\frac{395.3468}{20}}=4.4460$$

$$s_{b_e}=\frac{s_{e(y/x)}}{\sqrt{SS_{e_x}}}=\frac{4.4460}{\sqrt{124}}=0.3993$$

$$t=\frac{b_e}{s_{b_e}}=\frac{2.4274}{0.3993}=6.0791$$

查附表 3，$t_{0.01(20)}=2.854$，该 t 值达到极显著水平，应该否定 H_0：$\beta=0$，接受 H_A：$\beta\neq0$。推断：y 依 x 有极显著的直线回归关系，即猪的增重确实受到始重的影响。

三、检验矫正平均数 $\bar{y}_{i(x=\bar{x})}$ 间的差异显著性

误差项（组内项）回归关系显著时，需用误差项回归系数对增重 y 进行矫正，以消除始重 x 不同对增重 y 的影响，从而使各种不同的饲料效应处于始重 x 相同水平的基础上进行比较。也就是说，在消除协变量 x 的影响后，比较各处理矫正 y 值的差异显著性。

检验矫正后 y 值的差异显著性，在进行平方和的计算时，并不需要将各个 y 的矫正值求出后再进行计算。由回归分析可知，依变量 y 的平方和可分解为回归平方和与离回归平方和。回归平方和是 y 受 x 影响而产生的变异部分，离回归平方和则是 y 去除了 x 影响后剩余的变异部分。而矫正增重 y 计算出的各项平方和，实际上就是去除了始重 x 影响的部分。统计学上已证明，矫正后 y 的各项平方和与自由度等于其相应变异项的离回归平方和与自由度。

其具体分析过程为：对总变异项做回归分析，求得其离回归平方和 Q'_T 和自由度 $df'_{T(Q)}$，再由 $Q'_T-Q'_e$ 和 $df'_{T(Q)}-df'_{e(Q)}$ 即得到矫正 y 值的平方和与自由度，进而可对矫正平均数（adjusted mean）$\bar{y}_{i(x=\bar{x})}$ 间的差异显著性进行 F 检验。由此可以看出，在对矫正 y 值进行方差分析时，并不需要对各处理的矫正 y 值进行计算。

（一）计算矫正增重 y 的各项平方和与自由度

矫正 y 值的总平方和与自由度，即总离回归平方和与自由度

$$Q'_T = SS_{T_y} - \frac{SP_T^2}{SS_{T_x}} = 2342 - \frac{749^2}{380} = 865.6816$$

$$df'_{T(Q)} = (nk-1)-1 = nk-2 = 8\times3-2 = 22$$

矫正 y 值的误差项（组内项）平方和与自由度，即误差项离回归平方和与自由度：

$$Q'_e = Q_e = SS_{e_y} - U_e = 1126 - 730.6532 = 395.3468$$

$$df'_{e(Q)} = df_{e(Q)} = k(n-1)-1 = 3\times(8-1)-1 = 20$$

矫正 y 值处理项（组间项）的平方和与自由度：

$$Q'_t = Q'_T - Q'_e = 865.6816 - 395.3468 = 470.3348$$

$$df'_{t(Q)} = df'_{T(Q)} - df'_{e(Q)} = 22 - 20 = 2$$

（二）列出协方差分析表，进行矫正值的方差分析

将矫正增重 y 的各项平方和与自由度列入表 11-4，即得到完整的协方差分析表。

$$\text{矫正（饲料）组间方差} = \frac{470.3348}{2} = 235.1674$$

$$\text{矫正（饲料）组内方差} = \frac{395.3468}{20} = 19.7673$$

则有

$$F = \frac{235.1674}{19.7673} = 11.90$$

查附表 5，$F_{0.01(2,20)} = 5.85$，$F > F_{0.01(2,20)}$，F 值达极显著水平。因此，通过矫正消除始重 x 影响后，各饲料组间矫正增重 y 差异达极显著水平，需进行多重比较。

四、矫正平均数 $\bar{y}_{i(x=\bar{x})}$ 间的多重比较

（一）计算各矫正增重的平均数

误差项（组内项）回归系数 $b_{e(y/x)}$ 表示始重 x 对增重 y 影响的性质和程度，且不包含处理间差异的影响，因此可用 $b_{e(y/x)}$ 根据平均始重的不同来矫正每一处理的增重平均值。

矫正平均数 $\bar{y}_{i(x=\bar{x})}$ 的公式为

$$\bar{y}_{i(x=\bar{x})} = \bar{y}_i - b_{e(y/x)}(\bar{x}_i - \bar{x}) \tag{11-13}$$

式中，$\bar{y}_{i(x=\bar{x})}$ 为第 i 个处理 y 的矫正平均数；$\bar{y}_i$ 为第 i 个处理实际观测值的平均数；$\bar{x}_i$ 为自变量 x 的第 i 个处理的平均数；$\bar{x}$ 为自变量 x 的总平均数。

将表 11-2 数据代入式（11-13），计算各处理组矫正平均增重如下：

$$\bar{y}_{1(x=\bar{x})} = \bar{y}_1 - b_{e(y/x)}(\bar{x}_1 - \bar{x}) = 82 - 2.4274\times(15-19) = 91.7096$$

$$\bar{y}_{2(x=\bar{x})} = \bar{y}_2 - b_{e(y/x)}(\bar{x}_2 - \bar{x}) = 98 - 2.4274\times(19-19) = 98.0000$$

$$\bar{y}_{3(x=\bar{x})} = \bar{y}_3 - b_{e(y/x)}(\bar{x}_3 - \bar{x}) = 96 - 2.4274\times(23-19) = 86.2904$$

（二）矫正平均数间的多重比较

1. *t* 检验法　当矫正平均数的误差项自由度小于 20，且变量 x 的变异较大时，可采用

两两比较的 t 检验法。

$$t=\frac{\overline{y}_{i(x=\overline{x})}-\overline{y}_{l(x=\overline{x})}}{s_D} \tag{11-14}$$

式中，s_D 为两矫正平均数间差数的标准误，其公式为

$$s_D=\sqrt{s^2_{e(y/x)}\left[\frac{1}{n_i}+\frac{1}{n_l}+\frac{(\overline{x}_i-\overline{x}_l)^2}{SS_{e_x}}\right]} \tag{11-15}$$

式中，$s^2_{e(y/x)}$ 为误差项离回归方差；n_i、n_l 为比较的两个样本容量；$\overline{x}_i$、$\overline{x}_l$ 为两个相比较样本的 x 变量平均数；SS_{e_x} 为 x 变量的组内项平方和。

如果两个样本容量相同，即 $n_i=n_l=n$ 时，式（11-15）可以表示为

$$s_D=\sqrt{s^2_{e(y/x)}\left[\frac{2}{n}+\frac{(\overline{x}_i-\overline{x}_l)^2}{SS_{e_x}}\right]} \tag{11-16}$$

在本例中，检验 A_1 与 A_2 平均数差异显著性。已知 $\overline{y}_{1(x=\overline{x})}=91.7096$，$\overline{y}_{2(x=\overline{x})}=98.0000$，$s^2_{e(y/x)}=19.7673$，$df_{e(Q)}=20$，$n_1=n_2=8$，$\overline{x}_1=15$，$\overline{x}_2=19$，$SS_{e_x}=124$。由式（11-16）得

$$s_D=\sqrt{19.7673\times\left[\frac{2}{8}+\frac{(15-19)^2}{124}\right]}=2.7372$$

$$t=\frac{\overline{y}_{i(x=\overline{x})}-\overline{y}_{l(x=\overline{x})}}{s_D}=\frac{91.7096-98.0000}{2.7372}=-2.298$$

由于 $|t|=2.298>t_{0.05(20)}=2.086$，达显著水平。表明饲料 A_1 与 A_2 对猪增重效果有明显差别，即 A_2 显著优于 A_1。同理可对 A_1 与 A_3、A_2 与 A_3 进行比较。

2．*LSD* 法　由于每次比较都要分别计算两个矫正平均数差数的标准误 s_D，显然比较麻烦。为简便起见，当误差项自由度在 20 或 20 以上，且 x 变量的变异较小时，可用一个平均数差数标准误进行比较。此时：

$$s_D=\sqrt{s^2_{e(y/x)}\left[1+\frac{SS_{t_x}}{(k-1)\,SS_{e_x}}\right]\left(\frac{1}{n_i}+\frac{1}{n_l}\right)} \tag{11-17}$$

式中，SS_{t_x} 为 x 变量组间平方和；k 为组数。

当 $n_i=n_l=n$ 时，式（11-17）可以表示为

$$s_D=\sqrt{s^2_{e(y/x)}\times\left[1+\frac{SS_{t_x}}{(k-1)\,SS_{e_x}}\right]\times\frac{2}{n}} \tag{11-18}$$

按公式 $LSD_\alpha=t_\alpha\cdot s_D$，计算出最小显著差数，并与各组均数矫正值的差数进行比较，即可检验它们的差异显著性。

本例中，其误差项自由度为 20，但不满足“x 变量变异较小”这一条件，因此不宜采用此法进行多重比较。为了便于学习和掌握该种方法，仍以本例的数据来进行说明。

$$s_D=\sqrt{19.7673\times\left[1+\frac{256}{(3-1)\times124}\right]\times\frac{2}{8}}=3.1691$$

$$LSD_{0.05}=2.086\times3.1691=6.6107$$

$$LSD_{0.01}=2.845\times3.1691=9.0161$$

将平均数差异显著性结果列入表 11-5。

表 11-5　3 种饲料效应的差异显著性比较（*LSD* 法）

饲料	矫正 y 值平均数 $\overline{y}_{i(x=\overline{x})}$	差异显著性	
		$\overline{y}_{i(x=\overline{x})}-86.2904$	$\overline{y}_{i(x=\overline{x})}-91.7096$
A_2	98.0000	11.7096**	6.2904
A_1	91.7096	5.4192	
A_3	86.2904		

检验结果表明，饲料 A_2 与 A_3 差异达极显著水平，其余皆不显著。3 种饲料中以 A_2 最好，A_1 与 A_3 次之。

协方差分析与方差分析结果的不同

由于变量 x 的变异较大，而在检验时使用一个共同的平均数差数标准误，因而出现了与 t 检验不完全一致的结果。用 t 检验时，A_1 与 A_2 之间存在显著差异，而用 *LSD* 法进行比较时，二者差异未达显著水平。

第三节　两向分组数据的协方差分析

若试验设有 k 个处理，每个处理设 n 个类别（重复），则 nk 对观测值可以按两向进行分组，其数据模式如表 11-6 所示。

表 11-6　两向分组试验的数据模式

组	类										总和		平均	
	1		2		…	j		…	n					
1	x_{11}	y_{11}	x_{12}	y_{12}	…	x_{1j}	y_{1j}	…	x_{1n}	y_{1n}	$T_{x_1.}$	$T_{y_1.}$	$\overline{x}_1.$	$\overline{y}_1.$
2	x_{21}	y_{21}	x_{22}	y_{22}	…	x_{2j}	x_{2j}	…	x_{2n}	y_{2n}	$T_{x_2.}$	$T_{y_2.}$	$\overline{x}_2.$	$\overline{y}_2.$
⋮	⋮	⋮	⋮	⋮		⋮	⋮		⋮	⋮	⋮	⋮	⋮	⋮
i	x_{i1}	y_{i1}	x_{i2}	y_{i2}	…	x_{ij}	y_{ij}	…	x_{in}	y_{in}	$T_{x_i.}$	$T_{y_i.}$	$\overline{x}_i.$	$\overline{y}_i.$
⋮	⋮	⋮	⋮	⋮		⋮	⋮		⋮	⋮	⋮	⋮	⋮	⋮
k	x_{k1}	y_{k1}	x_{k2}	y_{k2}	…	x_{kj}	y_{kj}	…	x_{kn}	y_{kn}	$T_{x_k.}$	$T_{y_k.}$	$\overline{x}_k.$	$\overline{y}_k.$
总和	$T_{x._1}$	$T_{y._1}$	$T_{x._2}$	$T_{y._2}$	…	$T_{x._j}$	$T_{y._j}$	…	$T_{y._n}$	$T_{y._n}$	T_x	T_y		
平均	$\overline{x}._1$	$\overline{y}._1$	$\overline{x}._2$	$\overline{y}._2$	…	$\overline{x}._j$	$\overline{y}._j$	…	$\overline{x}._n$	$\overline{y}._n$			$\overline{x}$	$\overline{y}$

表 11-6 的总乘积和可分解为类间、组间和误差 3 个部分，其值为

$$
\begin{cases}
SP_{总}=\sum_{1}^{nk}(x_{ij}-\overline{x})(y_{ij}-\overline{y})=\sum_{1}^{nk}x_{ij}y_{ij}-\dfrac{T_xT_y}{nk} \\
SP_{类间}=k\sum_{1}^{n}(\overline{x}_{.j}-\overline{x})(\overline{y}_{.j}-\overline{y})=\dfrac{1}{k}\sum_{1}^{n}T_{x._j}T_{y._j}-\dfrac{T_xT_y}{nk} \\
SP_{组间}=n\sum_{1}^{k}(\overline{x}_{i.}-\overline{x})(\overline{y}_{i.}-\overline{y})=\dfrac{1}{n}\sum_{1}^{k}T_{x_i.}T_{y_i.}-\dfrac{T_xT_y}{nk} \\
SP_{误差}=SP_{总}-SP_{类间}-SP_{组间}
\end{cases}
\tag{11-19}
$$

式中，$i=1$，2，…，k；$j=1$，2，…，n。各 SP 的相应自由度依次为 $nk-1$、$n-1$、$k-1$ 和 $(n-1)(k-1)$。

根据这些乘积和 SP 和用第 7 章方法得到的平方和 SS，就可进行协方差分析。

下面以例 11-2 为例，介绍二向分组数据协方差分析的方法。

例 11-2 表 11-7 是施肥期和施肥量对杂交水稻‘南优 3 号’结实率影响的部分结果，共 14 个处理，两个区组，随机区组设计。在试验过程中发现单位面积上的颖花数对结实率有明显的回归关系，因此将颖花数（x，万/m^2）和结实率（y，%）一起测定。试做协方差分析。

表 11-7 ‘南优 3 号’颖花数和结实率部分数据

处理	区组								矫正值
	Ⅰ		Ⅱ		总和		平均		
	x	y	x	y	$T_{x_i.}$	$T_{y_i.}$	$\bar{x}_i.$	$\bar{y}_i.$	[$\bar{y}_{i(x=\bar{x})}$]
1	4.59	58	4.32	61	8.91	119	4.455	59.5	64.76
2	4.09	65	4.11	62	8.20	127	4.100	63.5	66.03
3	3.94	64	4.11	64	8.05	128	4.025	64.0	65.95
4	3.90	66	3.57	69	7.47	135	3.735	67.5	67.22
5	3.45	71	3.79	67	7.24	138	3.620	69.0	67.83
6	3.48	71	3.38	72	6.86	143	3.430	71.5	68.87
7	3.39	71	3.03	74	6.42	145	3.210	72.5	68.18
8	3.14	72	3.24	69	6.38	141	3.190	70.5	66.02
9	3.34	69	3.04	69	6.38	138	3.190	69.0	64.52
10	4.12	61	4.76	54	8.88	115	4.440	57.5	62.65
11	4.12	63	4.75	56	8.87	119	4.435	59.5	64.61
12	3.84	67	3.60	62	7.44	129	3.720	64.5	64.10
13	3.96	64	4.50	60	8.46	124	4.230	62.0	65.53
14	3.03	75	3.01	71	6.04	146	3.020	73.0	67.22
$T_{\cdot j}$	52.39	937	53.21	910					
总和（T）					105.60	1847			
平均值							3.7714	65.9643	

一、乘积和与自由度的分解

首先用两向分组数据的通常方法计算表 11-7 数据的各项平方和列于表 11-8，乘积和则由式（11-19）算出：

$$SP_{总}=\sum_{1}^{nk}x_{ij}y_{ij}-\frac{T_xT_y}{nk}$$

$$=4.59\times58+4.09\times65+\cdots+3.01\times71-\frac{1}{28}\times(105.60\times1847)=-73.5986$$

$$SP_{组间}=\frac{1}{k}\sum_{1}^{n}(T_{x\cdot j}T_{y\cdot j})-\frac{T_xT_y}{nk}$$

$$=\frac{52.39\times937+53.21\times910}{14}-\frac{1}{28}\times(105.60\times1847)=-0.7907$$

$$SP_{处理}=\frac{1}{n}\sum_{1}^{k}(T_{x_i.}T_{y_i.})-\frac{T_xT_y}{nk}$$
$$=\frac{8.91\times119+8.20\times127+\cdots+6.04\times146}{2}-\frac{1}{28}\times(105.60\times1847)=-66.3636$$
$$SP_{误差}=SP_{总}-SP_{区组}-SP_{处理}=-73.5986-(-0.7909)-(-66.3636)=-6.4443$$

表 11-8　表 11-7 数据的平方和与乘积和

变异来源	SS_x	SS_y	SP
总变异	7.7343	802.9643	−73.5986
区组间	0.0240	26.0357	−0.7907
处理间	6.8731	694.4643	−66.3636
误差	0.8372	82.4643	−6.4443

有了上述结果，可先对 x 变量和 y 变量分别进行方差分析，结果列于表 11-9。

表 11-9　表 11-7 数据的方差分析

变异来源	df	x 变量			y 变量			$F_{0.05}$	$F_{0.01}$
		SS	s^2	F	SS	s^2	F		
区组间	1	0.0240	0.0240	0.3727	26.0357	26.0357	4.1044	4.67	9.07
处理间	13	6.8731	0.5287	8.2096**	694.4643	53.4203	8.4214**	2.57	3.90
误差	13	0.8372	0.0644		82.4643	6.3434			

表 11-9 表明，不同区组的颖花数（x）和结实率（y）都没有显著差异，但不同施肥处理的 x 和 y 的差异均达极显著水平。在单项分组数据的协方差分析中，我们已经知道，如果 y 和 x 无关，上述推断将是正确的；如果 y 和 x 有关，则不一定正确。因此，首先应明确 y 和 x 是否有线性关系。

二、检验 x 和 y 是否存在线性回归关系

由表 11-8 的误差项可得线性回归的 U_e 和 Q_e：

$$U_e=\frac{SP_e^2}{SS_{e_x}}=\frac{(-6.4443)^2}{0.8372}=49.6046$$

$$Q_e=SS_{e_y}-U_e=82.4643-49.6046=32.8597$$

将线性回归进行 F 检验（表 11-10），$F=18.1151$，达极显著水平。因此应对 y 值进行矫正，并对矫正平均数进行差异显著性检验，才能明确不同区组或处理对于结实率的效应。

表 11-10　表 11-7 数据误差项线性回归的显著性检验

变异来源	df	SS	s^2	F
线性回归	1	49.6046	49.6046	18.1151**
离回归	12	32.8597	2.7383	
总变异	13	82.4643		

三、检验矫正平均数 $\overline{y}_{i(x=\overline{x})}$ 间的差异显著性

表 11-7 的数据分为区组和处理两项，因此，检验矫正平均数的差异显著性需一项一项地进行。检验处理的矫正平均数 $\overline{y}_{i\cdot(x=\overline{x})}$ 的差异显著性时，需将处理间和误差项的 *df*、*SS* 和 *SP* 相加以代替总变异的 *df*、*SS* 和 *SP*；检验区组的矫正平均数 $\overline{y}_{\cdot j(x=\overline{x})}$ 的差异显著性时，需将区组间和误差项的 *df*、*SS* 和 *SP* 相加以代替总变异的 *df*、*SS* 和 *SP*（这里的"处理间＋误差项"和"区组间＋误差项"相当于表 11-4 中的"总变异"）。由此，可以分别对两项矫正平均数间的差异进行显著性检验。区组只是局部控制的一种手段，在结果分析上只需剔除其影响，而不必研究其效应，因此这里仅对处理项的矫正平均数 $\overline{y}_{i\cdot(x=\overline{x})}$ 之间的差异显著性进行检验，结果列于表 11-11。

表 11-11　表 11-7 数据处理间矫正平均数的协方差分析表

变异来源	*df*	SS_x	SS_y	*SP*	b_e	矫正值（离回归）变异的分析				
						df	*Q*	s^2	*F*	$F_{0.05}$
处理＋误差	26	7.7103	776.9286	−72.8079		25	89.4080			
处理	13	6.8731	694.4643	−66.3636						
误差	13	0.8372	82.4643	−6.4443	−7.6974	12	32.8597	2.7383		
矫正平均数的差异						13	56.5483	4.3499	1.5885	2.66

由表 11-11 可知，其 *F* 值为 1.5885，未达到显著水平。说明各处理矫正平均数 $\overline{y}_{i(x=\overline{x})}$ 之间并无显著差异，因而不需要再对各矫正平均数间进行多重比较。但是，假设 $\overline{y}_{i(x=\overline{x})}$ 间的 *F* 检验是显著的，则需要进行矫正平均数间的多重比较，其具体过程如下。

由表 11-10 可知，误差项线性回归达到极显著水平，所以可用表 11-11 中误差项回归系数 $b_{e(y/x)}=-7.6974$ 对各处理的 $\overline{y}_i$ 进行矫正。$b_{e(y/x)}=-7.6974$ 表示颖花数 *x* 每增加 1 万/m^2，结实率 *y* 将下降 7.6974%。将 $b_{e(y/x)}=-7.6974$ 代入式（11-13），即有方程

$$\overline{y}_{i(x=\overline{x})}=\overline{y}_i+7.6974(\overline{x}_i-3.7714)$$

上式可将各处理的结实率都矫正到颖花数为 3.7714 万/m^2 的结实率，由此可计算各处理矫正平均数为

处理 1：$\overline{y}_{1(x=\overline{x})}=59.5+7.6974\times(4.455-3.7714)=64.76$（%）

处理 2：$\overline{y}_{2(x=\overline{x})}=63.5+7.6974\times(4.100-3.7714)=66.03$（%）

……

将计算出的 $\overline{y}_{i(x=\overline{x})}$ 列于表 11-7 末列。它们已和单位面积上颖花数的多少无关，故在相互比较时更为真实。

综上所述，本试验的基本结论是：不同的施肥期和施肥量，对'南优 3 号'单位面积上的颖花数和结实率都有极显著的影响。但是，因颖花数和结实率有极显著的线性回归关系，故将各处理每平方米的颖花数都矫正到同一水平，则不同的结实率没有显著差异。因此，在本例中，不同施肥期和施肥量，对'南优 3 号'的结实率只有间接效应，而没有显著的直接效应，即不同的施肥期和施肥量造成了单位面积上颖花数的差异，进而造成结实率的差异。

思考练习题

习题 11.1　什么是协方差分析？协方差分析的主要作用是什么？

习题 11.2　为研究 A_1、A_2、A_3、A_4 4 种不同肥料对梨树单株产量的影响，选择 40 株梨树进行试验。将 40 株梨树完全随机分为 4 组，每组包含 10 株，每组施用一种肥料。各株梨树的起始干周（x，cm）和单株产量（y，kg）如下表所示。试检验 4 种肥料对梨树单株产量的影响是否有差异。

肥料		观测值										总和	平均
A_1	x_{1j}	36	30	26	23	26	30	20	19	20	16	246	24.6
	y_{1j}	89	80	74	80	85	68	73	68	80	58	755	75.5
A_2	x_{2j}	28	27	27	24	25	23	20	18	17	20	229	22.9
	y_{2j}	64	81	73	67	77	67	64	65	59	57	674	67.4
A_3	x_{3j}	28	33	26	22	23	20	22	23	18	17	232	23.2
	y_{3j}	55	62	58	58	66	55	60	71	55	48	588	58.8
A_4	x_{4j}	32	23	27	23	27	28	20	24	19	17	240	24.0
	y_{4j}	52	58	64	62	54	54	55	44	51	51	545	54.5
总计	x											947	23.675
	y											2562	64.050

习题 11.3　对 6 个菜豆品种进行了维生素 C 含量（y，mg/100g）比较试验，4 次重复，随机区组试验设计。根据已有的研究结果，菜豆维生素 C 的含量不仅与品种有关，而且与豆荚的成熟度有关。但是在试验中无法使所有小区的豆荚同时成熟，所以同时测定了 100g 所采豆荚干物质重百分率（x,%），作为豆荚成熟度的指标。测定结果如下表所示，试对该数据进行协方差分析。

品种		区组				总和	平均
A_1	x_{1j}	34.0	33.4	34.7	38.9	141.0	35.250
	y_{1j}	93.0	94.8	91.7	80.8	360.3	90.075
A_2	x_{2j}	39.6	39.8	51.2	52.0	182.6	45.650
	y_{2j}	47.3	51.5	33.3	27.2	159.3	39.825
A_3	x_{3j}	31.7	30.1	33.8	39.6	135.2	33.800
	y_{3j}	81.4	109.0	71.6	57.5	319.5	79.875
A_4	x_{4j}	37.7	38.2	40.3	39.4	155.6	38.900
	y_{4j}	66.9	74.1	64.7	69.3	275.0	68.750
A_5	x_{5j}	24.9	24.0	24.9	23.5	97.3	24.325
	y_{5j}	119.5	128.5	125.6	129.0	502.6	125.650
A_6	x_{6j}	30.3	29.1	31.7	28.3	119.4	29.850
	y_{6j}	106.6	111.4	99.0	126.1	443.1	110.775
总和	$x_{.j}$	198.2	194.6	216.6	221.7	$\sum x=831.1$	
	$y_{.j}$	514.7	569.3	485.9	489.9	$\sum y=2059.8$	
平均	$x_{.j}$	33.033	32.433	36.100	36.950		$\bar{x}=34.629$
	$y_{.j}$	85.783	94.883	80.983	81.650		$\bar{y}=85.825$

参考答案

第 12 章

多元线性回归与相关分析

本章提要

多元线性回归与相关分析是讨论多个自变量 x 与依变量 y 之间线性关系的一类分析方法。本章主要讨论：

- 两个或两个以上自变量与依变量之间的多元线性回归分析；
- 多个自变量与依变量之间的多元相关分析。

前边所讨论的回归和相关，无论是线性还是非线性的，都是依变量 y 与一个自变量 x 的回归或相关，称为一元回归或一元相关。但在实际问题中，影响依变量的因素常常不只是一个，而是两个或两个以上，即依变量的变化与多个自变量的变化有关。例如，影响昆虫种群变化的生态因素有温度、湿度、雨量等，作物籽粒产量与穗数、穗粒数、粒重这 3 个产量构成因素有关，家畜体重与其体长、胸围有关等。因此，为了清楚了解依变量 y 与多个自变量 x 之间的关系，必须在一元回归与相关分析的基础上，进行多元回归与多元相关分析。多元回归与多元相关也称为复回归与复相关，其中最为常用的是多元线性回归和多元线性相关。

第一节　多元线性回归分析

多元线性回归（multiple linear regression）是研究一个依变量与多个自变量之间线性依存关系的统计方法，是一元直线回归分析的推广。多元线性回归中，有两个或两个以上自变量，且各自变量均为一次项。

多元线性回归分析的基本方法是：以多元线性回归模型为基础，根据最小二乘法建立正规方程，求解得出多元线性回归方程，并对回归方程和偏回归系数进行检验，做出回归方程的区间估计。

一、多元线性回归模型

多元回归模型（multiple regression model）是描述 y 如何依赖于自变量 x_1、x_2、…、x_m 和误差项的方程。多元回归有多种模型，这里仅讨论其中最基本的模型即多元线性回归模型。设自变量 x_1、x_2、…、x_m 与依变量 y 皆呈线性关系，其数据结构如表 12-1 所示。

表 12-1 中，y_j 是依变量 y 的第 j 组观察值（$j=1, 2, \cdots, n$），随 x_1、x_2、…、x_m 而变化，并受到随机误差的影响。x_{1j}、x_{2j}、…、x_{mj} 是 x_1、x_2、…、x_m 的第 j 组观察值，是可精确测量或可控制的一组变量，或者是可观察的随机变量。

表 12-1　多元回归分析的数据结构

试验号	y	x_1	x_2	…	x_i	…	x_m
1	y_1	x_{11}	x_{21}	…	x_{i1}	…	x_{m1}
2	y_2	x_{12}	x_{22}	…	x_{i2}	…	x_{m2}
⋮	⋮	⋮	⋮		⋮		⋮
j	y_j	x_{1j}	x_{2j}	…	x_{ij}	…	x_{mj}
⋮	⋮	⋮	⋮		⋮		⋮
n	y_n	x_{1n}	x_{2n}	…	x_{in}	…	x_{mn}

在这个样本中，第 j 组观察值（$j=1, 2, \cdots, n$）可表示为（y_j、x_{1j}、x_{2j}、…、x_{ij}、…、x_{mj}），是 $m+1$ 维空间的一个点。m 个自变量线性回归的数学模型可表示为

$$y_i=\mu_y+\beta_{y1\cdot 23\cdots m}(x_1-\mu_{x_1})+\beta_{y2\cdot 13\cdots m}(x_2-\mu_{x_2})+\cdots+\beta_{ym\cdot 12\cdots(m-1)}(x_m-\mu_{x_m})+\varepsilon_i \tag{12-1}$$

式中，μ_y、μ_{x_1}、μ_{x_2}、…、μ_{x_m} 依次为 y、x_1、x_2、…、x_m 的总体平均数，其样本估计值依次为 $\bar{y}$、$\bar{x}_1$、$\bar{x}_2$、…、$\bar{x}_m$；$\beta_{y1\cdot 23\cdots m}$ 为 x_2、x_3、…、x_m 固定不变时，x_1 每变动一个单位，y 平均变动的相应单位数，称为 x_2、x_3、…、x_m 固定不变时 x_1 对 y 的偏回归系数（partial regression coefficient），简记作 β_1，其样本估计值简记作 b_1，余下类推；ε_i 为随机误差，反映了除 x_1、x_2、…、x_m 对 y 的线性关系之外的随机变量对 y 的影响，是不能由 x_1、x_2、…、x_m 与 y 之间的线性关系所解释的变异性。各 ε_i 相互独立，且服从 $N(0, \sigma^2_{y/x_1, x_2, \cdots, x_m})$ 的正态分布。

若令 $\alpha=\mu_y-\beta_1\mu_{x_1}-\beta_2\mu_{x_2}-\cdots-\beta_m\mu_{x_m}$，则多元线性回归的数学模型为

$$y_i=\alpha+\beta_1x_1+\beta_2x_2+\cdots+\beta_mx_m+\varepsilon_i \tag{12-2}$$

由式（12-1）和式（12-2）可得到样本多元性回归方程为

$$\hat{y}=\bar{y}+b_1(x_1-\bar{x}_1)+b_2(x_2-\bar{x}_2)+\cdots+b_m(x_m-\bar{x}_m) \tag{12-3}$$

或

$$\hat{y}=a+b_1x_1+b_2x_2+\cdots+b_mx_m \tag{12-4}$$

式中，m 元线性回归方程的图形是 $m+1$ 维空间的一个平面，称为回归平面。其中，b_1、b_2、…、b_m 是样本偏回归系数，分别为 β_1、β_2、…、β_m 的样本估计值，反映的是自变量 x_i 对依变量 y 的单独效应；$\hat{y}$ 代表着所有自变量对依变量的综合效应；a 是 α 的样本估计值，为回归常数项，表示 y 的起始值，a 可由式（12-5）求出：

$$a=\bar{y}-b_1\bar{x}_1-b_2\bar{x}_2-\cdots-b_m\bar{x}_m \tag{12-5}$$

二、多元线性回归方程的建立

多元线性回归方程［式（12-4）］有 $m+1$ 个统计量，即 1 个回归常数项 a 和 m 个偏回归系数 b_1、b_2、…、b_m。与直线回归方程一样，可根据最小二乘法原理求解这些统计数，即 $Q=\sum(y-\hat{y})^2=$ 最小值。因为：

$$\begin{aligned}Q&=\sum(y-\hat{y})^2\\&=\sum[(y-\bar{y})-b_1(x_1-\bar{x}_1)-b_2(x_2-\bar{x}_2)-\cdots-b_m(x_m-\bar{x}_m)]^2\end{aligned}$$

令 $Y=y-\bar{y}$，$X_1=x_1-\bar{x}_1$，$X_2=x_2-\bar{x}_2$，…，$X_m=x_m-\bar{x}_m$，则有

$$Q=\sum(Y-b_1X_1-b_2X_2-\cdots-b_mX_m)^2=\text{最小值}$$

要使 Q 达到最小值，就必须使 b_1，b_2，…，b_m 的偏微分方程皆等于 0，即有

$$\begin{cases}\dfrac{\partial Q}{\partial b_1}=-2\sum(Y-b_1X_1-b_2X_2-\cdots-b_mX_m)X_1=0\\ \dfrac{\partial Q}{\partial b_2}=-2\sum(Y-b_1X_1-b_2X_2-\cdots-b_mX_m)X_2=0\\ \vdots\qquad\qquad\vdots\qquad\qquad\vdots\\ \dfrac{\partial Q}{\partial b_m}=-2\sum(Y-b_1X_1-b_2X_2-\cdots-b_mX_m)X_m=0\end{cases}$$

经整理，得到如下正规方程组（normal equation group）：

$$\begin{cases}b_1\sum X_1^2+b_2\sum X_1X_2+\cdots+b_m\sum X_1X_m=\sum X_1Y\\ b_1\sum X_1X_2+b_2\sum X_2^2+\cdots+b_m\sum X_2X_m=\sum X_2Y\\ \quad\vdots\qquad\qquad\vdots\qquad\qquad\vdots\qquad\qquad\vdots\\ b_1\sum X_1X_m+b_2\sum X_2X_m+\cdots+b_m\sum X_m^2=\sum X_mY\end{cases}$$

由前述知识可知，$\sum X_1^2=SS_1$，$\sum X_2^2=SS_2$，…，$\sum X_m^2=SS_m$；$\sum X_1X_2=SP_{12}$，…，$\sum X_1X_m=SP_{1m}$，$\sum X_2X_m=SP_{2m}$，…；$\sum X_1Y=SP_{1y}$，$\sum X_2Y=SP_{2y}$，…，$\sum X_mY=SP_{my}$。则方程组可表述为

$$\begin{cases}b_1SS_1+b_2SP_{12}+\cdots+b_mSP_{1m}=SP_1\\ b_1SP_{12}+b_2SS_2+\cdots+b_mSP_{2m}=SP_{2y}\\ \quad\vdots\qquad\quad\vdots\qquad\qquad\vdots\qquad\vdots\\ b_1SP_{1m}+b_2SP_{2m}+\cdots+b_mSS_m=SP_{my}\end{cases}\tag{12-6}$$

式（12-6）的方程组可用矩阵（matrix）表示为

$$\begin{pmatrix}SS_1 & SP_{12} & \cdots & SP_{1m}\\ SP_{12} & SS_2 & \cdots & SP_{2m}\\ \vdots & \vdots & & \vdots\\ SP_{1m} & SP_{2m} & \cdots & SS_m\end{pmatrix}\times\begin{pmatrix}b_1\\ b_2\\ \vdots\\ b_m\end{pmatrix}=\begin{pmatrix}SP_{1y}\\ SP_{2y}\\ \vdots\\ SP_{my}\end{pmatrix}\tag{12-7}$$

令 $\boldsymbol{A}=\begin{pmatrix}SS_1 & SP_{12} & \cdots & SP_{1m}\\ SP_{12} & SS_2 & \cdots & SP_{2m}\\ \vdots & \vdots & & \vdots\\ SP_{1m} & SP_{2m} & \cdots & SS_m\end{pmatrix}$，是上述正规方程组的系数矩阵（coefficient matrix），是一个 m 阶对称矩阵（symmetric matrix）；$\boldsymbol{b}=\begin{pmatrix}b_1\\ b_2\\ \vdots\\ b_m\end{pmatrix}$ 是偏回归系数矩阵，称为未知元矩阵（unknown elements matrix)，是 m 阶列矩阵； $\boldsymbol{K}=\begin{pmatrix} SP_{1y} \\ SP_{2y} \\ \vdots \\ SP_{my} \end{pmatrix}$ 称为常数矩阵（constant matrix)，是 m 阶列矩阵。则式（12-7）可写为

$$\boldsymbol{Ab}=\boldsymbol{K} \tag{12-8}$$

求解式（12-8）中 $\boldsymbol{b}$ 的方法有多种，一般可通过 $\boldsymbol{A}$ 的逆矩阵（inverse matrix）$\boldsymbol{A}^{-1}$ 进行计算。令

$$\boldsymbol{A}^{-1}=(c_{ij})_{m\times m}=\begin{pmatrix} c_{11} & c_{12} & \cdots & c_{1m} \\ c_{21} & c_{22} & \cdots & c_{2m} \\ \vdots & \vdots & & \vdots \\ c_{m1} & c_{m2} & \cdots & c_{mm} \end{pmatrix} \tag{12-9}$$

式中，$\boldsymbol{A}^{-1}$ 是一个 m 阶的对称矩阵，即有 $c_{ij}=c_{ji}$，其中元素 c_{ij}（i，$j=1$，2，…，m）在统计学上称为高斯系数（Gauss coefficient)。

由于 $\boldsymbol{A}^{-1}$ 是 $\boldsymbol{A}$ 的逆矩阵，故有

$$\boldsymbol{A}^{-1}\boldsymbol{A}=\boldsymbol{I} \tag{12-10}$$

式中，$\boldsymbol{I}$ 为单位矩阵（identity matrix)，即

$$\boldsymbol{I}=\begin{pmatrix} 1 & 0 & \cdots & 0 \\ 0 & 1 & \cdots & 0 \\ \vdots & \vdots & & \vdots \\ 0 & 0 & \cdots & 1 \end{pmatrix}_{m\times m} \tag{12-11}$$

式（12-8）两边同乘以 $\boldsymbol{A}^{-1}$，可得

$$\boldsymbol{b}=\boldsymbol{A}^{-1}\boldsymbol{K} \tag{12-12}$$

即

$$\begin{pmatrix} b_1 \\ b_2 \\ \vdots \\ b_m \end{pmatrix}=\begin{pmatrix} c_{11} & c_{12} & \cdots & c_{1m} \\ c_{21} & c_{22} & \cdots & c_{2m} \\ \vdots & \vdots & & \vdots \\ c_{m1} & c_{m2} & \cdots & c_{mm} \end{pmatrix}\times\begin{pmatrix} SP_{1y} \\ SP_{2y} \\ \vdots \\ SP_{my} \end{pmatrix} \tag{12-13}$$

由上可知，用此方法计算偏回归系数建立多元线性回归方程，首先要解出系数矩阵 $\boldsymbol{A}$ 的逆矩阵 $\boldsymbol{A}^{-1}$，然后由 $\boldsymbol{A}^{-1}$ 求出 b_i，进而计算出 a。

数理统计中求解线性方程组的方法很多，并不一定要通过求解逆矩阵 $\boldsymbol{A}^{-1}$ 的方法来解。但是在进一步的统计分析中，要用到逆矩阵 $\boldsymbol{A}^{-1}$ 中的元素来进行某些假设检验，这样就使得求解逆矩阵 $\boldsymbol{A}^{-1}$ 成为必要的了。逆矩阵 $\boldsymbol{A}^{-1}$ 可采用表解法，也可以利用计算机统计软件进行运算，本节通过例 12-1，介绍表解法求解 $\boldsymbol{A}^{-1}$。

例 12-1　表 12-2 是广西玉林地区 1956～1963 年三化螟越冬虫口密度（头/ 666.7m^2，取其对数为 x_1)、3～4 月日平均降水量（mm，x_2）和降水天数（d，x_3）与第一代幼虫虫口密度（头/666.7m^2，取其对数为 y）的数据。试建立多元线性回归方程。

表 12-2　三化螟越冬虫口密度、3～4 月日平均降水量、降水天数与第一代幼虫虫口密度

年份	越冬虫口密度		3～4 月日平均降水量（x_2）	3～4 月降水天数（x_3）	第一代幼虫虫口密度	
	头/667m^2	对数值（x_1）			头/667m^2	对数值（y）
1956	637	2.80	1.9	32	366	2.56
1957	1063	3.03	4.6	38	213	2.33
1958	1492	3.17	1.6	18	256	3.35
1959	854	2.93	7.8	38	36	1.56
1960	263	2.42	2.2	27	178	2.25
1961	43	1.63	5.2	33	10	1.00
1962	786	2.90	2.0	29	1262	3.10
1963	525	2.72	1.4	25	299	2.48

（1）根据表 12-2 数据，计算回归分析所用的一二级数据。

一级数据：

$\sum x_1=21.60$　　$\sum x_2=26.70$　　$\sum x_3=240$

$\sum y=18.63$　　$\sum x_1^2=59.9764$　　$\sum x_2^2=126.01$

$\sum x_3^2=7520$　　$\sum y^2=47.4615$　　$\sum x_1x_2=70.592$

$\sum x_1x_3=644.37$　　$\sum x_2x_3=884.8$　　$\sum x_1y=52.2288$

$\sum x_2y=52.932$　　$\sum x_3y=535.69$　　$n=8$

二级数据：

$SS_1=1.6564$　　$SS_2=36.89875$　　$SS_3=320$

$SS_y=4.0769$　　$SP_{12}=-1.498$　　$SP_{13}=-3.63$

$SP_{23}=83.8$　　$SP_{1y}=1.9278$　　$SP_{2y}=-9.24562$

$SP_{3y}=-23.21$　　$\overline{x}_1=2.70$　　$\overline{x}_2=3.3375$

$\overline{x}_3=30$　　$\overline{y}=2.32875$

（2）根据式（12-6）建立三元方程组。

$$\begin{cases}1.65640b_1-1.49800b_2-3.63000b_3=1.92780\\-1.49800b_1+36.89875b_2+83.80000b_3=-9.24562\\-3.63000b_1+83.80000b_2+320.00000b_3=-23.21000\end{cases}$$

其系数矩阵 $\boldsymbol{A}$ 为

$$\boldsymbol{A}=\begin{pmatrix}1.65460 & -1.49800 & -3.63000\\-1.49800 & 36.89875 & 83.80000\\-3.63000 & 83.80000 & 320.00000\end{pmatrix}$$

（3）利用表解法求系数矩阵的逆矩阵 $\boldsymbol{A}^{-1}$（表 12-3）。

表 12-3　表 12-2 数据 A^{-1} 的求解

说明	i	j			K_1	K_2	K_3
		1	2	3			
算阵 **A** (a_{ij})	1	1.65640	−1.49800	−3.63000	1	0	0
	2	−1.49800	36.89875	83.80000	0	1	0
	3	−3.63000	83.80000	320.00000	0	0	1
算阵 **B** (b_{ij})	1	1.656400	−0.904371	−2.191500	0.603719	0	0
	2	−1.498000	35.544000	2.265280	0.025444	0.028134	0
	3	−3.630000	80.517140	129.651000	0.001102	−0.017472	0.007713
A^{-1} (c_{ij})	1	0.626887	0.022948	0.001102			
	2	0.022948	0.067713	−0.017472			
	3	0.001102	−0.017472	0.007713			

第一步：将系数矩阵列入算阵 **A**，将其右边的 K_1、K_2、K_3 列入一个单位矩阵。

第二步：由算阵 **A** 计算得出算阵 **B** 的各个值，其算法按 b_{ij} 所处位置不同分为两种类型。

类型Ⅰ：**B** 阵主对角线及主对角线以下（$i \geqslant j$）的元素 b_{ij} 等于 a_{ij} 减去 b_{ij} 所在行左边（次序由左到右）的 $b_{i.}$ 与所在列上边（由上向下）的 $b_{.j}$ 的依次乘积和，即

$$b_{ij}=a_{ij}-\sum b_{i.}b_{.j} \tag{12-14}$$

当 b_{ij} 左边或上边无数字时，则视为 0。

类型Ⅱ：**B** 阵主对角线以上（$i<j$）的元素 b_{ij} 等于 a_{ij} 减去 b_{ij} 所在行左边的 $b_{i.}$ 与所在列上边的 $b_{.j}$ 的依次乘积和除以主对角线元素 b_{ii}，即

$$b_{ij}=\frac{a_{ij}-\sum b_{i.}b_{.j}}{b_{ii}} \tag{12-15}$$

B 阵第 1 列元素 b_{i1} 属于类型Ⅰ，由于其左边无数值，故 $b_{i.}=0$，$\sum b_{i.}b_{.j}=0$，从而有 $b_{i1}=a_{i1}$。其余按两种类型一般求法计算。因而 **B** 阵的数值计算如下：

$$b_{11}=a_{11}=1.656400$$

$$b_{21}=a_{21}=-1.498000$$

$$b_{31}=a_{31}=-3.630000$$

$$b_{12}=\frac{a_{12}}{b_{11}}=\frac{-1.498000}{1.656400}=-0.904371$$

$$b_{13}=\frac{a_{13}}{b_{11}}=\frac{-3.630000}{1.656400}=-2.191500$$

$$b_{1K_1}=\frac{a_{1K_1}}{b_{11}}=\frac{1}{1.656400}=0.603719$$

$$b_{1K_2}=\frac{a_{1K_2}}{b_{11}}=\frac{0}{1.656400}=0$$

$$b_{1K_3}=\frac{a_{1K_3}}{b_{11}}=\frac{0}{1.656400}=0$$

$$b_{22}=a_{22}-b_{21}b_{12}=36.89875-(-1.498000)\times(-0.904371)=35.544000$$

$$b_{32}=a_{32}-b_{31}b_{12}=83.80000-(-3.630000)\times(-0.904371)=80.517140$$

$$b_{23}=\frac{a_{23}-b_{21}b_{13}}{b_{22}}=\frac{83.80000-(-1.49800)\times(-2.191500)}{35.544000}=2.265280$$

$$\begin{aligned}b_{33}&=a_{33}-b_{31}b_{13}-b_{32}b_{23}\\&=320.00000-(-3.630000)\times(-2.191500)-80.517140\times2.265280=129.651000\end{aligned}$$

$$b_{2K_1}=\frac{a_{2K_1}-b_{21}b_{1K_1}}{b_{22}}=\frac{0-(-1.498000)\times0.603719}{35.544000}=0.025444$$

$$\begin{aligned}b_{3K_1}&=\frac{a_{3K_1}-b_{31}b_{1K_1}-b_{32}b_{2K_1}}{b_{33}}\\&=\frac{0-(-3.630000)\times0.603719-80.517140\times0.025444}{129.651000}=0.001102\end{aligned}$$

$$b_{2K_2}=\frac{a_{2K_2}-b_{21}b_{1K_2}}{b_{22}}=\frac{1-(-1.498000)\times0}{35.544000}=0.028134$$

$$\begin{aligned}b_{3K_2}&=\frac{a_{3K_2}-b_{31}b_{1K_2}-b_{32}b_{2K_2}}{b_{33}}\\&=\frac{0-(-3.630000)\times0-80.517140\times0.028134}{129.651000}=-0.017472\end{aligned}$$

$$b_{2K_3}=\frac{a_{2K_3}-b_{21}b_{1K_3}}{b_{22}}=\frac{0-(-1.49800)\times0}{35.544000}=0$$

$$b_{3K_3}=\frac{a_{3K_3}-b_{31}b_{1K_3}-b_{32}b_{2K_3}}{b_{33}}=\frac{1-3.630000\times0-80.517140\times0}{129.65100}=0.007713$$

第三步：计算逆矩阵 $\boldsymbol{A}^{-1}$ 各元素 c_{ij} 值，可由矩阵 $\boldsymbol{B}$ 和 K_1、K_2、K_3 直接解得 c_{ij}。

由算阵 $\boldsymbol{B}$ 主对角线上方元素和 K_1 得

$$\begin{cases}c_{11}-0.904371c_{12}-2.191500c_{13}=0.603719\\ c_{12}+2.265280c_{13}=0.025444\\ c_{13}=0.001102\end{cases}$$

解之，得

$$c_{13}=b_{3K_1}=0.001102$$

$$c_{12}=b_{2K_1}-b_{23}c_{13}=0.025444-2.26528\times0.001102=0.022948$$

$$\begin{aligned}c_{11}&=b_{1K_1}-b_{12}c_{12}-b_{13}c_{13}=0.603719-(-0.904371)\times0.022948-(-2.191500)\\&\times0.001102=0.626887\end{aligned}$$

由算阵 $\boldsymbol{B}$ 主对角线上方元素和 K_2 得

$$\begin{cases}c_{21}-0.904371c_{22}-2.191500c_{23}=0\\ c_{22}+2.265280c_{23}=0.028134\\ c_{23}=-0.017472\end{cases}$$

解之，得

$$c_{23}=b_{3K_2}=-0.017472$$

$$c_{22}=b_{2K_2}-b_{23}c_{23}=0.028134-2.265280\times(-0.017472)=0.067713$$

$$c_{21}=b_{1K_2}-b_{12}c_{22}-b_{13}c_{23}=0-(-0.904371)\times 0.067713-(-2.191500)\times(-0.017472)$$
$$=0.022948$$

由算阵 $\boldsymbol{B}$ 主对角线上方元素和 K_3 得

$$\begin{cases} c_{31}-0.904371c_{32}-2.191500c_{33}=0 \\ c_{32}+2.265280c_{33}=0 \\ c_{33}=0.007713 \end{cases}$$

解之，得

$$c_{33}=b_{3K_3}=0.007713$$

$$c_{32}=b_{2K_3}-b_{23}c_{33}=0-2.265280\times 0.007713=-0.017472$$

$$c_{31}=b_{1K_3}-b_{12}c_{32}-b_{13}c_{33}=0-(-0.904371)\times(-0.017472)-(-2.191500)\times 0.007713$$
$$=0.001102$$

因而，可以得到

$$\boldsymbol{A}^{-1}=\begin{pmatrix} 0.626887 & 0.022948 & 0.001102 \\ 0.022948 & 0.067713 & -0.017472 \\ 0.001102 & -0.017472 & 0.007713 \end{pmatrix}$$

（4）求偏回归系数和回归截距，建立多元线性回归方程。根据式（12-13），有

$$\begin{pmatrix} b_1 \\ b_2 \\ b_3 \end{pmatrix}=\begin{pmatrix} 0.626887 & 0.022948 & 0.001102 \\ 0.022948 & 0.067713 & -0.017472 \\ 0.001102 & -0.017472 & 0.007713 \end{pmatrix}\begin{pmatrix} 1.92780 \\ -9.24562 \\ -23.21000 \end{pmatrix}$$

解之，得：$b_1=0.9708$，$b_2=-0.1763$，$b_3=-0.01534$。由式（12-5）得

$$a=\bar{y}-b_1\bar{x}_1-b_2\bar{x}_2-b_3\bar{x}_3$$
$$=2.32875-0.9708\times 2.70-(-0.1763)\times 3.3375-(-0.01534)\times 30=0.7562$$

将 a、b_1、b_2、b_3 代入式（12-4），得到三化螟第一代幼虫虫口密度三元线性回归方程：

$$\hat{y}=0.7562+0.9708x_1-0.1763x_2-0.01534x_3$$

三、多元线性回归检验和置信区间

由样本计算得到的偏回归系数 b_i 是总体偏回归系数 β_i 的估计值。如果总体偏回归系数 $\beta_i=0$，由于抽样误差，仍可使样本估计的偏回归系数 $b_i\neq 0$。因此，与直线回归相同，对所建立的多元线性回归方程需要进行统计学假设检验，以判断它是否有意义。多元线性回归假设检验有两个内容，即多元线性回归方程的假设检验和偏回归系数的假设检验。

（一）多元线性回归方程的假设检验

多元线性回归方程的假设检验是检验 m 个自变量 x_1、x_2、…、x_m 对依变量 y 的综合效应是否显著，即检验依变量 y 与多个自变量 x_1、x_2、…、x_m 间的线性回归方程是否成立。其原理和方法与直线回归关系的假设检验是一样的。

1．平方和分解　与直线回归分析一样，多元线性回归中依变量 y 的总变异平方和可以分解为回归平方和与离回归平方和。

（1）总平方和 SS_y。多元回归中依变量 y 的总变异平方和，为依变量 y 的离均差平方和，

反映了 y 的总变异。总平方和可记作 SS_y 或 $SS_{总}$ 或 SS_T：

$$SS_y=\sum(y-\overline{y})^2=SS_{回归}+SS_{离回归}=U_{y/12\cdots m}+Q_{y/12\cdots m}$$

（2）回归平方和 $SS_{回归}$。回归平方和 $SS_{回归}$，反映了由于 y 与 x_1、x_2、…、x_m 间存在线性关系所引起的变异，是 y 受 m 个自变量综合线性影响所引起的变异。回归平方和可记作 $SS_{回归}$ 或 SS_r 或 $U_{y/12\cdots m}$。

$$SS_{回归}=U_{y/12\cdots m}=\sum(\hat{y}-\overline{y})^2=b_1SP_{1y}+b_2SP_{2y}+\cdots+b_mSP_{my} \quad (12\text{-}16)$$

（3）离回归平方和 $SS_{离回归}$。离回归平方和 $SS_{离回归}$，反映了除 y 与 x_1、x_2、…、x_m 间存在线性关系以外的其他因素（包括随机误差）所引起的变异，是实际观测值 y 与多元回归方程的点估计值 $\hat{y}$ 差值的平方和。离回归平方和可记作 $SS_{离回归}$ 或 SS_e 或 $Q_{y/12\cdots m}$。

$$SS_{离回归}=Q_{y/12\cdots m}=\sum(y-\hat{y})^2=SS_y-U_{y/12\cdots m} \quad (12\text{-}17)$$

2．自由度分解　多元线性回归分析中，总自由度 df_y 也可以分解为回归自由度 df_r 和离回归自由度 df_e。方程中有 m 个自变量，其回归自由度为 m；在计算多元回归方程时，已使用 a、b_1、b_2、…、b_m 共 $m+1$ 个统计数，因而离回归的自由度为 $n-m-1$。即

总自由度：$df_y=n-1$

回归自由度：$df_r=m$

离回归自由度：$df_e=n-(m+1)=n-m-1$

3．离回归标准误　多元线性回归分析中，离回归均方的平方根称为离回归标准误，表示为

$$s_{y/12\cdots m}=\sqrt{\frac{Q_{y/12\cdots m}}{n-m-1}} \quad (12\text{-}18)$$

离回归标准误即回归估计值 $\hat{y}$ 与实测值 y 的偏离程度，常用来表示回归方程的偏离度。离回归标准误小，表明各个观测点靠近回归平面，回归方程的偏离度小；反之，表示回归方程的偏离度大。因此，$s_{y/12\cdots m}$ 可以表示回归的精确度。

例 12-2　计算例 12-1 所建立的三元一次回归方程的离回归标准误。

前面已经求得：$b_1=0.9708$，$b_2=-0.1763$，$b_3=-0.01534$，$SS_y=4.0769$，$SP_{1y}=1.9278$，$SP_{2y}=-9.24562$，$SP_{3y}=-23.21$。因而有

$$\begin{aligned}U_{y/123}&=b_1SP_{1y}+b_2SP_{2y}+b_3SP_{3y}\\&=0.9708\times1.9278+(-0.1763)\times(-9.24562)+(-0.01534)\times(-23.21)=3.8576\end{aligned}$$

$$Q_{y/123}=SS_y-U_{y/123}=4.0769-3.8576=0.2193$$

$$s_{y/123}=\sqrt{\frac{Q_{y/123}}{n-m-1}}=\sqrt{\frac{0.2193}{8-3-1}}=0.2341\ (头/667\text{m}^2)$$

即三化螟第一代幼虫虫口密度三元线性回归方程 $\hat{y}=0.7562+0.9708x_1-0.1763x_2-0.01534x_3$ 的离回归标准误为 0.2341。

4．*F* 检验　提出假设：H_0：$\beta_1=\beta_2=\cdots=\beta_m=0$；$H_A$：$\beta_1$，$\beta_2$，…，$\beta_m$ 不全为 0。

计算 F 值：

$$F=\frac{\dfrac{U_{y/12\cdots m}}{m}}{\dfrac{Q_{y/12\cdots m}}{n-m-1}} \quad (12\text{-}19)$$

当 H_0 成立时，由式（12-19）计算出来的 F 值，服从 $F_{(m,\ n-m-1)}$ 分布。如果 $F \geqslant F_{\alpha(m,\ n-m-1)}$，则在 α 水平上拒绝 H_0、接受 H_A，认为 m 个自变量 x_1、x_2、…、x_m 中至少有一个变量与依变量 y 之间存在线性回归关系。否则，在 α 水平上接受 H_0，认为依变量 y 与所有 m 个自变量 x_1、x_2、…、x_m 均不存在线性回归关系。

F 检验的过程实质上就是方差分析的过程，可以结合方差分析表（表 12-4）进行。

表 12-4　多元线性回归方程的方差分析表

变异来源	df	SS	s^2	F	显著性
回归	$df_r=m$	SS_r	s_r^2	s_r^2/s_e^2	$F_{\alpha(m,\ n-m-1)}$
离回归	$df_e=n-m-1$	SS_e	s_e^2		
总变异	$df_y=n-1$	SS_y			

例 12-3　试对例 12-1 数据做多元线性回归关系的假设检验。

根据前面已有结果，列出方差分析表（表 12-5）。

表 12-5　例 12-1 数据三元线性回归关系的方差分析表

变异来源	df	SS	s^2	F	$F_{0.05}$	$F_{0.01}$
回归	3	3.8576	1.2859	23.4653**	6.59	16.69
离回归	4	0.2193	0.0548			
总变异	7	4.0769				

计算 F 值：

$$F=\frac{\dfrac{U_{y/123}}{m}}{\dfrac{Q_{y/123}}{n-m-1}}=\frac{\dfrac{3.8576}{3}}{\dfrac{0.2193}{8-3-1}}=23.4653^{**}$$

因为 $F>F_{0.01}$，故应拒绝 H_0，接受 H_A，所做推断为：第一代幼虫虫口密度依越冬虫口密度、3～4 月日平均降水量和 3～4 月降水天数的三元线性回归方程达到极显著水平。

5．多元线性回归方程假设检验需要注意的问题

（1）多元线性回归关系的显著性检验，考察的是所有自变量对依变量 y 的综合影响是否显著。

（2）多元线性回归关系显著不排斥有更合理的多元非线性回归方程的存在。

（3）多元线性回归关系显著不排斥其中存在着与依变量 y 无线性关系的自变量，因此有必要对各偏回归系数逐个进行假设检验。因为 H_A 是 β_1，β_2，…，β_m 不全等于 0，它并未肯定所有的 $\beta_i \neq 0$，必须逐一对各偏回归系数做假设检验，才能发现和剔除 $\beta=0$ 的自变量。一般来说，只有当多元回归方程自变量的偏回归系数均达到显著时，多元回归检验的 F 值才有确定的意义。

（二）偏回归系数的假设检验

多元线性回归方程有统计学意义时，表明从总的情况来看，依变量 y 与 m 个自变量 x_1、

x_2、…、x_m之间存在线性回归关系，但这并不表明方程中每一个自变量与依变量 y 均有线性回归关系。此时可通过对每一个偏回归系数进行检验来判断哪些自变量与依变量 y 有线性回归关系。如果某一自变量 x_i 对依变量 y 的线性回归关系不显著，则在回归模型中偏回归系数 β_i 应为 0。

偏回归系数的假设检验就是检验自变量 x_i 对依变量 y 的单独效应是否显著，要分别计算各偏回归系数 b_i 来自 $\beta_i=0$ 的总体的概率。偏回归系数检验的假设如下：H_0：$\beta_i=0$；H_A：$\beta_i\neq 0$。偏回归系数的假设检验方法有 t 检验和 F 检验两种，这两种方法是等价的。

1. *t* 检验 偏回归系数 b_i 的标准误为

$$s_{b_i}=s_{y/12\cdots m}\sqrt{c_{ii}} \tag{12-20}$$

式中，$s_{y/12\cdots m}$ 为多元线性回归方程的估计标准误（离回归标准误）；c_{ii} 为高斯系数，是正规方程组系数矩阵的逆矩阵 $\boldsymbol{A}^{-1}=\boldsymbol{C}$ 的主对角线元素。

由于 $t=\dfrac{b_i-\beta_i}{s_{b_i}}$ 符合 $df=n-m-1$ 的 t 分布，在 H_0：$\beta_i=0$ 的假设下，由

$$t=\frac{b_i}{s_{b_i}} \tag{12-21}$$

可知 b_i 抽自 $\beta_i=0$ 的总体的概率。

2. *F* 检验 多元线性回归中，$U_{y/12\cdots m}$ 总是随着 m 的增加而增加，绝不会减少（这是由于应用最小平方和方法的缘故）。如果去掉一个自变量 x_i，则 $U_{y/12\cdots(m-1)}$ 要比 $U_{y/12\cdots m}$ 减少 U_i：

$$U_i=\frac{b_i^2}{c_{ii}} \tag{12-22}$$

式中，U_i 称为 y 在 x_i 上的偏回归平方和，是自变量 x_i 对回归平方和的贡献。显然，U_i 就是由于引入 x_i 而增加的回归平方和部分，称为偏回归平方和，其自由度为 1。得到偏回归平方和 U_i 后，可由

$$F=\frac{U_i}{\dfrac{Q_{y/12\cdots m}}{n-m-1}} \tag{12-23}$$

确定 b_i 来自 $\beta_i=0$ 的总体的概率，即对偏回归系数 b_i 进行显著性检验。

例 12-4 试检验例 12-1 数据所建立的多元回归方程中的 3 个偏回归系数（$b_1=0.9708$，$b_2=-0.1763$，$b_3=-0.01534$）的显著性。

（1）t 检验。由前面计算可知，$c_{11}=0.626887$，$c_{22}=0.067713$，$c_{33}=0.007713$，$s_{y/123}=0.2341$。

对 b_1：H_0：$\beta_1=0$；H_A：$\beta_1\neq 0$。其 s_{b_1} 和 t 值为

$$s_{b_1}=s_{y/123}\sqrt{c_{11}}=0.2341\times\sqrt{0.626887}=0.1854$$

$$t=\frac{b_1}{s_{b_1}}=\frac{0.9708}{0.1854}=5.2362^{**}$$

对 b_2：H_0：$\beta_2=0$；H_A：$\beta_2\neq 0$。其 s_{b_2} 和 t 值为

$$s_{b_2}=s_{y/123}\sqrt{c_{22}}=0.2341\times\sqrt{0.067713}=0.06092$$

$$t=\frac{b_2}{s_{b_2}}=\frac{-0.1763}{0.06092}=-2.8940^{*}$$

对 b_3：H_0：$\beta_3=0$；H_A：$\beta_3\neq0$。其 s_{b_3} 和 t 值为

$$s_{b_3}=s_{y/123}\sqrt{c_{33}}=0.2341\times\sqrt{0.007713}=0.02056$$

$$t=\frac{b_3}{s_{b_3}}=\frac{-0.01534}{0.02056}=-0.7461$$

由 t 值表，可知 $t_{0.05(4)}=2.776$，$t_{0.01(4)}=4.604$，由于检验 b_1 的 $t=5.2362>t_{0.01}$，检验 b_2 的$|t|=2.8940>t_{0.05}$，故否定 H_0：$\beta_1=0$ 和 H_0：$\beta_2=0$；由于检验 b_3 的$|t|=0.7467<t_{0.05}$，故接受 H_0：$\beta_3=0$。因此，推断如下：越冬虫口密度对三化螟第一代幼虫虫口密度的偏回归系数达极显著水平，3～4 月日平均降水量对三化螟第一代幼虫虫口度的偏回归系数达显著水平，3～4 月降水天数与三化螟第一代幼虫虫口密度偏回归系数未达显著水平。

（2）F 检验。由式（12-22）计算各自变量的偏回归平方和：

因 x_1 的偏回归平方和：$U_1=\frac{b_1^2}{c_{11}}=\frac{0.9708^2}{0.626887}=1.5034$

因 x_2 的偏回归平方和：$U_2=\frac{b_2^2}{c_{22}}=\frac{(-0.1763)^2}{0.067713}=0.4590$

因 x_3 的偏回归平方和：$U_3=\frac{b_3^2}{c_{33}}=\frac{(-0.01534)^2}{0.007713}=0.0305$

由偏回归关系的方差分析表（表 12-6）可以看出，x_1 的偏回归系数的 F 值达到了极显著水平，x_2 的偏回归系数的 F 值达显著水平，x_3 的偏回归系数的 F 值不显著，这与上述 t 检验结果是相同的。

表 12-6　例 12-1 数据偏回归关系的方差分析

变异来源	df	SS	s^2	F	$F_{0.05}$	$F_{0.01}$
三元线性回归	3	3.8576	1.2859	23.4653**	6.59	16.69
因 x_1 的偏回归	1	1.5034	1.5034	27.4343**	7.71	21.20
因 x_2 的偏回归	1	0.4590	0.4590	8.3759*	7.71	21.20
因 x_3 的偏回归	1	0.0305	0.0305	0.5566	7.71	21.20
离回归	4	0.2193	0.0548			
总变异	8	4.0769				

对偏回归系数进行检验后，若方程中有自变量的偏回归系数无统计学意义，可将这些自变量逐个剔除（首先剔除最无统计学意义的自变量），重新建立多元回归方程。如此往复，直至无统计学意义的自变量均剔除。这部分内容将在第 13 章进行介绍。

3．偏回归系数假设检验需要注意的问题

（1）对各偏回归系数进行 F 检验时，其分子自由度为 1，故 F 平方根值等于相应的 t 绝对值。数学证明如下：

$$\sqrt{F}=\sqrt{\frac{U_i}{\frac{Q_{y/12\cdots m}}{n-m-1}}}=\sqrt{\frac{\frac{b_i^2}{c_{ii}}}{s_{y/12\cdots m}^2}}=\sqrt{\frac{b_i^2}{s_{b_i}^2}}=|t| \tag{12-24}$$

从以上计算的各偏回归系数假设检验的 t 值和 F 值来看，其各自的 t^2 值和 F 值基本一样（其误差系四舍五入所致），所以对偏回归系数的 t 检验和 F 检验结果是一样的，实际应用时可任选一种。

（2）对偏回归系数进行 F 检验时，偏回归平方和的总和有时会不等于多元回归的平方和。如表 12-6 中，3 个偏回归平方和的总和不等于三元回归的平方和，这并非计算错误，它表明该多元回归方程中的各自变量并非完全独立，即 $r_{ij}\neq 0$。

在 m 元线性回归中，如果各自变量间没有相关，即 $r_{ij}=0$（i，$j=1$，2，…，m），则

$$U_{y/12\cdots m}=\sum_{i=1}^{m}U_i \tag{12-25}$$

如果各自变量间有着不同程度的相关，即 $r_{ij}\neq 0$，则

$$U_{y/12\cdots m}\neq\sum_{i=1}^{m}U_i \tag{12-26}$$

这是由于自变量间的相关使其对 y 的作用发生了改变。以两个自变量 x_1 和 x_2 为例，若其相关系数等于 0，即 $r_{12}=0$，则一定是

$$U_{y/12}=U_1+U_2$$

若 $r_{12}>0$，则

$$U_{y/12}>U_1+U_2$$

若 $r_{12}<0$，则

$$U_{y/12}<U_1+U_2$$

标准化偏回归系数

（3）偏回归系数虽然表示了某个自变量与依变量的关系，但不同偏回归系数之间无法直接进行比较。如果对偏回归系数进行标准化处理，得到标准化偏回归系数，就可以进行直接比较了。

（三）多元线性回归的区间估计

多元线性回归中依变量 y 的估计一般有以下两种。

（1）对各自变量的一组取值所对应的 y 总体平均数 $\mu_{y/12\cdots m}$ 的估计。$\mu_{y/12\cdots m}$ 的置信区间可用式（12-27）估计：

$$\hat{y}\pm t_{\alpha(n-m-1)}s_{y/12\cdots m}\sqrt{\frac{1}{n}+\sum_i c_{ii}(x_i-\overline{x}_i)^2+2\sum_{i<j}c_{ij}(x_i-\overline{x}_i)(x_j-\overline{x}_j)} \tag{12-27}$$

（2）对各自变量的一组取值所对应的单个 y 的估计。单个 y 的置信区间可用式（12-28）估计：

$$\hat{y}\pm t_{\alpha(n-m-1)}s_{y/12\cdots m}\sqrt{1+\frac{1}{n}+\sum_i c_{ii}(x_i-\overline{x}_i)^2+2\sum_{i<j}c_{ij}(x_i-\overline{x}_i)(x_j-\overline{x}_j)} \tag{12-28}$$

例 12-5　对例 12-1 数据在 95%的置信度下估计出当 $x_1=2.5$、$x_2=3.0$、$x_3=30$ 时，三化螟第一代幼虫虫口密度平均值 95%的置信区间；若某年份的 3 个影响因素为这些值时，估计其第一代幼虫虫口密度 95%的置信区间。

（1）将自变量取值代入线性回归方程。将 $x_1=2.5$、$x_2=3.0$、$x_3=30$ 代入三化螟第一代幼虫虫口密度三元线性回归方程 $\hat{y}=0.7562+0.9708x_1-0.1763x_2-0.01534x_3$，得

$$\hat{y}=0.7562+0.9708\times2.5-0.1763\times3.0-0.01534\times30=2.1941$$

（2）$\mu_{y/123}$ 的置信区间。

$$\begin{aligned}\sum c_{ii}(x_i-\overline{x}_i)^2&=0.626887\times(2.5-2.70)^2+0.067713\times(3.0-3.3375)^2\\&\quad+0.007713\times(30-30)^2=0.03279\end{aligned}$$

$$\begin{aligned}2\sum_{i<j}c_{ij}(x_i-\overline{x}_i)(x_j-\overline{x}_j)&=2\times0.022948\times(2.5-2.70)\times(3.0-3.3375)\\&\quad+2\times0.001102\times(2.5-2.70)\times(30-30)\\&\quad+2\times(-0.017472)\times(3.0-3.3375)\times(30-30)\\&=0.003098\end{aligned}$$

查 t 值表，得 $t_{0.05(8-3-1)}=2.776$，因此有

$$\begin{aligned}&\hat{y}\pm t_{0.05}s_{y/123}\sqrt{\frac{1}{n}+\sum_i c_{ii}(x_i-\overline{x}_i)^2+2\sum_{i<j}c_{ij}(x_i-\overline{x}_i)(x_j-\overline{x}_j)}\\&=2.1941\pm2.776\times0.2341\times\sqrt{\frac{1}{8}+0.03279+0.003098}=2.1941\pm0.2607\end{aligned}$$

即当 $x_1=2.5$、$x_2=3.0$、$x_3=30$ 时，三化螟第一代幼虫虫口密度（对数值）平均值的 95%置信区间为（1.9334，2.4548）。

（3）单个 y 的置信区间。

$$\begin{aligned}&\hat{y}\pm t_{0.05}s_{y/123}\sqrt{1+\frac{1}{n}+\sum_i c_{ii}(x_i-\overline{x}_i)^2+2\sum_{i<j}c_{ij}(x_i-\overline{x}_i)(x_j-\overline{x}_j)}\\&=2.1941\pm2.776\times0.2341\times\sqrt{1+\frac{1}{8}+0.03279+0.003098}=2.1941\pm0.7002\end{aligned}$$

即某年份 $x_1=2.5$、$x_2=3.0$、$x_3=30$ 时，该年份三化螟第一代幼虫虫口密度（对数值）95%置信区间为（1.4939，2.8943）。

如果用三化螟第一代幼虫虫口密度的绝对数（头/667m^2）表示，需将上述其上、下限进行转换，即将上、下限值作为 10 的指数。当 $x_1=2.5$、$x_2=3.0$、$x_3=30$ 时，三化螟第一代幼虫虫口密度（头/667m^2）平均值的 95% 置信区间为（85.7828，284.9706）；当某年份的影响因素为这些值时，该年份三化螟第一代幼虫虫口密度（头/667m^2）95%置信区间为（31.1817，783.9710）。

第二节　多元相关分析

一、多元相关分析及其假设检验

（一）多元相关系数

多元相关或复相关（multiple correlation）是指一个变量与另一组变量的相关。从相关关

系的性质来看，多元相关并无自变量和依变量之分。但在实际应用时，多元相关分析常与多元线性回归分析联系在一起，表述为 m 个自变量和依变量的总相关。

多元相关系数又称为复相关系数（multiple correlation coefficient），它是表示依变量 y 和多个自变量 x_1、x_2、…、x_m 的线性关系的密切程度，以 $R_{y/12\cdots m}$ 表示，称为依变量 y 与 m 个自变量的多元相关系数，也是实际观测值 y 与 $\hat{y}$ 之间的相关系数，其计算公式为

$$R_{y/12\cdots m}=\sqrt{\frac{U_{y/12\cdots m}}{SS_y}} \tag{12-29}$$

即多元相关系数 $R_{y/12\cdots m}$ 为多元回归平方和 $U_{y/12\cdots m}$ 与总变异平方和 SS_y 之比的平方根。$U_{y/12\cdots m}$ 占 SS_y 的比例越大，$R_{y/12\cdots m}$ 值就越高，表明 y 和 m 个自变量的总相关越密切。

由于 $R_{y/12\cdots m}$ 为 SS_y 的一部分，故 $R_{y/12\cdots m}$ 的取值区间为［0，1］。在一定的自由度下，$R_{y/12\cdots m}$ 的值越接近于 1，总相关关系越密切；越接近于 0，总相关关系越不密切。由于多元回归平方和一定大于任意一个自变量 x_i 对 y 的回归平方和，故多元相关系数一定比各自变量与 y 的简单相关系数的绝对值都大。为方便起见，多元相关系数 $R_{y/12\cdots m}$ 简记为 R。它表示 y 和多个自变量 x_1、x_2、…、x_m 总的密切程度的量值。

多元相关系数的平方称为多元决定系数（multiple determination coefficient），也称为多元相关指数（multiple correlation index），记作 $R^2_{y/12\cdots m}$ 或 R^2：

$$R^2_{y/12\cdots m}=\frac{U_{y/12\cdots m}}{SS_y} \tag{12-30}$$

它是多元回归平方和 $U_{y/12\cdots m}$ 占 y 的总变异平方和 SS_y 的比率，是估计多元回归方程拟合程度的度量，表示用回归方程进行预测和控制的可靠程度。

（二）多元相关系数的假设检验

多元相关系数的显著性与多元回归方程的显著性一致，即 $R_{y/12\cdots m}$ 显著，多元回归方程必显著。对于同一数据，多元相关系数的假设检验与回归关系的假设检验是等价的，假设检验只需要进行一种。多元相关系数的假设检验可采用 F 检验和查 R_α 值法。

1. *F* 检验　设 ρ 为依变量 y 与 x_1、x_2、…、x_m 的总体多元相关系数。F 检验的假设为 H_0：$\rho=0$；H_A：$\rho\neq0$。其 F 值为

$$F=\frac{(n-m-1)\ R^2}{m(1-R^2)} \tag{12-31}$$

式（12-31）中，F 服从 $F_{(m,\ n-m-1)}$ 分布。如果 $F_R>F_{\alpha(m,\ n-m-1)}$，否定 H_0，接受 H_A，即 y 与 x_1、x_2、…、x_m 的总体多元相关系数在 α 水平上显著；否则，在 α 水平上不显著。

多元相关系数假设检验的 F 值与多元线性回归关系假设检验的 F 值是一样的。多元线性回归方程显著性检验，采用 F 检验时，$F=\dfrac{\frac{U_{y/12\cdots m}}{m}}{\frac{Q_{y/12\cdots m}}{n-m-1}}$ 服从 $F_{(m,\ n-m-1)}$ 分布。因为，$U=R^2\times SS_y$，$Q=SS_y-U=(1-R^2)\times SS_y$，则有

$$F=\frac{\frac{U_{y/12\cdots m}}{m}}{\frac{Q_{y/12\cdots m}}{n-m-1}}=\frac{\frac{R^2\times SS_y}{m}}{\frac{(1-R^2)\times SS_y}{n-m-1}}=\frac{n-m-1}{m}\times\frac{R^2}{(1-R^2)}$$

多元回归中，当自变量个数增加时，会降低误差平方和 SS_e，使 SS_r 变大，从而使 R^2 被高估。为避免增加自变量而高估 R^2，可用样本量 n 和自变量个数 m 计算出修正的多重判定系数 R_α^2 进行判断。

修正的多重判定系数

2．R_α 值法　在 $df_r=m$、$df_e=n-m-1$ 确定时，给定显著水平下 α 的 F 值也是确定的。将式（12-31）移项整理，可得显著水平为 α 时的临界 R_α 值：

$$R_\alpha=\sqrt{\frac{m\times F_\alpha}{m\times F_\alpha+(n-m-1)}}\tag{12-32}$$

计算所得 R 值与 R_α 值进行比较：若 $R>R_\alpha$，表明相关关系显著，线性回归方程有效；否则，表示相关关系不显著，回归效果不好，需要重新选择模型进行回归分析。

根据离回归自由度（$df_e=n-m-1$）、显著性水平（α）、变量（包括依变量和自变量）个数 M（$M=m+1$）可计算式（12-32）临界 R_α 值，这些值如附表 13 所示。

例 12-6　试计算表 12-2 所给数据中 y 与 x_1、x_2、x_3 的多元相关系数并进行假设检验。

已知 $SS_y=4.0769$，$U_{y/123}=3.8576$，根据式（12-29）和式（12-31），则有

$$R_{y/123}=\sqrt{\frac{U_{y/123}}{SS_y}}=\sqrt{\frac{3.8576}{4.0769}}=0.9727$$

$$F=\frac{(n-m-1)\ R^2}{m(1-R^2)}=\frac{4\times0.9727^2}{3\times(1-0.9727^2)}=23.4246^{**}$$

查附表 5，$F_{0.01(3,\ 4)}=16.69$，故接受 H_A：$\rho\neq0$。推断：$R_{y/123}$ 达极显著水平。

复相关系数 $R_{y/123}=0.9727$ 的显著性也可用临界 R_α 值检验。由式（12-32），有

$$R_{0.01}=\sqrt{\frac{mF_{0.01}}{mF_{0.01}+(n-m-1)}}=\sqrt{\frac{3\times16.69}{3\times16.69+4}}=0.962$$

由于 $R_{y/123}=0.9727>R_{0.01}=0.962$，所以 $R_{y/123}$ 达极显著水平。

本例中，$df=4$，$M=3+1=4$，查附表 13，$R_{0.01}=0.962$，与上述计算结果一致。本例的决定系数为 $R_{y/123}^2=0.9461$，表示表 12-2 数据中三化螟第一代幼虫虫口密度有 94.61%可由越冬虫口密度、3～4 月日平均降水量和 3～4 月降水天数的变异决定。

二、偏相关分析

在生物学研究中，任何两个变量间的相关经常会受到其他变量的影响。为消除这些影响，使两个变量间的相关关系能得到真实的反映，必须在排除其他变量影响的情况下进行两个变量间的相关分析，这种排除其他变量影响下的两个变量间的相关分析称为偏相关分析（partial correlation analysis）。

（一）偏相关系数

在其他变量保持一定时，表示指定的两个变量之间相关密切程度的度量值称为偏相关系数（partial correlation coefficient）。没有固定其他变量而得到的两个变量间的相关系数称为零级偏相关系数，即简单相关系数（直线相关系数）。由于两个变量间的简单相关系数包含了未固定变量的影响，其反映的是两个相关变量间的“综合”线性相关关系。

偏相关系数的取值范围和简单相关系数一样，也是［−1，1］。M 个变量共有 $\frac{1}{2}M(M-1)$ 个偏相关系数。偏相关系数用 r 加下标表示，有一级偏相关系数、二级偏相关系数、多级偏相关系数等。

1．一级偏相关系数　设有 3 个变量 x_1、x_2、x_3，有 n 组数据，固定其中 1 个变量，另外 2 个变量的相关系数称为一级偏相关系数。一级偏相关系数共有 3 个，表示如下。

（1）$r_{12\cdot3}$ 表示 x_3 保持一定时，x_1 和 x_2 的偏相关系数。

（2）$r_{13\cdot2}$ 表示 x_2 保持一定时，x_1 和 x_3 的偏相关系数。

（3）$r_{23\cdot1}$ 表示 x_1 保持一定时，x_2 和 x_3 的偏相关系数。

2．二级偏相关系数　设有 4 个变量 x_1、x_2、x_3、x_4，有 n 组数据，固定其中 2 个变量后，另外 2 个变量的相关系数称为二级偏相关系数。二级偏相关系数共有 6 个，即 $r_{12\cdot34}$、$r_{13\cdot24}$、$r_{14\cdot23}$、$r_{23\cdot14}$、$r_{24\cdot13}$、$r_{34\cdot12}$。

3．M−2 级偏相关系数　设有 M 个变量 x_1、x_2、…、x_m，有 n 组数据，固定其中 M−2 个变量时，2 个变量 x_i、x_j 的相关系数称为 M−2 级偏相关系数。M−2 级偏相关系数共有 $M(M-2)$ 个。

偏相关系数和偏回归系数的意义相似。偏回归系数是在其他 M−1 个自变量都保持一定时，指定的某一自变量 x_i 对依变量 y 的线性影响效应；偏相关系数则表示在其他 M−2 个变量都保持一定时，指定的两个变量间相关的密切程度和性质。

（二）偏相关系数的一般解法

偏相关系数的一般解法可分 3 步进行。

（1）计算由简单相关系数 r_{ij}（i，j=1，2，…，m）构成的相关矩阵 $\boldsymbol{R}$。

$$\boldsymbol{R}=(r_{ij})_{m\times m}=\begin{pmatrix} r_{11} & r_{12} & \cdots & r_{1m} \\ r_{21} & r_{22} & \cdots & r_{2m} \\ \vdots & \vdots & & \vdots \\ r_{m1} & r_{m2} & \cdots & r_{mm} \end{pmatrix}$$

$\boldsymbol{R}$ 中的主对角线元素为 r_{ii}。在 m 元线性回归分析中，有 x_1、x_2、…、x_m 个自变量。对其进行相关分析时，变量个数为 $M=m+1$（m 个自变量和 1 个依变量）。

（2）求其逆矩阵 $\boldsymbol{R}^{-1}$。

$$\boldsymbol{R}^{-1}=(C_{ij})_{m\times m}=\begin{pmatrix} c_{11} & c_{12} & \cdots & c_{1m} \\ c_{21} & c_{22} & \cdots & c_{2m} \\ \vdots & \vdots & & \vdots \\ c_{m1} & c_{m2} & \cdots & c_{mm} \end{pmatrix}$$

（3）计算变量 x_i 与 x_j 的 $M-2$ 级偏相关系数。

$$r_{ij\cdot}=\frac{-c_{ij}}{\sqrt{c_{ii}c_{jj}}} \tag{12-33}$$

例 12-7　试计算例 12-1 数据变量 x_1、x_2、x_3 和 y 的偏相关系数。

（1）求相关矩阵 $\boldsymbol{R}$。

$$\boldsymbol{R}=\begin{pmatrix} 1 & -0.191612 & -0.157670 & 0.741847 \\ -0.191612 & 1 & 0.771193 & -0.753814 \\ -0.157670 & 0.771193 & 1 & -0.642592 \\ 0.741847 & -0.753814 & -0.642592 & 1 \end{pmatrix}$$

（2）用表解法求相关矩阵的逆矩阵 $\boldsymbol{R}^{-1}$（表 12-7）。

表 12-7　例 12-1 数据（设 $y=x_4$）相关矩阵的逆矩阵计算

说明	i	j				K_1	K_2	K_3	K_4
		1	2	3	4				
算阵 $\boldsymbol{A}$	1	1	−0.191612	−0.157670	0.741847	1	0	0	0
	2	−0.191612	1	0.771193	−0.753814	0	1	0	0
	3	−0.157670	0.771193	1	−0.642592	0	0	1	0
	4	0.741847	−0.753814	−0.642592	1	0	0	0	1
算阵 $\boldsymbol{B}$	1	1	−0.191612	−0.157670	0.741847	1	0	0	0
	2	−0.191612	0.963285	0.769224	−0.634981	0.198915	1.038115	0	0
	3	−0.157670	0.740982	0.405160	−0.136035	0.025367	−1.898570	2.468163	0
	4	0.741847	−0.611667	−0.055116	0.053769	−11.508200	9.863374	2.530020	18.598250
$\boldsymbol{A}^{-1}$（c_{ij}）	1	8.159410	−5.923845	−1.540157	−11.508200				
	2	−5.923845	7.729471	−0.556802	9.863374				
	3	−1.540157	−0.556802	2.812336	2.530020				
	4	−11.508200	9.863374	2.530020	18.598250				

（3）计算偏相关系数。

$$r_{12\cdot 3y}=\frac{-(-5.923845)}{\sqrt{8.159410\times 7.729471}}=0.7459$$

同理，$r_{13\cdot 2y}=0.3215$，$r_{23\cdot 1y}=0.1194$，$r_{1y\cdot 23}=0.9342$，$r_{2y\cdot 13}=-0.8226$，$r_{3y\cdot 12}=-0.3498$。

（三）偏相关系数的间接解法

1．一级偏相关系数的计算　当只有 3 个变量时，可以用简单相关系数间接计算偏相关系数。设 3 个变量为 x_i、x_j 和 x_k，则 x_k 保持一定时，x_i 和 x_j 间的偏相关系数为

$$r_{ij\cdot k}=\frac{r_{ij}-r_{ik}r_{jk}}{\sqrt{(1-r_{ik}^2)(1-r_{jk}^2)}} \tag{12-34}$$

$r_{ik\cdot j}$ 和 $r_{jk\cdot i}$ 可依此类推。

2．二级偏相关系数的计算　对于 4 个变量的偏相关系数，也可以用低一级偏相关系

数间接进行计算，若 4 个变量分别为 x_i、x_j、x_k 和 x_l，则有

$$r_{ij\cdot kl}=\frac{r_{ij\cdot k}-r_{il\cdot k}r_{jl\cdot k}}{\sqrt{(1-r_{il\cdot k}^2)(1-r_{jl\cdot k}^2)}} \tag{12-35}$$

3．$M-2$ 级偏相关系数的计算　对于具有 M 个变量的 $M-2$ 级偏相关，其偏相关系数为

$$r_{12\cdot 34\cdots M}=\frac{r_{12\cdot 34\cdots(M-1)}-r_{1M\cdot 34\cdots(M-1)}r_{2M\cdot 34\cdots(M-1)}}{\sqrt{[1-r_{1M\cdot 34\cdots(M-1)}^2\ 1-r_{2M\cdot 34\cdots(M-1)}^2]}} \tag{12-36}$$

对于 4 个以上变量的偏相关，虽然可以利用低一级的偏相关系数进行间接计算，但随着变量个数的增加，要计算的简单相关系数和偏相关系数将急剧增加，因而当变量在 4 个以上时宜采用前面介绍的一般解法。

例 12-8　用间接法计算例 12-1 数据变量（x_1、x_3 和 y）间的各偏相关系数。

根据例 12-1 数据的二级数据，计算的各变量间的简单相关系数为：$r_{13}=-0.1577$、$r_{1y}=0.7418$、$r_{3y}=-0.6426$。由式（12-34），有

$$r_{13\cdot y}=\frac{r_{13}-r_{1y}r_{3y}}{\sqrt{(1-r_{1y}^2)(1-r_{3y}^2)}}=\frac{-0.1577-0.7418\times(-0.6426)}{\sqrt{(1-0.7418^2)\times[1-(-0.6426)^2]}}=0.6208$$

$$r_{1y\cdot 3}=\frac{r_{1y}-r_{13}r_{3y}}{\sqrt{(1-r_{13}^2)(1-r_{3y}^2)}}=\frac{0.7418-(-0.1577)\times(-0.6426)}{\sqrt{[1-(-0.1577)^2]\times[1-(-0.6426)^2]}}=0.8465$$

$$r_{3y\cdot 1}=\frac{r_{3y}-r_{13}r_{1y}}{\sqrt{(1-r_{13}^2)(1-r_{1y}^2)}}=\frac{(-0.6426)-(-0.1577)\times 0.7418}{\sqrt{[1-(-0.1577)^2]\times(1-0.7418^2)}}=-0.7937$$

（四）偏相关系数的假设检验

偏相关系数的假设检验可采用 t 检验。同简单相关系数的假设检验类似，设相关变量 x_i 和 x_j 的总体偏相关系数为 $\rho_{ij\cdot}$，则对偏相关系数 $r_{ij\cdot}$ 检验的假设为 H_0：$\rho_{ij\cdot}=0$；H_A：$\rho_{ij\cdot}\neq 0$。其 t 检验计算公式为

$$t=\frac{r_{ij\cdot}}{s_{r_{ij\cdot}}}=\frac{r_{ij\cdot}}{\sqrt{1-r_{ij\cdot}^2}}\times\sqrt{n-M} \tag{12-37}$$

式中，$s_{r_{ij\cdot}}=\sqrt{\dfrac{1-r_{ij\cdot}^2}{n-M}}$ 为偏相关系数的标准误，其中 n 为观察值组数，M 为相关变量的总个数。在 H_0：$\rho_{ij\cdot}=0$ 成立时，式（12-37）的 t 值服从自由度为 $df=n-M$ 的 t 分布。

在实践中，并不需要计算此 t 值，而是将 $r_{ij\cdot}$ 与一定显著水平 α 下的临界 r_α 值进行比较。r_α 临界值的计算可由式（12-37）推出：

$$r_\alpha=\sqrt{\frac{t_\alpha^2}{(n-M)+t_\alpha^2}} \tag{12-38}$$

所求得的这些 r_α 值已列入附表 13。因此，只需按自由度 $n-M$ 查附表 13，即可得到 $r_{0.05}$ 和 $r_{0.01}$ 的临界值。

若实际算得的$|r_{ij}.|>r_{0.05}$ 或 $r_{0.01}$，则 $r_{ij}.$为显著或极显著；若$|r_{ij}.|<r_{0.05}$，则 $r_{ij}.$为不显著。

例 12-9　试检验例 12-8 中的 3 个偏相关系数的显著性。

查附表 13，$df=n-M=8-3=5$ 时，$r_{0.05}=0.754$、$r_{0.01}=0.874$。因此，$r_{13\cdot y}=0.6208$ 不显著，$r_{1y\cdot 3}=0.8465$ 显著，$r_{3y\cdot 1}=-0.7937$ 显著。

如果根据式（12-37）计算 t 值，对于 $r_{13\cdot y}$：

$$t=\frac{r_{13\cdot y}}{\sqrt{1-r_{13\cdot y}^2}}\times\sqrt{n-M}=\frac{0.6208}{\sqrt{1-0.6208^2}}\times\sqrt{8-3}=1.7707$$

同理可得 $r_{1y\cdot 3}$ 的 $t=3.5554^*$，$r_{3y\cdot 1}$ 的 $t=-2.9175^*$。与 $t_{0.05(5)}=2.571$ 和 $t_{0.01(5)}=4.032$ 相比，$r_{1y\cdot 3}$ 和 $r_{3y\cdot 1}$ 达到显著水平，$r_{13\cdot y}$ 为不显著。其结果与用临界 r_α 值检验完全一样。

（五）偏相关系数与简单相关系数的比较

将例 12-7 中简单相关系数与偏相关系数进行比较（表 12-8），可以看出，偏相关系数与简单相关系数不仅数据不同，而且符号也可能不同，如 $r_{12\cdot 3y}=0.7459$、$r_{12}=-0.1916$。这是因为简单相关系数没有排除其他变量的影响，其中混有其他变量的效应。当其他变量与它呈正相关时，便混有正效应，简单相关系数会高于偏相关系数；当其他变量与它呈负相关时，便混有负效应，简单相关系数会低于偏相关系数。所以，偏相关系数与简单相关系数相比，能排除假象，反映变量间真实的相关密切程度。因此，对于多变量数据，必须采用多元相关分析。

表 12-8　例 12-7 中的偏相关系数 $r_{ij}.$和简单相关系数的比较

简单相关系数	偏相关系数
$r_{12}=-0.1916$	$r_{12\cdot 3y}=0.7459$
$r_{13}=-0.1577$	$r_{13\cdot 2y}=0.3215$
$r_{1y}=0.7418^*$	$r_{1y\cdot 23}=0.9342^{**}$
$r_{23}=0.7712^*$	$r_{23\cdot 1y}=0.1194$
$r_{2y}=-0.7538^*$	$r_{2y\cdot 13}=-0.8226^*$
$r_{3y}=-0.6426$	$r_{3y\cdot 12}=-0.3498$
$r_{0.05(6)}=0.707$	$r_{0.05(4)}=0.811$
$r_{0.01(6)}=0.834$	$r_{0.01(4)}=0.917$

思考练习题

习题 12.1　什么是多元回归分析？多元线性回归与一元线性回归相比较有何异同？

习题 12.2　什么是复相关系数？其统计学意义是什么？

习题 12.3　抽测某渔场 16 次放养记录，其中 x_1 是投饵量，x_2 是放养量，y 是鱼产量（kg），其结果如下表所示。

x_1	9.5	8.0	9.5	9.8	9.7	13.5	9.5	12.5	9.4	11.4	7.7	8.3	12.5	8.0	6.5	12.9
x_2	1.9	2.0	2.6	2.7	2.0	2.4	2.3	2.2	3.3	2.3	3.6	2.1	2.5	2.4	3.2	1.9
y	7.1	6.4	10.4	10.9	7.0	10.0	7.9	9.3	12.8	7.5	10.3	6.6	9.5	7.7	7.0	9.5

（1）建立鱼产量依投饵量、放养量的回归方程，计算该方程的离回归标准误。

（2）检验因 x_1 和 x_2 的偏回归显著性。

习题 12.4　研究水稻穗数（x_1，万穗/667m^2）、穗粒数（x_2）与结实率（y，%）的关系，结果如下表所示。

x_1	16.6	15.9	18.8	19.9	23.5	14.4	16.4	17.3	18.4	19.3	19.9
x_2	146.5	163.5	140.0	122.4	140.0	174.3	145.9	147.5	139.1	126.8	125.2
y	81.3	77.2	78.0	82.6	66.2	77.9	80.4	77.7	79.7	80.6	83.3

（1）试建立水稻结实率依穗数、穗粒数的回归方程。

（2）计算该方程的离回归标准误并进行 F 检验。

（3）对各偏回归系数进行显著性检验。

习题 12.5　下表是 20 位 25～34 岁健康妇女的测试数据，其中 x_1 是三头肌皮褶厚度（mm）、x_2 是大腿围（cm）、x_3 是中臂围（cm）、y 是身体脂肪含量（%）。试进行多元线性回归分析。

编号	x_1	x_2	x_3	y	编号	x_1	x_2	x_3	y
1	19.5	43.1	29.1	11.9	11	31.1	56.6	30.0	25.4
2	27.7	49.8	28.2	22.8	12	30.4	56.7	28.3	27.2
3	30.7	51.9	37.0	18.7	13	18.7	46.5	23.0	11.7
4	29.8	54.3	31.1	20.1	14	19.7	44.2	28.6	17.8
5	19.1	42.2	30.9	12.9	15	14.6	42.7	21.3	12.8
6	25.6	53.9	23.7	21.7	16	29.5	54.4	30.1	23.9
7	31.4	58.5	27.6	27.1	17	27.7	55.3	25.7	22.6
8	27.9	52.1	30.6	25.4	18	30.2	58.6	24.6	25.4
9	22.1	49.9	23.2	21.3	19	22.7	48.2	27.1	14.8
10	25.5	53.5	24.8	19.3	20	25.2	51.0	27.5	21.1

习题 12.6　由习题 12.4 数据得到变量间的简单相关系数（r_{12}、r_{1y}、r_{2y}）。试求：

（1）y 依 x_1、x_2 的复相关系数。

（2）y 和 x_1、x_2 的偏相关系数，并分析偏相关系数和简单相关系数有何不同？

参考答案

第 13 章

逐步回归与通径分析

本章提要

逐步回归和通径分析是多元统计分析的重要方法。本章主要讨论：

- 针对多个自变量建立最优回归方程的逐步回归分析方法；
- 将自变量 x_i 与依变量 y 的相关系数分解为 x_i 对 y 的直接作用与间接影响的通径分析。

前面介绍了利用多元线性回归分析和偏相关分析研究多个相关变量间的线性关系。对于一组多变量数据，在很多情况下，往往既包含对依变量 y 具有显著线性效应的自变量，又包含对 y 不具有显著线性效应的自变量。在进行多元线性回归分析时，必须将没有显著效应的自变量剔除，以使所得到的多元线性回归方程中的自变量 x_i 对依变量 y 均具有显著效应。剔除不显著自变量的过程称为自变量的统计选择，所得到的仅包含显著自变量的多元线性回归方程，称为最优多元线性回归方程（the best multiple linear regression equation）。最优多元线性回归方程能准确地分析和预测依变量 y，可通过逐步回归分析的方法建立。

通径分析是另一种研究多个相关变量间线性关系的统计方法，具有精确、直观的特点。1921 年，美国统计遗传学家 S. Wright 首先提出了通径系数的概念，后经不断完善和改进，通径分析已在研究遗传相关、遗传力和确定选择指数、性状的直接作用及间接作用等方面广泛应用，主要用来阐述数量遗传学中的理论问题，在相关的变量中对其原因和结果的分析具有一定的理论价值和实践意义。

第一节　逐步回归分析

逐步回归（stepwise regression）分析方法的基本思路是从大量可供选择的变量中逐个淘汰不显著自变量或逐个选入显著的自变量，建立回归分析的预测或者解释模型，按照方法可分为后退逐步回归和前进逐步回归。

后退逐步回归（backward stepwise regression），是逐个淘汰不显著自变量的回归方法。从 m 元回归分析开始，每步剔除一个不显著且偏回归平方和最小的自变量；在每次剔除一个偏回归不显著且平方和最小的自变量之后，对回归方程和各自变量重新进行假设检验。这是因为自变量间往往存在着相关性，当剔除某一个不显著的自变量之后，其对依变量的影响很大部分可以加到另外的自变量对依变量的影响上，原来不显著的自变量可能变为显著，而原来显著的自变量也可能变为不显著。因此，为了获得最优方程，回归计算需要一步一步进行下去。如此反复，直到回归方程所包含的自变量全部显著为止，此时所建立的回归方程即最优回归方程。当自变量个数较多，而显著的自变量又较少时，采用这种方法比较麻烦；但当自变量较少，且大多都显著时，这种方法就比较实用。

前进逐步回归（forward stepwise regression）是逐个引入显著自变量的回归方法。从一元回归分析开始，按各自变量对 y 作用的秩次，依次每步仅选入一个对 y 作用显著的自变量，且每引入一个自变量后，对在此之前已引入的自变量进行重新检验，有不显著者即剔除，直到选入的自变量都显著，而未被选入的自变量都不显著为止，此时建立的回归方程即最优回归方程。

一、后退逐步回归

后退逐步回归也称为逐个淘汰不显著自变量的回归方法。具体步骤如下。

首先，进行 m 元回归分析。在 y 与自变量 x_1、x_2、…、x_m 的回归分析中，进行 m 元回归分析。若各自变量的偏回归皆显著，分析结束；若有一个或一个以上自变量的偏回归不显著，则剔除偏回归平方和最小的自变量，进入下一步 $m-1$ 元回归分析。

其次，进行 $m-1$ 元回归分析。在系数矩阵 $\boldsymbol{A}$ 中将剔除的自变量所在的行、列和其 K 列划去，重新计算 $m-1$ 阶系数矩阵的逆矩阵元素。如果这一步仍有一个以上自变量的偏回归不显著，则再将偏回归平方和最小的那个自变量舍去，进一步进行分析。

如此重复进行，直至留下所有自变量的偏回归系数皆显著，即得最优回归方程。

例 13-1 测定了某小麦品种 15 株植株的单株穗数 x_1、每穗结实小穗数 x_2、百粒重 x_3（g）、株高 x_4（cm）和单株籽粒产量 y（g），结果列于表 13-1。试建立 y 依 x_i 的最优回归方程。

表 13-1 小麦单株性状调查数据

株号	单株穗数（x_1）	每穗结实小穗数（x_2）	百粒重（x_3，g）	株高（x_4，cm）	单株籽粒产量（y，g）
1	10	23	3.6	113	15.7
2	9	20	3.6	106	14.5
3	10	22	3.7	111	17.5
4	13	21	3.7	109	22.5
5	10	22	3.6	110	15.5
6	10	23	3.5	103	16.9
7	8	23	3.3	100	8.6
8	10	24	3.4	114	17.0
9	10	20	3.4	104	13.7
10	10	21	3.4	110	13.4
11	10	23	3.9	104	20.3
12	8	21	3.5	109	10.2
13	6	23	3.2	114	7.4
14	8	21	3.7	113	11.6
15	9	22	3.6	105	12.3

按后退逐步回归，逐个淘汰不显著自变量，进行回归分析。

（1）建立 m 元线性回归方程。本例中，$m=4$、$n=15$，由实际观测数据可以建立四元线性回归方程。

首先，由表 13-1 计算一级数据和二级数据，并列于表 13-2。

表 13-2　表 13-1 数据四元线性回归分析的一级数据和二级数据

一级数据		二级数据	
$\sum x_1=141$	$\sum x_1x_2=3089$	$SS_1=33.6$	$SP_{24}=9.333333$
$\sum x_2=329$	$\sum x_1x_3=501.1$	$SS_2=20.933333$	$SP_{2y}=3.273333$
$\sum x_3=53.1$	$\sum x_1x_4=15266$	$SS_3=0.456$	$SP_{34}=-0.4$
$\sum x_4=1625$	$\sum x_1y=2121.3$	$SS_4=273.333333$	$SP_{3y}=7.206$
$\sum y=217.1$	$\sum x_2x_3=1164.2$	$SS_y=239.889333$	$SP_{4y}=-1.666667$
$\sum x_1^2=1359$	$\sum x_2x_4=35651$	$SP_{12}=-3.6$	$\bar{x}_1=9.4$
$\sum x_2^2=7237$	$\sum x_2y=4765$	$SP_{13}=1.96$	$\bar{x}_2=21.933333$
$\sum x_3^2=188.43$	$\sum x_3x_4=5752.1$	$SP_{14}=-9$	$\bar{x}_3=3.54$
$\sum x_4^2=176315$	$\sum x_3y=775.74$	$SP_{1y}=80.56$	$\bar{x}_4=108.333333$
$\sum y^2=3382.05$	$\sum x_4y=23517.5$	$SP_{23}=-0.46$	$\bar{y}=14.473333$

其次，由式（12-7）将四元正规方程组的系数矩阵和一个四阶单位矩阵填入表 13-3，组成算阵 $\boldsymbol{A}$，计算 $\boldsymbol{A}$ 阵的逆矩阵 $\boldsymbol{A}^{-1}$ 的各 c_{ij} 值，列入表 13-3。

表 13-3　表 13-1 数据的四元线性回归计算

说明	行	列				K_1	K_2	K_3	K_4
		1	2	3	4				
算阵 $\boldsymbol{A}$	1	33.6	−3.6	1.96	−9	1	0	0	0
	2	−3.6	20.933333	−0.46	9.333333	0	1	0	0
	3	1.96	−0.46	0.456	−0.4	0	0	1	0
	4	−9	9.333333	−0.4	273.333333	0	0	0	1
算阵 $\boldsymbol{B}$	1	33.6	−0.107143	0.058333	−0.267857	0.029761	0	0	0
	2	−3.6	20.547619	−0.012167	0.407300	0.005214	0.048667	0	0
	3	1.96	−0.250000	0.338625	0.669841	−0.168416	0.035930	2.953120	0
	4	−9	8.369047	0.226825	267.361970	0.000982	−0.001554	−0.002505	0.003740
$\boldsymbol{A}^{-1}$ （c_{ij}）	1	0.040183	0.002757	−0.169073	0.000982				
	2	0.002757	0.049750	0.036971	−0.001554				
	3	−0.169073	0.036971	2.954798	−0.002505				
	4	0.000982	−0.001554	−0.002505	0.003740				

第三，根据式（12-13），有

$$\begin{pmatrix} b_1 \\ b_2 \\ b_3 \\ b_4 \end{pmatrix} = \begin{pmatrix} 0.040183 & 0.002757 & -0.169073 & 0.000982 \\ 0.002757 & 0.049750 & 0.036971 & -0.001554 \\ -0.169073 & 0.036971 & 2.954798 & -0.002505 \\ 0.000982 & -0.001554 & -0.002505 & 0.003740 \end{pmatrix} \times \begin{pmatrix} 80.56 \\ 3.273333 \\ 7.206 \\ -1.666667 \end{pmatrix}$$

解得 $b_1=2.026180$，$b_2=0.653997$，$b_3=7.796938$，$b_4=0.049697$。

第四，根据式（12-22），计算 U_i：

$$U_1=\frac{b_1^2}{c_{11}}=\frac{2.026180^2}{0.040183}=102.1677$$

$$U_2=\frac{b_2^2}{c_{22}}=\frac{0.653997^2}{0.049750}=8.5972$$

$$U_3=\frac{b_3^2}{c_{33}}=\frac{7.796938^2}{2.954798}=20.5741$$

$$U_4=\frac{b_4^2}{c_{44}}=\frac{0.049697^2}{0.003740}=0.6604$$

第五，根据式（12-16）和式（12-17），计算 $U_{y/1234}$ 和 $Q_{y/1234}$：

$$\begin{aligned}U_{y/1234}&=b_1SP_{1y}+b_2SP_{2y}+b_3SP_{3y}+b_4SP_{4y}\\&=2.026180\times80.56+0.653997\times3.273333\\&\quad+7.796938\times7.206+0.049697\times(-1.666667)=221.4717\end{aligned}$$

$$Q_{y/1234}=SS_y-U_{y/1234}=239.8893-221.4717=18.4176$$

最后，多元线性回归方程和偏回归系数的假设检验：四元线性回归方程和回归系数的假设检验均采用 F 检验，结果列于表 13-4。

表 13-4　表 13-1 数据四元线性回归和偏回归系数的假设检验

变异来源	df	SS	s^2	F	$F_{0.05}$	$F_{0.01}$
四元线性回归	4	221.4717	55.3679	30.06**	3.48	5.99
因 x_1 的偏回归	1	102.1677	102.1677	55.47**	4.96	10.04
因 x_2 的偏回归	1	8.5972	8.5972	4.67	4.96	10.04
因 x_3 的偏回归	1	20.5741	20.5741	11.17**	4.96	10.04
因 x_4 的偏回归	1	0.6604	0.6604	<1	4.96	10.04
离回归	10	18.4176	1.8418			
总变异	14	239.8893				

表 13-4 表明，四元线性回归方程达极显著，但 x_2 和 x_4 偏回归系数都不显著，其中以 x_4 的偏回归平方和最小。所以，应首先剔除 x_4。

（2）建立 $m-1$ 元线性回归方程。本例 $m-1=4-1=3$，$n=15$。

将表 13-3 算阵 $\boldsymbol{A}$ 的第 4 行和第 4 列划去，得到三元系数矩阵；再将 K_4 列划去，得到三阶单位矩阵，这样可求得系数矩阵的逆矩阵 $\boldsymbol{A}^{-1}$（c_{ij}）的各个元素值，结果列于表 13-5。

表 13-5　表 13-1 数据的三元线性回归计算（剔除 x_4）

说明	行	列 1	列 2	列 3	K_1	K_2	K_3
算阵 $\boldsymbol{A}$	1	33.6	−3.6	1.96	1	0	0
	2	−3.6	20.933333	−0.46	0	1	0
	3	1.96	−0.46	0.456	0	0	1
算阵 $\boldsymbol{B}$	1	33.6	−0.107143	0.058333	0.029761	0	0
	2	−3.6	20.547619	−0.012167	0.005214	0.048667	0
	3	1.96	−0.250000	0.338625	−0.168416	0.035930	2.953120

续表

说明	行	列			K_1	K_2	K_3
		1	2	3			
A^{-1} (c_{ij})	1	0.039926	0.003165	−0.168416			
	2	0.003165	0.049105	0.035930			
	3	−0.168416	0.035930	2.953120			

首先，由

$$\begin{pmatrix} b_1 \\ b_2 \\ b_3 \end{pmatrix}=\begin{pmatrix} 0.039926 & 0.003165 & -0.168416 \\ 0.003165 & 0.049105 & 0.035930 \\ -0.168416 & 0.035930 & 2.953120 \end{pmatrix}\times\begin{pmatrix} 80.56 \\ 3.27333 \\ 7.206 \end{pmatrix}$$

解得：$b_1=2.013139$，$b_2=0.674643$，$b_3=7.830227$。

其次，计算 U_i：

$$U_1=\frac{b_1^2}{c_{11}}=\frac{2.013139^2}{0.039926}=101.5060$$

$$U_2=\frac{b_2^2}{c_{22}}=\frac{0.674643^2}{0.049105}=9.2688$$

$$U_3=\frac{b_3^2}{c_{33}}=\frac{7.830227^2}{2.953120}=20.7619$$

第三，计算 $U_{y/123}$ 和 $Q_{y/123}$：

$$\begin{aligned}U_{y/123}&=b_1SP_{1y}+b_2SP_{2y}+b_3SP_{3y}\\&=2.013139\times80.56+0.674643\times3.273333+7.830227\times7.206=220.8114\end{aligned}$$

$$Q_{y/123}=SS_y-U_{y/1234}=239.8893-220.8114=19.0779$$

最后，多元线性回归方程和偏回归系数的假设检验：三元线性回归方程和回归系数的假设检验仍然采用 F 检验，结果列于表 13-6。

表 13-6　表 13-1 数据三元线性回归和偏回归系数的假设检验（剔除 x_4）

变异来源	df	SS	s^2	F	$F_{0.05}$	$F_{0.01}$
三元线性回归	3	220.8114	73.6038	42.44**	3.59	6.22
因 x_1 的偏回归	1	101.5060	101.5060	58.53**	4.84	9.65
因 x_2 的偏回归	1	9.2688	9.2688	5.34*	4.84	9.65
因 x_3 的偏回归	1	20.7619	20.7619	11.97**	4.84	9.65
离回归	11	19.0779	1.7344			

表 13-6 表明，三元线性回归方程和 3 个自变量的偏回归系数均达极显著或显著水平，因此不需要再进行自变量的剔除。

对于回归截距 a，根据式（12-5），则有

$$\begin{aligned}a&=\bar{y}-b_1\bar{x}_1-b_2\bar{x}_2-b_3\bar{x}_3\\&=14.473333-2.013139\times9.4-0.674643\times21.933333-7.830227\times3.54=-46.9663\end{aligned}$$

因此，最优线性回归方程为

$$\hat{y}=-46.9663+2.0131x_1+0.6746x_2+7.8302x_3$$

该方程的估计标准误 $s_{y/123}$ 为

$$s_{y/123}=\sqrt{\frac{Q_{y/123}}{n-m-1}}=\sqrt{\frac{19.0779}{15-3-1}}=1.32\text{（g）}$$

该方程的意义是：当 x_2、x_3 保持一定（平均水平）时，x_1（每株穗数）每增加 1 穗，y 平均增加 2.01g；当 x_1、x_3 保持一定（平均水平）时，x_2（每穗结实小穗数）每增加 1 个小穗，y 平均增加 0.67g；当 x_1、x_2 保持一定（平均水平）时，x_3（百粒重）每增加 1g，y 平均增加 7.83g。用 x_1、x_2、x_3 估计单株籽粒产量的标准误为 1.32g。

对于后退逐步回归建立最优回归方程，还可以采用下面的方法，即在进行 m 元回归分析的基础上，余下自变量的偏回归系数和逆矩阵 $\boldsymbol{A}^{-1}$ 中 c_{ij} 的计算，可根据剔除前的偏回归系数和 c_{ij}，通过公式直接求出。

设 x_k 为剔除的自变量，则

$$b_i^*=b_i-\frac{c_{ik}b_k}{c_{kk}}\quad (i\neq k) \tag{13-1}$$

$$c_{ij}^*=c_{ij}-\frac{c_{ik}c_{kj}}{c_{kk}}\quad (i,\ j\neq k) \tag{13-2}$$

下面结合例子说明这一方法的应用。

例 13-2 试对例 12-1 数据采用后退逐步回归方法建立最优回归方程。

根据前面偏回归系数假设检验的结果，x_3 的偏回归系数不显著，故应剔除 x_3。剔除 x_3 后，有

$$b_1^*=b_1-\frac{c_{13}}{c_{33}}b_3=0.9708-\frac{0.001102}{0.007713}\times(-0.01534)=0.9730$$

$$b_2^*=b_2-\frac{c_{23}}{c_{33}}b_3=-0.1763-\frac{-0.017472}{0.007713}\times(-0.01534)=-0.2111$$

$$c_{11}^*=c_{11}-\frac{c_{13}c_{31}}{c_{33}}=0.626887-\frac{0.001102\times0.001102}{0.007713}=0.626730$$

$$c_{12}^*=c_{21}^*=c_{12}-\frac{c_{13}c_{32}}{c_{33}}=0.022948-\frac{0.001102\times(-0.017472)}{0.007713}=0.025473$$

$$c_{22}^*=c_{22}-\frac{c_{23}c_{32}}{c_{33}}=0.066713-\frac{(-0.017472)\times(-0.017472)}{0.007713}=0.028134$$

$$a^*=\overline{y}-b_1^*\overline{x}_1-b_2^*\overline{x}_2=2.32875-0.9730\times2.70-(-0.2111)\times3.3375=0.4062$$

因 x_1 的偏回归平方和 $U_{x_1}^*=\dfrac{(b_1^*)^2}{c_{11}^*}=\dfrac{0.9730^2}{0.626730}=1.5106$

因 x_2 的偏回归平方和 $U_{x_2}^*=\dfrac{(b_2^*)^2}{c_{22}^*}=\dfrac{(-0.2111)^2}{0.028134}=1.5845$

回归平方和 $U_{y/12}^*$ 与离回归 $Q_{y/12}^*$ 为

$$\begin{aligned}U_{y/12}^*&=b_1^*SP_{1y}+b_2^*SP_{2y}\\&=0.9730\times1.9278+(-0.2111)\times(-9.24562)=3.8279\end{aligned}$$

$$Q^*_{y/12}=SS_y-U^*_{y/12}=4.0769-3.8279=0.2490$$

剔除 x_3 后的二元线性回归 F 检验结果列于表 13-7。

表 13-7　例 12-1 数据剔除 x_3 后的二元线性回归和偏回归系数的 F 检验

变异来源	df	SS	s^2	F	$F_{0.05}$	$F_{0.01}$
二元线性回归	2	3.8279	1.9140	38.4327**	5.79	13.27
因 x_1 的偏回归	1	1.5106	1.5106	30.3333**	6.61	16.26
因 x_2 的偏回归	1	1.5845	1.5845	31.8173**	6.61	16.26
离回归	5	0.2490	0.0489			
总变异	7	4.0769				

从表 13-7 可以看出，剔除 x_3（降水天数/d）后，x_1（三化螟越冬虫口密度，头/ 666.7m^2，取其对数值）和 x_2（3～4 月日平均降水量/mm）的偏回归均达极显著水平，所以第一代幼虫虫口密度（头/666.7m^2，取其对数为 y）的最优回归方程为

$$\hat{y}=0.4062+0.9730x_1-0.2111x_2$$

该方程的估计标准误为

$$s_{y/12}=\sqrt{\frac{Q^*_{y/12}}{n-m-1}}=\sqrt{\frac{0.2490}{8-2-1}}=0.2232\text{（头 / 666.7m}^2\text{）}$$

二、前进逐步回归

前进逐步回归是指每一次都选入一个显著的自变量，建立回归模型的分析方法。其方法步骤如下所述。

（一）计算各变量的简单相关系数，得 $m+1$ 阶相关矩阵 $\boldsymbol{R}^{(0)}$

$$\boldsymbol{R}^{(0)}=\begin{pmatrix} r_{11}^{(0)} & r_{12}^{(0)} & \cdots & r_{1m}^{(0)} & r_{1y}^{(0)} \\ r_{21}^{(0)} & r_{22}^{(0)} & \cdots & r_{2m}^{(0)} & r_{2y}^{(0)} \\ \vdots & \vdots & & \vdots & \vdots \\ r_{m1}^{(0)} & r_{m2}^{(0)} & \cdots & r_{mm}^{(0)} & r_{ny}^{(0)} \\ r_{y1}^{(0)} & r_{y2}^{(0)} & \cdots & r_{ym}^{(0)} & r_{yy}^{(0)} \end{pmatrix} \tag{13-3}$$

或简记为 $\boldsymbol{R}^{(0)}=[r_{ij}^{(0)}]$（$i$，$j=1$，2，…，$m$，$y$）。

（二）选入自变量逐步回归

以 $\boldsymbol{R}^{(0)}$ 为基础，每进行一步回归选入一个显著的自变量，并对相关矩阵进行一次变换。基本步骤如下。

第一步，将 $\boldsymbol{R}^{(0)}=[r_{ij}^{(0)}]$ 变为 $\boldsymbol{R}^{(1)}=[r_{ij}^{(1)}]$；

第二步，将 $\boldsymbol{R}^{(1)}=[r_{ij}^{(1)}]$ 变为 $\boldsymbol{R}^{(2)}=[r_{ij}^{(2)}]$；

…

第 k 步，将 $\boldsymbol{R}^{(k-1)}=[r_{ij}^{(k-1)}]$ 变为 $\boldsymbol{R}^{(k)}=[r_{ij}^{k(1)}]$。

在第 k 步（$k=1, 2, \cdots, m+1$），由式（13-4）计算任一尚未入选自变量 x_i 的标准偏回归平方和：

$$U_i^{(k)}=\frac{[r_{iy}^{(k-1)}]^2}{r_{ii}^{(k-1)}} \tag{13-4}$$

设最大 $U_i^{(k)}$ 的自变量为 x_l（$i=l$），则 x_l 在第 k 步是否入选由

$$F=\frac{U_l^{(k)}}{\dfrac{r_{yy}^{(k-1)}-U_l^{(k)}}{n-m-1}} \tag{13-5}$$

决定。若 $F>F_{\alpha(1,\ n-m-1)}$（m 为第 k 步已入选的自变量的个数），则引入自变量 x_1，并将 $\boldsymbol{R}^{(k-1)}$ 变换成 $\boldsymbol{R}^{(k)}$。

变换时由元素 $r_{ij}^{(k-1)}$ 计算元素 $r_{ij}^{(k)}$ 的通式为

$$\begin{cases} r_{ll}^{(k)}=\dfrac{1}{r_{ll}^{(k-1)}} & (i=l,\ j=l) \\ r_{lj}^{(k)}=\dfrac{r_{lj}^{(k-1)}}{r_{ll}^{(k-1)}} & (i=l,\ j\neq l) \\ r_{il}^{(k)}=-\dfrac{r_{il}^{(k-1)}}{r_{ll}^{(k-1)}} & (i\neq l,\ j=l) \\ r_{ij}^{(k)}=r_{ij}^{(k-1)}-\left[\dfrac{r_{il}^{(k-1)}r_{lj}^{(k-1)}}{r_{ll}^{(k-1)}}\right] & (i,\ j\neq l) \end{cases} \tag{13-6}$$

由 $\boldsymbol{R}^{(k)}$ 可得到任一已经入选自变量 x_i（包括 x_l）的标准偏回归系数、偏回归平方和、离回归平方和及 F 值：

$$b_i^k=r_{iy}^{(k)} \tag{13-7}$$

$$U_i^{(k)}=\frac{[b_i^{(k)}]^2}{r_{ii}^{(k)}} \tag{13-8}$$

$$Q^{(k)}=r_{yy}^{(k)} \tag{13-9}$$

$$F=\frac{\dfrac{[b_i^{(k)}]^2}{r_{ii}^{(k)}}}{\dfrac{r_{yy}^{(k)}}{n-m-1}} \tag{13-10}$$

由上式，可决定在 x_l 前入选的自变量是否需要剔除。

前进逐步回归的每一步计算都是重复上述程序，直至余下自变量的最大 U_i 不显著为止。

（三）计算偏回归系数，建立最优回归方程

自变量挑选结束即可建立最优回归方程，但由于上述程序所得的各种统计数都是标准化的，因此最后还应将其还原为原来单位的统计数。

在第 k 步，原来单位的统计数和标准化统计数的关系为

$$U_{x_i}=U_i^{(k)}SS_y \tag{13-11}$$

$$Q=Q^{(k)}SS_y \tag{13-12}$$

偏回归系数 b_i 和标准偏回归系数 $b_i^{(k)}$ 的关系则为

$$b_i=b_i^{(k)}\sqrt{\frac{SS_y}{SS_i}} \tag{13-13}$$

回归方程的估计标准误为

$$s_{y/12\cdots m}=\sqrt{\frac{Q^{(k)}SS_y}{n-m-1}} \tag{13-14}$$

例 13-3　对例 13-1 数据，采用前进逐步回归方法，建立最优回归方程。

（1）计算相关矩阵。根据该数据的二级数据（表 13-2），计算各变量间的简单相关系数，得到相关矩阵 $\boldsymbol{R}^{(0)}$。

$$\boldsymbol{R}^{(0)}=\begin{pmatrix} 1 & -0.135742 & 0.500730 & -0.093913 & 0.897314 \\ -0.135742 & 1 & -0.148887 & 0.123388 & 0.046192 \\ 0.500730 & -0.148887 & 1 & -0.035829 & 0.688980 \\ -0.093913 & 0.123388 & -0.035829 & 1 & -0.006509 \\ 0.897314 & 0.046192 & 0.688980 & -0.006509 & 1 \end{pmatrix}$$

（2）选择第一个自变量。计算各自变量的标准偏回归平方和。由式（13-4），得

$$U_1^{(1)}=\frac{[r_{1y}^{(0)}]^2}{r_{11}^{(0)}}=\frac{0.897314^2}{1}=0.805172$$

$$U_2^{(1)}=\frac{[r_{2y}^{(0)}]^2}{r_{22}^{(0)}}=\frac{0.046192^2}{1}=0.002134$$

$$U_3^{(1)}=\frac{[r_{3y}^{(0)}]^2}{r_{33}^{(0)}}=\frac{0.688980^2}{1}=0.474693$$

$$U_4^{(1)}=\frac{[r_{4y}^{(0)}]^2}{r_{44}^{(0)}}=\frac{(-0.006509)^2}{1}=0.000042$$

因 x_1 的偏回归平方和最大，x_1 是否入选回归方程，应对其进行 F 检验。由式（13-5），得

$$F=\frac{U_1^{(1)}}{\dfrac{r_{yy}^{(0)}-U_1^{(1)}}{n-m-1}}=\frac{0.805172}{\dfrac{1-0.805172}{15-1-1}}=53.73^{**}$$

由于 $F>F_{0.01（1,13）}=9.07$，故引入自变量 x_1。

以 $l=1$ 代入式（13-6），计算 $r_{ij}^{(1)}$ 的值，将 $\boldsymbol{R}^{(0)}$ 变换成 $\boldsymbol{R}^{(1)}$，变换相关矩阵。

$$\boldsymbol{R}^{(1)}=\begin{pmatrix} 1 & -0.135742 & 0.500730 & -0.093913 & 0.897314 \\ 0.135742 & 0.981574 & -0.080917 & 0.110640 & 0.167995 \\ -0.500730 & -0.080917 & 0.749269 & 0.011196 & 0.239668 \\ 0.093913 & 0.110640 & 0.011196 & 0.991180 & 0.077760 \\ -0.897314 & 0.167995 & 0.239668 & 0.077760 & 0.194828 \end{pmatrix}$$

（3）选择第二个自变量。计算余下自变量的标准偏回归平方和。由式（13-4），得

$$U_2^{(2)}=\frac{[r_{2y}^{(1)}]^2}{r_{22}^{(1)}}=\frac{0.167995^2}{0.981574}=0.028752$$

$$U_3^{(2)}=\frac{[r_{3y}^{(1)}]^2}{r_{33}^{(1)}}=\frac{0.239668^2}{0.749296}=0.076662$$

$$U_4^{(2)}=\frac{[r_{4y}^{(1)}]^2}{r_{44}^{(1)}}=\frac{0.077760^2}{0.991180}=0.006100$$

因 x_3 的偏回归平方和最大，所以对其进行 F 检验。由式（13-5），得

$$F=\frac{U_3^{(2)}}{\dfrac{r_{yy}^{(1)}-U_3^{(2)}}{n-m-1}}=\frac{0.07662}{\dfrac{0.194828-0.076662}{15-2-1}}=7.79^*$$

由于 $F>F_{0.05(1,12)}=4.75$，故本步引入自变量 x_3 之后，进行相关矩阵变换。将 $l=3$ 代入式(13-6)，将 $\boldsymbol{R}^{(1)}$ 变换成 $\boldsymbol{R}^{(2)}$ 。

$$\boldsymbol{R}^{(2)}=\begin{pmatrix} 1.334634 & -0.081666 & -0.668291 & -0.101395 & 0.737146 \\ 0.081666 & 0.972835 & 1.079946 & 0.111849 & 0.193878 \\ 0.668291 & -0.107995 & 1.334634 & 0.014943 & 0.319869 \\ 0.101395 & 0.111849 & -0.104943 & 0.991013 & 0.074179 \\ -0.737146 & 0.193878 & -0.319869 & 0.074179 & 0.118166 \end{pmatrix}$$

然后检验在 x_3 入选前已入选的自变量 x_1 的偏回归显著性。由式（13-7），得

$$b_1^{(2)}=r_{1y}^{(2)}=0.737146$$

由式（13-10），得

$$F=\frac{\dfrac{[b_1^{(2)}]^2}{r_{11}^{(2)}}}{\dfrac{r_{yy}^{(2)}}{n-m-1}}=\frac{\dfrac{0.737146^2}{1.334634}}{\dfrac{0.118166}{15-2-1}}=41.35^{**}$$

由于 $F>F_{0.01(1,12)}=9.33$，故自变量 x_1 不应剔除。

（4）选择第三个自变量。计算余下自变量 x_2、x_4 的标准偏回归平方和。由式（13-4），得

$$U_2^{(3)}=\frac{[r_{2y}^{(2)}]^2}{r_{22}^{(2)}}=\frac{0.193878^2}{0.972835}=0.038638$$

$$U_4^{(3)}=\frac{[r_{4y}^{(2)}]^2}{r_{44}^{(2)}}=\frac{0.074179^2}{0.991013}=0.005552$$

其中，x_2 的标准偏回归平方和最大，故对其进行 F 检验。由式（13-5），得

$$F=\frac{U_2^{(3)}}{\dfrac{r_{yy}^{(2)}-U_2^{(3)}}{n-m-1}}\frac{0.038638}{\dfrac{0.118166-0.038638}{15-3-1}}=5.34^*$$

由于 $F>F_{0.05(1,11)}=4.84$，故本步选入自变量 x_2，并进行相关矩阵变换。

将 $l=2$ 代入式（13-6），将 $\boldsymbol{R}^{(2)}$ 变换成 $\boldsymbol{R}^{(3)}$：

$$\boldsymbol{R}^{(3)}=\begin{pmatrix} 1.341490 & 0.083496 & -0.659225 & -0.092006 & 0.753421 \\ 0.083946 & 1.027924 & 0.111011 & 0.114972 & 0.199292 \\ -0.659225 & 0.111011 & 1.346623 & 0.027359 & 0.341391 \\ 0.092006 & -0.114972 & -0.027359 & 0.978153 & 0.051888 \\ -0.753421 & -0.199292 & -0.341391 & 0.051888 & 0.079528 \end{pmatrix}$$

对 x_2 入选前已入选的自变量 x_1 和 x_3 的偏回归显著性进行检验。由式（13-7），得

$$b_1^{(3)}=r_{1y}^{(3)}=0.753421$$

$$b_3^{(3)}=r_{3y}^{(3)}=0.341391$$

由式（13-10），对 x_1，有

$$F=\frac{\dfrac{[b_1^{(3)}]^2}{r_{11}^{(3)}}}{\dfrac{r_{yy}^{(3)}}{n-m-1}}=\frac{\dfrac{0.753421^2}{1.341490}}{\dfrac{0.079528}{15-3-1}}=58.53^{**}$$

对 x_3，有

$$F=\frac{\dfrac{[b_3^{(3)}]^2}{r_{33}^{(3)}}}{\dfrac{r_{yy}^{(3)}}{n-m-1}}=\frac{\dfrac{0.341391^2}{1.346623}}{\dfrac{0.079528}{15-3-1}}=11.97^{**}$$

以上两个 F 值均大于 $F_{0.05(1,11)}=9.65$，故 x_1 和 x_3 不应剔除。

（5）选择第 4 个自变量。计算余下自变量（x_4）的标准偏回归平方和与 F 值

$$U_4^{(4)}=\frac{0.051888^2}{0.978153}=0.002752$$

$$F=\frac{0.002752}{\dfrac{0.079528-0.002752}{15-4-1}}=0.36$$

由于 $F<F_{0.05(1,10)}=4.96$，故自变量 x_4 不应入选。至此，自变量的选取结束，所选入的 3 个自变量为 x_1、x_2、x_3。

（6）计算偏回归系数，建立最优回归方程。根据式（13-13），得

$$b_1=b_1^{(3)}\sqrt{\frac{SS_y}{SS_1}}=0.753421\times\sqrt{\frac{239.889333}{33.6}}=2.013139$$

$$b_2=b_2^{(3)}\sqrt{\frac{SS_y}{SS_2}}=0.199292\times\sqrt{\frac{239.889333}{20.933333}}=0.674643$$

$$b_3=b_3^{(3)}\sqrt{\frac{SS_y}{SS_3}}=0.341391\times\sqrt{\frac{239.889333}{0.456}}=7.830227$$

由式（12-5），得

$$
\begin{aligned}
a &= \bar{y} - b_1\bar{x}_1 - b_2\bar{x}_2 - b_3\bar{x}_3 \\
&= 14.73333 - 2.013139 \times 9.4 - 0.674643 \times 21.933333 - 7.832027 \times 3.54 \\
&= -46.7127
\end{aligned}
$$

故表 13-1 数据单株籽粒产量的最优回归方程为

$$\hat{y} = -46.7127 + 2.0131x_1 + 0.6746x_2 + 7.8320x_3$$

由式（13-9），计算该方程的离回归平方和：

$$Q^{(3)} = r_{yy}^{(3)} = 0.079528$$

由式（13-14），计算该方程的估计标准误：

$$s_{y/123} = \sqrt{\frac{Q^{(3)}SS_y}{n-m-1}} = \sqrt{\frac{0.079528 \times 239.889333}{15-3-1}} = 1.32\text{（g）}$$

上述结果与例 13-1 计算结果是基本一样的（结果稍有误差系数据四舍五入所致）。

三、逐步回归需要注意的问题

1．自变量的选择　自变量的选择应根据专业知识和前人已开展的研究，从专业角度选择有关自变量。

2．自变量引入和剔除的显著性水平不同　在逐步回归分析中，引入和剔除自变量的显著性水平 α 值是不同的，要求 $\alpha_{进} < \alpha_{出}$。如果 $\alpha_{进} \geqslant \alpha_{出}$，当某个自变量的显著性 P 值在 $\alpha_{进}$和 $\alpha_{出}$之间，这个自变量将被引入、剔除、再引入、再剔除……循环往复。

第二节　通 径 分 析

从多元线性回归分析中我们知道，偏回归系数 b_i 是依变量 y 随自变量 x_i 变化而变化的反应量，这一反应量的大小和通径的重要性是相互联系的。但是，由于各个 x_i 单位及变异度（标准差）均不同，各个 x_i 对 y 的贡献大小就不能直接进行比较。相关分析中，变量之间是一种平等关系（互为因果）。例如，x_i 和 y 间的相关系数的大小仅表示 x_i 与 y 两个变量之间关系的密切程度，但无法解释和分析这种关系的构成和来源。通径分析（path analysis）可将相关系数 r_{iy} 剖分为 x_i 对 y 的直接作用（通径系数）和 x_i 通过与其相关的各个 x_j 对 y 的间接作用（间接通径系数）。因此，通径分析是分析相关变量间因果关系的一种统计方法。

一、通径分析的基本概念

（一）通径图

设依变量 y 与自变量 x_1、x_2、…、x_m 之间存在线性关系，且 x_1、x_2、…、x_m 彼此相关，根据式（12-4），则有

$$\hat{y} = a + b_1x_1 + b_2x_2 + \cdots + b_mx_m \tag{13-15}$$

或

$$y=a+b_1x_1+b_2x_2+\cdots+b_mx_m+e \tag{13-16}$$

式中，e 为 y 与 $\hat{y}$ 之间的误差，也称为剩余因子（residual factor），可用图 13-1 表示变量间的关系。

从图 13-1 可以看出，图中存在两种路径，一种是表示 x_i 到 y 之间的单向路径（单箭头线），即从因到果的路径，我们称之为通径（path），也称为直接通径；另一种是表示自变量间平行关系的双向路径（双向箭头），即互为因果的路径，称为相关线（correlation line），也称为间接通径。这种用来表示相关变量间因果关系与平行关系的箭形图称为通径图（path chart）。

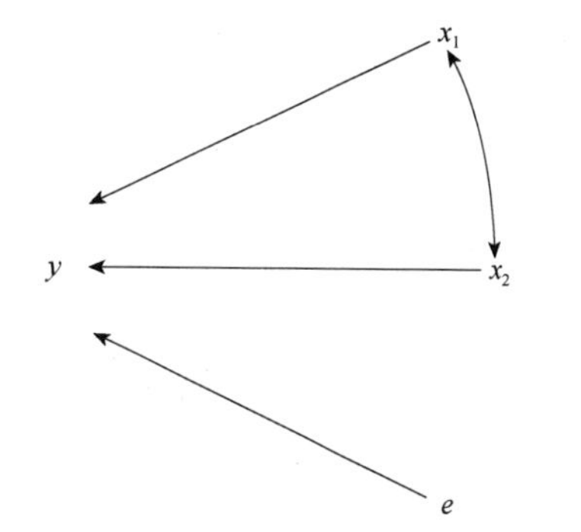

图 13-1　自变量 x_i 与依变量 y 的通径图

（二）通径系数

通径图能够直观、形象地表达相关变量间的关系，但研究中仍需进一步用数值表示因果关系中原因对结果影响的相对重要程度与性质、平行关系中变量间相关的相对重要程度与性质。为从数量关系上表示通径的相对重要程度与性质，我们将 x_i 对 y 直接作用的统计量称为通径系数（path coefficient），用 P_{iy} 表示。

二、通径系数的求解方法

表示 x_i 对 y 直接作用的通径系数 P_{iy} 既可以通过对偏回归系数 b_i 标准化得到，也可以利用相关系数 r_{ij}、r_{iy} 进行计算，而 x_i 对 y 间接作用（即间接通径系数）则可由 $r_{ij}P_{iy}$ 算出，从而进行原因对结果的直接作用、间接作用的分析。

（一）偏回归系数标准化计算通径系数

偏回归系数 b_i 就是在通径上的平均反应量，但 b_i 本身并不能表示自变量的相对重要程度。这是因为：①b_i 带有单位，单位不同，就无法比较；②b_i 单位相同，如果 x_i 的变异度（标准差）不同，也是不能比较的。因此，可将 y、x_i 和剩余项 e 进行标准化变换，使 y、x_i 和 e 转变为不带单位的相对数。所谓标准化，就是各变量值减去平均值后，再除以各自的标准差。

由式（13-15）可得

$$\bar{y}=a+b_1\bar{x}_1+b_2\bar{x}_2+\cdots+b_m\bar{x}_m \tag{13-17}$$

式（13-16）和式（13-17）相减，可得

$$y-\bar{y}=b_1(x_1-\bar{x}_1)+b_2(x_2-\bar{x}_2)+\cdots+b_m(x_m-\bar{x}_m)+e \tag{13-18}$$

将式（13-18）等号两端各除以 s_y，并进行恒等变形，有

$$\frac{y-\bar{y}}{s_y}=b_1\frac{s_1}{s_y}\cdot\frac{x_1-\bar{x}_1}{s_1}+b_2\frac{s_2}{s_y}\cdot\frac{x_2-\bar{x}_2}{s_2}+\cdots+b_m\frac{s_m}{s_y}\cdot\frac{x_m-\bar{x}_m}{s_m}+\frac{s_e}{s_y}\cdot\frac{e}{s_e} \tag{13-19}$$

式中，s_1、s_2、…、s_m 和 s_e 分别为 x_1、x_2、…、x_m 和 e 的标准差。$b_1\frac{s_1}{s_y}$、$b_2\frac{s_2}{s_y}$、…、$b_m\frac{s_m}{s_y}$ 即

自变量 x_1、x_2、…、$x_m \to y$ 的通径系数，分别用 P_{1y}、P_{2y}、…、P_{my} 表示，代表自变量 x_1、x_2、…、x_m 对 y 影响的相对重要程度和性质，即

$$P_{iy}=b_i\frac{s_i}{s_y}=b_i\sqrt{\frac{SS_i}{SS_y}} \tag{13-20}$$

P_{iy} 的意义是：在 $x_i \to y$ 通径上，x_i 若增加一个标准差单位，y 将增加（$P_i>0$）或减少（$P_i<0$）P_i 个标准差单位。因此，通径系数可以看成自变量 x_i 对依变量 y 的标准效应，由 $|P_{iy}|$ 值的大小可确定 x_i 对 y 的相对重要性。

对于 $\frac{s_e}{s_y}$，则为剩余项 e 的通径系数，用 P_{ey} 表示，即

$$P_{ey}=\sqrt{\frac{SS_e}{SS_y}} \tag{13-21}$$

将式（13-20）变换可得

通径系数的性质

$$b_i=P_{iy}\sqrt{\frac{SS_y}{SS_i}} \tag{13-22}$$

式（13-22）实际上就是式（13-13），仅是将 $b_i^{(k)}$ 改写成了 P_{iy}，因此 P_{iy} 就是标准化了的偏回归系数。

（二）相关系数计算通径系数

将式（13-22）代入式（12-6），再对第 i 个方程等号两边各除以 $\sqrt{SS_i \cdot SS_y}$，则式（12-6）可变形为如下正规方程组：

$$\begin{cases} P_{1y}+r_{12}P_{2y}+\cdots+r_{1m}P_{my}=r_{1y} \\ r_{12}P_{1y}+P_{2y}+\cdots+r_{2m}P_{my}=r_{2y} \\ \vdots \quad\quad \vdots \quad\quad\quad\quad \vdots \quad \vdots \\ r_{1m}P_{1y}+r_{2m}P_{2y}+\cdots+P_{my}=r_{my} \end{cases} \tag{13-23}$$

式（13-23）说明每个自变量 x_i 与依变量 y 的相关系数均可剖分为自变量 x_i 对依变量 y 的直接作用与间接作用的代数和，即 x_i 与 y 的相关系数 r_{iy} 等于 x_i 到 y 的直接通径系数 P_{iy} 和通过与其相关的各个 x_j（$j=1, 2, \cdots, m$；$j\neq i$）对 y 的所有间接通径系数 $\sum_{j\neq i}^{m} r_{ij}P_{jy}$ 之和。

式（13-23）可写成如下矩阵形式

$$\begin{pmatrix} r_{11} & r_{12} & \cdots & r_{1m} \\ r_{21} & r_{22} & \cdots & r_{2m} \\ \vdots & \vdots & & \vdots \\ r_{m1} & r_{m2} & \cdots & r_{mm} \end{pmatrix} \times \begin{pmatrix} P_{1y} \\ P_{2y} \\ \vdots \\ P_{my} \end{pmatrix} = \begin{pmatrix} r_{1y} \\ r_{2y} \\ \vdots \\ r_{my} \end{pmatrix} \tag{13-24}$$

如果将相关系数 r_{ij}、r_{iy} 计算出来，便可按式（13-23）[或式（13-24）] 计算出所对应的通径系数 P_{iy}。

例 13-4　试计算例 13-1 数据的通径系数。

在例 13-3 中，该数据的相关系数已经算出，将其直接代入式（13-23）得标准正规方程

组（由于 x_4 已剔除，不再参加通径分析）。

$$\begin{cases} P_{1y}-0.135742P_{2y}+0.500730P_{3y}=0.897314 \\ -0.135742P_{1y}+P_{2y}-148887P_{3y}=0.046192 \\ 0.500730P_{1y}-0.148887P_{2y}+P_{3y}=0.688980 \end{cases}$$

对上述正规方程组用简化表解法求解（表 13-8）：将系数矩阵列入表 13-8 的算阵 **A**，并将乘积和列向量 **K** 伴随其后。算阵 **B** 各元素的计算方法同多元回归一样，其计算结果也列于表 13-8 中。

表 13-8　例 13-1 数据（x_4 已剔除）通径系数的求解

说明	i	j 1	2	3	K
算阵 **A**	1	1	−0.135742	0.500730	0.897314
	2	−0.135742	1	−0.148887	0.046192
	3	0.500730	−0.148887	1	0.688980
算阵 **B**	1	1	−0.135742	0.500730	0.897314
	2	−0.13572	0.981574	−0.082436	0.171149
	3	0.500730	−0.080917	0.742599	0.341391
P_{iy}		0.753421	0.199292	0.341391	

表 13-8 中 P_{1y}、P_{2y}、P_{3y} 的计算方法与多元回归中逆矩阵各元素的算法相同，即由算阵 **B** 可建立如下方程组：

$$\begin{cases} P_{1y}-0.135752P_{2y}+0.500730P_{3y}=0.897314 \\ P_{2y}-0.082436P_{3y}=0.171149 \\ P_{3y}=0.341391 \end{cases}$$

解方程组，得 $P_{1y}=0.753421$、$P_{2y}=0.199292$、$P_{3y}=0.341391$。实际上，这些数值就是例 13-3 中得到的标准偏回归系数。

根据以上求得的通径系数，可分别得到 6 个间接通径系数：

$$r_{12}P_{2y}=-0.135742\times0.199292=-0.027052$$

$$r_{13}P_{3y}=0.500730\times0.341391=0.170945$$

$$r_{21}P_{1y}=-0.135742\times0.753421=-0.102271$$

$$r_{23}P_{3y}=-0.148887\times0.341391=-0.050829$$

$$r_{31}P_{1y}=0.500730\times0.753421=0.377260$$

$$r_{32}P_{2y}=-0.148887\times0.199292=-0.029672$$

以上计算结果可用图 13-2 进行说明。

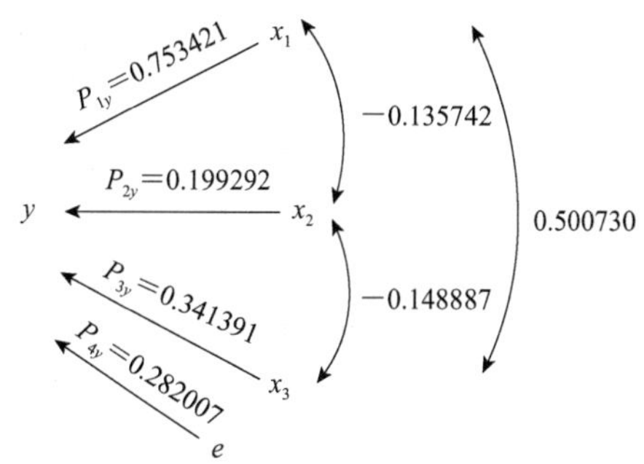

图 13-2　x_1、x_2、x_3 与 y 之间的通径关系

通过计算结果和图 13-2 可以看出，3 个自变量对单株产量 y 的直接影响中，每株穗数 x_1 的直接作用最大，其 $P_{1y}=0.753421$；其次是百粒重 x_3，其 $P_{3y}=0.341391$；每穗结实小穗数 x_2 的直接作用最小，其 $P_{2y}=0.199292$。对各个间接通径系数的分析发现，每株穗数 x_1 通过百粒重 x_3 对产量 y 所产生的间接作用较大，其 $r_{13}P_{3y}=0.170945$。尽管每

株穗数 x_1 通过 x_2 对单株产量 y 所产生一定负值的间接作用（$r_{12}P_{2y}=-0.027052$），但由于 P_{1y} 和 $r_{13}P_{3y}$ 的值较大，因而就使每株穗数 x_1 对 y 的贡献较大，二者的相关系数达到了 0.897314；百粒重 x_3 对 y 的间接作用分别为 $r_{13}P_{1y}=0.377260$、$r_{32}P_{2y}=-0.029672$，连同 x_3 对 y 的直接作用，使得 x_3 与 y 也产生了比较密切的正相关关系，二者之间的相关系数达到了 0.688980。因此，每株穗数 x_1 和百粒重 x_3 对增加单株产量具有重要的作用。至于每穗结实小穗数 x_2，其直接通径系数和间接通径系数均较小，对单株产量的改变无大的影响，可不必过多考虑。

三、通径分析的假设检验

由上述可知，通径分析就是标准化变量的多元线性回归分析，直接通径系数是变量标准化后的偏回归系数。因而，其假设检验的方法与偏回归系数一样，包括回归方程的检验和通径系数的检验，这两种方法是完全等价的。

（一）回归方程的检验

将式（13-15）中的依变量 y 和自变量 x_i 分别进行标准化变换，令

$$y'=\frac{y-\overline{y}}{\sqrt{SS_y}},\quad x_i'=\frac{x_i-\overline{x}_i}{\sqrt{SS_i}}\quad (i=1,\ 2,\ \cdots,\ m)$$

则标准化变量的 m 元线性回归方程为

$$\hat{y}'=b_1'x_1'+b_2'x_2'+\cdots+b_m'x_m' \tag{13-25}$$

式中，$b_i'=b_i\frac{\sqrt{SS_i}}{\sqrt{SS_y}}=b_i\frac{s_i}{s_y}$（$i=1,\ 2,\ \cdots,\ m$）为标准化变量的偏回归系数，即通径系数。

令 $P_{iy}=b_i'$，式（13-25）可改为

$$\hat{y}'=P_{1y}x_1'+P_{2y}x_2'+\cdots+P_{my}x_m' \tag{13-26}$$

对每个直接通径系数 P_{iy} 进行平方，可得出每个自变量 x_i 的直接决定系数（coefficient of determination）R_i^2，即

$$R_i^2=P_{iy}^2 \tag{13-27}$$

自变量 x_i 通过 x_j 对依变量 y 的间接决定系数 R_{ij}^2 为

$$R_{ij}^2=2P_{iy}r_{ij}P_{jy} \tag{13-28}$$

而总的决定系数 R^2 等于各直接与间接决定系数之和，即

$$\begin{aligned}R^2&=P_{1y}r_{1y}+P_{2y}r_{2y}+\cdots+P_{my}r_{my}\\&=\sum_{i=1}^{m}P_{iy}^2+2\sum_{i<j}^{m}P_{iy}r_{ij}P_{jy}=\sum_{i=1}^{m}R_i^2+\sum_{i<j}^{m}R_{ij}^2\end{aligned} \tag{13-29}$$

某一自变量 x_i 对 y 的贡献大小

决定系数 R^2 可用来表示自变量对依变量的相对重要程度，对通径分析结果进行评价。如果 $R^2=1$，表明通径分析已包括主要相关性状，分析结果能够表达各性状间的关系；如果 R^2 与 1 相差较大，表明通径分析缺失了主要相关性状。

对标准化变量的多元线性回归，其 $r_{yy}=1$，回归平方和为决定系数 R^2，则回归平方和 U'为

$$U'=P_{1y}r_{i1y}+P_{2y}r_{2y}+\cdots+P_{my}r_{my}=R^2 \tag{13-30}$$

对剩余因子 e，假定它与各个 x_i 独立，其通径系数 P_{ey} 为

$$P_{ey}=\sqrt{1-R^2} \tag{13-31}$$

将剩余因子的通径系数 P_{ey} 平方即剩余平方和 Q'，也就是剩余因子 P_{ey} 的决定系数 R_e^2。因此，有

$$Q'=R_e^2=P_{ey}^2=1-R^2 \tag{13-32}$$

则对标准化变量多元线性回归方程检验的 F 值为

$$F=\frac{\frac{R^2}{m}}{\frac{1-R^2}{n-m-1}} \tag{13-33}$$

式（13-33）中，F 服从 $F_{(m,\ n-m-1)}$ 分布。

（二）通径系数的检验

各 x_i 对 y 的通径系数 P_{iy} 的检验可用 F 检验和 t 检验两种方法。

1．*F* 检验　F 检验中，F_i 值为

$$F_i=\frac{\frac{P_{iy}^2}{c_{ii}}}{\frac{1-R^2}{n-m-1}} \tag{13-34}$$

式中，c_{ii} 为相关矩阵 $\boldsymbol{R}$ 的逆矩阵 $\boldsymbol{R}^{-1}$ 的主对角线的元素。F_i 服从 $F_{(m,\ n-m-1)}$ 分布。

2．*t* 检验　对通径系数进行 t 检验时，先求出通径系数的标准误 $s_{P_{iy}}$：

$$s_{P_{iy}}=\sqrt{\frac{1-R^2}{n-m-1}}\cdot\sqrt{c_{ii}} \tag{13-35}$$

其 t 值为

$$t_i=\frac{P_{iy}}{s_{P_{iy}}} \tag{13-36}$$

t_i 服从 $t_{(n-m-1)}$ 分布。

注意，这里介绍的 F 检验和 t 检验是等价的，在实际进行通径系数假设检验时，只选用其中一种方法即可。

例 13-5　试对例 13-4 所计算的通径系数进行显著性检验。

例 13-4 已将各个自变量 x_i 的通径系数算出，分别为 $P_{1y}=0.753424$、$P_{2y}=0.199292$、$P_{3y}=0.341391$。

（1）F 检验。根据式（13-26），可建立标准变量的多元线性回归方程为

$$\hat{y}'=0.753421x_1'+0.199292x_2'+0.341391x_3'$$

由式（13-30），有

$$\begin{aligned}U'=R^2&=P_{1y}r_{1y}+P_{2y}r_{2y}+P_{3y}r_{3y}\\&=0.753421\times0.897314+0.199292\times0.046192+0.341391\times0.688980\\&=0.920472\end{aligned}$$

剩余平方和为

$$Q'=1-R^2=1-0.920472=0.079528$$

剩余项的通径系数为

$$P_{ey}=\sqrt{1-R^2}=\sqrt{1-0.920472}=0.282007$$

因此，对上述标准化变量多元线性回归方程检验的 F 值为

$$F=\frac{\frac{R^2}{m}}{\frac{1-R^2}{n-m-1}}=\frac{\frac{0.920472}{3}}{\frac{1-0.920472}{15-3-1}}=42.4388^{**}$$

查附表 5，$F_{0.05(3,11)}=3.59$，$F_{0.01(3,11)}=6.22$，$F>F_{0.01}$，说明每株穗数 x_1、每穗结实小穗数 x_2、百粒重 x_3 标准化后的多元线性回归方程达到极显著水平。

对于通径系数的检验可根据式（13-34）［或式（13-36）］进行检验。利用例 13-3 的相关矩阵 $\boldsymbol{R}^{(0)}$ 的前三列、前三行中与 x_1、x_2、x_3 有关的相关系数 r_{ij}，建立相关矩阵 $\boldsymbol{R}_{(3\times3)}$，求其逆矩阵 $\boldsymbol{R}_{(3\times3)}^{-1}$，得 $c_{11}=1.341489$、$c_{22}=1.027923$、$c_{33}=1.346622$。于是，有

$$F_1=\frac{\frac{P_{1y}^2}{c_{11}}}{\frac{1-R^2}{n-m-1}}=\frac{\frac{0.753421^2}{1.341489}}{\frac{1-0.920472^2}{15-3-1}}=58.5278^{**}$$

$$F_2=\frac{\frac{P_{2y}^2}{c_{22}}}{\frac{1-R^2}{n-m-1}}=\frac{\frac{0.199292^2}{1.027923}}{\frac{1-0.920472^2}{15-3-1}}=5.3443^{*}$$

$$F_3=\frac{\frac{P_{3y}^2}{c_{33}}}{\frac{1-R^2}{n-m-1}}=\frac{\frac{0.341391^2}{1.346622}}{\frac{1-0.920472^2}{15-3-1}}=11.9710^{**}$$

查附表 5，$F_{0.05(1,11)}=4.84$，$F_{0.01(1,11)}=9.65$，F_1、F_3 均大于 $F_{0.01}$，F_2 大于 $F_{0.05}$，说明通径系数 P_{1y}、P_{3y} 达到极显著水平，P_{2y} 仅达显著水平。

（2）t 检验。先计算通径系数标准误：

$$s_{P_{1y}}=\sqrt{\frac{1-R^2}{n-m-1}}\cdot\sqrt{c_{11}}=\sqrt{\frac{1-0.920472}{15-3-1}}\cdot\sqrt{1.341489}=0.098482$$

$$s_{P_{2y}}=\sqrt{\frac{1-R^2}{n-m-1}}\cdot\sqrt{c_{22}}=\sqrt{\frac{1-0.920472}{15-3-1}}\cdot\sqrt{1.027923}=0.086207$$

$$s_{P_{3y}}=\sqrt{\frac{1-R^2}{n-m-1}}\cdot\sqrt{c_{33}}=\sqrt{\frac{1-0.920472}{15-3-1}}\cdot\sqrt{1.346622}=0.098670$$

再计算 t 值：

$$t_1=\frac{P_{1y}}{s_{P_{1y}}}=\frac{0.753421}{0.098482}=7.6503^{**}$$

$$t_2=\frac{P_{2y}}{s_{P_{2y}}}=\frac{0.199292}{0.086207}=2.3118^{*}$$

$$t_3=\frac{P_{3y}}{s_{P_{3y}}}=\frac{0.341391}{0.098670}=3.4599^{**}$$

查附表 3，$t_{0.05(11)}=2.201$，$t_{0.01(1,11)}=3.106$，t_1、t_3 均大于 $t_{0.01}$，t_2 大于 $t_{0.05}$，即通径系数 P_{1y}、P_{3y} 达到极显著水平，P_{2y} 仅达显著水平。从以上数据可看出，F 检验和 t 检验的结果是一样的。

和多元回归分析情况一样，在通径分析中，如果有一个或一个以上的 P_{iy} 不显著，也必须逐个删除（每次删除 t 值或 F 最小又不显著的那一个），直至余下的 P_{iy} 均显著为止。删除一个自变量后，所有的通径系数 P_{iy} 均会改变数值，但是与偏回归和偏相关的一致性仍会保持。删除与依变量 y 直接通径系数不显著的自变量后，仍需要重新计算余下的自变量 x_i 与依变量 y 的通径系数并进行假设检验。

思考练习题

习题 13.1　什么叫逐步回归？什么是最优多元回归方程？在多元线性回归分析中，应用逐步回归方法建立多元线性回归最优方程有哪两种方法？如何剔除不显著的自变量？

习题 13.2　什么是通径系数？怎样计算通径系数？通径分析的基本含义是什么？

习题 13.3　下表为某县 1960～1971 年的 1 月雨量（x_1，mm）、3 月上旬平均温度（x_2，℃）、3 月中旬平均温度（x_3，℃）、2 月雨量（x_4，mm）和第一代三化螟高峰期（y，以 4 月 30 日为 0）的测定结果。试应用逐步回归方法求预报第一代三化螟高峰期的最优线性回归方程及该方程的离回归标准误。

x_1	x_2	x_3	x_4	y
47.5	11.1	9.0	30.6	17
42.9	8.1	9.5	32.3	21
20.2	6.7	11.1	37.4	26
0.2	8.5	8.9	21.5	23
67.0	6.8	9.4	61.6	20
5.5	5.0	9.5	83.5	30
44.4	10.0	11.1	24.1	22
8.9	6.1	9.5	24.9	26
39.0	7.1	10.8	10.2	27
74.2	4.4	6.8	54.9	23
15.9	4.6	3.8	74.2	23
26.4	4.1	5.8	50.7	27

习题 13.4　根据习题 13.3 数据，试进行第一代三化螟高峰期（y）与 1 月雨量（x_1）、3 月上旬平均温度（x_2）、3 月中旬平均温度（x_3）、2 月雨量（x_4）的通径分析，并对通径系数进行显著性检验。

参考答案

第 14 章

多项式回归分析

本章提要

多项式回归是研究一个依变量 y 与一个或多个自变量 x_i 间多项式的回归分析方法。本章主要讨论:

- 多项式回归的数学模型;
- 根据最小二乘法建立多项式回归方程;
- 对多项式回归方程进行假设检验，计算相关指数;
- 正交多项式回归分析原理与方法。

在生物学研究中，大多数双变量数据并非表现为简单的线性关系，而常常表现为各种各样的非线性关系。有关可直线化的非线性回归问题在第 9 章中进行了讨论，本章讨论非线性关系的另一种形式——多项式回归。

第一节　多项式回归的数学模型

如果 y 对 x 的关系为非线性，但又找不到适当的变量转换形式使其转化为线性，则可选用多项式回归方程进行描述。像这种研究一个依变量与一个或多个自变量间多项式的回归分析方法，称为多项式回归（polynomial regression），所建立的方程称为多项式回归方程（polynomial regression equation）。

k 次多项式回归模型可以定义为

$$\begin{aligned} y_i &= \mu_y + \beta_1(x_i - \mu_x) + \beta_2(x_i^2 - \mu_{x^2}) + \cdots + \beta_k(x_i^k - \mu_{x^k}) + \varepsilon_i \\ &= \alpha + \beta_1 x_i + \beta_2 x_i^2 + \cdots + \beta_k x_i^k + \varepsilon_i \end{aligned} \tag{14-1}$$

式中，μ_y，μ_x，μ_{x^2}，…，μ_{x^k} 依次为 y，x，x^2，…，x^k 的总体平均数；α 为回归截距，$\alpha=\mu_y-\beta_1\mu_x-\beta_2\mu_{x^2}-\cdots-\beta_k\mu_{x^k}$；$\beta_1$，$\beta_2$，…，$\beta_k$ 依次为 x 的一次项、二次项、…、k 次项的总体回归系数；$\mu_{y/x,x^2,\cdots,x^k}$ 为任一 x 上 k 次多项式回归的 y 总体平均数，即

$$\mu_{y/x,\ x^2,\cdots,x^k} = \alpha + \beta_1 x + \beta_2 x^2 + \cdots + \beta_k x^k \tag{14-2}$$

ε_i 为随机误差，服从 $N(0,\sigma^2_{y/x,x^2,\cdots,x^k})$。

当由样本估计时，式（14-1）变为

$$\begin{aligned} y_i &= \bar{y} + b_1(x_i - \bar{x}) + b_2(x_i^2 - \overline{x}^2) + \cdots + b_k(x_i^k - \overline{x}^k) + e_i \\ &= a + b_1 x_i + b_2 x_i^2 + \cdots + b_k x_i^k + e_i \\ &= a + \sum_{j=1}^{k} b_j x_i^j + e_i \\ &= \hat{y} + e_i \end{aligned} \tag{14-3}$$

式中，$\bar{y}=\sum y/n$，$\bar{x}=\sum x/n$，$\overline{x^2}=\sum x^2/n$，…，$\overline{x^k}=\sum x^k/n$，依次估计 μ_y，μ_x，μ_{x^2}，…，μ_{x^k}；a，b_1，b_2，…，b_k 依次估计 α，β_1，β_2，…，β_k；$\hat{y}$ 则估计 $\mu_{y/x,\ x^2,\ \cdots,\ x^k}$，即

$$\hat{y}=a+b_1x+b_2x^2+\cdots+b_kx^k=a+\sum_{j=1}^{k}b_jx^j \tag{14-4}$$

e_i 则为 ε_i 的估计值。对 $\sigma_{y/x,\ x^2,\ \cdots,\ x^k}$，其样本估计值为

$$s_{y/x,\ x^2,\ \cdots,\ x^k}=\sqrt{\frac{\sum(y-\hat{y}_k)^2}{n-k-1}}=\sqrt{\frac{Q_k}{n-k-1}} \tag{14-5}$$

式（14-5）称为 k 次多项式的离回归标准误，其中 Q_k 为 k 次多项式的离回归平方和

$$Q_k=\sum_1^n(y-\hat{y}_k)^2=\sum(y-a-b_1x-b_2x^2-\cdots-b_kx^k)^2 \tag{14-6}$$

对于多项式回归方程，若 $k=1$ 时，$\hat{y}=a+b_1x$，此即直线方程；若 $k=2$，则称为二次多项式方程或二次曲线方程；若 $k=3$，则称为三次多项式方程或三次曲线方程……

多项式回归模型的最大优点是可对任何双变量数据进行回归逼近。但 n 对观测值最多只能配到 $k=n-1$ 次多项式。k 越大，包含的统计数越多，计算越麻烦。一个多项式回归方程应取多少次为宜，应根据数据的二维散点图确定。多项式回归方程通常用于描述试验取值范围内的 y 依 x 的变化关系，外推一般不可靠。

多项式回归方程项次的确定

第二节　多项式回归方程的建立

一、多项式回归方程的建立与求解

根据最小二乘法，式（14-6）中的统计数 a，b_1，b_2，…，b_k 必须满足：

$$Q_k=\sum_1^n(y-\hat{y}_k)^2=\sum_1^n(y-a-b_1x-b_2x^2-\cdots-b_kx^k)^2=\text{最小值}$$

因此，需分别对 a，b_1，b_2，…，b_k 求偏导数，并令之为 0，即有

$$\begin{aligned}
\frac{\partial Q_k}{\partial a}&=-2\sum_1^n(y-a-b_1x-b_2x^2-\cdots-b_kx^k)=0\\
\frac{\partial Q_k}{\partial b_1}&=-2\sum_1^n(y-a-b_1x-b_2x^2-\cdots-b_kx^k)x=0\\
\frac{\partial Q_k}{\partial b_2}&=-2\sum_1^n(y-a-b_1x-b_2x^2-\cdots-b_kx^k)x^2=0\\
&\vdots\\
\frac{\partial Q_k}{\partial b_k}&=-2\sum_1^n(y-a-b_1x-b_2x^2-\cdots-b_kx^k)x^k=0
\end{aligned}$$

整理得多项式回归统计数的正规方程组：

$$\begin{cases}
an+b_1\sum x+b_2\sum x^2+\cdots+b_k\sum x^k=\sum y\\
a\sum x+b_1\sum x^2+b_2\sum x^3+\cdots+b_k\sum x^{k+1}=\sum xy\\
a\sum x^2+b_1\sum x^3+b_2\sum x^4+\cdots+b_k\sum x^{k+2}=\sum x^2y\\
\qquad\vdots\\
a\sum x^k+b_1\sum x^{k+1}+b_2\sum x^{k+2}+\cdots+b_k\sum x^{2k}=\sum x^ky
\end{cases} \tag{14-7}$$

式（14-7）是求解 k 次多项式统计数 a，b_1，b_2，…，b_k 的一般形式，具体形式因 k 而异。例如，当 $k=2$，$\hat{y}_2=a+b_1x+b_2x^2$ 时，其 a、b_1 和 b_2 由方程组

$$\begin{cases} an + b_1\sum x + b_2\sum x^2 = \sum y \\ a\sum x + b_1\sum x^2 + b_2\sum x^3 = \sum xy \\ a\sum x^2 + b_1\sum x^3 + b_2\sum x^4 = \sum x^2 y \end{cases} \tag{14-8}$$

解出；当 $k=3$，$\hat{y}_3=a+b_1x+b_2x^2+b_3x^3$ 时，其 a、b_1、b_2 和 b_3 由方程组

$$\begin{cases} an + b_1\sum x + b_2\sum x^2 + b_3\sum x^3 = \sum y \\ a\sum x + b_1\sum x^2 + b_2\sum x^3 + b_3\sum x^4 = \sum xy \\ a\sum x^2 + b_1\sum x^3 + b_2\sum x^4 + b_3\sum x^5 = \sum x^2 y \\ a\sum x^3 + b_1\sum x^4 + b_2\sum x^5 + b_3\sum x^6 = \sum x^3 y \end{cases} \tag{14-9}$$

解出；依次类推。

上述多项式正规方程组的求解方法很多，如消元法、换元法、行列式法等。这里结合实例介绍用简化表解法求解多项式正规方程组，计算回归系数和回归截距，建立回归方程的方法。

例 14-1　为研究温度对黑木耳菌丝生长的影响，在 7 种温度条件下培养黑木耳，其菌丝平均生长情况列于表 14-1。试建立黑木耳菌丝长度依温度变化的多项式回归方程。

表 14-1　黑木耳菌丝生长与温度的关系

温度（x，℃）	10	15	20	25	30	35	40
菌丝长度（y，cm）	1.33	1.60	3.64	5.48	6.16	4.25	0.64
菌丝长度（$\hat{y}$，cm）	1.88	1.91	3.60	5.27	5.95	4.66	0.44

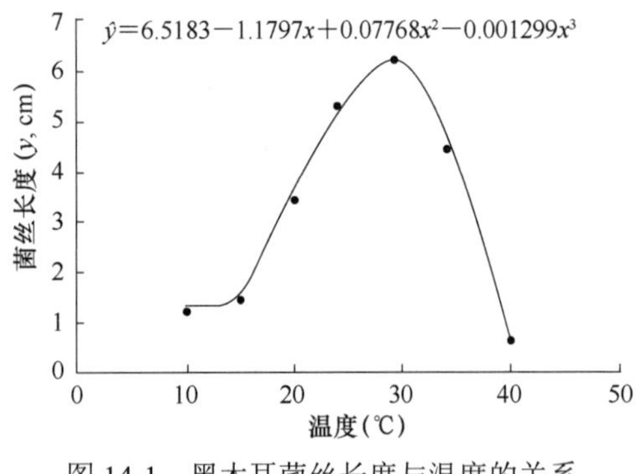

图 14-1　黑木耳菌丝长度与温度的关系

该数据的散点图（图 14-1）有一个向上的凸起，且峰的两侧不对称，故以配合三次多项式方程拟合较为合适。

（1）根据表 14-1 计算出以下数据。

$\sum x=175$　　$\sum x^2=5075$

$\sum x^3=161875$　　$\sum x^4=5481875$

$\sum x^5=193046875$　　$\sum x^6=6983796875$

$\sum y=23.10$　　$\sum xy=606.25$

$\sum x^3y=17148.25$　　$\sum x^3y=510973.75$

$\sum y^2=104.0266$　　$n=7$

因而，依变量的总变异平方和为

$$SS_y=\sum y^2-\frac{\left(\sum y\right)^2}{n}=104.0266-\frac{23.1^2}{7}=27.7966$$

（2）建立正规方程组。将上面一级数据代入式（14-9），建立正规方程组：

$$\begin{cases} 7a+175b_1+5075b_2+161875b_3=23.10 \\ 175a+5075b_1+161875b_2+5481875b_3=606.25 \\ 5075a+161875b_1+5481875b_2+193046875b_3=17148.25 \\ 161875a+5481875b_1+193046875b_2+6983796875b_3=510973.7 \end{cases}$$

（3）采用简化表解法解正规方程组。将系数矩阵列入表 14-2 的算阵 **A**，并将乘积和列向量 **K** 伴随其后。算阵 **B** 各元素的计算方法同多元回归一样，结果也列于表 14-2 中。表 14-2 中 a、b_1、b_2、b_3 的算法与多元回归中逆矩阵各元素的算法相同，即由算阵 **B** 主对角线以上各元素和 **B** 阵 K 列建立方程组。

表 14-2　例 14-1 数据多项式回归统计数的解出

说明	行＼列	1	2	3	4	K
算阵 **A**	1	7	175	5075	161875	23.10
	2	175	5075	161875	5481875	606.25
	3	5075	161875	5481875	193046875	17148.25
	4	161875	5481875	193046875	6983796875	510973.75
算阵 **B**	1	7	25	725	23125	3.3
	2	175	700	50	2050	0.04107
	3	5075	35000	52500	75	−0.01975
	4	161875	1435000	3937500	3375000	−0.001299
解		a=6.51825	b_1=−1.17973	b_2=0.077675	b_3=−0.001299	

$$\begin{aligned} a+25b_1+725b_2+23125b_3&=3.3 \\ b_1+50b_2+2050b_3&=0.04107 \\ b_2+75b_3&=-0.01975 \\ b_3&=-0.001299 \end{aligned}$$

解此方程组，得 $b_1=-1.17973$，$b_2=0.077675$，$b_3=-0.001299$，$a=6.51825$。因而表 14-1 数据的多项式回归方程为

$$\hat{y}=6.5183-1.1797x+0.07768x^2-0.001299x^3$$

二、多项式回归方程的图示

将表 14-1 观测值代入所求方程 $\hat{y}=6.5183-1.1797x+0.07768x^2-0.001299x^3$，得出各观测值所对应的 $\hat{y}$ 值，列于表 14-1 中，其轨迹如图 14-1 所示。

根据方程 $\hat{y}=6.5183-1.1797x+0.07768x^2-0.001299x^3$，可得出图 14-1 所示曲线在自变量 $x=\frac{-b_2}{3b_3}=\frac{-0.07768}{3\times(-0.001299)}=19.93$（℃）上有一拐点，当自变量 $x=\frac{-b_2-\sqrt{b_2^2-3b_1b_3}}{3b_3}=\frac{-0.07768-\sqrt{0.07768^2-3\times(-1.1797)\times(-0.001299)}}{3\times(-0.001299)}=29.665$（℃），即温度在 29.665℃时，黑木耳菌丝长度最大，其估计值为

$$\hat{y}=6.5183-1.1797\times29.665+0.07768\times29.665^2-0.001299\times29.665^3=5.9707\text{（cm）}$$

第三节　多项式回归方程的假设检验

同其他回归一样，多项式回归中依变量 y 的离均差总平方和也可以分解为回归平方和与离回归平方和，回归平方和又可以分解为因一次项回归平方和、因二次项回归平方和、…、因 k 次项的回归平方和。设 U_1、U_2、…、U_k 分别为一次、二次、…、k 次多项式的回归平方和，则 U_2-U_1 为二次式比一次式增加的回归平方和，U_3-U_2 为三次式比二次式增加的回归平方和，…，U_k-U_{k-1} 为 k 次式比 $k-1$ 次式增加的回归平方和。这些回归平方和利用表 14-2 算阵 $\boldsymbol{B}$ 的一些信息可以很容易得出：

$$\begin{cases} U_1=b_{22}b_{2K}^2 \\ U_2=b_{22}b_{2K}^2+b_{33}b_{3K}^2=\sum_{i=2}^{3}b_{ii}b_{iK}^2 \\ U_3=b_{22}b_{2K}^2+b_{33}b_{3K}^2+b_{44}b_{4K}^2=\sum_{i=2}^{4}b_{ii}b_{iK}^2 \\ \quad\cdots \\ U_k=\sum_{i=2}^{k+1}b_{ii}b_{iK}^2 \end{cases} \tag{14-10}$$

$$\begin{cases} U_2-U_1=b_{33}b_{3K}^2 \\ U_3-U_2=b_{44}b_{4K}^2 \\ U_4-U_3=b_{55}b_{5K}^2 \\ \quad\cdots \\ U_k-U_{k-1}=b_{(k+1)(k+1)}b_{(k+1)K}^2 \end{cases} \tag{14-11}$$

进行多项式回归分析时，y 的总变异可以分解为回归与离回归两部分。即

$$SS_y=U_k+Q_k \tag{14-12}$$

在多项式回归中，H_0: $\beta_j=0$（$j=1, 2, \cdots, k$），对 H_A: $\beta_j\neq 0$，用式（14-13）进行检验：

$$F=\frac{U_k-U_{k-1}}{\dfrac{Q_k}{n-k-1}} \tag{14-13}$$

式（14-13）中，自由度 $df_1=1$，$df_2=n-k-1$，经 F 检验略去不显著项，即为所建多项式回归方程。

例 14-2　试对例 14-1 所建多项式回归方程进行假设检验。

首先用表 14-2 中算阵 $\boldsymbol{B}$ 的结果计算各次分量的回归平方和及三次多项式的回归平方和与离回归平方和。

$$U_1=b_{22}b_{2K}^2=700\times 0.04107^2=1.1807$$

$$U_2-U_1=b_{33}b_{3K}^2=52500\times(-0.01975)^2=20.4783$$

$$U_3-U_2=b_{44}b_{4K}^2=3375000\times(-0.01975)^2=5.6950$$

$$U_3=\sum_{i=2}^{4}b_{ii}b_{iK}^2=700\times 0.04107^2+52500\times(-0.01975)^2+3375000\times(-0.01299)^2=27.3540$$

$$Q_3 = SS_y - U_3 = 27.7966 - 27.3540 = 0.4426$$

将计算结果列入方差分析表（表 14-3），进行 F 检验。

表 14-3　黑木耳菌丝长度依温度多项式回归的假设检验

变异来源	df	SS	s^2	F	$F_{0.05}$	$F_{0.01}$
回归	3	27.3540	9.1180	61.82**	9.28	29.46
一次分量	1	1.1807	1.1807	8.00	10.13	34.12
二次分量	1	20.4783	20.4783	138.84**	10.13	34.12
三次分量	1	5.6950	5.6950	38.61**	10.13	34.12
离回归	3	0.4426	0.1475			
总变异	6	27.7966				

F 检验表明，二次、三次分量均达极显著水平，一次分量接近显著水平，三次多项式回归达到极显著水平，可见配合三次多项式是合适的。

其回归估计标准误为

$$s_{yx/x^2,\ x^3} = \sqrt{\frac{Q_3}{n-k-1}} = \sqrt{\frac{0.4426}{7-3-1}} = 0.3841$$

第四节　相 关 指 数

在多元线性相关分析中，我们曾用多元相关系数表示各自变量与依变量的相关程度。同样，k 次多项式的回归平方和占总变异平方和的比率的平方根值，亦可用来表示依变量 y 和自变量 x 的多项式的相关密切程度，即有

$$R_k = \sqrt{\frac{U_k}{SS_y}} = \sqrt{\frac{SS_y - Q_k}{SS_y}} \tag{14-14}$$

式中，R_k 称为相关指数（correlation exponential）。

和线性相关时的情况一样，用

$$R_k^2 = \frac{U_k}{SS_y} \tag{14-15}$$

表示 k 次多项式的决定系数（coefficient of determination）。它表明在 y 的总变异平方和中，可由 x 的 k 次多项式说明的部分所占的比率。

例 14-3　试求例 14-1 数据中温度和黑木耳菌丝生长的相关指数。

$$R_3 = \sqrt{\frac{27.3540}{27.7966}} = 0.9920^{**}$$

查附表 13，$df = 7-3-1 = 3$ 时，$R_{0.01} = 0.959$。现 $R_3 = 0.9920 > R_{0.01}$，故 y 和 x 的三次多项式的相关系数达极显著水平。对于决定系数，则有

$$R_3^2 = \frac{27.3540}{27.7966} = 0.9841$$

这表明，该黑木耳生长总变异中有 98.41%可由温度的三次多项式解释。

第五节　正交多项式回归分析

一、正交多项式回归分析原理

在多项式回归分析中，计算自变量 x 的高次方和解正规方程组等都有一定的工作量。如果 x 的取值为一等差数列（或可转化成等差数列），且对应于每一个（x，y）都有相等的观测次数，则可将多项式回归模型中 x 的各次幂都转换成一组特定的正交多项式（orthogonal polynomial），以简化分析。这种分析方法称为正交多项式回归（orthogonal polynomial-regression），即将式（14-4）转换为

$$\hat{y}=\bar{y}+b_1'\varphi_1(x)+b_2'\varphi_2(x)+\cdots+b_k'\varphi_k(x)=\bar{y}+\sum_{j=1}^{k}b_j'\varphi_j(x) \tag{14-16}$$

式中，$\varphi_1(x)$、$\varphi_2(x)$、…、$\varphi_k(x)$ 都是 x 的函数，分别表示一次、二次、…、k 次正交多项式。为保证正交性（orthogonality），该转换须满足

$$\sum\varphi_1(x)=\sum\varphi_2(x)=\cdots=\sum\varphi_k(x)=0$$

$$\sum\varphi_i(x)\sum\varphi_j(x)=0\quad(i,\ j=1,\ 2,\ \cdots,\ k,\ i\neq j)$$

可以证明，当 x 数列可用

$$x_{i+1}=x_i+h_i\quad(h\text{ 为公差，}i=1,\ 2,\ \cdots,\ n) \tag{14-17}$$

表示时，满足正交条件的 x_j（$j=1$，2，…，k）的 $\varphi_j(x)$ 为

$$\begin{cases}\varphi_1(x)=\dfrac{x-\bar{x}}{h}\\ \varphi_2(x)=\left(\dfrac{x-\bar{x}}{h}\right)^2-\dfrac{n^2-1}{12}\\ \varphi_3(x)=\left(\dfrac{x-\bar{x}}{h}\right)^3-\dfrac{3n^2-7}{20}\left(\dfrac{x-\bar{x}}{h}\right)\\ \varphi_4(x)=\left(\dfrac{x-\bar{x}}{h}\right)^4-\dfrac{3n^2-13}{14}\left(\dfrac{x-\bar{x}}{h}\right)^2+\dfrac{3(n^2-1)(n^2-9)}{560}\\ \varphi_5(x)=\left(\dfrac{x-\bar{x}}{h}\right)^5-\dfrac{5n^2-7}{18}\left(\dfrac{x-\bar{x}}{h}\right)^3+\dfrac{15n^2-230n+407}{1008}\left(\dfrac{x-\bar{x}}{h}\right)\\ \cdots\\ \varphi_{k+1}(x)=\varphi_1(x)\varphi_k(x)-\dfrac{k^2(n^2-k^2)}{4(4k^2-1)}\varphi_{k-1}(x)\end{cases} \tag{14-18}$$

例如，设 x 变量的取值为 3、5、7、9、11，可表示为 $x_i=1+2i$，其对应的 $\varphi_i(x)$ 为

$$\varphi_1(x):\ -2,\ -1,\ 0,\ 1,\ 2$$

$$\varphi_2(x):\ 2,\ -1,\ -2,\ -1,\ 2$$

$$\varphi_3(x):\ -1.2,\ 2.4,\ 0,\ -2.4,\ 1.2$$

以上 $\varphi_j(x)$ 都满足正交的两个条件，但不一定是整数，为避免正交系数有小数和分数，可再做一次转换，即选择一个适当的因数 λ_j，使

$$c_j=\lambda_j\varphi_j(x) \quad (j=1, 2, \cdots, k) \tag{14-19}$$

为绝对值尽可能小的整数。c_j 值称为 j 次多项式的正交系数（orthogonal coefficient），上述将 x_j 转换成 c_j 的实质是将多项式的正规方程组转换成对角阵：

$$\begin{cases} b_1'\sum c_1^2+0+0+\cdots+0=c_1y \\ 0+b_2'\sum c_2^2+0+\cdots+0=c_2y \\ 0+0+b_3'\sum c_3^2+\cdots+0=c_3y \\ \cdots \\ 0+0+0+\cdots+b_k'\sum c_k^2=c_ky \end{cases} \tag{14-20}$$

因而，有

$$b_j'=\frac{\sum c_jy}{\sum c_j^2} \quad (j=1, 2, \cdots, k) \tag{14-21}$$

则所得多项式回归方程为

$$\hat{y}=\bar{y}+b_1'c_1+b_2'c_2+\cdots+b_k'c_k=\bar{y}+\sum_{j=1}^{k}b_j'c_j \tag{14-22}$$

将 $c_j=\lambda_j\varphi_j(x)$ 代入式（14-22），得 y 依 x 的 k 次多项式回归方程为

$$\hat{y}=\bar{y}+b_1'\lambda_1\varphi_1(x)+b_2'\lambda_2\varphi_2(x)+\cdots+b_k'\lambda_k\varphi_k(x)=\bar{y}+\sum_{j=1}^{k}b_j'\lambda_j\varphi_j(x) \tag{14-23}$$

因各次分量的回归平方和为

$$U_j-U_{j-1}=\frac{\left(\sum c_jy\right)^2}{\sum c_j^2} \tag{14-24}$$

因此，根据附表 17（正交多项式系数表），可以很方便做出 $k\leqslant 5$ 的多项式回归分析。

正交多项式回归分析中自变量取值的设定

二、正交多项式回归分析示例

例 14-4　例 14-1 的自变量 x 为等间距，试用正交系数做正交多项式回归分析。

如前所述，对例 14-1 数据配合三次多项式较为合适。现将该数据的 x 放在表 14-4 的第一列，y 放在最后一列。该数据 $n=7$，$h=5$。故从附表 17 抄下 $n=7$ 的 c_1、c_2、c_3 值分别放在表 14-4 的中间三列。这些 c_j 值即为各相应的 x_j 正交转换值，然后计算各个 $\sum c_jy$。

表 14-4　例 14-1 数据的正交多项式回归计算

x	c_1	c_2	c_3	y
10	−3	5	−1	1.33
15	−2	0	1	1.60
20	−1	−3	1	3.64
25	0	−4	0	5.48
30	1	−3	−1	6.16
35	2	0	−1	4.25
40	3	5	1	0.64

续表

x	c_1	c_2	c_3	y
$\sum c_j^2$	28	84	6	
λ_j	1	1	1/6	$\overline{x}=25$
$\sum c_j y$	5.75	−41.47	−5.86	$\overline{y}=3.3$
b'_j	0.205357	−0.493690	−0.976667	$SS_y=27.7966$
U_j-U_{j-1}	1.1808	20.4733	5.7233	

$$\sum c_1y=(-3)\times1.33+(-2)\times1.60+\cdots+3\times0.64=5.75$$
$$\sum c_2y=5\times1.33+0\times1.60+\cdots+5\times0.64=41.47$$
$$\sum c_3y=(-1)\times1.33+1\times1.60+\cdots+1\times0.64=5.86$$

各次分量的偏回归平方和为

$$U_1=\frac{\left(\sum c_1y\right)^2}{\sum c_1^2}=\frac{5.75^2}{28}=1.1808$$

$$U_2-U_1=\frac{\left(\sum c_2y\right)^2}{\sum c_2^2}=\frac{(-41.47)^2}{84}=20.4733$$

$$U_3-U_2=\frac{\left(\sum c_3y\right)^2}{\sum c_3^2}=\frac{(-5.86)^2}{6}=5.7233$$

而三次多项式的回归平方和与离回归平方和为

$$U_3=U_1+(U_2-U_1)+(U_3-U_2)$$
$$=1.1808+20.4733+5.7233=27.3774$$
$$Q_3=SS_y-U_3=27.7966-27.3774=0.4192$$

将计算结果列入方差分析表（表 14-5），并进行 F 检验。

表 14-5　黑木耳丝长度依温度的正交多项式回归的假设检验

变异来源	df	SS	s^2	F	$F_{0.05}$	$F_{0.01}$
回归	3	27.3774	9.1258	65.32**	9.28	29.46
一次分量	1	1.1808	1.1808	8.45	10.13	34.12
二次分量	1	20.4733	20.4733	146.55**	10.13	34.12
三次分量	1	5.7233	5.7233	40.97**	10.13	34.12
离回归	3	0.4192	0.1397			
总变异	6	27.7966				

各次分量的偏回归系数为

$$b'_1=\frac{\sum c_1y}{\sum c_1^2}=\frac{5.75}{28}=0.205357$$

$$b'_2=\frac{\sum c_2y}{\sum c_2^2}=\frac{-41.47}{84}=-0.493690$$

$$b_3'=\frac{\sum c_3 y}{\sum c_3^2}=\frac{-5.86}{6}=-0.976667$$

因此，有

$$\hat{y}=3.3+0.205357c_1-0.493690c_2-0.976667c_3$$

由于

$$c_1=\lambda_1\left(\frac{x-\bar{x}}{h}\right)=1\times\left(\frac{x-25}{5}\right)=\frac{x-25}{5}$$

$$c_2=\lambda_2\left[\left(\frac{x-\bar{x}}{h}\right)^2-\frac{n^2-1}{12}\right]=1\times\left[\left(\frac{x-25}{5}\right)^2-\frac{7^2-1}{12}\right]=\frac{(x-25)^2}{25}-4$$

$$c_3=\lambda_3\left[\left(\frac{x-\bar{x}}{h}\right)^3-\frac{3n^2-7}{20}\left(\frac{x-\bar{x}}{h}\right)\right]=\frac{1}{6}\times\left[\left(\frac{x-25}{5}\right)^3-\frac{3\times 7^2-7}{20}\times\left(\frac{x-25}{5}\right)\right]$$

$$=\frac{(x-25)^3}{750}-\frac{7\times(x-25)}{30}$$

则所求多项式回归方程为

$$\hat{y}=3.3+0.205357\times\left(\frac{x-25}{5}\right)-0.493690\times\left[\frac{(x-25)^2}{25}-4\right]$$
$$-0.976667\times\left[\frac{(x-25)^3}{750}-\frac{7\times(x-25)}{30}\right]$$
$$=6.552-1.1849x+0.077902x^2-0.001302x^3$$

以上结果与本章第二节求解正规方程组的结果基本一样，稍有出入是由计算误差所致，采用正交系数分析则可减少很多计算工作量。

思考练习题

习题 14.1　建立多项式回归的基本方法是什么？

习题 14.2　什么是相关指数？怎么求解？

习题 14.3　正交多项式回归分析中，正交性必须满足的条件是什么？如何进行正交多项式回归的分析？

习题 14.4　取连年施用有机肥的水稻土（pH＝5.5），加入 HCl 或 Na_2CO_3 改变其 pH（x），在 30℃下放置 28d，然后中和之，测定烘干土中 NH_4^+ 的量（y，mg/100g 土），结果如下表所示。试确定 y 依 x 变化的多项式回归方程，并进行检验。

x	2	3	4	5	6	7	8	9
y	13.0	9.2	6.6	4.7	4.0	7.1	13.2	20.0

习题 14.5　根据习题 14.4 的数据，试建立正交多项式回归方程。

参考答案

主要参考文献

北京大学数学力学系数学专业概率统计组．1976．正交设计．北京：人民教育出版社

伯纳德•罗斯纳．2004．生物统计学基础．5 版．孙尚拱，译．北京：科学出版社

陈庆富．2011．生物统计学．北京：高等教育出版社

崔党群．1994．生物统计学．北京：中国科学技术出版社

董德元．1987．试验研究的数理统计方法．北京：中国计量出版社

董时富．2002．生物统计学．北京：科学出版社

杜荣骞．2014．生物统计学．4 版．北京：高等教育出版社

范濂．1983．农业试验统计方法．郑州：河南科学技术出版社

方积乾．2007．生物医学研究的统计方法．北京：人民卫生出版社

方开泰．2020．均匀试验设计的理论和应用．北京：科学出版社

贵州农学院．1980．生物统计附试验设计．北京：农业出版社

郭平毅．2006．生物统计学．北京：中国林业出版社

洪伟．2008．试验设计与统计分析．北京：中国农业出版社

黄嘉佑．2000．气象统计分析与预报方法．2 版．北京：气象出版社

贾俊平．2015．统计学．2 版．北京：清华大学出版社

江三多．1998．医学遗传数理统计方法．北京：科学出版社

金丕焕．1993．医用统计方法．上海：上海医科大学出版社

金益．2007．试验设计与统计分析．北京：中国农业出版社

卡普斯．2011．动物科学生物统计导论．2 版．于向春，译．北京：中国农业大学出版社

李松岗．2007．实用生物统计．2 版．北京： 北京大学出版社

林德光．1982．生物统计的数学原理．沈阳：辽宁人民出版社

刘魁英．2004．食品研究与数据分析．北京：中国轻工业出版社

刘来福．2007．生物统计．2 版．北京：北京师范大学出版社

马斌荣．2008．医学统计学．5 版．北京：人民卫生出版社

马育华．1985．田间试验和统计方法．2 版．北京：农业出版社

马寨璞．2018．基础生物统计学．北京：科学出版社

明道绪．2008．田间试验与统计分析．2 版．北京：科学出版社

莫惠栋．1984．农业试验统计．上海：上海科学技术出版社

南京农业大学．1987．田间试验和统计方法．2 版．北京：农业出版社

倪宗瓒．2002．卫生统计学．4 版．北京：人民卫生出版社

牛长山．1988．试验设计与数据处理．西安：西安交通大学出版社

潘丽军．2008．试验设计与数据处理．南京：东南大学出版社

上海师范大学数学系概率统计教研组．1978．回归分析及其试验设计．上海：上海教育出版社

斯皮格尔 MR．2002．统计学．3 版．杨纪龙，译．北京：科学出版社

苏胜宝．2010．试验设计与生物统计．北京：中央广播电视大学出版社

孙静娟．2015．统计学．北京：清华大学出版社

童一中．1987．生物统计法．长沙：湖南科学技术出版社

王宏年．1987．生物统计学．兰州：兰州大学出版社

王鉴明．1988．生物统计学．北京：农业出版社

王星．2014．非参数统计．2 版．北京：清华大学出版社

吴占福．2010．生物统计与试验设计．北京：化学工业出版社

徐端正．2004．生物统计在实验和临床药理学中的应用．北京：科学出版社

徐魁英．2005．食品研究与数据分析．北京：中国轻工业出版社
许承德．2001．概率论与数理统计．北京：科学出版社
续九如．1995．林业试验设计．北京：中国林业出版社
颜虹．2015．医学统计学．北京：人民卫生出版社
杨纪珂．1985．现代生物统计．合肥：安徽科学技术出版社
杨永年．1990．畜牧统计学．哈尔滨：东北林业大学出版社
杨永岐．1983．农业气象中的统计方法．北京：气象出版社
叶子弘．2012．生物统计学．北京：化学工业出版社
袁志发．2009．多元统计分析．2 版．北京：科学出版社
张春华．2001．医药数理统计．北京：科学出版社
张勤．2008．生物统计学．2 版．北京：中国农业大学出版社
张全德．1985．农业试验统计模型和 BASIC 程序．杭州：浙江科学技术出版社
赵仁熔．1979．田间试验方法．北京：农业出版社
中国科学院计算中心．1979．概率统计计算．北京：科学出版社
中国科学院数学研究所．1975．回归分析方法．北京：科学出版社
中国科学院数学研究所统计组．1974a．常用数理统计表．北京：科学出版社
中国科学院数学研究所统计组．1974b．常用数理统计方法．北京：科学出版社
朱明德．1993．统计预测与控制．北京：中国林业出版社
Robert G D．1979．数理统计的原理和方法（适用于生物科学）．杨纪珂，译．北京：科学出版社
Altman D G. 1991. Practical Statistics for Medical Research. London: Chapman & Hall
Bailey T J. 1981. Statistics Method in Biology. 2nd ed. London: Hodder and Stoughton
Bishop O N. 1980. Statistics of Biology. 3rd ed. London: Longman Group Lincital
Damaraju R. 1983. Statistical Techniques in Agricultural and Biological Research. London: Oxford and I. B. H. Publication Co
Daniel W W. 1999. Biosatistics: A Foundation for Analysis in the Health Sciences. 7th ed. New York: John Wiley & Sons. Inc
Gail F. 2008. Easy Interpretation of Biostatistics: The Vital Linh to Applying Evidence in Medical Decisions. New York: Saunders
Jerrold H Z. 1999. Biostatistical Analysis. 4th ed. New York: Prentice Hall Upper Saddle River
Myra L S. 2016. Statistics for Life Science. 5th ed. Upper Saddle River: Pearson Education Limited
Snedecor G W. 1980. Statistical Methods. Ames: Iowa State University Press
Sunil K M. 2010. Statistical Bioinformatics. Salt Lake City: Academic Press
Thomas G. 2001. An Introduction to Biostatistics. New York: McGraw Hill Education

附　　表

附表 1　正态分布的累积函数 F（u）值表

u	−0.09	−0.08	−0.07	−0.06	−0.05	−0.04	−0.03	−0.02	−0.01	0.00
−3.9	0.000033	0.000034	0.000036	0.000037	0.000039	0.000041	0.000042	0.000044	0.000046	0.000048
−3.8	0.000050	0.000052	0.000054	0.000057	0.000059	0.000062	0.000064	0.000067	0.000069	0.000072
−3.7	0.000075	0.000078	0.000082	0.000085	0.000088	0.000092	0.000096	0.000100	0.000104	0.000108
−3.6	0.000112	0.000117	0.000121	0.000126	0.000131	0.000136	0.000142	0.000147	0.000153	0.000159
−3.5	0.000165	0.000172	0.000179	0.000185	0.000193	0.000200	0.000208	0.000216	0.000224	0.000233
−3.4	0.000242	0.000251	0.000260	0.000270	0.000280	0.000291	0.000302	0.000313	0.000325	0.000337
−3.3	0.000350	0.000362	0.000376	0.000390	0.000404	0.000419	0.000434	0.000450	0.000467	0.000483
−3.2	0.000501	0.000519	0.000538	0.000557	0.000577	0.000598	0.000619	0.000641	0.000664	0.000687
−3.1	0.000711	0.000736	0.000762	0.000789	0.000816	0.000845	0.000874	0.000904	0.000935	0.000968
−3.0	0.001001	0.001035	0.001070	0.001107	0.001144	0.001183	0.001223	0.001264	0.001306	0.001350
−2.9	0.001395	0.001441	0.001489	0.001538	0.001589	0.001641	0.001695	0.001750	0.001807	0.001866
−2.8	0.001926	0.001988	0.002052	0.002118	0.002186	0.002256	0.002327	0.002401	0.002477	0.002555
−2.7	0.002635	0.002718	0.002803	0.002890	0.002980	0.003072	0.003167	0.003264	0.003364	0.003467
−2.6	0.003573	0.003681	0.003793	0.003907	0.004025	0.004145	0.004269	0.004396	0.004527	0.004661
−2.5	0.004799	0.004940	0.005085	0.005234	0.005386	0.005543	0.005703	0.005868	0.006037	0.006210
−2.4	0.006387	0.006569	0.006756	0.006947	0.007143	0.007344	0.007549	0.007760	0.007976	0.008198
−2.3	0.008424	0.008656	0.008894	0.009137	0.009387	0.009642	0.009903	0.01017	0.01044	0.01072
−2.2	0.01101	0.01130	0.01160	0.01191	0.01222	0.01255	0.01287	0.01321	0.01355	0.01390
−2.1	0.01426	0.01463	0.01500	0.01539	0.01578	0.01618	0.01659	0.01700	0.01743	0.01786
−2.0	0.01831	0.01876	0.01923	0.01970	0.02018	0.02068	0.02118	0.02169	0.02222	0.02275
−1.9	0.02330	0.02358	0.02442	0.02500	0.02559	0.02619	0.02680	0.02743	0.02807	0.02872
−1.8	0.02938	0.03005	0.03074	0.03144	0.03216	0.03288	0.03362	0.03438	0.03515	0.03593
−1.7	0.03673	0.03754	0.03836	0.03920	0.04006	0.04093	0.04182	0.04272	0.04363	0.04457
−1.6	0.04551	0.04648	0.04746	0.04846	0.04947	0.05050	0.05155	0.05262	0.05370	0.05480
−1.5	0.05592	0.05705	0.05821	0.05938	0.06057	0.06178	0.06301	0.06426	0.06552	0.06681
−1.4	0.06811	0.06944	0.07078	0.07215	0.07353	0.07493	0.07636	0.07780	0.07927	0.08076
−1.3	0.08226	0.08379	0.08534	0.08691	0.08851	0.09012	0.09176	0.09342	0.09510	0.09680
−1.2	0.09853	0.1003	0.1020	0.1038	0.1056	0.1075	0.1093	0.1112	0.1131	0.1151
−1.1	0.1170	0.1190	0.1210	0.1230	0.1251	0.1271	0.1292	0.1314	0.1335	0.1357
−1.0	0.1379	0.1401	0.1423	0.1446	0.1469	0.1492	0.1515	0.1539	0.1562	0.1587
−0.9	0.1611	0.1635	0.1660	0.1685	0.1711	0.1736	0.1762	0.1788	0.1814	0.1841
−0.8	0.1867	0.1894	0.1922	0.1949	0.1977	0.2005	0.2033	0.2061	0.2090	0.2119
−0.7	0.2148	0.2177	0.2206	0.2236	0.2266	0.2297	0.2327	0.2358	0.2389	0.2420
−0.6	0.2451	0.2483	0.2514	0.2546	0.2578	0.2611	0.2643	0.2676	0.2709	0.2743
−0.5	0.2776	0.2810	0.2843	0.2877	0.2912	0.2946	0.2981	0.3015	0.3050	0.3085
−0.4	0.3121	0.3156	0.3192	0.3228	0.3264	0.3300	0.3336	0.3372	0.3409	0.3446
−0.3	0.3483	0.3520	0.3557	0.3594	0.3632	0.3669	0.3707	0.3745	0.3783	0.3821
−0.2	0.3859	0.3897	0.3936	0.3974	0.4013	0.4052	0.4090	0.4129	0.4168	0.4207
−0.1	0.4247	0.4286	0.4325	0.4364	0.4404	0.4443	0.4483	0.4522	0.4562	0.4602
0.0	0.4641	0.4681	0.4721	0.4761	0.4801	0.4840	0.4880	0.4920	0.4960	0.5000

续表

u	0.00	0.01	0.02	0.03	0.04	0.05	0.06	0.07	0.08	0.09
0.0	0.5000	0.5040	0.5080	0.5120	0.5160	0.5199	0.5239	0.5279	0.5319	0.5359
0.1	0.5398	0.5438	0.5478	0.5517	0.5557	0.5596	0.5636	0.5675	0.5714	0.5753
0.2	0.5793	0.5832	0.5871	0.5910	0.5948	0.5987	0.6026	0.6064	0.6103	0.6141
0.3	0.6179	0.6217	0.6255	0.6293	0.6331	0.6368	0.6406	0.6443	0.6480	0.6517
0.4	0.6554	0.6591	0.6628	0.6664	0.6700	0.6736	0.6772	0.6808	0.6844	0.6879
0.5	0.6915	0.6950	0.6985	0.7019	0.7054	0.7088	0.7123	0.7157	0.7190	0.7224
0.6	0.7257	0.7291	0.7324	0.7357	0.7389	0.7422	0.7454	0.7486	0.7517	0.7549
0.7	0.7580	0.7611	0.7642	0.7673	0.7703	0.7734	0.7764	0.7794	0.7823	0.7852
0.8	0.7881	0.7910	0.7939	0.7967	0.7995	0.8023	0.8051	0.8078	0.8106	0.8133
0.9	0.8159	0.8186	0.8212	0.8238	0.8264	0.8289	0.8315	0.8340	0.8365	0.8389
1.0	0.8413	0.8438	0.8461	0.8485	0.8508	0.8531	0.8554	0.8577	0.8599	0.8621
1.1	0.8643	0.8665	0.8686	0.8708	0.8729	0.8749	0.8770	0.8790	0.8810	0.8830
1.2	0.8849	0.8869	0.8888	0.8907	0.8925	0.8944	0.8962	0.8980	0.8997	0.90147
1.3	0.90320	0.90490	0.90658	0.90824	0.90988	0.91149	0.91309	0.91466	0.91621	0.91774
1.4	0.91924	0.92073	0.92220	0.92364	0.92507	0.92647	0.92785	0.92922	0.93056	0.93189
1.5	0.93319	0.93448	0.93574	0.93699	0.93822	0.93943	0.94062	0.94179	0.94295	0.94408
1.6	0.94520	0.94630	0.94738	0.94845	0.94950	0.95053	0.95154	0.95254	0.95352	0.95449
1.7	0.95543	0.95637	0.95728	0.95818	0.95908	0.95994	0.96080	0.96164	0.96246	0.96327
1.8	0.96407	0.96485	0.96562	0.96638	0.96712	0.96784	0.96856	0.96926	0.96995	0.97062
1.9	0.97128	0.97193	0.97257	0.97320	0.97381	0.97441	0.97500	0.97558	0.97615	0.97670
2.0	0.97725	0.97778	0.97831	0.97882	0.97932	0.97982	0.98030	0.98077	0.98124	0.98169
2.1	0.98214	0.98257	0.98300	0.98341	0.98382	0.98422	0.98461	0.98500	0.98537	0.98574
2.2	0.98610	0.98645	0.98679	0.98713	0.98745	0.98778	0.98809	0.98840	0.98870	0.98899
2.3	0.98928	0.98956	0.98988	0.990097	0.990358	0.990613	0.990863	0.991106	0.991344	0.991576
2.4	0.991802	0.992024	0.992240	0.992451	0.992656	0.992587	0.993053	0.993244	0.993431	0.993613
2.5	0.993790	0.993963	0.994132	0.994297	0.994457	0.994614	0.994766	0.994915	0.995060	0.995201
2.6	0.995339	0.995473	0.995604	0.995731	0.995855	0.995975	0.996093	0.996207	0.996319	0.996427
2.7	0.996533	0.996636	0.996736	0.996833	0.996928	0.997020	0.997110	0.997197	0.997282	0.997365
2.8	0.997445	0.997523	0.997599	0.997673	0.997744	0.997814	0.997882	0.997948	0.998012	0.998074
2.9	0.998134	0.998193	0.998250	0.998305	0.998359	0.998411	0.998462	0.998511	0.998559	0.998605
3.0	0.998650	0.998694	0.998736	0.998777	0.998817	0.998856	0.998893	0.998930	0.998965	0.998999
3.1	0.999032	0.999065	0.999096	0.999126	0.999155	0.999184	0.999211	0.999238	0.999264	0.999289
3.2	0.999313	0.999336	0.999359	0.999381	0.999402	0.999423	0.999443	0.999462	0.999481	0.999499
3.3	0.999517	0.999534	0.999550	0.999566	0.999581	0.999596	0.999610	0.999624	0.999638	0.999651
3.4	0.999663	0.999675	0.999687	0.999698	0.999709	0.999720	0.999730	0.999740	0.999750	0.999759
3.5	0.999767	0.999776	0.999784	0.999792	0.999800	0.999807	0.999815	0.999822	0.999828	0.999835
3.6	0.999841	0.999847	0.999853	0.999858	0.999864	0.999869	0.999874	0.999879	0.999883	0.999888
3.7	0.999892	0.999896	0.999900	0.999904	0.999908	0.999912	0.999915	0.999918	0.999922	0.999925
3.8	0.999928	0.999931	0.999933	0.999936	0.999938	0.999941	0.999943	0.999946	0.999948	0.999950
3.9	0.999952	0.999954	0.999956	0.999958	0.999959	0.999961	0.999963	0.999964	0.999966	0.999967

附表 2　正态离差（u）值表（双尾）

P	0.00	0.01	0.02	0.03	0.04	0.05	0.06	0.07	0.08	0.09
0.0	∞	2.575829	2.326348	2.170090	2.053749	1.959964	1.880794	1.811911	1.750686	1.695398
0.1	1.644854	1.598193	1.554774	1.514102	1.475791	1.439531	1.405072	1.372204	1.340755	1.310579
0.2	1.281552	1.253565	1.226528	1.200359	1.174987	1.150349	1.126391	1.103063	1.080319	1.058122
0.3	1.036433	1.015222	0.994458	0.974114	0.954165	0.934589	0.915365	0.896473	0.877896	0.859617
0.4	0.841621	0.823894	0.806421	0.789192	0.772193	0.755415	0.738847	0.722479	0.706303	0.690309
0.5	0.674490	0.658838	0.643345	0.628006	0.612813	0.597760	0.582841	0.568051	0.553385	0.538836
0.6	0.524401	0.510073	0.495850	0.481727	0.467699	0.453762	0.439913	0.426148	0.412463	0.398855
0.7	0.385320	0.371856	0.358459	0.345125	0.331853	0.318639	0.305481	0.292375	0.279319	0.266311
0.8	0.253347	0.240426	0.227545	0.214702	0.201893	0.189113	0.176374	0.163658	0.150969	0.138304
0.9	0.125661	0.113039	0.100434	0.087845	0.075270	0.062707	0.050154	0.037608	0.025069	0.012533

P	0.001	0.0001	0.00001	0.000001	0.0000001	0.00000001
u	3.29053	3.89059	4.41717	4.89164	5.32672	5.73073

附表 3　t 值表（双尾）

自由度（df）	概率值（P）								
	0.500	0.400	0.200	0.100	0.050	0.025	0.010	0.005	0.001
1	1.000	1.376	3.078	6.314	12.706	25.452	63.657		
2	0.816	1.061	1.886	2.920	4.303	6.205	9.925	14.089	31.598
3	0.765	0.978	1.638	2.353	3.182	4.176	5.841	7.453	12.941
4	0.741	0.941	1.533	2.132	2.776	3.495	4.604	5.598	8.610
5	0.727	0.920	1.476	2.015	2.571	3.163	4.032	4.773	6.859
6	0.718	0.906	1.440	1.943	2.447	2.969	3.707	4.317	5.959
7	0.711	0.896	1.415	1.895	2.365	2.841	3.499	4.029	5.405
8	0.706	0.889	1.397	1.860	2.306	2.752	3.355	3.832	5.041
9	0.703	0.883	1.383	1.833	2.262	2.685	3.250	3.690	4.781
10	0.700	0.879	1.372	1.812	2.228	2.634	3.169	3.581	4.587
11	0.697	0.876	1.363	1.796	2.201	2.593	3.106	3.497	4.437
12	0.695	0.873	1.356	1.782	2.179	2.560	3.056	3.428	4.318
13	0.694	0.870	1.350	1.771	2.160	2.533	3.012	3.372	4.221
14	0.692	0.868	1.345	1.761	2.145	2.510	2.977	3.326	4.140
15	0.691	0.866	1.341	1.753	2.131	2.490	2.947	3.286	4.073
16	0.690	0.865	1.337	1.746	2.120	2.473	2.921	3.252	4.015
17	0.689	0.863	1.333	1.740	2.110	2.458	2.898	3.222	3.965
18	0.688	0.862	1.330	1.734	2.101	2.445	2.878	3.197	3.922
19	0.688	0.861	1.328	1.729	2.093	2.433	2.861	3.174	3.883
20	0.687	0.860	1.325	1.725	2.086	2.423	2.845	3.153	3.850
21	0.686	0.859	1.323	1.721	2.080	2.414	2.831	3.135	3.819
22	0.686	0.858	1.321	1.717	2.074	2.406	2.819	3.119	3.792
23	0.685	0.858	1.319	1.714	2.069	2.398	2.807	3.104	3.767
24	0.685	0.857	1.318	1.711	2.064	2.391	2.797	3.090	3.745
25	0.684	0.856	1.316	1.708	2.060	2.385	2.787	3.078	3.725
26	0.684	0.856	1.315	1.706	2.056	2.379	2.779	3.067	3.707
27	0.684	0.855	1.314	1.703	2.052	2.373	2.771	3.056	3.690
28	0.683	0.855	1.313	1.701	2.048	2.368	2.763	3.047	3.674
29	0.683	0.854	1.311	1.699	2.045	2.364	2.756	3.038	3.659
30	0.683	0.854	1.310	1.697	2.042	2.360	2.750	3.030	3.646
40	0.681	0.851	1.303	1.684	2.021	2.329	2.704	2.971	3.551
60	0.679	0.848	1.296	1.671	2.000	2.299	2.660	2.915	3.460
80	0.678	0.847	1.293	1.665	1.989	2.284	2.638	2.887	3.415
120	0.677	0.845	1.289	1.658	1.980	2.270	2.617	2.860	3.373
∞	0.675	0.842	1.282	1.645	1.960	2.241	2.576	2.807	3.291

附表 4　χ^2 值表（右尾）

自由度（*df*）	概率值（*P*）												
	0.995	0.990	0.975	0.950	0.900	0.750	0.500	0.250	0.100	0.050	0.025	0.010	0.005
1					0.02	0.10	0.45	1.32	2.71	3.84	5.02	6.63	7.88
2	0.01	0.02	0.05	0.10	0.21	0.58	1.39	2.77	4.61	5.99	7.38	9.21	10.60
3	0.07	0.11	0.22	0.35	0.58	1.21	2.37	4.11	6.25	7.81	9.35	11.34	12.84
4	0.21	0.30	0.48	0.71	1.06	1.92	3.36	5.39	7.78	9.49	11.14	13.28	14.86
5	0.41	0.55	0.83	1.15	1.61	2.67	4.35	6.63	9.24	11.07	12.83	15.09	16.75
6	0.68	0.87	1.24	1.64	2.20	3.45	5.35	7.84	10.64	12.59	14.45	16.81	18.55
7	0.99	1.24	1.69	2.17	2.83	4.25	6.35	9.04	12.02	14.07	16.01	18.48	20.28
8	1.34	1.65	2.18	2.73	3.49	5.07	7.34	10.22	13.36	15.51	17.53	20.09	21.96
9	1.73	2.09	2.70	3.33	4.17	5.90	8.34	11.39	14.68	16.92	19.02	21.67	23.59
10	2.16	2.56	3.25	3.94	4.87	6.74	9.34	12.55	15.99	18.31	20.48	23.21	25.19
11	2.60	3.05	3.82	4.57	5.58	7.58	10.34	13.70	17.28	19.68	21.92	24.72	26.76
12	3.07	3.57	4.40	5.23	6.30	8.44	11.34	14.85	18.55	21.03	23.34	26.22	28.30
13	3.57	4.11	5.01	5.89	7.04	9.30	12.34	15.98	19.81	22.36	24.74	27.69	29.82
14	4.07	4.66	5.63	6.57	7.79	10.17	13.34	17.12	21.06	23.68	26.12	29.14	31.32
15	4.60	5.23	6.27	7.26	8.55	11.04	14.34	18.25	22.31	25.00	27.49	30.58	32.80
16	5.14	5.81	6.91	7.96	9.31	11.91	15.34	19.37	23.54	26.30	28.85	32.00	34.27
17	5.70	6.41	7.56	8.67	10.09	12.79	16.34	20.49	24.77	27.59	30.19	33.41	35.72
18	6.26	7.01	8.23	9.39	10.86	13.68	17.34	21.60	25.99	28.87	31.53	34.81	37.16
19	6.84	7.63	8.91	10.12	11.65	14.56	18.34	22.72	27.20	30.14	32.85	36.19	38.58
20	7.43	8.26	9.59	10.85	12.44	15.45	19.34	23.83	28.41	31.41	34.17	37.57	40.00
21	8.03	8.90	10.28	11.59	13.24	16.34	20.34	24.93	29.62	32.67	35.48	38.93	41.40
22	8.64	9.54	10.98	12.34	14.04	17.24	21.34	26.04	30.81	33.92	36.78	40.29	42.80
23	9.26	10.20	11.69	13.09	14.85	18.14	22.34	27.14	32.01	35.17	38.08	41.64	44.18
24	9.89	10.86	12.40	13.85	15.66	19.04	23.34	28.24	33.20	36.42	39.36	42.98	45.56
25	10.52	11.52	13.12	14.61	16.47	19.94	24.34	29.34	34.38	37.65	40.65	44.31	46.93
26	11.16	12.20	13.84	15.38	17.29	20.84	25.34	30.43	35.56	38.89	41.92	45.64	48.29
27	11.81	12.88	14.57	16.15	18.11	21.75	26.34	31.53	36.74	40.11	43.19	49.96	49.64
28	12.46	13.56	15.31	16.93	18.94	22.66	27.34	32.62	37.92	41.34	44.46	48.28	50.99
29	13.12	14.26	16.05	17.71	19.77	23.57	28.34	33.71	39.09	42.56	45.72	49.59	52.34
30	13.79	14.95	16.79	18.49	20.60	24.48	29.34	34.80	40.26	43.77	46.98	50.89	53.67
40	20.71	22.16	24.43	26.51	29.05	33.66	39.34	45.62	51.80	55.76	59.34	63.69	66.77
50	27.99	29.71	32.36	34.76	37.69	42.94	49.33	56.33	63.17	67.50	71.42	76.15	79.49
60	35.53	37.48	40.48	43.19	46.46	52.29	59.33	66.98	74.40	79.08	83.30	88.38	91.95
80	51.17	53.54	57.15	60.39	64.28	71.14	79.33	88.13	96.58	101.88	106.63	112.33	116.32
100	67.33	70.06	74.22	77.93	82.36	90.13	99.33	109.14	118.50	124.34	129.56	135.81	140.17

附表 5　*F* 值表（右尾）

$P=0.05$

df_2	df_1（大方差自由度）														
	1	2	3	4	5	6	7	8	9	10	12	14	16	18	20
1	161	200	216	225	230	234	237	239	241	242	244	245	246	247	248
2	18.51	19.00	19.16	19.25	19.30	19.33	19.36	19.37	19.38	19.39	19.41	19.42	19.43	19.44	19.44
3	10.13	9.55	9.28	9.12	9.01	8.94	8.89	8.85	8.81	8.79	8.74	8.71	8.69	8.67	5.80
4	7.71	6.94	6.59	6.39	6.26	6.16	6.09	6.04	6.00	5.96	5.91	5.87	5.84	5.82	5.80
5	6.61	5.79	5.41	5.19	5.05	4.95	4.88	4.82	4.77	4.74	4.68	4.64	4.60	4.58	4.56
6	5.99	5.14	4.76	4.53	4.39	4.28	4.21	4.15	4.10	4.06	4.00	3.96	3.92	3.90	3.87
7	5.59	4.74	4.35	4.12	3.97	3.87	3.79	3.73	3.68	3.64	3.57	3.53	3.49	3.47	3.44
8	5.32	4.46	4.07	3.84	3.69	3.58	3.50	3.44	3.39	3.35	3.28	3.24	3.20	3.17	3.15
9	5.12	4.26	3.86	3.63	3.48	3.37	3.29	3.23	3.18	3.14	3.07	3.03	2.99	2.96	2.94
10	4.96	4.10	3.71	3.48	3.33	3.22	3.14	3.07	3.02	2.98	2.91	2.86	2.83	2.80	2.77
11	4.84	3.98	3.59	3.36	3.20	3.09	3.01	2.95	2.90	2.85	2.79	2.74	2.70	2.67	2.65
12	4.75	3.89	3.49	3.26	3.11	3.00	2.91	2.85	2.80	2.75	2.69	2.64	2.60	2.57	2.54
13	4.67	3.81	3.41	3.18	3.03	2.92	2.83	2.77	2.71	2.67	2.60	2.55	2.51	2.48	2.46
14	4.60	3.74	3.34	3.11	2.96	2.85	2.76	2.70	2.65	2.60	2.53	2.48	2.44	2.41	2.39
15	4.54	3.68	3.29	3.06	2.90	2.79	2.71	2.64	2.59	2.54	2.48	2.42	2.38	2.35	2.33
16	4.49	3.63	3.24	3.01	2.85	2.74	2.66	2.59	2.54	2.49	2.42	2.37	2.33	2.30	2.28
17	4.45	3.59	3.20	2.96	2.81	2.70	2.61	2.55	2.49	2.45	2.38	2.33	2.29	2.26	2.23
18	4.41	3.55	3.16	2.93	2.77	2.66	2.58	2.51	2.46	2.41	2.34	2.29	2.25	2.22	2.19
19	4.38	3.52	3.13	2.90	2.74	2.63	2.54	2.48	2.42	2.38	2.31	2.26	2.21	2.18	2.16
20	4.35	3.49	3.10	2.87	2.71	2.60	2.51	2.45	2.39	2.35	2.28	2.22	2.18	2.15	2.12
21	4.32	3.47	3.07	2.84	2.68	2.57	2.49	2.42	2.37	2.32	2.25	2.20	2.16	2.12	2.10
22	4.30	3.44	3.05	2.82	2.66	2.55	2.46	2.40	2.34	2.30	2.23	2.17	2.13	2.10	2.07
23	4.28	3.42	3.03	2.80	2.64	2.53	2.44	2.37	2.32	2.27	2.20	2.15	2.11	2.07	2.05
24	4.26	3.40	3.01	2.78	2.62	2.51	2.42	2.36	2.30	2.25	2.18	2.13	2.09	2.05	2.03
25	4.24	3.39	2.99	2.76	2.60	2.49	2.40	2.34	2.28	2.24	2.16	2.11	2.07	2.04	2.01
26	4.23	3.37	2.98	2.74	2.59	2.47	2.39	2.32	2.27	2.22	2.15	2.09	2.05	2.02	1.99
27	4.21	3.35	2.96	2.73	2.57	2.46	2.37	2.31	2.25	2.20	2.13	2.08	2.04	2.00	1.97
28	4.20	3.34	2.95	2.71	2.56	2.45	2.36	2.29	2.24	2.19	2.12	2.06	2.02	1.99	1.96
29	4.18	3.33	2.93	2.70	2.55	2.43	2.35	2.28	2.22	2.18	2.10	2.05	2.01	1.97	1.94
30	4.17	3.32	2.92	2.69	2.53	2.42	2.33	2.27	2.21	2.16	2.09	2.04	1.99	1.96	1.93
32	4.15	3.29	2.90	2.67	2.51	2.40	2.31	2.24	2.19	2.14	2.07	2.01	1.97	1.94	1.91
34	4.13	3.28	2.88	2.65	2.49	2.38	2.29	2.23	2.17	2.12	2.05	1.99	1.95	1.92	1.89
36	4.11	3.26	2.87	2.63	2.48	2.36	2.28	2.21	2.15	2.11	2.03	1.98	1.93	1.90	1.87
38	4.10	3.24	2.85	2.62	2.46	2.35	2.26	2.19	2.14	2.09	2.02	1.96	1.92	1.88	1.85
40	4.08	3.23	2.84	2.61	2.45	2.34	2.25	2.18	2.12	2.08	2.00	1.95	1.90	1.87	1.84
42	4.07	3.22	2.83	2.59	2.44	2.32	2.24	2.17	2.11	2.06	1.99	1.93	1.89	1.86	1.83
44	4.06	3.21	2.82	2.58	2.43	2.31	2.23	2.16	2.10	2.05	1.98	1.92	1.88	1.84	1.81
46	4.05	3.20	2.81	2.57	2.42	2.30	2.22	2.15	2.09	2.04	1.97	1.91	1.87	1.83	1.80
48	4.04	3.19	2.80	2.57	2.41	2.29	2.21	2.14	2.08	2.03	1.96	1.90	1.86	1.82	1.79
50	4.03	3.18	2.79	2.56	2.40	2.29	2.20	2.13	2.07	2.03	1.95	1.89	1.85	1.81	1.78
60	4.00	3.15	2.76	2.53	2.37	2.25	2.17	2.10	2.04	1.99	1.92	1.86	1.82	1.78	1.75
80	3.96	3.11	2.72	2.49	2.33	2.21	2.13	2.06	2.00	1.95	1.88	1.82	1.77	1.73	1.70
100	3.94	3.09	2.70	2.46	2.31	2.19	2.10	2.03	1.97	1.93	1.85	1.79	1.75	1.71	1.68
125	3.92	3.07	2.68	2.44	2.29	2.17	2.08	2.01	1.96	1.91	1.83	1.77	1.72	1.69	1.65
150	3.90	3.06	2.66	2.43	2.27	2.16	2.07	2.00	1.94	1.89	1.82	1.76	1.71	1.67	1.64
200	3.89	3.04	2.65	2.42	2.26	2.14	2.06	1.98	1.93	1.88	1.80	1.74	1.69	1.66	1.62
300	3.87	3.03	2.63	2.40	2.24	2.13	2.04	1.97	1.91	1.86	1.78	1.72	1.68	1.64	1.61
500	3.86	3.01	2.62	2.39	2.23	2.12	2.03	1.96	1.90	1.85	1.77	1.71	1.66	1.62	1.59
1000	3.85	3.00	2.61	2.38	2.22	2.11	2.02	1.95	1.89	1.84	1.76	1.70	1.65	1.61	1.58
∞	3.84	3.00	2.60	2.37	2.21	2.10	2.01	1.94	1.88	1.83	1.75	1.69	1.64	1.60	1.57

续表

$P=0.05$

df_2	df_1（大方差自由度）														
	22	24	26	28	30	35	40	45	50	60	80	100	200	500	∞
1	249	249	249	250	250	251	251	251	252	252	252	253	254	254	254
2	19.45	19.45	19.45	19.46	19.46	19.46	19.47	19.47	19.47	19.48	19.48	19.49	19.49	19.50	19.50
3	8.65	8.64	8.63	8.62	8.62	8.60	8.59	8.59	8.58	8.57	8.56	8.55	8.54	8.53	8.53
4	5.79	5.77	5.76	5.75	5.75	5.73	5.72	5.71	5.70	5.69	5.67	5.66	5.65	5.64	5.63
5	4.54	4.53	4.52	4.50	4.50	4.48	4.46	4.45	4.55	4.43	4.41	4.41	4.39	4.37	4.37
6	3.86	3.84	3.83	3.82	3.81	3.79	3.77	3.76	3.75	3.74	3.72	3.71	3.69	3.68	3.67
7	3.43	3.41	3.40	3.39	3.38	3.36	3.34	3.33	3.32	3.30	3.29	3.27	3.25	3.24	3.23
8	3.13	3.12	3.10	3.09	3.08	3.06	3.04	3.03	3.02	3.01	2.99	2.97	2.95	2.94	2.93
9	2.92	2.90	2.89	2.87	2.86	2.84	2.83	2.81	2.80	2.79	2.77	2.76	2.73	2.72	2.71
10	2.75	2.74	2.72	2.71	2.70	2.68	2.66	2.65	2.64	2.62	2.60	2.59	2.56	2.55	2.54
11	2.63	2.61	2.59	2.58	2.57	2.55	2.53	2.52	2.51	2.49	2.47	2.46	2.43	2.42	2.40
12	2.52	2.51	2.49	2.48	2.47	2.44	2.43	2.41	2.40	2.38	2.36	2.35	2.32	2.31	2.30
13	2.44	2.42	2.41	2.39	2.38	2.36	2.34	2.33	2.31	2.30	2.27	2.26	2.23	2.22	2.21
14	2.37	2.35	2.33	2.32	2.31	2.28	2.27	2.25	2.24	2.22	2.20	2.19	2.16	2.14	2.13
15	2.13	2.29	2.27	2.26	2.25	2.22	2.20	2.19	2.18	2.16	2.14	2.12	2.10	2.08	2.07
16	2.25	2.24	2.22	2.21	2.19	2.17	2.15	2.14	2.12	2.11	2.08	2.07	2.04	2.02	2.01
17	2.21	2.19	2.17	2.16	2.15	2.12	2.10	2.09	2.08	2.06	2.03	2.02	1.99	1.97	1.92
18	2.17	2.15	2.13	2.12	2.11	2.08	2.06	2.05	2.04	2.02	1.99	1.98	1.95	1.93	1.92
19	2.13	2.11	2.10	2.08	2.07	2.05	2.03	2.01	2.00	1.98	1.96	1.94	1.91	1.89	1.88
20	2.10	2.08	2.07	2.05	2.04	2.01	1.99	1.98	1.97	1.95	1.92	1.91	1.88	1.86	1.84
21	2.07	2.05	2.04	2.02	2.01	1.98	1.96	1.95	1.94	1.92	1.89	1.88	1.84	1.82	1.81
22	2.05	2.03	2.01	2.00	1.98	1.96	1.94	1.92	1.91	1.89	1.86	1.85	1.82	1.80	1.78
23	2.02	2.00	1.99	1.97	1.96	1.93	1.91	1.90	1.88	1.86	1.84	1.82	1.79	1.77	1.76
24	2.00	1.98	1.97	1.95	1.94	1.91	1.89	1.88	1.86	1.84	1.82	1.80	1.77	1.75	1.73
25	1.98	1.96	1.95	1.93	1.92	1.89	1.87	1.86	1.84	1.82	1.80	1.78	1.75	1.73	1.71
26	1.97	1.95	1.93	1.91	1.90	1.87	1.85	1.84	1.82	1.80	1.78	1.76	1.73	1.71	1.69
27	1.95	1.93	1.91	1.90	1.88	1.86	1.84	1.82	1.81	1.79	1.76	1.74	1.71	1.69	1.67
28	1.93	1.91	1.90	1.88	1.87	1.84	1.82	1.80	1.79	1.77	1.74	1.73	1.69	1.67	1.65
29	1.92	1.90	1.88	1.87	1.85	1.83	1.81	1.79	1.77	1.75	1.73	1.71	1.67	1.65	1.64
30	1.91	1.89	1.87	1.85	1.84	1.81	1.79	1.77	1.76	1.74	1.71	1.70	1.66	1.64	1.62
32	1.88	1.86	1.85	1.83	1.82	1.79	1.77	1.75	1.74	1.71	1.69	1.67	1.63	1.61	1.59
34	1.86	1.84	1.82	1.80	1.80	1.77	1.75	1.73	1.71	1.69	1.66	1.65	1.61	1.59	1.57
36	1.85	1.82	1.81	1.79	1.78	1.75	1.73	1.71	1.69	1.67	1.64	1.62	1.59	1.56	1.55
38	1.83	1.81	1.79	1.77	1.76	1.73	1.71	1.69	1.68	1.65	1.62	1.61	1.57	1.54	1.53
40	1.81	1.79	1.77	1.76	1.74	1.72	1.69	1.67	1.66	1.64	1.61	1.59	1.55	1.53	1.51
42	1.80	1.78	1.76	1.74	1.73	1.70	1.68	1.66	1.65	1.62	1.59	1.57	1.53	1.51	1.49
44	1.79	1.77	1.75	1.73	1.72	1.69	1.67	1.65	1.63	1.61	1.58	1.56	1.52	1.49	1.48
46	1.78	1.76	1.74	1.72	1.71	1.68	1.65	1.64	1.62	1.60	1.57	1.55	1.51	1.48	1.46
48	1.77	1.75	1.73	1.71	1.70	1.67	1.64	1.62	1.61	1.59	1.56	1.54	1.49	1.47	1.45
50	1.76	1.74	1.72	1.70	1.69	1.66	1.63	1.61	1.60	1.58	1.54	1.52	1.48	1.46	1.44
60	1.72	1.70	1.68	1.66	1.65	1.62	1.59	1.57	1.56	1.53	1.50	1.48	1.44	1.41	1.39
80	1.68	1.65	1.63	1.62	1.60	1.57	1.54	1.52	1.51	1.48	1.45	1.43	1.38	1.35	1.32
100	1.65	1.63	1.61	1.59	1.57	1.54	1.52	1.49	1.48	1.45	1.41	1.39	1.34	1.31	1.28
125	1.63	1.60	1.58	1.57	1.55	1.52	1.49	1.47	1.45	1.42	1.39	1.36	1.31	1.27	1.25
150	1.61	1.59	1.57	1.55	1.53	1.50	1.48	1.45	1.44	1.41	1.37	1.34	1.29	1.25	1.22
200	1.60	1.57	1.55	1.53	1.52	1.48	1.46	1.43	1.41	1.39	1.35	1.32	1.26	1.22	1.19
300	1.58	1.55	1.53	1.51	1.50	1.46	1.43	1.41	1.39	1.36	1.32	1.30	1.23	1.19	1.15
500	1.56	1.54	1.52	1.50	1.48	1.45	1.42	1.40	1.38	1.34	1.30	1.28	1.21	1.16	1.11
1000	1.55	1.5	1.51	1.49	1.47	1.44	1.41	1.38	1.36	1.33	1.29	1.26	1.19	1.13	1.08
∞	1.54	1.52	1.50	1.48	1.46	1.42	1.39	1.37	1.35	1.32	1.27	1.24	1.17	1.11	1.00

续表

$P=0.01$

df_2	df_1（大方差自由度）														
	1	2	3	4	5	6	7	8	9	10	12	14	16	18	20
1	405	500	540	563	576	586	593	598	602	606	611	614	617	619	621
2	98.49	99.00	99.17	99.25	99.30	99.33	99.34	99.36	99.38	99.40	99.42	99.43	99.44	99.44	99.45
3	34.12	30.82	29.46	28.71	28.24	27.91	27.67	27.49	27.34	27.23	27.05	26.92	26.83	26.75	26.69
4	21.20	18.00	16.69	15.98	15.52	15.21	14.98	14.80	14.66	14.54	14.37	14.24	14.15	14.07	14.02
5	16.26	13.27	12.06	11.39	10.97	10.67	10.45	10.27	10.15	10.05	9.89	9.77	9.68	9.61	9.55
6	13.74	10.92	9.78	9.15	8.75	8.47	8.26	8.10	7.93	7.87	7.72	7.60	7.52	7.45	7.40
7	12.25	9.55	8.45	7.85	7.46	7.19	6.99	6.84	6.72	6.62	6.47	6.36	6.27	6.21	6.16
8	11.26	8.65	7.59	7.01	6.63	6.37	6.18	6.03	5.91	5.81	5.67	5.56	5.48	5.41	5.36
9	10.56	8.02	6.99	6.42	6.06	5.80	5.61	5.47	5.35	5.26	5.11	5.00	4.92	4.86	4.81
10	10.04	7.56	6.55	5.99	5.64	5.39	5.20	5.06	4.94	4.85	4.71	4.60	4.52	4.46	4.41
11	9.65	7.21	6.22	5.67	5.32	5.07	4.89	4.74	4.63	4.54	4.40	4.29	4.21	4.15	4.10
12	9.33	6.93	5.95	5.41	5.06	4.82	4.64	4.50	4.39	4.30	4.16	4.05	3.97	3.91	3.86
13	9.07	6.70	5.74	5.21	4.86	4.62	4.44	4.30	4.19	4.10	2.96	3.86	3.78	3.71	3.66
14	8.86	6.51	5.56	5.04	4.70	4.46	4.28	4.14	4.03	3.94	3.80	3.70	3.62	3.56	3.51
15	8.68	6.36	5.42	4.89	4.56	4.32	4.14	4.00	3.89	3.80	3.67	3.56	3.49	3.42	3.37
16	8.53	6.23	5.29	4.77	4.44	4.20	4.03	3.89	3.78	3.69	3.55	3.45	3.37	3.31	3.26
17	8.40	6.11	5.18	4.67	4.34	4.10	3.93	3.79	3.68	3.59	3.46	3.35	3.27	3.21	3.16
18	8.29	6.01	5.09	4.58	4.25	4.01	3.84	3.71	3.60	3.51	3.37	3.27	3.19	3.13	3.08
19	8.18	5.93	5.01	4.50	4.17	3.94	3.77	3.63	3.52	3.43	3.30	3.19	3.12	3.05	3.00
20	8.10	5.85	4.94	4.43	4.10	3.87	3.70	3.56	3.46	3.37	3.23	3.13	3.05	2.99	2.94
21	8.02	5.78	4.87	4.37	4.04	3.81	3.64	3.51	3.40	3.31	3.17	3.07	2.99	2.93	2.88
22	7.95	5.72	4.82	4.31	3.99	3.76	3.59	3.45	3.35	3.26	3.12	3.02	2.94	2.88	2.83
23	7.88	5.66	4.76	4.26	3.94	3.71	3.54	3.41	3.30	3.21	3.07	2.97	2.89	2.83	2.78
24	7.82	5.61	4.72	4.22	3.90	3.67	3.50	3.36	3.26	3.17	3.03	2.93	2.85	2.79	2.74
25	7.77	5.57	4.68	4.18	3.86	3.63	3.46	3.32	3.22	3.13	2.99	2.89	2.81	2.75	2.70
26	7.72	5.53	4.64	4.14	3.82	3.59	3.42	3.29	3.18	3.09	2.96	2.86	2.78	2.72	2.66
27	7.68	5.49	4.60	4.11	3.78	3.56	3.39	3.26	3.15	3.06	2.93	2.79	2.75	2.68	2.63
28	7.64	5.45	4.57	4.07	3.75	3.53	3.36	3.23	3.12	3.03	2.90	2.79	2.72	2.65	2.60
29	7.60	5.42	4.54	4.04	3.73	3.50	3.33	3.20	3.09	3.00	2.87	2.77	2.69	2.62	2.57
30	7.56	5.39	4.51	4.02	3.70	3.47	3.30	3.17	3.07	2.98	2.84	2.74	2.66	2.60	2.55
32	7.50	5.34	4.46	3.97	3.65	3.43	3.26	3.13	3.02	2.93	2.80	2.70	2.62	2.55	2.50
34	7.44	5.29	4.42	3.93	3.61	3.39	3.22	3.09	2.98	2.89	2.76	2.66	2.58	2.51	2.46
36	7.40	5.25	4.38	3.89	3.57	3.35	3.18	3.05	2.95	2.86	2.72	2.62	2.54	2.48	2.43
38	7.35	5.21	4.34	3.86	3.54	3.32	3.15	3.02	2.92	2.83	2.69	2.59	2.51	2.45	2.40
40	7.31	5.18	4.31	3.83	3.51	3.29	3.12	2.99	2.89	2.80	2.66	2.56	2.48	2.42	2.37
42	7.28	5.15	4.29	3.80	3.49	3.27	3.10	2.97	2.86	2.78	2.64	2.54	2.46	2.40	2.34
44	7.25	5.12	4.26	3.78	3.47	3.24	3.08	2.95	2.84	2.75	2.62	2.52	2.44	2.37	2.32
46	7.22	5.10	4.24	3.76	3.44	3.22	3.06	2.93	2.82	2.73	2.60	2.50	2.42	2.35	2.30
48	7.20	5.08	4.22	3.74	3.43	3.20	3.04	2.91	2.80	2.72	2.58	2.48	2.40	2.33	2.28
50	7.17	5.06	4.20	3.72	3.41	3.19	3.02	2.89	2.79	2.70	2.56	2.46	2.38	2.32	2.27
60	7.08	4.98	4.13	3.65	3.34	3.12	2.95	2.82	2.72	2.63	2.50	2.39	2.31	2.25	2.20
80	6.96	4.88	4.04	3.56	3.26	3.04	2.87	2.74	2.64	2.55	2.42	2.31	2.23	2.17	2.12
100	6.90	4.82	3.98	3.51	3.21	2.99	2.82	2.69	2.59	2.50	2.37	2.26	2.19	2.12	2.07
125	6.84	4.78	3.94	3.47	3.17	2.95	2.79	2.66	2.55	2.47	2.33	2.23	2.15	2.08	2.03
150	6.81	4.75	3.92	3.45	3.14	2.92	2.76	2.63	2.53	2.44	2.31	2.20	2.12	2.06	2.00
200	6.76	4.71	3.88	3.41	3.11	2.89	2.73	2.60	2.50	2.41	2.27	2.17	2.09	2.02	1.97
300	6.72	4.68	3.85	3.38	3.08	2.86	2.70	2.57	2.47	2.38	2.24	2.14	2.06	1.99	1.94
500	6.69	4.65	3.82	3.36	3.05	2.84	2.68	2.55	2.44	2.36	2.22	2.12	2.04	1.97	1.92
1000	6.66	4.63	3.80	3.34	3.04	2.82	2.66	2.53	2.43	2.34	2.20	2.10	2.02	1.95	1.90
∞	6.63	4.61	3.78	3.32	3.02	2.80	2.64	2.51	2.41	2.32	2.18	2.08	2.00	1.93	1.88

续表

$P=0.01$

df_2	df_1（大方差自由度）														
	22	24	26	28	30	35	40	45	50	60	80	100	200	500	∞
1	622	623	624	625	626	628	629	630	630	631	633	633	635	636	637
2	99.45	99.45	99.46	99.46	99.47	99.48	99.48	99.48	99.48	99.48	99.49	99.49	99.49	99.50	99.50
3	26.65	26.60	26.57	26.54	26.50	26.46	26.41	26.39	26.35	26.30	26.25	26.23	26.18	26.14	26.12
4	13.98	13.93	13.90	13.86	13.83	13.79	13.74	13.72	13.69	13.65	13.60	13.57	13.52	13.48	13.46
5	9.51	9.47	9.43	9.40	9.38	9.33	9.29	9.26	9.24	9.20	9.16	9.13	9.08	9.04	9.02
6	7.35	7.31	7.28	7.25	7.23	7.18	7.14	7.11	7.09	7.06	7.01	6.99	6.93	6.90	6.88
7	6.11	6.07	6.04	6.02	5.99	5.94	5.91	5.88	5.86	5.82	5.78	5.75	5.70	5.67	5.65
8	5.32	5.28	5.25	5.22	5.20	5.15	5.12	5.00	5.07	5.03	4.99	4.96	4.91	4.88	4.86
9	4.77	4.73	4.70	4.67	4.65	4.60	4.57	4.54	4.52	4.48	4.44	4.42	4.36	4.33	4.31
10	4.36	4.33	4.30	4.27	4.25	4.20	4.17	4.14	4.12	4.08	4.04	4.01	3.96	3.93	3.91
11	4.06	4.02	3.99	3.96	3.94	3.89	3.86	3.83	3.81	3.78	3.73	3.71	3.66	3.62	3.60
12	3.82	3.78	3.75	3.72	3.70	3.65	3.62	3.59	3.57	3.54	3.49	3.47	3.41	3.38	3.36
13	3.62	3.59	3.56	3.53	3.51	3.46	3.43	3.40	3.38	3.34	3.30	3.27	3.22	3.19	3.17
14	3.46	3.43	2.40	3.37	3.35	3.30	3.27	3.24	3.22	3.18	3.14	3.11	3.06	3.03	3.00
15	3.33	3.29	3.26	3.24	3.21	3.17	3.13	3.10	3.08	3.05	3.00	2.98	2.92	2.89	2.87
16	3.22	3.18	3.15	3.12	3.10	3.05	3.02	2.99	2.97	2.93	2.89	2.86	2.81	2.78	2.75
17	3.12	3.08	3.05	3.03	3.00	2.96	2.92	2.89	2.87	2.83	2.79	2.76	2.71	2.68	2.65
18	3.03	3.00	2.97	2.94	2.92	2.87	2.84	2.81	2.78	2.75	2.70	2.68	2.62	2.59	2.57
19	2.96	2.92	2.89	2.87	2.84	2.80	2.76	2.73	2.71	2.67	2.63	2.60	2.55	2.51	2.49
20	2.90	2.86	2.83	2.80	2.78	2.73	2.69	2.67	2.64	2.61	2.56	2.54	2.48	2.44	2.42
21	2.84	2.80	2.77	2.74	2.72	2.67	2.64	2.61	2.58	2.55	2.50	2.48	2.42	2.38	2.36
22	2.78	2.75	2.72	2.69	2.67	2.62	2.58	2.55	2.53	2.50	2.45	2.42	2.36	2.33	2.31
23	2.74	2.70	2.67	2.64	2.62	2.57	2.54	2.51	2.48	2.45	2.40	2.37	2.32	2.28	2.26
24	2.70	2.66	2.63	2.60	2.58	2.53	2.49	2.46	2.44	2.40	2.36	2.33	2.27	2.24	2.21
25	2.66	2.62	2.59	2.56	2.54	2.49	2.45	2.42	2.40	2.36	2.32	2.29	2.23	2.19	2.17
26	2.62	2.58	2.55	2.53	2.50	2.45	2.42	2.39	2.36	2.33	2.28	2.25	2.19	2.16	2.13
27	2.59	2.55	2.52	2.49	2.47	2.42	2.38	2.35	2.33	2.29	2.25	2.22	2.16	2.12	2.10
28	2.56	2.52	2.49	2.46	2.44	2.39	2.35	2.32	2.30	2.26	2.22	2.19	2.13	2.09	2.06
29	2.53	2.49	2.46	2.44	2.41	2.36	2.33	2.30	2.27	2.23	2.19	2.16	2.10	2.06	2.03
30	2.51	2.47	2.44	2.41	2.39	2.34	2.30	2.27	2.25	2.21	2.16	2.13	2.07	2.03	2.01
32	2.46	2.42	2.39	2.36	2.34	2.29	2.25	2.22	2.20	2.16	2.11	2.08	2.02	1.98	1.96
34	2.42	2.38	2.35	2.32	2.30	2.25	2.21	2.18	2.16	2.12	2.07	2.04	1.98	1.94	1.91
36	2.38	2.35	2.32	2.29	2.26	2.21	2.17	2.14	2.12	2.08	2.03	2.00	1.94	1.90	1.87
38	2.35	2.32	2.28	2.26	2.23	2.18	2.14	2.11	2.09	2.05	2.00	1.97	1.90	1.86	1.84
40	2.33	2.29	2.26	2.23	2.20	2.15	2.11	2.08	2.06	2.02	1.97	1.94	1.87	1.83	1.80
42	2.30	2.26	2.23	2.20	2.18	2.13	2.09	2.06	2.03	1.99	1.94	1.91	1.85	1.80	1.78
44	2.28	2.24	2.21	2.18	2.15	2.10	2.06	2.03	2.01	1.97	1.92	1.89	1.82	1.78	1.75
46	2.26	2.22	2.19	2.16	2.13	2.08	2.04	2.01	1.99	1.95	1.90	1.86	1.80	1.75	1.73
48	2.24	2.20	2.17	2.14	2.12	2.06	2.02	1.99	1.97	1.93	1.88	1.84	1.78	1.73	1.70
50	2.22	2.18	2.15	2.12	2.10	2.05	2.01	1.97	1.95	1.91	1.86	1.82	1.76	1.71	1.68
60	2.15	2.12	2.08	2.05	2.03	1.98	1.94	1.90	1.88	1.84	1.78	1.75	1.68	1.68	1.60
80	2.07	2.03	2.00	1.97	1.94	1.89	1.85	1.81	1.79	1.75	1.69	1.66	1.58	1.53	1.49
100	2.02	1.98	1.94	1.92	1.89	1.84	1.80	1.76	1.73	1.69	1.63	1.60	1.52	1.47	1.43
125	1.98	1.94	1.91	1.88	1.85	1.80	1.76	1.72	1.69	1.65	1.59	1.55	1.47	1.41	1.37
150	1.96	1.92	1.88	1.85	1.83	1.77	1.73	1.69	1.66	1.62	1.56	1.52	1.48	1.38	1.33
200	1.93	1.89	1.85	1.82	1.79	1.74	1.69	1.66	1.63	1.58	1.52	1.48	1.39	1.33	1.23
300	1.89	1.85	1.82	1.79	1.76	1.71	1.66	1.62	1.59	1.55	1.48	1.44	1.35	1.28	1.22
500	1.87	1.83	1.79	1.76	1.74	1.68	1.63	1.60	1.56	1.52	1.45	1.41	1.31	1.23	1.16
1000	1.85	1.81	1.77	1.74	1.72	1.66	1.61	1.57	1.54	1.50	1.43	1.38	1.28	1.19	1.11
∞	1.83	1.79	1.76	1.72	1.70	1.64	1.59	1.55	1.52	1.47	1.40	1.36	1.25	1.15	1.00

附表 6　游程检验表

随机游程检验游程数下临界点

n_0 / n_1	2	3	4	5	6	7	8	9	10	11	12	13	14	15	16	17	18	19	20
2											2	2	2	2	2	2	2	2	2
3					2	2	2	2	2	2	2	2	2	3	3	3	3	3	3
4				2	2	2	3	3	3	3	3	3	3	3	4	4	4	4	4
5			2	2	3	3	3	3	3	4	4	4	4	4	4	4	5	5	5
6		2	2	3	3	3	3	4	4	4	4	5	5	5	5	5	5	6	6
7		2	2	3	3	3	4	4	5	5	5	5	5	6	6	6	6	6	6
8		2	3	3	3	4	4	5	5	5	6	6	6	6	6	7	7	7	7
9		2	3	3	4	4	5	5	5	6	6	6	7	7	7	7	8	8	8
10		2	3	3	4	5	5	5	6	6	7	7	7	7	8	8	8	8	9
11		2	3	4	4	5	5	6	6	7	7	7	8	8	8	9	9	9	9
12	2	2	3	4	4	5	6	6	7	7	7	8	8	8	9	9	9	10	10
13	2	2	3	4	5	5	6	6	7	7	8	8	9	9	9	10	10	10	10
14	2	2	3	4	5	5	6	7	7	8	8	9	9	9	10	10	10	11	11
15	2	3	3	4	5	6	6	7	7	8	8	9	9	10	10	11	11	11	12
16	2	3	4	4	5	6	6	7	8	8	9	9	10	10	11	11	11	12	12
17	2	3	4	4	5	6	7	7	8	9	9	10	10	11	11	11	12	12	13
18	2	3	4	5	5	6	7	8	8	9	9	10	10	11	11	12	12	13	13
19	2	3	4	5	6	6	7	8	8	9	10	10	11	11	12	12	13	13	13
20	2	3	4	5	6	6	7	8	9	9	10	10	11	12	12	13	13	13	14

随机游程检验游程数上临界点

n_0 / n_1	2	3	4	5	6	7	8	9	10	11	12	13	14	15	16	17	18	19	20
2																			
3																			
4				9	9														
5			9	10	10	11	11												
6			9	10	11	12	12	13	13	13	13								
7				11	12	13	13	14	14	14	14	15	15	15					
8				11	12	13	14	14	15	15	16	16	16	16	17	17	17	17	17
9					13	14	14	15	16	16	16	17	17	18	18	18	18	18	18
10					13	14	15	16	16	17	17	18	18	18	19	19	19	20	20
11					13	14	15	16	17	17	18	19	19	19	20	20	20	21	21
12					13	14	16	16	17	18	19	19	20	20	21	21	21	22	22
13						15	16	17	18	19	19	20	20	21	21	22	22	23	23
14						15	16	17	18	19	20	20	21	22	22	23	23	23	24
15						15	16	18	18	19	20	21	22	22	23	23	24	24	25
16							17	18	19	20	21	21	22	23	23	24	25	25	25
17							17	18	19	20	21	22	23	23	24	25	25	26	26
18							17	18	19	20	21	22	23	24	25	25	26	26	27
19							17	18	20	21	22	23	23	24	25	26	26	27	27
20							17	18	20	21	22	23	24	25	25	26	27	27	28

附表 7　符号检验表

$P(s \leqslant s_{\alpha}) = \alpha$（双尾概率）

n	α				n	α				n	α				n	α			
	0.01	0.05	0.10	0.25		0.01	0.05	0.10	0.25		0.01	0.05	0.10	0.25		0.01	0.05	0.10	0.25
1					24	5	6	7	8	47	14	16	17	19	70	23	26	27	29
2					25	5	7	7	9	48	14	16	17	19	71	24	26	28	30
3				0	26	6	7	8	9	49	15	17	18	19	72	24	27	28	30
4				0	27	6	7	8	10	50	15	17	18	20	73	25	27	28	31
5			0	0	28	6	8	9	10	51	15	18	19	20	74	25	28	29	31
6		0	0	0	29	7	8	9	10	52	16	18	19	21	75	25	28	29	32
7		0	0	1	30	7	9	10	11	53	16	18	20	21	76	26	28	30	32
8	0	0	1	1	31	7	9	10	11	54	17	19	20	22	77	26	29	30	32
9	0	1	1	2	32	8	9	10	12	55	17	19	20	22	78	27	29	31	33
10	0	1	1	2	33	8	10	11	12	56	17	20	21	23	79	27	30	31	33
11	0	1	2	3	34	9	10	11	13	57	18	20	21	23	80	28	30	32	34
12	1	2	2	3	35	9	11	12	13	58	18	21	22	24	81	28	31	32	34
13	1	2	3	3	36	9	11	12	14	59	19	21	22	24	82	28	31	33	35
14	1	2	3	4	37	10	12	13	14	60	19	21	23	25	83	29	32	33	35
15	2	3	3	4	38	10	12	13	14	61	20	22	23	25	84	29	32	33	36
16	2	3	4	5	39	11	12	13	15	62	20	22	24	25	85	30	32	34	36
17	2	4	4	5	40	11	13	14	15	63	20	23	24	26	86	30	33	34	37
18	3	4	5	6	41	11	13	14	16	64	21	23	24	26	87	31	33	35	37
19	3	4	5	6	42	12	14	15	16	65	21	24	25	27	88	31	34	35	38
20	3	5	5	6	43	12	14	15	17	66	22	24	25	27	89	31	34	36	38
21	4	5	6	7	44	13	15	16	17	67	22	25	26	28	90	32	35	36	39
22	4	5	6	7	45	13	15	16	18	68	22	25	26	28					
23	4	6	7	8	46	13	15	16	18	69	23	25	27	29					

附表 8　Wilcoxon 符号秩检验表（n=5～18）

W	P	W	P	W	P	W	P	W	P	W	P
n=5		n=8		n=10		n=11		n=12		n=13	
*0	0.0313	6	0.0547	6	0.0137	22	0.1826	32	0.3110	36	0.2709
1	0.0625	7	0.0742	7	0.0186	23	0.2065	33	0.3386	37	0.2939
2	0.0938	8	0.0977	8	0.0244	24	0.2324	34	0.3667	38	0.3177
3	0.1563	9	0.1250	9	0.0322	25	0.2598	35	0.3955	39	0.3424
4	0.2188	10	0.1563	*10	0.0420	26	0.2886	36	0.4250	40	0.3677
5	0.3125	11	0.1914	11	0.0527	27	0.3188	37	0.4548	41	0.3934
6	0.4063	12	0.2305	12	0.0654	28	0.3501	38	0.4849	42	0.4197
7	0.5000	13	0.2734	13	0.0801	29	0.3823	39	0.5151	43	0.4463
		14	0.3203	14	0.0967	30	0.4155			44	0.4730
n=6		15	0.3711	15	0.1162	31	0.4492	n=13		45	0.5000
0	0.0156	16	0.4219	16	0.1377	32	0.4829	0	0.0001		
1	0.0313	17	0.4727	17	0.1611	33	0.5171	1	0.0002	n=14	
*2	0.0469	18	0.5273	18	0.1875			2	0.0004	0	0.0001
3	0.0781			19	0.2158	n=12		3	0.0006	2	0.0002
4	0.1094	n=9		20	0.2461	0	0.0002	4	0.0009	3	0.0003
5	0.1563	0	0.0020	21	0.2783	1	0.0005	5	0.0012	4	0.0004
6	0.2188	1	0.0039	22	0.3125	2	0.0007	6	0.0017	5	0.0006
7	0.2813	2	0.0059	23	0.3477	3	0.0012	7	0.0023	6	0.0009
8	0.3438	3	0.0098	24	0.3848	4	0.0017	8	0.0031	7	0.0012
9	0.4219	4	0.0137	25	0.4229	5	0.0024	9	0.0040	8	0.0015
10	0.5000	5	0.0195	26	0.4609	6	0.0034	10	0.0052	9	0.0020
		6	0.0273	27	0.5000	7	0.0046	11	0.0067	10	0.0026
n=7		7	0.0371			8	0.0061	12	0.0085	11	0.0034
0	0.0078	*8	0.0488	n=11		9	0.0081	13	0.0107	12	0.0043
1	0.0156	9	0.0645	0	0.0005	10	0.0105	14	0.0133	13	0.0054
2	0.0234	10	0.0820	1	0.0010	11	0.0134	15	0.0164	14	0.0067
*3	0.0391	11	0.1016	2	0.0015	12	0.0171	16	0.0199	15	0.0083
4	0.0547	12	0.1250	3	0.0024	13	0.0212	17	0.0239	16	0.0101
5	0.0781	13	0.1504	4	0.0034	14	0.0261	18	0.0287	17	0.0123
6	0.1094	14	0.1797	5	0.0049	15	0.0320	19	0.0341	18	0.0148
7	0.1484	15	0.2129	6	0.0068	16	0.0386	20	0.0402	19	0.0176
8	0.1875	16	0.2480	7	0.0093	17	0.0461	*21	0.0471	20	0.0209
9	0.2344	17	0.2852	8	0.0122	18	0.0549	22	0.0549	21	0.0247
10	0.2891	18	0.3262	9	0.0161	19	0.0647	23	0.0636	22	0.0290
11	0.3438	19	0.3672	10	0.0210	20	0.0757	24	0.0732	23	0.0338
12	0.4063	20	0.4102	11	0.0269	21	0.0881	25	0.0839	24	0.0392
13	0.4688	21	0.4551	12	0.0337	22	0.1018	26	0.0955	*25	0.0453
14	0.5313	22	0.5000	13	0.0415	23	0.1167	27	0.1082	26	0.0520
				14	0.0508	24	0.1331	28	0.1219	27	0.0594
n=8		n=10		15	0.0615	25	0.1506	29	0.1367	28	0.0676
0	0.0039	0	0.0010	16	0.0737	26	0.1697	30	0.1527	29	0.0765
1	0.0078	1	0.0020	17	0.0874	27	0.1902	31	0.1698	30	0.0863
2	0.0017	2	0.0029	18	0.1030	28	0.2119	32	0.1879	31	0.0969
3	0.0195	3	0.0049	19	0.1201	29	0.2349	33	0.2072	32	0.1083
4	0.0273	4	0.0068	20	0.1392	30	0.2593	34	0.2274	33	0.1206
*5	0.0391	5	0.0098	21	0.1602	31	0.2847	35	0.2487	34	0.1338

续表

W	P	W	P	W	P	W	P	W	P	W	P
$n=14$		$n=15$		$n=16$		$n=17$		$n=17$		$n=18$	
35	0.1479	32	0.0603	23	0.0091	4	0.0001	57	0.1889	38	0.0192
36	0.1629	33	0.0677	24	0.0107	8	0.0002	58	0.2019	39	0.0216
37	0.1788	34	0.0757	25	0.0125	9	0.0003	59	0.2153	40	0.0241
38	0.1955	35	0.0844	26	0.0145	11	0.0004	60	0.2293	41	0.0269
39	0.2131	36	0.0938	27	0.0168	12	0.0005	61	0.2437	42	0.0300
40	0.2316	37	0.1039	28	0.0193	13	0.0007	62	0.2585	43	0.0333
41	0.2508	38	0.1147	29	0.0222	14	0.0008	63	0.2738	44	0.0368
42	0.2708	39	0.1262	30	0.0253	15	0.0010	64	0.2895	45	0.0407
43	0.2915	40	0.1381	31	0.0288	16	0.0013	65	0.3056	46	0.0449
44	0.3129	41	0.1514	32	0.0327	17	0.0016	66	0.3221	*47	0.0494
45	0.3349	42	0.1651	33	0.0370	18	0.0019	67	0.3389	48	0.0542
46	0.3574	43	0.1796	34	0.0416	19	0.0023	68	0.3559	49	0.0594
47	0.3804	44	0.1947	*35	0.0467	20	0.0028	69	0.3733	50	0.0649
48	0.4039	45	0.2106	36	0.0523	21	0.0033	70	0.3910	51	0.0708
49	0.4276	46	0.2271	37	0.0583	22	0.0040	71	0.4088	52	0.0770
50	0.4516	47	0.2444	38	0.0649	23	0.0047	72	0.4268	53	0.0837
51	0.4758	48	0.2622	39	0.0719	24	0.0055	73	0.4450	54	0.0907
52	0.5000	49	0.2807	40	0.0795	25	0.0064	74	0.4633	55	0.0982
		50	0.2997	41	0.0877	26	0.0075	75	0.4816	56	0.1061
$n=15$		51	0.3153	42	0.0964	27	0.0087	76	0.5000	57	0.1144
1	0.0001	52	0.3394	43	0.1057	28	0.0101			58	0.1231
3	0.0002	53	0.3599	44	0.1156	29	0.0116	$n=18$		59	0.1323
5	0.0003	54	0.3808	45	0.1261	30	0.0133	6	0.0001	60	0.1419
6	0.0004	55	0.4020	46	0.1372	31	0.0153	10	0.0002	61	0.1519
7	0.0006	56	0.4235	47	0.1489	32	0.0174	12	0.0003	62	0.1624
8	0.0008	57	0.4452	48	0.1613	33	0.0198	14	0.0004	63	0.1733
9	0.0010	58	0.4670	49	0.1742	34	0.0224	15	0.0005	64	0.1846
10	0.0013	59	0.4890	50	0.1877	35	0.0253	16	0.0006	65	0.1964
11	0.0017	60	0.5110	51	0.2019	36	0.0284	17	0.0008	66	0.2086
12	0.0021			52	0.2166	37	0.0319	18	0.0010	67	0.2211
13	0.0027	$n=16$		53	0.2319	38	0.0357	19	0.0012	68	0.2341
14	0.0034	3	0.0001	54	0.2477	39	0.0398	20	0.0014	69	0.2475
15	0.0042	5	0.0002	55	0.2641	40	0.0443	21	0.0017	70	0.2613
16	0.0051	7	0.0003	56	0.2809	*41	0.0492	22	0.0020	71	0.2754
17	0.0062	8	0.0004	57	0.2983	42	0.0544	23	0.0024	72	0.2899
18	0.0075	9	0.0005	58	0.3161	43	0.0601	24	0.0028	73	0.3047
19	0.0090	10	0.0007	59	0.3343	44	0.0662	25	0.0033	74	0.3198
20	0.0108	11	0.0008	60	0.3529	45	0.0727	26	0.0038	75	0.3353
21	0.0128	12	0.0011	61	0.3718	46	0.0797	27	0.0045	76	0.3509
22	0.0151	13	0.0013	62	0.3910	47	0.0871	28	0.0052	77	0.3669
23	0.0177	14	0.0017	63	0.4104	48	0.0950	29	0.0060	78	0.3830
24	0.0206	15	0.0021	64	0.4301	49	0.1034	30	0.0069	79	0.3994
25	0.0240	16	0.0026	65	0.4500	50	0.1123	31	0.0080	80	0.4159
26	0.0277	17	0.0031	66	0.4699	51	0.1218	32	0.0091	81	0.4325
27	0.0319	18	0.0038	67	0.4900	52	0.1317	33	0.0104	82	0.4493
28	0.0365	19	0.0046	68	0.5100	53	0.1421	34	0.0118	83	0.4661
29	0.0416	20	0.0055			54	0.1530	35	0.0134	84	0.4831
*30	0.0473	21	0.0065			55	0.1645	36	0.0152	85	0.5000
31	0.0535	22	0.0078			56	0.1764	37	0.0171		

附表 9　Whitney-Mann-Wilcoxon 秩和分布表

$m=3$

W	$n=3$	$n=4$	$n=5$	$n=6$	$n=7$	$n=8$	$n=9$	$n=10$	$n=11$	$n=12$
0	0.0500	0.0286	0.0179	0.0119	0.0083	0.0061	0.0045	0.0035	0.0027	0.0022
1	0.1000	0.0571	0.0357	0.0238	0.0167	0.0121	0.0091	0.0070	0.0055	0.0044
2	0.2000	0.1143	0.0714	0.0476	0.0333	0.0242	0.0182	0.0140	0.0110	0.0088
3	0.3500	0.2000	0.1250	0.0833	0.0583	0.0424	0.0318	0.0245	0.0192	0.0154
4	0.5000	0.3143	0.1964	0.1310	0.0917	0.0667	0.0500	0.0385	0.0302	0.0242
5	0.6500	0.4286	0.2857	0.1905	0.1333	0.0970	0.0727	0.0559	0.0440	0.0352
6	0.8000	0.5714	0.3929	0.2738	0.1917	0.1394	0.1045	0.0804	0.0632	0.0505
7	0.9000	0.6857	0.5000	0.3571	0.2583	0.1879	0.1409	0.1084	0.0852	0.0681
8	0.9500	0.8000	0.6071	0.4524	0.3333	0.2485	0.1864	0.1434	0.1126	0.0901
9	1.0000	0.8857	0.7143	0.5476	0.4167	0.3152	0.2409	0.1853	0.1456	0.1165
10		0.9429	0.8036	0.6429	0.5000	0.3879	0.3000	0.2343	0.1841	0.1473
11		0.9714	0.8750	0.7262	0.5833	0.4606	0.3636	0.2867	0.2280	0.1824
12		1.0000	0.9286	0.8095	0.6667	0.5394	0.4318	0.3462	0.2775	0.2242
13			0.9643	0.8690	0.7417	0.6121	0.5000	0.4056	0.3297	0.2681
14			0.9821	0.9167	0.8083	0.6848	0.5682	0.4685	0.3846	0.3165
15			1.0000	0.9524	0.8667	0.7515	0.6364	0.5315	0.4423	0.3670
16				0.9762	0.9083	0.8121	0.7000	0.5944	0.5000	0.4198
17				0.9881	0.9417	0.8606	0.7591	0.6538	0.5577	0.4725
18				1.0000	0.9667	0.9030	0.8136	0.7133	0.6154	0.5275

$m=4$

W	$n=4$	$n=5$	$n=6$	$n=7$	$n=8$	$n=9$	$n=10$	$n=11$	$n=12$
0	0.0143	0.0079	0.0048	0.0030	0.0020	0.0014	0.0010	0.0007	0.0005
1	0.0286	0.0159	0.0095	0.0061	0.0040	0.0028	0.0020	0.0015	0.0011
2	0.0571	0.0317	0.0190	0.0121	0.0081	0.0056	0.0040	0.0029	0.0022
3	0.1000	0.0556	0.0333	0.0212	0.0141	0.0098	0.0070	0.0051	0.0038
4	0.1714	0.0952	0.0571	0.0364	0.0242	0.0168	0.0120	0.0088	0.0066
5	0.2429	0.1429	0.0857	0.0545	0.0364	0.0252	0.0180	0.0132	0.0099
6	0.3429	0.2063	0.1287	0.0818	0.0545	0.0378	0.0270	0.0198	0.0148
7	0.4429	0.2778	0.1762	0.1152	0.0768	0.0531	0.0380	0.0278	0.0209
8	0.5571	0.3651	0.2381	0.1576	0.1071	0.0741	0.0529	0.0388	0.0291
9	0.6571	0.4524	0.3048	0.2061	0.1414	0.0993	0.0709	0.0520	0.0390
10	0.7571	0.5476	0.3810	0.2636	0.1838	0.1301	0.0939	0.0689	0.0516
11	0.8286	0.6349	0.4571	0.3242	0.2303	0.1650	0.1199	0.0886	0.0665
12	0.9000	0.7222	0.5429	0.3939	0.2848	0.2070	0.1518	0.1128	0.0852
13	0.9429	0.7937	0.6190	0.4636	0.3414	0.2517	0.1868	0.1399	0.1060
14	0.9714	0.8571	0.6952	0.5364	0.4040	0.3021	0.2268	0.1714	0.1308
15	0.9857	0.9048	0.7619	0.6061	0.4667	0.3552	0.2697	0.2059	0.1582
16	1.0000	0.9444	0.8238	0.6758	0.5333	0.4126	0.3177	0.2447	0.1896
17		0.9683	0.8714	0.7346	0.5960	0.4699	0.3666	0.2857	0.2231
18		0.9841	0.9143	0.7939	0.6586	0.5301	0.4196	0.3304	0.2604
19		0.9921	0.9429	0.8424	0.7152	0.5874	0.4725	0.3766	0.2995
20		1.0000	0.9667	0.8848	0.7697	0.6448	0.5275	0.4256	0.3418
21			0.9810	0.9182	0.8162	0.6979	0.5804	0.4747	0.3852
22			0.9905	0.9455	0.8586	0.7483	0.6334	0.5253	0.4308
23			0.9952	0.9636	0.8929	0.7930	0.6823	0.5744	0.4764
24			1.0000	0.9788	0.9232	0.8350	0.7303	0.6234	0.5236

续表

m=5

W	n=5	n=6	n=7	n=8	n=9	n=10
0	0.0040	0.0022	0.0013	0.0008	0.0005	0.0003
1	0.0079	0.0043	0.0025	0.0016	0.0010	0.0007
2	0.0159	0.0087	0.0051	0.0031	0.0020	0.0013
3	0.0278	0.0152	0.0088	0.0054	0.0035	0.0023
4	0.0476	0.0260	0.0152	0.0093	0.0060	0.0040
5	0.0754	0.0411	0.0240	0.0148	0.0095	0.0063
6	0.1111	0.0628	0.0366	0.0255	0.0145	0.0097
7	0.1548	0.0887	0.053	0.0326	0.0210	0.0140
8	0.2103	0.1234	0.0745	0.0466	0.0300	0.0200
9	0.2738	0.1645	0.1010	0.0637	0.0415	0.0276
10	0.3452	0.2143	0.1338	0.0855	0.0559	0.0376
11	0.4206	0.2684	0.1717	0.1111	0.0734	0.0496
12	0.5000	0.3312	0.2159	0.1422	0.0949	0.0646
13	0.5794	0.3961	0.2652	0.1772	0.1199	0.0823
14	0.6548	0.4654	0.3194	0.2176	0.1489	0.1032
15	0.7262	0.5346	0.3775	0.2618	0.1818	0.1272
16	0.7897	0.6039	0.4381	0.3108	0.2188	0.1548
17	0.8452	0.6688	0.5000	0.3621	0.2592	0.1855
18	0.8889	0.7316	0.5619	0.4165	0.3032	0.2198
19	0.9246	0.7857	0.6225	0.4716	0.3497	0.2567
20	0.9524	0.8355	0.6806	0.5284	0.3986	0.2970
21	0.9722	0.8766	0.7348	0.5835	0.4491	0.3393
22	0.9841	0.9113	0.7841	0.6379	0.5000	0.3839
23	0.9921	0.9372	0.8283	0.6892	0.5509	0.4296
24	0.9960	0.9589	0.8662	0.7382	0.6014	0.4765
25	1.0000	0.9740	0.8990	0.7824	0.6503	0.5235

m=6

W	n=6	n=7	n=8	n=9	n=10
0	0.0011	0.0006	0.0003	0.0002	0.0001
1	0.0022	0.0012	0.0007	0.0004	0.0002
2	0.0043	0.0023	0.0013	0.0008	0.0005
3	0.0076	0.0041	0.0023	0.0014	0.0009
4	0.0130	0.0070	0.0040	0.0024	0.0015
5	0.0206	0.0111	0.0063	0.0038	0.0024
6	0.0325	0.0175	0.0100	0.0060	0.0037
7	0.0465	0.0256	0.0147	0.0088	0.0055
8	0.0660	0.0367	0.0213	0.0128	0.0080
9	0.0898	0.0507	0.0296	0.0180	0.0112
10	0.1201	0.0688	0.0406	0.0248	0.0156
11	0.1548	0.0903	0.0539	0.0332	0.0210
12	0.1970	0.1171	0.0709	0.0440	0.0280
13	0.2424	0.1474	0.0906	0.0567	0.0363
14	0.2944	0.1830	0.1142	0.0723	0.0467
15	0.3496	0.2226	0.1412	0.0905	0.0589
16	0.4091	0.2669	0.1725	0.1119	0.0736
17	0.4686	0.3141	0.2068	0.1361	0.0903
18	0.5314	0.3654	0.2454	0.1638	0.1099
19	0.5909	0.4178	0.2864	0.1942	0.1317
20	0.6504	0.4726	0.3310	0.2280	0.1566
21	0.7056	0.5274	0.3773	0.2643	0.1838
22	0.7576	0.5822	0.4259	0.3035	0.2139
23	0.8030	0.6346	0.4749	0.3445	0.2461
24	0.8452	0.6859	0.5251	0.3878	0.2811
25	0.8799	0.7331	0.5741	0.4320	0.3177
26	0.9102	0.7774	0.6227	0.4773	0.3564
27	0.9340	0.8170	0.6690	0.5227	0.3962
28	0.9535	0.8526	0.7236	0.5680	0.4374
29	0.9675	0.8829	0.7546	0.6122	0.4789
30	0.9794	0.9097	0.7932	0.6555	0.5211

m=7

W	n=7	n=8	n=9	n=10
0	0.0003	0.0002	0.0001	0.0001
1	0.0006	0.0003	0.0002	0.0001
2	0.0012	0.0006	0.0003	0.0002
3	0.0020	0.0011	0.0006	0.0004
4	0.0035	0.0019	0.0010	0.0006
5	0.0055	0.0030	0.0017	0.0010
6	0.0087	0.0047	0.0026	0.0015
7	0.0131	0.0070	0.0039	0.0023
8	0.0189	0.0103	0.0058	0.0034
9	0.0265	0.0145	0.0082	0.0048
10	0.0364	0.0200	0.0115	0.0068
11	0.0487	0.0270	0.0156	0.0093
12	0.0641	0.0361	0.0209	0.0125
13	0.0825	0.0469	0.0274	0.0165
14	0.1043	0.0603	0.0356	0.0215
15	0.1297	0.0760	0.0454	0.0277
16	0.1588	0.0946	0.0571	0.0351
17	0.1914	0.1159	0.0708	0.0439
18	0.2279	0.1405	0.0869	0.0544
19	0.2675	0.1678	0.1052	0.0665
20	0.3100	0.1984	0.1261	0.0806
21	0.3552	0.2317	0.1496	0.0966
22	0.4024	0.2679	0.1755	0.1148
23	0.4508	0.3063	0.2039	0.1349
24	0.5000	0.3472	0.2349	0.1574
25	0.5492	0.3894	0.2680	0.1819
26	0.5976	0.4333	0.3032	0.2087
27	0.6448	0.4775	0.3403	0.2374
28	0.6900	0.5225	0.3788	0.2681
29	0.7325	0.5667	0.4185	0.3004
30	0.7721	0.6106	0.4591	0.3345
31	0.8086	0.6528	0.5000	0.3698
32	0.8412	0.6937	0.5409	0.4063
33	0.8703	0.7321	0.5815	0.4434
34	0.8957	0.7683	0.6212	0.4811
35	0.9175	0.8016	0.6597	0.5189

续表

$m=8$				$m=9$			$m=10$	
W	$n=8$	$n=9$	$n=10$	W	$n=9$	$n=10$	W	$n=10$
0	0.0001	0.0000	0.0000	0	0.0000	0.0000	0	0.0000
1	0.0002	0.0001	0.0000	1	0.0000	0.0000	1	0.0000
2	0.0003	0.0002	0.0001	2	0.0001	0.0000	2	0.0000
3	0.0005	0.0003	0.0002	3	0.0001	0.0001	3	0.0000
4	0.0009	0.0005	0.0003	4	0.0002	0.0001	4	0.0001
5	0.0015	0.0008	0.0004	5	0.0004	0.0002	5	0.0001
6	0.0023	0.0012	0.0007	6	0.0006	0.0003	6	0.0002
7	0.0035	0.0019	0.0010	7	0.0009	0.0005	7	0.0002
8	0.0052	0.0028	0.0015	8	0.0014	0.0007	8	0.0004
9	0.0074	0.0039	0.0022	9	0.0020	0.0011	9	0.0005
10	0.0103	0.0056	0.0031	10	0.0028	0.0015	10	0.0008
11	0.0141	0.0076	0.0043	11	0.0039	0.0021	11	0.0010
12	0.0190	0.0103	0.0058	12	0.0053	0.0028	12	0.0014
13	0.0240	0.0137	0.0078	13	0.0071	0.0038	13	0.0019
14	0.0325	0.0180	0.0103	14	0.0094	0.0051	14	0.0026
15	0.0415	0.0232	0.0133	15	0.0122	0.0066	15	0.0034
16	0.0524	0.0296	0.0171	16	0.0157	0.0086	16	0.0045
17	0.0652	0.0372	0.0217	17	0.0200	0.0110	17	0.0057
18	0.0803	0.0464	0.0273	18	0.0252	0.0140	18	0.0073
19	0.0974	0.0570	0.0338	19	0.0313	0.0175	19	0.0093
20	0.1172	0.0694	0.0416	20	0.0385	0.0217	20	0.0116
21	0.1393	0.0836	0.0506	21	0.0470	0.0267	21	0.0144
22	0.1641	0.0998	0.0610	22	0.0567	0.0326	22	0.0177
23	0.1911	0.1179	0.0729	23	0.0680	0.0394	23	0.0216
24	0.2209	0.1383	0.0864	24	0.0807	0.0474	24	0.0262
25	0.2527	0.1606	0.1015	25	0.0951	0.0564	25	0.0315
26	0.2869	0.1852	0.1185	26	0.1112	0.0667	26	0.0376
27	0.3227	0.2117	0.1371	27	0.1290	0.0782	27	0.0446
28	0.3605	0.2404	0.1577	28	0.1487	0.0912	28	0.0526
29	0.3992	0.2707	0.1800	29	0.1701	0.1055	29	0.0615
30	0.4392	0.3029	0.2041	30	0.1933	0.1214	30	0.0716
31	0.4796	0.3365	0.2299	31	0.2181	0.1388	31	0.0828
32	0.5204	0.3715	0.2574	32	0.2447	0.1577	32	0.0952
33	0.5608	0.4074	0.2863	33	0.2729	0.1781	33	0.1088
34	0.6008	0.4442	0.3167	34	0.3024	0.2001	34	0.1237
35	0.6395	0.4813	0.3482	35	0.3332	0.2235	35	0.1399
36	0.6773	0.5187	0.3809	36	0.3652	0.2483	36	0.1575
37	0.7131	0.5558	0.4143	37	0.3981	0.2745	37	0.1763
38	0.7473	0.5926	0.4484	38	0.4317	0.3019	38	0.1965
39	0.7791	0.6285	0.4827	39	0.4657	0.3304	39	0.2179
40	0.8089	0.6635	0.5173	40	0.5000	0.3598	40	0.2406
				41	0.5343	0.3901	41	0.2644
				42	0.5683	0.4211	42	0.2894
				43	0.6019	0.4524	43	0.3153
				44	0.6348	0.4841	44	0.3421
				45	0.6668	0.5159	45	0.3697
							46	0.3980
							47	0.4267
							48	0.4559
							49	0.4853
							50	0.5147

附表 10　三样本比较秩和检验 H 界值表

n	n_1	n_2	n_3	P	
				0.05	0.01
7	3	2	2	4.71	
	3	3	1	5.14	
8	3	3	2	5.36	
	4	2	2	5.33	
	4	3	1	5.21	
	5	2	1	5.00	
9	3	3	3	5.60	7.20
	4	3	2	5.44	6.44
	4	4	1	4.97	6.67
	5	2	2	5.16	6.53
	5	3	1	4.96	
10	4	3	3	5.73	6.75
	4	4	2	5.45	7.04
	5	3	2	5.25	6.82
	5	4	1	4.99	6.95
11	4	4	3	5.60	7.14
	5	3	3	5.65	7.08
	5	4	2	5.27	7.12
	5	5	1	5.13	7.31
12	4	4	4	5.69	7.65
	5	4	3	5.63	7.44
	5	5	2	5.34	7.27
13	5	4	4	5.62	7.76
	5	5	3	5.71	7.54
14	5	5	4	5.64	7.79
15	5	5	5	5.78	7.98

附表 11 新复极差检验 *SSR* 值表

（上为 $SSR_{0.05}$，下为 $SSR_{0.01}$）

df	*M*（检验极差的平均数个数）													
	2	3	4	5	6	7	8	9	10	12	14	16	18	20
3	4.50	4.52	4.52	4.52	4.52	4.52	4.52	4.52	4.52	4.52	4.52	4.52	4.52	4.52
	8.26	8.32	8.32	8.32	8.32	8.32	8.32	8.32	8.32	8.32	8.32	8.32	8.32	8.32
4	3.93	4.01	4.03	4.03	4.03	4.03	4.03	4.03	4.03	4.03	4.03	4.03	4.03	4.03
	6.51	6.68	6.74	6.76	6.76	6.76	6.76	6.76	6.76	6.76	6.76	6.76	6.76	6.76
5	3.64	3.75	3.80	3.81	3.81	3.81	3.81	3.81	3.81	3.81	3.81	3.81	3.81	3.81
	5.70	5.89	6.00	6.04	6.06	6.07	6.07	6.07	6.07	6.07	6.07	6.07	6.07	6.07
6	3.46	3.59	3.65	3.68	3.69	3.70	3.70	3.70	3.70	3.70	3.70	3.70	3.70	3.70
	5.25	5.44	5.55	5.61	5.66	5.68	5.69	5.70	5.70	5.70	5.70	5.70	5.70	5.70
7	3.34	3.48	3.55	3.59	3.61	3.62	3.63	3.63	3.63	3.63	3.63	3.63	3.63	3.63
	4.95	5.14	5.26	5.33	5.38	5.42	5.44	5.45	5.46	5.47	5.47	5.47	5.47	5.47
8	3.26	3.40	3.48	3.52	3.55	3.57	3.58	3.58	3.58	3.58	3.58	3.58	3.58	3.58
	4.75	4.94	5.06	5.14	5.19	5.23	5.26	5.28	5.29	5.31	5.32	5.32	5.32	5.32
9	3.20	3.34	3.42	3.47	3.50	3.52	3.54	3.54	3.55	3.55	3.55	3.55	3.55	3.55
	4.60	4.79	4.91	4.99	5.04	5.09	5.12	5.14	5.16	5.18	5.20	5.20	5.21	5.21
10	3.15	3.29	3.38	3.43	3.46	3.49	3.50	3.52	3.52	3.53	3.53	3.53	3.53	3.53
	4.48	4.67	4.79	4.87	4.93	4.98	5.01	5.04	5.06	5.09	5.11	5.12	5.12	5.12
11	3.11	3.26	3.34	3.40	3.44	3.46	3.48	3.49	3.50	3.51	3.51	3.51	3.51	3.51
	4.39	4.58	4.70	4.78	4.84	4.89	4.92	4.95	4.98	5.01	5.03	5.04	5.05	5.06
12	3.08	3.22	3.31	3.37	3.41	3.44	3.46	3.47	3.48	3.50	3.50	3.50	3.50	3.50
	4.32	4.50	4.62	4.71	4.77	4.82	4.85	4.88	4.91	4.94	4.97	4.99	5.00	5.01
13	3.06	3.20	3.29	3.35	3.39	3.42	3.44	3.46	3.47	3.48	3.49	3.49	3.49	3.49
	4.26	4.44	4.56	4.64	4.71	4.76	4.79	4.82	4.85	4.89	4.92	4.94	4.95	4.96
14	3.03	3.18	3.27	3.33	3.37	3.40	3.43	3.44	3.46	3.47	3.48	3.48	3.48	3.48
	4.21	4.39	4.51	4.59	4.65	4.70	4.74	4.78	4.80	4.84	4.87	4.89	4.91	4.92
15	3.01	3.16	3.25	3.31	3.36	3.39	3.41	3.43	3.45	3.46	3.48	3.48	3.48	3.48
	4.17	4.35	4.46	4.55	4.61	4.66	4.70	4.73	4.76	4.80	4.83	4.86	4.87	4.89
16	3.00	3.14	3.24	3.30	3.34	3.38	3.40	3.42	3.44	3.46	3.47	3.48	3.48	3.48
	4.13	4.31	4.42	4.51	4.57	4.62	4.66	4.70	4.72	4.77	4.80	4.82	4.84	4.86
17	2.98	3.13	3.22	3.28	3.33	3.37	3.39	3.41	3.43	3.45	3.46	3.47	3.48	3.48
	4.10	4.28	4.39	4.48	4.54	4.59	4.63	4.66	4.69	4.74	4.77	4.80	4.82	4.83
18	2.97	3.12	3.21	3.27	3.32	3.36	3.38	3.40	3.42	3.44	3.46	3.47	3.47	3.47
	4.07	4.25	4.36	4.44	4.51	4.56	4.60	4.64	4.66	4.71	4.74	4.77	4.79	4.81
19	2.96	3.11	3.20	3.26	3.31	3.35	3.38	3.40	3.42	3.44	3.46	3.47	3.47	3.47
	4.05	4.22	4.34	4.42	4.48	4.53	4.58	4.61	4.64	4.69	4.72	4.75	4.77	4.79
20	2.95	3.10	3.19	3.26	3.30	3.34	3.37	3.39	3.41	3.44	3.45	3.46	3.47	3.47
	4.02	4.20	4.31	4.40	4.46	4.51	4.55	4.59	4.62	4.66	4.70	4.73	4.75	4.77
24	2.92	3.07	3.16	3.23	3.28	3.32	3.34	3.37	3.39	3.42	3.44	3.46	3.46	3.47
	3.96	4.13	4.24	4.32	4.39	4.44	4.48	4.52	4.55	4.60	4.63	4.66	4.69	4.71
30	2.89	3.04	3.13	3.20	3.25	3.29	3.32	3.35	3.37	3.40	3.43	3.44	3.46	3.47
	3.89	4.06	4.17	4.25	4.31	4.37	4.41	4.44	4.48	4.53	4.57	4.60	4.63	4.65
40	2.86	3.01	3.10	3.17	3.22	3.27	3.30	3.33	3.35	3.39	3.42	3.44	3.46	3.47
	3.82	3.99	4.10	4.18	4.24	4.30	4.34	4.38	4.41	4.46	4.50	4.54	4.57	4.59
60	2.83	2.98	3.07	3.14	3.20	3.24	3.28	3.31	3.33	3.37	3.41	3.43	3.45	3.47
	3.76	3.92	4.03	4.11	4.17	4.23	4.27	4.31	4.34	4.39	4.44	4.47	4.50	4.53
120	2.80	2.95	3.04	3.12	3.17	3.22	3.25	3.29	3.31	3.36	3.39	3.42	3.45	3.47
	3.70	3.86	3.96	4.04	4.11	4.16	4.20	4.24	4.27	4.33	4.37	4.41	4.44	4.47
∞	2.77	2.92	3.02	3.09	3.15	3.19	3.23	3.26	3.29	3.34	3.38	3.41	3.44	3.47
	3.64	3.80	3.90	3.98	4.04	4.09	4.14	4.17	4.20	4.26	4.31	4.34	4.38	4.41

附表 12　q 值表（双尾）

（上为 $q_{0.05}$，下为 $q_{0.01}$）

df	M（检验极差的平均数个数）																		
	2	3	4	5	6	7	8	9	10	11	12	13	14	15	16	17	18	19	20
3	4.50	5.88	6.83	7.51	8.04	8.47	8.85	9.18	9.46	9.72	9.95	10.16	10.35	10.72	10.69	10.84	10.98	11.12	11.24
	8.26	10.62	12.17	13.33	14.24	15.00	15.64	16.20	16.69	17.13	17.53	17.89	18.22	18.52	18.81	19.07	19.32	19.55	19.77
4	3.93	5.00	5.76	6.31	6.73	7.06	7.35	7.60	7.83	8.03	8.21	8.37	8.52	8.67	8.80	8.92	9.03	9.14	9.24
	6.51	8.12	9.17	9.96	10.58	11.10	11.55	11.93	12.27	12.57	12.84	13.09	13.32	13.53	13.73	13.91	14.08	14.24	14.40
5	3.64	4.54	5.18	5.64	5.99	6.28	6.52	6.74	6.93	7.10	7.25	7.39	7.52	7.64	7.75	7.86	7.95	8.04	8.18
	5.70	6.97	7.80	8.42	8.91	9.32	9.67	9.97	10.24	10.48	10.70	10.89	11.08	11.24	11.40	11.55	11.68	11.81	11.93
6	3.46	4.34	4.90	5.31	5.63	5.89	6.12	6.32	6.49	6.65	6.79	6.92	7.04	7.14	7.24	7.34	7.43	7.51	7.59
	5.24	6.33	7.03	7.56	7.97	8.32	8.61	8.87	9.10	9.30	9.48	9.65	9.81	9.95	10.08	10.21	10.32	10.43	10.54
7	3.34	4.16	4.68	5.06	5.35	5.59	5.80	5.99	6.15	6.29	6.42	6.54	6.65	6.75	6.84	6.93	7.01	7.08	7.16
	4.95	5.92	6.54	7.01	7.37	7.68	7.94	8.17	8.37	8.55	8.71	8.86	9.00	9.12	9.24	9.35	9.46	9.55	9.65
8	3.26	4.04	4.53	4.89	5.17	5.40	5.60	5.77	5.92	6.05	6.18	6.29	6.39	6.48	6.57	6.65	6.73	6.80	6.87
	4.74	5.63	6.20	6.63	6.96	7.24	7.47	7.68	7.87	8.03	8.18	8.31	8.44	8.55	8.66	8.76	8.85	8.94	9.03
9	3.20	3.95	4.42	4.76	5.02	5.24	5.43	5.60	5.74	5.87	5.98	6.09	6.19	6.28	6.36	6.44	6.51	6.58	6.65
	4.60	5.43	5.96	6.35	6.66	6.91	7.13	7.32	7.49	7.65	7.78	7.91	8.03	8.13	8.23	8.32	8.41	8.49	8.57
10	3.15	3.88	4.33	4.66	4.91	5.12	5.30	5.46	5.60	5.72	5.83	5.93	6.03	6.12	6.20	6.27	6.34	6.41	6.47
	4.48	5.27	5.77	6.14	6.43	6.67	6.87	7.05	7.21	7.36	7.48	7.60	7.71	7.81	7.91	7.99	8.07	8.15	8.22
11	3.11	3.82	4.26	4.58	4.82	5.03	5.20	5.35	5.49	5.61	5.71	5.81	5.90	5.98	6.06	6.14	6.20	6.27	6.33
	4.39	5.14	5.62	5.97	6.25	6.48	6.67	6.84	6.99	7.13	7.25	7.36	7.46	7.56	7.65	7.73	7.81	7.88	7.95
12	3.08	3.77	4.20	4.51	4.75	4.95	5.12	5.27	5.40	5.51	5.61	5.71	5.80	5.88	5.95	6.02	6.09	6.15	6.21
	4.32	5.04	5.50	5.84	6.10	6.32	6.51	6.67	6.81	6.94	7.06	7.17	7.26	7.36	7.44	7.52	7.59	7.66	7.73
13	3.06	3.73	4.15	4.46	4.69	4.88	5.05	5.19	5.32	5.43	5.53	5.63	5.71	5.79	5.86	5.93	6.00	6.06	6.11
	4.26	4.96	5.40	5.73	5.98	6.19	6.37	6.53	6.67	6.79	6.90	7.01	7.10	7.19	7.27	7.34	7.42	7.48	7.55
14	3.03	3.70	4.11	4.41	4.64	4.83	4.99	5.13	5.25	5.36	5.46	5.56	5.64	5.72	5.79	5.86	5.92	5.98	6.03
	4.21	4.89	5.32	5.63	5.88	6.08	6.26	6.41	6.54	6.66	6.77	6.87	6.96	7.05	7.12	7.20	7.27	7.33	7.39
15	3.01	3.67	4.08	4.37	4.59	4.78	4.94	5.08	5.20	5.31	5.40	5.49	5.57	5.65	5.72	5.79	5.85	5.91	5.96
	4.17	4.83	5.25	5.56	5.80	5.99	6.16	6.31	6.44	6.55	6.66	6.76	6.84	6.93	7.00	7.07	7.14	7.20	7.26
16	3.00	3.65	4.05	4.34	4.56	4.74	4.90	5.03	5.15	5.26	5.35	5.44	5.52	5.59	5.66	5.73	5.79	5.84	5.90
	4.13	4.78	5.19	5.49	5.72	5.92	6.08	6.22	6.35	6.46	6.56	6.66	6.74	6.82	6.90	6.97	7.03	7.09	7.15
17	2.98	3.62	4.02	4.31	4.52	4.70	4.86	4.99	5.11	5.21	5.31	5.39	5.47	5.55	5.61	5.68	5.74	5.79	5.84
	4.10	4.74	5.14	5.43	5.66	5.85	6.01	6.15	6.27	6.38	6.48	6.57	6.66	6.73	6.80	6.87	6.94	7.00	7.05
18	2.97	3.61	4.00	4.28	4.49	4.67	4.83	4.96	5.07	5.17	5.27	5.35	5.43	5.50	5.57	5.63	5.69	5.74	5.79
	4.07	4.70	5.05	5.38	5.60	5.79	5.94	6.08	6.20	6.31	6.41	6.50	6.58	6.65	6.72	6.79	6.85	6.91	6.96
19	2.96	3.59	3.98	4.26	4.47	4.64	4.79	4.92	5.04	5.14	5.23	5.32	5.39	5.46	5.53	5.59	5.65	5.70	5.75
	4.05	4.67	5.09	5.33	5.55	5.73	5.89	6.02	6.14	6.25	6.34	6.43	6.51	6.58	6.65	6.72	6.78	6.84	6.89
20	2.95	3.58	3.96	4.24	4.45	4.62	4.77	4.90	5.01	5.11	5.20	5.28	5.36	5.43	5.50	5.56	5.61	5.66	5.71
	4.02	4.64	5.02	5.29	5.51	5.69	5.84	5.97	6.09	6.19	6.29	6.37	6.45	6.52	6.59	6.65	6.71	6.76	6.82
24	2.92	3.53	3.90	4.17	4.37	4.54	4.68	4.81	4.92	5.01	5.10	5.18	5.25	5.32	5.38	5.44	5.50	5.55	5.59
	3.96	4.54	4.91	5.17	5.37	5.54	5.69	5.81	5.92	6.02	6.11	6.19	6.26	6.33	6.39	6.45	6.51	6.56	6.61
30	2.89	3.48	3.84	4.11	4.30	4.46	4.60	4.72	4.83	4.92	5.00	5.08	5.15	5.21	5.27	5.33	5.38	5.43	5.48
	3.89	4.45	4.80	5.05	5.24	5.40	5.54	5.65	5.76	5.85	5.93	6.01	6.08	6.14	6.20	6.26	6.31	6.36	6.41
40	2.86	3.44	3.79	4.04	4.23	4.39	4.52	4.63	4.74	4.82	4.90	4.98	5.05	5.11	5.17	5.22	5.27	5.32	5.36
	3.82	4.37	4.70	4.93	5.11	5.27	5.39	5.50	5.60	5.69	5.77	5.84	5.90	5.96	6.02	6.07	6.12	6.17	6.21
60	2.83	3.40	3.74	3.98	4.16	4.31	4.44	4.55	4.65	4.73	4.81	4.88	4.94	5.00	5.06	5.11	5.15	5.20	5.24
	3.76	4.28	4.60	4.82	4.99	5.13	5.25	5.36	5.45	5.53	5.60	5.67	5.73	5.79	5.84	5.89	5.93	5.98	6.02
120	2.80	3.36	3.69	3.92	4.10	4.24	4.36	4.47	4.56	4.64	4.71	4.78	4.84	4.90	4.95	5.00	5.04	5.09	5.13
	3.70	4.20	4.50	4.71	4.87	5.01	5.12	5.21	5.30	5.38	5.44	5.51	5.56	5.61	5.66	5.71	5.75	5.79	5.83
∞	2.77	3.32	3.63	3.86	4.03	4.17	4.29	4.39	4.47	4.55	4.62	4.68	4.74	4.80	4.84	4.89	4.93	4.97	5.01
	3.64	4.12	4.40	4.60	4.76	4.88	4.99	5.08	5.16	5.23	5.29	5.35	5.40	5.45	5.49	5.54	5.57	5.61	5.65

附表 13　*r* 与 *R* 的临界值表

df	*α*	变量的个数（*M*）				*df*	*α*	变量的个数（*M*）			
		2	3	4	5			2	3	4	5
1	0.05	0.997	0.999	0.999	0.999	24	0.05	0.388	0.470	0.523	0.562
	0.01	1.000	1.000	1.000	1.000		0.01	0.496	0.565	0.609	0.642
2	0.05	0.950	0.975	0.983	0.987	25	0.05	0.381	0.462	0.514	0.553
	0.01	0.990	0.995	0.997	0.998		0.01	0.487	0.555	0.600	0.633
3	0.05	0.878	0.930	0.950	0.961	26	0.05	0.374	0.454	0.506	0.545
	0.01	0.959	0.976	0.983	0.987		0.01	0.478	0.546	0.590	0.624
4	0.05	0.811	0.881	0.912	0.930	27	0.05	0.367	0.446	0.498	0.536
	0.01	0.917	0.949	0.962	0.970		0.01	0.470	0.538	0.582	0.615
5	0.05	0.754	0.863	0.874	0.898	28	0.05	0.361	0.439	0.490	0.545
	0.01	0.874	0.917	0.937	0.949		0.01	0.463	0.530	0.573	0.624
6	0.05	0.707	0.795	0.839	0.867	29	0.05	0.355	0.432	0.482	0.521
	0.01	0.834	0.886	0.911	0.927		0.01	0.456	0.522	0.565	0.598
7	0.05	0.666	0.758	0.807	0.838	30	0.05	0.349	0.426	0.476	0.514
	0.01	0.798	0.855	0.885	0.904		0.01	0.449	0.514	0.558	0.591
8	0.05	0.632	0.726	0.777	0.811	35	0.05	0.325	0.397	0.445	0.482
	0.01	0.765	0.827	0.860	0.882		0.01	0.418	0.481	0.523	0.556
9	0.05	0.602	0.697	0.750	0.786	40	0.05	0.304	0.373	0.419	0.455
	0.01	0.735	0.800	0.836	0.861		0.01	0.393	0.454	0.494	0.526
10	0.05	0.576	0.671	0.726	0.763	45	0.05	0.288	0.353	0.397	0.432
	0.01	0.708	0.776	0.814	0.840		0.01	0.372	0.430	0.470	0.501
11	0.05	0.553	0.648	0.703	0.741	50	0.05	0.273	0.336	0.379	0.412
	0.01	0.684	0.753	0.793	0.821		0.01	0.354	0.410	0.449	0.479
12	0.05	0.532	0.627	0.683	0.722	60	0.05	0.250	0.308	0.348	0.380
	0.01	0.661	0.732	0.773	0.802		0.01	0.325	0.377	0.414	0.442
13	0.05	0.514	0.608	0.664	0.703	70	0.05	0.232	0.286	0.324	0.354
	0.01	0.641	0.712	0.755	0.785		0.01	0.302	0.351	0.386	0.413
14	0.05	0.497	0.590	0.646	0.686	80	0.05	0.217	0.269	0.304	0.332
	0.01	0.623	0.694	0.737	0.768		0.01	0.283	0.330	0.362	0.389
15	0.05	0.482	0.574	0.630	0.670	90	0.05	0.205	0.254	0.288	0.315
	0.01	0.606	0.677	0.721	0.752		0.01	0.267	0.312	0.343	0.368
16	0.05	0.468	0.559	0.615	0.655	100	0.05	0.195	0.241	0.274	0.300
	0.01	0.590	0.662	0.706	0.738		0.01	0.254	0.297	0.327	0.351
17	0.05	0.456	0.545	0.601	0.641	125	0.05	0.174	0.216	0.246	0.269
	0.01	0.575	0.647	0.691	0.724		0.01	0.228	0.266	0.294	0.316
18	0.05	0.444	0.532	0.587	0.628	150	0.05	0.159	0.198	0.225	0.247
	0.01	0.561	0.633	0.678	0.710		0.01	0.208	0.244	0.270	0.290
19	0.05	0.433	0.520	0.575	0.615	200	0.05	0.138	0.172	0.196	0.215
	0.01	0.549	0.620	0.665	0.698		0.01	0.181	0.212	0.234	0.253
20	0.05	0.423	0.509	0.563	0.604	300	0.05	0.113	0.141	0.160	0.176
	0.01	0.537	0.608	0.652	0.685		0.01	0.148	0.174	0.192	0.208
21	0.05	0.413	0.498	0.522	0.592	400	0.05	0.098	0.122	0.139	0.153
	0.01	0.526	0.596	0.641	0.674		0.01	0.128	0.151	0.167	0.180
22	0.05	0.404	0.488	0.542	0.582	500	0.05	0.088	0.109	0.124	0.137
	0.01	0.515	0.585	0.630	0.663		0.01	0.115	0.135	0.150	0.162
23	0.05	0.396	0.479	0.532	0.572	1000	0.05	0.062	0.077	0.088	0.097
	0.01	0.505	0.574	0.619	0.652		0.01	0.081	0.096	0.106	0.115

附表 14　正交拉丁方表

正交拉丁方的完全系

3×3

I

A B C
B C A
C A B

II

A B C
C A B
B C A

4×4

I

A B C D
B A D C
C D A B
D C B A

II

A B C D
C D A B
D C B A
B A D C

III

A B C D
D C B A
B A D C
C D A B

5×5

I

A B C D E
B C D E A
C D E A B
D E A B C
E A B C D

II

A B C D E
C D E A B
E A B C D
B C D E A
D E A B C

III

A B C D E
D E A B C
B C D E A
E A B C D
C D E A B

IV

A B C D E
B A E C D
C D A E B
D E B A C
E C D B A

7×7

I

A B C D E F G
B C D E F G A
C D E F G A B
D E F G A B C
E F G A B C D
F G A B C D E
G A B C D E F

II

A B C D E F G
C D E F G A B
E F G A B C D
G A B C D E F
B C D E F G A
D E F G A B C
F G A B C D E

III

A B C D E F G
D E F G A B C
G A B C D E F
C D E F G A B
F G A B C D E
B C D E F G A
E F G A B C D

IV

A B C D E F G
E F G A B C D
B C D E F G A
F G A B C D E
C D E F G A B
G A B C D E F
D E F G A B C

V

A B C D E F G
F G A B C D E
D E F G A B C
B C D E F G A
G A B C D E F
E F G A B C D
C D E F G A B

VI

A B C D E F G
G A B C D E F
F G A B C D E
E F G A B C D
D E F G A B C
C D E F G A B
B C D E F G A

8×8

I

A B C D E F G H
B A D C F E H G
C D A B G H E F
D C B A H G F E
E F G H A B C D
F E H G B A D C
G H E F C D A B
H G F E D C B A

II

A B C D E F G H
E F G H A B C D
B A D C F E H G
F E H G B A D C
G H E F C D A B
C D A B G H E F
H G F E D C B A
D C B A H G F E

III

A B C D E F G H
G H E F C D A B
E F G H A B C D
C D A B G H E F
H G F E D C B A
B A D C F E H G
D C B A H G F E
F E H G B A D C

IV

A B C D E F G H
H G F E D C B A
G H E F C D A B
B A D C F E H G
D C B A H G F E
E F G H A B C D
F E H G B A D C
C D A B G H E F

V

A B C D E F G H
D C B A H G F E
H G F E D C B A
E F G H A B C D
F E H G B A D C
G H E F C D A B
C D A B G H E F
B A D C F E H G

VI

A B C D E F G H
F E H G B A D C
D C B A H G F E
G H E F C D A B
C D A B G H E F
H G F E D C B A
B A D C F E H G
E F G H A B C D

VII

A B C D E F G H
C D A B G H E F
F E H G B A D C
H G F E D C B A
B A D C F E H G
D C B A H G F E
E F G H A B C D
G H E F C D A B

附表 15　常用正交表

$L_4(2^3)$

试验号＼列号	1	2	3
1	1	1	1
2	1	2	2
3	2	1	2
4	2	2	1

注：任意二列间的交互作用出现在另一列

$L_8(2^7)$

试验号＼列号	1	2	3	4	5	6	7
1	1	1	1	1	1	1	1
2	1	1	1	2	2	2	2
3	1	2	2	1	1	2	2
4	1	2	2	2	2	1	1
5	2	1	2	1	2	1	2
6	2	1	2	2	1	2	1
7	2	2	1	1	2	2	1
8	2	2	1	2	1	1	2

$L_8(2^7)$ 二列间的交互作用

列号	1	2	3	4	5	6	7
	（1）	3	2	5	4	7	6
		（2）	1	6	7	4	5
			（3）	7	6	5	4
				（4）	1	2	3
					（5）	3	2
						（6）	1

$L_8(2^7)$ 表头设计

因素数＼列号	1	2	3	4	5	6	7
3	A	B	$A\times B$	C	$A\times C$	$B\times C$	
4	A	B	$A\times B$	C	$A\times C$	$B\times C$	D
			$C\times D$		$B\times D$	$A\times D$	
	A	B	$A\times B$	C	$A\times C$	D	$A\times D$
		$C\times D$		$B\times D$		$B\times C$	
5	A	B	$A\times B$	C	$A\times C$	D	E
	$D\times E$	$C\times D$	$C\times E$	$B\times D$	$B\times E$	$A\times E$	$A\times D$
						$B\times C$	

续表

$L_{12}(2^{11})$

试验号＼列号	1	2	3	4	5	6	7	8	9	10	11
1	1	1	1	1	1	1	1	1	1	1	1
2	1	1	1	1	1	2	2	2	2	2	2
3	1	1	2	2	2	1	1	1	2	2	2
4	1	2	1	2	2	1	2	2	1	1	2
5	1	2	2	1	2	2	1	2	1	2	1
6	1	2	2	2	1	2	2	1	2	1	1
7	2	1	2	2	1	1	2	2	1	2	1
8	2	1	2	1	2	2	2	1	1	1	2
9	2	1	1	2	2	2	1	2	2	1	1
10	2	2	2	1	1	1	1	2	2	1	2
11	2	2	1	2	1	2	1	1	1	2	2
12	2	2	1	1	2	1	2	1	2	2	1

$L_{16}(2^{15})$

试验号＼列号	1	2	3	4	5	6	7	8	9	10	11	12	13	14	15
1	1	1	1	1	1	1	1	1	1	1	1	1	1	1	1
2	1	1	1	1	1	1	1	2	2	2	2	2	2	2	2
3	1	1	1	2	2	2	2	1	1	1	1	2	2	2	2
4	1	1	1	2	2	2	2	2	2	2	2	1	1	1	1
5	1	2	2	1	1	2	2	1	1	2	2	1	1	2	2
6	1	2	2	1	1	2	2	2	2	1	1	2	2	1	1
7	1	2	2	2	2	1	1	1	1	2	2	2	2	1	1
8	1	2	2	2	2	1	1	2	2	1	1	1	1	2	2
9	2	1	2	1	2	1	2	1	2	1	2	1	2	1	2
10	2	1	2	1	2	1	2	2	1	2	1	2	1	2	1
11	2	1	2	2	1	2	1	1	2	1	2	2	1	2	1
12	2	1	2	2	1	2	1	2	1	2	1	1	2	1	2
13	2	2	1	1	2	2	1	1	2	2	1	1	2	2	1
14	2	2	1	1	2	2	1	2	1	1	2	2	1	1	2
15	2	2	1	2	1	1	2	1	2	2	1	2	1	1	2
16	2	2	1	2	1	1	2	2	1	1	2	1	2	2	1

$L_{16}(2^{15})$二列间的交互作用

列号	1	2	3	4	5	6	7	8	9	10	11	12	13	14	15
	(1)	3	2	5	4	7	6	9	8	11	10	13	12	15	14
		(2)	1	6	7	4	5	10	11	8	9	14	15	12	13
			(3)	7	6	5	4	11	10	9	8	15	14	13	12
				(4)	1	2	3	12	13	14	15	8	9	10	11
					(5)	3	2	13	12	15	14	9	8	11	10
						(6)	1	14	15	12	13	10	11	8	9
							(7)	15	14	13	12	11	10	9	8
								(8)	1	2	3	4	5	6	7
									(9)	3	2	5	4	7	6
										(10)	1	6	7	4	5
											(11)	7	6	5	4
												(12)	1	2	3
													(13)	3	2
														(14)	1

续表

L_{16}（2^{15}）表头设计

因素数＼列号	1	2	3	4	5	6	7	8	9	10	11	12	13	14	15
4	A	B	$A\times B$	C	$A\times C$	$B\times C$		D	$A\times D$	$B\times D$		$C\times D$			
5	A	B	$A\times B$	C	$A\times C$	$B\times C$	$D\times E$	D	$A\times D$	$B\times D$	$C\times E$	$C\times D$	$B\times E$	$A\times E$	E
6	A	B	$A\times B$ $D\times E$	C	$A\times C$ $D\times F$	$B\times C$ $E\times F$		D	$A\times D$ $B\times E$ $C\times F$	$B\times D$ $A\times E$	E	$C\times D$ $A\times F$	F		$C\times E$ $B\times F$
7	A	B	$A\times B$ $D\times E$ $F\times G$	C	$A\times C$ $D\times F$ $E\times G$	$B\times C$ $E\times F$ $D\times G$		D	$A\times D$ $B\times E$ $C\times F$	$B\times D$ $A\times E$ $C\times G$	E	$C\times D$ $A\times F$ $B\times G$	F	G	$C\times E$ $B\times F$ $A\times G$
8	A	B	$A\times B$ $D\times E$ $F\times G$ $C\times H$	C	$A\times C$ $D\times F$ $E\times G$ $B\times H$	$B\times C$ $E\times F$ $D\times G$ $A\times H$	H	D	$A\times D$ $B\times E$ $C\times F$ $G\times H$	$B\times D$ $A\times E$ $C\times G$ $F\times H$	E	$C\times D$ $A\times F$ $B\times G$ $F\times H$	F	G	$C\times E$ $B\times F$ $A\times G$ $D\times H$

L_9（3^4）

试验号＼列号	1	2	3	4
1	1	1	1	1
2	1	2	2	2
3	1	3	3	3
4	2	1	2	3
5	2	2	3	1
6	2	3	1	2
7	3	1	3	2
8	3	2	1	3
9	3	3	2	1

注：任意二列的交互作用出现在另外二列

L_{18}（3^7）

试验号＼列号	1	2	3	4	5	6	7
1	1	1	1	1	1	1	1
2	1	2	2	2	2	2	2
3	1	3	3	3	3	3	3
4	2	1	1	2	2	3	3
5	2	2	2	3	3	1	1
6	2	3	3	1	1	2	2
7	3	1	2	1	3	2	3
8	3	2	3	2	1	3	1
9	3	3	1	3	2	1	2
10	1	1	3	3	2	2	1
11	1	2	1	1	3	3	2
12	1	3	2	2	1	1	3
13	2	1	2	3	1	3	2
14	2	2	3	1	2	1	3
15	2	3	1	2	3	2	1
16	3	1	3	2	3	1	2
17	3	2	1	3	1	2	3
18	3	3	2	1	2	3	1

续表

$L_{27}(3^{13})$

试验号＼列号	1	2	3	4	5	6	7	8	9	10	11	12	13
1	1	1	1	1	1	1	1	1	1	1	1	1	1
2	1	1	1	1	2	2	2	2	2	2	2	2	2
3	1	1	1	1	3	3	3	3	3	3	3	3	3
4	1	2	2	2	1	1	1	2	2	2	3	3	3
5	1	2	2	2	2	2	2	3	3	3	1	1	1
6	1	2	2	2	3	3	3	1	1	1	2	2	2
7	1	3	3	3	1	1	1	3	3	3	2	2	2
8	1	3	3	3	2	2	2	1	1	1	3	3	3
9	1	3	3	3	3	3	3	2	2	2	1	1	1
10	2	1	2	3	1	2	3	1	2	3	1	2	3
11	2	1	2	3	2	3	1	2	3	1	2	3	1
12	2	1	2	3	3	1	2	3	1	2	3	1	2
13	2	2	3	1	1	2	3	2	3	1	3	1	2
14	2	2	3	1	2	3	1	3	1	2	1	2	3
15	2	2	3	1	3	1	2	1	2	3	2	3	1
16	2	3	1	2	1	2	3	3	1	2	2	3	1
17	2	3	1	2	2	3	1	1	2	3	3	1	2
18	2	3	1	2	3	1	2	2	3	1	1	2	3
19	3	1	3	2	1	3	2	1	3	2	1	3	2
20	3	1	3	2	2	1	3	2	1	3	2	1	3
21	3	1	3	2	3	2	1	3	2	1	3	2	1
22	3	2	1	3	1	3	2	2	1	3	3	2	1
23	3	2	1	3	2	1	3	3	2	1	1	3	2
24	3	2	1	3	3	2	1	1	3	2	2	1	3
25	3	3	2	1	1	3	2	3	2	1	2	1	3
26	3	3	2	1	2	1	3	1	3	2	3	2	1
27	3	3	2	1	3	2	1	2	1	3	1	3	2

$L_{27}(3^{13})$ 二列间的交互作用

列号	1	2	3	4	5	6	7	8	9	10	11	12	13
	（1）	3	2	2	6	5	5	9	8	8	12	11	11
		4	4	3	7	7	6	10	10	9	13	13	12
		（2）	1	1	8	9	10	5	6	7	5	6	7
			4	3	11	12	13	11	12	13	8	9	10
			（3）	1	9	10	8	7	5	6	6	7	5
				2	13	11	12	12	13	11	10	8	9
				（4）	10	8	9	6	7	5	7	5	6
					12	13	11	13	11	12	9	10	8
					（5）	1	1	2	3	4	2	4	3
						7	6	11	13	12	8	10	9
						（6）	1	4	2	3	3	2	4
							5	13	12	11	10	9	8
							（7）	3	4	2	4	3	2
								12	11	13	9	8	10
								（8）	1	1	2	3	4
									10	9	5	7	6
									（9）	1	4	2	3
										8	7	6	5
										（10）	3	4	2
											6	5	7
											（11）	1	1
												13	12
												（12）	1
													11

续表

L_{27}（3^{13}）表头设计

因素数 \ 列号	1	2	3	4	5	6	7	8	9	10	11	12	13
3	A	B	$(A\times B)_1$	$(A\times B)_2$	C	$(A\times C)_1$	$(A\times C)_2$	$(B\times C)_1$			$(B\times C)_2$		
4	A	B	$(A\times B)_1$ $(C\times D)_2$	$(A\times B)_2$	C	$(A\times C)_1$ $(B\times D)_2$	$(A\times C)_2$	$(B\times C)_1$ $(A\times D)_2$	D	$(A\times D)_1$	$(B\times C)_2$	$(B\times D)_1$	$(C\times D)_1$

L_{16}（4^5）

试验号 \ 列号	1	2	3	4	5
1	1	1	1	1	1
2	1	2	2	2	2
3	1	3	3	3	3
4	1	4	4	4	4
5	2	1	2	3	4
6	2	2	1	4	3
7	2	3	4	1	2
8	2	4	3	2	1
9	3	1	3	4	2
10	3	2	4	3	1
11	3	3	1	2	4
12	3	4	2	1	3
13	4	1	4	2	3
14	4	2	3	1	4
15	4	3	2	4	1
16	4	4	1	3	2

注：任意二列的交互作用出现在另外三列

L_{25}（5^6）

试验号 \ 列号	1	2	3	4	5	6
1	1	1	1	1	1	1
2	1	2	2	2	2	2
3	1	3	3	3	3	3
4	1	4	4	4	4	4
5	1	5	5	5	5	5
6	2	1	2	3	4	5
7	2	2	3	4	5	1
8	2	3	4	5	1	2
9	2	4	5	1	2	3
10	2	5	1	2	3	4
11	3	1	3	5	2	4
12	3	2	4	1	3	5
13	3	3	5	2	4	1
14	3	4	1	3	5	2
15	3	5	2	4	1	3
16	4	1	4	2	5	3
17	4	2	5	3	1	4
18	4	3	1	4	2	5
19	4	4	2	5	3	1
20	4	5	3	1	4	2
21	5	1	5	4	3	2
22	5	2	1	5	4	3
23	5	3	2	1	5	4
24	5	4	3	2	1	5
25	5	5	4	3	2	1

注：任意二列的交互作用出现在另外四列

续表

L_8（4×2^4）

试验号＼列号	1	2	3	4	5
1	1	1	1	1	1
2	1	2	2	2	2
3	2	1	1	2	2
4	2	2	2	1	1
5	3	1	2	1	2
6	3	2	1	2	1
7	4	1	2	2	1
8	4	2	1	1	2

L_8（4×2^4）表头设计

因素数＼列号	1	2	3	4	5
2	A	B	$(A\times B)_1$	$(A\times B)_2$	$(A\times B)_3$
3	A	B	C		
4	A	B	C	D	
5	A	B	C	D	E

L_{16}（4×2^{12}）

试验号＼列号	1	2	3	4	5	6	7	8	9	10	11	12	13
1	1	1	1	1	1	1	1	1	1	1	1	1	1
2	1	1	1	1	1	2	2	2	2	2	2	2	2
3	1	2	2	2	2	1	1	1	1	2	2	2	2
4	1	2	2	2	2	2	2	2	2	1	1	1	1
5	2	1	1	2	2	1	1	2	2	1	1	2	2
6	2	1	1	2	2	2	2	1	1	2	2	1	1
7	2	2	2	1	1	1	1	2	2	2	2	1	1
8	2	2	2	1	1	2	2	1	1	1	1	2	2
9	3	1	2	1	2	1	2	1	2	1	2	1	2
10	3	1	2	1	2	2	1	2	1	2	1	2	1
11	3	2	1	2	1	1	2	1	2	2	1	2	1
12	3	2	1	2	1	2	1	2	1	1	2	1	2
13	4	1	2	2	1	1	2	2	1	1	2	2	1
14	4	1	2	2	1	2	1	1	2	2	1	1	2
15	4	2	1	1	2	1	2	2	1	2	1	1	2
16	4	2	1	1	2	2	1	1	2	1	2	2	1

L_{16}（4×2^{12}）表头设计

因素数＼列号	1	2	3	4	5	6	7	8	9	10	11	12	13
3	A	B	$(A\times B)_1$	$(A\times B)_2$	$(A\times B)_3$	C	$(A\times C)_1$	$(A\times C)_2$	$(A\times C)_3$	$B\times C$			
4	A	B	$(A\times B)_1$ $C\times D$	$(A\times B)_2$	$(A\times B)_3$	C	$(A\times C)_1$ $B\times D$	$(A\times C)_2$	$(A\times C)_3$	$B\times C$ $(A\times D)_1$	D	$(A\times D)_3$	$(A\times D)_2$
5	A	B	$(A\times B)_1$ $C\times D$	$(A\times B)_2$ $C\times E$	$(A\times B)_3$	C	$(A\times C)_1$ $B\times D$	$(A\times C)_2$ $B\times E$	$(A\times C)_3$	$B\times C$ $(A\times D)_1$ $(A\times E)_2$	D $(A\times E)_3$	E $(A\times D)_3$	$(A\times E)_1$ $(A\times D)_2$

续表

$L_{16}(4^2\times2^9)$

试验号＼列号	1	2	3	4	5	6	7	8	9	10	11
1	1	1	1	1	1	1	1	1	1	1	1
2	1	2	1	1	1	2	2	2	2	2	2
3	1	3	2	2	2	1	1	1	2	2	2
4	1	4	2	2	2	2	2	2	1	1	1
5	2	1	1	2	2	1	2	2	1	2	2
6	2	2	1	2	2	2	1	1	2	1	1
7	2	3	2	1	1	1	2	2	2	1	1
8	2	4	2	1	1	2	1	1	1	2	2
9	3	1	2	1	2	2	1	2	2	1	2
10	3	2	2	1	2	1	2	1	1	2	1
11	3	3	1	2	1	2	1	2	1	2	1
12	3	4	1	2	1	1	2	1	2	1	2
13	4	1	2	2	1	2	2	1	2	2	1
14	4	2	2	2	1	1	1	2	1	1	2
15	4	3	1	1	2	2	2	1	1	1	2
16	4	4	1	1	2	1	1	2	2	2	1

$L_{16}(4^3\times2^6)$

试验号＼列号	1	2	3	4	5	6	7	8	9
1	1	1	1	1	1	1	1	1	1
2	1	2	2	1	1	2	2	2	2
3	1	3	3	2	2	1	1	2	2
4	1	4	4	2	2	2	2	1	1
5	2	1	2	2	2	1	2	1	2
6	2	2	1	2	2	2	1	2	1
7	2	3	4	1	1	1	2	2	1
8	2	4	3	1	1	2	1	1	2
9	3	1	3	1	2	2	2	2	1
10	3	2	4	1	2	1	1	1	2
11	3	3	1	2	1	2	2	1	2
12	3	4	2	2	1	1	1	2	1
13	4	1	4	2	1	2	1	2	2
14	4	2	3	2	1	1	2	1	1
15	4	3	2	1	2	2	1	1	1
16	4	4	1	1	2	1	2	2	2

$L_{16}(4^4\times2^3)$

试验号＼列号	1	2	3	4	5	6	7
1	1	1	1	1	1	1	1
2	1	2	2	2	1	2	2
3	1	3	3	3	2	1	2
4	1	4	4	4	2	2	1
5	2	1	2	3	2	2	1
6	2	2	1	4	2	1	2
7	2	3	4	1	1	2	2
8	2	4	3	2	1	1	1
9	3	1	3	4	1	2	2
10	3	2	4	3	1	1	1
11	3	3	1	2	2	2	1
12	3	4	2	1	2	1	2
13	4	1	4	2	2	1	2
14	4	2	3	1	2	2	1
15	4	3	2	4	1	1	1
16	4	4	1	3	1	2	2

续表

$L_{12}(3\times2^4)$

试验号＼列号	1	2	3	4	5
1	1	1	1	1	1
2	1	1	1	2	2
3	1	2	2	1	2
4	1	2	2	2	1
5	2	1	2	1	1
6	2	1	2	2	2
7	2	2	1	1	1
8	2	2	1	2	2
9	3	1	2	1	2
10	3	1	1	2	1
11	3	2	1	1	2
12	3	2	2	2	1

$L_{12}(6\times2^2)$

试验号＼列号	1	2	3
1	2	1	1
2	5	1	2
3	5	2	1
4	2	2	2
5	4	1	1
6	1	1	2
7	1	2	1
8	4	2	2
9	3	1	1
10	6	1	2
11	6	2	1
12	3	2	2

$L_{18}(2\times3^7)$

试验号＼列号	1	2	3	4	5	6	7	8
1	1	1	1	1	1	1	1	1
2	1	1	2	2	2	2	2	2
3	1	1	3	3	3	3	3	3
4	1	2	1	1	2	2	3	3
5	1	2	2	2	3	3	1	1
6	1	2	3	3	1	1	2	2
7	1	3	1	2	1	3	2	3
8	1	3	2	3	2	1	3	1
9	1	3	3	1	3	2	1	2
10	2	1	1	3	3	2	2	1
11	2	1	2	1	1	3	3	2
12	2	1	3	2	2	1	1	3
13	2	2	1	2	3	1	3	2
14	2	2	2	3	1	2	1	3
15	2	2	3	1	2	3	2	1
16	2	3	1	3	2	3	1	2
17	2	3	2	1	3	1	2	3
18	2	3	3	2	1	2	3	1

续表

L_{12}（6×2^2）

试验号＼列号	1	2	3
1	2	1	1
2	5	1	2
3	5	2	1
4	2	2	2
5	4	1	1
6	1	1	2
7	1	2	1
8	4	2	2
9	3	1	1
10	6	1	2
11	6	2	1
12	3	2	2

L_{24}（$3\times4\times2^4$）

试验号＼列号	1	2	3	4	5	6
1	1	1	1	1	1	1
2	1	2	1	1	2	2
3	1	3	1	2	2	1
4	1	4	1	2	1	2
5	1	1	2	2	2	2
6	1	2	2	2	1	1
7	1	3	2	1	1	2
8	1	4	2	1	2	1
9	2	1	1	1	1	2
10	2	2	1	1	2	1
11	2	3	1	2	2	2
12	2	4	1	2	1	1
13	2	1	2	2	2	1
14	2	2	2	2	1	2
15	2	3	2	1	1	1
16	2	4	2	1	2	2
17	3	1	1	1	1	2
18	3	2	1	1	2	1
19	3	3	1	2	2	2
20	3	4	1	2	1	1
21	3	1	2	2	2	1
22	3	2	2	2	1	2
23	3	3	2	1	1	1
24	3	4	2	1	2	2

附表 16　均匀设计表

（1）

$U_5(5^4)$ 均匀设计表

试验号	列号			
	1	2	3	4
1	1	2	3	4
2	2	4	1	3
3	3	1	4	2
4	4	3	2	1
5	5	5	5	5

$U_5(5^4)$ 使用表

因素数	列号			
2	1	2		
3	1	2	4	
4	1	2	3	4

（2）

$U_7(7^4)$ 均匀设计表

试验号	列号			
	1	2	3	4
1	1	2	3	6
2	2	4	6	5
3	3	6	2	4
4	4	1	5	3
5	5	3	1	2
6	6	5	4	1
7	7	7	7	7

$U_7(7^4)$ 使用表

因素数	列号				偏差 D
2	1	3			0.2398
3	1	2	3		0.3721
4	1	2	3	4	0.4760

注：D 是刻画均匀度的偏差数值，偏差值 D 越小，表示均匀度越好

（3）

$U_7^*(7^4)$ 均匀设计表

试验号	列号			
	1	2	3	4
1	1	3	5	7
2	2	6	2	6
3	3	1	7	5
4	4	4	4	4
5	5	7	1	3
6	6	2	6	2
7	7	5	3	1

$U_7^*(7^4)$ 使用表

因素数	列号			偏差 D
2	1	3		0.1582
3	2	3	4	0.2132

（4）

$U_9(9^5)$ 均匀设计表

试验号	列号				
	1	2	3	4	5
1	1	2	4	7	8
2	2	4	8	5	7
3	3	6	3	3	6
4	4	8	7	1	5
5	5	1	2	8	4
6	6	3	6	6	3
7	7	5	1	4	2
8	8	7	5	2	1
9	9	9	9	9	9

$U_9^*(9^5)$ 使用表

因素数	列号				D
2	1	3			0.1944
3	1	3	4		0.3102
4	1	2	3	5	0.4066

续表

（5）

U_9^*（9^4）均匀设计表

试验号	列号			
	1	2	3	4
1	1	3	7	9
2	2	6	4	8
3	3	9	1	7
4	4	2	8	6
5	5	5	5	5
6	6	8	2	4
7	7	1	9	3
8	8	4	6	2
9	9	7	3	1

U_9^*（9^4）使用表

因素数	列号			D
2	1	3		0.1574
3	2	3	4	0.1980

（6）

U_{11}（11^{10}）均匀设计表

试验号	列号									
	1	2	3	4	5	6	7	8	9	10
1	1	2	3	4	5	6	7	8	9	10
2	2	4	6	8	10	1	3	5	7	9
3	3	6	9	1	4	7	10	2	5	8
4	4	8	1	5	9	2	6	10	3	7
5	5	10	4	9	3	8	2	7	1	6
6	6	1	7	2	8	3	9	4	10	5
7	7	3	10	6	2	9	5	1	8	4
8	8	5	2	10	7	4	1	9	6	3
9	9	7	5	3	1	10	8	6	4	2
10	10	9	8	7	6	5	4	3	2	1
11	11	11	11	11	11	11	11	11	11	11

U_{11}（11^{10}）使用表

因素数	列号									
2	1	7								
3	1	5	7							
4	1	2	5	7						
5	1	2	3	5	7					
6	1	2	3	5	7	10				
7	1	2	3	4	5	7	10			
8	1	2	3	4	5	6	7	10		
9	1	2	3	4	5	6	7	9	10	
10	1	2	3	4	5	6	7	8	9	10

续表

（7）

U_{13}（13^{12}）均匀设计表

试验号	列号											
	1	2	3	4	5	6	7	8	9	10	11	12
1	1	2	3	4	5	6	7	8	9	10	11	12
2	2	4	6	8	10	12	1	3	5	7	9	11
3	3	6	9	12	2	5	8	11	1	4	7	10
4	4	8	12	3	7	11	2	6	10	1	5	9
5	5	10	2	7	12	4	9	1	6	11	3	8
6	6	12	5	11	4	10	3	9	2	8	1	7
7	7	1	8	2	9	3	10	4	11	5	12	6
8	8	3	11	6	1	9	4	12	7	2	10	5
9	9	5	1	10	6	2	11	7	3	12	8	4
10	10	7	4	1	11	8	5	2	12	9	6	3
11	11	9	7	5	3	1	12	10	8	6	4	2
12	12	11	10	9	8	7	6	5	4	3	2	1
13	13	13	3	13	13	13	13	13	13	13	13	13

U_{13}（13^{12}）使用表

因素数	列号											
2	1	5										
3	1	3	4									
4	1	6	8	10								
5	1	6	8	9	10							
6	1	2	6	8	9	10						
7	1	2	6	8	9	10	12					
8	1	2	6	7	8	9	10	12				
9	1	2	3	6	7	8	9	10	12			
10	1	2	3	5	6	7	8	9	10	12		
11	1	2	3	4	5	6	7	8	9	10	12	
12	1	2	3	4	5	6	7	8	9	10	11	12

（8）

U_{15}（15^{8}）均匀设计表

试验号	列号							
	1	2	3	4	5	6	7	8
1	1	2	4	7	8	11	13	14
2	2	4	8	14	1	7	11	13
3	3	6	12	6	9	3	9	12
4	4	8	1	13	2	14	7	11
5	5	10	5	5	10	10	5	10
6	6	12	9	12	3	6	3	9
7	7	14	13	4	11	2	1	8
8	8	1	2	11	4	13	14	7
9	9	3	6	3	12	9	12	6
10	10	5	10	10	5	5	10	5
11	11	7	14	2	13	1	8	4
12	12	9	3	9	6	12	6	3
13	13	11	7	1	14	8	4	2
14	14	13	11	8	7	4	2	1
15	15	15	15	15	15	15	15	15

续表

U_{15}（15^8）使用表

因素数	列号							
2	1	6						
3	1	3	4					
4	1	3	4	7				
5	1	2	3	4	7			
6	1	2	3	4	6	8		
7	1	2	3	4	6	7	8	
8	1	2	3	4	5	6	7	8

（9）

U_{17}（17^8）均匀设计表

试验号	列号							
	1	2	3	4	5	6	7	8
1	1	4	6	9	10	11	14	15
2	2	8	12	1	3	5	11	13
3	3	12	1	10	13	16	8	11
4	4	16	7	2	6	10	5	9
5	5	3	13	11	16	4	2	7
6	6	7	2	3	9	15	16	5
7	7	11	8	12	2	9	13	3
8	8	15	14	4	12	3	10	1
9	9	2	3	13	5	14	7	16
10	10	6	9	5	15	8	4	14
11	11	10	15	14	8	2	1	12
12	12	14	4	6	1	13	15	10
13	13	1	10	15	11	7	12	8
14	14	5	16	7	5	1	9	6
15	15	9	5	16	14	12	6	4
16	16	13	11	8	7	6	3	2
17	17	17	17	17	17	17	17	17

U_{17}（17^8）使用表

因素数	列号						
2	1	6					
3	1	5	8				
4	1	5	7	8			
5	1	2	5	7	8		
6	1	2	3	5	7	8	
7	1	2	3	4	5	7	8

附表 17　正交多项式系数表

n	2	3		4			5				6				
c_j	c_1	c_1	c_2	c_1	c_2	c_3	c_1	c_2	c_3	c_4	c_1	c_2	c_3	c_4	c_5
	−1	−1	+1	−3	+1	−1	−2	+2	−1	+1	−5	+5	−5	+1	−1
	+1	0	−2	−1	−1	+3	−1	−1	+2	−4	−3	−1	+7	−3	+5
		+1	+1	+1	−1	−3	0	−2	0	+6	−1	−4	+4	+2	−10
				+3	+1	+1	+1	−1	−2	−4	+1	−4	−4	+2	+10
							+2	+2	+1	+2	+3	−1	−7	−3	−5
											+5	+5	+5	+1	+1
$\sum c_j$	2	2	6	20	4	20	10	14	10	70	70	84	180	28	252
λ_j	2	1	3	2	1	$\frac{10}{3}$	1	1	$\frac{5}{6}$	$\frac{35}{12}$	2	$\frac{3}{2}$	$\frac{5}{3}$	$\frac{7}{12}$	$\frac{21}{10}$

n	7					8					9				
c_j	c_1	c_2	c_3	c_4	c_5	c_1	c_2	c_3	c_4	c_5	c_1	c_2	c_3	c_4	c_5
	−3	+5	−1	+3	−1	−7	+7	−7	+7	−7	−4	+28	−14	+14	−4
	−2	0	+1	−7	+4	−5	+1	+5	−13	+23	−3	+7	+7	−21	+11
	−1	−3	+1	+1	−5	−3	−3	+7	−3	−17	−2	−8	+13	−11	−4
	0	−4	0	+6	0	−1	−5	+3	+9	−15	−1	−17	+9	+9	−9
	+1	−3	−1	+1	+5	+1	−5	−3	+9	+15	0	−20	0	+18	0
	+2	0	−1	−7	−4	+3	−3	−7	−3	+17	+1	−17	−9	+9	+9
	+3	+5	+1	+3	+1	+5	+1	−5	−13	−23	+2	−8	−13	−11	+4
						+7	+7	+7	+7	+7	+3	+7	−7	−21	−11
											+4	+28	+14	+14	+4
$\sum c_j$	28	84	6	154	84	168	168	264	616	2184	60	2772	990	2002	468
λ_j	1	1	$\frac{1}{6}$	$\frac{7}{12}$	$\frac{7}{20}$	2	1	$\frac{2}{3}$	$\frac{7}{12}$	$\frac{7}{10}$	1	3	$\frac{5}{6}$	$\frac{7}{12}$	$\frac{3}{20}$

n	10	11	12	n	10	11	12	n	10	11	12	n	10	11	12
c_j	c_1	c_2	c_3	c_j	c_1	c_2	c_3	c_j	c_1	c_2	c_3	c_j	c_1	c_2	c_3
	−9	+6	−42	+18	−6	−5	+15	−30	+6	−3	−11	+55	−33	+33	−33
	−7	+2	+14	−22	+14	−4	+6	+6	−6	+6	−9	+25	+3	−27	+57
	−5	−1	+35	−17	−1	−3	−1	+22	−6	+1	−7	+1	+21	−33	+21
	−3	−3	+31	+3	−11	−2	−6	+23	−1	−4	−5	−17	+25	−13	−19
	−1	−4	+12	+18	−6	−1	−9	+14	+4	−4	−3	−29	+19	+12	−44
	+1	−4	−12	+18	+6	0	−10	0	+6	0	−1	−35	+7	+28	−20
	+3	−3	−31	+3	+11	+1	−9	−14	+4	+4	+1	−35	−7	+28	+20
	+5	−1	−35	−17	+1	+2	−6	−23	−1	+4	+3	−29	−19	+12	+44
	+7	+2	−14	−22	−14	+3	−1	−22	−6	−1	+5	−17	−25	−13	+29
	+9	+6	+42	+18	+6	+4	+6	−6	−6	−6	+7	+1	−21	−33	−21
						+5	+15	+30	+6	+3	+9	+25	−3	−27	−57
											+11	+55	+33	+33	+33
$\sum c_j$	330	132	8580	2860	780	110	858	4290	286	156	572	12012	5148	8008	15912
λ_j	2	$\frac{1}{2}$	$\frac{5}{3}$	$\frac{5}{12}$	$\frac{1}{10}$	1	1	$\frac{5}{6}$	$\frac{1}{12}$	$\frac{1}{40}$	2	3	$\frac{2}{3}$	$\frac{7}{24}$	$\frac{3}{20}$

续表

n	13					14				
c_j	c_1	c_2	c_3	c_4	c_5	c_1	c_2	c_3	c_4	c_5
	−6	+22	−11	+99	−22	−13	+13	−143	+143	−143
	−5	+11	0	−66	+33	−11	+7	−11	−77	+187
	−4	+2	+6	−96	+18	−9	+2	+66	−132	+132
	−3	−5	+8	−54	−11	−7	−2	+98	−92	−28
	−2	−10	+7	+11	−26	−5	−5	+95	−13	−139
	−1	−13	+4	+64	−20	−3	−7	+67	+63	−145
	0	−14	0	+84	0	−1	−8	+24	+108	−60
	+1	−13	−4	+64	+20	+1	−8	−24	+108	+60
	+2	−10	−7	+11	+26	+3	−7	−67	+63	+145
	+3	−5	−8	−54	+11	+5	−5	−95	−13	+139
	+4	+2	−6	−96	−18	+7	−2	−98	−92	+28
	+5	+11	0	−66	−33	+9	+2	−66	−132	−132
	+6	+22	+11	+99	+22	+11	+7	+11	−77	−187
						+13	+13	+143	+143	+143
$\sum c_j$	182	2002	572	68068	6188	910	728	97240	136136	235144
λ_j	1	1	$\frac{1}{6}$	$\frac{7}{12}$	$\frac{7}{120}$	2	$\frac{1}{2}$	$\frac{5}{3}$	$\frac{7}{12}$	$\frac{7}{30}$

n	15					16*				
c_j	c_1	c_2	c_3	c_4	c_5	c_1	c_2	c_3	c_4	c_5
	−7	+91	−91	+1001	−1001	−15	+35	−455	+273	−143
	−6	+52	−13	−429	+1144	−13	+21	−91	−91	+143
	−5	+19	+35	−869	+979	−11	+9	+143	−221	+143
	−4	−8	+58	−704	+44	−9	−1	+267	−201	+33
	−3	−29	+61	−249	−751	−7	−9	+301	−101	−77
	−2	−44	+49	+251	−1000	−5	−15	+265	+23	−131
	−1	−53	+27	+621	−675	−3	−19	+179	+129	−115
	0	−56	0	+756	0	−1	−21	+63	+189	−45
	+1	−53	−27	+621	+675					
	+2	−44	−49	+251	+1000					
	+3	−29	−61	−249	+751					
	+4	−8	−58	−704	−44					
	+5	+19	−35	−869	−979					
	+6	+52	+13	−429	−1144					
	+7	+91	+91	+1001	+1001					
$\sum c_j$	280	37128	39780	6466460	10581480	1360	5712	1007760	470288	201552
λ_j	1	3	$\frac{5}{6}$	$\frac{35}{12}$	$\frac{21}{20}$	2	1	$\frac{10}{3}$	$\frac{7}{12}$	$\frac{1}{10}$

n	17					18				
c_j	c_1	c_2	c_3	c_4	c_5	c_1	c_2	c_3	c_4	c_5
	−8	+40	−28	+52	−104	−17	+68	−68	+68	−884
	−7	+25	−7	−13	+91	−15	+44	−20	−12	+676
	−6	+12	+7	−39	+104	−13	+23	+13	−47	+871
	−5	+1	+15	−39	+39	−11	+5	+33	−51	+429
	−4	−8	+18	−24	−36	−9	−10	+42	−36	−156
	−3	−15	+17	−3	−83	−7	−22	+42	−12	−588
	−2	−20	+13	+17	−88	−5	−31	+35	+13	−733
	−1	−23	+7	+31	−55	−3	−37	+23	+33	−583
	0	−24	0	+36	0	−1	−40	+8	+44	−220
$\sum c_j$	408	7752	3876	16796	100776	1938	23256	23256	28424	6953544
λ_j	1	1	$\frac{1}{6}$	$\frac{1}{12}$	$\frac{1}{20}$	2	$\frac{3}{2}$	$\frac{1}{3}$	$\frac{1}{12}$	$\frac{3}{10}$

续表

n	19					20				
c_j	c_1	c_2	c_3	c_4	c_5	c_1	c_2	c_3	c_4	c_5
	−9	+51	−204	+612	−102	−19	+57	−969	+1938	−1938
	−8	+34	−68	−68	+68	−17	+39	−357	−102	+1122
	−7	+19	+28	−388	+98	−15	+23	+85	−1122	+1802
	−6	+6	+89	−453	+58	−13	+9	+377	−1402	+1222
	−5	−5	+120	−354	−3	−11	−3	+539	−1187	+187
	−4	−14	+126	−168	−54	−9	−13	+591	−687	−771
	−3	−21	+112	+42	−79	−7	−21	+553	−77	−1351
	−2	−26	+83	+227	−74	−5	−27	+445	+503	−1441
	−1	−29	+44	+352	−44	−3	−31	+287	+948	−1076
	0	−30	0	+396	0	−1	−33	+99	+1188	−396
$\sum c_j$	570	13566	213180	2288132	89148	2660	17556	4903140	22881320	31201800
λ_j	1	1	$\frac{5}{6}$	$\frac{7}{12}$	$\frac{1}{40}$	2	1	$\frac{10}{3}$	$\frac{35}{24}$	$\frac{7}{20}$

n	21					22				
c_j	c_1	c_2	c_3	c_4	c_5	c_1	c_2	c_3	c_4	c_5
	−10	+190	−285	+969	−3876	−21	+35	−133	+1197	−2261
	−9	+133	−114	0	+1938	−19	+25	−57	+57	+969
	−8	+82	+12	−510	+3468	−17	+16	0	−570	+1938
	−7	+37	+98	−680	+2618	−15	+8	+40	−810	+1598
	−6	−2	+149	−615	+788	−13	+1	+65	−775	+663
	−5	−35	+170	−406	−1063	−11	−5	+77	−563	−363
	−4	−62	+166	−130	−2354	−9	−10	+78	−258	−1158
	−3	−83	+142	+150	−2819	−7	−14	+70	+70	−1554
	−2	−98	+103	+385	−2444	−5	−17	+55	+365	−1509
	−1	−107	+54	+540	−1404	−3	−19	+35	+585	−1079
	0	−110	0	+594	0	−1	−20	+12	+702	−390
$\sum c_j$	770	201894	432630	5720330	121687020	3542	7084	96140	8748740	40562340
λ_j	1	3	$\frac{5}{6}$	$\frac{7}{12}$	$\frac{21}{40}$	2	$\frac{1}{2}$	$\frac{1}{3}$	$\frac{7}{12}$	$\frac{7}{30}$

n	23					24				
c_j	c_1	c_2	c_3	c_4	c_5	c_1	c_2	c_3	c_4	c_5
	−11	+77	−77	+1463	−209	−23	+253	−1171	+253	−4807
	−10	+56	−35	+133	+76	−21	+187	−847	+33	+1463
	−9	+37	−3	−627	+171	−19	+127	−133	−97	+3743
	−8	+20	+20	−950	+152	−17	+73	+391	−157	+3553
	−7	+5	+35	−955	+77	−15	+25	+745	−165	+2071
	−6	−8	+43	−747	−12	−13	−17	+949	−137	+169
	−5	−19	+45	−417	−87	−11	−53	+1023	−87	−1551
	−4	−28	+42	−42	−132	−9	−83	+987	−27	−2721
	−3	−35	+35	+315	−141	−7	−107	+861	+33	−3171
	−2	−40	+25	+605	−116	−5	−125	+665	+85	−2893
	−1	−43	+13	+793	−65	−3	−137	+419	+123	−2005
	0	−44	0	+858	0	−1	−143	+143	+143	−715
$\sum c_j$	1012	35420	32890	13123110	340860	4600	394680	17760600	394680	177928920
λ_j	1	1	$\frac{1}{6}$	$\frac{7}{12}$	$\frac{1}{60}$	2	3	$\frac{10}{3}$	$\frac{1}{12}$	$\frac{3}{10}$

续表

n	25					26				
c_j	c_1	c_2	c_3	c_4	c_5	c_1	c_2	c_3	c_4	c_5
	−12	+92	−506	+1518	−1012	−25	+50	−1150	+2530	−2530
	−11	+69	−253	+253	+253	−23	+38	−598	+506	+506
	−10	+48	−55	−517	+748	−21	+27	−161	−759	+1771
	−9	+29	+93	−897	+753	−19	+17	+171	−1419	+1881
	−8	+12	+196	−982	+488	−17	+8	+408	−1614	+1326
	−7	−3	+259	−857	+119	−15	0	+560	−1470	+482
	−6	−16	+287	−597	−236	−13	−7	+637	−1099	−377
	−5	−27	+285	−267	−501	−11	−13	+649	−599	−1067
	−4	−36	+258	+78	−636	−9	−18	+606	−54	−1482
	−3	−43	+211	+393	−631	−7	−22	+518	+466	−1582
	−2	−48	+149	+643	−500	−5	−25	+395	+905	−1381
	−1	−51	+77	+803	−275	−3	−27	+247	+1221	−935
	0	−52	0	+858	0	−1	−28	+84	+1386	−330
$\sum c_j$	1300	53820	1480050	14307150	7803900	5850	16380	7803900	40060020	48384180
λ_j	1	1	$\frac{5}{6}$	$\frac{5}{12}$	$\frac{1}{20}$	2	$\frac{1}{2}$	$\frac{5}{3}$	$\frac{7}{12}$	$\frac{1}{10}$

n	27					28				
c_j	c_1	c_2	c_3	c_4	c_5	c_1	c_2	c_3	c_4	c_5
	−13	+325	−130	+2990	−16445	−27	+117	−585	+1755	−13455
	−12	+250	−70	+690	+2530	−25	+91	−325	+455	+1495
	−11	+181	−22	−782	+10879	−23	+67	−115	−395	+8395
	−10	+118	+15	−1587	+12144	−21	+45	+49	−879	+9821
	−9	+61	+42	−1872	+9174	−19	+25	+171	−1074	+7866
	−8	+10	+60	−1770	+4188	−17	+7	+255	−1050	+4182
	−7	−35	+70	−1400	−1162	−15	−9	+305	−870	+22
	−6	−74	+73	−867	−5728	−13	−23	+325	−590	−3718
	−5	−107	+70	−262	−8803	−11	−35	+319	−259	−6457
	−4	−134	+62	+338	−10058	−9	−45	+291	+81	−7887
	−3	−155	+50	+870	−9479	−7	−53	+245	+395	−7931
	−2	−170	+35	+1285	−7304	−5	−59	+185	+655	−6701
	−1	−179	+18	+1548	−3960	−3	−63	+115	+840	−4456
	0	−182	0	+1638	0	−1	−65	+39	+936	−1560
$\sum c_j$	1638	712530	101790	56448210	2032135560	7308	95004	2103660	19634160	1354757040
λ_j	1	3	$\frac{1}{6}$	$\frac{7}{12}$	$\frac{21}{40}$	2	1	$\frac{2}{3}$	$\frac{7}{24}$	$\frac{7}{20}$

n	29					30				
c_j	c_1	c_2	c_3	c_4	c_5	c_1	c_2	c_3	c_4	c_5
	−14	+126	−819	+4095	−8190	−29	+203	−1827	+23751	−16965
	−13	+99	−468	+1170	+585	−27	+161	−1071	+7371	+585
	−12	+74	−182	−780	+4810	−25	+122	−450	−3744	+9360
	−11	+51	+44	−1930	+5885	−23	+86	+46	−10504	+11960
	−10	+30	+215	−2441	+4958	−21	+53	+427	−13749	+10535
	−9	+11	+336	−2460	+2946	−19	+23	+703	−14249	+6821
	−8	−6	+412	−2120	+556	−17	−4	+884	−12704	+2176
	−7	−21	+448	−1540	−1694	−15	−28	+980	−9744	−2384
	−6	−34	+449	−825	−3454	−13	−49	+1001	−5929	−6149
	−5	−45	+420	−66	−4521	−11	−67	+957	−1749	−8679
	−4	−54	+366	+660	−4818	−9	−82	+858	+2376	−9768
	−3	−61	+292	+1290	−4373	−7	−94	+714	+6096	−9408
	−2	−66	+203	+1775	−3298	−5	−103	+535	+9131	−7753
	−1	−69	+104	+2080	−1768	−3	−109	+331	+11271	−5083
	0	−70	0	+2184	0	−1	−112	+112	+12376	−1768
$\sum c_j$	2030	113274	4207320	107987880	500671080	8990	302064	21360240	3671587920	2145733200
λ_j	1	1	$\frac{5}{6}$	$\frac{7}{12}$	$\frac{7}{40}$	2	$\frac{2}{3}$	$\frac{5}{3}$	$\frac{35}{12}$	$\frac{3}{10}$

*当 $n \geqslant 16$ 时，只列出前一半的 c_j 的数值及 n 为奇数时的中间数值。当 j 为偶数时，后一半与前一半对称；当 j 为奇数时，后一半与前一半反对称（即数值对称，但符号相反）